Oldenbourgs

# Technische Handbibliothek

---

Band XIII:

Schifferers Praktische Mälzerei- und Brauerei-Betriebskontrolle. II. Maschinen- und feuerungstechnischer Teil. Von G. Jakob.

**München** und **Berlin**
Druck und Verlag von R. Oldenbourg
**1910**

Dr. A. Schifferers

# Praktische Mälzerei- und Brauerei-Betriebskontrolle

II.

## Maschinen- und feuerungstechnischer Teil

bearbeitet von

**Gottfried Jakob**

Brauereiingenieur in München

Mit 250 in den Text gedruckten Abbildungen

**München** und **Berlin**

Druck und Verlag von R. Oldenbourg

1910

# Vorwort.

In dem Nachwort zu der im Jahre 1901 herausgegebenen, demnächst in neuer Auflage erscheinenden »Praktischen Betriebskontrolle eines Mälzerei- und Brauereibetriebes«[1]) ist darauf hingewiesen, daß ihre Vollständigkeit durch die Veröffentlichung des damals in praxi noch nicht abgeschlossenen, hiermit der Öffentlichkeit übergebenen maschinen- und feuerungstechnischen Teiles bedingt sei. Auf seine Bedeutung ist an der Hand von Beispielen im Jahre 1905 auf der Generalversammlung der wissenschaftlichen Station für Brauerei in München[2]) ausführlich aufmerksam gemacht. Das bei dieser Gelegenheit gesprochene Wort, daß im Rahmen einer an der Hand eines Betriebslaboratoriums geübten systematischen Betriebskontrolle der maschinen- und feuerungstechnische Teil als etwas dem mälzerei- und brautechnischen Koordiniertes zu betrachten und seine Einrichtung demgemäß ernstlich ins Auge zu fassen sei, kann an dieser Stelle nur wiederholt werden. Die umfassendere Verwirklichung dieses Gedankens wird dadurch erleichtert, daß die Betriebslaboratorien in der Malz- und Brauindustrie als notwendige und dauernde Institutionen ihren siegreichen Einzug gehalten und damit die im Jahre 1902 auf der Oktobertagung der Versuchs- und Lehranstalt ausgesprochene Behauptung[3]) gerechtfertigt haben, »daß die Betriebslaboratorien dazu berufen sind, für das erste Jahrzehnt unseres Jahrhunderts charakteristisch zu werden,

---

[1]) Schifferer, Praktische Betriebskontrolle eines Mälzerei- und Brauereibetriebes. Oldenbourg 1901.

[2]) Schifferer, Betriebslaboratorien und Betriebskontrolle für Brauereien, S. 61 ff. Parey 1906.

[3]) Ebendas. S. 10.

so daß spätere historische Betrachtungen dasselbe als das Hauptgründungsjahrzehnt von Betriebslaboratorien werden bezeichnen können«. Der Freude über diese tatsächliche Entwicklung an dieser Stelle besonderen Ausdruck zu verleihen, sei gestattet im Rückblick auf die Widerstände, welche in maßgebenden Fachkreisen zu überwinden waren, und in Erinnerung an die eine Zeitlang teilweise selbst von wissenschaftlichen und praktischen Autoritäten bis zum Überdruß wiederholte Behauptung, die vor fast anderthalb Jahrzehnten in der Brauerei Schifferer an der Hand eines Betriebslaboratoriums in systematischem und umfassendem Rahmen inaugurierte Betriebskontrolle sei in praxi undurchführbar, sie könne im günstigsten Falle in kleineren Betrieben zur Anwendung gelangen. Die Ereignisse haben anderes gelehrt. Heute sind in vielen Großbetrieben, welche sich früher ablehnend verhielten, die Betriebskontrolle und das zu ihrer Durchführung nötige Laboratorium mit Recht zu hohem Ansehen gelangt; es sind daher bei der Propagierung der maschinen- und feuerungstechnischen Betriebskontrolle weniger prinzipielle Bedenken zu überwinden, als vielmehr die Betriebsleiter darauf aufmerksam zu machen, daß auch diese Sparte dem bestehenden mälzerei- und brautechnischen Teil im Rahmen des vorhandenen Betriebslaboratoriums organisch angegliedert werden kann und daß diese Angliederung im Interesse der einzelnen Betriebe und der Gesamtheit erfolgen muß.

An der systematischen Bearbeitung der Materie ist in der Brauerei Schifferer viele Jahre hindurch gearbeitet worden. Daß eine ausführliche Veröffentlichung nicht früher erfolgte, hat zwiefachen Grund: einmal erforderte die Durcharbeitung nicht geringe Zeit, da für diese Seite der Betriebskontrolle noch weniger praktische Anhaltspunkte und Vorbilder vorlagen als s. Zt. für den mälzerei- und brautechnischen Teil, zum zweiten nahm der Übergang zu anderer, zu politischer Tätigkeit dem Unterzeichneten die liebgewordene Beschäftigung mit dem Spezialgebiet der Betriebskontrolle und damit ihrer publizistischen Behandlung. Erst als es gelang, in Jakob, dem früheren Leiter der einschlägigen Abteilung des Kieler Betriebslaboratoriums, einen sachkundigen Bearbeiter des Materials zu gewinnen, konnte die Herausgabe des II. Teiles der »Praktischen

Betriebskontrolle eines Mälzerei- und Brauereibetriebes« verwirklicht werden. Dabei decken sich die leitenden Gedanken mutatis mutandis mit denjenigen, welche die Veröffentlichung des I. Teiles bestimmten und in der Einleitung zu diesem und im Vorwort der im Jahre 1906 erschienenen Jubiläumsschrift[1]) niedergelegt sind; auf sie wird ausdrücklich verwiesen; ihre Realisierung auf maschinen- und feuerungstechnischem Gebiet illustriert der Inhalt dieses Buches. Derselbe berührt naturgemäß außer den Interessen der Mälzereien und Brauereien auch die manch anderer Betriebe, in denen Dampfkessel, Dampfmaschinen, Dynamos, Elektromotoren, Eismaschinen und Automobile Verwendung finden. Vielleicht kann man auch dort entweder den dem Buche zugrunde liegenden Hauptgedanken einer systematischen Betriebskontrolle oder Teile der Einzeluntersuchungen oder beides mit Nutzen verwenden. Aus dieser Möglichkeit erklärt sich eine etwas umfassendere Bearbeitung des Stoffes, als sie die alleinige Wiedergabe des seit Jahren in der Brauerei Schifferer Geübten erheischt hätte.

Daß Jakob dabei in vielem aus selbständiger, zum Teil neuer und eigenartiger Arbeit geschöpft hat, dankt ihm der Unterzeichnete in der Überzeugung, daß dadurch die öffentliche Kritik in nutzbringender Weise befruchtet und somit die Aufmerksamkeit weiterer Kreise auf die Bedeutung einer systematischen, an der Hand eines Betiebslaboratoriums geübten, maschinen- und feuerungstechnischen Betriebskontrolle hingelenkt wird. In erster Linie soll aber auch das vorliegende Buch der Brauindustrie erneute Anregung zu dem Versuch geben, sich die drückende Lage, in welche sie durch eine rücksichtslose, durch Sachkenntnis nicht übermäßig getrübte Gesetzgebung gebracht ist, durch eigene Arbeit zu erleichtern.

[1]) Schifferer, Betriebslaboratorium und Betriebskontrolle für Brauereien, Parey 1906.

Charlottenhof, im Oktober 1909.

**Schifferer.**

# Inhaltsübersicht.

# Einleitung.

Die Aufgabe, welche die technische Betriebskontrolle zu erfüllen hat, ist, kurz gesagt, die äußerste Ausnutzung der Wärme der Brennstoffe, insbesondere der Kohlenwärme.

Im ersten Moment mag diese Aufgabe gar nicht schwierig erscheinen. Betrachtet man aber die vielen Umsetzungen, welche die Wärme der Brennstoffe erfährt, bis sie endlich zu dem bestimmten Endzwecke nutzbar wirkt, so wird man mehr und mehr erkennen, daß die planmäßige Durchführung einer technischen Betriebskontrolle sogar sehr schwierig ist.

Von der Nutzbarmachung der Brennstoffwärme ist zunächst die Verwendung zur Dampferzeugung zu nennen. Die Kesselhauskontrolle hat dafür zu sorgen, die Wärmeverluste dabei auf ein Minimum herabzudrücken. An zweiter Stelle muß danach getrachtet werden, die Wärme des erzeugten Dampfes an seinen Arbeitsstätten so vollständig als nur möglich auszunutzen, sei es bei Verwendung zu Heizzwecken oder zu Kraftzwecken in der Dampfmaschine. Im letzteren Fall ist die laufende Kontrolle des regelrechten Ganges der Maschinen besonders angezeigt. Nicht minder macht sich drittens die Überwachung der Umsetzung von mechanischer Arbeit in Kälte notwendig; denn der Kältebedarf für Kühlung und Kunsteisfabrikation spielt im Haushalt der Brauerei eine ganz hervorragende Rolle. Viertens wird wieder ein Teil der geleisteten Arbeit in elektrische Energie, sei es für Kraft- oder Beleuchtungszwecke, verwandelt und endlich ist noch an den Brennstoffaufwand für Motoren, insbesondere das moderne Transportmittel, das Lastautomobil, zu denken.

An jeder Umsetzungsstelle von einer Energieform der Wärme in eine andere hat die technische Betriebskontrolle für größte Ökonomie eine Garantie zu bieten.

Wenn nun eine Begutachtung der maschinen- und feuerungstechnischen Anlagen möglich sein soll, so muß neben allen geleisteten Einzeleffekten auch die Beschaffenheit und der Betriebswert der verbrauchten Brennstoffe selbst bekannt sein; denn diese allein bilden die Basis für die gesamte Beurteilung der Rentabilität einer Anlage.

Deshalb ist die Brennstoffuntersuchung den praktischen Prüfungsmethoden vorangestellt.

# Die Untersuchung der Brennstoffe.

Die Art der im Brauereibetrieb zur Verwendung kommenden Brennstoffe ist eine sehr verschiedene, und zwar sind es nach ihrem Aggregatzustand feste, flüssige und gasförmige.

Die Kohle ist die Hauptvertreterin der festen Brennstoffe (Anthracit, Steinkohle, Braunkohle und Lignit), nennenswert ist ferner der Verbrauch an Koks und Torf; Holz und sonstige Abfälle werden im Brauereibetrieb nur selten verfeuert.

Von den flüssigen Brennstoffen ist Naphthalin, Massut für Kesselhausbetrieb (in Gegenden der Petroleumindustrie) zu nennen, für Motorbetrieb (Automobile u. dgl.) kommt Spiritus, Benzin, Petroleum, Naphtha, Benzol in Betracht.

Die gasförmigen Brennstoffe Leuchtgas, Sauggas u. a. dienen neben dem Motorbetrieb (stationäre Motoren) für Beleuchtungszwecke.

Der Gang der Untersuchung der verschiedenen Brennstoffe ist verschieden, insbesondere nach der Art ihres Aggregatzustandes. Feste Brennstoffe enthalten so z. B. beträchtliche Mengen unverbrennbarer Bestandteile, wie Wasser und Asche, welche den flüssigen fast, den gasförmigen ganz fehlen. Deshalb sind die Untersuchungsmethoden der festen, flüssigen und gasförmigen Brennstoffe getrennt behandelt.

## Die Untersuchung der festen Brennstoffe

(Anthrazit, Steinkohlen, Braunkohlen, Lignit [im rohen oder brikettierten Zustand] ferner Torf und Koks)[1]

### Die Probeentnahme.

Die zur Untersuchung im Laboratorium gelangenden Brennstoffmengen sind nur sehr klein. Um aus dieser kleinen Probe ein richtiges Urteil über den zur Prüfung herangezogenen Brenn-

[1]) Holz und Abfälle u. dgl. werden wegen der seltenen allgemeinen Verwendung nicht mit erwähnt.

stoff bilden zu können, ist es von größter Wichtigkeit, daß die kleine, zur Untersuchung benutzte Probe einem richtigen Durchschnitt der gesamten Anlieferung entspricht. Auf eine richtige Probenahme ist deshalb der allergrößte Wert zu legen. Es ist kaum eine Probenahme schwieriger als die fester Brennstoffe, sie ist um so weniger leicht, je grobstückiger der Brennstoff ist (Stückkohlen, Briketts).

Die allgemeinen Vereinbarungen des Vereins Deutscher Ingenieure, der Dampfkesselüberwachungsvereine und des Vereins Deutscher Maschinenbauanstalten betr. Probenahme s. später unter »Normen«.

Handelt es sich um die Probenahme bei Anlieferung von Kohlen, so geschieht diese am zweckmäßigsten bei der Anfuhr der Kohlen von der Eisenbahn oder vom Schiff zum Lagerplatz. Während des Abladens wird dann etwa jede 30. Schaufel beiseite in eine große Kiste oder einen nebenan gestellten Wagen geworfen. Die Größe der erhaltenen Probe soll also mindestens 3% der gesamten Anlieferung sein; pro 1 Eisenbahnwaggon (200 Ztr.) müssen also 6—8 Ztr. Gesamtprobe entnommen werden. Handelt es sich um die Probenahme bei einem Verdampfungsversuch, so werden beim Laden jedes anzufahrenden Karrens oder Korbes etwa 5%, also jede 20. Schaufel, beiseite geworfen und gesammelt.

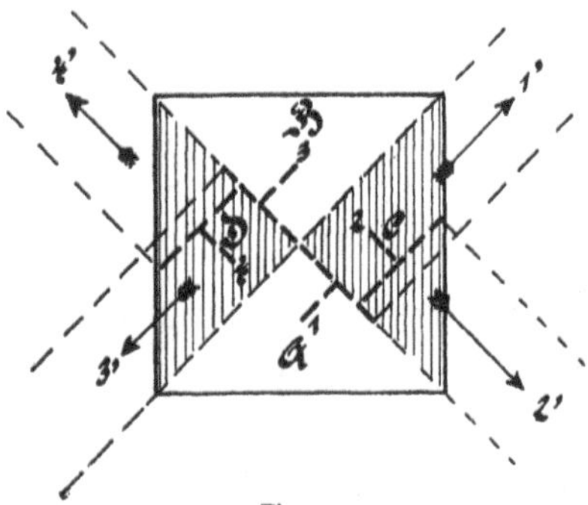


Fig. 1.

Die erhaltene Gesamtdurchschnittsprobe breitet man dann an einem trockenen Platz aus und zerkleinert alle größeren Stücke bis zur Walnußgröße. Nun mischt man die Gesamtprobe gründlich durch Umschaufeln nach Art der Mischung von Zement-Sand-Kies bei der Betonherstellung und breitet dann das ganze Material in einem quadratischen Haufen von 10 bis 20 mm Höhe gleichmäßig aus. Diesen Haufen, schematisch dargestellt in Fig. 1, teilt man durch

Diagonalen in vier gleichschenklig rechtwinklige Dreiecke *A B C D* und entfernt dann zwei gegenüberliegende Dreiecke *C—D*. Man setzt dabei die Unterkante der Kohlenschaufel zuerst so an, daß sie mit der Richtung der einen Diagonale zusammenfällt und der Schaufelstiel 1 der Richtung der andern Diagonale parallel läuft. Die Schaufel wird in Richtung des Pfeiles 1′ vorgeschoben. Dann wird die Schaufel in Richtung 2—2′ geführt. Ebenso geschieht die Entfernung des Dreieckes *D*, indem die Schaufel zuerst in der Richtung 3—3′ dann in Richtung 4—4′ vorgeschoben wird. Der bleibende Rest, Dreieck *A—B*, wird in einem Eisenbahnwaggon noch 3—4 Ztr. betragen. Er wird zusammengeschaufelt, gründlich gemischt, wieder nach angegebener Art quadratisch ausgebreitet, durch Diagonalen geteilt und dann halbiert, indem wieder zwei gegenüberliegende Dreiecke entfernt werden. Die gröberen Stücke werden nun nochmals zerkleinert bis zur Haselnußgröße, es wird wieder gemischt und geteilt und die Teilung in angegebener Art so lange fortgesetzt, bis zum Schluß eine Probe von zirka 10 kg übrig bleibt.

Bei 1 Eisenbahnwaggon macht sich meist eine fünfmalige Teilung bei der Probenahme notwendig, wie folgende Tabelle zeigt:

| | | | | | | | |
|---|---|---|---|---|---|---|---|
| Gesamtprobe: | | | 300 | kg | bis | 400 | kg |
| Nach | 1. | Teilung bleiben | 150 | » | » | 200 | » |
| » | 2. | » » | 75 | » | » | 100 | » |
| » | 3. | » » | $37^1/_2$ | » | » | 50 | » |
| » | 4. | » » | $18^3/_4$ | » | » | 25 | » |
| » | 5. | » » | ∾ $9^1/_8$ | » | » | $12^1/_2$ | » |

Zur Aufbewahrung der Kohlenprobe benutzt man Blechbüchsen. Wird eine Kohlenprobe versandt oder nicht sofort untersucht, so muß die Blechbüchse verlötet werden und bis zur Vornahme der Untersuchung so aufbewahrt bleiben.

Die hauptsächlichsten Punkte, auf welche sich eine Kohlenuntersuchung zu erstrecken hat, sind:

a) physikalische Eigenschaften,
b) chemische Zusammensetzung,
c) kalorimetrischer Heizwert.

Jede dieser drei Eigenschaften läßt sich aber nicht als eine einzige Zahl angeben, sondern es ist stets eine Summe von

Momenten, welche zu berücksichtigen sind, um diese zu charakterisieren.

## a) Die physikalischen Eigenschaften der festen Brennstoffe.

Zur Beurteilung einer Kohle nach physikalischen Eigenschaften wird herangezogen: die Sortierung, die Porosität, Kohäsion, Bruch- und Stoßfestigkeit, Wetterfestigkeit und das spezifische Gewicht.

Mit Ausnahme der letzten Angabe werden die physikalischen Eigenschaften vorteilhafter an der zur Anlieferung kommenden Kohle direkt geprüft, also nicht an der für die Analyse vorbereiteten entnommenen Durchschnittsprobe.

Über die Sortierung gibt der jeweilige Gehalt an Stücken, Nüssen oder Kleingrus Aufschluß. Durch bloße Inaugenscheinnahme einer Kohle bei Anfuhr läßt sich ohne weiteres erkennen, in welche Kategorie in bezug auf Sortierung eine Kohle einzureihen ist.

Stückkohlen, in der Praxis auch häufig Maschinenkohlen, Fettschrot u. a. genannt, zeigen ungleich geformte Stücke verschiedener Größe. Nußkohlen (Nüsse) sind ausgesiebte gewaschene Kohlen; sie haben in ihrer Form sehr gleichmäßige Übereinstimmung. Man teilt die Nüsse in 4 Unterabteilungen mit Bezeichnung Nuß I–IV, deren Stückgröße etwa so ist, daß die Kohle

bei Nuß I durch ein quadratisches Sieb von etwa 7 × 7 cm Maschenweite hindurchfällt und auf einem Siebe von etwa 4 × 4 cm Maschenweite liegen bleibt,

bei Nuß II durch ein quadratisches Sieb von etwa 4 × 4 cm Maschenweite hindurchfällt und auf einem Sieb von etwa 2,5 × 2,5 cm Maschenweite liegen bleibt,

bei Nuß III durch ein quadrat. Sieb von etwa 2,5 × 2,5 cm Maschenweite hindurchfällt und auf einem Sieb von etwa 1,5 × 1,5 cm Maschenweite liegen bleibt,

bei Nuß IV durch ein quadrat. Sieb von etwa 1,5 × 1,5 cm Maschenweite hindurchfällt und auf einem Sieb von etwa 0,6 × 0,6 cm Maschenweite liegen bleibt.

Kleingrus, Perlgrus, Kohlenklein sind die bei der Kohlenwäsche und Kohlenaussiebung ausgeschiedenen kleinen Teile und Abfälle.

Die Sortierung einer Kohle kann nur durch Aussiebung einer großen Menge, mindestens 50 Zentner, ermittelt werden, was in der Praxis selten geschieht. Trotzdem muß es als sehr wesentlich bezeichnet werden, daß eine Kohle den verlangten Charakter nach dieser Richtung hat. Enthalten Stückkohlen viel Kohlengrus, so wird der Wert der Anlieferung herabgedrückt; ebenso ist es aber nicht zulässig, daß Nußkohlen größere Stücke oder viel Kleingrus enthalten. Erstere sind für automatische Beschickung oft recht nachteilig; denn viele automatische Feuerungsanlagen sind an eine bestimmte Nußgröße gebunden, wenn sie rationell arbeiten sollen; letztere entwerten die teurere Nußkohle insofern, als die Kleingrusbeimischung stets minderer Qualität ist.

Briketts sollen ganz sein und nur wenig Bruchstücke zeigen; Koks kommt ebenfalls in Aussiebungen in den Handel.

Dem Umstand der Kohlenaussortierung wird heutzutage noch viel zu wenig Wert beigelegt, und es ist sicher, daß besonders bei Verarbeitung von Stückkohlen noch beträchtliche Ersparnisse an Brennstoff gemacht werden können, wenn man eine selbstbetätigte Kohlensortierung dadurch vornimmt, daß Grus, Nuß und grobe Stücke geschieden werden. Im allgemeinen werden die Kohlen meist viel zu wenig zerkleinert und bilden so keinen homogenen Rostbelag; damit ist stets eine Brennstoffvergeudung verbunden.

Die Porosität eines Brennstoffes soll Aufschlüß geben über die Größe der vorhandenen Lufteinschlüsse. Bei Koks wird sie meist bestimmt. Zahlenmäßig bringt man sie durch das Imbibitionsvermögen, d. h. die Aufnahmefähigkeit von Wasser, zum Ausdruck, indem man eine abgewogene Brennstoffmenge in Wasser kocht und nach dem Abkühlen abtropfen läßt.

Die Festigkeit eines Brennstoffes ist zu beachten; Kohlen (Briketts) mit geringer Kohäsion haben den Nachteil, daß sie leicht zerbröckeln und nach öfterem Umladen viel Kleingrus enthalten. Man hat also eine ziemlich hohe Bruch- und Stoßfestigkeit zu verlangen. Ferner ist auch die Wetterfestigkeit zu beobachten. Es gibt Kohlen, welche durch längeres Lagern, sowie durch Sonnenbestrahlung oder durch Regen oder durch beides sehr an Festigkeit verlieren. Gewöhnlich vermindert sich bei solchen Kohlen auch der Heizwert.

Das spezifische Gewicht der Kohle wird im pulverisierten Brennstoff ermittelt. Man kann dabei entweder das zur chemischen Analyse vorbereitete Kohlepulver (s. später) verwenden oder man entnimmt an verschiedenen Stellen des Kohlenhaufens einige gesonderte unabhängige Einzelproben, um zu erfahren, welche Differenzen im spezifischen Gewicht die Anlieferung zeigt.

Die Ermittlung des spezifischen Gewichtes geschieht mittels Pyknometers unter Verwendung von ca. 90 %igem Alkohol, dessen Dichte bekannt sein muß. Alkohol ist dem Wasser deshalb vorzuziehen, weil er das Kohlepulver leichter benetzt und das störende Obenaufschwimmen von Pulverteilchen verhindert Man spült eine abgewogene Menge Kohlepulver quantitativ in das Pyknometer, füllt dasselbe bei Normaltemperatur mit dem Alkohol auf und evakuiert; dabei entweicht die Luft aus der Kohle. Die Berechnung des spezifischen Gewichtes geschieht dann nach der Formel:

$$s = \frac{k}{k + p_a - p_{ak}} \cdot a_s.$$

Hierin ist $s$ = gesuchtes spezifisches Gewicht der Kohle,
$k$ = die in das Pyknometer gebrachte Kohlenprobe in g,
$p_a$ = Gewicht des Pyknometers + Alkoholfüllung bis zur Marke,
$p_{ak}$ = Gewicht des Pyknometers + Kohlenprobe und Alkoholfüllung bis zur Marke,
$a_s$ = bekannte Dichte des Alkohols.

Beispiel: Der Alkohol hatte eine Dichte $a_s = 0{,}812$
Pyknometer + Alkohol wog $p_a = 75{,}415$ g
Die Kohlenprobe wog 7,200 g, das Pyknometer + Kohlenprobe + Alkohol wog 78,521 g.

$$\text{Dann ist } s = \frac{7{,}200}{7{,}200 + 75{,}415 - 78{,}521} \cdot 0{,}812 = 1{,}427.$$

Die spezifischen Gewichte der wichtigsten deutschen und englischen Steinkohlentypen liegen für lufttrockene Kohle zwischen

1,22 und 1,45. Beeinflußt wird das spezifische Gewicht vom Wasser- und Aschengehalt und von der Elementarzusammensetzung. In den meisten Fällen sinkt es nach Mohr mit steigendem Kohlenstoffgehalt und sinkendem Aschengehalt. Das spezifische Gewicht der Trockenkohle übersteigt das spezifische Gewicht der lufttrockenen Kohle, und zwar um so mehr, je größer der Wassergehalt der lufttrockenen Kohle ist. Auch bei der Kohletrockensubstanz steigt das spezifische Gewicht mit sinkendem Kohlenstoffgehalt; die gleiche Wirkung hat Verminderung des Wasserstoffgehaltes. Bei Kohlen mit mittlerem Aschengehalt (bis 10 %) ist der Einfluß des Gehaltes an Kohlenstoff und Wasserstoff auf das spezifische Gewicht bedeutender als der Einfluß des Aschengehaltes. Die Zusammensetzung der Steinkohlesubstanz läßt keinen wesentlichen Einfluß auf das spezifische Gewicht erkennen.

## b) Die chemische Zusammensetzung der festen Brennstoffe.

An der chemischen Zusammensetzung der Kohle beteiligen sich:

a) die Gesamtfeuchtigkeit, welche meist als Grubenfeuchtigkeit und hygroskopisches Wasser angegeben wird, b) Aschengehalt, c) der Kohlenstoff, Wasserstoff, Schwefel, Stickstoff und Sauerstoff.

### Vorbereitungen.

Weder zur Elementaranalyse noch zur kalorimetrischen Heizwertbestimmung benutzt man die in oben beschriebener Art entnommene Kohlenprobe direkt, sondern bereitet diese durch Vertrocknung an der Luft noch zur Analyse vor. Der Wasserverlust ist quantitativ zu ermitteln. Man bezeichnet diesen Wasserverlust als Grubenfeuchtigkeit.

Jede frisch geförderte Kohle verliert an der äußeren Luft und noch mehr bei Zimmerluft eine beträchtliche Feuchtigkeitsmenge, vor allem nach stattgehabter Zerkleinerung.

Das Vortrocknen an der Luft hat aber aus mehreren Gründen zu geschehen. Erstens erkennt man, ob der Kohle schon Gelegenheit gegeben wurde, einen Teil ihrer Grubenfeuchtigkeit abzugeben; zweitens entstünden bei der Untersuchung sehr feuchter Kohle beim Arbeiten leicht Feuchtigkeitsverluste, worunter die Genauigkeit der erhaltenen Resultate zu leiden hätte; drittens läßt sich eine zu feuchte Kohle überhaupt nur sehr schwer in den dazu dienenden Mühlen zerkleinern.

## a) Die Gesamtfeuchtigkeit.

### Die Bestimmung der Grubenfeuchtigkeit.

Die gesamte entnommene Kohlenprobe bringt man auf ein tariertes rechteckiges Blech von 40 cm Breite und 80 cm Länge mit einer etwa 5 cm hohen Seitenwand. An der einen Breitenseite befindet sich ein verjüngter Ausguß. Auf diesem Blech läßt man die Kohle an der Zimmerluft im Laboratorium vertrocknen unter zeitweisem Wenden mittels einer kleinen Eisenschaufel. Nach 6 Stunden wird der Gewichtsverlust festgestellt. Zur Wägung benutzt man eine Krämerwage von 20 kg Tragfähigkeit, welche auf 1 g noch deutlich empfindlich ist. Die Wägung (alle 6 Stunden) muß nun solange fortgesetzt werden, bis die Differenz von je zwei aufeinanderfolgenden Wägungen nicht mehr als 20 g bei ca. 10 kg Material beträgt, das sind in 6 Stunden unter 2 ‰ Gewichtsabnahme.

Beispiel: Kohlenprobe mit Blech 12,143 kg
Tara des Bleches 1,741 »

Anfängliche Kohlenprobe 10,402 kg

| | | Abnahme somit |
|---|---|---|
| Nach den ersten 6 Stunden wog die Kohlenprobe | 10,290 » | 112 g |
| » » zweiten 6 » » » » | 10,233 » | 57 » |
| » » dritten 6 » » » » | 10,200 » | 33 » |
| » » vierten 6 » » » » | 10,181 » | 19 » |

Es machte sich hier also eine viermalige Trocknung mit einer Gesamtdauer von 24 Stunden bis zur Erzielung einer Gewichtsabnahme von nur 2 ‰ in 6 Stunden notwendig.

Die Gewichtsabnahme betrug insgesamt 10,402 — 10,181 = 0,221 kg, auf 100 kg grubenfeuchte Kohle trifft somit:

$$\frac{0,221 \cdot 100}{10,402} = 2,12\,\% \text{ Grubenfeuchtigkeit}$$

und $100 - 2,12 = 97,88\,\%$ lufttrockene Kohle.

Bei der Berechnung der Gesamtfeuchtigkeit (s. u.) ist die Grubenfeuchtigkeit mit einzurechnen.

Steinkohlen in Stücken zeigen meist die geringste Grubenfeuchtigkeit, Nüsse weisen oft höhere Zahlen auf infolge der mit ihnen vorgenommenen Wäsche; Grus und Braunkohlen, Lignit haben die höchste Grubenfeuchtigkeit bis 20% und darüber.

Fig. 2.

Die gesamte so vorbereitete lufttrockene Kohlenprobe muß sogleich nach dem Wiegen dann zu feinem Mehl gemahlen werden.

Zum Mahlen benutzt man sog. Kugelmühlen (Fig. 2). Sie besitzen eine mit einem Wellblechaußenmantel ausgestattete, rotierende Trommel, in welcher sich Stahlkugeln von verschiedener Größe mit 1—3 cm Durchmesser befinden. Die Länge der Trommel ist etwa 40 cm, der Durchmesser 45 cm. Die minutliche Tourenzahl ist 60—70.

Die Kohlenprobe gibt man mit den Kugeln in die Trommel und nach dem Aufschrauben des Verschlußdeckels wird die Trommel 1—1 ½ Stunden in Bewegung erhalten.

Als Aufstellungsort dieser Kugelmühle wählt man einen Ort, an dem das ziemlich starke entstehende Geräusch die Umgebung wenig belästigt (Küferei, Schlosserwerkstatt u. dgl.).

Nach der angegebenen Zeit setzt man die Trommel still und vertauscht den Verschlußdeckel mit einem perforierten Verschlußdeckel, welcher gestattet, das gesamte Kohlepulver durch seine Öffnungen hindurchfallen zu lassen und dabei die Kugeln selbst zurückzuhalten. Das Mehl wird auf das unter die Mühle geschobene Blech entleert, welches zum Vertrocknen der Kohle benutzt wurde. Der so gesammelte Kohlenstaub wird gründlich mittels Metallöffels gemischt und davon von verschiedenen Stellen eine Durchschnittsprobe von ca. 1000 g in ein mit eingeschliffenem Glasstopfen verschließbares Pulverglas gegeben.

Die Kugelmühle hat keine abnutzbaren Teile und ist zwecks Reinigung, welche stets vor Gebrauch mit trockenen Lappen zu erfolgen hat, leicht zugänglich. Nach der Entfernung des Mehles aus der Mühle und stattgehabter Probenahme öffnet man den Verschluß und entleert auch die Kugeln, wobei zu beobachten ist, ob sich zwischen diesen noch unzerkleinerte Kohleteile befinden. Sehr harte Steine, Schiefer etc. werden vielfach nicht zerkleinert. Diese Körper sind auszulesen, zu sammeln und zu wiegen. Auf keinen Fall darf ein zurückbleibender unzerkleinerter Rest unberücksichtigt bleiben. Von der weiteren Untersuchung kann man diesen entweder ausschließen und als »Steine« in Anrechnung zum Aschengehalt bringen, oder man vermahlt diesen im Laboratorium und mischt der entnommenen Probe das auf ihr Gewicht entfallende Steinmehl exakt bei.

### Die Bestimmung des hygroskopischen Wassers.

Die einfachste Ermittlung, und diese soll hier nur angegeben sein, geschieht durch zweistündiges Trocknen im Trockenschrank nach Angaben des Verfassers (Fig. 3). Derselbe hat die Gestalt eines zylindrischen Kessels, welcher mit Trockenröhren durchsetzt ist. Letztere endigen in eine keilförmige Einsatzöffnung für die ebenfalls keilförmigen Schiffchen. Die Trocknung darf auf keinen Fall mit atmosphärischer Luft geschehen, sondern im Kohlensäurestrom. Von der Kohlensäureflasche, der ein Reduzierventil angeschaltet ist, tritt die Kohlensäure durch eine mit konzentrierter Schwefelsäure gefüllte Gaswaschflasche, die die in der Kohlensäure enthaltene Feuchtigkeit entfernen und die Stärke des Kohlensäurestromes durch die Anzahl der durchtretenden Gasblasen erkennen lassen soll. Die vorgetrocknete Kohlensäure wird dann in die Heizkanäle am Hinterteil des Trockenschrankes durch mit Gummistopfen eingesetzte Glasröhren in diejenigen Kammern, welche mit Proben beschickt sind, eingeleitet.

Die Trocknung an der Luft ist deshalb nicht angängig, weil verschiedene Brennstoffe bei diesen hohen Temperaturen schon zu oxydieren beginnen.

Nach der Trocknung läßt man die bedeckten Trockenschiffchen im Exsikkator erkalten und wägt dann auf der analytischen Wage.

Aus der Gewichtsabnahme und der angewandten lufttrockenen Substanzmenge berechnet sich der Gehalt an hygroskopischem Wasser.

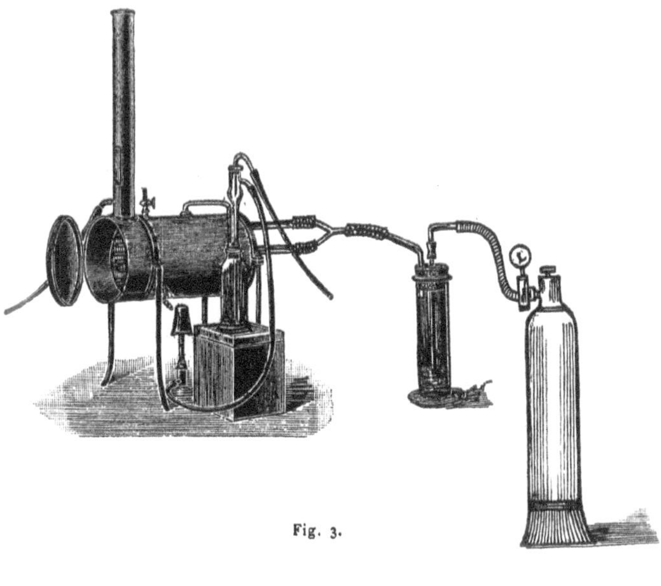

Fig. 3.

Beispiel: Schiffchen mit lufttrockenem Kohlepulver 32,8764 g

| | |
|---|---|
| Schiffchen leer . . . . . . . . | 22,3341 » |
| angewandte lufttrockene Kohlensubstanz | 10,5423 g |
| Schiffchen mit Kohletrockensubstanz (nach Trocknen) | 32,2244 » |

Wasserverlust beim Trocknen somit auf 10,5423 g

$$= 32{,}8764 - 32{,}2244 = 0{,}6520 \text{ g}$$

Wasserverlust auf 100 g $\frac{0{,}6520 \cdot 100}{10{,}5423} = \mathbf{6{,}18\,\%}$.

Die lufttrockene Kohle enthält somit 6,18% hygroskopisches Wasser und 100 — 6,18 = 93,82% Kohletrockensubstanz.

### Die Gesamtfeuchtigkeit.

Für die Bewertung einer Kohle ist nun weder die Grubenfeuchtigkeit noch das hygroskopische Wasser allein maßgebend, sondern nur die Angabe der Gesamtfeuchtigkeit, die nicht etwa die Summe von Grubenfeuchtigkeit und hygroskopischem Wasser darstellt; aber die Gesamtfeuchtigkeit läßt sich aus diesen beiden Angaben berechnen.

Beispiel 1: Die Grubenfeuchtigkeit (s. o.) hat sich zu 2,12% ergeben, das hygroskopische Wasser war 6,18%.

Es enthalten also 100 g grubenfeuchte angelieferte Kohle 100 — 2,12 = 97,88 g lufttrockene Kohle, ferner enthalten 100 g lufttrockene Kohle 6,18 g hygroskopisches Wasser, auf 97,88 g lufttrockene Kohle treffen dann $\frac{6{,}18 \cdot 97{,}88}{100} = 6{,}05$ g hygroskopisches Wasser.

100 g grubenfeuchte Kohle enthält dann:

a) 2,12 g Wasser als sog. Grubenfeuchtigkeit,

b) 6,05 » » resultierend aus 97,88 g lufttrockener Kohle,

8,17 g Gesamtfeuchtigkeit = **8,17%**.

Bedeutet allgemein: $f$ = gesuchte Gesamtfeuchtigkeit,

$g$ = Grubenfeuchtigkeit (in % der angelieferten Kohle),

$h$ = hygroskopisches Wasser (in % der vorgetrockneten Kohle), dann ist die Gesamtfeuchtigkeit

$$f = g + \frac{h(100 - g)}{100}.$$

Beispiel 2: Eine Braunkohle enthielt 32,5 % Grubenfeuchtigkeit und 8,5 % hygroskopisches Wasser.

Die Gesamtfeuchtigkeit ist dann:

$$f = g + \frac{h(100 - g)}{100} = 32,5 + \frac{8,5(100 - 32,5)}{100} = 39,05\,\%.$$

Hätte man den Fehler gemacht und einfach Grubenfeuchtigkeit und hygroskopisches Wasser addirt (dieser Fehler wird sehr häufig gemacht), so hätte sich ergeben 32,5 + 8,5 = 41,0 %.

## b) Der Aschengehalt.

Die Bestimmung des Aschengehaltes geschieht meist in der gemahlenen lufttrockenen Kohle, sie kann aber ebenso in der bei der Wasserbestimmung erhaltenen Kohletrockensubstanz ausgeführt werden. Im Endresultat ist der Aschengehalt auf angelieferte Kohle und auf Kohletrockensubstanz umzurechnen.

Fig. 4.

Man wägt in einem tarierten, ausgeglühten, flachen Platinkästchen (Fig. 4) ca. 5 g Substanz auf der analytischen Wage genau ab, bringt es auf ein Drahtdreieck und verascht. Zuerst stellt man das Veraschungskästchen in eine Höhe von etwa 20 cm über die mit kleiner Flamme brennende Gasflamme. Am besten eignen sich zur Veraschung sog. Pilzbrenner (Fig. 5), da sie die Wärme sehr gleichmäßig verteilen. In der ersten Stunde soll sich die Substanz nur mäßig anwärmen. Nach 1 Stunde bringt man die Flamme durch Aufstellen des Brenners auf einen Holzklotz in eine Entfernung von etwa 10 cm vom Kästchen; nach 2 Stunden kann man den Gashahn ganz öffnen

Fig. 5.

und nach 3—3 $^1/_2$ Stunden darf der Pilzbrenner so hoch gestellt werden, daß die Flamme direkt die Platinschale allseitig berührt und in gleichmäßiges Glühen bringt. Das Glühen setzt man so lange fort, bis die Asche die charakteristische Farbe zeigt. Zeitweise ist mit einem ausgeglühten Platindraht die Substanz während des Veraschens aufzulockern. Nach 4 bis 6 Stunden — je nach Art der Kohle — ist die Veraschung beendigt. Es dürfen Kohlepartikelchen nicht mehr zurückbleiben. Die Aschebestimmung ist stets doppelt auszuführen.

Erhitzt man von Anfang an zu rasch, so tritt leicht ein Zusammensintern der Kohlepartikelchen ein, und eine vollkommene Veraschung ist dann so gut wie ausgeschlossen. Vorsichtiges Erwärmen in den ersten drei Stunden ist eine Hauptbedingung bei der Aschebestimmung.

Nach beendigter Veraschung läßt man die Schalen mit ihrem Inhalt im Exsikkator erkalten. Schon nach ca. 10 Minuten kann man, da diese Abkühlung sehr rasch vor sich geht, wägen.

Beispiel: Aschebestimmung in lufttrockener Kohle.

| | |
|---|---|
| Platinkästchen mit lufttrockener Kohlesubstanz . | 18,4293 g |
| » leer . . . . . . . . . . | 12,3192 » |
| angewandte lufttrockene Kohlesubstanz . . . | 6,1101 g |
| Platinkästchen mit Asche . . . . . . . . . . | 13,0108 » |

somit lieferten 6,1101 g lufttrockene Kohle 13,0108 — 12,3192 = 0,6916 g Asche und

100 g lufttrockene Kohle geben $\frac{0,6916 \cdot 100}{6,1101} = 11,3\,\%$ Asche.

Der Aschengehalt ist auf Kohletrockensubstanz und auf angelieferte grubenfeuchte Kohle umzurechnen:

Die Grubenfeuchtigkeit war 2,12 %
das hygroskopische Wasser » 6,18 %
die Gesamtfeuchtigkeit » 8,17 %,

100 g lufttrockene Kohle enthalten 6,18 % hygroskopisches Wasser, also = 100 — 6,18 = 93,82 % Kohletrockensubstanz.

In 93,82 g Kohletrockensubstanz sind also ebenso 11,3 g Asche enthalten und 100 g Kohletrockensubstanz enthalten dann

$$\frac{11,3 \cdot 100}{93,82} = 12,05\,\%\text{ Asche.}$$

Bei einer Gesamtfeuchtigkeit von 8,17 % treffen auf:

100 g angelieferte Kohle 8,17 g Wasser und 100 — 8,17 = 91,83 g Kohletrockensubstanz.

Diese 91,83 g Kohletrockensubstanz enthalten $\frac{12{,}05 \cdot 91{,}83}{100}$ = **11,07** g Asche,

es enthalten dann auch die 91,83 g Kohletrockensubstanz = 100 g angelieferte grubenfeuchte Kohle, 100 g angelieferte Kohle = 11,07 g Asche = 11,07 %.

Diese Kohle zeigt: im grubenfeuchten Zustand 11,07 % Asche
» lufttrockenen » 11,30 % »
in Kohletrockensubstanz 12,05 % »

Es ist deshalb sehr wesentlich, daß bei der Angabe des Aschengehaltes stets bemerkt wird, auf welchen Zustand der Kohle sich diese Zahl bezieht. Prozentual ist natürlich der Aschengehalt der grubenfeuchten Kohle der kleinste, der Aschengehalt der Trockensubstanz der größte.

Der Reinkohlegehalt berechnet sich an Hand der Angaben von Gesamtfeuchtigkeit und Aschengehalt, bezogen auf angelieferte Kohle.

Beispiel: Die Kohle hatte eine Gesamtfeuchtigkeit von 8,17 %, einen Aschengehalt in angelieferter Kohle von 11,07 %, dann ist der Reinkohlegehalt = brennbare Substanz

100 — (8,17 + 11,07) = **80,76** %.

c) die elementare Zusammensetzung, d. i. der Gehalt an Kohlenstoff, Wasserstoff, Schwefel, Stickstoff und Sauerstoff.

Man kann die elementare Zusammensetzung entweder durch die Verbrennung im Elementarofen im Sauerstoffstrom ermitteln (s. Jakob, Brauerei- und Mälzereibetriebskontrolle, Bd. IV, Verlag J. L. Stich, Nürnberg). Viel einfacher ist aber die Elementaranalyse in der kalorimetrischen Bombe und zwar im Anschluß an die kalorimetrische Verbrennung bei der Heizwertbestimmung. Nur die letzte Methode sei hier besprochen. (s. im Anschluß an das folgende Kapitel »Kalorimetrische Heizwertbestimmung«.)

## c) Die kalorimetrische Heizwertbestimmung.

Die Berechnung des Heizwertes aus der Elementaranalyse ist keine vollkommen exakte.

Der Grund, daß der aus der elementaren Zusammensetzung eines Brennstoffes berechnete Heizwert nicht der Wirklichkeit entspricht, liegt in folgendem:

Zunächst kann es durchaus nicht als ein Gesetz gelten, daß die chemische Verbindung zweier oder mehrerer Elemente, und eine solche ist die Kohle, den gleichen Heizwert hat, wie die Summe der Heizwerte der elementaren Bestandteile. Außerdem sind aber die Heizwertkonstanten (81,290 etc.) in den Dulongschen Formen nicht absolut einwandfrei festgelegte und konstante Zahlen. Die Restberechnung des Sauerstoffes kann ebenfalls bisweilen zu großen Fehlern Veranlassung geben, wenn noch andere Elemente an der Zusammensetzung sich beteiligen. Endlich ist aber auch die Möglichkeit gegeben, daß in Brennstoffen kohlensaure Salze eingelagert sind, aus welchen beim Glühen ebenfalls Kohlensäure entweicht, die im Kaliapparat gebunden wird und dann als Kohlenstoff in Anrechnung kommt.

Solche Nachteile und Ungenauigkeiten beseitigt die kalorimetrische Heizwertbestimmung.

Unter Heizwert eines Brennstoffes versteht man die Anzahl Wärmeeinheiten, auch Kalorien genannt (WE oder Kal.), welche 1 kg des Brennstoffes bei seiner vollkommenen Verbrennung entwickelt.

1 WE ist allgemein = jene Wärmemenge, welche erforderlich ist, um die Temperatur von 1 kg Wasser um 1 $^0$ C zu erhöhen.

Das Prinzip der kalorimetrischen Heizwertbestimmung ist ein einfaches:

Eine abgewogene Kohlenprobe wird in einem allseitig von Wasser umgrenzten Raum einer vollkommenen Verbrennung unterworfen, wobei sich die erzeugte Wärmemenge dem Kalorimeterwasser mitteilt; aus dessen Temperaturerhöhung findet man dann den Heizwert.

Die vollkommene Verbrennung wird auf drei Arten[1]) erreicht:

a) Durch Verbrennung im Sauerstoffstrom (Kalorimeter von Fischer & Carpenter),

b) durch Verbrennung in der Bombe, unter Anwendung von hochkomprimiertem Sauerstoff (Kalorimeter von Berthelot, Mahler, Kröcker, Langbein, Hempel, Jakob),

c) durch eine Verbrennung, wodurch der nötige Sauerstoff von einem Verbrennungsmittel entwickelt wird. (Kalorimeter nach Parr, Anwendung von Natriumsuperoxyd).

Für Laboratoriumspraxis kommt nur die Verbrennung in der Bombe in Betracht, da nur diese Methode auf raschestem Wege brauchbare Zahlen liefert.

## Die Einrichtung zur Ausführung der kalorimetrischen Heizwertbestimmung.

Das Kalorimeter mit seinen Zubehörteilen:

Das Kalorimeter[2]) (Fig. 6 u. 7) besteht aus einem äußeren doppelwandigen Isoliergefäß, das entweder mit Glyzerin oder mit destilliertem Wasser gefüllt ist. Isoliergefäße aus Holz oder anderen festen Körpern sind nicht empfehlenswert. In das Isoliergefäß ist das sog. Kalorimetergefäß eingehängt; in letzteres wird die abgewogene Kalorimeterwassermenge von 2000 bis 2500 g eingeschüttet. Die Bombe selbst findet ihren Platz unter Wasser auf einem kleinen Gestell, welches nur das direkte Aufstehen des Bombenkörpers auf dem Gefäßboden verhindern soll. Fig. 8 zeigt einen Schnitt durch die Bombe. Sie besteht aus einem unteren etwa 6 mm starken Tiegel aus bester Bronze, der am Boden halbmondförmige Ansätze trägt. Letztere dienen nur zum Festhalten des Tiegels in einer am Arbeitstisch festgeschraubten Form mit entsprechenden Aussparungen, in

[1]) Eingehende Abhandlung hierüber: s. Jakob, Zeitschr. f. ges. Brauwesen Nr. 40, 41, 42 1906, ferner Nr. 2, 3, 4, 5 1907 und Zeitschr. f. chem. Apparatekunde Nr. 10, 12, 13, 14, 19, 20, 21, 22 1907.

[2]) Ausführung nach Angabe des Verfassers. Verfertiger J. Geißel, Apparatebauanstalt, Frankfurt a. M., Kirchgasse.

Fig. 6.

Fig. 7.

welche man den Tiegel einsetzt, wenn man den Verschlußdeckel aufschrauben will. In dem Tiegel, dessen Höhe und Durchmesser gleich sind, ist ein eingepaßter, aber herausnehmbarer Emaille- oder Platintopf eingesetzt. Der Verschlußdeckel trägt zwei Ventilschrauben mit seitlichen Gasanschlüssen. Von der einen Ventilschraube, welche als Zuleitung für den Sauerstoff dient, geht ein Platinröhrchen ganz bis auf den Boden; an die

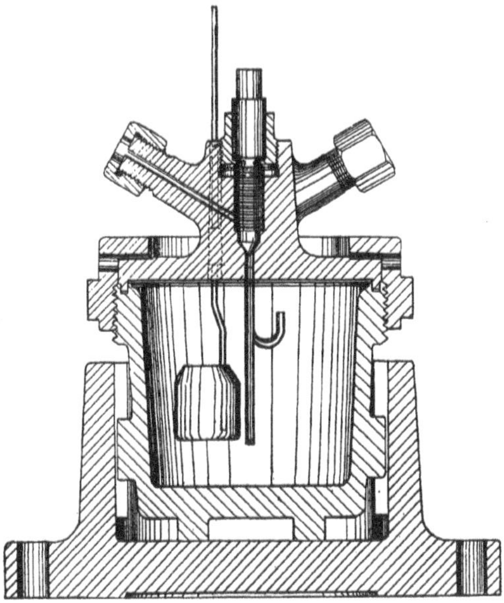

Fig. 8.

zweite Ventilöffnung ist ein kurzes, nach oben gekrümmtes Platinröhrchen angesetzt. Der Deckel ist auf seiner Unterseite platiniert. Außer den beiden Ventildurchbohrungen trägt er noch eine sehr enge Bohrung, in welche ein gegen den Bombendeckel isolierter Poldraht von oben eintretend bis ins Bombeninnere reicht und zur Einleitung des elektrischen Stromes bei beabsichtigter Zündung dient. Er endigt unten in einem Häkchen, an welches man das Platinverbrennungskörbchen aufhängt. Durch Aufschrauben einer Überwurfmutter wird der Verschlußdeckel auf den Tiegel gepreßt. Ein dazwischengelegter Dichtungsring ermöglicht ein vollständiges Abdichten. Das Aufschrauben der Überwurfmutter geschieht in der obengenannten Form mittels eines langgestielten Schraubenschlüssels. Der Bombendeckel trägt zwei durch feine aufgeschobene Gummischläuche gegeneinander isolierte Polstifte, welche beim Einstellen der Bombe ins Kalorimeterwasser über das Gefäß herausragen. Die Bombe wird im Kalorimetergefäß von einem kreisringförmigen Wasserrührwerk umschlossen, das durch einen Antrieb in vertikaler Richtung bewegt wird. Ein Doppeldeckel aus Hartgummi bedeckt beim Versuch das Gefäß von oben. Durch den Deckel ragen zunächst die Poldrähte, dann ferner die beiden Stangen des Rührwerkes, welche über dem Deckel durch eine gemeinsame Traverse des Antriebsmechanismus verbunden werden. Außerdem zeigt er eine Öffnung zum Einsetzen eines Thermometers.

Der Ort der Aufstellung soll möglichst in einem Raum von sehr konstanter Temperatur gewählt werden. Den Apparat selbst stellt man auf ein mit seitlicher Holzschutzwand versehenes Untergestell. Die Benutzung der Schutzwand geschieht zur Abhaltung der Körperwärme von dem Apparat. In dieser Seitenwand befindet sich ein verschiebbares Fernrohr, mit welchem man am Thermometer die Gradeinteilung auf $^1/_{100}{}^0$ C genau und auf $^1/_{1000}{}^0$ C schätzungsweise ablesen kann. Sehr empfehlenswert ist das Beckmannsche Thermometer. Es besitzt ein Quecksilbergefäß und kann für beliebige Temperaturen eingestellt werden. Vor dem Ablesen erschüttere man es durch leises Anklopfen, um die Adhäsion des Quecksilbers am Glase aufzuheben.

Zur Zündung benutzt man meist eine elektrische Batterie, bestehend aus Trockenelementen (sechs bis acht hintereinander geschaltet) oder eine Tauchbatterie, bestehend aus Chromsäureelementen (Fig. 9). Die Elektroden sind Zink und Kohle.

Als Leitungsdrähte zwischen Schalter, Elementen und den Polen der Bombe benutzt man umsponnenen Kupferdraht, wie man ihn gewöhnlich bei Hausklingelanlage verwendet. Der Antrieb des Wasserrührwerkes kann entweder von Hand geschehen oder mechanisch durch einen kleinen Elektromotor oder eine Turbine.

Zur Füllung der Bombe mit Sauerstoff benutzt man am besten die in Fig. 10 wiedergegebene Anordnung bestehend aus zwei Stahlflaschen, welche durch Rohre mit einem Kreuzstück verbunden sind, letzteres trägt oben ein Manometer. Unten befindet sich ein weiterer Anschluß, durch welchen die

Fig. 9.

Füllung der Bombe geschehen kann. Von den beiden Sauerstoffflaschen ist eine leer, die andere mit hochkomprimiertem Sauerstoff, wie er im Handel käuflich, gefüllt. Nun verschließe man zunächst den unteren Ausgang am Kreuzstück durch Zudrehen des Ventiles *v*; ferner öffne man das Ventil der leeren Flasche *a* u. *a'* und darauf das der gefüllten Flasche *b* u. *b'*, und zwar dieses nur sehr wenig. Dabei wird das Manometer immer mehr anwachsenden Druck anzeigen. Sind etwas über 15 Atm. erreicht, so schließe man Flasche *b* wieder vollkommen ab und dann auch Flasche *a*; öffne darauf bei *v* und schalte durch eine Kupferrohrverbindung die Bombe zum Füllen an. Man verwende dann stets nur von dem auf 15 Atm. reduzierten Sauerstoff. Dieses Verfahren hat verschiedene Vorteile gegenüber der direkten Füllung aus einer Flasche. Zunächst ist es vollkommen gefahrlos und ferner geht nicht so viel Sauerstoff verloren als bei hohem Druck, endlich erzielt man eine exakte Druckkonstanz, die in jedem andern Fall bei direkter Füllung sehr schwer erzielbar ist.

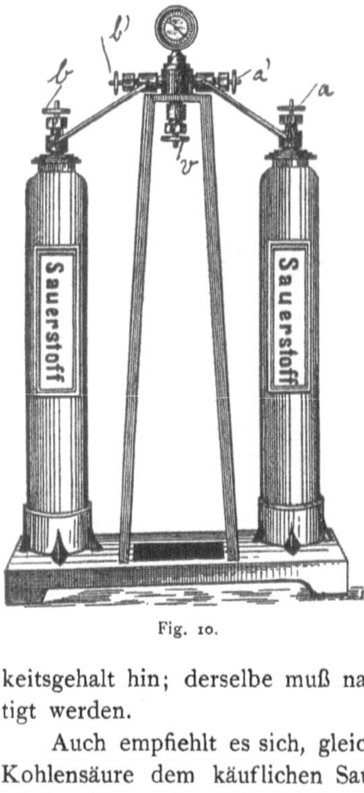

Fig. 10.

Beim Bezug des Sauerstoffes ist darauf zu achten, daß es bisweilen vorkommt, daß der käufliche komprimierte Sauerstoff größere oder geringere Mengen von Feuchtigkeit mit sich führt; deshalb empfiehlt es sich, beim ersten Öffnen einer angelieferten Sauerstoffflasche die Bombe mit 15 Atm. dieses Sauerstoffes zu füllen und den gesamten Gasinhalt durch ein Chlorkalziumrohr wieder langsam ausblasen zu lassen. Eine etwaige Gewichtszunahme der Vorlage deutet auf Feuchtigkeitsgehalt hin; derselbe muß natürlich rechnerisch berücksichtigt werden.

Auch empfiehlt es sich, gleichzeitig zu prüfen, ob vielleicht Kohlensäure dem käuflichen Sauerstoff beigemischt ist. Man schaltet hinter das Chlorkalziumrohr hierzu noch einen Liebigschen Kaliapparat, aus dessen Gewichtszunahme auf event. Kohlensäuregehalt geschlossen werden kann.

Der Sauerstoff kann aber noch andere Verunreinigungen enthalten, durch welche die erhaltenen Resultate bei der Heizwertbestimmung sogar ganz unbrauchbar werden. So enthält der elektrolytisch hergestellte Sauerstoff oft wechselnde Mengen von Wasserstoff. Benutzt man nun solchen Sauerstoff, ohne auf Wasserstoff zu prüfen, so treten manchmal die wunderbarsten Zahlen zutage. Z. B. erhielt ein Institut in Wien aus diesem Anlaß bei der Bestimmung des Wasserwertes eine immer höhere Wärmeentwicklung, als der angewandten Substanz entsprach, so daß der Wasserwert negativ wurde; endlich, nach langer Mühe, fand man die Ursache in wasserstoffhaltigem Sauerstoff.

## Ausführung der kalorimetrischen Heizwertbestimmung.

### a) Vorbereitung der Kohlenprobe.

Nach gründlicher Durchmischung der nach Entleeren der Kugelmühle entnommenen Durchschnittsprobe nimmt man mit einem Hornlöffel etwa 1 g bei Steinkohlen, bei Braunkohlen bis zu 2 g und preßt mittels Pastillenpresse (Fig. 11) kleine zylindrische Briketts. Die Presse hat einen Stahleinsatz mit einer zylindrischen, unten in einen Konus endigenden Bohrung. In den konischen Teil drückt man von unten her ein passendes Verschlußstück ein und schiebt dann den Stahleinsatz unter die Presse. Durch die obere Öffnung des Einsatzes gibt man mit dem Hornlöffel das Kohlepulver ein, legt einen kurzen Stahlzylinder auf, setzt darauf den Preßstempel und schraubt dann die Preßspindel, einen kräftigen Druck ausübend, abwärts. Das durch den Druck erzeugte Brikett kann man nach Zurückdrehen der Schraubenspindel aus dem Stahleinsatz auspressen, wenn man letzteren in eine an der Presse eigens angebrachte höher liegende Führung einschiebt. Damit das Brikett durch Herabfallen nicht bricht, hält man unter die Ausfallöffnung einen Hornlöffel unter. Nach jeder Herstellung eines Briketts müssen die Stempel und die

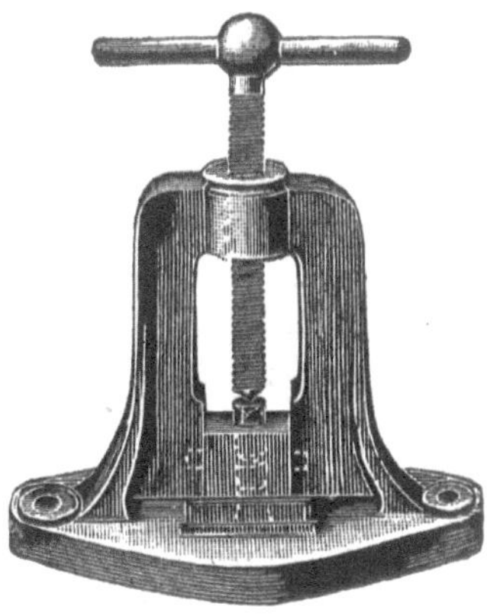

Fig. 11.

Öffnung im Stahleinsatz mit etwas Maschinenöl gereinigt und von letzterem wieder vollkommen durch Auswischen mit einem trockenen Lappen befreit werden. Ein ganz schwacher erwünschter Fetthauch bleibt so zurück, wodurch der Nachteil eines eventuellen starken Anhaftens des nächsten hergestellten Briketts an der Stahlwand behoben wird, was sonst eine Zerbröckelung zur Folge hätte. Man stellt sich immer mehr Briketts (ca. 3 bis 4) von der zu untersuchenden Kohle her, entfernt äußerlich alle anhaftenden oder leicht abfallenden Partikel mit Messer und Pinsel und bewahrt die Briketts zwischen zwei größeren Uhrgläschen oder besser in einer bedeckten Petrischale auf.

### b) Vorbereitung des Zündfadens.

Nun bereitet man sich den Zündfaden vor. Dieser besteht aus einem einfachen, guten, weißen Leinenfaden. Man schneidet sich mehrere Stückchen von genau 10 cm Länge ab und hebt sie gleichfalls unter Verschluß bis zum Gebrauch auf.

### c) Vorbereitung der Bombe.

Die Bombe selbst muß außen und innen vollkommen sauber und trocken sein, die Ventile müssen sich leicht öffnen und schließen lassen. Eine geringe Ölung der Ventilspindeln verhindert ein Festsetzen. Den reinen Emaille- resp. Platineinsatz mit seiner bekannten Tara setzt man nun in das Unterteil der Bombe ein. Das Kopfstück bringt man in Gesichtshöhe auf ein Gestell und befestigt zwischen dem isolierten Poldraht und einem Platinröhrchen, das den andern Pol bildet, einen sehr dünnen Platindraht, den sog. Zünddraht, durch einfaches Herumschlingen. Derselbe muß gut anliegen, da bei ungenügendem Kontakt sehr häufig die Zündung ausbleibt. Darauf hängt man den ebenfalls tarierten Platinverbrennungskorb am Häkchen ein. Dann wiegt man ein Brikett auf einem tarierten Uhrglas, umbindet es mit 10 cm Faden, legt es in den Verbrennungskorb und umschlingt mit einem zweiten Fadenstück von 10 cm das vom Kohlenbrikett abstehende erste Fadenende derart, daß man es zugleich an den Platinzünddraht anknüpft. Es stehen nun vier Fadenenden ab, welche man mit einer scharfen Schere so entfernt, daß gerade im ganzen 10 cm Faden in Wirklichkeit zum Anbinden verwendet wurden, was durch Zurückmessen der abgeschnittenen Fadenreste leicht erreicht werden kann. Wurde etwas zu viel Faden abgeschnitten, so gibt man das über 10 cm reichende Stückchen in den Verbrennungskorb zurück. Nun setzt man das Kopfstück auf den Tiegel, nachdem man die Dichtung nachgeprüft hat; hierauf stellt man die Bombe in die am Arbeitstisch aufgeschraubte Verschlußform und schraubt die Überwurfmutter kräftig auf. Dann schließt man beide Ventilspindeln, stellt einen mit gewöhnlichem Wasser gefüllten Emailletopf bereit, vereinigt die Bombe mit ihrem Einlaßventil mit dem Manometer des Sauerstoffüllapparates, öffnet hierauf das Einlaßventil an der Bombe und stellt die Bombe (das biegsame Kupferrohr läßt dies zu) in den Topf mit Wasser. Jetzt öffnet man an der Sauerstoffflasche das Ventil, wobei das Manometer etwas über 15 Atm. Druck anzeigen wird, und schließt dann dieses wieder. Steigen nun an der im Wasser stehenden, mit ca. 15 Atm. Sauerstoff gefüllten Bombe keine Gasblasen auf, so ist sie allseitig dicht. (Im umgekehrten Falle muß zunächst die Undichtheit beseitigt werden.) Man kann dann die Bombe aus dem Wasser nehmen und den Topf entfernen. Nachdem sie außen abgetrocknet wurde, läßt man den Sauerstoff durch das Ausgangsventil ausblasen, wodurch alle ursprüngliche Luft aus dem Innern ebenfalls mitentweicht, schließt den Auslaß dann wieder und füllt nochmals mit genau 15 Atm.

### d) Vorbereitung des Kalorimetergefäßes.

Das Kalorimetergefäß muß mit einer genau abgewogenen Menge destilliertem Wasser von möglichst annähernder Zimmertemperatur beschickt werden; am besten gibt man 2500 g Wasser ein. Je kleiner die angewandte Wassermenge, desto höher wird die durch eine bestimmte Kohlenmenge erzeugte Temperatursteigerung und desto größer wird die Ausstrahlung (siehe unten). Es ist nun vorteilhaft, letztere so weit als möglich herabzudrücken. Ist die Bombe ins Kalorimeterwasser inmitten des Wasserrührwerkes eingesenkt, so bedeckt man das Gefäß mit dem Doppeldeckel, schließt die Pole der Bombe in den Stromkreis ein bei geöffnetem Schalter und ausgezogenen Zinkpolen der Batterie, setzt dann das Beckmannthermometer ein und rückt das Kalorimeter so zurecht, daß man die Thermometerskala mittels des Fernrohres gut ablesen kann. Endlich schließt man nun das Wasserrührwerk an die Traverse an und bringt es in Bewegung.

### e) Ausführung der Verbrennung.

Nun hat man hinter der Schutzwand genau durch das Fernrohr die Wassertemperatur zu beobachten. Sie bleibt konstant, wenn die Wassertemperatur sehr wenig von der Zimmertemperatur abweichen wird. Zur Bestimmung der Zimmertemperatur hängt man neben dem Kalorimeter ein Thermometer auf. Die Wassertemperatur des Kalorimeters wird von Minute zu Minute notiert unter ständigem Gang des Rührwerkes. Treten nach 5 oder 6 Minuten keine nennenswerten Temperaturdifferenzen auf, so wird die Tauchbatterie eingesenkt und dann der Schalter einen kleinen Moment, etwa 2 Sekunden, kurz geschlossen. Dabei kommt der Platindraht im Innern zum Glühen und entzündet den Faden und damit auch das Kohlebrikett. Die Verbrennung geschieht unter den gegebenen Verhältnissen mit enormer Geschwindigkeit. Unmittelbar nach dem Ausschalten des Stromes sind auch die Zinkelektroden aus der Chromsäure auszuziehen. Man wird sofort ein Steigen des Quecksilberfadens im Thermometer erkennen. Nach einigen Minuten ist der höchste Stand erreicht. Diese Maximaltemperatur ist genau zu notieren; anschließend muß aber noch allminutlich (5 Minuten lang) abgelesen werden, um nochmals zu prüfen, ob nicht durch ungleichmäßiges Rühren od. dgl. sehr ungleiche Temperaturschwankungen zu verzeichnen sind.

Die Temperaturbeobachtungen vor und nach der Verbrennung gehören lediglich zur Ermittlung des eventuellen Strahlungsverlustes. Aus der Temperaturdifferenz vor und nach der Verbrennung berechnet sich der Heizwert des Brennstoffes.

## Kalorimetereichung und Wasserwert.

Es ist zu beachten, daß neben der Wassermenge selbst auch alle Metallteile des ganzen Apparates eine Erwärmung erfahren. Deshalb muß die Wärmeaufnahmefähigkeit (Wärmekapazität) eines Kalorimeters zunächst experimentell bestimmt werden. Diese Eichung hat man nur einmal vorzunehmen; das Ergebnis ist dann eine Konstante für den betreffenden Apparat.

Um die Wärmeaufnahme eines Kalorimeters zahlenmäßig in Rechnung stellen zu können, denkt man sich die an den Apparat übergegangene Wärmemenge von einer solchen Wassermenge in Gramm aufgenommen, welche sich ebenso hoch erwärmen würde wie die Apparatenteile, und berechnet dann die auf 1 ⁰ C Temperaturerhöhung treffende Wärmemenge.

Ist z. B. zur Erwärmung der Metallteile um 1⁰ C eine Wärmemenge von 354 Kal. nötig, d. h. absorbierten die Metallteile ebenso viel Wärme als 354 g Wasser dies tun würden, so nennt man diese Zahl 354 den Wasserwert des Kalorimeters.

»Der Wasserwert eines Kalorimeters ist also jene Wärmemenge, welche bei einer Temperatursteigerung des Kalorimeterwassers um 1⁰ C. von dem Apparat aufgenommen wird, und wird in Rechnung gleich jener Wassermenge in Gramm gesetzt, welche gerade die Temperatursteigerung von 1⁰ C durch diese Wärmezufuhr erfahren würde.«

Bei der Heizwertbestimmung hat man dann zum abgewogenen Wasserquantum den Wasserwert hinzuzuaddieren und mit dieser fingierten Wassermenge ist weiter zu schließen.

Zur experimentellen Ermittlung des Wasserwertes verbrennt man im Kalorimeter genau in der oben beschriebenen Weise wie bei der Kohlenverbrennung abgewogene Substanzmengen in Brikettform, deren Verbrennungswärme bekannt sein muß.

Als solche Substanzen kommen in Anwendung:

| | | | |
|---|---|---|---|
| Saccharose | mit | 3955,2 | Kal. |
| Salizylsäure . . . | » | 5269,2 | » |
| Kampfer . . . . . | » | 9291,6 | » |
| Phtalsäureanhydrit | » | 5299,6 | » |
| Benzoin . . . | » | 7883,4 | » |
| Hippursäure . . . . | » | 5668,2 | » |
| Benzoesäure . | » | 6322,1 | » |

Durch das Gewicht der zur Verbrennung gelangenden Substanzmenge ist somit die eingeführte Wärmemenge direkt gegeben und es läßt sich berechnen, welche Temperaturerhöhung das Kalorimeterwasser tatsächlich erfahren müßte.

Bei Anwendung von 2500 g Wasser und 1,3985 g Salizylsäure würden 1,3985 · 5269,2 = 7365 g-Kal. zugeführt, so daß sich die Wassermenge um $\frac{7365}{2500} = 2{,}948^{0}$ C erwärmen müßte. In Wirklichkeit wird sich aber eine niedrigere Temperatursteigerung ergeben, z. B. 2,478⁰ C, so daß es erscheint, als ob nur 2,478 · 2500 = 6195 g-Kal. zugeführt wurden. Es müssen also 7365 — 6195 = 1170 Kal. vom Kalorimetergefäß selbst aufgenommen worden sein. Pro 1⁰ C Temperaturerhöhung des Kalorimeterwassers nimmt der Apparat $\frac{1170}{2{,}478} = 472$ Kal. auf. Diese Zahl 472 ist nun der Wasserwert des Apparates.

Man stellt bei diesem Verfahren die Differenz fest zwischen der durch die Substanz wirklich zugeführten Wärme und der im Kalorimeter nachgewiesenen.

Bezeichnet man allgemein mit $S$ die zur Eichung angewendete, abgewogene Substanzmenge in Gramm und mit $V$ die Verbrennungswärme der betreffenden Substanz, so ist die wirklich zugeführte Wärme $W_t$

$$W_t = S \cdot V.$$

Die vom Kalorimeterwasser aufgenommene Wärme $W_1$ erhält man aus dessen Temperaturzunahme $T$ während der Verbrennung, wenn $m$ g Wasser eingefüllt wurden, aus

$$W_1 = m \cdot T.$$

Vom Apparat wurde dann eine Wärmemenge $W_2$ aufgenommen, welche sich ergibt aus:

$$W_2 = W_t - W_1$$

$$W_2 = (S \cdot V) - (m \cdot T).$$

Der Wasserwert $W$ ergibt sich aus

$$W = \frac{W_2}{T},$$

$$W = \frac{(S \cdot V) - (m \cdot T)}{T},$$

oder
$$W = \frac{S \cdot V}{T} - m.$$

Es genügt nicht, aus einer einzigen solchen Verbrennung den Wasserwert zu berechnen, sondern man führe mindestens ca. zehn Verbrennungen, und zwar mit zwei verschiedenen Substanzen, je fünf mit der gleichen Substanz, aus. Man halte dabei fest, daß stets die gleiche Wassermenge $m$ (2500) g verwendet wird und ferner bei jeder Verbrennung eine zwischen 2 und $3^0$ C liegende Temperaturerhöhung des Kalorimeterwassers erzielt wird.

Die notwendige Substanzmenge zur Erreichung der genannten Wassertemperatur wird man durch einen einmaligen Vorversuch herausfinden können.

Wählt man sehr kleine Wassermengen, z. B. 1000 g, so erhält man zunächst weit höhere Temperatursteigerungen des Kalorimeterwassers und ferner variieren mit wechselnden angewandten Substanzmengen die Temperaturunterschiede der Einzelverbrennungen meist weit mehr als um $1^0$ C, und endlich treten unliebsame Strahlungserscheinungen bei kleinen Wassermengen auf, welche den Wasserwert mit steigender Temperaturerhöhung des Kalorimeterwassers variabel erscheinen lassen. Man erschwert sich so unnötigerweise sowohl die Eichung als auch das Arbeiten bei der späteren Heizwertbestimmung selbst.

Deshalb empfiehlt es sich nur mit Kalorimetern von ca. 2500 g Wasserinhalt zu arbeiten, bei welchen die Inkonstanz des Wasserwertes innerhalb $1^0$ C Temperaturdifferenz des Kalorimeterwassers nicht mehr, jedenfalls nur innerhalb der Fehlergrenzen, zum Ausdruck kommt. Bei 2—$3^0$ C Temperaturzunahme ist dann der Wasserwert als konstant anzunehmen. Diese Temperaturzunahme muß aber bei allen folgenden Versuchen unbedingt erreicht werden. Nach geringer Übung kann man die von einem vorgelegten Brennstoff dazu notwendige Menge leicht abschätzen.

Aus den 10 Verbrennungen nimmt man das Mittel und benutzt den so erhaltenen Wasserwert für alle späteren Verbrennungen.

Beispiel: Verbrennungssubstanz Saccharose 3955,2 Kal.; Wasserfüllung 2500 g.

| Nr. | angewandte Substanzmenge in g | Durch die Substanz wirklich zugeführte Wärme $W_t$ | Temperatursteigerung der Kalorimeteswassers in ° C | Wärme an das Kalorimeterwasser abgegeben $W_1$ | Wärme an den Apparat abgegeben $W_2$ | Wasserwert |
|---|---|---|---|---|---|---|
| 1 | 1,5942 | 6308 | 2,209 | 5525 | 783 | 354,2 |
| 2 | 1,7703 | 7008 | 2,456 | 6135 | 873 | 356,0 |
| 3 | 1,8764 | 7420 | 2,599 | 6500 | 920 | 354,0 |
| 4 | 2,0853 | 8255 | 2,895 | 7225 | 1030 | 355,9 |
| 5 | 2,1642 | 8560 | 2,994 | 7480 | 1080 | 356,1 |
| | | | | | Mittel . . | 355,24 |

In gleicher Weise wird mit einer zweiten Substanz gearbeitet. Man wählt dann hier den Wasserwert im Mittel zu 355,2.

## Berechnung des oberen Heizwertes (Verbrennungswärme).

Als oberen Heizwert oder Verbrennungswärme bezeichnet man diejenige Wärmemenge, welche pro 1 kg Brennstoff frei wird, wenn die Verbrennungsprodukte auf die Anfangstemperatur des Brennstoffes vor der Verbrennung abgekühlt werden; es kommt demnach alle theoretisch im Brennstoff enthaltene Wärme darin zum Ausdruck.

Beispiel: Im Kalorimeter wurde eine Kohlenmenge von 1,184 g verbrannt; die Temperatursteigerung des Kalorimeterwassers war 2,385° C bei 2500 g Wasserfüllung. Der Wasserwert war (s. o.) 355,2.

Es wurden somit 2500 + 355,2 = 2855,2 g Wasser durch 1,184 g Kohle um 2,385° C erwärmt, oder es wurden durch 1,184 g Kohle 2855,2 · 2,385 = 6818 Kal. zugeführt.

Auf 1 g Kohle treffen dann $\frac{6818}{1,184}$ = **5755** Kal.

Wäre nun durch den Zündfaden und durch die Bildung von Salpeter- und Schwefelsäure nicht noch ebenfalls Wärme erzeugt worden, so würde die letzte Zahl die Verbrennungswärme, d. i. den oberen Heizwert darstellen. Es müssen an dieser berechneten Zahl noch die genannten Korrekturen angebracht werden.

## Ermittlung der am berechneten oberen Heizwert anzubringenden Korrekturen.

### a) Korrektur für das Zündmittel ($W_z$).

Man wickelt ein abgemessenes Stück Faden (10 m) zu einem Knäuel zusammen, wiegt und führt damit in bekannter Weise eine Heizwertbestimmung aus.

Am besten eignet sich ein starker weißer Leinenfaden; 10 m davon wiegen meist ca. 0,9—1,2 g, der Heizwert ergibt sich gewöhnlich zu 4000—4100 Kal. Da 10 cm zur Zündung verwendet werden, so treffen darauf 30—50 Kal., je nach der Qualität des Fadens. Diese Wärmemenge $W_z$ muß in Abzug gebracht werden, da sie nicht aus der Kohle stammt.

Für einen bestimmten Faden ist $W_z$ konstant. Es ist nötig, das Gewicht des Fadens zu ermitteln, wenn man nach der Wägung des Briketts dieses mit dem abgemessenen Fadenstück umbindet. Wird der Faden aber eingepreßt, was zwar nicht empfohlen werden kann, da er sehr häufig dabei bricht, so muß sein Gewicht bestimmt werden und am Gewicht des mit Faden eingepreßten Kohlebriketts in Abzug gebracht werden.

### b) Korrektur durch Bildung von Salpetersäure und Schwefelsäure ($W_s$).

Diese Korrektur ist für Steinkohlen und auch Braunkohlen mit niedrigem Schwefelgehalt sehr konstant, sie liegt fast ausnahmslos zwischen 10 und 35 Kal. Die genaue Bestimmung der Korrektur erfordert viel Zeit und Arbeit, und es wird sich nur für exakte wissenschaftliche Untersuchungen eine genaue Ermittlung lohnen; für technische Zwecke genügt ein konstanter Abzug.

Nach Bunte kann man in Anbetracht der Unbestimmtheiten die Korrektur auch vernachlässigen; Brand hält einen Abzug von ∾ 10 Kal. für Salpetersäure als genügend.

Verfasser empfiehlt, bei bekanntem Schwefelgehalt die Korrektur aus folgender Tabelle zu entnehmen:

| | Schwefelgehalt in Prozent | | | | | | | |
|---|---|---|---|---|---|---|---|---|
| Korrektur für Schwefel- und Salpetersäurebildung | 0,5 | 1,0 | 1,5 | 2,0 | 2,5 | 3,0 | 3,5 | 4,0 |
| Kal. . . . . . . . | 20 | 30 | 40 | 50 | 60 | 70 | 80 | 90 |

Diese Zahlen decken sich innerhalb der Fehlergrenze mit denjenigen, welche sich nach der von Langbein angegebenen Berechnungsart ergeben (s. diese Berechnungsart, Jakob, Brauerei- und Mälzereibetriebskontrolle. Verlag J. L. Stich, Nürnberg, Bd. IV.)

### c) Korrektur infolge ev. Fehlanzeige des Thermometers.

Die käuflichen Thermometer, auch die besten Fabrikate, sind fast nie ganz fehlerfrei. Deshalb ist es nur angängig, solche Thermometer bei kalorimetrischen Versuchen zu bebenutzen, welche von der Physikalisch-Technischen Reichsanstalt geprüft sind und deren Fehler in einem Prüfungsatteste niedergelegt sind.

Diese Korrekturen müssen natürlich berücksichtigt werden. Sie gelten aber nur unter der Voraussetzung, daß der Quecksilberfaden sich seiner ganzen Länge nach in der zu messenden Temperatur befindet. Wenn dagegen, wie es bei den vorliegenden Beobachtungem stets der Fall ist, ein Teil des Quecksilberfadens sich nicht in der zu messenden Temperatur befindet, so ist der abgelesenen und nach vorstehenden Fehlerangaben berichtigten Temperatur noch eine Verbesserung $t_v$ hinzuzufügen

$$t_v = \frac{x \cdot (T - t')}{6300}.$$

Hierin bedeutet $x$ die in Graden ausgedrückte Länge des herausragenden Teiles des Quecksilberfadens; $T$ ist die gemessene Temperatur und $t'$ die mittlere Temperatur des herausragenden Fadens. Letztere wird durch ein Hilfsthermometer ermittelt, dessen Quecksilberkugel sich in halber Höhe des herausragenden Quecksilberfadens befindet.

Z. B. das Thermometer steckt bis $+ 2{,}5^0$ C im Kalorimeterwasser. Die Anfangstemperatur war $18{,}150^0$ C, die Endtemperatur $21{,}03^0$ C.

Bei der Anfangstemperatur betrug $t' = T$, da beide gleich der Zimmertemperatur waren, somit ist für diesen Fall $t_v = 0$.

Am Versuchsende wurde $t'$ bestimmt zu $19{,}2^0$ C; dann ist

$$t_v = \frac{(21{,}03 - 2{,}5) \cdot (21{,}03 - 19{,}2)}{6300} = + 0{,}005.$$

Zeigt bei der Anfangstemperatur 18,150 ⁰ C das Thermometer laut Attest z. B. um 0,01 ⁰ C zu hoch, so ist die tatsächliche Anfangstemperatur somit 18,140 ⁰ C.

Ferner zeige es laut Attest bei 21,030 ⁰ C um 0,01 ⁰ C zu niedrig. Die tatsächliche Endtemperatur ist somit 21,040 ⁰, hiezu muß aber infolge zu geringer Ausdehnung des nicht in der Temperatur des Kalorimeterwassers befindlichen Quecksilberfadens noch die Korrektur 0,005 ⁰ C addiert werden,

Endtemperatur = 21,045 ⁰ C.

Die korrigierte Temperaturerhöhung des Kalorimeterwassers ist dann

$$T_k = 1{,}045 - 18{,}140 = 2{,}905^{0}\ C.$$

**d) Die Korrektur durch Strahlung.**

Verfasser empfiehlt aus dem Grunde der mangelhaften Berechnungsweise und der an und für sich niedrigen Größe des sich ergebenden Wertes die Strahlungskorrektur bei Verbrennung und Eichung außer acht zu lassen. Der Wasserwert schließt sie schon mit in sich ein, wenn man an der Regel festhält, stets eine so große Substanzmenge zur Verbrennung zu bringen, daß die Temperaturerhöhung des Kalorimeterwassers zwischen 2—3 ⁰ C liegt und die Wasseranfangstemperatur stets gleich der Zimmertemperatur gewählt wird. Über Berechnungsweisen des Strahlungsverlustes s. näheres J a k o b, Brauerei- und Mälzereibetriebskontrolle, B. IV. Verlag J. L. Stich, Nürnberg.

**e) Korrektur durch die Wärmezufuhr bei der Zündung des elektrischen Stromes.**

Auch diese Korrektur hat man schon bei der Eichung unberücksichtigt zu lassen, dann kann das gleiche bei der Verbrennung geschehen; denn es eliminiert sich von selbst die in beiden Fällen eingebrachte Wärme m e n g e.

---

Unter Berücksichtigung der angeführten Korrekturen berechnet sich der obere Heizwert aus der allgemein gültigen Formel:

$$H_0 = \frac{T_k}{g} \cdot (m + W) - (W_z + W_s)$$

Hierin bedeutet

$H_0$ = gesuchter oberer Heizwert (Verbrennungswärme),

$T_k$ = wirkliche korrigierte Temperaturerhöhung des Kalorimeterwassers, in welcher also die Fehlanzeige des Thermometers berücksichtigt ist,

$g$ = Gewicht des Kohlebriketts in Gramm,

$m$ = Eingewogene Menge des Kalorimeterwassers (2500 g)

$W$ = Wasserwert, der Strahlung und elektrischen Zündungswärme einschließt,

$W_z$ = Korrektur für Wärmezufuhr durch den Zündfaden in Kal.,

$W_s$ = Korrektur für Bildung von Salpetersäure und Schwefelsäure.

Beispiel: Hat sich nach vorne die korrigierte Temperaturzunahme des Kalorimeterwassers zu $T_k = 2{,}905^0$ C ergeben bei 2500 g Wasserfüllung; ist ferner der Wasserwert = 355,2 Kal. und die Korrektur für das Zündmittel = 34 Kal., diejenige für Bildung von Säure = 40 Kal. (bei 1,5 % Schwefelgehalt), so ist der obere Heizwert, wenn das eingegebene Kohlebrikett 1,0584 g wog

$$H_0 = \frac{2{,}905}{1{,}0584} \cdot (2500 + 355{,}2) - (34 + 40) = 7840 - 74 = 7766 \text{ Kal.}$$

Zahlenmäßige Angaben von Heizwerten runde man stets auf 10 Kal. ab; hier also $H_0$ = 7770 Kal.

## Die Ermittlung und Berechnung des unteren Heizwertes $H_u$.

Zur Begutachtung von Feuerungsanlagen legt man stets den unteren Heizwert $H_u$ zugrunde. Er stellt die Verbrennungswärme, vermindert um die latente Verdampfungswärme ($W_w$), des bei der Verbrennung gebildeten Wassers dar, formell somit

$$H_u = H_0 - W_w$$

Der untere Heizwert ist also der auf das Verbrennungsprodukt »dampfförmiges Wasser« von $100^0$ C bezogene.

Sind $v$ % Verbrennungswasser bei der Heizwertbestimmung entstanden, so ist

$$W_w = \frac{600 \cdot v}{100} = 6 \cdot v$$

Hierin bedeutet 600 = Verdampfungswärme von 1 kg Wasser.

Die Menge des sich bildenden Verbrennungswassers hängt von dem Gehalt der verbrannten Kohlenprobe an hygroskopischem Wasser und an Wasserstoff ab.

Das Verbrennungswasser kann indirekt oder direkt ermittelt werden.

### a) Indirekte Bestimmung des Verbrennungswassers.

Die folgende Methode ist nur eine Näherungsmethode.

Bedeutet:

$H$ = proz. Wasserstoffgehalt } der zur Untersuchung<br>
$h$ = » Gehalt an hygroskopischem Wasser } herangezogenen Kohle,

so entstehen $9\,H + h$ % Verbrennungswasser und es ist

$$v = 9\,H + h.$$

Nach Hempel[1]) ist es für die meisten in der Praxis vorkommenden Fälle ausreichend, den durchschnittlichen Wasserstoffgehalt der betreffenden Kohlensorte im aschen- und wasserfreien Zustand anzunehmen und mit diesem Wert denjenigen der vorliegenden Kohle zu berechnen.

Als durchschnittlichen Wasserstoffgehalt der aschen- und wasserfreien Kohlen kann man hierbei mangels einer Analyse wählen für:

| | |
|---|---|
| Böhmische und ähnliche Braunkohle . . | 6,0 % |
| Steinkohle . . . . . . . . . . . . . | 5,5 % |
| Anthrazitische Kohlen . . . . . . . . | 4,0 % |

Man müßte z. B. für Steinkohle mit 6 % Wasser und 8 % Asche den Wasserstoffgehalt $H$ annehmen zu:

Beispiel:

$$H = \frac{[100 - (6,0 + 8,0)] \cdot 5,5}{100} = 4,73\,\%,$$

womit sich die Korrektur berechnet zu

$$W_w = (9 \cdot 4,73 + 6) \cdot 6 = \sim 291 \text{ Kal.}$$

---

[1]) Gasanalytische Methoden. Verlag Vieweg & Sohn, Braunschweig, 1900, S. 394.

Ist dann die Verbrennungswärme 7850 Kal., so ergibt sich der untere Heizwert zu

$$7850 - 291 = 7559 \text{ Kal.} \sim 7560 \text{ Kal.}$$

Für Steinkohlen findet man die Korrektur für das Verbrennungswasser meist zwischen 250 bis 300 Kal.

Bei Braunkohlen liegt der Wert höher wegen des größeren Wasser- und Wasserstoffgehaltes.

### b) Direkte Bestimmung des Verbrennungswassers.

Man unterscheidet zwei Methoden, und zwar die ältere Destillationsmethode und die vom Verfasser angegebene direkte Wägungsmethode.

#### 1. Die Destillationsmethode.

Nach stattgehabter Verbrennung verbindet man mit dem Ausgangsventil der Bombe eine gewogene Chlorkalziumvorlage (Fig. 12) und läßt langsam (es dauert etwa 25 Minuten) den

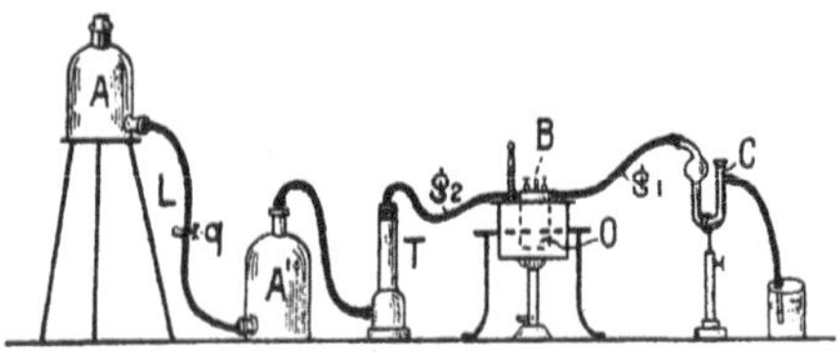


Fig. 12.

Überdruck durch dieselbe entweichen. Darauf bringt man die Bombe in ein Ölbad von 105 bis 110° C, wodurch das noch vorhandene flüssige Wasser als Dampf ausgetrieben wird. Um letzteres vollkommen zu erreichen, leitet man durch das Zuleitungsventil im Kopfstück vorgetrockneten Sauerstoff ein. Man benutzt dazu zwei auf die Füllstutzen aufschraubbare Röhren, auf welche je ein Gummischlauch dicht aufgesteckt werden kann. Mit Hilfe dieser beiden Kanäle ist es möglich, nach der Verbrennung einen kontinuierlichen Strom absolut trockener Luft durch die Bombe zu schicken. An den Schlauch $g_1$ schließt man dann das genau gewogene Chlorkalziumrohr $C$ an, während der andere Schlauch $g_2$ mit einem Chlorkalziumturme $T$ verbunden wird. Letzterem ist eine Luftdruckvorrichtung $L$ vorgeschaltet. Als solche dienen am einfachsten zwei große Standflaschen $A$ und $A'$, von welchen die eine mit Wasser gefüllt und höher gestellt wird, so daß letzteres durch Heberwirkung nach der tiefer gestellten Flasche abfließen kann und einen Druck auf die darin befindliche Luft ausübt. Zunächst öffne man ganz schwach das Ausgangsventil der Bombe und lasse den gesamten Überdruck entweichen. Dann bringt man die Bombe $B$ in ein auf 105 bis 110° C erhitztes Ölbad $O$. Statt des Öles verwendet man auch häufig eine Mischung von Glyzerin und Wasser, welche so ausprobiert ist, daß sie bei etwa 110° siedet; hierbei ist der untergestellte Brenner nicht fortwährend zu regulieren.

Man öffnet nun auch das Eingangsventil zur Bombe und den Quetschhahn $q$, wodurch die im Turm $T$ vorgetrocknete Luft das dampfförmige Wasser ganz aus dem Autoklaven ausspülen wird; die gesamte Feuchtigkeitsmenge wird vom Chlorkalzium aufgenommen. Vorteilhaft stellt man hinter das Chlorkalziumrohr noch ein Becherglas, halb mit Öl gefüllt, in welches ein Schlauch mit einem kurzen Glasrohr einhängt, um den Gasstrom in seiner Stärke durch die aufsteigenden Luftperlen beobachten zu können; gleichzeitig ist hierdurch vermieden, daß ev. Feuchtigkeit aus der Atmosphäre in die Chlorkalziumvorlage gelangen kann. Nach etwa 40 bis 50 Minuten ist alles Wasser ausgetrieben.

Es bedarf jetzt nur noch einer abermaligen Wägung der Chlorkalziumröhre. Die Gewichtszunahme derselben gibt dann direkt das bei der Verbrennung entstandene Gesamtwasser an.

Bedeutet $g_w$ das Gewicht des Wassers in Gramm, resultierend aus $g$ g Kohlesubstanz, also die Gewichtszunahme des Chlorkalziumrohres, dann beträgt die Korrektur

$$W_w = \frac{g_w}{g} \cdot 600.$$

Bisweilen kommt es vor, daß der käufliche komprimierte Sauerstoff größere oder geringere Mengen von Feuchtigkeit mit sich führt; deshalb empfiehlt es sich, beim ersten Öffnen einer angelieferten Sauerflasche die Bombe mit 15 Atm. dieses Sauerstoffes zu füllen und den gesamten Gasinhalt durch ein Chlorkalziumrohr wieder langsam ausblasen zu lassen. Eine etwaige Gewichtszunahme der Vorlage deutet auf Feuchtigkeitsgehalt hin; derselbe muß natürlich rechnerisch berücksichtigt werden.

## 2. Die direkte Wägungsmethode.

Verfasser hat die von ihm konstruierte Bombe so ausführen lassen, daß eine direkte Wägung des Verbrennungswassers möglich ist. Aus diesem Grund wurde der Emailleeinsatz resp. Platineinsatz herausnehmbar gemacht. Nach stattgehabter Verbrennung wird die Bombe äußerlich gut abgetrocknet. Mit dem Ausgangsventil wird ein tariertes Chlorkalziumrohr verbunden. Man läßt dann den gesamten Überdruck durch das Chlorkalziumrohr langsam entweichen. Mittels eines Blaseballens drückt man durch das Einlaßventil etwas vorgetrocknete Luft durch die Bombe. Diejenige Feuchtigkeit, welche im Innern der Bombe noch im dampfförmigen Zustand vorhanden war, wurde so quantitativ aufgefangen, und es macht sich nur notwendig, das in der Bombe selbst flüssige niedergeschlagene Wasser zu ermitteln.

Man hat dabei folgendes zu beachten: Das kondensierte Verbrennungswasser schlägt sich an dem gesamten inneren Umfang der Bombe nieder, die größte Menge im Emailleeinsatz, eine kleine, aber nicht gerade unbedeutende Menge hängt aber auch in Gestalt kleiner Tröpfchen am Platinbelag des Deckels.

Den am Deckel anhaftenden Teil der Feuchtigkeit kann man auf folgende Weise quantitativ in den Emailletopf bringen:

a) Man bereitet sich ein vollkommen trockenes Filtrierpapier durch Trocknen im Schiffchen (in einem Trockenschrank), bestimmt das Gewicht desselben und wischt den Deckelbelag sogleich nach dem Öffnen der Bombe sauber ab. Das trockene Filter nimmt alle Feuchtigkeit auf und wird dann in den Emailletopf eingeworfen und mit diesem gewogen. Aus der Gewichtsdifferenz von Tigeltara und (Tigel + Filter + Wasser) ergibt sich das Gewicht des Verbrennungswassers in Gramm.

b) Man kann schon vor der Verbrennung in den tarierten Emailletopf eine abgewogene Menge Chlorkalzium eingeben. Während der Verbrennung (Wasserbildung) wird das Chlorkalzium alles Wasser aufnehmen. Man kann aber das Chlorkalzium auch erst nach der Verbrennung eingeben, nachdem man den Überdruck wie unter a) beseitigte und den Deckel ganz kurz zur Eingabe einer abgewogenen Chlorkalziummenge abhob. Im letzteren Fall muß die verschlossene Bombe mindestens $^1/_2$ Stunde stehen bleiben, dann hat das Chlorkalzium die Feuchtigkeit aufgenommen.

c) Man stellt die Bombe etwa 5 cm tief in fein zerbröckeltes Eis, in welches man etwas Salz zur Temperaturerniedrigung einwirft. Nun erhitzt man mittels Bunsenbrenners am Kopfstück den Bombendeckel von oben her, daß er ca. $120^0$ C bekommt. Dabei geht das anhaftende Wasser in Dampf über, der sich sogleich wieder an den kalten unteren Wandungen verflüssigt. Ein Erhitzen von 10 Minuten und ca. 15 Minuten langes Erkaltenlassen des Kopfstückes genügt meist.

Beim Wägen des Emailleeinsatzes bedeckt man diesen zweckmäßig mit einer tarierten Glimmerscheibe.

Ein dritter, kleiner Teil des Verbrennungswassers wird von der im Verbrennungskorb befindlichen Asche festgehalten. Man ermittelt diese Feuchtigkeitsmenge, indem der Verbrennungskorb nach dem Öffnen der Bombe abgenommen und in bedecktem Zustand gewogen wird. Darauf glüht man denselben aus, läßt im Exsikkator erkalten und wiegt abermals. Die Gewichtsabnahme ist das von der Asche festgehaltene Wasser.

Bedeutet

$c_f$ = Gewichtszunnahme des Chlorkalziumrohres (Feuchtigkeit im dampfförmigen Zustand),

$e_f$ = niedergeschlagene Feuchtigkeit im Tiegeleinsatz,

$a_f$ = Wassermenge von der Asche festgehalten,

dann ist das aus $g$ g Kohle entstandene Gesamtwasser

$$g_w = c_f + e_f + a_f$$

und
$$W_m = \frac{g_w}{g} \cdot 600$$

Beispiel:

| | |
|---|---|
| Die angewandte lufttrockene Kohlesubstanz betrug | 1,2543 g |
| die Gewichtszunahme des Chlorkalziumrohres war . | 0,0942 g |
| die niedergeschlagene Feuchtigkeit im Einsatz . . . | 0,4224 g |
| die Wassermenge in der Asche . . . . . . . . . | 0,0351 g |
| Gesamtwasser | 0,5517 g |

$$W_w = \frac{0,5517}{1,2543} \cdot 600 = 264 \text{ Kal.}$$

Bei einer Verbrennungswärme von 7684 Kal. ist dann der untere Heizwert der lufttrockenen Kohle 7684 — 264 = 7420 Kal.

## Umrechnung der Heizwerte auf den grubenfeuchten Zustand bei Anlieferung, auf Kohletrockensubstanz und auf Reinkohle.

Der aus der Kalorimetrierung sich ergebende obere und untere Heizwert bezieht sich auf die zur Untersuchung gelangende lufttrockene, also vorgetrocknete Kohle. Zur Beurteilung einer Feuerungsanlage muß aber der Heizwert der Kohle in jenem Zustand zugrunde gelegt werden, wie sie in die Feuerung eingeworfen wird.

### a) Umrechnung auf grubenfeuchte Kohle.

Beispiel: Grubenfeuchtigkeit 9,4 %.

Die Kohle ergab im lufttrockenen Zustand:

einen oberen Heizwert von 7450 Kal.
» unteren » » 7190 »

Oberer Heizwert:

100 kg grubenfeuchte Kohle = 100 — 9,4 = 90,6 kg lufttrockene Kohle.

1 kg grubenfeuchte Kohle enthält somit 0,906 kg lufttrockene Kohle und 0,094 kg Wasser.

1 kg lufttrockene Kohle liefert 7450 Kal.

0,906 kg lufttrockene Kohle geben dann 7450 · 0,906 = **6750** Kal.

Eine Korrektur für das »Mehrwasser« von 0,094 kg ist am oberen Heizwert nicht anzubringen; denn die zur Wasserverdampfung notwendige Wärme wird bei der Kondensation und Abkühlung auf den Anfangszustand wieder gewonnen.

Unterer Heizwert:

1 kg lufttrockene Kohle gibt 7190 Kal.

0,906 kg lufttrockene Kohle = 1 kg grubenfeuchte Kohle.

1 kg grubenfeuchte Kohle gibt somit 7190 · 0,906 = 6520 Kal.

Ferner ist zu bedenken, daß 0,094 kg Wasser pro 1 kg Kohle mehr zu verdampfen sind, wofür pro 1 kg Wasser 600 WE verbraucht werden; auf 0,094 kg Wasser treffen dann 0,094 · 600 = 56,4 Kal.

Der untere Heizwert der grubenfeuchten Kohle ist dann

$$6520 - 56{,}4 = 6463{,}6 \sim \mathbf{6460}\ \text{Kal.}$$

Bedeutet allgemein:

$g$ = Grubenfeuchtigkeit in %,
$H_{og}$ = oberer Heizwert der grubenfeuchten Kohle,
$H_{ug}$ = unterer » » » »
$H_o$ = oberer Heizwert der lufttrockenen Kohle,
$H_u$ = unterer » » » »

dann ist:

$$H_{og} = \frac{H_o \cdot (100 - g)}{100}$$

$$H_{ug} = \frac{H_u\,(100 - g)}{100} - 6\,g.$$

**b) Umrechnung der Heizwerte auf Kohletrockensubstanz.**

Beispiel:

Hygroskopisches Wasser der lufttrockenen Kohle 5,2 %
Oberer Heizwert der lufttrockenen Kohle 7450 Kal.
Unterer » » » » 7190 »

Oberer Heizwert:

100 kg lufttrockene Kohle = 100 — 5,2 = 94,8 kg Kohletrockensubstanz

1 kg luftrockene Kohle = 0,948 kg Kohletrockensubstanz.

Es liefern somit die 0,948 Kohletrockensubstanz die gleiche Wärmemenge wie 1 kg lufttrockene Kohle, nämlich 7450 Kal. Das mitgeführte Wasser mindert auch hier die Wärmeentwicklung nicht herab, wenn die Gesamtmenge wieder auf die ursprüngliche Temperatur abgekühlt würde.

1 kg Kohletrockensubstanz gibt dann $\frac{7450 \cdot 1}{0{,}948} = \mathbf{7860}$ Kal.

Unterer Heizwert:

1 kg lufttrockene Kohle liefert 7190 Kal.

D. h. wenn 5,2 % Wasser und 100 — 5,2 = 94,8 % Kohletrockensubstanz zu gleicher Zeit verbrannt würden, wird diese Wärmemenge nutzbar. Verbrennt man nur 94,8 % Kohletrockensubstanz allein, also ohne das Wasser, so muß eine um 6 · 5,2 = 31,2 Kal. höhere Wärmeentwicklung stattfinden, da diese Wärmemenge dann zum Zwecke der Wasserverdampfung nicht verbraucht wird.

0,948 kg Kohletrockensubstanz liefern somit

$$7190 + 31{,}2 = 7221{,}2 \text{ Kal.} = \sim \mathbf{7220} \text{ Kal.}$$

Bedeutet allgemein:

$h$ = % Gehalt der lufttrockenen Kohle an hygroskopischem Wasser,
$H_{ot}$ = oberer Heizwert der Kohletrockensubstanz,
$H_{ut}$ = unterer » » »
$H_o$ = oberer » » lufttrockenen Kohle,
$H_u$ = unterer » » » »

so ist:

$$H_{ot} = \frac{H_o \cdot 100}{100 - h}$$

$$H_{ut} = \frac{(H_u + 6\,h) \cdot 100}{100 - h}.$$

### c) Umrechnung auf Reinkohleheizwert.

Beispiel:

| | |
|---|---|
| Wassergehalt der lufttrockenen Kohle | 5,2 % |
| Aschengehalt » » » | 7,4 % |
| Oberer Heizwert der » » | 7450 Kal. |
| Unterer » » » » | 7190 » |

Es berechnet sich dann:

die Trockensubstanz zu 100 — 5,2 = 94,8 %
die brennbare Substanz zu 100 — (5,2 + 7,4) = 87,4 %

Oberer Heizwert:

1 kg lufttrockene Kohle wird, wenn die Verbrennungsprodukte alle auf den Anfangszustand der Kohle abgekühlt werden, ebensoviel Wärme abgeben wie 0,874 kg Reinkohlesubstanz, nämlich 7450 Kal.

1 kg Reinkohlesubstanz erzeugt dann $\frac{7450}{0{,}874} = \mathbf{8530}$ Kal.

Unterer Heizwert:

Wird 1 kg lufttrockene Kohle verbrannt, so entstehen 7190 Kal., wenn gleichzeitig 5,2 % Wasser, 7,4 % Asche und 87,4 % Reinkohle beteiligt sind.

Werden nur 87,4 % Reinkohle verbrannt, ohne Wasser und Asche, so wird der untere Heizwert um die Verdampfungswärme des nicht mitverdampfenden Wassers höher liegen, d. i. um $5{,}2 \cdot 6 = 31{,}2$ Kal.

0,874 kg Kohle erzeugen demnach $7190 + 31{,}2 = 7221{,}2$ Kal.

$$1 \text{ kg Kohle erzeugt dann } \frac{7221{,}2 \cdot 1}{0{,}874} = \mathbf{8260} \text{ Kal.}$$

Enthielte nun die Reinkohlesubstanz keinen Wasserstoff, so müßten der obere und untere Reinkohleheizwert zusammenfallen. Sie unterscheiden sich um die Verdampfungswärme des aus dem Wasserstoff entstandenen Verbrennungswassers, und es läßt sich deshalb auf einfache Weise aus der Differenz des oberen und unteren Reinkohleheizwertes der Wasserstoffgehalt des Brennstoffes berechnen.

Hier ist die Differenz $8530 - 8260 = 270$ Kal.

Diese 270 Kal. sind notwendig, um das aus dem Wasserstoff bei seiner Verbrennung entstandene Wasser zu verdampfen.

1 kg Wasser benötigt bekanntlich 600 Kal. zur Verdampfung.

270 Kal. entsprechen dann $\frac{1 \cdot 270}{600} = 0{,}45$ kg Wasser, das sind aus 1 kg Reinkohle 450 g Verbrennungswasser.

1 kg Wasserstoff = 9 kg Wasser.

$$45{,}0\ \%\ \text{Wasser} = \frac{45{,}0}{9} = 5{,}0\ \%\ \text{Wasserstoff.}$$

Bedeutet allgemein:

$h$ = % Gehalt der lufttrockenen Kohle an hygroskopischem Wasser,

$a$ = % Gehalt der lufttrockenen Kohle an Asche,

$H_{or}$ = gesuchter oberer Reinkohleheizwert,

$H_{ur}$ = » unterer »

$H_o$ = oberer Heizwert der lufttrockenen Kohle,

$H_u$ = unterer » » » »

so ist:

$$H_{or} = \frac{H_o \cdot 100}{100 - (h + a)}$$

$$H_{ur} = \frac{(H_u + 6\,h) \cdot 100}{100 - (h + a)}$$

Der Wasserstoffgehalt berechnet sich aus:

$$H = \frac{H_{or} - H_{ur}}{54}$$

Nach Berechnung der Heizwertangaben stellt man diese in Übersicht zusammen:

| | Experimentell ermittelter Heizwert der lufttrockenen Kohle | Berechneter Heizwert der angelieferten grubenfeuchten Rohkohle | Berechneter Heizwert der Kohletrockensubstanz | Berechneter Heizwert der Reinkohle |
|---|---|---|---|---|
| Oberer . . . | 7450 | 6750 | 7860 | 8530 |
| Unterer . . . | 7190 | 6460 | 7220 | 8260 |

Was die Bedeutung dieser einzelnen Heizwertangaben betrifft, so hat der experimentell ermittelte Heizwert sowohl für die Beurteilung der Feuerungsanlagen in der Praxis als für die Beurteilung des Brennstoffes selbst gar keinen Wert. Er dient nur zur Berechnung der anderen Heizwertangaben. Für die Beurteilung von Feuerungsanlagen kommt nur der untere Heizwert der angelieferten grubenfeuchten Kohle in Betracht. Die übrigen Heizwertzahlen dienen mit dem letztgenannten zur Beurteilung des Brennstoffes.

Es sei hier darauf ausdrücklich hingewiesen, daß bei jeder Heizwertangabe deutlich zu erkennen sein muß, welchen Wert diese darstellen soll. Fehlt eine solche nähere Bezeichnung, so ist eine solche Zahl direkt wertlos und kann keiner weiteren Berechnung zugrunde gelegt werden.

## Ermittlung und Berechnung der elementaren Zusammensetzung eines Brennstoffes im Anschluß an die kalorimetrische Verbrennung.

Die quantitative Bestimmung des Verbrennungswassers ist oben schon angegeben. Ganz ähnlich kann man auch das Verbrennungsprodukt, die Kohlensäure, ermitteln, und zwar im Anschluß an die Destillationsmethode oder in Verbindung mit der Wägungsmethode. Im ersteren Fall wählt man die in Fig. 13 dargestellte Anordnung, wobei ein entsprechendes Absorptionsgefäß für die entweichende Kohlensäure einzuschalten ist.

$B$ ist wieder die im Öl- oder im Glyzerinbad $O$ sitzende Bombe. Der durch die Flaschen $A$ und $A'$ erzeugte Luftstrom geht zuerst durch den Natronkalkturm $T_n$ und dann durch den Chlorkalziumturm $T_c$, um von Kohlensäure und Wasserdampf befreit zu werden. Die Verbrennungsprodukte in der Bombe streichen durch den Schlauch $g_1$, passieren die gewogene Chlorkalziumröhre $C$, worin das gesamte Wasser zurückgehalten wird, und dann den ebenfalls gewogenen Liebigschen Kaliapparat $K$, worin die entstandene Kohlensäure gebunden wird. Hinter dem Kaliapparat ist noch ein zweites Chlorkalziumrohr $C_1$, gesetzt, als Abschluß gegen die Wirkung der Außenluft.

Fig. 13.

Die zur Füllung des Kaliapparates benötigte Kalilauge stellt man her durch Auflösung von 2 Teilen festen Kalziumhydroxyds in 3 Gewichtsteilen destillierten Wassers.

Die Gewichtszunahme $g_k$ des Kaliapparates gibt direkt die gesamte gebundene oder bei der Verbrennung entstandene Kohlensäure.

Zweckmäßiger ist es, die Kohlensäurebestimmung mit der Auswägungsmethode zu verbinden. Man läßt den Überdruck durch ein Chlorkalziumrohr und einen Kaliapparat entweichen und spült mit vorgetrockneter Luft nach. Die Wasserbestimmung geschieht wie vorn schon erwähnt.

Den Kohlenstoffgehalt findet man aus der Gewichtszunahme $g_k$ des Kaliapparates. Bei Verbrennung von $g$ g Substanz erhält man, da in 100 Gewichtsteilen Kohlensäure 27,27 Gewichtsteile Kohlenstoff vorhanden sind, dann den prozentualen Gehalt $C$ an Kohlenstoff zu:

$$C = 27{,}27 \cdot \frac{g_k}{g}.$$

Um den Wasserstoffgehalt des Brennstoffes zu finden, muß die Bestimmung des hygroskopischen Wassers in der zur Untersuchung verwendeten Kohle gleichzeitig ausgeführt werden, was am besten (s. o.) durch Trocknung im Kohlensäurestrom geschieht.

Wurde der Gehalt an hygroskopischem Wasser zu $h\,\%$ festgestellt und das Verbrennungswasser, resultierend aus $g$ g Kohle zu $g_w$ g gefunden, dann erhält man aus 100 g Kohle $\frac{g_w}{g} \cdot 100$ g Verbrennungswasser; hiervon resultieren aber $h$ g aus dem hygroskopisch schon enthaltenen Wasser, so daß durch die Wasserstoffverbrennung aus 100 g Kohle nur $\frac{g_w}{g} \cdot 100 - h$ g entsteht.

Da nun 100 Gewichtsteile Wasser 11,14 Gewichtsteile Wasserstoff enthalten, so berechnet sich der prozentuale Wasserstoff der Kohle zu

$$H = \frac{11{,}14 \cdot \left(\frac{g_w}{g} \cdot 100 - h\right)}{100}$$

oder

$$H = 11{,}14 \cdot \left(\frac{g_w}{g} - \frac{h}{100}\right).$$

Die unverbrennlichen Bestandteile (Asche) erhält man durch Abwiegen des im Verbrennungstiegel der Bombe zurückgebliebenen unverbrannten Restes. Doch ist vorzuziehen, eine gesonderte Aschenbestimmung mit größeren Brennstoffmengen in Platinkästchen auszuführen.

Betrug das Unverbrennliche $g_u$ g, resultierend aus $g$ g Kohle, so ist der prozentuale Aschengehalte $A$

$$A = \frac{100 \cdot g_u}{g}.$$

Den Schwefelgehalt (flüchtig) erhält man durch Titration des Verbrennungswassers in dem Tiegeleinsatz. Man spült den Tiegeleinsatz mit destilliertem Wasser aus, gibt die gewonnene

Flüssigkeit in ein Becherglas und erhitzt, um ev. darin enthaltene Kohlensäure auszutreiben (s. Jakob, Brauerei- und Mälzereibetriebskontrolle Bd. IV, Verlag J. L. Stich, Nürnberg).

Bedeutet $b_c$ = die auf die gebildete Schwefelsäuremenge entfallende $N/_{10}$ Barytlösung,

$g$ = angewandte Substanzmenge der Kohle in g,

dann ist der Schwefelgehalt $S = \frac{0,16 \cdot b_c}{g}$ %.

Außerdem kann der Schwefelgehalt in der erhaltenen Lösung auch gewichtsanalytisch bestimmt werden. Der Sauerstoff- und Stickstoffgehalt ergibt sich aus der Differenz

$$100 - (C + H + A + S + h).$$

Beispiel:

Angewandte Substanzmenge . . . . . $g$ = 0,9165 g.
Gewichtszunahme des Kaliapparates . $g_k$ = 2,4601 g.
Hygroskop. Wasser der lufttr. Kohle . $h$ = 3,25 %.
Gewichtszunahme des Chlorkalziumrohres $g_w$ = 0,3558 g.
Das Unverbrennliche im Platinkorb wog $g_u$ = 0,092 g.
Der auf Schwefelsäure treffende Verbrauch an $N/_{10}$ Barytlösung war 5,82 ccm.

Dann ist: $C = 27,07 \cdot \frac{2,4601}{0,9165} = 73,3$ %,

$$H = 11,14 \cdot \left(\frac{0,3558}{0,9165} - \frac{3,25}{100}\right) = 3,96 \text{ \%},$$

$$A = \frac{100 \cdot 0,092}{0,0165} = 10,02 \text{ \%},$$

$$S = \frac{0,16 \cdot 5,82}{0,9165} = 1,01 \text{ \%}.$$

Der Sauerstoff und Stickstoffgehalt ist dann:

$$100 - (73,3 + 3,96 + 10,02 + 1.01 + 3,25) = 8,46 \text{ \%}.$$

## Die laufende Kontrolle bei Anlieferung von festen Brennstoffen, insbesondere von Kohlen.

Jeder mit Kohlen beladene Wagen, der der Brauerei zugeführt wird, muß über die Zentesimal-Brückenwage gefahren werden, um genau das Nettogewicht der Kohlen festzustellen. Man trägt die laufenden Aufzeichnungen über die Anlieferung in Formulare (Tabelle I) ein, welche Rubriken für Datum der Anlieferung, Lieferant, angelieferte Menge, Kohlensorte, Abladestelle und ev. sonstige Bemerkungen über Aussehen etc. enthalten.

Tabelle I.

**Kohlenanfuhr.**

| Datum | Liefe-rant | Netto-gewicht kg | Sorte | Abladestelle | Bemerkungen |
|---|---|---|---|---|---|
| 1.V.08 | N. N. | 2760 | Nuß IV. Zeche Bismarck | Kesselhaus Abt. I | — |
| 1.V.08 | N. N. | 2450 | Englischer Grus | » Abt. II | Sehr naß |
| 2.V.08 | N. N. | 2920 | Engl. Stückkohle | Darrfeuerung | Nur große Stücke |
| 2.V.08 | N. N. | 2420 | Steinkohlen, Briketts | Lagerplatz | Viel Bruch |
| usw. | — | — | — | — | — |

Nach dem bei der Anfuhr festgestellten Gewicht wird gewöhnlich die angelieferte Kohle bezahlt. Deshalb müssen Proben, welche zur Bewertung der Kohlen dienen sollen, unmittelbar nach der Wägung gezogen werden.

Bei jeder größeren Anlieferung ist eine genaue Untersuchung notwendig. Man wird dabei nicht jedesmal eine vollständige physikalische Prüfung, eine Elementaranalyse und eine komplette Heizwertbestimmung ausführen, sondern es genügt zur laufenden Kontrolle die Festlegung vom Gesamtwasser- und Aschengehalt sowie des unteren Heizwertes der angelieferten Kohle; Trockensubstanz und brennbare Substanz gibt man gewöhnlich mit an. Die laufenden Ergebnisse der Kohlenuntersuchung werden dann systematisch geordnet, wie in Tabelle II (auf S. 51) dargestellt.

Dieses der Praxis entnommene Beispiel zeigt, daß bei der Anlieferung ganz beträchtliche Differenzen in der Kohlenqualität auftreten können. Besonders große Qualitätsschwankungen bei der Anlieferung findet man bei Nußkohlen durch die Bahn angefahren, bei Schifftransport erhält man meist gleichmäßigere Kohlen, besonders bei Stückkohlen. Die laufende Kohlenuntersuchung soll ein Mittel an die Hand geben, den Kohlenlieferanten zur gleichmäßigen Anlieferung derjenigen Qualität zu

Tabelle II.

## Laufende Kohlenuntersuchung.

| Datum der Untersuchung | Datum der Anlieferung | Lieferant | Angelieferte Gesamtmenge der gleichen Qualität | Sorte | Abladestelle | Gesamtfeuchtigkeit | Trockensubstanz | Aschengehalt | Brennbare Substanz | Unterer Heizwert der angelief. Kohle | Bemerkungen |
|---|---|---|---|---|---|---|---|---|---|---|---|
| | | | kg | | | | | | | | |
| 3. VII. 09 | 1. VII. 09 | N. N. | 9980 | Ruhrkohle Nuß IV | Kesselhaus I | 4,25 | 95,75 | 7,88 | 87,87 | 7560 | schwarz glänzend, normal, (Bahnlieferung) |
| 3. VII. 09 | 1. VII. 09 | N. N. | 9990 | » | » | 4,15 | 95,85 | 7,79 | 88,06 | 7580 | dto. dto. |
| 4. VII, 09 | 2. VII, 09 | N. N. | 9740 | » | Kesselhaus II | 3,52 | 96,48 | 9,41 | 87,07 | 6950 | gräulich-schwarz, ohne Glanz, Aschengehalt zu hoch, Heizwert zu niedrig (Bahnliefer.) |
| 4. VII. 09 | 2. VII. 09 | N. N. | 9820 | » | » | 3,61 | 96,39 | 9,57 | 86,82 | 6930 | dto. dto. |
| 5. VII. 09 | 3. VII. 09 | N. N. | 9900 | » | Kohlenlager | 3,92 | 96,08 | 5,71 | 90,37 | 7810 | schwarz, wenig Glanz, normal (Bahnlieferung) |
| 5. VII. 09 | 3. VII. 09 | N. N. | 9420 | » | » | 3,98 | 96,02 | 5,87 | 90,15 | 7790 | dto. dto. |
| 5. VII. 09 | 3. VII. 09 | N. N. | 9970 | » | » | 3,20 | 96,80 | 10,45 | 86,35 | 6910 | aschgrau, ohne Glanz, Aschengehalt zu hoch, Heizwert zu niedrig (Bahnlieferung) |
| 5. VII. 09 | 3. VII. 09 | N. N. | 9980 | » | » | 3,08 | 96,92 | 10,85 | 86,07 | 6880 | dto, dto. |
| 6. VII. 09 | 4. VII. 09 | N. N. | 9930 | » | » | 2,96 | 97,04 | 12,20 | 84,84 | 6200 | schiefriges Aussehen, Aschengehalt sehr hoch, Heizwert sehr niedrig (Bahnliefer.) |
| 6. VII. 09 | 4. VII. 09 | N. N. | 9200 | » | Kesslh. I | 3,04 | 96,96 | 12,80 | 84,16 | 6180 | dto. dto. |
| 7. VII. 09 | 5. VII. 09 | N. N. | 9310 | » | » II | 5,92 | 94,08 | 6,44 | 87,64 | 7640 | glänzend schwarz, normal (Bahnlieferung) |
| 7. VII. 09 | 5. VII. 09 | N. N. | 9420 | » | » | 5·71 | 94,29 | 6,65 | 87,64 | 7620 | dto. dto. |

zwingen, auf welche der Abschluß gemacht wurde. Entsprechen Lieferungen nicht den ursprünglichen Vereinbarungen, so kann man entweder die Annahme verweigern oder bei Abnahme einen berechtigten Abzug machen.

Am vorteilhaftesten ist es, beim Kohlenabschluß sich Heizwert, Aschen- und Wassergehalt garantieren zu lassen und auf Grund der Analysen die angelieferten Kohlen zu bewerten. In letzter Zeit werden häufig Kohlenabschlüsse unter Heizwertgarantie gemacht. Entspricht dann die Qualität bei Anlieferung nicht der vertraglich festgelegten, so sind vereinbarte Abzüge berechtigt.

## Die Untersuchung der flüssigen Brennstoffe.

Die in Betracht kommenden flüssigen Brennstoffe dienen fast ausschließlich zum Betrieb von Motoren. Zu nennen sind vor allem: Spiritus, Petroleum, Benzin, Naphtha, Benzol, selten Solaröl, Paraffinöl.

Die Untersuchung erstreckt sich auf:

Spezifisches Gewicht (Dichte), Heizwert, elementare Zusammensetzung, Siedepunkt und die Menge der bei bestimmter Temperatur sich ergebenden Einzelfraktionen.

### Das spezifische Gewicht (Dichte).

Die flüssigen Brennstoffe zeigen durchweg ein spezifisches Gewicht kleiner als 1. Zur Ermittlung desselben benutzt man am besten Aräometer, welche eigens zu diesem Zweck käuflich sind.

Die spezifischen Gewichte liegen meist in folgenden Grenzen:

| | |
|---|---|
| Spiritus . . . . | 0,816—0,876 |
| karburierter Spiritus . | 0,759—0,795 |
| Benzin . | 0,650—0,710 |
| Naphtha | 0,700—0,740 |
| Petroleum . | 0,789—0,796 |
| Solaröl . | 0,825 |
| Benzol . | 0,870—0,890 |
| Paraffinöl . | 0,880—0,920 |

Je niedriger das spezifische Gewicht ist, desto leichter flüchtig ist der Brennstoff. Haben z. B. zwei Benzine bei gleichem Preis verschieden hohe spezifische Gewichte, so wird man dem spezifisch leichteren stets den Vorzug geben. Von gutem Benzin fordert man, daß das spezifische Gewicht unter 0,680, auf keinen Fall über 0,700 liegen soll, bei gutem Motornaphtha unter 0,720. Je höher bei Spiritus das spezifische Gewicht, desto mehr Wasser ist darin enthalten.

## Der Heizwert.

Er kann in der gleichen Weise wie bei festen Brennstoffen mit der kalorimetrischen Bombe ermittelt werden. Man wägt dabei in dem Platinkorb eine bestimmte Brennstoffmenge ab. Die Wägung muß bei verschlossenem Verbrennungskorb geschehen. Der Heizwert berechnet sich dann genau so wie bei den festen Brennstoffen.

Die Heizwerte der flüssigen Brennstoffe liegen etwa in folgenden Grenzen:

| | Oberer Heizwert (Verbrennungswärme) | Unterer Heizwert |
|---|---|---|
| Spiritus . . . . | 6400—6700 | 5700—6300 |
| Karbur. Spiritus . | 8200—8900 | 7560—8150 |
| Benzin . . . | 10 600—11 150 | 9800—10 350 |
| Petroleum . . . | 11 070—11 100 | 10 300 - 10 330 |
| Solaröl . . . | 10 650 | 10 000 |
| Paraffinöl . | 10 450 | 9800—9840 |

Außer mit der Bombe kann die Heizwertbestimmung flüssiger Brennstoffe auch mit dem Gaskalorimeter von Junker (Fig. 14) vorgenommen werden.

Das Prinzip des Apparates ist folgendes:

Der zu untersuchende flüssige Brennstoff wird in einem Brenner kontinuierlich verbrannt. Die Heizgase treten in Kanälen durch den Apparat zuerst aufwärts durch ein Bündel von Rohren und dann wieder abwärts. Sie entweichen bei *A*, wo man ihre Temperatur messen kann. Ihre Wärme geben sie dabei an das den Apparat durchfließende Wasser ab. Die Ein- und

Austrittstemperatur des Kühlwassers ist andauernd zu messen, desgleichen ist die durch den Apparat fließende Gesamtwassermenge zu sammeln und am Versuchsende zu wiegen. Die zu untersuchende Brennflüssigkeit bringt man in einen eigens dazu konstruierten Brenner, den man beim Versuchsbeginn und am Versuchsende wiegt. Zweckmäßig wird der Brenner gleich auf einer automatischen Wage montiert, welche jederzeit den Verbrauch abzulesen gestattet. Beim Verbrennen wird die eine Seite der Wage, an welcher der Brenner hängt, leichter. Hatte man den gefüllten Brenner am Anfang nicht ganz austariert, so wird zu einem bestimmten Zeitpunkt die Brennerseite leichter werden und der Wagebalken herüberschlagen. Im Moment, wo die Zunge der Wage durch den Nullpunkt geht, beginnt man die Wassermessung sowie die Temperaturablesungen. Man entfernt dann ein bestimmtes Gewicht, z. B. 2 g. Sobald nun diese Menge verbrannt ist, wird der Zeiger der Wage wieder durch den Nullpunkt gehen. Im gleichen Moment schließt man den Versuch ab. Es ist dabei zu beachten, daß der Brenner nicht rußen darf.

Ein sehr konstanter Wasserstrom wird dadurch erzielt, daß das Wasser unter dem konstanten Druck von der Höhe $h$ zirkuliert; bei $x$ steht das ablaufende Wasser stets bis zur Kante des Trichters, bei $y$ das zulaufende Wasser bis an die Kante $s$ des inneren Ringes, wenn man dafür sorgt, daß etwas Wasser im Überschuß durch $z$ fließt. Der Überschuß läuft über Kante $s$ fort. Sobald der konstante Wasserdruck erreicht ist, kann man mit Hahn $H$ die Durchflußmenge regeln. Bevor das Wasser an das Thermometer $ta$ kommt, wird es durch eine Anzahl flacher Kappen, die mit kreuzweise versetzten Schlitzen versehen sind, selbsttätig gut durchgemischt. Es ist für solchen Wasserzufluß zu sorgen, daß die Abgase mit Zimmertemperatur abgehen.

Beispiel: Brennflüssigkeit: Benzin.

Beobachtete Temperaturen des eintretenden Wassers:

| | | | | | | | | | |
|---|---|---|---|---|---|---|---|---|---|
| 15,72 | 15,72 | 15,72 | 15,72 | 15,72 | 15,72 | 15,72 | 15,72 | 15,72 | 15,72 |
| | | Des austretenden Wassers zu gleicher Zeit: | | | | | | | |
| 24,09 | 24,00 | 24,00 | 23,99 | 23,99 | 23,98 | 23,97 | 23,96 | 23,96 | 23,95 |

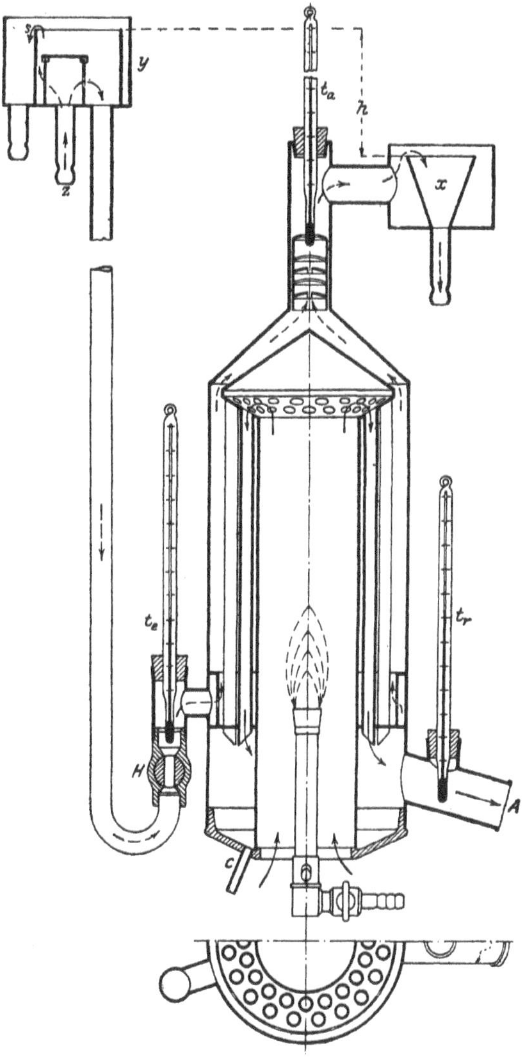


Fig. 14.

Eintretende Temperatur im Mittel 15,72,

austretende Temperatur im Mittel $\frac{239,8}{10} = 23,989$.

Mittlere Temperaturdifferenz 8,269°.

Verbrannte Benzinmenge 2,0 g. Aufgefangene Gesamtkühlwassermenge 2568 g.

$$\text{Oberer Heizwert} = \frac{2568 \cdot (23,989 - 15,72)}{2} = 10620 \text{ Kal.}$$

Am Kalorimeter sammelt sich nun bei *c* das aus dem Wasserstoffgehalt gebildete Verbrennungswasser an und fließt in Tropfen aus. Da mit kleinen Brennstoffmengen diese Bestimmung ungenau wird, verbrennt man zum Zwecke der Ermittlung des Verbrennungswassers eine etwa 10mal so große Menge wie bei der Heizwertbestimmung, aber ohne Temperaturmessungen. Hat sich z. B. ergeben: aus 20 g Benzin 26,60 g Wasser, also auf 1 g Benzin 1,33 g Wasser, so ist der untere Heizwert

$$H_u = 10620 - 1,33 \cdot 600 = 9820 \text{ Kal.}$$

Bedeutet allgemein:

$te$ = mittlere Temperatur des eintretenden Kühlwassers

$ta$ = » » » austretenden »

$K$ = Kühlwassermenge in g,

dann ist:

$$H_o = \frac{K \cdot (ta - te)}{g}.$$

Ist ferner $V$ = das mit 1 kg Brennstoff entstandene Verbrennungswasser, dann ist $H_u = H_o - 600 \cdot V$.

## Die elementare Zusammensetzung

kann entweder (s. o.) durch die Elementaranalyse oder im Anschluß an die kalorimetrische Verbrennung in gleicher Weise wie bei festen Brennstoffen ermittelt werden. Es handelt sich dabei nur um die Bestimmung von Kohlenstoff und Wasserstoff.

Die mittlere elementare Zusammensetzung der flüssigen Brennstoffe ist folgende:

| | Kohlenstoff | Wasserstoff |
|---|---|---|
| | % | % |
| Spiritus . . . . | 52 | 13,0 |
| Karbur. Spiritus . | 64—70 | 12,0—14,0 |
| Benzin . . | 85 | 15,0 |
| Petroleum . . | 82—85 | 12,0 - 15,0 |
| Solaröl . . . | 85—86 | 12,0—12,5 |
| Paraffinöl . . . | 85—86 | 11,0—11,5 |

## Der Siedepunkt.

Man ermittelt ihn durch indirekte Erwärmung in einem Ölbad. Auf direktem Feuer darf wegen der großen Feuergefährlichkeit verschiedener flüssiger Brennstoffe nicht erwärmt werden. Sobald die Gasblasen kräftig aufsteigen, liest man die Temperatur ab. Der Siedepunkt ist bei leichtflüssigen Brennstoffen nicht konstant, sondern steigt mit der Kochdauer. Man kann deshalb in solchem Fall nicht allgemein von »Siedepunkt« sprechen, sondern notiert den »Siedebeginn«. Zweckmäßig verbindet man mit der Siedepunktsbestimmung:

## Die fraktionierte Destillation.

Für Automobilbetriebsstoffe, also Benzin, Naphtha, Benzol, ist diese Untersuchung ganz wesentlich. Man erhält dabei eine feste Charakteristik eines Benzins.

Man bringt 200 g Benzin (o. a.) in eine Retorte, Fig. 15, welche eine Öffnung zum dichten Einsetzen eines Thermometers trägt. Die Thermometerkugel läßt man in die Flüssigkeit bis auf den Boden reichen. Es empfiehlt sich nicht, die Thermometerkugel nur in den Gasstrom hineinreichen zu lassen. Die Retorte setzt man in das Ölbad, welches ebenfalls mit einem Thermometer versehen ist. Den Ausgang der Retorte verbindet man mit einem Kühler, den man mit Eisstückchen beschickt. In tarierten Kölbchen werden die Einzelfraktionen aufgefangen und gewogen. Zwischen Brenner und Kühler stellt man eine Asbestplatte zur Sicherung gegen die Flamme.

Beginnt die Flüssigkeit z. B. bei 54$^0$ C, zu sieden, so erwärmt man bis 60$^0$ C und hält dann diese Temperatur so lange konstant, bis das Sieden aufgehört hat. Nach 5 Minuten langem Abtropfen des Kühlers wechselt man die Vorlage und erhitzt um 10° höher, hier also 70° C, und fährt in gleicher Weise so lange mit dem Wechseln der Vorlage von 10 zu 10° C Temperaturerhöhung fort, bis nur noch zum Schlusse ein kleiner Rest in der Retorte bleibt.

Je größer die bei niedrigen Temperaturen übergehenden Mengen sind, desto leichtflüssiger ist ein Brennstoff.

Je größere Mengen Destillat bei nahe aneinander liegenden Siedetemperaturen gewonnen werden, desto gleichmäßiger ist ein Brennstoff. Beispiel:

| | Gasolin | | Motorbenzin | | Handelsbenzin | |
|---|---|---|---|---|---|---|
| Spezifisches Gewicht | 0,651 | | 0,718 | | 0,735 | |
| Siedebeginn . . . | 29° C | | 64° C | | 70° C | |
| Es destillierten ab bei ° C | Gewichtsprozent | Spez. Gewicht | Gewichtsprozent | Spez. Gewicht | Gewichtsprozent | Spez. Gewicht |
| 40 | 22,6 | 0,629 | — | — | — | — |
| 50 | 42,5 | 0,640 | — | — | — | — |
| 60 | 16,1 | 0,658 | — | — | — | — |
| 70 | 10,1 | 0,678 | 0,5 | — | — | — |
| 80 | 3,1 | Mengen zur Bestimmung zu gering | 13,5 | 0,687 | — | — |
| 90 | 1,9 | | 31,4 | 0,709 | 9,98 | 0,715 |
| 100 | 1,8 | | 29,9 | 0,725 | 35,60 | 0,726 |
| 110 | 0,8 | | 14,7 | 0,738 | 30,78 | 0,739 |
| 120 | 0,5 | | 4,8 | — | 17,00 | 0,748 |
| 130 | 0,6 | | 3,4 | — | 5,28 | — |
| Rest über 130 | — | | 1,8 | — | 1,36 | — |
| Preis pro 100 kg | 49,20 Mk. | | 32,50 Mk. | | 29 Mk. | |

Diese Untersuchung gibt einen sehr tiefen Einblick in die Konstitution eines flüssigen Brennstoffes. Das mittlere spezifische Gewicht und der niedrige Siedebeginn kann oft den Glauben erwecken, daß ein normales Benzin vorliege, dagegen wird erst die fraktionierte Destillation darüber Aufschluß geben, ob es in bezug auf Gleichmäßigkeit den Anforderungen genügt. Die Gleichmäßigkeit eines Betriebsstoffes ist von größter Wichtigkeit auf den exakten Gang der Motoren.

## Die laufende Kontrolle bei Anlieferung flüssiger Brennstoffe.

Sie läßt sich ohne große Mühe schon insofern leicht durchführen, als für die Aufbewahrung der flüssigen Brennstoffe meist eigene Räume vorgesehen sind.

Bei Anlieferung wird das volle Faß gewogen, und nach der Entleerung wiegt man das leere Faß zurück.

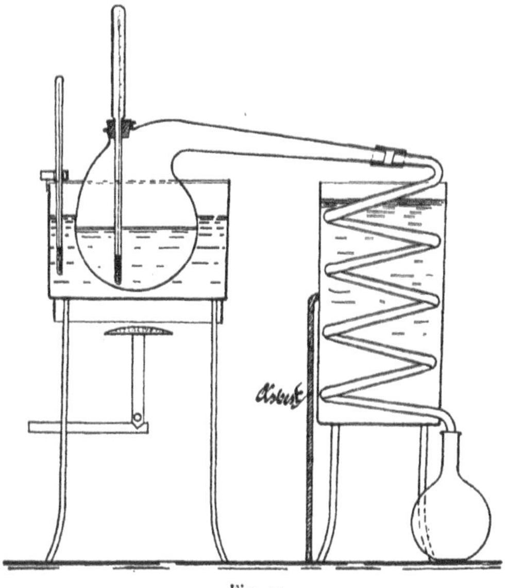

Fig. 15.

Datum der Anlieferung, Lieferant, Faß-Nr. und Inhalt sind laufend in folgender Weise zu notieren.

| Datum der Anlieferung | Lieferant | Netto-gewicht kg | Faß-Nr. | Inhalt | Bemerkungen |
|---|---|---|---|---|---|
| 1. VI. 09 | N. N. | 178 | 1112 | Benzin | — |
| 3. VI. 09 | N. N. | 156 | 1002 | Benzol | für Probeversuche mit neuem Vergaser |
| 3. VI. 09 | N. N. | 162 | 73 | » | » |
| 30. VI. 09 | N. N. | 172 | 1184 | Benzin | — |

Monatliche Gesamtanlieferung: . . . . . kg Benzin
» » . . . . . kg Benzol
» » . . . kg Naphtha.

Auch die im Laboratorium festgestellten Befunde sind zu journalisieren:

| Datum der | | Lieferant | Angelieferte Menge | Betriebsstoff | Mittl. spez. Gewicht | Siedebeginn | Einzelfraktionenprozent bei °C | | | | | | | | | | |
|---|---|---|---|---|---|---|---|---|---|---|---|---|---|---|---|---|---|
| Untersuchung | Anlieferung | | | | | | 40 | 50 | 60 | 70 | 80 | 90 | 100 | 110 | 120 | 130 | u. 13[illegible] |
| | | | kg | | | | | | | | | | | | | | |
| 1. VI. 09 | 1. VI. 09 | N.N. | 178 | Benzin | 0,680 | 46 | — | 6,5 | 7,9 | 12,5 | 38,7 | 22,5 | 6,0 | 2,7 | 2,4 | 0,6 | 0,2 |
| 4. VI. 09 | 3. VI. 09 | N.N. | 318 | Benzol | 0,8[illegible]8 | 73 | — | — | — | — | — | 62,13 | 25,0 | 5,97 | 2,0 | 1,0 | 3,4 |

Bei der Probenahme der flüssigen Brennstoffe ist noch folgendes beachtenswert:

Zeitweise nehme man auch eine Probe aus einem mehrere Tage in Ruhe liegenden Faß mittels bis auf den Grund reichenden Hebers. Bei starker Verunreinigung oder hohem Wassergehalt setzen sich spezifisch schwere Teile an den Boden. Man vergleiche deshalb die »Bodenprobe« mit dem Ergebnis der Untersuchung der Mittelprobe.

## Die Untersuchung der gasförmigen Brennstoffe.

Leuchtgas, Kraftgas, Sauggas, Azetylen sind die häufigsten gasförmigen Brennstoffe.

Besonders bei dem in eigenem Betriebe hergestellten Sauggas ist es im Interesse rationeller Kohlenausnutzung wichtig, das erzeugte Sauggas su prüfen. Bei der Probenahme des letzteren hat man zu berücksichtigen, daß dasselbe, da es unter Vakuum steht, nicht freiwillig austritt, sondern mittels Aspirators angesaugt werden muß.

Man ermittelt: Feuchtigkeitsgehalt, Rußgehalt und die einzelnen Gasbestandteile.

### Der Feuchtigkeitsgehalt

wird bestimmt, indem ein abgemessenes Gasquantum, dessen Druck und Temperatur bekannt sein muß, durch ein gewogenes Chlorkalziumrohr geleitet wird. Die Gewichtszunahme ergibt den Feuchtigkeitsgehalt des Gases, der auf 1 cbm Gas unter Normalverhältnissen umzurechnen ist.

## Der Rußgehalt

wird nach Minary bestimmt, indem man mit Hilfe von Aspiratoren ein zu messendes Gasvolumen durch ein Verbrennungsrohr saugt, welches eine etwa 10 cm-Filterschicht von feinfaserigem Asbest enthält. Der im Rohr abgesetzte Ruß wird dann im Sauerstoffstrom wie bei der Elementaranalyse verbrannt. Die gebildete Kohlensäure kann entweder gewichtsanalytisch durch Auffangen in einem Kaliapparat bestimmt werden, oder man legt Normalbarytlauge vor, deren Überschuß man unter Anwendung von Phenolphtalein als Indikator mit Normalsäure zurücktitriert. Aus der gebundenen Kohlensäure ergibt sich der Rußgehalt.

$$1 \text{ g } CO_2 = 0{,}2727 \text{ g Ruß (reiner C)}.$$

## Der Heizwert.

Derselbe wird fast ausnahmslos mit dem Kalorimeter von Junker (s. v.) bestimmt. Man trifft dabei die in Fig. 16 dargestellte Anordnung. Das zu untersuchende Gas muß dabei dem Volumen nach gemessen werden. Man leitet es zu diesem Zwecke durch einen Gasmesser *g*. Derselbe ruht auf drei Stellschrauben, mittels welcher er unter Beobachtung einer Dosenlibelle genau horizontal einzustellen ist. Jetzt fülle man den Gasmesser soweit mit Wasser, bis sich dasselbe an einer seitlichen Öffnung zeigt. Nach der richtigen Füllung, auf welche große Sorgfalt zu verwenden ist, verschließt man die geöffneten Schrauben. Zur Beobachtung der Temperatur des Gases ist an der Uhr ein Thermometer mittels Gummistopfen dicht in den hinter der Libelle befindlichen Stutzen einzusetzen, mit der Vorsicht, daß das Quecksilbergefäß des Thermometers nicht die Trommelwandung im Innern des Gasmessers berührt.

Der Inhalt des Messers beträgt genau 3 l = 1 Umdrehung des großen Zeigers. Bruchteile von Litern können an der Zwischeneinteilung abgelesen werden.

Der Gaseingang *g* wird dann mit dem Behälter verbunden, der das zu untersuchende Gas enthält. Der Gasausgang an der Uhr führt durch eine Schlauchverbindung zu einem sog. nassen Druckregler, der etwa drei Viertel seiner Höhe ($^1/_2$ l) mit Wasser angefüllt ist. Er trägt an der Seite ein Wassermanometer, mit

Hilfe dessen man jederzeit den Druck des Gases im Druckregler ablesen kann. Durch Auflegen von Gewichten auf die schwimmende Gasglocke kann man den Druck beliebig regeln. Vom Gasdruckregler gelangt das Gas zu dem 15 cm weit von untenher in das Kalorimeter einragenden Bunsenbrenner. Die übrige Anordnung des Kalorimeters ist die gleiche, wie auf Seite 54 beschrieben. *W* ist der Kühlwasserzufluß, *b* der Ablauf für überschüssiges Wasser, *c* der Ablauf des im Kalorimeter erwärmten Wassers; *e* zeigt die Öffnung des Wasserhahnes, d. i. die Stärke des Kühlwasserdurchflusses.

Der Versuch darf erst begonnen werden, wenn ein Be-

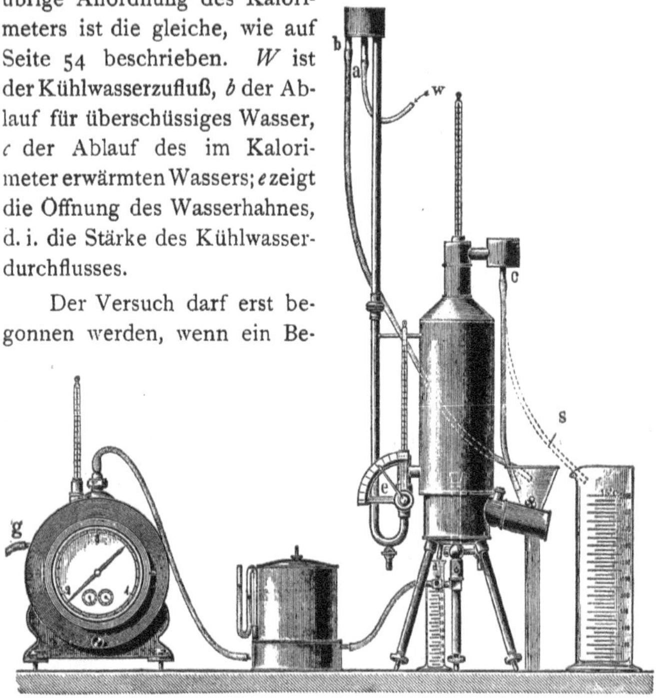


Fig. 16.

harrungszustand erreicht ist und die Thermometer höchstens ganz geringe Schwankungen zeigen. Die Differenz vom zu- und ablaufenden Wasser soll zwischen 10—20° C liegen. Ist der Beharrungszustand konstatiert, so führt man in dem Augenblick, in welchem der ganze Zeiger des Gasmessers durch 1 oder eine andere große Zahl geht, durch schnelles Seitwärtsbewegen den Schlauch *s* in das geeichte Meßgefäß. Ist eine bestimmte Anzahl Liter Gas verbrannt, geht also der große Zeiger wieder durch eine ganze Zahl hindurch, so entfernt man Schlauch *s* rasch aus dem Meßgefäß.

In regelmäßigen kleinen Zeitabschnitten sind die Ein- und Austrittstemperaturen des Kühlwassers abzulesen; außerdem die Gastemperatur und der Barometerstand. Zur Bestimmung des Verbrennungswassers in *d* ist eine größere Menge Gas noch zu verbrennen, um ein exaktes Resultat zu erhalten.

Beispiel: Bestimmung des Heizwertes von Leuchtgas.

Barometerstand $B = 739$ mm; Gastemperatur $tg = 17,6^0$.

Wassereintrittstemperatur *te*

| 14,69 | 14,69 | 14,68 | 14,68 | 14,68 | 14,68 | 14,68 | 14,68 | 14,68 | 14,67° |
|---|---|---|---|---|---|---|---|---|---|

Wasseraustrittstemperatur *ta*

| 29,46 | 29,46 | 29,46 | 29,47 | 29,47 | 29,47 | 29,47 | 29,47 | 29,48 | 29,48° |
|---|---|---|---|---|---|---|---|---|---|

Mittlere Wassereintrittstemperatur $te = 14,68^0$ C

» Wasseraustrittstemperatur $ta = 29,47^0$.

Die verbrannte Gasmenge $g$ waren 6 l (zwei Umdrehungen des großen Zeigers), die aufgefangene Wassermenge $K$ war $= 2142$ g.

Dann ist der obere Heizwert pro 1 cbm Gas

$$H_o = \frac{K \cdot (ta - te)}{g} = \frac{2142 \cdot (29,47 - 14,68)}{6} = 5280 \text{ Kal.}$$

21 l Gas ergaben bei Verbrennung 20,4 g Kondens-Verbrennungswasser.

Auf 1 cbm Gas treffen demnach 972 g Kondens-Verbrennungswasser.

Die Verdampfungswärme von 0,972 kg Wasser ist $600 \cdot 0,972 = 583,8$ Kal. $= \sim 584$ Kal., so daß der untere Heizwert pro 1 cbm Gas

$$H_u = 5280 - 584 = 4696 \text{ Kal. beträgt.}$$

Ferner ist der Heizwert auf ein Gas unter Normalverhältnissen umzurechnen, d. h. auf $0^0$ ($= 273^0$ C absolute Temp.) und 760 mm Barometerstand, was in bekannter Weise nach dem Gay-Lussac-Mariotteschen Gesetz geschieht.

1 cbm Gas von $(273 + tg)$ abs. Temp. und $B$ mm Barometerstand entspricht $x$ cbm Gas von 273 abs. Temp. und 760 mm Barometerstand,

## Gasverbrauch.

| Datum des Ablesens | Gasstrang | | | | | | | | | | | |
|---|---|---|---|---|---|---|---|---|---|---|---|---|
| | Hauptstrang für Betrieb Abt. I | | Laboratorium Abt. I | | Betrieb Abt. I. | Kontor Abt. I | | Privatwohnung Abt. II | | Flaschenbiergeschäft Abt. II | |
| | Zählerstand | Verbrauch in cbm | Zählerstand | Verbrauch in cbm | Verbrauchs-Differenz in cbm | Zählerstand | Verbrauch in cbm | Zählerstand | Verbrauch in cbm | Zählerstand | Verbrauch in cbm |
| 1. I. 07 | 1956,4 | — | 2243,9 | — | — | 104,2 | — | 1639,0 | — | 223,5 | — |
| 1. II. 07 | 1974,3 | 17,9 | 2254,8 | 10,9 | 7,0 | 113,2 | 9,0 | 1655,0 | 16,0 | 242,2 | 18,7 |
| 1. III. 07 | 1992,7 | 18,4 | 2267,3 | 12,5 | 5,9 | 127,4 | 14,2 | 1669,4 | 14,4 | 263,2 | 21,0 |
| 1. IV. 07 | — | — | — | — | — | — | — | — | — | — | — |
| usw. | — | — | — | — | — | — | — | — | — | — | — |
| | | | | | | | | | | | |

Jahresabschluß:

$$\text{allgemein ist } x = \frac{B \cdot 273 \cdot 1}{760 \cdot (273 + tg)} \text{ cbm}$$

$$\text{hier } x = \frac{739 \cdot 273 \cdot 1}{760 \cdot (273 + 17{,}6)} = 0{,}913 \text{ cbm.}$$

Für 1 cbm Gas unter Normalverhältnissen ergibt sich, wenn 0,913 cbm Gas unter Normalverhältnissen 4696 Kal. gibt

$$H_{u\,\text{red.}} = \frac{4696 \cdot 1}{0{,}913} = \mathbf{5140} \text{ Kal.}$$

## Die Zusammensetzung des Gases.

Die Gasbestandteile sind zum größten Teil brennbar, ein kleiner Teil ist unverbrennlich. Zu den letzteren gehört Kohlensäure, Stickstoff und Sauerstoff.

Die brennbaren Bestandteile sind

Kohlenoxyd, Methan, Äthylen und Wasserstoff.

Die Gasbestandteile werden entweder direkt oder nach stattgehabter Verbrennung durch Absorption bestimmt.

Durch direkte Absorption wird bestimmt: Kohlensäure, Äthylen, Sauerstoff ev. auch Kohlenoxyd. Durch Verbrennung mit nachfolgender Absorption wird bestimmt: Methan und Wasserstoff. Die Bestimmungsmethode s. Jakob, Brauerei- und Mälzereibetriebskontrolle, Bd. IV, Verlag J. L. Stich, Nürnberg.

## Laufende Kontrolle über den Verbrauch der gasförmigen Brennstoffe.

Regelmäßige Analysen werden selten ausgeführt; man beschränkt sich auf monatliche Aufzeichnungen des Gasverbrauches. An verschiedenen Stellen des Betriebes sind in den Gasstrang zu diesem Zweck Gasmesser einzuschalten.

Addiert man am Jahresschluß die verbrauchten Gasmengen, so erhält man den jährlichen Gesamtverbrauch. Ein Vergleich der monatlichen Einzelverbrauche oder Jahresverbrauche läßt erkennen, ob man nach dieser Richtung hin wirtschaftlich gearbeitet hat.

# Kontrolle der Dampfkesselanlagen.

Soll eine Kesselhauskontrolle Nutzen bringen, so muß sie systematisch durchgeführt werden. Es macht sich deshalb notwendig, erstens die ins Kesselhaus eingebrachte Wärmemenge, dargestellt durch die Brennstoffanfuhr und zweitens die in der Praxis nutzbar gemachte Wärmemenge kontinuierlich festzulegen. Die Differenz zwischen beiden Wärmemengen stellt dann die Größe der auftretenden Wärmeverluste dar.

Man findet häufig auch einen zweiten Weg bei Ausführung der Kesselhauskontrolle eingeschlagen, und zwar den der direkten Ermittelung der Wärmeverluste.

Während man im ersten Fall wohl über die Größe der Wärmeverluste, nicht aber über die diese bedingenden Komponenten orientiert wird, gibt die direkte Bestimmung der Wärmeverluste ungenügenden Aufschluß darüber, in welcher Größe sie an der gesamten eingebrachten Wärmemenge partizipieren.

Die Momente, welche man bei der Kesselhauskontrolle ins Auge zu fassen hat, sind:

a) Kohlenverbrauch und erzeugte Dampfmenge.

Der Kohlenverbrauch stellt die eingeführte Wärmemenge dar. Der Wasserverbrauch ist identisch mit der erzeugten Dampfmenge und es läßt sich die nutzbar gemachte Wärme ohne weiteres ermitteln, wenn die Speisewassertemperatur und die Spannung (ev. Temperatur) des erzeugten Dampfes bekannt sind.

b) Die Wärmeverluste.

Dabei ist es ganz wesentlich, jede der Verlustkomponenten zu verfolgen, denn von diesen kann z. B. nur eine eine annormale Größe haben, wodurch die Ökonomie einer Anlage auch schon ganz beträchtlich vermindert werden kann.

c) Steigerung der Ökonomie einer Feuerungsanlage.

Zunächst muß die richtige Brennstoffauswahl getroffen werden, d. i. die Feststellung des ortsbilligsten Brennmaterials.

Würden die Wärmeverluste als zu hoch gefunden, so ist Abhilfe zu schaffen. Der Fehler kann in ungünstiger Luftzufuhr zum Brennstoff seinen Grund haben, weshalb die Luftzufuhr, die sich durch den »Zugschieber« regeln und durch die Unterdruckmessung in der Feuerung bestimmen läßt, zu überwachen ist; zu hohe Abgastemperaturen können schon durch die Konstruktion bedingt sein; Überhitzung des Dampfes oder der Einbau eines Ekonomisers reduziert vielfach diese Wärmeverluste.

Durch Rauchverbrennung werden im allgemeinen große pekuniäre Vorteile nicht geschaffen, doch aber in hygienischer Beziehung für den Braureibetrieb. Endlich soll eine Kontrolle der Beschaffenheit des Speisewassers die Betriebssicherheit einer Anlage wesentlich steigern. Auf alle diese Punkte ist später eingegangen.

d) Garantie-Abnahmeversuche an Feuerungsanlagen.

Man hat sich dabei vor allem an die aufgestellten Normen zu halten. Die Resultate sind zu beurteilen, ob sie normale Zahlen darstellen.

## 1. Kohlenverbrauch und erzeugte Dampfmenge.

### a) Der Kohlenverbrauch

wird, wenn es sich nur um Versuche, die sich über ein paar Tage erstrecken, handelt, mit einer Dezimalwage festgestellt, und zwar sind die Kohlen karren- oder kastenweise dem Heizer vorzuwiegen. Der dem Heizer zur Verfügung stehende abgewogene Vorrat soll nur für 1 Stunde (höchstens 2 Stunden) reichen, damit man jede Stunde genau den Verbrauch aufzeichnen kann. Es ist also nicht zulässig, einen beladenen, angefahrenen Kohlenwagen auf der Zentesimalwage abzuwiegen und nach Abladen direkt von diesem zu verfeuern; denn es ist wichtig, was aber im letzteren Fall nicht möglich, über den kontinuierlichen Kohlenverbrauch orientiert zu sein.

Für andauernde Versuche, also eine systematische Kesselhauskontrolle kommt nur eine automatische Wägung und Aufzeichnung der Kohlen in Frage. Je nach den örtlichen Verhältnissen wird sich eine automatische Rollbahnwage oder eine Schüttungswage empfehlen.

Die Rollbahnwagen finden dort Anwendung, wo von einem entfernteren Lagerplatz die Kohlen dem Kesselhaus auf Schienen- oder Drahtseiltransport zugebracht werden, besonders bei Verarbeitung von Stückkohlen. Die Rollbahnwage ist eine selbständig arbeitende Laufgewichtswage, die ohne Zutun von außen eine auf die Brücke gebrachte Last wiegt und das Gewicht registriert. Sie kann entweder so eingerichtet werden, daß sie die Gewichte fortlaufend durch einen Additionsapparat summiert, oder daß sie das Gewicht jeder einzelnen aufgebrachten Last auf ein kleines Billett selbsttätig abdruckt und dieses auswirft. Die Wage muß unter allen Umständen mit einem Kontrollapparat versehen sein, der es unmöglich macht, eine aufgefahrene Last ungewogen von der Brücke abfahren zu können. Erfolgt der Kohlentransport nicht auf ebener Erde, sondern durch Drahtseil- oder Hängebahn, so ist die Wiegeeinrichtung als Hängebahnwage auszuführen.

Die Schüttungswage ist in allen Fällen empfehlenswert, in denen Kohlenklein, Grus oder Nußkohlen bis zu Nuß I verbrannt wird, nur für Stückkohlen ist sie weniger geeignet. Sie gleicht in Wirkungsweise und Ausführungsart den bekannten automatischen Getreidewagen. Ihre Aufstellung erhält sie am besten im Kesselhaus selbst. Die Kohlen werden aus dem am Kesselhaus angeordneten Bunker durch Becherwerk und Transportschnecke der automatischen Wage zugeführt. Die Schüttungswage hat den großen Vorzug, daß der Kohlentransport zur Wage und von der Wage zur Feuerung sich mit weniger Arbeit als bei der Rollbahnwage bewerkstelligen läßt.

### b) Der Wasserverbrauch und die erzeugte Dampfmenge.

Sie sind in ihrem Gewicht gleich, so daß man entweder die verbrauchte Wassermenge oder die erzeugte Dampfmenge messen kann. Beide Verfahren finden Anwendung, genauer und exakter ist aber auf alle Fälle die Bestimmung des Wasserverbrauches.

Bei Verdampfungsversuchen, die nur kurze Zeit (einige Tage) ausgeführt werden, ist nur die Wägung der Speisewassermenge zulässig. Die Anordnung, welche man dabei trifft, ist aus Fig. 17 ersichtlich.

Eine auf kräftigem Untergestell hochgestellte Dezimalwage trägt ein Wägegefäß, das einen oder zwei durch Hähne von genügend lichter Weite verschließbare Auslauföffnungen entweder seitlich *a* oder ganz am Boden hat. In letzterem Falle

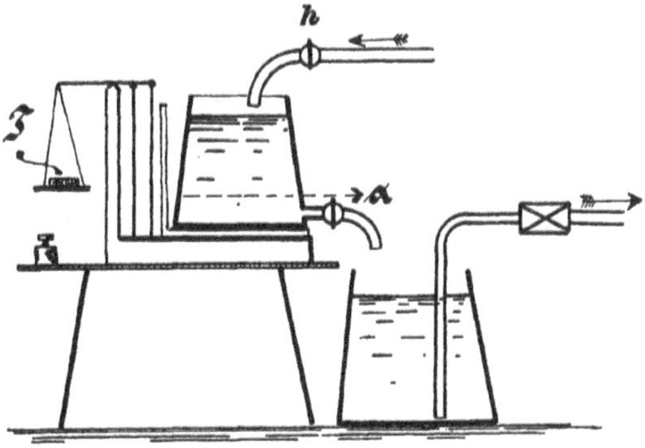


Fig. 17.

läßt man nach jeder Wägung das Wägegefäß vollständig leer laufen. Im ersteren Fall, welcher, da er ein rascheres Arbeiten gestattet, mehr empfohlen werden kann, gleicht man Meßgefäß und einen bestimmten, stets zurückbleibenden Wasserinhalt, durch eine konstante Tara *T* aus. Man stellt bei dieser Wägungsmethode somit zu der Tara *T* noch das Gewicht der jedesmal abzuwägen beabsichtigten Wassermenge, meist 20 kg (Dezimal = 200 kg), läßt dann durch Hahn *h* Wasser einfließen, bis die Wage genau einspielt und entleert dann den Bottich durch Öffnen von *a*. Zuvor stellt man das Gewicht (20 kg) ab und läßt so lange ausfließen, bis die Wage mit ihrer Tara wieder einspielt. Nun stellt man das Gewicht wieder auf und läßt durch *h* wieder zulaufen. Da ein bestimmter Flüssigkeitsstand im

Wägegefäß stets zurückbleibt, läuft die Wassermenge rascher aus, als wenn man das Wägegefäß nur leer tariert und dieses dann immer vollständig auslaufen und abtropfen läßt. Bei Versuchen an Kesselanlagen bis 200 qm Heizfläche reicht ein Wägegefäß aus, für Versuche an größeren Anlagen müssen zwei oder mehr Wägevorrichtungen aufgestellt werden. Auf die große Wichtigkeit eines genügenden Querschnittes der Zu- und Ablauföffnungen (*h* und *a*) des Wassers soll vor allem hingewiesen sein. Jedes abgewogene Meßgefäß ist zu notieren. Das abgewogene Wasser fließt in ein Gefäß, in welches das Saugrohr

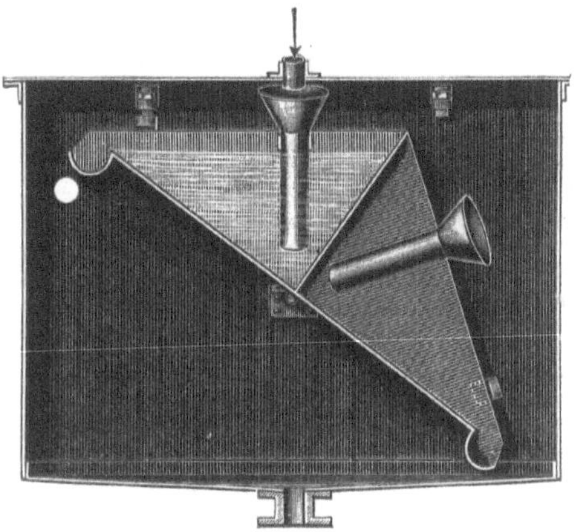

Fig. 18.

der Speisepumpe bis auf den Boden einreicht. Bei Versuchsbeginn und bei Versuchsende muß der Flüssigkeitsstand in diesem Sammelgefäß gleichhoch gehalten werden.

Für die laufende Kesselhauskontrolle können zur Wassermessung verschiedene Apparate Verwendung finden.

Der Kippwassermesser der Firma J. C. Eckardt, Stuttgart-Cannstatt (Fig. 18).

Der Kippwassermesser besteht aus zwei nebeneinander befindlichen, an einer Achse drehbaren Dreiecksbehältern. Durch die mit Justierschraube versehenen, oben befindlichen Anschläge ist der Messer so eingestellt, daß bei dem geringsten Übertreten von Wasser in die seitlich befindliche Rinne infolge sofortiger Schwerpunktsverlegung ein plötzliches Kippen stattfindet und nunmehr die leere Behälterhälfte nach oben geht und gefüllt wird, während sich die andere inzwischen entleert. Der Messer ist vollständig geschlossen und nur zwecks Herbeiführung atmosphärischen Druckausgleiches mit einer minimalen Öffnung von 1 cm Durchmesser versehen. Zutritt kalter Luft findet so gut

Fig. 19.

wie gar nicht statt, da dem eintretenden Wasser ein gleiches Volumen austretenden Wassers gegenübersteht, zudem ist der Aufenthalt desselben im Messer nur ein sehr kurzer.

Für große Wassermengen kommt vielfach der offene Flüssigkeitsmesser der gleichen Firma in Anwendung (Fig. 19.) Er besteht aus zwei gleichgroßen, nebeneinander liegenden Meßkammern, welche nach oben spitz zulaufen. Innerhalb derselben befindet sich jeweils ein nach oben geöffnetes Steuergefäß, das mit den Ventilstangen und Auslaufventilen starr verbunden ist.

Die Auslaufventile werden von einem Wagebalken gesteuert, welcher gleichzeitig den pendelnden Rohrstutzen für den Flüssigkeitszulauf und das Zählwerk betätigt. Die Steuergefäße sind so angeordnet, daß sie abwechselnd durch die über den gemeinschaftlich feststehenden, seitlich liegenden Überlauf strömende Flüssigkeit gefüllt werden. Infolge der Schwere der Überlaufsflüssigkeit im rechten Stehgefäß und des Auftriebes des linken Gefäßes oder umgekehrt, wird das letztere mit seinem Ventil nach unten gedrückt und geschlossen, wobei sich das Ventil der anderen Meßkammer wieder öffnet und die gemessene Flüssigkeit aus der Kammer und dem Steuergefäß mittels Saugheber in einen Sammelbehälter abfließt.

Ferner werden von der Firma Eckhard-Cannstatt auch Kolbenwassermesser gebaut (Fig. 20). Durch ihre große Genauigkeit haben sich diese sehr eingeführt. Die Wirkungsweise ist folgende: In einem Gefäßzylinder *C* befindet sich der Kolben *K*, in Figur 20 z. B. in seiner tiefsten Stellung. Dabei strömt das Wasser durch den Kanal *A* in Richtung der Pfeile unter den Kolben, hebt diesen und drückt das darüber befindliche Wasser nach dem Kessel. Der Kolben *K* trägt eine Kolbenstange, mit welcher die oben geführte Doppelzahnstange *dz* verbunden ist. Durch Vermittlung eines Getriebes bewegt sie das Knaggenrad *N*. Letzteres hebt nun ein an einem Überwurfhebel befestigte Gewicht so weit, bis dasselbe infolge eigener Schwere auf der anderen Seite herunterfällt. Ein an diesem Gewicht vorspringender Ansatz *g* nimmt während des Herunterfallens einen Doppelhebel *T*, welcher mit dem einen Vierwegehahn bildenden Steuerungshebel *h* fest verbunden ist, mit, und bewirkt so die Umsteuerung. Das Wasser tritt nun, wenn Kolben *K* seine Höchststellung erreicht hat, über denselben, drückt ihn nach unten und damit gleichzeitig das unter ihm befindliche Wasser nach dem Kessel. Die Anzahl der Kolbenhübe wird durch das im Räderbock *R* gelagerte Räder- und Wendegetriebe auf das Zählwerk *Z* übertragen. Das Wendegetriebe besteht aus zwei lose auf ihren Achsen laufenden Kuppelungsrädern, welche mit einem Zwischenrad in Eingriff stehen. Mit den beiden Rädern sind Sperrräder verbunden, in welche Sperrkegel einklinken, die in zwei fest mit ihren Achsen verbundenen Kuppelungsgehäusen angebracht sind, so daß das von den beiden Rädern, je nach dem auf- oder niedergehenden Kolben, wechsel-

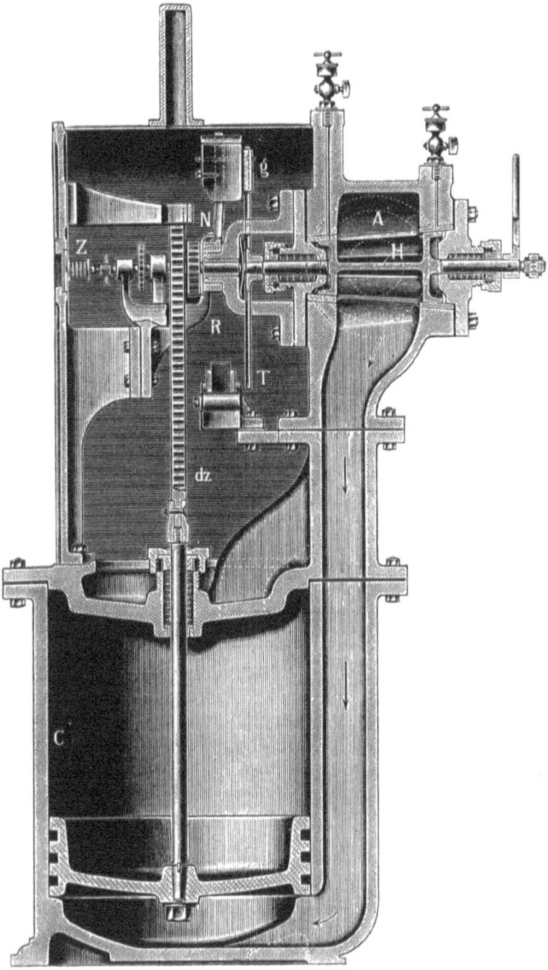


Fig. 20.

weise mitgenommene Zwischenrad und das mit ihm auf einer Achse sitzende, das Zählwerk antreibende Zahnrad immer die gleiche Drehrichtung behält. Der Messer arbeitet sehr genau; Abweichungen über $1^1/_2\,^0/_0$ treten nicht auf, wenn der Messer neu und seiner Leistung angepaßt ist; große Temperaturschwankungen und hohe Wassertemperaturen sollen nach Möglichkeit vermieden werden.

Will man über die Art der Speisung ein Bild gewinnen, d. h. darüber, ob die Speisung zeitweise unterbrochen, nachher

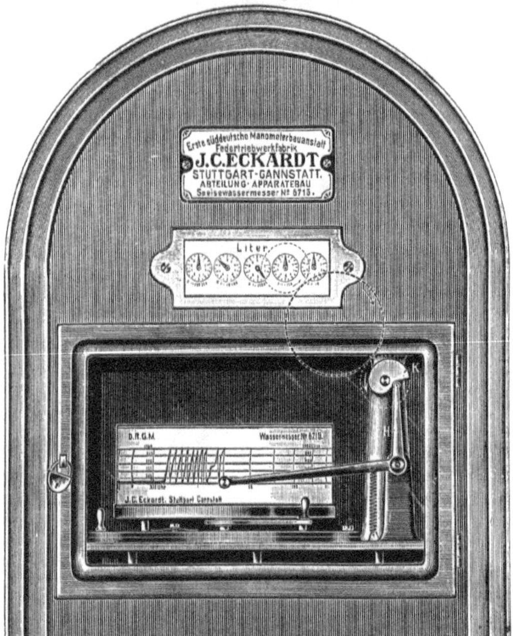


Fig. 21.

forciert worden ist, oder umgekehrt, so ist die Anschaffung einer Schreibvorrichtung zu empfehlen.

Die in Fig. 21 abgebildete Wassermesser-Schreibvorrichtung ist vorn am Wassermesser direkt unter dem Zählwerk angebracht und in einem soliden Metallgehäuse eingebaut. Die Betätigung erfolgt mittels Zahnräder, welche mit dem Zählwerk in Verbindung stehen. Die rotierende Bewegung einer Kurvenscheibe bewegt den horizontalen Arm des Winkelhebels $H$ auf und ab und gibt somit dem Wasserdurchfluß in einer gewissen Zeiteinheit auf einem Papierstreifen an. Das Zählwerk und die Schreibvorrichtung kontrollieren sich also gegenseitig. Bei normaler Ausführung erfolgt die Umdrehung der Trommel in 12 Stunden, und zwar von morgens 6 bis abends 6 Uhr.

Die erhaltenen Speisediagrsmme haben die in Fig. 22 dargestellte Form.

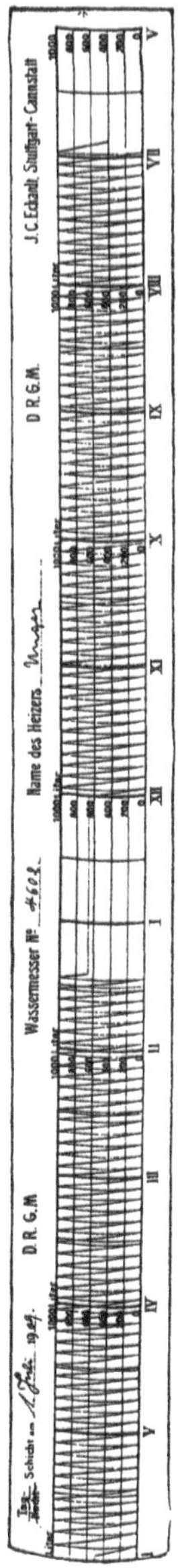

Fig. 22.

Für laufende Messung von Wasser höherer Temperaturen eignet sich auch der Scheibenwassermesser von Siemens & Halske, Aktiengesellschaft Berlin (Fig. 23). In bezug auf Genauigkeit der Messung steht er zwar dem Kolbenmesser nach, denn er läßt Fehler bis $\pm$ 2 % entstehen. Jedenfalls übertrifft er aber den Flügelradwassermesser bezüglich Genauigkeit weit. Beim Scheibenwassermesser tritt das Wasser durch den Einlaßstutzen $a$ ein, passiert zunächst ein Sieb $b$ mit genügend großem freien Querschnitt und gelangt, indem es die Meßkammer vollständig umspült, in den eigentlichen Meßraum $c$, die sog. Scheibenkammer. Beim Durchfließen dieser Kammer wird die kugelförmig gelagerte gerade Scheibe $d$ in eine dem Scheibenmesser eigentümliche oszillierende Bewegung versetzt, welche durch die Führungsrolle $f$ mit dem Mitnehmer $e$ auf das Zähler- und Zeigewerk $h$ und $l$ übertragen wird. Die Scheibe wird dabei durch die Führungskonusse $g$ und $f$ so geführt, daß zwischen Scheibe und Kammer ein dichter Abschluß erfolgt und so ein Durchfluß von ungemessenem Wasser verhütet wird. Es entspricht eine Umdrehung des Mitnehmers $e$ einer vollständigen Bewegung der Scheibe und einer Durchflußmenge, welche genau gleich dem Nutzinhalt der Scheibenkammer ist. Nachdem das Wasser die Scheibenkammer passiert hat, verläßt es dieselbe durch die Austrittsöffnung und den Messer durch Ausgangsstutzen *o*. Das Zifferblatt zeigt die gemessene Menge Wassers an.

Die Lager und die reibenden Teile des Umfangs der Metallscheibe sind mit einer besonders präparierten Graphitkohle

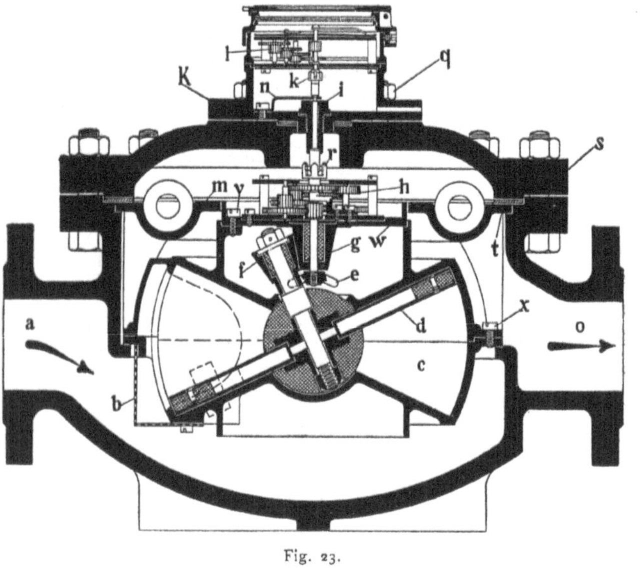


Fig. 23.

ausgelegt, welche ein Ölen der Lagerstellen erspart und selbst bei den höchsten Speisewassertemperaturen ihre guten Eigenschaften nicht verliert. Einen vorzüglichen Überblick über die Vorgänge beim Speisen gibt der mit dem Scheibenwassermesser in Verbindung zu bringende Registrierapparat (Fig. 24). Er wird ebenfalls von der Firma Siemens & Halske, Berlin, in den Handel gebracht. Der kontinuierliche Wasserverbrauch wird auf einem Registrierblatt in Form einer Kurve selbsttätig aufgezeichnet.

Nicht empfohlen können für Speisewassermessungen Flügelradwassermesser werden, da sie zu ungenau sind.

Allgemein hat man beim Einbau von Wassermessern im Kesselhaus für leichte Zugänglichkeit zum Messer zu sorgen, ferner für möglichst horizontalen Einbau. Dem Messer schalte man stets eine Umgangsleitung parallel, damit bei irgendwelcher Störung am Messer der Betrieb jederzeit aufrechterhalten werden

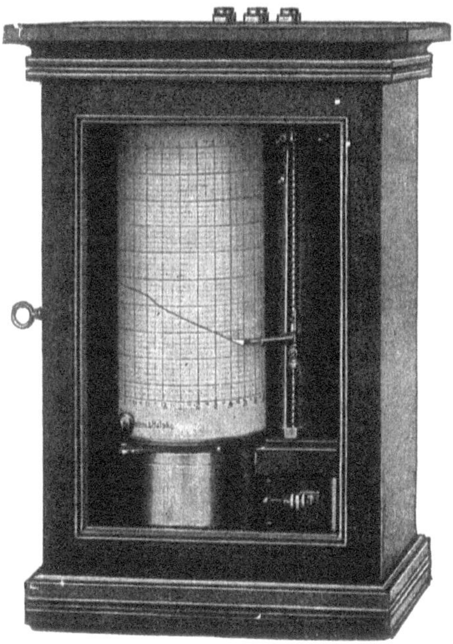

Fig. 24.

kann. Der Einbau soll möglichst in die Druckleitung erfolgen, nur bei Injektorspeisevorrichtungen soll er in die Saugleitung geschehen, weil sonst das Dampfkondensat mit gemessen wird.

Häufig tritt der Fall ein, daß das Kondensat von Dampfbraupfannen selbsttätig in den Dampfkessel zurückgeleitet wird, ohne Zuhilfenahme einer Speisevorrichtung. Dieses zurückgeleitete Wasser darf bei der laufenden Kontrolle des Speisewasserverbrauches nicht außer acht gelassen werden. Die direkte genaue Bestimmung der Menge desselben ist sehr schwer und es wird sich empfehlen, im Interesse der Erleichterung der Be-

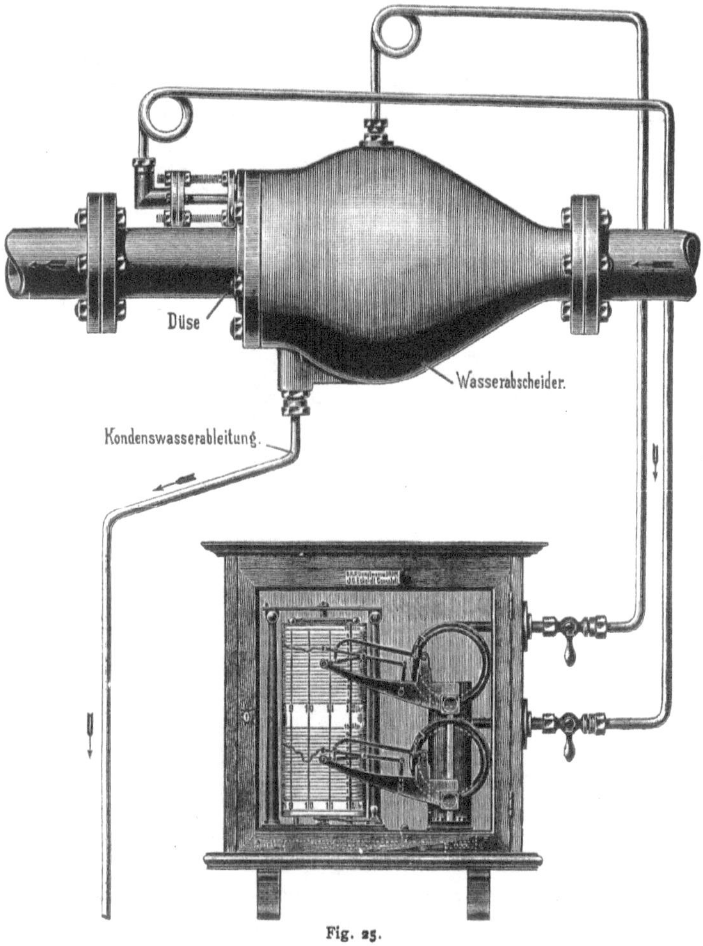


Fig. 25.

triebskontrolle auf Rückleitapparate zu verzichten, zumal sie sehr häufig schlecht funktionieren. Betriebssicherer ist auf alle Fälle die Sammlung des Pfannenkondensates in ein Speisereservoir; dann kann es beim Speisen mit kälterem Speisewasser gemischt werden und durch den Wassermesser in den Kessel gelangen.

Ist eine kontinuierliche Speisewassermessung nicht möglich, dann empfiehlt sich die kontinuierliche Messung des den Kessel verlassenden Dampfes. Daß bei dieser Feststellung nicht eine solche Genauigkeit erlangt wird wie bei der Speisewassermessung, liegt klar auf der Hand, doch können mit dem Eckhardtschen Dampfmesser für die laufende Kontrolle doch sehr wichtige Vergleichsresultate gewonnen werden.

Den Eckhardtschen Dampfmesser zeigt Fig. 25 in Ansicht. Er besteht in einem Doppelmanometer. Das eine, obere Manometer ist an den Dampfraum eines Wasserabscheiders angeschlossen; das zweite untere Manometer dagegen an ein Rohr, welches in eine düsenförmige Einschnürung der Rohrleitung einmündet. Durch die Einmündung der Rohrleitung tritt bei stärkerem Dampfverbrauch innerhalb der Düse eine Beschleunigung der normalen Dampfgeschwindigkeit ein, wodurch ein geringer Druckabfall entsteht, der sich aber hinter der Düse fast ganz wieder verliert, so daß er in der Praxis kaum zu bemerken ist. Dieser Spannungsabfall steht nun nach Zeuner-Napier in einem bestimmten Verhältnis zum Düsenquerschnitt und zur Dampfmenge. Letztere läßt sich, da der Spannungsabfall meßbar und der Düsenquerschnitt bekannt ist, somit berechnen aus der Formel:

$$G = K \cdot F \sqrt{\frac{(p_1 - p_2) \cdot p_2}{p_1 \cdot v_1}}.$$

Hierin bedeutet:

$G$ = gesuchte Dampfmenge in Kilogramm,

$K$ = eine durch Versuche genau ermittelte Konstante (nach Angabe der Fabrik),

$F$ = Querschnitt der Düse in Quadratmetern (nach Angabe der Fabrik),

$p_1$ = Spannung des Dampfes vor der Düse in Atmosphären absolut (Anzeige des oberen Manometers),

$p_2$ = Spannung des Dampfes im kleinsten Querschnitt der Düse in Atmosphär. absol. (Anzeige des unteren Manometers),

$v_1$ = spezifisches Volumen des Dampfes von $p_1$ Atm. Spannung.

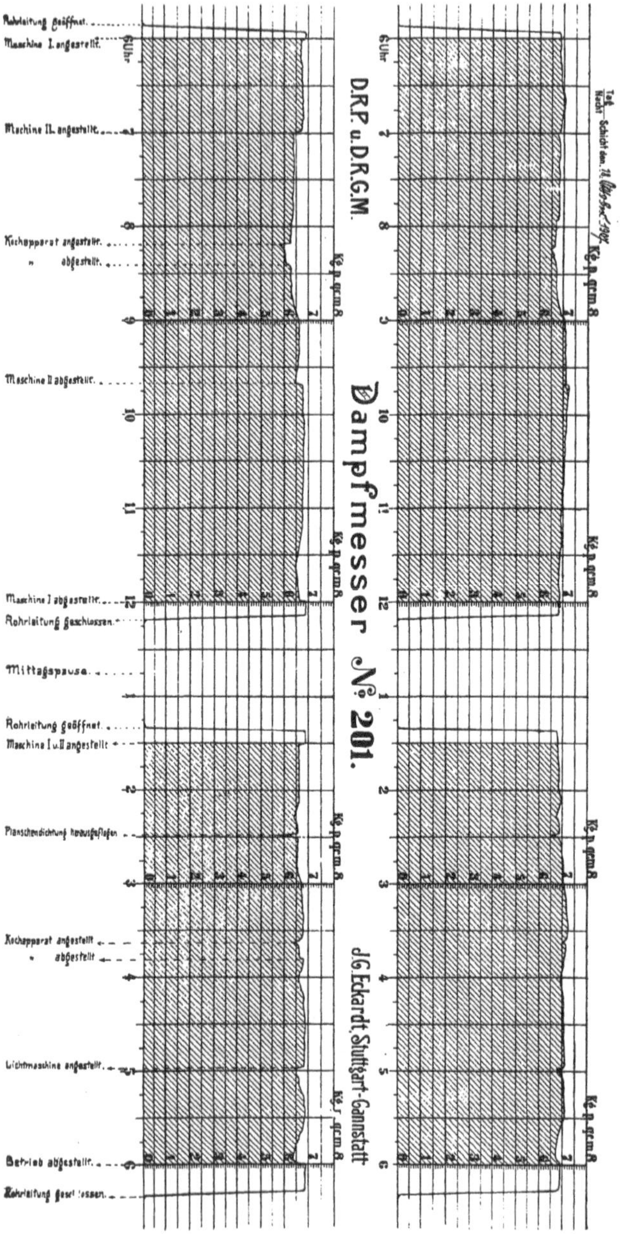
Rohrleitung geöffnet
Maschine I. angestellt
Maschine II. angestellt
Kochapparat angestellt
" abgestellt
Maschine II abgestellt
Maschine I abgestellt
Rohrleitung geschlossen
Mittagspause
Rohrleitung geöffnet
Maschine I u. II angestellt
Flanschendichtung herausgeflogen
Kochapparat angestellt
" abgestellt
Lichtmaschine angestellt
Betrieb abgestellt
Rohrleitung geschlossen
D.R.P. u. D.R.G.M.
Dampfmesser № 201.
J.G. Eckardt, Stuttgart-Cannstatt

Ohne jede Rechnung läßt sich aus untenstehenden Tabelle aus den Drücken $p_1$ und $p_2$ direkt die minutliche Dampfmenge entnehmen. Da dieselbe mit der Dampfabnahme wechselt, berechnet sich die in bestimmter Zeit verbrauchte Gesamtdampfmenge aus den beiden Diagrammen, indem mittels Planimeters (s. weiter hinten) die mittleren Dampfdrücke $p_1$ und $p_2$ eruiert werden.

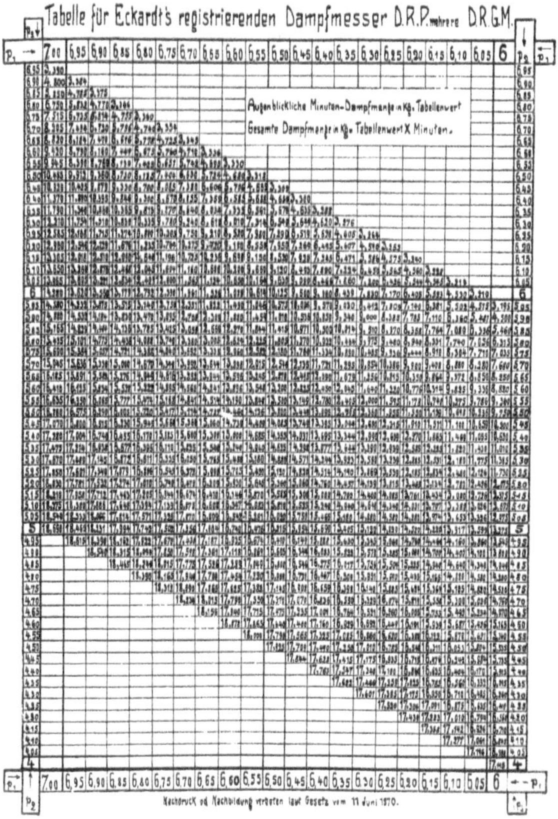


Die Form der Diagramme, welche der Registrierapparat liefert, zeigt nebenstehende Fig. 26.

B e i s p i e l: Durch Planimetrierung ergaben sich aus dem Diagramm die mittleren Drucke in 12 Stunden.

$p_1 = 6{,}5$ Atm.

$p_2 = 6{,}3$ »

Laut Tabelle ist dann die minutliche Dampfmenge 6,540 kg. 12 Stunden = 720 Minuten.

Gesamte verbrauchte Dampfmenge in 12 Stunden somit 6,540 · 720 = **4708,8** kg.

### c) Feststellung der durch den Kohlenverbrauch eingebrachten und der zur Dampferzeugung nutzbar gemachten Wärmemenge.

Soll dieselbe nur durch einige abgegrenzte Versuche zum Zwecke der Prüfung einer Feuerungsanlage auf ihre Ökonomie oder der praktischen Prüfung von probeweise angelieferten Brennstoffen dienen, so nennt man diese Feststellung »Verdampfungsversuch«. Durch den Verdampfungsversuch finden somit nur periodische Prüfungen an Feuerungsanlagen statt. Ebenso wichtig ist aber auch die kontinuierliche Kontrolle der Feuerungsanlagen; denn sie soll zeigen, ob die beim Verdampfungsversuch eventuell erhaltenen günstigen Resultate dauernd erzielt werden. Deshalb sei zunächst eingehend die Ausführung des Verdampfungsversuches und dann die laufende Kontrolle bei der Dampferzeugung besprochen.

#### I. Der Verdampfungsversuch (periodische Kontrolle).

Die Dauer[1]) eines solchen Versuches soll nicht unter 8 Stunden betragen, da es sonst nicht möglich ist, gute Mittelzahlen zu erhalten, welche etwaige Fehler ausschließen, die am Anfang und Ende des Versuches gemacht werden und nie ganz zu vermeiden sind.

Die Kohlenmenge muß dem Heizer dabei genau mit Dezimalwage vorgewogen werden und zwar nicht in zu großen Mengen, damit man sich jederzeit über den momentanen Brennstoffverbrauch orientieren kann. Jede dreißigste Schaufel ist beim Abwiegen der Kohlen in eine Kiste zu werfen; diese darin gesammelte Menge dient zur Gewinnung einer genauen Durchschnittsprobe (siehe vorne), von welcher eine Heizwertbestimmung auszuführen ist.

---

[1]) Allgemeine Normen für Leistungsversuche siehe später.

Hat sich der Heizwert z. B. zu $H_u = 5770$ Kal. pro 1 kg Kohle ergeben, so ist die pro 1 kg Kohle der Kesselanlage zugeführte Wärme $H_u = 5770$ Kal.

Die nutzbar gemachte Wärme erhält man aus der zur Verdampfung gebrachten Speisewassermenge, welche durch direkte Wägung (siehe vorne) bestimmt wird. Dabei ist die Speisewassertemperatur und die erzeugte Dampfspannung bzw. auch Dampftemperatur zu bestimmen.

Ist die Dampfspannung im Kessel $p$ Atm. Überdruck $= p + 1 = p_a$ Atm. abs., so ist pro 1 kg Wasser eine Verdampfungswärme $\lambda$ (aus Tabelle) nutzbar gemacht worden, wenn das Speisewasser eine Temperatur von $0^0$ C hatte. Ist dessen Temperatur aber $t_s$, so ist die pro 1 kg Wasser zugeführte Wärme

$$q = \lambda - t_s.$$

Ist nun die zur Verdampfung einer bestimmten Speisewassermenge $w_s$ notwendige Kohlenmenge $k$ eine bestimmte Zeit (über 8 Stunden) aufgezeichnet worden, so ergibt sich die sog. Verdampfungsziffer $v$ unter den Betriebsverhältnissen:

$$v = \frac{w_s}{k}.$$

Die Verdampfungsziffer unter Betriebsverhältnissen besagt also, wie viel Kilogramm Dampf von bestimmtem Überdruck $p$, resp. bestimmter absoluter Spannung $p_a$ pro 1 kg Kohle aus Speisewasser mit $t_s{}^0$ C erzeugt wurden.

Beispiel: Bei einem achtstündigen Versuch wurden 1480 kg Kohle verfeuert und damit 9600 kg Speisewasser von $11^0$ C verdampft. Die mittlere Dampfspannung ergab sich zu 7,1 Atm. Überdruck.

In diesem Fall ist die Verdampfungsziffer unter Betriebsverhältnissen

$$v = \frac{w_s}{k} = \frac{9600}{1480} = 6{,}48,$$

d. h. mit 1 kg Kohle wurden 6,48 kg Wasser von $11^0$ C in Dampf von 7,1 Atm. Überdruck verwandelt.

Um die unter verschiedenen Verhältnissen der Praxis erhaltenen Verdampfungsziffern, d. h. bei verschiedenen erzielten

Dampfdrücken aus Wasser mit verschieden hohen Speisewassertemperaturen, vergleichen zu können, rechnet man die Verdampfungsziffer auf Normalverhältnisse um, und zwar legt man dabei ein Speisewasser von $0^0$ und einen daraus erzeugten Dampf von $100^0$ C zugrunde, dessen Gesamtwärme, erzeugt aus Wasser von $0^0$ C, nach der Tabelle $\lambda = 637$ Kal. ist.

Im obigen Beispiel hatte der Dampf $p = 7{,}1$ Atm. Überdruck, also $p + 1 = 8{,}1$ Atm. absolut. Diesem Dampfdruck entspricht eine Gesamtwärme aus Tabelle $\lambda = 658{,}34$ Kal. und die pro 1 kg Wasser nutzbar gemachte Wärme ist dann

$$q = \lambda - t_1 = 658{,}34 - 11{,}0 = 647{,}34 \text{ Kal.}$$

Unter Betriebsverhältnissen wurden somit von 1 kg Kohle 6,48 kg Wasser in Dampf verwandelt durch Wärmeabgabe von 647,34 Kal. pro 1 kg Wasser. Hätte man statt 647,34 nur 637 Kal. an 1 kg Wasser abgeben müssen, wie es bei der Erzeugung von »Dampf unter Normalverhältnissen« nötig ist, so wird man mit 1 kg Kohle eine entsprechend größere Wassermenge verdampfen können, nämlich $\frac{6{,}48 \cdot 647{,}34}{637} = \mathbf{6{,}58}$ = Verdampfungsziffer unter Normalverhältnissen.

Ist allgemein:

$\lambda$ = die dem Kesseldruck entsprechende Dampfwärme,
$t_s$ = Speisewassertemperatur,
$v$ = Verdampfungsziffer unter Betriebsverhältnissen,
$v_n$ = gesuchte Verdampfungsziffer unter Normalverhältnissen,

dann ist

$$v_n = v \cdot \frac{\lambda - t_s}{637}.$$

Die pro 1 kg Kohle an das Wasser übergegangene Wärme berechnet sich dann, entweder aus:

a) es wurden pro 1 kg Kohle $v_n = 6{,}58$ kg Dampf mit 637 Kal. erzeugt, gesamt somit $6{,}58 \cdot 637 = 4190$ Kal., oder

b) es wurden pro 1 kg Kohle $v = 6{,}48$ kg Dampf mit 647,34 Kal. erzeugt, gesamt somit $6{,}48 \cdot 647{,}34 = 4190$ Kal., oder allgemein mit obigen Bezeichnungen ist die nutzbare erzeugte Wärme $Q$ pro 1 kg Kohle

$$Q = v_r \cdot 637$$

oder $$Q = v \cdot q = v \cdot (\lambda - t_s).$$

Da nun einerseits die durch den Brennstoff zugeführte Wärme, d. i. der Heizwert $H_u$ bekannt ist und ferner die in der Praxis in Dampfform nutzbar gemachte Wärme $Q$, so läßt sich der gesamte Wärmeverlust pro 1 kg Kohle berechnen.

Beispiel: Der Heizwert war 5770 Kal.; die nutzbar gemachte Wärme pro 1 kg Kohle 4190 Kal., somit gingen auf 5770 Kal. (5770 — 4190) = 1580 Kal. verloren, das sind

$$\frac{1580 \cdot 100}{5770} = 27{,}4\,\% \text{ Wärmeverlust;}$$

gewonnen wurden somit 100 — 27,4 = 72,6 %.

Die in Prozenten ausgedrückte, pro 1 kg Kohle gewonnene Wärmemenge nennt man den Nutzeffekt $E$ einer Kesselanlage; allgemein ist derselbe:

$$E = \frac{100 \cdot Q}{H_u}.$$

Ferner ist bemerkenswert, daß bei der Wärmezufuhr von $H_u = 5770$ Kal. pro 1 kg Kohle, wenn keine Wärmeverluste eingetreten wären, eine Dampfmenge $v_t = \frac{5770}{637} = 9{,}07$ kg Dampf unter Normalverhältnissen hätte theoretisch erzeugt werden müssen.

Man nennt diese Zahl die dem Heizwert entsprechende theoretische Verdampfungsziffer, welche also:

$$v_t = \frac{H_u}{637}.$$

Je näher nun die Verdampfungsziffer der Praxis unter Normalverhältnissen an diese theoretische Verdampfungsziffer heranrückt, desto größer ist die Wärmeausnutzung in einer Anlage. Man nennt deshalb das Verhältnis beider Verdampfungsziffern das Güteverhältnis oder den Wirkungsgrad $\eta$.

$$\eta = \frac{v_u}{v_t}.$$

Beispiel: Nach oben ist $v_u = 6{,}58$; $v_t = 9{,}07$; somit ist das Güteverhältnis der Anlage $\eta = \frac{6{,}58}{9{,}07} = 0{,}726$.

Der Nutzeffekt $E$ ist stets $E = 100 \cdot \eta = 72{,}6\,\%$ (wie oben!).

Tabelle I.

**Tafel für gesättigten Wasserdampf nach Zeuner.**

| Temperatur | Druck ($p$) kg/qcm | Druck mm Q. S. | Gesamt-wärme $\lambda$ |
|---|---|---|---|
| 0 | 0,006 | 4,60 | 592,67 |
| 5 | 0,009 | 6,53 | 596,94 |
| 10 | 0,012 | 9,17 | 600,87 |
| 15 | 0,017 | 12,70 | 604,51 |
| 20 | 0,024 | 17,39 | 607,73 |
| 25 | 0,032 | 23,55 | 610,73 |
| 30 | 0,043 | 31,55 | 613,48 |
| 35 | 0,057 | 41,83 | 615,86 |
| 40 | 0,075 | 54,91 | 618,09 |
| 45 | 0,097 | 71,39 | 620,06 |
| 50 | 0,125 | 91,98 | 621,89 |
| 55 | 0,160 | 117,48 | 623,28 |
| 60 | 0,202 | 148,79 | 624,80 |
| 65 | 0,254 | 186,94 | 626,33 |
| 70 | 0,317 | 233,08 | 627,85 |
| 75 | 0,392 | 288,50 | 629,38 |
| 80 | 0,482 | 354,62 | 630,90 |
| 85 | 0,589 | 433,00 | 632,43 |
| 90 | 0,714 | 525,39 | 633,95 |
| 95 | 0,862 | 633,69 | 635,48 |
| 100 | 1,033 | 760,00 | 637,00 |
| 105 | 1,232 | 906,41 | 638,53 |
| 110 | 1,462 | 1 075,37 | 640,05 |
| 115 | 1,726 | 1 269,41 | 641,58 |
| 120 | 2,028 | 1 491,28 | 643,10 |
| 125 | 2,371 | 1 743,88 | 644,63 |
| 130 | 2,760 | 2 030,28 | 646,15 |
| 135 | 3,200 | 2 353,73 | 647,68 |
| 140 | 3,695 | 2 717,63 | 649,20 |
| 145 | 4,250 | 3 125,55 | 650,73 |
| 150 | 4,869 | 3 581,23 | 652,25 |
| 155 | 5,559 | 4 088,56 | 653,78 |
| 160 | 6,324 | 4 651,62 | 655,30 |
| 165 | 7,171 | 5 274,54 | 656,83 |
| 170 | 8,106 | 5 961,66 | 658,35 |
| 175 | 9,133 | 6 717,43 | 659,88 |
| 180 | 10,260 | 7 546,39 | 661,40 |
| 185 | 11,493 | 8 453,23 | 662,93 |
| 190 | 12,838 | 9 442,70 | 664,45 |
| 195 | 14,303 | 10 519,63 | 665,98 |
| 200 | 15,892 | 11 688,96 | 667,50 |

Tabelle II.

| Dampfspann. (absolut) kg/qcm | Temperatur | Flüssigkeitswärme $q$ | Gesamtwärme $\lambda$ | Dampfspann. (absolut) kg/qcm | Temperatur | Flüssigkeitswärme $q$ | Gesamtwärme $\lambda$ |
|---|---|---|---|---|---|---|---|
| 0,1 | 45,58 | 45,65 | 620,40 | 4,6 | 147,90 | 149,30 | 651,61 |
| 0,2 | 59,76 | 59,89 | 624,73 | 4,7 | 148,69 | 150,12 | 651,85 |
| 0,3 | 68,74 | 68,93 | 627,47 | 4,8 | 149,47 | 150,92 | 652,09 |
| 0,4 | 75,47 | 75,71 | 629,52 | 4,9 | 150,24 | 151,71 | 652,32 |
| 0,5 | 80,90 | 81,19 | 631,17 | **5,0** | 150,99 | 152,48 | 652,55 |
| 0,6 | 85,48 | 85,82 | 632,57 | 5,1 | 151,73 | 153,24 | 652,78 |
| 0,7 | 69,47 | 89,84 | 633,79 | 5,2 | 152,47 | 153,99 | 653,00 |
| 0,8 | 93,00 | 93,43 | 634,67 | 5,3 | 153,19 | 154,73 | 653,22 |
| 0,9 | 96,19 | 96,64 | 635,84 | 5,4 | 153,90 | 155,46 | 653,44 |
| **1,0** | 99,09 | 99,58 | 636,72 | 5,5 | 154,59 | 156,18 | 653,65 |
| 1,1 | 101,76 | 102,28 | 637,54 | 5,6 | 155,28 | 156,89 | 653,85 |
| 1,2 | 104,24 | 104,79 | 638,29 | 5,7 | 155,96 | 157,59 | 654,07 |
| 1,3 | 106,55 | 107,14 | 639,00 | 5,8 | 156,63 | 158,27 | 654,27 |
| 1,4 | 108,72 | 109,34 | 639,66 | 5,9 | 157,29 | 158,95 | 654,47 |
| 1,5 | 110,76 | 111,42 | 640,28 | **6,0** | 157,94 | 159,63 | 654,66 |
| 1,6 | 112,70 | 113,38 | 640,87 | 6,1 | 158,59 | 160,29 | 654,87 |
| 1,7 | 114,54 | 115,25 | 641,43 | 6,2 | 159,22 | 160,94 | 655,06 |
| 1,8 | 116,29 | 117,03 | 641,97 | 6,3 | 159,85 | 161,59 | 655,25 |
| 1,9 | 117,97 | 118,84 | 642,48 | 6,4 | 160,47 | 162,22 | 655,44 |
| **2,0** | 119,57 | 120,37 | 642,97 | 6,5 | 161,08 | 162,85 | 655,63 |
| 2,1 | 121,11 | 121,94 | 643,44 | 6,6 | 161,68 | 163,47 | 655,81 |
| 2,2 | 122,59 | 123,44 | 643,90 | 6,7 | 162,28 | 164,09 | 656,00 |
| 2,3 | 124,02 | 124,90 | 644,33 | 6,8 | 162,87 | 164,70 | 656,18 |
| 2,4 | 125,40 | 126,30 | 644,75 | 6,9 | 163,45 | 165,30 | 656,35 |
| 2,5 | 126,73 | 127,66 | 645,15 | **7,0** | 164,03 | 165,89 | 656,53 |
| 2,6 | 128,02 | 128,97 | 645,55 | 7,1 | 164,60 | 166,48 | 656,70 |
| 2,7 | 129,26 | 130,25 | 645,93 | 7,2 | 165,16 | 167,06 | 656,87 |
| 2,8 | 130,48 | 131,48 | 646,30 | 7,3 | 165,72 | 167,63 | 657,04 |
| 2,9 | 131,65 | 132,68 | 646,65 | 7,4 | 166,27 | 168,20 | 657,21 |
| **3,0** | 132,80 | 133,85 | 647,00 | 7,5 | 166,82 | 168,76 | 657,38 |
| 3,1 | 133,91 | 134,99 | 647,37 | 7,6 | 167,36 | 169,32 | 657,54 |
| 3,2 | 135,00 | 136,10 | 647,68 | 7,7 | 167,89 | 169,87 | 657,71 |
| 3,3 | 136,06 | 137,18 | 648,00 | 7,8 | 168,42 | 170,42 | 657,87 |
| 3,4 | 137,09 | 138,24 | 648,31 | 7,9 | 168,94 | 170,96 | 658,03 |
| 3,5 | 138,10 | 139,27 | 648,62 | **8,0** | 169,46 | 171,49 | 658,18 |
| 3,6 | 139,09 | 140,28 | 648,95 | 8,1 | 169,97 | 172,02 | 658,34 |
| 3,7 | 140,05 | 141,27 | 649,22 | 8,2 | 170,48 | 172,55 | 658,50 |
| 3,8 | 141,00 | 142,23 | 649,50 | 8,3 | 170,98 | 173,07 | 658,65 |
| 3,9 | 141,92 | 143,18 | 649,78 | 8,4 | 171,48 | 173,58 | 658,80 |
| **4,0** | 142,82 | 144,10 | 650,06 | 8,5 | 171,98 | 174,09 | 658,95 |
| 4,1 | 143,71 | 145,01 | 650,33 | 8,6 | 172,47 | 174,60 | 659,10 |
| 4,2 | 144,58 | 145,90 | 650,60 | 8,7 | 172,95 | 175,10 | 659,24 |
| 4,3 | 145,43 | 146,78 | 650,86 | 8,8 | 173,43 | 175,60 | 659,40 |
| 4,4 | 146,27 | 147,66 | 651,11 | 8,9 | 173,91 | 176,09 | 659,54 |
| 4,5 | 147,09 | 148,48 | 651,36 | **9,0** | 174,38 | 176,58 | 659,69 |

| Dampfspann. (absol.) kg/qcm | Temperatur | Flüssigkeitswärme $q$ | Gesamtwärme $\lambda$ | Dampfspann. (absolut) kg/qcm | Temperatur | Flüssigkeitswärme $q$ | Gesamtwärme $\lambda$ |
|---|---|---|---|---|---|---|---|
| 9,1 | 174,85 | 177,06 | 659,83 | 12,25 | 187,87 | 190,56 | 663,80 |
| 9,2 | 175,31 | 177,74 | 659,97 | 12,50 | 188,78 | 191,51 | 664,08 |
| 9,3 | 175,77 | 178,02 | 660,11 | 12,75 | 189,69 | 192,45 | 664,35 |
| 9,4 | 176,23 | 178,69 | 660,25 | **13,00** | 190,57 | 193,38 | 664,63 |
| 9,5 | 176,68 | 178,96 | 660,39 | 13,25 | 191,45 | 194,29 | 664,90 |
| 9,6 | 177,13 | 179,42 | 660,52 | 13,50 | 192,31 | 195,18 | 665,16 |
| 9,7 | 177,57 | 179,88 | 660,66 | 13,75 | 193,16 | 196,07 | 665,41 |
| 9,8 | 178,01 | 180,34 | 660,80 | **14,00** | 194,00 | 196,94 | 665,69 |
| 9,9 | 178,45 | 180,79 | 660,93 | 14,25 | 194,83 | 197,81 | 665,92 |
| **10,00** | 178,89 | 181,24 | 661,06 | 14,50 | 195,64 | 198,66 | 666,17 |
| 10,25 | 179,96 | 182,35 | 661,39 | 14,75 | 196,45 | 199,50 | 666,42 |
| 10,50 | 181,01 | 183,44 | 661,71 | **15,00** | 197,24 | 200,32 | 666,66 |
| 10,75 | 182,04 | 184,51 | 662,02 | **16,00** | 200,32 | 203,53 | 667,60 |
| **11,00** | 183,05 | 185,56 | 662,33 | **17,00** | 203,26 | 206,67 | 668,49 |
| 11,25 | 184,05 | 186,60 | 662,64 | **18,00** | 206,07 | 209,54 | 669,35 |
| 11,50 | 185,03 | 187,61 | 662,93 | **19,00** | 208,75 | 212,35 | 670,17 |
| 11,75 | 185,99 | 188,61 | 663,23 | **20,00** | 211,34 | 215,07 | 670,96 |
| **12,00** | 186,99 | 189,59 | 663,52 | | | | |

Die Berechnung der zugeführten und nutzbar gemachten Wärme ist somit nicht schwierig, wenn die zur Berechnung dienenden Zahlenunterlagen zuverlässige Werte darstellen. Aut letzteres muß man nun besonders bedacht sein. Im folgenden ist nacheinander auf diejenigen Punkte hingewiesen, welche nicht außer acht gelassen werden dürfen, wenn man dies erreichen will.

Die bei obiger Berechnung lediglich in Frage kommenden Angaben sind:

1. der Heizwert $H_u$ des Brennstoffes;
2. die gesamt während des Versuchs verfeuerte Kohlenmenge $K$;
3. die gesamt verdampfte Speisewassermenge $W_s$;
4. die mittlere Dampfspannung $p$;
5. die Speisewassertemperatur $t_s$.

1. Bei exakter Probenahme und Einhaltung der oben angegebenen Vorschriften erhält man stets gute Heizwertzahlen.

2. Fehler bei Feststellung der gesamten Kohlenmenge $K$ werden sehr leicht zu Anfang und Ende des Ver-

dampfungsversuches gemacht. Es ist wichtig, daß der Rostbelag am Versuchsende genau der gleiche ist wie bei Beginn des Versuches. Man hat zu Anfang dafür zu sorgen, daß ein schlackenfreier, lockerer, gleichmäßiger Rostbelag vorhanden ist und den gleichen Zustand hat man beim Versuchsende anzustreben. Zu diesem Zweck wird etwa 1 Stunde vor Versuchsbeginn mit dem Feuerputzen begonnen und nach dem Abschlacken gleichmäßig gefeuert. Die zum Versuch vorgelegte Kohle darf nicht etwa erst bei Versuchsbeginn aufgeworfen werden, sondern dem Heizer muß die Anweisung gegeben werden, schon ca. 6 Stunden vorher mit dem Verfeuern zu beginnen, damit die Rückstände der Versuchskohlen schon einmal abgeschlackt wurden und ferner das bei Versuchsbeginn auf dem Rost liegende Glühfeuer nur von der Versuchskohle herrührt. Vielfach findet man, daß man eine bestimmte Zeitdauer für einen Versuch festsetzt, z. B. Beginn morgens 8 Uhr, Dauer genau 8 Stunden bis Nachmittag 4 Uhr. Aus dem Vorhergegangenen ist ersichtlich, daß es unmöglich ist, eine genaue Zeit bei Versuchsbeginn einzuhalten; es ist dies sogar fehlerhaft. Erst wenn man seinen geeigneten Rostbelag und die übrigen zum Versuch ebenso notwendigen gewünschten Zustände (siehe unten) erreicht hat, beginnt man und notiert diese Zeit. In bezug auf die Versuchsdauer gilt dasselbe. Man breche also den Verdampfungsversuch nicht etwa nach genau 8 Stunden ab, sondern arbeite, ohne sich um die Zeit zu kümmern, so lange fort, bis man genau den Anfangszustand wieder erreicht hat. Es kann sich also der Versuch ruhig bis 10 und auch 12 Stunden hinausziehen.

Das Abwiegen der Kohlen geschieht in kleinen Partien von je 100 kg, welche man nebeneinander ausleert. Die Zeit, in welcher je 100 kg Kohle verfeuert sind, wird notiert.

3. Bei der Bestimmung der Speisewassermenge $W_s$ ist zunächst auch auf gleichen Anfangs- und Endzustand zu achten. Der Wasserstand ist deshalb zu Beginn des Versuches zu markieren. Er soll nicht zu hoch und zu niedrig, also etwa in der Mitte des Wasserstandsglases liegen. Das Markieren des Wasserstandes geschieht am besten, indem man ein kleines Stückchen umsponnenen Drahtes, wie man ihn bei elektrischen Klingelanlagen verwendet, um das Wasserstandsglas schlingt. Außer-

dem mißt man zweckmäßig die Wasserstandshöhe noch mit dem Metermaß von einem Fixpunkt ab. Es kommt nämlich bisweilen vor, daß während eines Versuches ein Wasserstandsglas springt; wird dann der Markierungsdraht weggeschleudert, so fehlt die Angabe über den am Versuchsende zu erreichenden Wasserstand, wenn er nicht noch abgemessen wurde. Der anfängliche Wasserstand ist am Versuchsende genau zu erreichen.

Während des Versuches ist möglichst gleichmäßig zu speisen, jedoch so, daß man bis zur Zeit des Abschlackens allmählich auf einen höheren Wasserstand gelangt. Während des Feuerputzens speise man nicht, da der Dampfdruck an und für sich ziemlich stark fallen wird. Die Leitungen und Pumpen, welche zum Speisen dienen, dürfen keine Undichtheiten zeigen. Besonders die Stopfbüchsen der Speisepumpe müssen gut abdichten. Entstehendes Leckwasser ist zu sammeln und in der Rechnung zu berücksichtigen. Die Zeit, in welcher je ein Meßgefäß (meist 200 kg Inhalt) Wasser gespeist wurde, ist zu notieren.

4. Die mittlere Dampfspannung ergibt sich aus der laufenden Aufzeichnung des Dampfdruckes (Angabe der Manometeranzeige); sie wird in regelmäßigen Zeitabschnitten, möglichst alle 10 Minuten, notiert. Die Dampfspannung soll auf normaler Höhe möglichst gleichmäßig gehalten werden. Die anfängliche Dampfspannung soll am Versuchsende wieder so genau als möglich erreicht werden. Die mittlere Dampfspannung berechnet sich als arithmetisches Mittel durch Addition aller Einzelaufschreibungen und Division durch die Anzahl der Aufschreibungen.

5. Die Speisewassertemperatur muß an einer Stelle gemessen werden, wo man tatsächlich die Temperatur des in den Kessel eintretenden Wassers erhält. Oft kommt es vor, daß man kaltes Wasser speist, welches aber vor Eintritt in den Kessel einen kleinen Vorwärmer durchfließt, dem der Abdampf der Speisedampfpumpe zugeleitet ist. In solchem Falle gilt als Speisewassertemperatur die hinter dem Vorwärmer abzulesende Wassertemperatur, welche alle 10 Minuten zu kontrollieren ist.

Die Aufschreibungen bei einem Verdampfungsversuch macht man vorteilhaft in folgender Form:

Verdampfungsversuch Nr. Kohle: Kessel: Datum:

| Zeit | Kohle verfeuert | Wasser gespeist kg | Dampfspannung atm. Ü. | Speisewassertemp. ° C | Bemerkungen |
|---|---|---|---|---|---|
| Beginn $8^{10}$ | kg | | 7,2 | 14,0 | |
| » $8^{20}$ | 100 | 200 | 7,3 | 14,0 | |
| » $8^{30}$ | | 400 | 7,3 | 14,2 | |
| » $8^{40}$ | 100 | 200 | 7,3 | 14,3 | |
| » $8^{50}$ | | 200 | 7,2 | 14,3 | |
| » $9^{00}$ | | 400 | 7,2 | 14,3 | |
| » $9^{10}$ | 100 | 200 | 7,2 | 14,3 | |
| — | — | — | — | — | |
| — | — | — | — | — | abgeschlackt $3^{15}$ |
| — | — | — | — | — | bis $3^{35}$ |
| Beginn $3^{50}$ | | | 7,3 | 14,1 | |
| » $4^{00}$ | 100 | 200 | 7,3 | 14,1 | |
| » $4^{10}$ | | 400 | 7,2 | 14,1 | |
| » $4^{20}$ | 50 | 250 | 7,2 | 14,1 | |
| Gesamtdauer = 8 Std. 10 Min. | Gesamtkohle verfeuert: = | Ges. Wasser verdampft: = | Mittlere Dampfspann. = | mittl. Speisewassertemp. = | |

Ein solches Schema muß man sich schon vor dem Versuch anfertigen und dann regelmäßig die Aufzeichnungen bezw. Einschreibungen machen. An der Kohlenwage und an der Wage zur Speisewassermessung wird außerdem bei jeder Gefäßentleerung ein Kreidestrich gemacht zur Kontrolle.

Noch zweckmäßiger als die Aufstellung einer solchen Zahlentabelle ist es, in ein Koordinatensystem (Fig. 27), das man sich vorgezeichnet hat, durch Punkte die gesamten Eintragungen zu machen.

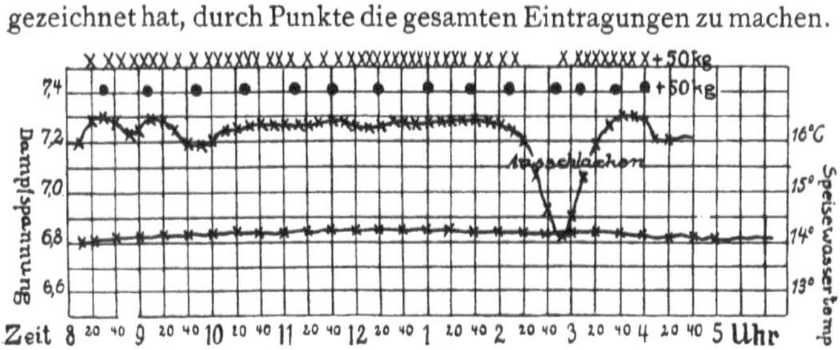


• = 100 kg Kohlen.

X = 200 kg Wasser.

Fig. 27.

### 2. Kontinuierliche Kontrolle der der Feuerung zugeführten und daraus nutzbar gemachten Wärmemenge.

Wird die Kohlenmenge, welche tagsüber verfeuert wird, dauernd automatisch abgewogen und ferner das Speisewasser laufend automatisch gemessen und auch seine Temperatur aufgezeichnet und endlich die Dampfdrücke dauernd registriert, so läßt sich alltäglich eine Aufnahme über den täglichen Kohlen-

Fig. 28.

und Wasserverbrauch, die dazu gehörige mittlere Speisetemperatur und den mittleren Kesseldruck machen. Aus diesen Angaben kann man bei bekanntem Heizwert der Kohle jeden Tag die mittlere Verdampfungsziffer und den mittleren Nutzeffekt berechnen.

Für die exakte Durchführung einer Kesselhauskontrolle ist die laufende Ermittlung der Verdampfungsziffer ganz wesentlich.

Die Art der automatischen Wägung der Kohlenmenge und die Messung des Speisewassers ist weiter vorn schon eingehend behandelt. Man notiert täglich den Wagstand resp. den Zählerstand; die Differenz der Anzeige gegen den vorhergegangenen Tag gibt den Verbrauch an.

Die mittlere Speisewassertemperatur entnimmt man dem Diagramm eines in die Speiseleitung eingeschalteten Registrierthermometers. Dabei ist zu beachten, daß hinter dem Registrierthermometer nach dem Kessel zu ein gut funktionierendes Rückschlagventil sitzt, damit nicht bei ruhig stehender Speisepumpe Wasser von hoher Temperatur aus dem Kessel in die Speiseleitung zurücktreten kann. Die mittlere Speisetemperatur erhält man durch Planimetrierung des Diagrammes oder aus dem Mittel einer größeren Anzahl von Ordinaten.

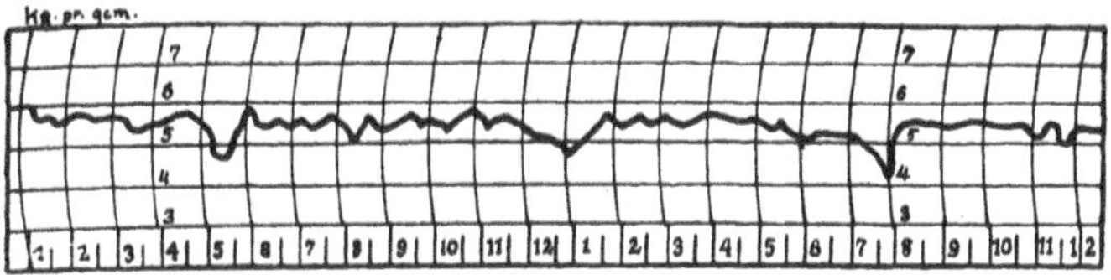


Fig. 29.

Für die Bestimmung des mittleren täglichen Dampfdruckes ist die Verwendung von registrierenden Manometern, welche andauernd den Dampfdruck aufzeichnen, sehr vorteilhaft. Fig. 28 zeigt ein solches Registriermanometer und Fig. 29 ein entnommenes Diagramm.

Der Dampf wirkt auf eine sog. Bourdonfeder *R* (kreisförmig gebogenes Rohr von ovalem Querschnitt), deren Bewegung mittels Hebelübersetzung auf den Zeiger *Z* übertragen wird. An dem Ende desselben ist eine Skala angeordnet zum Ablesen des Dampfdruckes. Hinter der Skala befindet sich zur Aufnahme des Diagrammpapiers eine Trommel *T* (von 90 mm Durchmesser und 120 mm Höhe), welche mittels Uhrwerk eine drehende Bewegung erhält und in 24 Stunden eine Umdrehung vollendet. Der Zeiger *Z* trägt bei *O* eine Schreibvorrichtung (mit Tinte), welche das Diagramm auf das Papier aufzeichnet. Letzteres besitzt in horizontalen Linien die Atmosphären mit Unterabteilung in $^1/_5$ Atm. und in senkrechter Richtung die Stundenlinien aufgetragen, so daß für jede Zeit des Tages oder der

Nacht die Dampfspannung aus der Aufzeichnung zu finden ist. Der ganze Apparat ist in einem staubdichten, leichten eisernen Kasten mit Glastür untergebracht, welcher mittels Konsol *S* an einer Wand oder Säule zu befestigen ist. Die Verbindung mit dem Kessel oder Dampfrohr erfolgt durch Rohr und Verschraubung *G*.

Durch Planimetrierung oder durch Berechnung der mittleren Ordinate erhält man den mittleren täglichen Dampfdruck.

In Fällen, wo die Speisewassermengen schwer zu messen sind, kann auch der Eckhardtsche Dampfmesser für die kontinuierliche Kontrolle Anwendung finden. Außerdem ist er aber ein guter Kontrollapparat neben der Speisewassermessung; er ergänzt den sicheren Einblick in die stattgehabte Arbeitsweise.

Die täglich aufgenommenen Zahlen müssen in einem für einen Monat ausreichenden Formular journalisiert werden, wobei sich folgende Anordnung empfiehlt:

Kesselhaus: Monatsaufnahme: Oktober.

| Datum | Kohlenverbrauch | Wasserverbrauch | Mittlere Speisewassertemp. | Mittl. Dampfdruck | mittl. Heizw. d. verbrannt. Kohle | Berechnet: Verdampfungsziffer der Praxis | Berechnet: Verdampfungsziffer unter Normalverhältn. | Berechnet: Nutzeffekt | Bemerkungen |
|---|---|---|---|---|---|---|---|---|---|
| 1. X. 09 | | | | | | | | | |
| 2. X. 09 | | | | | | | | | |
| usw. | — | — | — | — | — | — | — | — | — |
| 31. X. 09 | | | | | | | | | |
| Gesamtverbrauch; monatlich | | | | | | | | | |

Eine derartige Monatsübersicht gibt nun ein positives, brauchbares Vergleichsmaterial an die Hand, das zum Nutzen des Betriebes verwendet werden kann.

Sowohl bei periodischer Kontrolle durch einen Verdampfungsversuch als bei der kontinuierlichen Kontrolle erhält man nur die Angaben über die Größe der vorhandenen Wärmeverluste, es ist nun ein zweites Erfordernis, die Verlustkomponenten in ihrer Höhe ausfindig zu machen.

## 2. Feststellung der Wärmeverluste.

Eine Feststellung der Wärmeverluste verknüpft man sehr häufig mit dem Verdampfungsversuch. Für die Betriebsrentabilität ist es aber auch hier wichtig, laufend über die Höhe der einzelnen Wärmeverluste orientiert zu werden, damit man ausfinden kann, an welcher Stelle Fehler gemacht werden.

Die Wärmeverluste gliedern sich in solche

1. durch die Abgase,
2. » unvollkommene Verbrennung,
3. » die Herdrückstände,
4. » Strahlung und Leitung.

### a) Der Wärmeverlust durch die Abgase $A_1$.

Er ist hervorgerufen durch die Wärmemenge, welche mit den Rauchgasen infolge ihrer hohen Temperatur aus der Feuerungsanlage entweicht.

Der Verlust läßt sich aus der Zusammensetzung der Rauchgase, ihrem Volumen und ihrer Temperatur berechnen.

#### α) Die theoretische Luftmenge zur Verbrennung, der Luftüberschuß und das Vielfache der theoretischen Luftmenge.

Bevor man die Größe der Verluste durch die Abgase berechnet, ist es wichtig festzustellen, welche Luftmenge der Brennstoff theoretisch zur vollkommenen Verbrennung nötig hat, und welche Luftmenge in der Praxis pro 1 kg Brennstoff eingeleitet wurde.

##### 1. Die theoretisch notwendige Luftmenge.

Die theoretisch zur Verbrennung notwendige Luftmenge ergibt sich aus den Verbrennungsgleichungen:

$$H_2 + O = H_2O \qquad C + O_2 = CO_2 \qquad S + O_2 = SO_2$$

$$2 \quad 16 \qquad\qquad 12 \quad 32 \qquad\qquad 32 + 32$$

$$1\ \text{kg} + 8\ \text{kg} \qquad 1\ \text{kg} + \frac{32}{12} = 1\ \text{kg} + \frac{8}{3}\ \text{kg} \qquad 1\ \text{kg} + 1\ \text{kg}$$

wenn der Brennstoff C % Kohlenstoff, H % Wasserstoff und S % Schwefel O % Sauerstoff enthält, so benötigt 1 kg Kohle

$$= \frac{8}{3} \cdot \frac{C}{100} + 8 \cdot \frac{H}{100} + \frac{S}{100} - \frac{O}{100}\ \text{kg Sauerstoff aus der Luft.}$$

100 kg Luft enthalten nun 23 kg Sauerstoff und 77 kg Stickstoff.

1 kg Sauerstoff entspricht also $\frac{100}{23}$ kg Luft.

1 kg Brennstoff braucht somit theoretisch

$$L_{tg} = \frac{1}{23} \cdot \left(\frac{8}{3} C + 8 H + S - O\right) \text{ kg Luft.}$$

Da ferner 1 cbm Luft = 1,29 kg bei $0^0$ und 760 Bar., so ist die theoretische Luftmenge in Kubikmeter

$$L_{tv} = \frac{1}{1,29 \cdot 23} \cdot \left(\frac{8}{3} C + 8 H + S - O\right)$$

$$Lt_v = 0,09\, C + 0,27\, H + 0,034\, S - 0,034 \cdot O$$

$$\text{oder } Lt_v = \frac{Lt_g}{1,29}.$$

Beispiel: Eine Kohle enthält 80 % Kohlenstoff, 4,2 % Wasserstoff, 0,8 % Schwefel und 5,0 % Sauerstoff, dann ist die theoretische Luftmenge

$$\text{in kg} = \frac{1}{23} \cdot \left(\frac{8}{3} \cdot 80 + 8 \cdot 4,2 + 0,8 - 5,0\right) = 10,55 \text{ kg},$$

$$\text{in cbm} = Lt_v = \frac{10,55}{1,29} = \mathbf{8,19} \text{ cbm}.$$

Die theoretische Luftmenge ist für verschiedene Brennstoffe verschieden, sie liegt z. B. im Mittel bei

| Steinkohle | Braunkohle | Koks | Torf | Holz |
|---|---|---|---|---|
| 8,2 cbm | 5,4 cbm | 7,7 cbm | 4,2 cbm | 3,7 cbm. |

Die wirkliche in der Praxis der Feuerung zugeführte Luftmenge kann, wenn der Kohlenstoffgehalt des Brennstoffes $C$ und der Kohlensäuregehalt der Rauchgase bekannt, wie folgt berechnet werden:

Aus 12 g Kohlenstoff entstehen 44 g Kohlensäure = 0,044 kg, das sind bei einem spez. Gewicht von 1,98 kg/cbm $\frac{0,044}{1,98}$ = 0,0222 cbm $CO_2$, aus 1 g Kohlenstoff entstehen dann $\frac{0,0222}{12}$ = 0,00185 cbm = 1,85 cdm $CO_2$, 1 kg Kohlenstoff liefert somit 1,85 cbm $CO_2$.

Enthalten die abziehenden Rauchgase $k$ Vol. % $CO_2$, so entsprechen

$k$ cbm Kohlensäure = 100 cbm Heizgas,

1,85 l Kohlensäure müssen geben $\frac{100 \cdot 1,85}{k}$ cbm Heizgas = $\frac{100 \cdot 1,85}{k}$ cbm eingeführter Luftmenge.

Enthielt 1 kg Brennstoff $C$ % Kohlenstoff, so ist in 1 kg $\frac{C}{100}$ kg Kohlenstoff enthalten, der $\frac{C}{100} \cdot \frac{100 \cdot 1,85}{k} = 18,5 \cdot \frac{C}{k}$ cbm Luft verbrauchte.

Die wirklich in der Praxis verbrauchte Luftmenge ist demnach

$$Lw_v = 18,5 \cdot \frac{C}{k} \text{ cbm.}$$

Beispiel. Der Kohlenstoffgehalt der Kohle war 80%, der Kohlensäuregehalt der Rauchgase 9,6%, dann ist

$$Lw = 18,5 \cdot \frac{80}{9,6} \; \mathbf{15,4} \text{ cbm.}$$

**2. Der Luftüberschufs und das Vielfache der theoretischen Luftmenge.**

Ist $Lt_v$ = theoretisches Luftvolumen und $Lw_v$ = wirkliches Luftvolumen pro 1 kg Brennstoff, so ist ein Luftüberschuß von $Lw_v - Lt_v$ vorhanden.

In obigem Beispiel:

$$15,4 - 8,19 = 7,21 \text{ cbm.}$$

Dieser Überschuß von 7,21 cbm ist $\frac{7,21}{8,19} = 0,88$ mal so groß wie der theoretisch und unbedingt notwendige Luftbedarf.

Das gesamte wirkliche Luftvolumen ist $\frac{15,4}{8,19}$ = 1,88 mal so groß wie der theoretisch und unbedingt notwendige Luftbedarf.

Deshalb muß man unterscheiden zwischen »Luftüberschuß« und »Luftvielfachen« der theoretischen Luftmenge. Ist das Luftvielfache = $v$, so ist der Luftüberschuß = $v - 1$. Beide Begriffe werden sehr häufig verwechselt.

Das »Luftvielfache« läßt sich noch auf andere Weise aus der Zusammensetzung der Heizgase allein ermitteln.

Methode 1. Enthalten die Rauchgase $k$ Vol.-% Kohlensäure, $k_1$ Vol. % Kohlenoxyd, o Vol. % Sauerstoff und $n = 100 - (k + k_1 + o)$ Vol.-% Stickstoff, so rührt der vorhandene Sauerstoff von der überschüssigen Luft her.

Sind o % Sauerstoff vorhanden, so ist der Betrag des auf diesen Sauerstoff entfallenden Stickstoffes $\frac{79}{21} \cdot o$ %; denn bekanntlich ist das Volumenverhältnis von Stickstoff zu Sauerstoff in der atm. Luft 79 : 21.

Beträgt nun der Stickstoff der überschüssigen Luft $\frac{79}{21} \cdot o$ %, so ist der Stickstoff der theoretischen Luftmenge

$$\left(n - \frac{79}{21} \cdot o\right) \%.$$

Folglich ergibt sich das gesuchte Verhältnis $v$ der wirklichen zur theoretischen Luftmenge

$$v = \frac{n}{n - \frac{79}{21} \cdot o} = \frac{21}{21 - 79 \frac{o}{n}}.$$

Beispiel: Der Kohlensäuregehalt der Rauchgase war 9,6 %, der Kohlenoxydgehalt 0,4 %, der Sauerstoffgehalt 9,5 %, folglich der Stickstoffgehalt: $n = 100 - (9{,}6 + 0{,}4 + 9{,}5) = 80{,}5$ %.

$$v = \frac{21}{21 - 79 \cdot \frac{9{,}5}{80{,}5}} = 1{,}8.$$

Methode 2. Die theoretisch zuzuführende Luftmenge $L_t$ setzt sich zusammen aus Sauerstoff und Stickstoff im Verhältnis 21 : 79. Die gleiche Prozentzusammensetzung hat die wirklich zugeführte Luft $L_w$. Es ist also

$$L_t = O + N = O + \frac{79}{21} O = O\left(1 + \frac{79}{21}\right)$$

$$L_w = O' + N' = O' + \frac{79}{21} O' = O' \cdot \left(1 + \frac{79}{21}\right).$$

Das Verhältnis wird somit sein

$$v = \frac{L_w}{L_t} = \frac{O'}{O}.$$

Ist die noch vorhandene Sauerstoffmenge in den Rauchgasen o %, so muß das Volumen der abziehenden Rauchgase gleich dem der eintretenden Luft sein.

Also:

$$O' = O + o \text{ oder } O = O' - o$$

$$v = \frac{O'}{O' - o} = \frac{21}{21 - o}.$$

Beispiel: Der Sauerstoffgehalt der Rauchgase ist 9,5 %, dann ist

$$v = \frac{21}{21 - 9{,}5} = 1{,}83.$$

Methode 3. Näherungsweise bestimmt man auch häufig das Luftvielfache aus der Erfahrungsgleichung:

$$v = \frac{19{,}0}{k}.$$

Beispiel: Der Kohlensäuregehalt der Rauchgase ist 9,6 %. Dann berechnet sich

$$v = \frac{19{,}0}{9{,}6} = 1{,}98.$$

### β) Berechnung der Wärmeverluste.

Methode I. Berechnung des Wärmeverlustes unter Zugrundelegung der elementaren Zusammensetzung des Brennstoffes, der Rauchgaszusammensetzung und der Temperatur der Abgase und der zuströmenden Verbrennungsluft.

Die genaueste Ermittlung des Wärmeverlustes kann geschehen, wenn man sich jedes Element mit einem in der Praxis üblichen Luftüberschuß vollkommen verbrannt denkt. Ist dann seine prozentuale Menge und der angewandte Luftüberschuß bekannt, so können die einzelnen Abgasvolumina berechnet werden.

Verbrennung des Kohlenstoffs. Verbrennungsgase im Rauchgas: Kohlensäure, überschüssiger Sauerstoff und Stickstoff.

1 Gewichtsteil Kohlenstoff erzeugt (nach $\underset{12}{C} + \underset{32}{O_2} = \underset{44}{CO_2}$) $\frac{44}{12} = 3{,}667$ Gewichtsteile Kohlensäure. $C$ Gewichtsteile Kohlenstoff erzeugen $3{,}667 \cdot C$ Gewichtsteile Kohlensäure.

Pro 1 Gewichtsteil Kohlenstoff bleiben, wenn er mit einem Vielfachen der theoretischen Luftmenge

$$v = \frac{\text{wirklich verbrauchte Luftmenge } L_w}{\text{theoretisch notwendige Luftmenge } L_t}$$

oder einem Luftüberschuß $= v - 1 = \frac{L_w - L_t}{L_t}$ verbrannt wurde, an freiem Sauerstoff

$$(v - 1) \cdot \frac{32}{12} \text{ Gewichtsteile freier Sauerstoff}$$

und auf $C$ Gewichtsteile Kohlenstoff treffen $C \cdot 2{,}667 \cdot (v - 1)$ Gewichtsteile freier Sauerstoff.

Die Stickstoffmenge ergibt sich, da 1 kg Sauerstoff = 4,31 kg Luft, also = 3,13 kg Stickstoff:

der an der Kohlensäurebildung beteiligte Sauerstoffist $C \cdot \frac{32}{12} = 2{,}667\ C$, der überschüssige Sauerstoff $2{,}667\ C \cdot (v - 1)$, zusammen also

$$2{,}667\ C + 2{,}667 \cdot C \cdot (v - 1) = 2{,}667\ C \cdot v \text{ kg Sauerstoff} = 3{,}13 \cdot 2{,}667 \cdot C \cdot v = \text{kg Stickstoff.}$$

Es entstehen somit bei Verbrennung von C Gewichtsteilen Kohlenstoff

$$3{,}667 \cdot C + 2{,}667 \cdot C \cdot (v - 1) + 3{,}13 \cdot 2{,}667 \cdot v \cdot C \text{ kg Verbrennungsgase.}$$

Verbrennung des Wasserstoffes. Verbrennungsgase: Wasserdampf, überschüssiger Sauerstoff und Stickstoff.

Nach $H_2 + O = H_2O$ erhält man bei der Verbrennung von
$2 + 16 = 18$

1 Gewichtsteil Wasserstoff $\frac{18}{2} = 9$ Gewichtsteile Wasser, werden H Gewichtsteile Wasserstoff verbrannt, so erhält man $9 \cdot H$ Gewichtsteile Wasser.

Ein Teil dieses Wasserstoffes ist an den Sauerstoff der Kohle gebunden. Bei einem Sauerstoffgehalt von o % trifft auf diesen Sauerstoff $\frac{o}{8}$ Gewichtsteile Wasserstoff, so daß nur $\left(H - \frac{o}{8}\right)$ Gewichtsteile Wasserstoff aus der Luft Sauerstoff nehmen werden.

Bei einem Luftüberschuß $(v - 1)$ ist dann der freie Sauerstoff auf 1 Gewichtsteil Wasserstoff $\frac{16}{2} \cdot (v - 1)$, und auf den vorhandenen Wasserstoff trifft $\left(H - \frac{O}{8}\right) \cdot 8 \cdot (v - 1)$ kg freier Sauerstoff.

Die Stickstoffmenge, welche mit eingeführt wurde, ergibt sich auf H Gewichtsteile Wasserstoff:

Zur vollkommenen Verbrennung benötigter Sauerstoff $= 8\left(H - \frac{O}{8}\right)$

Durch Luftüberschuß eingeführter Sauerstoff $= 8 \cdot \left(H - \frac{O}{8}\right)(v - 1)$

zusammen $8\left(H - \frac{O}{8}\right) \cdot (1 + v - 1)$

$= 8 \cdot v \left(H - \frac{O}{8}\right)$ kg Stickstoff.

Da in der Luft auf 3,31 kg Stickstoff 1 kg Sauerstoff kommt, so ist die gebildete Stickstoffmenge $3{,}31 \cdot 8 \cdot v \cdot \left(H - \frac{O}{8}\right)$ kg.

Aus der Verbrennung des Wasserstoffes resultieren somit

$$9H + \left(H - \frac{O}{8}\right) \cdot 8 \cdot (v - 1) + 3{,}31 \cdot 8 \cdot v \left(H - \frac{O}{8}\right) \text{ kg Verbrennungsgase.}$$

Verbrennung des Schwefels. Verbrennungsgase: Schweflige Säure, überschüssiger Sauerstoff und Stickstoff.

Nach $\underset{32}{S} + \underset{32}{O_2} = \underset{64}{SO_2}$ erhält man bei der Verbrennung aus 1 Gewichtsteile Schwefel $\frac{64}{32} = 2$ Gewichtsteile $SO_2$; aus S Gewichtsteile Schwefel erhält man 2 S Gewichtsteile $SO_2$.

Bei einem Luftüberschuß $(v - 1)$ ist der überschüssige Sauerstoff auf 1 Gewichtsteil Schwefel $\frac{32}{32} \cdot (v - 1)$ und auf S Gewichtsteil Schwefel $S \cdot (v - 1)$ Gewichtsteile überschüssigen Sauerstoff.

Die Stickstoffmenge, welche mit eingeführt wurde, ergibt sich auf S Gewichtsteile Schwefel:

Bei vollkommener Verbrennung eingeführter Sauerstoff $= S$

Durch Luftüberschuß eingeführter Sauerstoff $= S \cdot (v - 1)$

Gesamte Sauerstoffmenge $S \cdot (1 + v - 1) = v \cdot S.$

Die der Sauerstoffmenge $v \cdot S$ entsprechende Stickstoffmenge ist

$$3{,}31\, v \cdot S \text{ Gewichtsteile.}$$

Aus der Verbrennung des Schwefels resultieren zusammen: $2S + S \cdot (v - 1) + 3{,}31 \cdot v \cdot S$ Gewichtsteile Verbrennungsgase.

Es ergeben sich somit bei der Kohlenstoff-, Wasserstoff- und Schwefelverbrennung die sich bildenden Gasmengen, wie soeben einzeln berechnet, außerdem erscheint noch bei einem Feuchtigkeitsgehalt des Brennstoffes von W-kg in 1 kg Brennstoff die gleiche Gewichtsmenge Wasserdampf $= W$ in den Rauchgasen.

Das Gewicht der Rauchgase $R_g$ aus einer Brennstoffmenge

mit C Gewichtsteilen Kohlenstoff,
» H » Wasserstoff,
» S » Schwefel,
» W » Feuchtigkeit

ist dann bei vollkommener Verbrennung mit Luftüberschuß

$$R_g = \underbrace{3{,}667 \cdot C}_{\text{Kohlensäure}} + \underbrace{2{,}667 \cdot C \cdot (v-1) + 8\left(H - \frac{O}{8}\right) \cdot (v-1) + S \cdot (v-1)}_{\text{Sauerstoff}}$$

$$\underbrace{+ 3{,}13 \cdot 2{,}667 \cdot v \cdot C + 3{,}31 \cdot 8 \cdot v\left(H - \frac{O}{8}\right) + 3{,}31 \cdot v \cdot S}_{\text{Stickstoff}}$$

$$+ \underbrace{9H + w}_{\text{Wasser}} + \underbrace{2S}_{\substack{\text{schweflige}\\ \text{Säure}}}$$

$$= 3{,}667 \cdot C + (v - 1) \cdot \left[2{,}667 \cdot C + 8\left(H - \frac{O}{8}\right) + S\right]$$

$$+ 3{,}31 \cdot v \left[2{,}667\, C + 8 \cdot \left(H - \frac{O}{8}\right) + S\right] + 9H + w + 2S$$

Bei vollkommener Verbrennung mit der theoretischen Luftmenge ergibt sich eine Sauerstoffmenge

$$O_t = 2{,}667 \cdot C + 8\left(H - \frac{O}{8}\right) + S \text{ (obiger Klammerwert),}$$

so daß mit diesem Wert von $O_t$

$$R_g = \underbrace{3{,}667\,C}_{\text{Kohlensäure}} + \underbrace{(v-1)\,O_t}_{\text{Sauerstoff}} + \underbrace{3{,}31 \cdot v \cdot O_t}_{\text{Stickstoff}} + \underbrace{9\,H + W}_{\text{Wasser}} + \underbrace{2\,S}_{\text{Schweflige Säure}}$$

Gewichtsteile.

Zur Umrechnung in Gasvolumina ist zu berücksichtigen:

| | Kohlensäure | Sauerstoff | Stickstoff | Wasserdampf | Schweflige Säure |
|---|---|---|---|---|---|
| Spez. Gewicht | 1,9974 | 1,4298 | 1,2562 | 0,806 | 2,899 |

Das entstehende Rauchgasvolumen ist demnach

$$R_v = \frac{3{,}667 \cdot C}{1{,}9974} + \frac{(v - 1 \cdot O_t}{1{,}4298} + \frac{3{,}31 \cdot v \cdot O_t}{1{,}2562} + \frac{9\,H + W}{0{,}806} + \frac{2\,S}{2{,}899}$$

Da nun aus der in der theoretischen Luftmenge vorhandenen Sauerstoffmenge $O_t$ eine im Volumen gleiche Kohlensäuremenge entsteht, so ist $O_t$ auch $= \frac{3{,}667 \cdot C}{1{,}9974}$; ferner, da der Luftüberschuß nach der Gleichung $v - 1 = \frac{L_w - L_t}{L_t}$; so ist er ebenso

$$= \frac{\text{freier Sauerstoff in den Rauchgasen}}{\text{Kohlensäure (theor. notw. geb. Sauerst.) in den Rauchgasen}}$$

$$= \frac{O_f}{CO_2}.$$

Das Vielfache der theoretischen Luftmenge $v$ ist nach vorne $v = \frac{L_w}{L_t}$; ebenso kann man sich die gesamte Luftmenge $L_w$ durch das in den Abgasen nachgewiesene Gesamtstickstoffvolumen N dargestellt denken und in Vergleich das von der theoretisch notwendigen Luftmenge dem Sauerstoff entsprechende Stickstoffvolumen stellen. Letzteres ist 3,31 mal größer als das Sauerstoffvolumen $O_t$ oder, da das gebundene Sauerstoffvolumen gleich dem gebildeten Kohlensäurevolumen ist, so ist

$$v = \frac{N}{3{,}31 \cdot CO_2}.$$

Mit diesen Werten für $O_t$, $v - 1$ und $v$ wird

$$R_v = \frac{3{,}667 \cdot C}{1{,}9974} + \frac{3{,}667 \cdot C}{1{,}9974} \cdot \frac{O_f}{CO_2} + \frac{3{,}667 \cdot C}{1{,}9974} \cdot \frac{N}{CO_2} + \frac{9H + W}{0{,}806} + \frac{2S}{2{,}899}$$

oder vereinfacht:

$$R_v = \underbrace{1{,}854 \cdot C}_{\text{Kohlensäure}} + \underbrace{1{,}854 \cdot C \cdot \frac{O_f}{CO_2}}_{\text{Sauerstoff}} + \underbrace{1{,}854 \cdot C \cdot \frac{N}{CO_2}}_{\text{Stickstoff}} + \underbrace{\frac{9H + W}{0{,}806}}_{\text{Wasser}} + \underbrace{\frac{2S}{2{,}899}}_{\text{schwefl. Säure.}}$$

Zur Berechnung des Wärmeverlustes $A_1$ ist jedes Volumen von Kohlensäure, Sauerstoff, Stickstoff, Wasserdampf, schweflige Säure mit seiner spezifischen Wärme und der Temperaturerhöhung zu multiplizieren und die Einzelverluste zu addieren.

Für die spezifische Wärme der einzelnen Bestandteile pro 1 cbm ist zu wählen:

| | Kohlensäure | | Sauerstoff | Stickstoff | Wasserdampf | Schweflige Säure |
|---|---|---|---|---|---|---|
| | bei °C | | | | | |
| Spezifische Wärme: | 150 | 0,414 | 0,311 | 0,306 | 0,387 | 0,445 |
| | 250 | 0,439 | annähernd konstant | | | |
| | 300 | 0,451 | | | | |
| | 1000 | 0.572 | | | | |

Beispiel: Die verwendete Kohle hatte die Zusammensetzung:

C = 80 % H = 4,2 % O = 5,0 % S = 0,8 % W = 4,0 %
Asche 6,0 %.

Pro 1 kg Kohle

C = 0,8 kg H = 0,042 kg O = 0,05 kg S = 0,008 kg
W = 0,04 kg Asche 0,06 kg.

Die Rauchgasanalyse ergab

einen Kohlensäuregehalt $k$ = 9,6 %,
» Sauerstoffgehalt $o$ = 9,5 »
» Kohlenoxydgehalt $k_1$ = 0,4 »
» Stickstoffgehalt $n$ = 80,5 ».

Die Temperatur der Abgase war 325° C, diejenige der zuströmenden Verbrennungsluft $t = 25°$ C.

Wärmeverlust = Volumen × spez. Wärme × Temperaturerhöhung

| | Wärmeverlust: |
|---|---|
| Das Kohlensäurevolumen ist | |
| $1{,}854 \cdot 0{,}8 = 1{,}482$ cbm, | $1{,}482 \cdot 0{,}451 \cdot 300 =$ 201,0 Kal. |
| Das Sauerstoffvolumen ist | |
| $1{,}854 \cdot 0{,}8 \cdot \frac{9{,}5}{9{,}6} = 1{,}465$ cbm, | $1{,}465 \cdot 0{,}311 \cdot 300 =$ 136,8 Kal. |
| Das Stickstoffvolumen ist | |
| $1{,}854 \cdot 0{,}8 \cdot \frac{80{,}5}{9{,}6} = 12{,}42$ cbm, | $12{,}42 \cdot 0{,}306 \cdot 300 =$ 1139,0 Kal. |
| Das Wasserdampfvolumen ist | |
| $\frac{9 \cdot 0{,}042 + 0{,}04}{0{,}806} = 0{,}52$ cbm, | $0{,}52 \cdot 0{,}387 \cdot 300 =$ 60,4 Kal. |
| Das Schwefligsäurevolumen ist | |
| $\frac{2 \cdot 0{,}008}{2{,}899} = 0{,}006$ cbm, | $0{,}006 \cdot 0{,}445 \cdot 300 =$ 0,8 Kal. |
| | Gesamtwärmeverlust 1538,0 Kal. |

Die Kohle hatte einen Heizwert von 7515 Kal.

Der Wärmeverlust $A_1$ ist somit

$$\frac{1538 \cdot 100}{7515} = \mathbf{20{,}4}\ \% \text{ vom Heizwert.}$$

Methode 2. Berechnung des Wärmeverlustes bei bekannter elementarer Zusammensetzung der Brennstoffe.

Bei vollkommener Verbrennung bestehen die Heizgase aus Kohlensäure $CO_2$, Stickstoff N, überschüssigem Sauerstoff O und Wasserdampf $H_2O$. Die geringe Menge entstehender schwefliger Säure kann vernachlässigt werden.

1 cbm $CO_2$ enthält 0,536 kg Kohlenstoff; enthalten nun, was eine Rauchgasanalyse ergeben wird, die Rauchgase $k$ Vol.-% $CO_2$, so ist in 1 cbm Rauchgas $\frac{k}{100} \cdot 0{,}536$ kg Kohlenstoff enthalten.

Besitzt laut Elementaranalyse 1 kg Brennstoff $C$ Gewichtsprozente Kohlenstoff, also $\frac{C}{100}$ kg, so ist das Volumen der aus

1 kg gebildeten trockenen Verbrennungsgase [bei vollkommener Verbrennung:

$$V_1 = \frac{1 \cdot C \cdot 100}{100 \cdot k \cdot 0{,}536}$$

$$V_1 = \frac{C}{k \cdot 0{,}536} \text{ cbm.}$$

Bildet sich bei der Verbrennung Ruß oder Kohlenoxyd, oder geht gar ein Teil des Brennstoffes unverbrannt mit in die Rückstände über, so ist die vorstehende Formel für $V_1$ nicht ganz richtig. Enthalten die Rauchgase $k_1$ Vol.-% Kohlenoxyd, so ist zu bedenken, daß auch 1 cbm Kohlenoxyd 0,536 kg Kohlenstoff enthält. Das Volumen der trockenen Gase pro 1 kg Brennstoff bei unvollkommener Verbrennung ist dann

$$V_1 = \frac{C}{0{,}536\,(k + k_1)} \text{ cbm.}$$

Für C ist hierin, streng genommen, nur der tatsächlich verbrannte Kohlenstoff zu setzen. Da aber die als Ruß und die mit den Rückständen abgeschiedenen Kohlenstoffmengen gewöhnlich klein sind, so können sie in vielen Fällen vernachlässigt werden. Wird der in den Herdrückständen zurückbleibende Kohlenstoff aber infolge eines noch beträchtlichen Anteiles an Verbrennlichem ziemlich hoch, so muß der in den Rückständen von 1 kg Brennstoff enthaltene prozentische Kohlenstoff von C noch subtrahiert werden.

Das Gewicht des bei der Verbrennung pro 1 kg Brennstoff entstehenden Wasserdampfes in Kilogramm ist:

$$G = \frac{9\,H + W}{100}.$$

Nimmt man 0,32 als mittlere spez. Wärme für 1 cbm trockenes Heizgas an und 0,48 als spez. Wärme für 1 kg Wasserdampf, so ist der Wärmeverlust durch die abziehenden Heizgase pro 1 kg Brennstoff

$$A_1 = (0{,}32 \cdot V_1 + 0{,}48 \cdot G)\,.\,(T - t).$$

Hierin ist:

$T =$ Temperatur der Abgase im Fuchs,

$t =$ » » zur Feuerung zuströmenden Luft.

$$A_1 = \left[\frac{0{,}32 \cdot C}{0{,}536\,(k + k_1)} + \frac{0{,}48 \cdot (9\,H + W)}{100}\right] \cdot (T - t)$$

$$A_1 = \left[\frac{0{,}597 \cdot C}{k + k_1} + 0{,}0048 \cdot (9\,H + W)\right] \cdot (T - t).$$

Der durch die abziehenden Heizgase verursachte Wärmeverlust pro 1 kg Brennstoff ist dann mit den Zahlen des obigen Beispieles:

$$A_1 = \left[\frac{0{,}597 \cdot 80}{9{,}6 + 0{,}4} + 0{,}0048\,(9 \cdot 4{,}2 + 4{,}0)\right] = (325 - 25)$$
$$= \mathbf{1493}\ \text{Kal.}$$

Der Heizwert der Kohle war $H_u = 7515$ Kal., davon gingen also 1493 Kal. durch die Abgase verloren, das sind

$$\frac{1493 \cdot 100}{7515} = \mathbf{19{,}9}\,\%\ \text{Wärmeverlust.}$$

Methode 3. Berechnung des Wärmeverlustes bei unbekannter, elementarer Brennstoffzusammensetzung aus dem Kohlensäuregehalt $k$ der Rauchgase und dem Temperaturunterschied der abziehenden Feuergase und der zuströmenden Luft.

Praktische Erfahrungen haben ergeben, daß man den Verlust durch Abgase nach der Formel

$$A_1 = 0{,}66 \cdot \frac{T - t}{k}$$

mit meist hinreichender Genauigkeit für die Praxis berechnen kann. Der Koeffizient 0,66 ist nur eine Erfahrungszahl.

B e i s p i e l: Mit den gleichen Zahlenangaben wie bei Methode 1 und 2 ergibt sich:

$$A_1 = 0{,}66 \cdot \frac{325 - 25}{9{,}6} = 20{,}6\,\%\ \text{Wärmeverlust pro 1 kg Kohle.}$$

Die Abweichung ist somit nicht sehr erheblich.

Den gleichen Wert 20,6 erhält man auch ohne Berechnung aus den Diagrammen (angegeben von Brand und Schultze) Fig. 30 und 31. Bei ersterem Diagramm geht man bei der gegebenen Temperaturdifferenz (300°) senkrecht hoch bis an die Stelle, welche im Strahlensystem dem Kohlensäuregehalt (9,6 %) entspricht. Mit diesem Schnittpunkt (×) geht man horizontal nach links, wo man den Wärmeverlust durch Abgase direkt in

Prozenten des Heizwertes ablesen kann. Beim zweiten Diagramm findet man den Verlust, indem man von dem seitlich aufgetragenen Kohlensäuregehalt horizontal bis zum Schnittpunkt mit der betreffenden Temperaturdifferenzkurve geht und

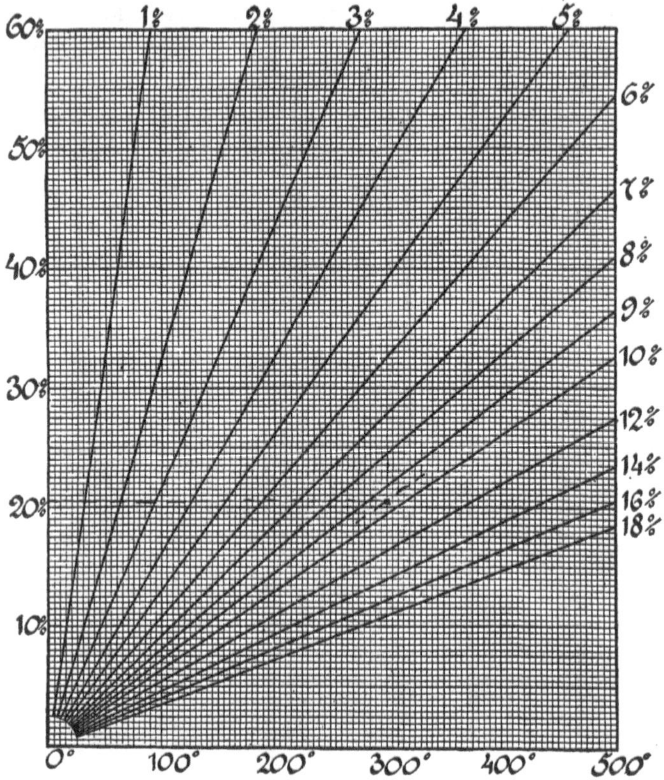


Fig. 30.

dann ein Lot fällt, welches auf der Abszissenachse den Verlust angibt.

Die Berechnung der Wärmeverluste stützt sich in erster Linie auf die Ergebnisse a) der Rauchgasanalyse, sowie b) der Temperaturmessung der Abgase. Die Methoden der Rauchgasprüfung und Temperaturermittlung sind im folgenden behandelt.

### γ) Die Rauchgasanalyse.

Die Rauchgase stellen ein Gemisch dar in der Hauptsache von Kohlensäure, Sauerstoff, Kohlenoxyd und Stickstoff. Die Beimengungen von Wasserdampf, schwefliger Säure sind so gering, daß sie praktisch nicht in Frage kommen.

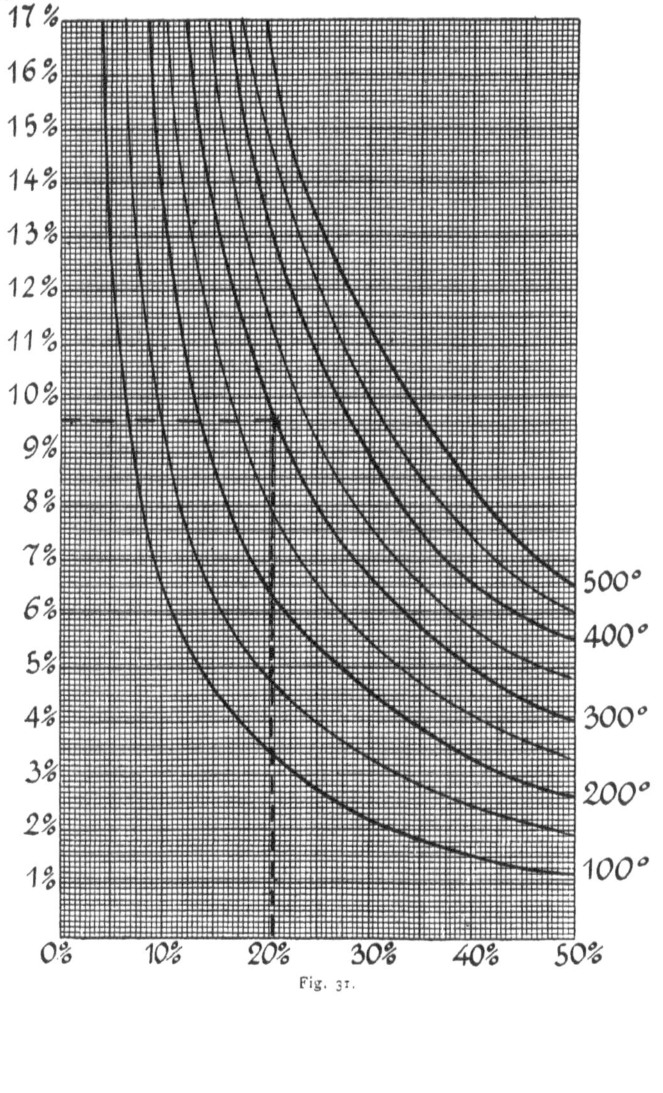


Fig. 31.

Kohlensäure, Sauerstoff und Stickstoff findet sich in erheblicher Menge in allen Rauchgasen; Kohlenoxyd tritt nur auf, wenn eine unvollkommene Verbrennung stattfindet.

Die Apparate zur Untersuchung der Rauchgase lassen sich einteilen in solche, welche auf dem Prinzip der Absorptionsfähigkeit chemischer Lösungen oder chemischer Substanzen beruhen und in solche, welche lediglich das spezifische Gewicht der Rauchgase angeben. Zu den ersteren gehört der Orsatapparat (und seine vielen Variationen), außerdem die automatischen Rauchgasanalysatoren »Ados« »Gasprüfer Pintsch«, »Record«, »Phönix«, »Autolysator«, »Ökonograph« und »Coometer«.

Zu den letzteren gehören die Arndtsche Gaswage und der Rauchgasprüfer Schultze-Krell u. a., letzterer registriert auch die Ergebnisse. Die genannten Apparate sind im folgenden besprochen.

### 1. Die Absorptionsapparate für Rauchgasuntersuchung.

Der Orsatapparat. Er dient, da er transportabler ist, zur periodischen Prüfung der Abgase. Besonders bei der Aus-

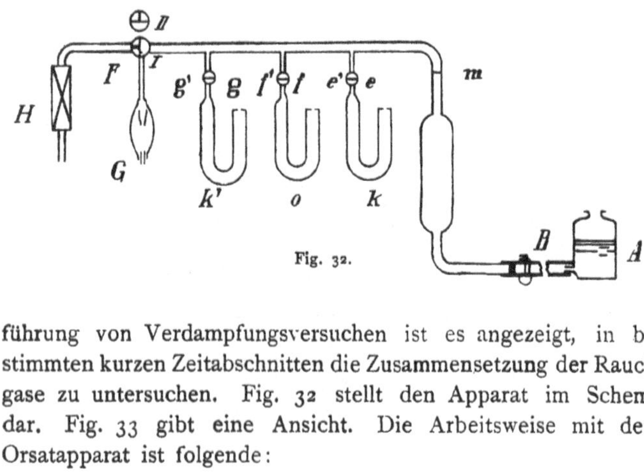


Fig. 32.

führung von Verdampfungsversuchen ist es angezeigt, in bestimmten kurzen Zeitabschnitten die Zusammensetzung der Rauchgase zu untersuchen. Fig. 32 stellt den Apparat im Schema dar. Fig. 33 gibt eine Ansicht. Die Arbeitsweise mit dem Orsatapparat ist folgende:

Bei Stellung I des Dreiwegehahnes *F* wird mittels des Gummibeutels *G* Rauchgas aus dem Fuchs angesaugt. Das Filter *H* hält den Ruß zurück. Ist nach kräftigem Ansaugen das Saugrohr und die Saugleitung mit Rauchgas gefüllt, bringt man Hahn *F* in Stellung II. Nach Öffnen des Quetschhahnes *B* fließt das in der Meßbürette *C* bis zur Marke *m* stehende Wasser in die Wasserflasche *A*, wobei Rauchgas in

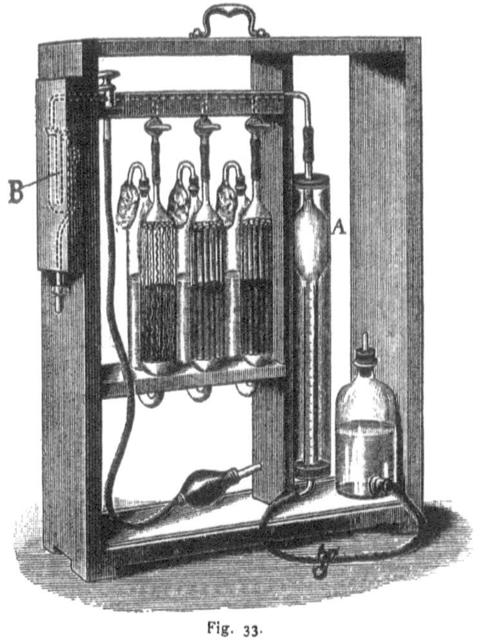


Fig. 33.

den Bürettenraum gesaugt wird. Letzterer hat unten eine Teilung in $^1/_{10}$ ccm. Steht der Wasserspiegel bei Marke 0, so sind genau 100 ccm Rauchgas eingesaugt. Jetzt bringt man Hahn *F* wieder in Stellung I; das von der Meßbürette abgefangene Gasvolumen wird dann nacheinander in die Absorptionsgefäße *k*, *o* und $k_1$ übergedrückt. Zuerst öffnet man Hahn *e* und hebt Wasserflasche *A* hoch, wodurch das Gas nach *k* übergedrückt wird. Läßt man das Wasser bis zur Marke *m* steigen, so sind 100 ccm Gas übergedrückt. Im Gefäß *K* befindet sich Kalilauge, welche die gesamte Kohlensäure des Rauchgases bindet. Im Absorptionsgefäß sind eine große Anzahl enge Glasröhrchen eingestellt, an deren Wandung die Kalilauge anhaftet, wodurch die Absorptionsoberfläche sehr stark vergrößert wird. Die Kalilauge tritt beim Überdrücken des Gases in das hintere Gefäß über. Durch Senken der Flasche *A* tritt das Rauchgas wieder in die Meßbürette und die Absorptionsflüssigkeit steigt hoch. Hat letztere ihren Stand bei Marke *e'* erreicht, so schließt man Hahn *e*. Es wird nun im Meßrohr *C* eine Volumenverminderung des Gases eingetreten sein; die Kohlensäure wird fehlen. Man wiederholt diese Absorption am besten nochmal, da bei nur einmaliger Absorption oft noch Reste von Kohlensäure zurückbleiben. Das Ablesen des absorbierten Kohlensäurevolumens geschieht, indem man den Wasserstand in Flasche *A* in gleiche Höhe bringt wie im Meßrohr *C*. Nach der Kohlensäureabsorption erfolgt die Sauerstoffabsorption in *o* durch alkalische Pyrogallussäure und dann die Kohlenoxydabsorption in $k_1$ durch Kupferchlorürlösung.

Die Herstellung der Absorptionslösungen Kalilauge, alkalische Pyrogallussäure und Kupferchlorürlösung ist folgende:

Kalilauge wird durch Lösen von festem Kaliumhydrad in destilliertem Wasser bereitet. Das spez. Gewicht der Lösung soll 1,2 bis 1,28 sein.

Zur Sauerstoffabsorption löst man 15 g Pyrogallussäure in 30 ccm heißem Wasser und mischt dann 80 ccm Kalilauge (s. o.) bei.

Die Lösung zur Kohlenoxydabsorption bereitet man sich, indem man 35 g Kupferchlorid in 200 ccm konzentrierter Salzsäure löst und dazu 50 g Kupferblechschnitte gibt. In eine gut verschließbare Flasche gebracht, wird mehrmals umgeschüttelt und 1—2 Tage stehen gelassen. Dann fügt man noch 60 ccm Wasser hinzu.

Besonders wichtig ist es, vor Versuchsbeginn den Apparat auf seine Dichtigkeit zu prüfen. Zu diesem Zweck schließt man Dreiweghahn *F*, nachdem man in der Bürette das Wasser durch Heben von *A* auf Marke *m* eingestellt hat, bringt ihn also in Stellung I. Nun senkt man bei geöffnetem Quetschhahn *B* die Flasche *A*. Der Wasserspiegel wird zuerst ein wenig sinken, um alsdann unverrückbar festzustehen. Sinkt derselbe langsam weiter, so ist an irgendeiner Stelle eine Undichtigkeit, welche auf alle Fälle zu beseitigen ist. Ebenso dürfen die auf die Marken $e'$, $f'$ und $g'$ genau eingestellten Absorptionsflüssigkeiten bei geschlossenen Hähnen nicht sinken.

Beispiel: Inhalt der Bürette = 100 ccm Rauchgas.
Stand des Wassers in der Bürette nach wiederholter Absorption
in Kalilauge: 10,8 ccm = 10,8 Vol.-% $CO_2$,
in Pyrogalussäure: 18,7 ccm,
absorbiert somit 18,7—10,8 = 7,9 ccm = 7,9 Vol.-% O.
Stand des Wassers in der Bürette nach wiederholter Absorption
in Kupferchlorürlösung 19,2 ccm,
absorbiert somit 19,2—18,7 = 0,5 ccm = 0,5 Vol.-% CO.

Ein Nachteil des Orsatapparates ist es, daß man immer eine ziemlich lange Zeit zu einer genauen Analyse braucht. Wenn man exakt arbeitet, so wird man nicht mehr als 6—8 Analysen pro Stunde dauernd fertig bringen. In je kürzeren Zeitabschnitten nun die Analysen aufeinanderfolgen, um so einwandfreier ist das berechnete Mittel der Rauchgaszusammensetzung. Aus diesem Grunde schon empfehlen sich automatisch arbeitende Analysatoren, da bei ihnen die Analysenfolge rascher ist, außerdem geben dieselben aber einen laufenden Überblick über die Rauchgaszusammensetzung. Es ist für die Betriebskontrolle von größter Wichtigkeit, daß man einen ständigen Einblick in die Rauchgaszusammensetzung erhält.

Die folgenden automatischen Rauchgasanalysatoren beschränken sich alle auf die Bestimmung des Kohlensäuregehaltes in den Rauchgasen. Wenn diese Beschränkung auch nicht absolut einwandfrei zur Beurteilung der Rauchgaszusammensetzung ist, so ist sie doch insofern gerechtfertigt, als aus dem Kohlensäuregehalt der Rauchgase unter normalen Verhältnissen brauchbare Schlüsse gezogen werden können.

Der Adosapparat[1]). Fig. 34—37 (Apparat durch Schornsteinzug betrieben) und Fig. 38 (Apparat durch Wasserdruck betrieben). Der erstere Apparat besteht in der Hauptsache aus folgenden Teilen: a) dem Absorptionsapparat (Fig. 34), b) dem

[1]) Ados, Feuerungstechnische Gesellschaft Aachen.

Kraftwerk (Fig. 35), c) der doppeltwirkenden Gaspumpe (Fig. 36), d) der Rauchgasleitung und dem Filter (Fig. 37).

a) Der Absorptionsapparat. (Fig. 34.)

Der Gang der Analyse. Das zu untersuchende Gas wird aus dem ersten oder dritten Kesselzug vor dem Schieber durch ein eingeführtes Entnahmerohr, die Filterfüllung und die anschließende Rohrleitung von den Pumpen, letztere von dem Kraftwerk angetrieben, angesaugt und durch das Gaseintrittsrohr *C* in den Apparat (Fig. 34) gedrückt, wo es im Meßgefäß *D* frei zirkuliert und durch das Rohr *E* wieder austritt. Aus der Flasche *N*, von dem Kraftwerk gehoben und gesenkt, tritt die Sperrflüssigkeit durch Schlauch *O* und Stutzen *L* in das Meßgefäß *D*. Die Flüssigkeit steigt in dem Meßgefäß hoch und schließt den Eintritt des Rohres *C*. Es können also keine Gase mehr in das Meßgefäß hinein. Von dem abgefangenen Gasquantum werden in dem Augenblick, wo die Flüssigkeit das Mittelrohr des Meßgefäßes *D* erreicht, genau 100 ccm zum Übertreiben zur Analyse unter Atmosphärendruck abgefangen, während der überflüssige Rest durch das Mittelrohr und das Gasaustrittsrohr *E* in die Atmosphäre gedrückt wurde. Durch die in dem Meßgefäß weiter aufsteigende Flüssigkeit werden die abgefangenen 100 ccm Gas durch den 2 mm-Schlauch auf die Kalilauge getrieben. Die große Absorptionsfläche der Kalilauge selbst, als auch die mit Kalilauge benetzten Glasflächen absorbieren den $CO_2$-Gehalt der Gase schnell; es genügen ein bis zwei Minuten Absorptionszeit. Die nicht absorbierten Gasreste (stets 79 % Stickstoff, überschüssiger Sauerstoff, selten Kohlenoxyd), verdrängen die Kalilauge in das Glöckchengefäß *B*, aus welchem die Luft durch das noch offene Nickelröhrchen des Glöckchens *K* entweichen kann. Hat die Kalilauge das Röhrchen erreicht, so ist der Luft der Austritt verschlossen und in diesem Augenblick sind 80 ccm Luft entwichen. Entsprechend dem nicht absorbierten Gasrest treibt die steigende Kalilauge die eingeschlossene Luftmenge unter das fast ausbalanzierte Glöckchen *K*. Hierdurch wird der Wagebalken des Schreibzeuges *H* auf der einen Seite erleichtert und der Ausschlag durch die an dem Wagebalken sich befindende Schreibfeder auf den Papierstreifen aufgezeichnet. Hat die

Flüssigkeit in dem Meßgefäß *D* die an dem Kapillarröhrchen sich befindende Marke erreicht, so sind die abgefangenen 100 ccm Gas in das Kalilaugengefäß *A* verdrängt worden. In demselben Augenblick hat der Mitnehmerstift *d* an der großen Scheibe 6 des Kraftwerkes (Fig. 35) den Hebel *c* des Wechselventiles 4

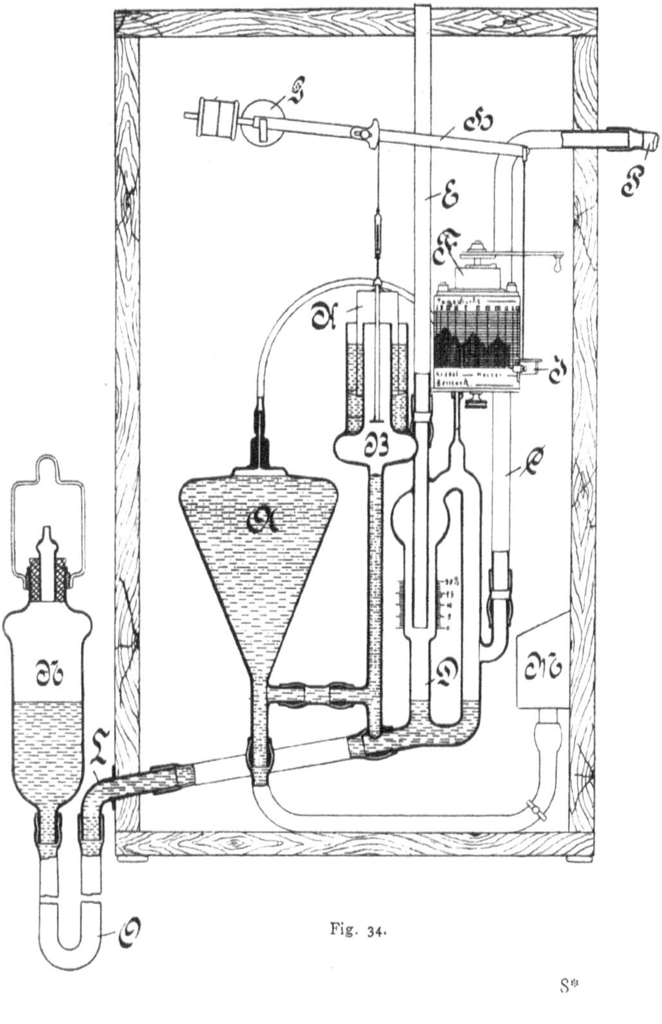

Fig. 34.

umgeworfen, wodurch ein Hubwechsel eintritt. Die Flasche *N* senkt sich und die Sperrflüssigkeit tritt wieder aus dem Meßgefäß *D* in die Flasche zurück. Der rechtsseitlich sich befindende Gaseintrittsstutzen des Meßgefäßes wird wieder frei, so daß frische Gase aus den Pumpen durch das Eintrittsrohr *C* in das Meßgefäß *D* eintreten. Die schon untersuchten Gase werden durch das Gasaustrittsrohr *E* in die Atmosphäre verdrängt und frische Gase zirkulieren durch das Meßgefäß. In der tiefsten Stellung der Flasche findet durch den Mitnehmerstift *e* auf der großen Schnurscheibe 6 durch Umwerfen des Hebels *c* des Wechselventiles 4 wieder ein Hubwechsel statt und die Sperrflüssigkeit fängt in dem Meßgefäß für die folgende Analyse wiederum ein Quantum Gas ab.

b) Das Kraftwerk (Fig. 35). Es besteht aus einer in Wasser mit aufgegebener Ölschicht hängenden Gasglocke 2, unter welche das mit Stopfen 13 verschließbare Knierohr *b* einreicht. Schlauch 11 verbindet es mit der durch den Schornstein kommenden Leitung 12. Je nachdem nun das Wechselventil 4 offen oder geschlossen ist, wird unter der Glocke 2 Unterdruck oder atmosphärischer Druck herrschen. Ist Ventil 4 geschlossen, so wird der äußere Luftdruck die Glocke abwärts drücken, weil unter 2 ein niedriger Druck herrscht. Dabei dreht sich Schnurscheibe 6. Ist der Mitnehmerstift 5 des Wechselventils erreicht, so wird er aus der Gleichgewichtslage gebracht und fällt seitlich, wodurch der Ventildeckel zurückschlägt und das Ventil geöffnet wird. Durch das geöffnete Ventil kann nun genügend Luft nachströmen. Die Depression unter der Glocke 2 verschwindet und das schwere Gegengewicht 10 mit Flasche *N* senkt sich und zieht die Glocke wieder empor. Zugleich drückt der Mitnehmerstift *e* den Hebel *c* nach rechts und dieser bringt nach Überschreiten der Vertikalstellung den Ventildeckel wieder in seine frühere Lage, in welcher das Wechselventil 4 geschlossen ist. Durch die nun wieder unter der Glocke 2 entstehende Depression senkt sich die Glocke in der geschilder Weise und zieht die Flasche nach oben. Das Kraftwerk ist so bemessen, daß in bestimmten Zeitabschnitten ca. 5—6 Minuten eine Analyse fertig ist.

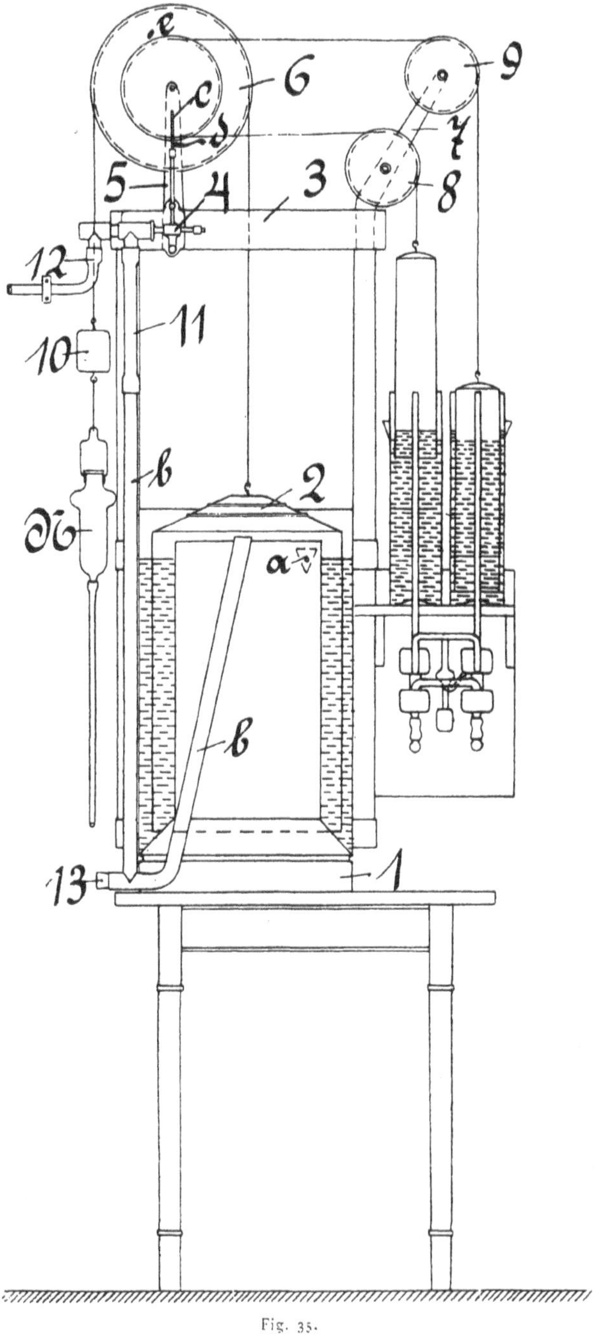


Fig. 35.

Die Entnahme der Gase und das Übertreiben derselben durch die Pumpen (Fig. 36) geschieht fortwährend. Können dieselben nach Verschluß des Gaseintrittsrohres *C* in dem Meßgefäß *D* nicht mehr zirkulieren, so entweichen sie nach Überwinden der Flüssigkeitshöhe im Sperrgefäß 20 durch die sich an der Decke befindende Öffnung in die Atmosphäre.

c) Die doppeltwirkende Gaspumpe (Fig. 36) besteht aus den Pumpenbehältern 14. Dies sind zwei zylindrische, bis zu einem angebrachten Überlauf mit Wasser gefüllte Gefäße, durch deren Boden je ein Saugrohr geht. In die Sperrflüssigkeit tauchen zwei Pumpenglocken 15, die abwechselnd durch das Kraftwerk gehoben und gesenkt werden, also fortlaufend frische Gase ansaugen und in den Apparat drücken. Mit dem durch den Boden gehenden Rohr sind die Ventilpaare 16a verbunden. Die oberen Ventile sind Saugventile, die unteren Druckventile. Als Sperrflüssigkeit in den Ventilen dient Glyzerin. Diese Flüssigkeit muß in den beiden Saugventilen den Bogen des nach vorne zeigenden Stutzens bedecken. Mit diesen beiden Stutzen wird die obere Ventilverbindung 17 vereinigt und das horizontale nach hinten zeigende Rohr an das $^1/_2''$ Gaszuführungsrohr angeschlossen. Kurz vor dem Anschluß ist ein Siphon 18 angebracht. Der kugelförmige Teil desselben ist bis zur Marke mit Glyzerin und Wasser gefüllt. Der Siphon dient zur Aufnahme des Kondenswassers. Bei geschlossener oder verstopfter Gasleitung soll durch den langen Schnabel nach Überwindung des Flüssigkeitswiderstandes ca. 50 mm durch diesen Luft hindurchperlen, wodurch ein Übersaugen der Flüssigkeit in die Pumpenrohre vermieden wird.

Die Gase durchstreichen zur Reinigung die Filterfüllung.

d) Das Filter (Fig. 37). Es besteht aus dem Unterbehälter mit Flanschen, dem $^3/_4''$ Gasein- und $^1/_2''$ Gasaustrittsrohr; derselbe ist bis zum Überlauf mit Glyzerin zu füllen. In den Unterbehälter wird der an einer Seite geschlossene Zylinder hineingestellt, welcher durch eine aufrecht stehende Wand in zwei untereinander verbundene Längskammern geteilt ist. Diese Längskammern werden mit Holzwolle und grobem Sägemehl angefüllt. Zu diesem Zwecke stelle man den zylindrischen Teil auf den Kopf und fülle eine Kammer mit ca. 70 mm

Holzwolle, lasse darauf eine 25 mm starke, grobe Sägemehlschicht folgen und zum Schluß eine Holzwollschicht bis zur eingepreßten Wulst. In die andere Kammer breite man zuerst

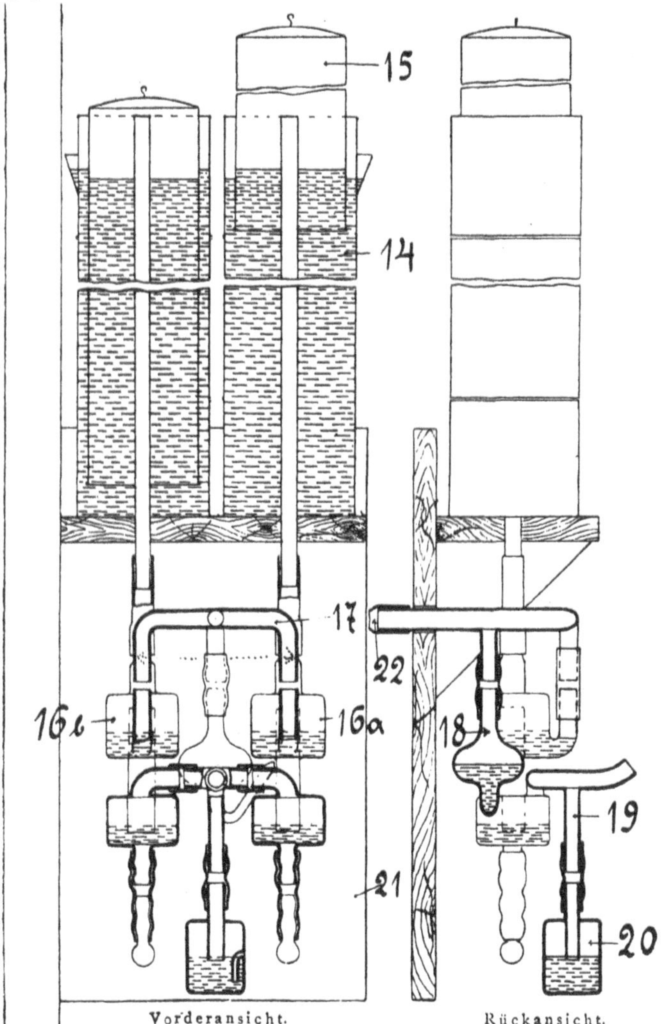


Fig. 36.

eine 30—40 mm hohe, grobe Sägemehlschicht aus und fülle weiter bis zur gleichen Höhe der nebenliegenden Kammer Holzwolle auf. Letztere Kammer wird mit dem $^3/_4''$ Gaseintrittsrohr verbunden. Die Füllung ist sorgfältig an die Filterwandung leicht anzudrücken. Um ein Herabfallen der Holzwolle in die Rohre zu vermeiden und eine Verteilung der Gase zu erzielen, schiebe man bis zum Aufsitzen das Klemmstück über die Trennungswand im zylindrischen Teile, dann tauche man den Zylinder langsam in den Unterkasten. Die eingeschlossene Luft darf die Sperrflüssigkeit nicht zum Überlauf hinausdrücken. Die Erneuerung der Filterfüllung ist abhängig von dem mehr oder weniger starken Rußen der Kohlen. Ist die Flüssigkeit in dem Sperrgefäß schwarz, so muß die Filterfüllung erneuert werden.

Die tägliche Bedienung des Apparates besteht aus:

1. Wechseln des Diagrammstreifens auf der Uhrtrommel, Aufziehen der Uhr und Einstellen auf die richtige Zeit.
2. Füllen der Schreibfeder mit Tinte.
3. Einspielen der Kalilauge auf die Marke an dem Steigrohre des Glockengefäßes *B*.
4. Kontrolle, ob das Glyzerin im Glockengefäß und Sperrgefäß bis zur Marke reicht.

Außerdem ist zu beachten, ob der Apparat auch das schreibt, was er im Meßgefäß anzeigt. Durch Festhalten des Niveaugefäßes *N* in der obersten Stellung, also nach Beendigung des Überdrückens, gelingt der Vergleich am besten. Läßt man den Apparat atmosphärische Luft einsaugen, so muß er $0^0$ $CO_2$ anzeigen.

Die Kalilauge zur Füllung bereitet man aus 590 g Ätzkali und 1310 g destill. Wasser = 1900 g Kalilauge vom spez. Gewicht 1,27.

Empfehlenswerter als der durch den Schornsteinzug betriebene Apparat ist der durch Wasserdruck betriebene Apparat »Ados«, da er viel weniger Aufsicht erfordert. Bedingung für die Aufstellung ist das Vorhandensein einer Wasserleitung mit genügendem Druck. Der Apparat ist in Fig. 38 dargestellt; er unterscheidet sich in der Art der Gaszu- und

-Abfuhr. Das Mittelrohr des Meßgefäßes $C$ mündet in das Gaseintrittsrohr $P$, an welchem ein Gummibeutel hängt. Das untere

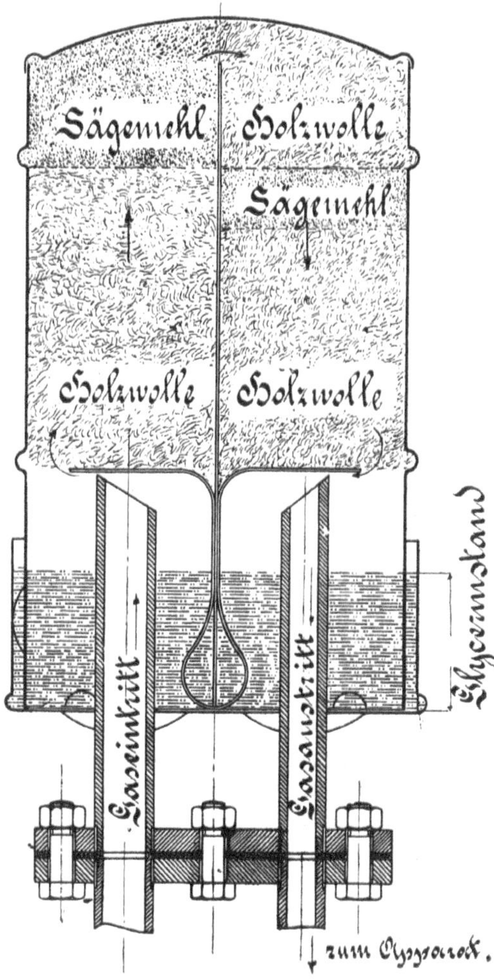


Fig. 37.

offene Ende des Mittelrohres steht mit dem Nullstrich der Skala auf einem Niveau. Die verlängerten Schenkel des Meßgefäßes

*C* vereinigen sich zu einem zum Kraftbehälter *K* zeigenden seitlichen Stutzen. Das Sperrgefäß *F* hängt an den beiden Stutzen des Gaseintrittrohres *D* und Gasabsaugerohres *E*. Das Gefäß wird mit Glyzerin gefüllt. Eine Marke zeigt die Höhe der Füllung an; durch diese Flüssigkeit treten die Gase nach Abfangen des zur Analyse bestimmten Gasquantums. In das Sperrgefäß ist ein bis fast auf den Boden reichendes Röhrchen eingeschmolzen. Bei geschlossener dichter Leitung soll der Strahlapparat durch dieses Röhrchen Luft saugen.

Der Kraftwerkbehälter *K* ist in zwei Kammern geteilt. In den Deckel dieses Behälters sind die Heber *G* mit Gummischlauch und das Wassereinfallrohr *H* eingeführt. Beide Rohre reichen bis in die innere Kammer. In dem unteren Teil der äußeren Kammer befindet sich Wasser mit Glyzerin, welches durch den eingebauten seitlichen Stutzen und den Verbindungsschlauch mit dem Stutzen des Meßgefäßes *C* in letzteres treten kann. Über dem Heber *G* ist der Wasserüberlaufkasten *L* angeschraubt. Ein kleiner Hahn läßt Wasser in das Einlaufrohr *H* einströmen und dient zur Regelung der Anzahl der Analysen. Zur Druckregelung ist ein Überlauf angebracht; der Wasserüberschuß wird durch das Überlaufrohr *R* durch den Boden des Kastens fortgeleitet. Im Absorptionskasten sieht man den Halter *L*, welcher den Strahlapparat *Q* trägt, dessen knieförmig gebogenes Rohr mit dem Gasabsaugerohr *E* verbunden ist.

Das nach oben zeigende Ende des Strahlapparates wird an die Wasserleitung angeschlossen, während das entgegengesetzte Ende in Gabelform ausläuft. Der vordere Schenkel mündet durch einen Gummischlauch in den Wasserüberlaufkasten *L*. Der hintere Schenkel führt das überschüssige Wasser durch das senkrechte Wasserablaufrohr *S* an der hintern Wand im Innern des Absorptionskastens durch den Boden fort.

Der Gang der Analyse ist folgender:

Durch das in den Strahlapparat *Q* einströmende Wasser werden durch das Gaseintrittsrohr *D* in das Meßgefäß *C* und das Gasabsaugerohr *E*, in der Richtung der Pfeile, Gase aus dem Kessel entnommen und durchgesaugt. Das dem Strahlapparat entströmende Wasser teilt sich an der Gabel, und ein Teil fließt

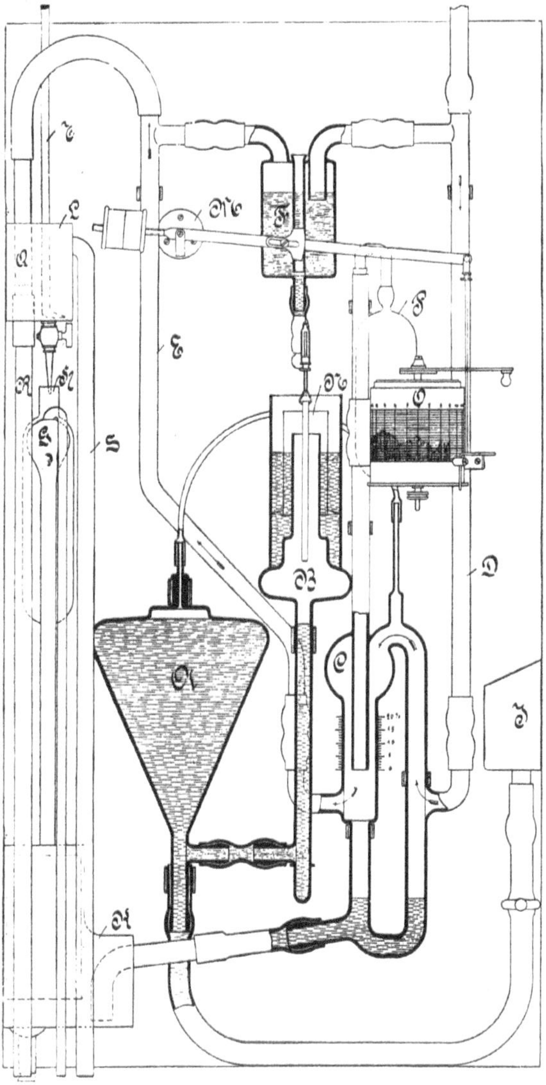

Fig. 38.

durch den hintern Schenkel der Gabel und das Wasserablaufrohr $S$ fort, während durch den vorderen Schenkel mit anschließendem Schlauch Wasser in den Überlaufkasten $L$ geleitet wird. Durch den Hahn dieses Kastens und das Wassereinlaufrohr $H$ strömt das Wasser in die obere Kammer des Kraftwerksbehälters $K$, steigt hier hoch und schließt die Mündung des Hebers $G$ und des Wassereinlaufrohres $H$. Das weiter einfließende Wasser komprimiert die im Kraftwerkbehälter $K$ eingeschlossene Luftmenge und drückt auf die in der unteren Kammer sich befindende Flüssigkeit, welche in das Meßgefäß $C$ durch den eingebauten Stutzen und den Verbindungsschlauch entweicht. Die Flüssigkeit steigt in dem Meßgefäß $C$ hoch und schließt den Ein- und Austritt der Rohre $D$ und $E$, wodurch ein unter wechselnder Depression stehendes Gasquantum (mehr als 100 ccm) abgefangen wird. Die in dem Meßgefäß $C$ weiter emporsteigende Flüssigkeit verdichtet die Gase. Die Einrichtung ist so getroffen, daß das Gas, ehe die Flüssigkeit das Mittelrohr des Meßgefäßes abschließt, Atmosphärendruck besitzt. Es befinden sich jetzt also mehr als 100 ccm Gas unter einem bestimmten Druck (Atmosphärendruck) in dem Meßgefäß. Hiervon werden in dem Augenblick, wo die Flüssigkeit das Mittelrohr des Meßgefäßes $C$ erreicht, genau 100 ccm zum Übertreiben zur Analyse abgefangen, während der überschüssige Rest durch das Mittelrohr in das Gasaustrittsrohr $P$ und von da in den Gummibeutel gedrückt wird. Das Übertreten, Absorbieren und Aufzeichnen erfolgt wie bei dem durch Schornsteinzug betriebenen Apparat.

Hat die Flüssigkeit in dem Meßgefäß $C$ die an der Kapillarröhre sich befindende Marke erreicht, so sind die abgefangenen 100 ccm Gas in das Kalilaugegefäß $A$ verdrängt worden, zugleich hat das einfallende Wasser den Scheitel des Hebers $G$ überschritten und hebert das Wasser aus der oberen Kammer des Kraftwerksbehälters $K$. Die Kompression des eingeschlossenen Luftkissens verschwindet, und es fließt infolgedessen die Flüssigkeit aus dem Meßgefäß $C$ wieder in die untere Kammer des Kraftwerksbehälters $K$ zurück. Das Aushebern des Wassers geht sehr schnell vor sich; die obere Kammer entleert sich trotz des fortwährend zuströmenden Wassers. Die Mündung des

Wassereinlaufrohres *H* wird wieder frei, der Heber reißt in dem Augenblick, wo die Kammer entleert ist, ab, wodurch der Vorgang einer Analyse beendet ist. In dem Augenblick, wo die zurücktretende Flüssigkeit im Meßgefäß *C* die beiden seitlichen Stutzen frei gibt, werden die alten Gasreste aus dem Meßgefäß entfernt und frische Gase zu einer zweiten Analyse bis zum Abschluß dieser Stutzen hindurchgesaugt. Die saugende Wirkung des Strahlapparates hört mit dem Abschluß dieser Stutzen nicht auf. Die Gase nehmen dann ihren Weg durch das zwischen Gaseintritt- und Gasabsaugerohr hängende Sperrgefäß und überwinden dort den Flüssigkeitswiderstand von ca. 5 mm.

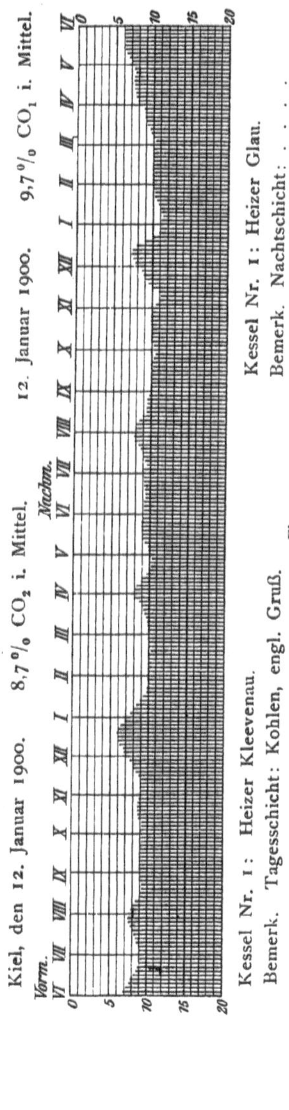


Fig. 39.

Fig. 39 zeigt ein Diagramm. Der Kohlensäuregehalt ist von der oberen Linie nach unten zu abzulesen. Je niedriger der Apparat schreibt, desto höher ist der Kohlensäuregehalt der Rauchgase. Der Apparat war der erste der automatischen Rauchgasanalysatoren. Deshalb ist er ausführlicher behandelt. Die Rohrleitung und das Filter ist bei den folgenden Apparaten in gleicher Weise wie hier beschrieben anzuordnen.

Der Gasprüfer »System Pintsch«.[1]) Er besteht aus einem eisernen Gehäuse, in das zwei Gasmesser I und II (siehe Fig. 40 und 41), ein Registrierwerk *R*, ein Kühler *K*, eine Absorptionsbüchse *A*

---

[1]) J. Pintsch, Berlin.

und eine Pumpe *P* eingebaut sind. Die Arbeitsweise des Apparates ist folgende:

Die Wasserstrahlpumpe *P* saugt bei etwa 10 l Wasserverbrauch in der Stunde ca. 40 l Gas durch den Apparat. Das Gas tritt bei *G* ein, geht durch die erste Kammer des Kühlers *K*, wird dann im Messer I gemessen und danach in der mit Kalk gefüllten Absorptionsbüchse *A* von Kohlensäure befreit. Weil das Gas durch diesen chemischen Vorgang erwärmt wird, muß es durch die zweite Kammer des Kühlers *K* geführt werden, damit es wieder die vorige Temperatur erhält. Darauf wird das Gas im Messer II gemessen und gelangt von dort aus durch die Pumpe *P* und den Wasserkasten *W* ins Freie. Das Wasser tritt bei $W_1$ in den Apparat ein, durchfließt den Kühler *K* und kommt schließlich zur Wasserstrahlpumpe *P*; dort saugt es das Gas an und gelangt mit ihm zusammen in den Wasserkasten *W*, von wo es durch einen Überlauf abfließt.

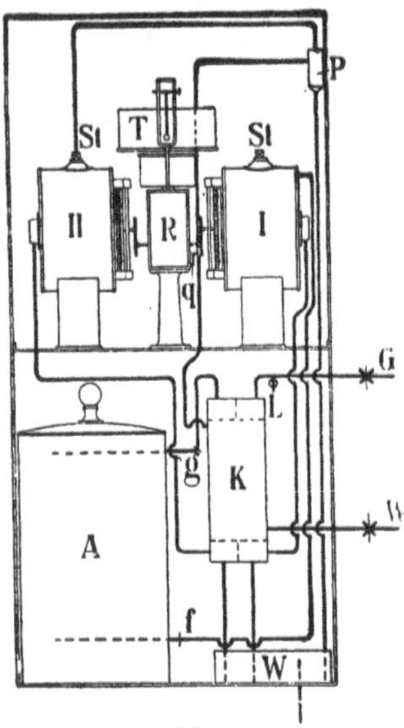


Fig. 40.

Die beiden Gasmesser sind mit Paraffinöl gefüllt und so eingestellt, daß der Messer II bei ausgeschalteter Absorptionsbüchse um etwa 4 % langsamer läuft als Messer I, um eine sogenannte Leerlaufregistratur zu erzielen. Diese besteht aus 3—4 mm langen Strichen, deren obere Enden an der Nullinie liegen müssen.

Es ist gleichgültig, wie lang die Leerlaufstriche sind; sobald nur die oberen Enden mit der Nullinie zusammenfallen, registriert der Apparat nach Einschaltung der Absorptionsbüchse den Kohlensäuregehalt in Prozent der durchstreichenden Gase. Die Registrierfeder wird durch ein Differentialgetriebe *R* betätigt, das von den beiden Gasmessern I und II angetrieben wird. In einer Stunde werden durchschnittlich 20—25 Analysen registriert

Zunächst werden die beiden Gasmesser I und II mit Paraffinöl mit Hilfe von Knietrichtern gefüllt (Öl und Trichter werden gewöhnlich mitgeliefert). Der Ölstand ist genau auf Marke *O*

Fig. 41.

der Skalen einzustellen. Hierauf werden die Trommeln der Gasmesser mit der Hand langsam einmal herumgedreht, damit sich die Luftblasen aus den Ecken entfernen. Dann wird der Ölstand, wenn erforderlich, verbessert. Der richtige Ölstand kann nur abgelesen werden, wenn beide Stopfen *St* und der

Lufthahn *L* geöffnet sind, der Gashahn *G* aber geschlossen ist.

Sind die beiden Gasmesser richtig gefüllt, so schließt man die Stopfen *St*, verbindet *g* und *f* durch einen dichtschließenden Gummischlauch und setzt bei geschlossenem Gashahn *G* und geöffnetem Lufthahn *L* den Apparat in Betrieb, indem man den Wasserhahn öffnet. — Der Wasserzufluß ist richtig, wenn im Wasserkasten (unten im Apparat) große Gas- bzw. Luftblasen ohne Unterbrechung auftreten.

In diesem Zustande läuft der Apparat leer, d. h. er absorbiert keine Kohlensäure und registriert bei diesem Leergang die kleine Differenz der beiden Gasmesser, die als Konstante des Apparates aufzufassen ist. Wenn die Leerlaufstriche nicht länger sind wie der freie Raum unterhalb der Nullinie, dann arbeitet der Apparat normal und der Ölstand ist richtig. Sind die Striche länger, so ist in dem Messer II etwas Öl nachzufüllen, bzw. aus dem Messer I Öl abzulassen, jedoch nur ganz wenig. Sind die Striche sehr kurz, z. B. nur 1 mm, so empfiehlt es sich, die Striche durch Ablassen von etwas Öl aus dem Messer II oder Zufüllen in dem Messer I etwas länger zu gestalten. Ist diese Arbeit beendet, so wird der Schreibhebel mit Hilfe der Stellschraube so eingestellt, daß die oberen Enden der Leerlaufstriche mit der Nullinie zusammenfallen.

Dann setzt man an Stelle des Schlauches die gefüllte Kalkbüchse ein, öffnet den Gashahn *G* und schließt den Lufthahn *L*. Der Apparat registriert jetzt den Kohlensäuregehalt der durchstreichenden Gase. Die Füllung der Kalkbüchse, die unten näher beschrieben ist, reicht bei 24 stündigem Betriebe 6 Tage aus. Die tägliche Bedienung des Apparates beschränkt sich auf das Auswechseln der Registrierstreifen, das Aufziehen des Uhrwerks und das Nachfüllen der Tinte.

Der Hebel *q* an der rechten Seite des Registrierwerkes dient dazu, den Schreibhebel außer Tätigkeit zu setzen. Dies geschieht durch Rückwärtslegen des Hebels q. Es hat nach jedem Außerbetriebsetzen des Apparates zu erfolgen.

Die Ölfüllung der beiden Gasmesser ist von Zeit zu Zeit zu kontrollieren und stets in gleicher Höhe zu halten.

Die Zubereitung des Kalkes für die Absorptionsbüchse geschieht wie folgt:

Man lösche etwa 50 kg gebrannten Marmorkalk oder guten weißen Kalk folgendermaßen:

Nachdem man die großen Stücke des Kalkes zerschlagen hat, füllt man ihn in einen Korb, taucht ihn etwa $1/2$ Minute unter Wasser, schüttet hierauf die Masse in eine flache Kiste und bedeckt sie mit einem Brett od. dgl. Nach 2—3 Stunden überzeuge man sich, ob der Kalk zu Pulver zerfallen ist. Ist dies nicht der Fall, so gießt man mit einer Brause etwas Wasser über die Masse und bedeckt sie wieder. Dies wird wiederholt, bis die Masse ganz zu Pulver zerfallen ist.

Den trockenen Kalk bewahrt man in einer Kiste oder einem Faß unter Luftabschluß an einem trockenen Ort auf.

Die Absorptionsbüchse wird mit einer Mischung von $1/4$ Volumen nassen Sägespänen und $3/4$ Volumen Kalkpulver gefüllt. Diese Mischung wird locker in die Absorptionsbüchse gefüllt, um dem Gas einen leichten Durchgang zu bieten. Vor dem Auflegen des Deckels ist die Gummidichtung gut zu reinigen. Die Deckelschrauben sind möglichst gleichmäßig festzuziehen.

Das Prinzip dieses automatischen Analysators ist ein sehr einfaches und einleuchtendes. Ein Hauptvorteil dieses Apparates ist, daß er ganz aus Metall gefertigt ist, also keine zerbrechlichen Glasteile besitzt. Der Kohlensäuregehalt wird umgekehrt abgelesen wie beim Adosapparat, er steigt von unten nach oben. Je höher der Apparat schreibt, desto höher ist der Kohlensäuregehalt.

Der Rauchgasprüfer »Record«, »Phönix« und »Eckhardt«[1]) (Fig. 42 und 43) wirkt folgendermaßen:

Aus einem Wasserzufluß ergießt sich in einem feinen Strahl ununterbrochen Wasser in das Steigrohr 1, worin es bis zum Scheitel des Überlaufrohres 2 steigen kann. Über das Überlaufrohr 2 ist ein etwas weiteres, oben geschlossenes Rohr 3 lose übergeschoben. Die Rohre 2 und 3 wirken daher zusammen

[1]) Joh. Weber & Co., Griesheim bei Darmstadt und J. C. Eckardt, Manometerfabrik, Stuttgart-Cannstatt.

als Saugheber, der das Steigrohr 1 schnell entleert, sobald das Wasser in Rohr 2 überzulaufen beginnt. Der Heber arbeitet so lange, bis der sinkende Wasserspiegel die untere Öffnung des Rohres 3 freigibt, infolgedessen die Wassersäule abreißt und der Wasserspiegel wieder zu steigen beginnt. Auf diese Weise

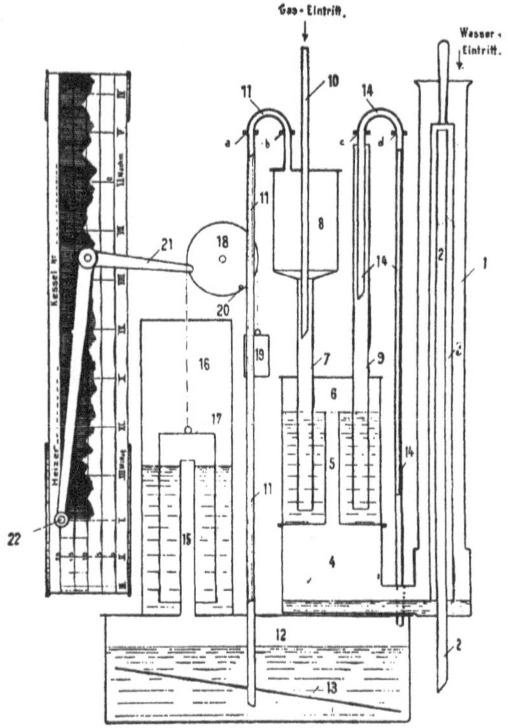


Fig. 42.

wird ein abwechselndes Steigen und Fallen des Wasserspiegels in gleichmäßigen Zwischenräumen erreicht, wobei die Geschwindigkeit durch Regulierung des Wasserzuflusses in gewissen Grenzen verändert werden kann.

Mit dem Steigrohr 1 kommuniziert unten die Kammer 4. Durch das Ansteigen des Wassers wird die in Kammer 4 enthaltene Luft durch das Rohr 5 in die darüberliegende Kammer 6 verdrängt, die bis zum Scheitel des Rohres 5 mit einer indifferenten Flüssigkeit (reines Wasser) gefüllt ist. Die nach Kammer 6 übergetriebene Luft verdrängt aus dieser eine entsprechende Menge der Arbeitsflüssigkeit durch Rohr 7 in das Meßgefäß 8 und gleichzeitig in das Steigrohr 9. Sobald der Wasserspiegel in Kammer 4 wieder sinkt, fließt auch die Arbeitsflüssigkeit aus dem Meßgefäß 8 und den Rohren 7 und 9 wieder in die Kammer 6 zurück. Infolge der Saugwirkung der aus dem Meßgefäß zurückfließenden Flüssigkeit füllt dieses sich durch das mit der Gasquelle in Verbindung stehende Rohr 10 mit den zu untersuchenden Gasen an. Sobald die Arbeitsflüssigkeit jetzt wieder ansteigt, schiebt sie die Gase vor sich her, und zwar zunächst einen Teil derselben wieder in das Rohr 10 zurück, bis dessen Mündung von der Flüssigkeit erreicht und abgesperrt wird. Die nunmehr in dem Meßgefäß 8 eingeschlossene Gasmenge wird durch die weiter steigende Flüssigkeit durch das Rohr 11 in den die Absorptionsflüssigkeit enthaltenden Behälter 12 geschoben, wobei die Gase aus dem Rohre 11 in kleinen Perlen unten austretend und an der geneigten Fläche 13 entlanggleitend, ihren Weg durch die Absorptionsflüssigkeit nehmen müssen. Durch das Rohr 14, welches in das Steigrohr 9 eintaucht, steht das Absorptionsgefäß zunächst noch in Verbindung mit der Atmosphäre, so daß der erste Teil der in dasselbe eintretenden Gase auf diesem Wege entweichen kann, und zwar so lange, bis die in Rohr 9 ansteigende Flüssigkeit auch die Mündung des Rohres 14 absperrt. Dies erfolgt in dem Augenblick, wo im Meßgefäß 8 noch eine ganz bestimmte Gas-

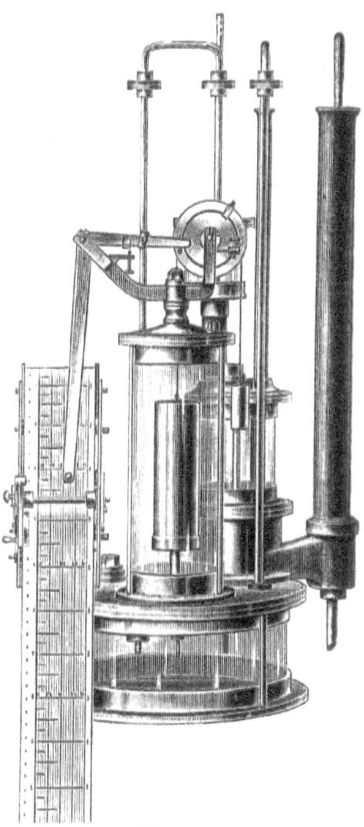

Fig. 43.

menge (100 ccm) enthalten ist, die nun weiter in den Absorptionsraum übergeführt wird. Bei dem Durchtritt der Gase durch die Absorptionsflüssigkeit wird der absorptionsfähige Teil derselben absorbiert (bei Rauchgasen die Kohlensäure durch Kalilauge) während der übrigbleibende Rest der Gase durch Rohr 15 unter die in Gefäß 16 in Glyzerin schwimmende Tauchglocke 17 gelangt. Die mittels Faden an der drehbaren Rolle 18 befestigte, und durch das Gegengewicht 19 ausbalancierte Tauchglocke erhebt sich daher um ein der jeweils darunter tretenden Gasmenge entsprechendes Stück. Diese Bewegung der Tauchglocke wird durch einen Anschlag 20 an der Rolle 18 auf den drehbar gelagerten Winkelhebel 21 übertragen, wobei die an diesem befestigte Schreibfeder 22 auf einem durch ein Uhrwerk bewegten Diagrammstreifen den von der Tauchglocke zurückgelegten Weg aufzeichnet. Der Diagrammstreifen ist mit einer Skala versehen, auf welcher die von der Tauchglocke gemessene Gasmenge bzw. der von der Absorptionsflüssigkeit absorbierte Teil direkt in Prozenten abgelesen werden kann.

Sobald alle Gase aus dem Meßgefäß 8 verdrängt sind, beginnt das Wasser im Steigrohr 1 und damit auch die Arbeitsflüssigkeit im Meßgefäß 8 wieder zu sinken, wodurch eine neue Gasprobe durch Rohr 10 angesaugt wird, während gleichzeitig die untersuchten Gase aus der Tauchglocke 17 in den Absorptionsraum 12 zurücktreten und aus diesem durch das Rohr 14 an die Atmosphäre entweichen, sobald die sinkende Arbeitsflüssigkeit in Rohr 9 die Mündung des Rohres 14 wieder freigibt.

Der an der Gasquelle herrschende, schwankende Unterdruck hat keinen Einfluß auf die Genauigkeit der Meßresultate, indem der jeweilige Unterdruck nach Absperrung des Gaszuführungsrohres 10 durch die steigende Arbeitsflüssigkeit im Meßgefäß 8 vor Beginn der eigentlichen Untersuchung zunächst beseitigt bzw. in einen geringen, der Eintauchtiefe des Rohres 11 in die Absorptionsflüssigkeit entsprechenden Überdruck umgewandelt wird, der dauernd gleich bleibt, so daß alle Analysen unter der gleichen Gasdichte erfolgen. Damit die Tauchglocke 17 nach beendeter Analyse von selbst wieder in ihre Ruhelage zurücksinken kann, muß sie ein geringes Übergewicht haben, wodurch dann die Gase während der Abmessung unter einem bestimmten geringen Überdruck stehen. Durch entsprechende Ausbalancierung der Tauchglocke ist dabei erreicht, daß der in ihr herrschende Überdruck genau gleich dem in dem Meßgefäß 8 während der Abmessung und Überführung der Gase herrschenden Druck ist.

Bei der Inbetriebsetzung des Apparates ist zu beachten:

Nachdem das Absorptionsgefäß 12 mit Absorptionsflüssigkeit, der Tauchglockenbehälter 16 mit Glyzerin, die Kammer 6 durch das Rohr 10 mit reinem Wasser und die Schreibfeder 22 mit Tinte gefüllt sind, ist der Apparat betriebsbereit, worauf derselbe nach Öffnen des Wasserzuflusses in das Steigrohr 1 sofort selbsttätig arbeitet. Die weitere Bedienung beschränkt sich dann auf das Auswechseln der Diagrammstreifen, das Füllen der Schreibfeder und Aufziehen der Registrieruhr.

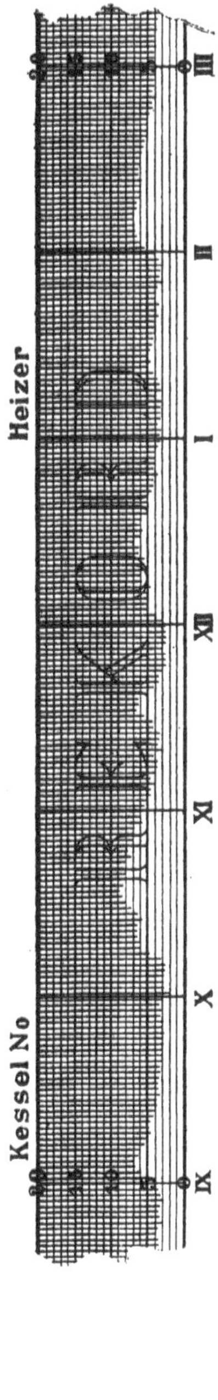

Fig. 44.

Das Diagramm hat die in Fig. 44 dargestellte Form. Der Kohlensäuregehalt wird von unten her abgelesen.

Der A u t o l y s a t o r[1]). Das Prinzip dieses Apparates läßt sich an Hand von Fig. 45 erklären.

$K_1$ ist ein Kapillarrohr, dessen beide Enden mit dem Differentialmanometer $M_1$ kommunizieren. Das eine Ende der Kapillare $K_1$ ist mit dem Regelhahn $H$ verbunden, an welchen eine Wasserluftpumpe angeschlossen wird.

Der Gasdurchgang durch diese Kapillare ist abhängig von dem vom Mano-

[1]) Vereinigte Fabriken für Laboratoriumsbedarf, Berlin.

meter $M_1$ angezeigten Druckunterschied. Wird dieser durch entsprechende Einstellung des Hahnes $H$ unverändert gehalten, so ist auch die durch die Kapillare $K_1$ durchgehende Gasmenge konstant. Das spezifische Gewicht des Gases spielt hierbei praktisch keine Rolle, denn dieses kommt wohl beim Durchgang von Gasen durch feine Öffnungen in Blechen in Betracht, nicht aber beim Durchgang durch lange Kapillarrohre. Die von der Kapillare $K_1$ mittels der Pumpe in der Zeiteinheit konstant gehaltene Gasmenge wird von einer zweiten Kapillare $K_2$ her an-

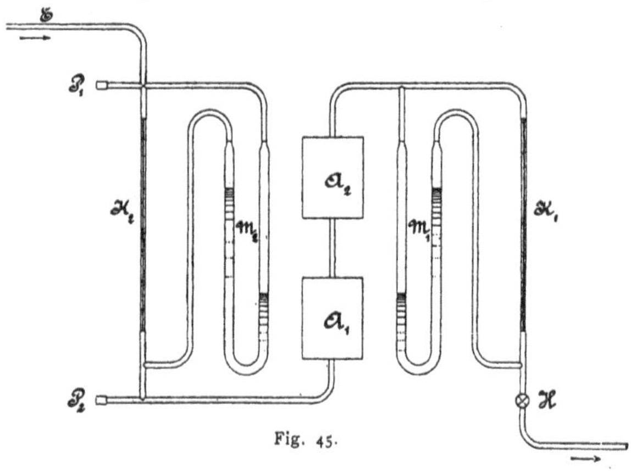


Fig. 45.

gesogen, deren beide Enden wieder mit dem Druckunterschiedmesser $M_2$ kommunizieren.

Zwischen den beiden Kapillaren sind Absorptionsgefäße $A_1$ und $A_2$ eingeschaltet, welche das von der Kapillare $K_2$ kommende Gas von dem zu untersuchenden Bestandteil befreien. Das zu untersuchende Gas tritt bei $E$ in den Apparat ein.

Es ist nun ersichtlich, daß durch die Kapillare $K_2$ ebensoviel Gas in der Zeiteinheit hindurchtreten muß, wie durch die Kapillare $K_1$, falls von den Absorptionsgefäßen nichts absorbiert wird. Sind die beiden Kapillaren von genau gleicher Weite und Länge, so wird naturgemäß der Druckmesser $M_2$ in diesem Falle den gleichen Ausschlag zeigen wie das Manometer $M_1$. Wird hingegen in den Absorptionsgefäßen $A_1$ und $A_2$ ein Bestandteil des Gases, z. B. Kohlensäure, von dem Ab-

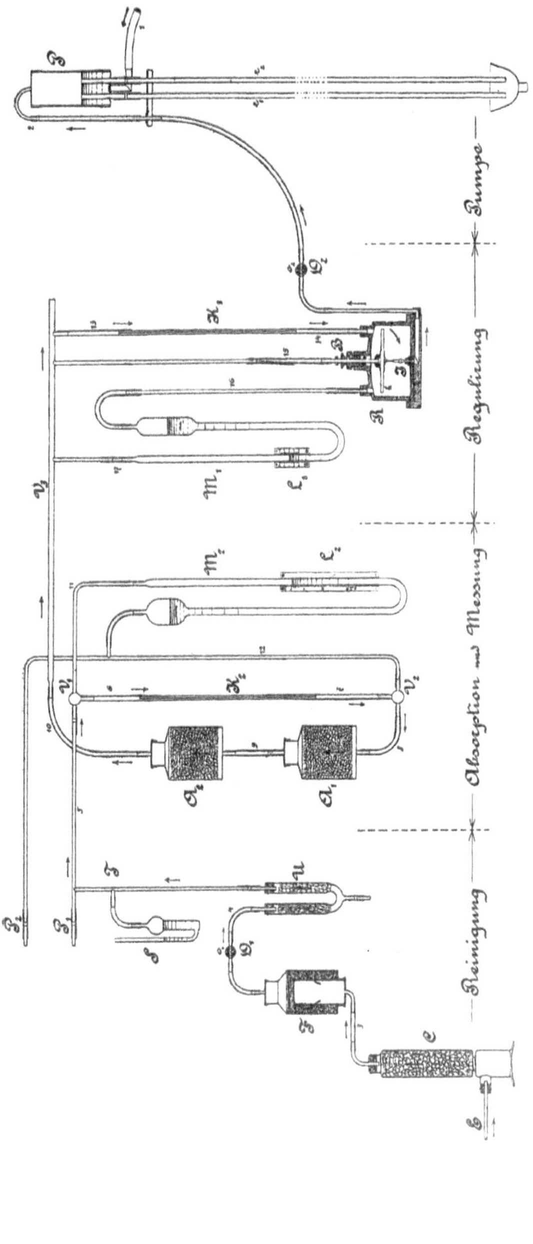


Fig. 46.

sorptionsmittel, z. B. Natronkalk, absorbiert, so wird durch die Kapillare $K_2$ in der Zeiteinheit eine größere Gasmenge hindurchgesogen werden müssen als durch $K_1$. Hält man aber mit Hilfe des Regelhahnes $H$ den Stand des Manometers $M_1$ und somit den Gasdurchgang durch $K_1$ konstant, so wird die durch $K_2$ hindurchgehende Gasmenge sich entsprechend dem Gehalt des Gases an absorbierbaren Bestandteilen vergrößern müssen. Dementsprechend wird auch der Ausschlag des Manometers $M_2$ ein größerer sein.

Anstatt des Regelhahnes $H$ ist nun ein selbsttätiger Regler angebracht, welcher den vom Manometer $M_1$ angezeigten Druckunterschied selbsttätig konstant hält, so daß eine Regelung mittels Hand nicht erforderlich ist.

Der Ausschlag des Manometers $M_2$ zeigt dann ohne weiteres den Gehalt eines Gases an absorbierten Bestandteilen, z. B. Kohlensäure, an, und eine empirisch durchgeführte Teilung der Manometerskala vermittelt ein direktes Ablesen der Prozente an absorbierten Gasbestandteilen, also z. B. an Kohlensäure in Prozenten.

Das zu untersuchende Gas muß daher vor Eintritt in den Apparat getrocknet und filtriert werden.

Fig. 46 zeigt eine schematische Zeichnung aller Bestandteile des Apparates, Fig. 47 eine Ansicht des Autolysators.

Die Wasserluftpumpe $P$ wird durch das Rohr 1 mit Wasser gespeist, welches durch die beiden Fallrohre $r_1$ und $r_2$ in den Ablauf fließt. Das in die beiden Rohre einströmende Wasser reißt das im Oberteil der Pumpe befindliche Gas in Form von Blasen mit sich, so daß eine saugende Wirkung von dem Gaseintritt 2 her ausgeübt wird. Diese Pumpe saugt das zu untersuchende Gas von dem Gaseintritt $E$ her zunächst durch das in dem Glasgefäß $C$ befindliche Chlorkalzium, dann durch den Verbindungsschlauch 3 in das Filtergefäß $F$, welches aus einem durchlochten Zylinder, der mit einem Lampendocht überzogen ist, besteht, und welches außerhalb des Lampendochtes mit Glaspulver angefüllt ist. Das Gas durchströmt dann den Dreiweghahn $D_1$ und tritt durch den Gummischlauch 4 in ein U-Rohr $U$, dessen einer Schenkel zwecks nochmaliger Reinigung des Gases mit Watte und dessen anderer Schenkel mit Chlorkalzium gefüllt ist.

Der Dreiweghahn $D_1$ dient dazu, in seiner vertikalen Stellung anstatt des zu untersuchenden Gases Luft eintreten zu lassen, welche durch eine kleine Öffnung $o_1$ am Gehäuse des Dreiweghahnes eingesaugt wird. Diese dient nach Trocknung im U-Rohre zur Einstellung des Nullpunktes des Apparates. In wagrechter Stellung saugt dieser Hahn das zu untersuchende Gas an. Das

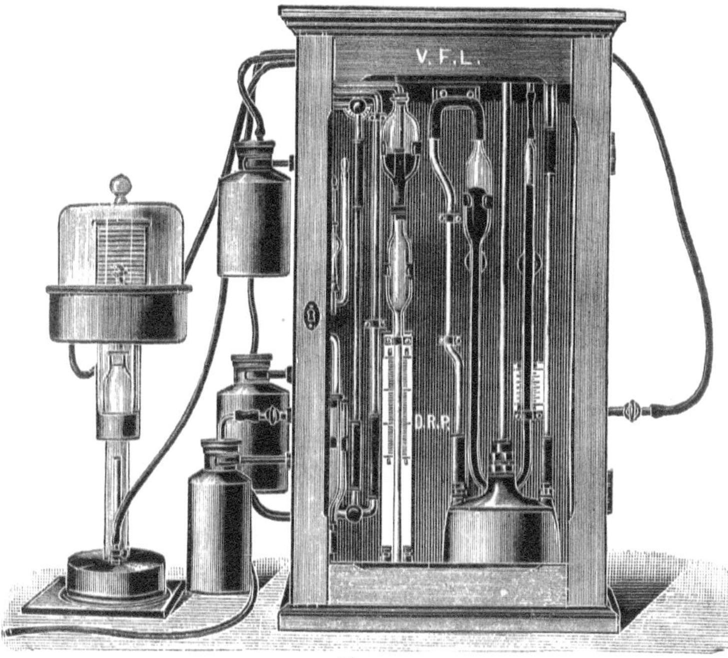


Fig. 47.

gereinigte Gas durchströmt noch ein T-Rohr $T$, an welches ein mit Wasser gefülltes Sicherheitsrohr $S$ angefügt ist. Dieses dient dazu, für den Fall, daß der Gaseintritt von $E$ her aus irgendeinem Grund abgeschlossen ist, Luft in sichtbaren Blasen in den Apparat eintreten zu lassen. An dem Ausschlag, welchen die Flüssigkeit im Sicherheitsrohr an dem einen Schenkel zeigt, ist auch stets erkenntlich, unter welcher Saugwirkung das Gas angesogen wird. Das Rohr 5 läßt das Gas durch die Verteilungskugel $V_1$ und den Schlauch 6 von oben her in die Kapillare $K_2$ eintreten, welche unten mittels des Schlauches 7 an die Verteilungskugel $V_2$ angeschlossen ist. Der Schlauch 8 leitet das Gas in das Absorptionsgefäß $A_1$ und von hier durch den Schlauch 9 in das Absorptionsgefäß $A_2$, welches durch den Schlauch 10 zu dem oberen Verteilungsrohr $V_3$ führt. Die durch die Kapillare verbundenen Verteilungskugeln $V_1$ und $V_2$ sind anderseits mittels der Schläuche 11 und 12 mit dem Manometer $M_2$ verbunden. Letzteres ist ein mit gefärbtem Vaselinöl gefülltes zweischenkliges Differentialmanometer, dessen Füllung so eingerichtet ist, daß beim Arbeiten des Apparates der obere Flüssigkeitsspiegel stets in dem weiten oberen Gefäß des einen Manometerschenkels steht. An diesem Manometerschenkel ist auch die Skala $L_2$ angebracht, welche direkt die Prozente Kohlensäure anzeigt. Diese Skala ist ein wenig verschiebbar, so daß die Nullstellung leicht eingestellt werden kann.

Vom Verteilungsrohr $V_3$ gelangt das Gas durch den Schlauch 13 in die Kapillare $K_1$, welche es durch den Schlauch 14 dem Druckregler $R$ zuströmen läßt. Dieser besteht aus einem Gehäuse, in welchem sich eine aus elastischen Metallplatten gebildete Kapsel $k$ befindet. Das Innere dieser Kapsel steht durch den Schlauch 15 mit dem Verteilungsrohr $V_3$ in Verbindung. An dem unteren Teil der Kapsel ist das Regelventil $J$ aufgehängt.

Da nun der Reglerraum, welcher die Kapsel $k$ umgibt, den Druck des aus der Kapillare $K_1$ ausströmenden Gases, hingegen der Innenraum der Kapsel $k$ den Druck des in die Kapillare $K_1$ einströmenden Gases enthält, so wird die Kapsel $k$ vom Druckunterschied aufgebläht. Je größer dieser Unterschied ist, um so mehr bläht sich die Kapsel auf, und um so mehr schließt sich das Ventil $J$. Bei $B$ befindet sich eine Regelschraube, welche die Kapsel $k$ und mit ihr das Ventil $J$ höher und tiefer stellen läßt, so daß durch gelinde Drehung der Regelschraube $B$ der Druckunterschied beliebig eingestellt werden kann. Dieser wird an dem Reglermanometer $M_1$ abgelesen, denn dieses steht einerseits durch das Rohr 16 mit dem Hohlraum des Reglers $R$ und anderseits durch den Schlauch 17 mit dem Verteilungsrohr $V_3$ in Verbindung.

An dem einen Schenkel des Reglermanometers $M_1$ ist eine kleine Skala $L_1$ mit Nullstrichen verschiebbar angebracht, so daß die einmal eingestellte Nullstellung des Apparates hier festgehalten werden kann. Das Gas verläßt den Apparat durch den Dreiweghahn $D_2$ und gelangt von hier zu der schon beschriebenen Wasserluftpumpe. In der zweiten Stellung des Dreiweghahnes $D_2$ ist der Apparat gegen die Pumpe zu abgeschlossen, hingegen saugt in diesem Fall die Pumpe durch die kleine Öffnung $o_2$ des Dreiweghahnes $D_2$ Luft ein.

Der Registrator (Fig. 48) wird an die beiden Rohranschlüsse $P_1$ und $P_2$ angelegt. Er besteht aus einem Metallgefäß $G$, welches das Glasrohr $O$ trägt. Dieses ist anderseits in einem Aufsatz $z$, der eine mit Quecksilber zu füllende Rinne besitzt, dicht eingekittet. In diese Rinne wird die Glasglocke $Q$ eingesetzt, wodurch der luftdichte Abschluß erzielt wird.

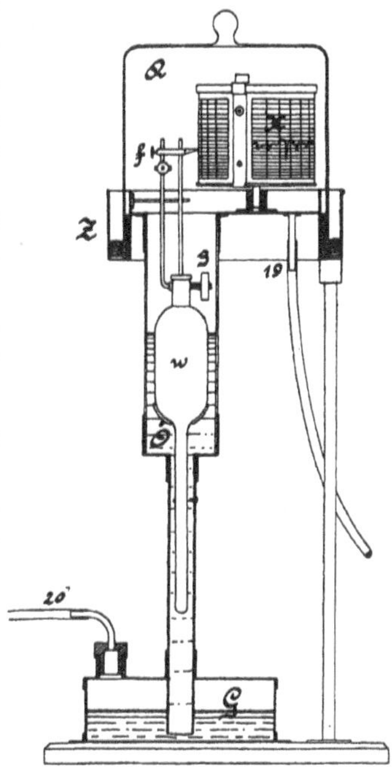

Fig. 48.

Die vom Autolysator herkommenden Schläuche oder Bleirohre werden bei dem Schlauchansatz 19 mit dem Oberteil des Registrators und beim Schlauchansatz 20 mit dessen Unterteil dicht verbunden. Sobald der Autolysator in Tätigkeit gesetzt ist, wird das Wasser im Rohr $O$ steigen und hier einen Glasschwimmer $w$ heben, der an seinem oberen Ende die Schreibfeder $f$ trägt. Ein verstellbares Gewicht $g$ drückt die Feder an den Papierstreifen, welcher um die Trommel $x$, die durch ein Uhrwerk gedreht wird, gelegt ist. Die Feder steigt um so höher empor, je größer der Gehalt des zu untersuchenden Gases an Kohlensäure ist.

Zum Unterschied von anderen Apparaten zeichnet dieser Apparat eine laufende Kurve als Diagramm (Fig. 49).

Der Ökonograph.[1]) (Fig. 50.) Die Wirkungsweise ergibt sich aus folgendem:

Verbindet man durch eine Rohrleitung den Stutzen 3 des Doppelhahnes 4—5—6 am Apparat mit einer beliebigen Rauchgasentnahmestelle in den Kesselzügen und den Stutzen 7 durch eine ebensolche Leitung mit dem Fuchs oder dem Kamin, so erhält man infolge des natürlichen Druckgefälles zwischen diesen beiden Stellen in der Rohrleitung gewissermaßen einen Nebenstrom zu den Kesselzügen, der die Rauchgase in analoger Zu-

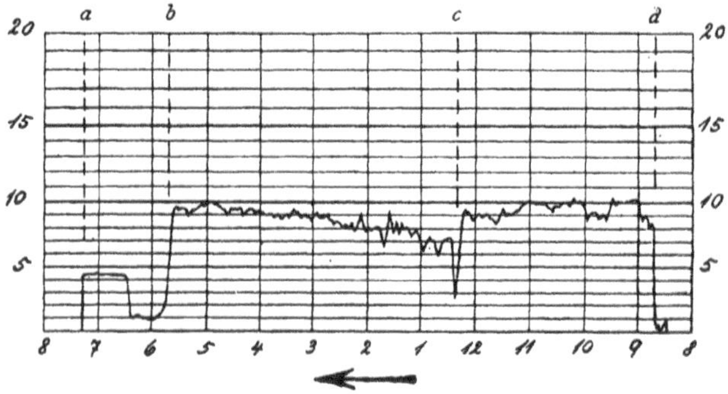


Fig. 49.

sammensetzung noch in den Zügen selbst ununterbrochen auf dem Wege 3—4—6—7 durch den Apparat führt. Aus diesem kontinuierlichen Rauchgasstrom wird durch das Entnahmerohr 49 in regelmäßigen Zwischenräumen eine Probe in das Pumpgefäß 68—67 durch das Fallen der Sperrflüssigkeit in demselben gesaugt. Steigt der Flüssigkeitsspiegel nach Erreichung eines tiefsten Punktes dann wieder an, so wird diese Gasprobe aus 68—67 durch das Rohr 50 in das Gefäß 94 durch die Absorptionsflüssigkeit gedrückt, wobei das Gas in kleine Bläschen aufgelöst und die enthaltene Kohlensäure absorbiert wird. Die unabsorbierbaren Gasteile sammeln sich in dem freien Raum über der Absorptionsflüssigkeit und treten durch die Rohr-

[1]) Allgemeine feuerungstechnische Gesellschaft Berlin.

verbindung 57 unter die Tauchglocke 26, die sich in dem Gefäß 56, durch eine Sperrflüssigkeit abgedichtet, bewegt. Je nach der Größe der restlichen Gasmenge wird sich die Tauchglocke 26 mehr oder weniger heben und vermittelst des über die Rolle 29 geführten Fadens 28 die Schreibfeder 37 in Bewegung setzen, die auf dem Diagrammstreifen eine Linie zieht. Es ist ohne

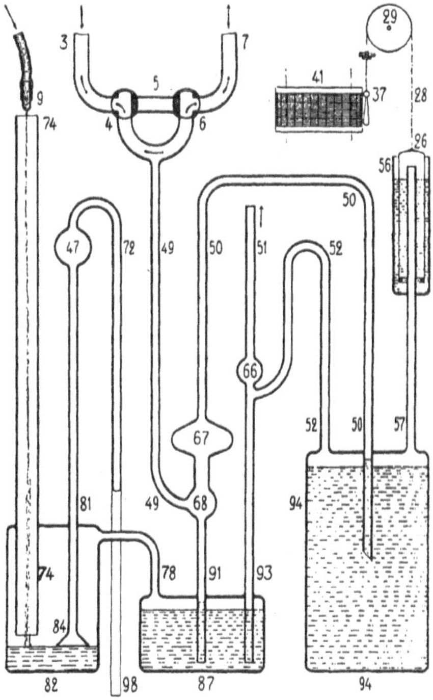


Fig. 50.

weiteres verständlich, daß die Länge dieser Linie von der Menge des absorbierten Gasbestandteiles abhängt. Es erfolgt also in einfachster Weise und für jeden Beobachter leicht verständlich die Aufzeichnung des Analysenresultats durch die im Diagramm erkennbare Länge eines vom Registrierwerk gezogenen Striches. Der als Band ohne Ende ausgebildete Diagrammstreifen wird durch das Uhrwerk 41 bewegt. Nachdem der

Flüssigkeitsspiegel in 67 seinen höchsten Stand erreicht hat, wird er wieder sinken und durch 49 eine neue Gasprobe ansaugen, während 50 durch die Absorptionsflüssigkeit selbst verschlossen bleibt. Der nach Beendigung der Analyse unter der Tauchglocke verbleibende Gasrest entweicht durch die Rohrleitung 52, das Gefäß 66 und Rohr 51 in die Atmosphäre, sobald der Flüssigkeitsspiegel in dem Gefäß 66 sich genügend gesenkt hat, um diesen Weg frei zu geben. Die Sperrflüssigkeit in 66 steigt und fällt analog derjenigen in 68 bis 67, so daß mit Beginn der Analyse die Verbindung des Raumes unter den Tauchglocken und des Absorptionsgefäßes 94 mit der Atmosphäre unterbrochen und nach Beendigung derselben wieder hergestellt wird.

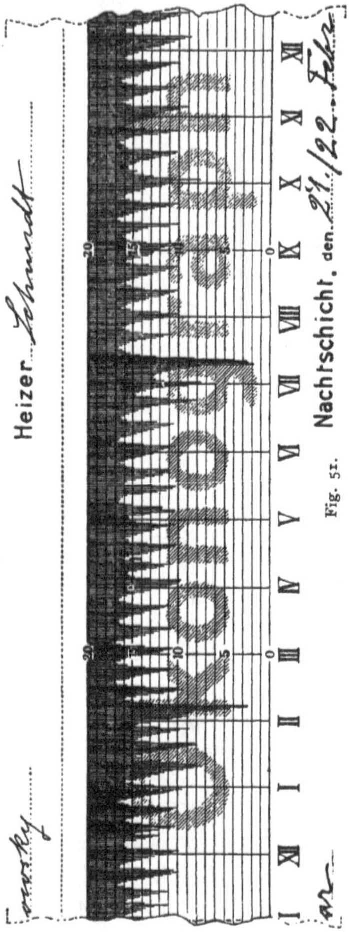


Fig. 51.

Das Steigen und Fallen des Flüssigkeitsspiegels in den Gefäßen 67—68 und 66 wird hervorgerufen durch einen ständigen Wasserzufluß aus der Düse 9 in das Rohr 74 nach dem Gefäß 82 und mittels der in Zwischenräumen eintretenden Tätigkeit des Hebers 84—81—47—72 bis 98. Das Gefäß 82 steht in seinem oberen Teil durch das Rohr 78 in Verbindung mit dem Sperrflüssigkeitsbehälter 87, in den die Rohre 91 und 93 bis zum Boden hineinragen. Diese letzteren führen zu den Gefäßen 68—67 und 66. Steigt nun durch den kontinuierlichen Wasserzufluß der Flüssigkeitsspiegel in 82, so wird diese Bewegung durch den Luftdruck und das Rohr 78 übertragen auf den Flüssigkeitsspiegel in 87, der infolgedessen fällt, wobei die Flüssigkeit durch die Rohre 91 und 93 nach den Gefäßen 68—67 und 66 verdrängt wird. Hat der Flüssigkeitsspiegel in 82 und somit der Überdruck daselbst eine gewisse Höhe erreicht, so hat sich der Heber 81—47 ebenfalls angefüllt, bis er beim Überfließen über den Scheitelpunkt zu arbeiten beginnt. Da der Heber infolge größeren Querschnitts mehr Flüssigkeit fortschafft, als durch die Düse 9 zufließt, so wird der Wasserspiegel in 82 wieder fallen und der Überdruck aufhören, wodurch die Flüssigkeit in 87 steigt und in den kommunizierenden Gefäßen demgemäß sinkt.

Fig. 51 zeigt das Diagramm des Ökonographen; der Kohlensäuregehalt wird von unten her abgelesen.

Das Coometer[1]) bedient sich eines einfachen mechanischen Hilfsmittels, nämlich einer Kolbenpumpe, die das Gas ansaugt und durch die Absorptionsflüssigkeit drückt. Die Pumpe wird durch Transmission getrieben. Der beliebig hohe Druck, mit dem man arbeiten kann, gestattet, das Gas durch feine Öffnungen gegen den Druck der Flüssigkeitssäule zu treiben und ermöglicht so eine sehr rasche Absorption. Die Menge der Absorptionsflüssigkeit ist in dem unteren großen Behälter untergebracht und bedarf infolge ihres großen Volumens nur selten einer Erneuerung. Der Apparat ist ganz aus Metall gefertigt. Fig. 52 zeigt die Ansicht, Fig. 53, die Konstruktion des Apparates im Schnitt. Die Welle *k* treibt verschiedene Kolben und zwangläufige Ventile, die ihrerseits ihren Antrieb von einer besonderen kleinen Antriebsmotor erhalten. *D* und *L* sind Kolben und Zylinder einer Saugpumpe. Sobald *D* sich aufwärts bewegt, wird das Ventil *G* geöffnet und die Rauchgase durch *Z*, nachdem sie ein Filter durchströmt haben, eingesaugt. Wenn sich die Bewegungsrichtung von *D* umkehrt, wird *G* geschlossen, *H* geöffnet und die in *L* angesaugte Gasmenge, die bei jedem Hub gleich ist, durch *M* und *B* gedrückt. *B* ist eine sieb-

[1]) Mich. Pal & Co., London SW.

förmige Platte, so daß das Gas gezwungen ist, in kleinen Blasen durch die Absorptionsflüssigkeit *C* zu streichen, wodurch die Absorption eine sehr rasche und vollständige wird. Die nicht absorbierten Gasteile sammeln sich in *C*, ein entsprechendes Volumen der Flüssigkeit steigt in *F* und bewegt den Kolben *E* aufwärts.

In diesem Augenblick wird durch IV die Arretiervorrichtung *S* ausgelöst, die Zahnradstange *R* sinkt auf *T* hinunter,

Fig. 52.

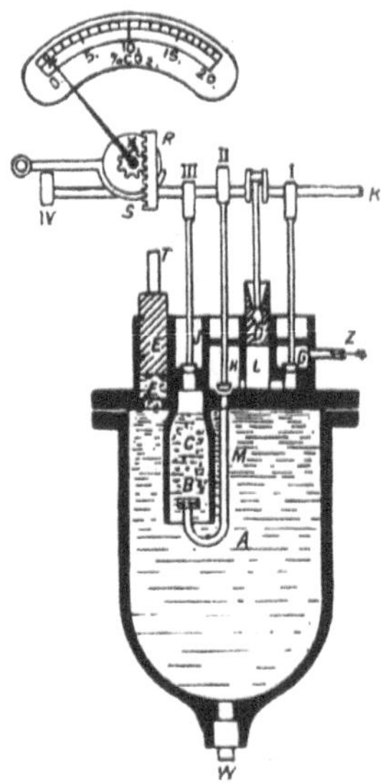


Fig. 53.

bewegt durch das Zahnrad *X* den Zeiger und zeigt somit den dem Gehalt an Kohlensäure entsprechenden Stand von *T* an. Bei fortschreitender Bewegung wird durch IV *S* und einen in der Abbildung nicht sichtbaren Mitnehmerstift *R* wieder gehoben und der Zeiger hierdurch auf Null zurückgebracht. Gleichzeitig wird das Ventil *J* geöffnet, *E* sinkt durch Eigengewicht, und die Gase in *C* entweichen. Damit ist eine Umdrehung vollendet. Bemerkenswert ist die große Menge der Absorptionsflüssigkeit in *A*, welche bewirkt, daß der Apparat nur in sehr langen Zwischenräumen neu gefüllt zu werden braucht.

Der Apparat ist mit einer in Abbildung 52 über dem Zifferblatt sichtbaren Registriervorrichtung versehen.

## 2. Die Rauchgasprüfwagen.

Als Nachteil der Gaswagen kann der Umstand gelten, daß ihre Angaben bei stark schwefelhaltigen Kohlen, da schweflige Säure ein höheres spez. Gewicht hat als Kohlensäure, nicht zuverlässig sind.

Der Zusammenhang zwischen spez. Gewicht der Gase und Kohlensäuregehalt läßt sich mit Sicherheit nur bei vollkommener Verbrennung ermitteln; bei gleichzeitigem Auftreten von Kohlenoxyd und Kohlenwasserstoffen ist das unmöglich. Liegen aber solche Verhältnisse nicht vor, so können mit Rauchgaswagen auch brauchbare Resultate erzielt werden.

Sie beruhen entweder auf dem Prinzip der gewöhnlichen Gewichtswage oder dem der hydrostatischen Wage.

Zu ersterer Gruppe gehört die Gaswage von Arndt, zu letzterer der Rauchgasprüfer von Schultze-Krell.

Die Arndtsche Gaswage[1]) (Fig. 54). Der Wagebalken *a* trägt an seinem einen Arme den ausbalancierten, unten offenen Gasbehälter $e_1$, in welchen die Heizgase treten. Zur Ausbalancierung dieses Behälters dient der am anderen Arme hängende, mit zwei Öffnungen versehene Behälter $e_2$, der durch kleine Gewichte *d* leicht so stark belastet werden kann, daß der Zeiger der Wage genau auf dem Nullstrich der unteren Skala *c* steht, wenn Luft durch den Apparat gesaugt wird. Die ganze Wage ist in einem mit einer oder mehreren Glasscheiben versehenen Kasten *n* untergebracht, dessen dicht verschließbare Öffnung *v* zum Einbringen der vorerwähnten Gewichte *d* dient. Die Öffnung $i_1$ des Apparates wird durch eine Rohrleitung, in welche ein Filtergefäß zum Abfangen der mitgeführten Rußteile, sowie ein Gefäß mit Chlorkalzium zum Trocknen der Gase eingeschaltet

[1]) Firma Joh. Schuhmacher, Köln.

ist, mit der Gasentnahmestelle (siehe weiter unten) in Verbindung gesetzt, während die Öffnung $i_2$ an eine Saugvorrichtung, gewöhnlich an den Schornstein, angeschlossen wird.

Die Wage gibt wohl dauernd Aufschluß über die Höhe des Kohlensäuregehaltes, aber sie registriert denselben nicht.

Beim Ingangsetzen des Apparates wird zunächst ein Teil der im Kasten befindlichen Luft abgesaugt und diese Luft entsprechend der Zugstärke des Schornsteines verdünnt. Dann

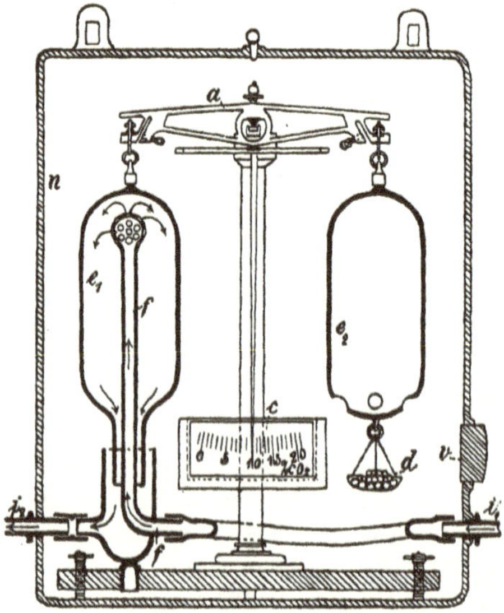


Fig. 54.

aber treten die Heizgase bei $i_1$ in den Apparat ein und durch $f$ unter den Behälter $e_1$. Nachdem sie diesen angefüllt, werden sie bei $i_1$ wieder aus dem Apparate gesaugt. Die zu wägenden Gase hängen also unmittelbar an der Wage, und jeder Gewichtsunterschied, wie er namentlich durch schwächeren oder stärkeren Kohlensäuregehalt hervorgerufen wird, zeigt sich an der unteren Skala, die empirisch durch Benutzung des Apparates für Gase von bekannter Mischung und bekanntem Volumgewicht festgestellt wird, unmittelbar an.

Die vorstehend beschriebene Gaswage hat den Vorteil, daß ihre Wirkungsweise vollständig unabhängig vom Drucke und der Temperatur bleibt. Das erstere ist der Fall, weil der Behälter $e_1$ unten offen und deshalb der Druck innerhalb und außerhalb desselben stets derselbe ist, das letztere, weil die den Apparat langsam durchströmenden Gase die darin vorwaltende Temperatur in den engen Gasleitungen sofort annehmen. Die Angaben der Gaswage sind, wie gleichzeitige andere Untersuchungen der Feuergase ergeben haben, genügend genau, wenn sie stets richtig eingestellt und sorgfältig überwacht wird.

Die Skalenteilung der Gaswage ist so ausgeführt, daß jeder Teilstrich = einem Volumprozent Kohlensäure ist.

Der Rauchgasprüfer von Schultze-Krell[1]) wird ohne und mit Registrierung und für Fernanzeige gebaut.

Der Apparat ohne Registrierung (Fig. 55). Seine Wirkungsweise beruht auf der Feststellung des Gewichtsunterschiedes einer Gas- und einer Luftsäule mit Hilfe einer hydrostatischen Wage. Die atmosphärische Luft hat ein konstantes spez. Gewicht, während das der Rauchgase von der Menge der in ihnen enthaltenen Kohlensäure, einem wesentlich schwereren Gas als Stickstoff und Sauerstoff, abhängig ist. Da das Gewichts- und Volumenverhältnis der Kohlensäure zu dem Gesamtvolumen stets in einem ganz bestimmten Verhältnis steht, so wird die

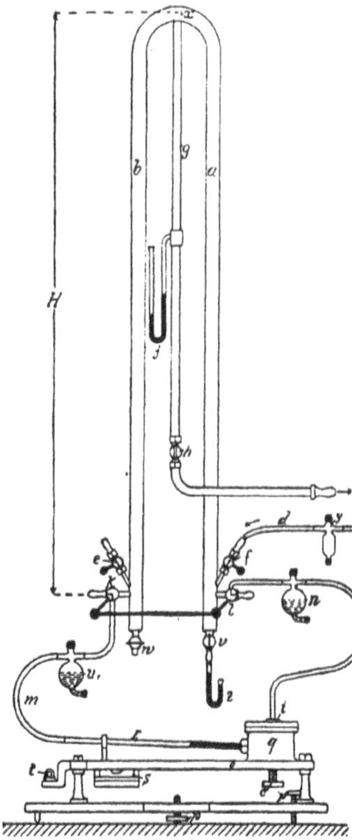

Fig. 55.

[1]) G. A. Schultze Fabrik feuerungstechn. Apparate, Charlottenburg.

Skala des Apparates so eingestellt, daß Volumprozente abgelesen werden.

Eine ununterbrochene Anzeige wird ermöglicht durch ununterbrochenes Ansaugen der Gase.

Der in Fig. 55 schematisch dargestellte Apparat zeigt zwei Hauptteile: das Rohrsystem und das Manometer. Ersteres besteht aus zwei in einem Blechmantel liegenden Standröhren *a* und *b* von etwa 30 mm lichtem Durchmesser und 1,75 m Höhe. Diese vereinigen sich am oberen Ende bei *x*, woselbst ein halbzölliges Gasrohr *g* ansetzt, das zunächst nach unten und dann zum Saugeapparat, einem kleinen Luftejektor, führt. Das Rohr *g* trägt ein Reguliermanometer *j* zur Einregulierung des Saugapparates und den Absperrhahn *h*, zum Absperren der Saugeleitung.

Die Standröhren *a* und *b* sind an ihrem unteren Ende mit den Hähnen *e*, *k*, *w* und *f*, *l*, *v* versehen. Die Hähne *e*, *w* und *f*, *v* sind nach hinten gerichtet, während die Dreiweghähne *l* und *k* seitwärts in *a* und *b* einmünden und zwecks gleichzeitigen Umstellens durch eine Hahnstange gekuppelt sind.

Wird der mit dem Rohr *g* verbundene Saugeapparat in Tätigkeit gesetzt, so treten durch die Gaszuleitung *d* und den Hahn *f* die Rauchgase in das Standrohr *a* ein, während durch Hahn *e* in das Standrohr *b* Luft einzieht. Beide Gasarten gehen nach oben und ziehen bei *x* durch *g* ab.

Auf diese Weise entstehen zwei Gassäulen von gleichem Durchmesser und gleicher Höhe, deren Gewichtsunterschied, welcher von der Höhe des Kohlensäuregehaltes abhängt, durch das empfindliche Manometer angezeigt und festgestellt wird. Zu diesem Zwecke sind die beiden Standröhren *a* und *b* bei *l* und *k* durch dickwandige Schlauchleitungen *m* und *n* mit dem Manometer verbunden. Dieses besteht aus einer gußeisernen Platte mit der angegossenen Dose *q*, in deren Wandung, festgelagert und in einen bestimmten Neigungswinkel gebracht, das starkwandige Glasmeßrohr *r* liegt. Durch zwei Wasserwagen *s* und *t* ist genaues Einstellen leicht ausführbar.

In die Dose *q* wird bei *i* nach Herausnahme des Konusverschlusses die Meßflüssigkeit, intensiv gefärbter Alkohol, eingegossen, und zwar bis etwa zur Mitte des Meßrohres. Alsdann rückt man den Nullpunkt der schmalen Schieberskala auf denjenigen Teilstrich der oberen festen Teilung, bei welchem an der unteren die Flüssigkeit steht. Werden nun durch Rechtsstellen der Hahnstange die beiden Gassäulen mit den beiden Schenkeln des Manometers (Dose und Glasrohr) in Verbindung gebracht, so bildet das Ansteigen der Flüssigkeit im Meßrohre unmittelbar einen Maßstab für die Beurteilung der Menge Kohlensäure, die an der Schieberskala des Instrumentes abgelesen werden kann.

Da die Gase ununterbrochen durch den Apparat gesogen werden, so macht sich die fortlaufende Veränderung des Kohlen-

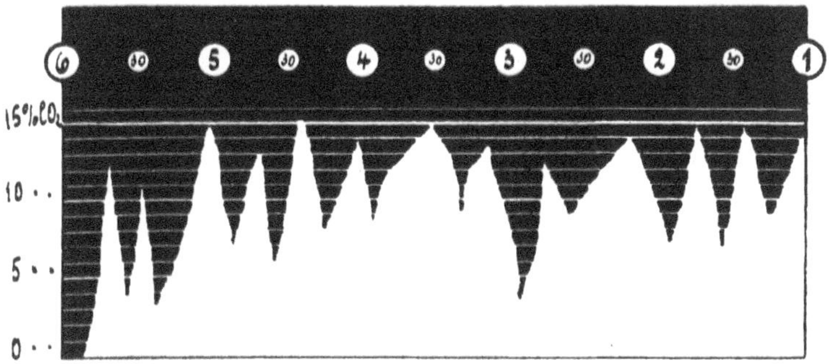


Fig. 56.

säuregehaltes an dem sich ebenso ändernden Stand der Flüssigkeit bemerkbar; der jeweilig vorhandene $CO_2$-Gehalt kann also in jedem Augenblick abgelesen werden.

Der Wasserverschluß *z* dient zur dauernden Ableitung von Kondenswasser, das sich aus den Gasen abscheidet. Die Verbindungsleitungen *m* und *n* haben in *u* und $u_1$ eingeschaltete kleine Gefäße, welche reinen Alkohol enthalten; durch sein Verdunsten wird das Verdunsten der Meßflüssigkeit verhindert.

Der registrierende Apparat nach Krell-Schultze. Der eben beschriebene Apparat gestattet wohl die ununterbrochene Ablesung des Kohlensäuregehaltes, bietet aber für eine spätere Beurteilung des Verbrennungsvorganges während einer bestimmten Zeit keinen Anhaltspunkt. Um dies zu erreichen, ist es notwendig, den Apparat mit Registrierung zu versehen. Dies geschieht in der Weise, daß der jeweilige Stand der Meßflüssigkeit im Mikromanometer durch eine Lichtquelle ununterbrochen aufgezeichnet wird, wodurch Diagramme entstehen (nach Fig. 56). Die weiße Zone stellt den Kohlensäuregehalt der Gase dar, der an den horizontalen Prozentlinien klar erkennbar wird.

Bei dieser Anordnung wird der gesamte Apparat auf eine Fundamentplatte gestellt. Die Konstruktion der Standröhren und des Mikromanometers unterscheidet sich von der vorher beschriebenen Anordnung nicht wesentlich. Das Glasmeßrohr hat hier eine aus aufgeätzten schwarzen Strichen hergestellte Teilung, deren Nullpunkt rechts liegt und nach links bis 17 % Kohlensäure geht; jeder Strich bedeutet 1 %.

Die Dose wird bei herunter geschraubter Stellschraube *c* (Fig. 55) bis zum Nullpunkt der Meßrohrteilung mit Alkohol gefüllt, welcher intensiv schwarz gefärbt ist und daher für weißes Licht undurchlässig ist.

Das Licht einer über der Meßröhre befindlichen Glühlampe, deren Wärme durch einen mit Schlitz versehenen Asbestschirm von der Meßröhre ferngehalten wird, fällt in einen kleinen schräg gestellten Spiegel. Dieser wirft es horizontal durch das Meßrohr und die Blende in die Registrierkamera. Letztere ist ein durch eine seitlich im Scharnier bewegliche Klappe lichtdicht verschließbares Eisengehäuse, in welchem eine Messingtrommel durch ein darin befindliches Uhrwerk in 24 Stunden einmal herumgedreht wird. Mit der Trommel dreht sich ein darüber geschobener Messingzylinder, welcher das lichtempfindliche Papier und einen Zeitring trägt. Beachtenswert ist hierbei, wie scharf die Änderungen im Feuerraum im Diagramm zur Geltung kommen; insbesondere läßt sich fast jedes Öffnen der Feuertür aus dem Diagramm durch starkes Sinken des Kohlensäuregehaltes an den schwarzen nach unten gerichteten Zungen erkennen.

Apparat mit Fernablesung und Registrierung nach Krell-Schultze. Durch diesen Apparat wird das Bild der Kohlensäureskala sehr stark vergrößert auf einen Mattglasschirm geworfen und so auf weite Entfernungen hin sichtbar gemacht, so daß die Angaben aus der Ferne unmittelbar abgelesen werden können. Die innere Einrichtung des Apparates ist, wie Fig. 57 zeigt, folgende: Das Licht einer Lampe 36,

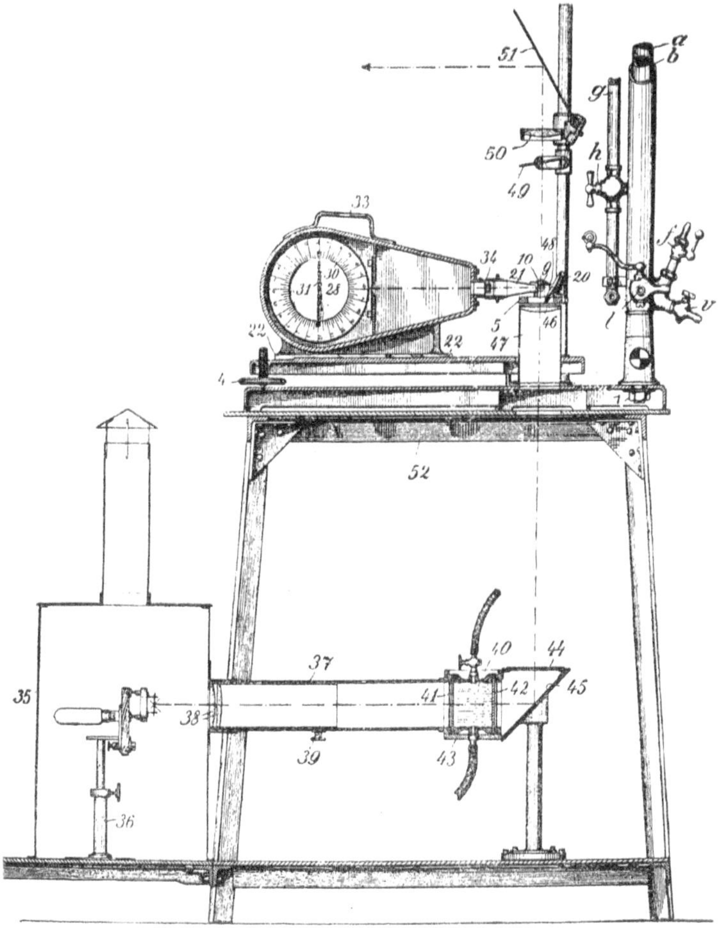

Fig. 57.

die in einem Gehäuse 35 untergebracht ist, gelangt durch ein Linsenpaar 38 und ein mit Wasser gefülltes Gefäß 41, 42 auf einen Winkelspiegel 45. Letzterer wirft das empfangene Licht in senkrechter Richtung nach oben durch eine weitere Linse 50 auf einen schräg gestellten Spiegel 51, in welchem das Bild der Meßröhre mit dem Stand der Sperrflüssigkeit und der Skala für die Kohlensäureprozente erscheint. Dieses Bild kann entweder unmittelbar auf einer an der Wand der für den Apparat dienenden Zelle angebrachten Mattglasscheibe erscheinen oder auf einen Mattglasschirm geworfen werden. Die Art des entstehenden Bildes ist in stark verkleinertem Maße durch Fig. 58 angegeben. Die Meßflüssigkeit erscheint hierbei rot, die Skala weiß. Die Länge der auf dem Glasschirm auftretenden Skala beträgt durchschnittlich 400 mm, kann aber noch stärker vergrößert werden.

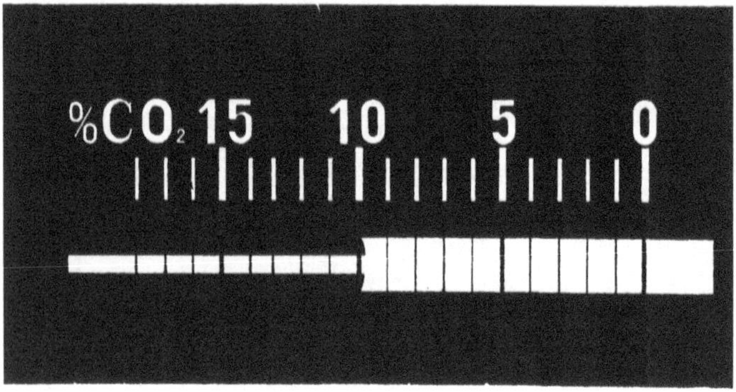


Fig. 58.

Die übrige Einrichtung zur Registrierung des Kohlensäuregehaltes ist genau die gleiche wie beim Apparat ohne Fernablesung.

Der zweite Apparat mit Registrierung ohne Fernablesung soll zur Kontrolle der Heizer bzw. Feuerungen dienen.

Zu diesem Zweck ist eine gemeinschaftliche Leitung an den Feuerungen entlang zu führen, von welcher Abzweigeleitungen nach den Gasentnahmestellen (Kesselende etc.) gehen. Diese Leitungen können durch Hähne beliebig von der Hauptleitung abgesperrt werden, so daß jede einzelne Gasentnahmestelle auf dem Apparat in Verbindung gebracht werden kann. Damit die Heizer an den Hahnstellungen nicht erkennen, welcher Kessel bzw. welche Feuerung zurzeit kontrolliert wird, werden die erwähnten Absperrhähne zweckmäßig mit kleinen, verschließbaren Blechschutzkästen versehen. Das Umstellen bzw. Einschalten der Leitungen hat natürlich ohne Vorwissen der Heizer zu geschehen.

### δ) Die Temperaturkontrolle der abziehenden Rauchgase.

#### Periodische Temperaturkontrolle.

Handelt es sich um eine periodische Kontrolle der Feuerung, so benutzt man für Temperaturmessungen der Rauchgase Quecksilberthermometer, sog. Pyrometer (Fig. 59).

Gewöhnliche Quecksilberthermometer können hierzu nicht benutzt werden, da bekanntlich das Quecksilber bei 360° C siedet. Damit dies verhindert wird, ist die Kapillare mit Stickstoff oder Kohlensäure von ca. 10—15 Atm. Spannung gefüllt. Hierdurch ist es möglich geworden, mittels Quecksilberthermometern Temperaturen bis 550° C mit Sicherheit zu messen. Bei dem hohen Druck rückt der Siedepunkt des Quecksilbers derart hoch hinauf, daß bei den angegebenen Temperaturen jede Dampfbildung aus der Quecksilberfüllung ausgeschlossen ist.

Für solche Pyrometer wird von dem Glastechnischen Laboratorium Schott & Gen. in Jena ein eigens zusammengesetztes Borosilikatglas gewähl, welches erst bei einer Temperatur von 667° C eine derartige Plastizität einnimmt, daß unter einem innern Druck von 10 bis 15 Atm. ein Aufblähen des Quecksilbergefäßes eintritt.

Die Kapillare ist in eine Stahleintauchröhre mit Asbest eingebettet. Bei Bestellung eines Rauchgasthermometers ist die Eintauchlänge anzugeben, welche man am besten an Hand der Kesselzeichnung im Revisionsbuch ermittelt. Je nach der Lage der Rauchkanäle muß ein gerades oder ein Winkeleintauchrohr gewählt werden.

Bei allen Temperaturmessungen in Rauchkanälen ist zu beachten, daß die Thermometerröhre sich im Gasstrom befindet und etwa $^1/_2$ bis $^2/_3$ in den Kanal einreicht. Bei ungenügendem Eintauchen mißt man zu niedrige Temperaturen, desgleichen bei zu tiefem Eintauchen. Im letzten Fall sitzt die Thermometerkugel in Flugasche.

Die thermoelektrische Temperaturmessung beruht darauf, daß beim Erhitzen der Lötstelle zweier zusammengelöteter Drähte aus verschiedenem Material elektrische Ströme entstehen, deren Intensität von der Art der verwendeten Metalle und der Temperaturerhöhung abhängt. Für Temperaturen von 300 bis 700⁰ C werden Thermoelemente aus Eisen-Konstantan und Kupfer-Konstantan verwendet, für höhere Temperaturen bis 1750⁰ C solche aus Platin-Platin-Rhodiumdrähten bzw. Platin-Platin-Iridiumdrähten.

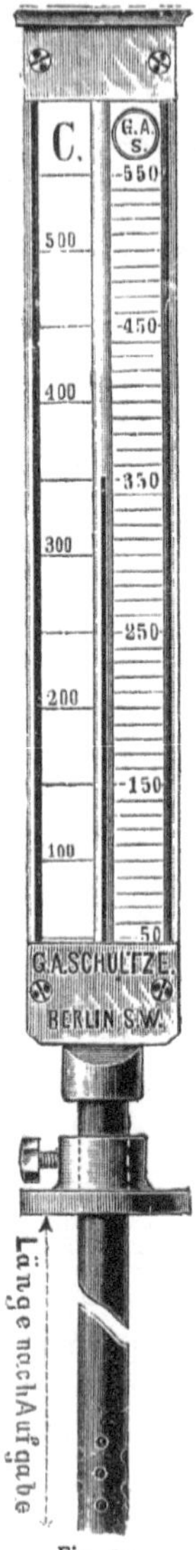


Fig. 59.

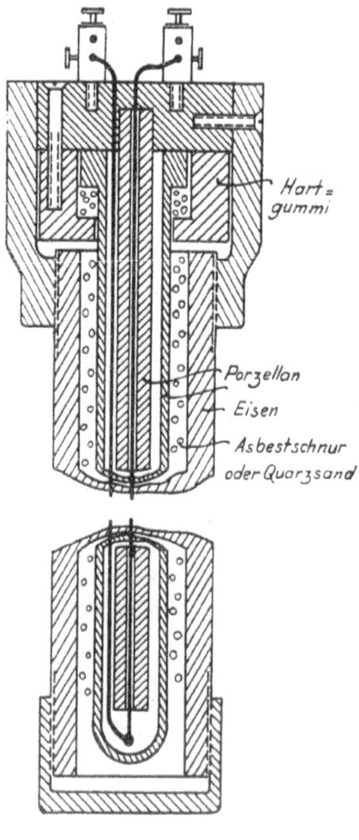


Fig. 60.

Werden nun die freien Drahtenden mit einem Galvanoskop verbunden, so werden die Zeigerausschläge stets bestimmten Temperaturerhöhungen der Lötstelle entsprechen.

Leider ist es nicht angängig, das Thermoelement direkt der zu messenden Temperatur auszusetzen. Es muß mit einer

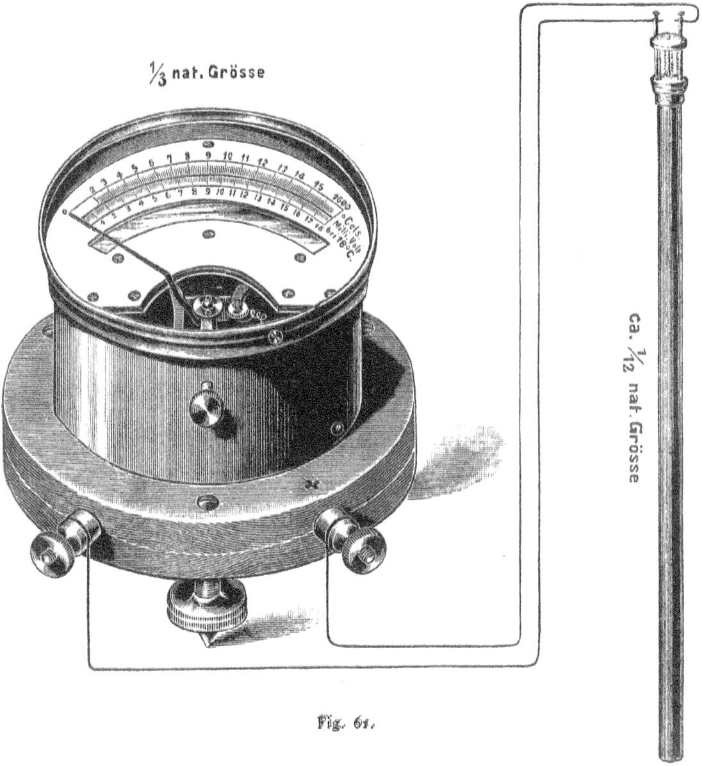


Fig. 61.

Porzellanhülle versehen sein (Fig. 60), weil Kohlenoxyd, welches ja meist den zu untersuchenden Gasen zeitweise beigemischt ist, die Platin-Rhodiumlegierung und damit die elektromotorische Kraft verändert. Das Pyrometer ist also ein stabförmiger Körper mit zwei Polklemmen, in ihm laufen die beiden Drähte entlang, von denen der eine behufs Isolation in ein enges Porzellanrohr eingehüllt ist. Beide sind dann in einem zweiten weiteren Porzellanrohr untergebracht. Den Anschluß des Thermoelementes an das Galvanometer zeigt Fig. 61. Die Verbindungsdrähte dürfen nicht mehr als 1 $\Omega$ Widerstand haben. Das Galvanometer hat zwei Skalen; die eine gibt Temperaturen in Celsiusgraden, die andere die elektromotorischen Kräfte in Milli-Volt. Mit Hilfe der zweiten Skala kann das Galvanometer durch Anschluß an ein Normalinstrument zeitweise geprüft werden.

### Laufende (kontinuierliche) Temperaturkontrolle.

Als Registrierthermometer zur Registrierung der Abgastemperatur finden häufig Quecksilberfederthermometer[1]) (Fig. 62) mit rotierender Papiertrommel Verwendung. Die Diagrammstreifen sind täglich auszuwechseln. Das Füllen der Schreibfeder hat etwa alle 3 Tage zu geschehen. Als Schreibtinte benutzt man am besten eine Lösung von Anilinfarbstoff (rot oder blau), denen man etwas Glyzerin zusetzt, damit die Tinte nicht zu rasch eintrocknet. Bei Bestellung eines registrierenden Pyrometers muß die Eintauchlänge und die Entfernung des Aufstellungsortes des Registrierapparates von der Einmündung in den Kessel genau angegeben werden.

Zeitweise sind diese Pyrometer mit Präzisionsinstrumenten zu vergleichen und bei geringen Fehlanzeigen neu einzuregulieren.

Das registrierende Quecksilberthermometer von G. A. Schultze (Fig. 63) stellt ein gewöhnliches Thermometer mit Kohlensäurefüllung dar, das bis zu einer Temperatur von 550° C benutzt werden kann. Die Rückwand des Thermometers hat einen feinen Schlitz. Hinter dem Instrument befindet sich eine Registrierkammer, in welcher auf einer Trommel lichtempfindliches Papier aufgespannt ist, und das sich, der Zeit entsprechend, fortbewegt. Die Aufzeichnung des Standes des Quecksilberfadens in der Kapillare erfolgt nun dadurch, daß das lichtempfindliche Papier über dem Quecksilber belichtet wird, jedoch bis zur Höhe des Quecksilberfadens, infolge dessen Undurchsichtigkeit, unbelichtet bleibt. Der Stand des Quecksilberfadens zeichnet sich somit ununterbrochen selbsttätig auf photographischem Wege auf. Es entstehen Diagramme

---

[1]) Verfertiger J. C. Eckardt, Stuttgart-Cannstatt.

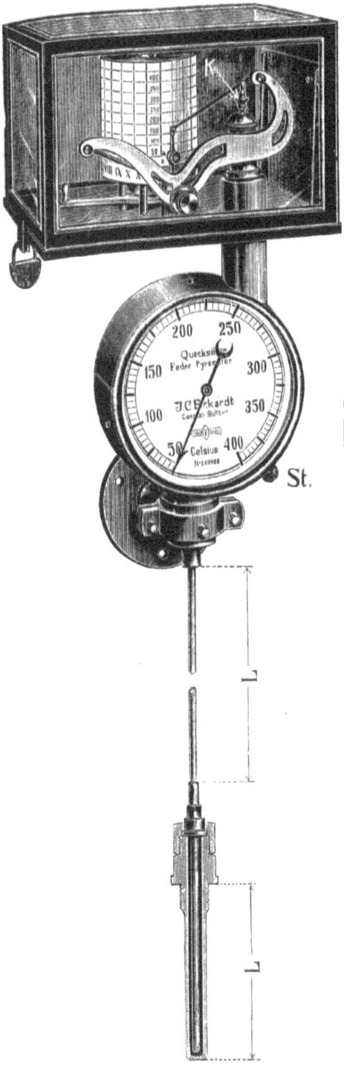
K
200
250
150
300
100
350
50
400
Celsius
St.

Fig. 62.

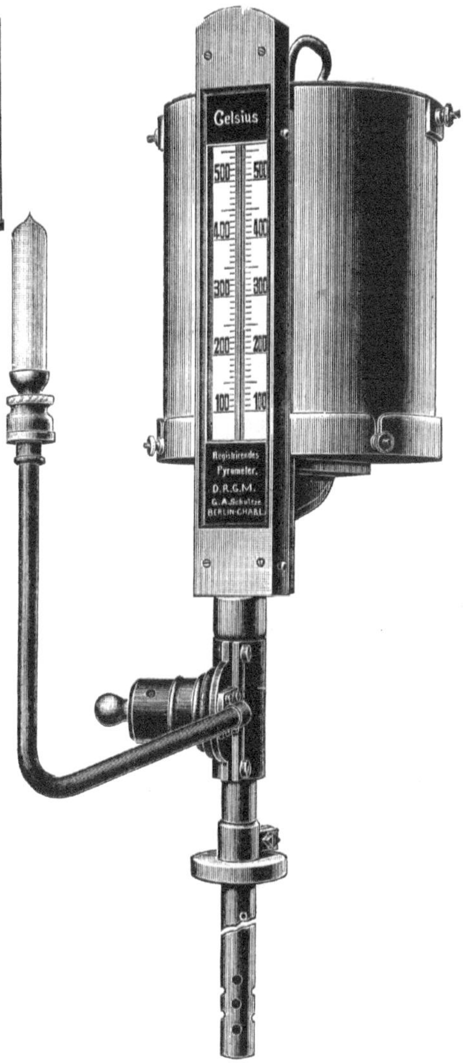
Celsius
500
400
300
200
100
Registrierendes Pyrometer.
D.R.G.M.
BERLIN-CHARL.

Fig. 63.

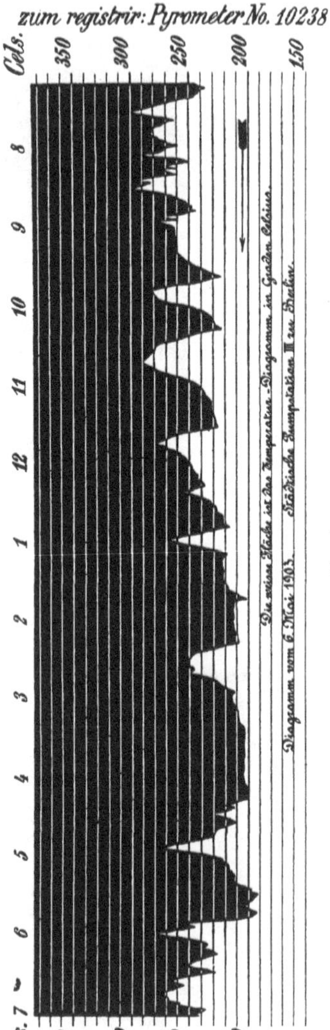


Fig. 64.

(Fig. 64), bei denen die eigentliche Diagrammfläche, welche die Höhe der Temperatur angibt, weiß, die übrige Fläche dagegen schwarz ist. Die Scheidelinie zwischen der schwarzen und weißen Fläche läßt die jeweilige Temperaturänderung erkennen.

Das thermoelektrische Registrier-Pyrometer von Siemens und Halske besteht aus einem Thermoelement und einem mit diesem in Verbindung gebrachten Registriergalvanometer. Ein Uhrwerk bewegt in geeigneter Richtung einen Papierstreifen und ein Blaufarbband und veranlaßt zu gleicher Zeit, daß ein die ganze Breite des Papierstreifens überspannender Bügel in bestimmten Zeitintervallen den Zeiger des Millivoltmeters auf den Papierstreifen niederdrückt. Das Farbband befindet sich unter dem transparenten Papierstreifen, auf dem der niedergedrückte Zeiger einen blauen Punkt aufzeichnet, dessen Ort in dem Koordinatensystem auf dem Papier die Temperatur in jenem bestimmten Zeitpunkte angibt.

Das Instrument registriert im allgemeinen einmal in der Minute, was für die Anforderungen in praktischen Betrieben völlig genügt.

Die Geschwindigkeit des Papiers beträgt 20 mm pro 1 Stunde.

Der zu einer Rolle aufgewickelte Papierstreifen hat eine Länge von nahezu 45 m. Er reicht somit 3 Monate aus. Das Uhrwerk ist nur alle 8 Tage aufzuziehen; gleichzeitig ist jedesmal das Farbband zurückzutransportieren. Dadurch erfordert der Registrierapparat nur äußerst wenig Wartung.

Die Arretierungsvorrichtung des Instrumentes ist derart angeordnet, daß dieselbe ein Herausziehen der die wesentlichsten Teile der Registriervorrichtung enthaltenden Kassette, z. B. zum Zwecke den Papierstreifen auszuwechseln, bei nicht arretiertem Zeiger verhindert, so daß eine Beschädigung desselben durch die Bedienung ausgeschlossen erscheint.

### b) Die Wärmeverluste durch unvollkommene Verbrennung $A_2$.

Nach vorne (S. 106) ist das Volumen der trockenen Gase pro 1 kg Brennstoff bei unvollkommener Verbrennung

$$V_1 = \frac{c}{0{,}536 \cdot (k + k_1)}.$$

Enthalten die Heizgase $k_1\,\%$ Kohlenoxyd, so ist das Volumen des aus 1 kg Brennstoff entstandenen Kohlenoxydgases $K_0$

$$K_0 = \frac{k_1}{100} \cdot V_1 = \frac{k_1}{100} \cdot \frac{c}{0{,}536\,(k + k_1)}.$$

Da nun das spezifische Gewicht von Kohlenoxyd 1,26 kg ist (pro 1 cbm) und 1 kg Kohlenoxyd einen Heizwert von 2440 Kal. besitzt, so ist der Verlust an Wärme durch CO-Bildung pro 1 kg Brennstoff

$$A_2 = 1{,}26 \cdot 2440 \cdot K_0$$

$$A_2 = 57{,}5 \cdot \frac{k_1}{k_1 + k} \cdot C.$$

Beispiel: Der Kohlenstoffgehalt C der verfeuerten Kohle war 80,0 %.

Die Rauchgase enthielten $k = 9{,}6\,\%$ Kohlensäure und
$k_1 = 0{,}4\,\%$ Kohlenoxyd.

Der Heizwert der Kohle war 7510 Kal.

Dann ist der Wärmeverlust $A_2$ durch unvollkommene Verbrennung

$$A_2 = 57{,}5 \cdot \frac{0{,}4}{0{,}4 + 9{,}6} \cdot 80 = 330 \text{ Kal.},$$

das sind vom Heizwert:

$$\frac{330 \cdot 100}{7510} = 4{,}4\,\%.$$

Es ergibt sich hieraus, daß der Verlust durch unvollkommene Verbrennung schon bei sehr niedrigem Kohlenoxydgehalt der Gase immerhin recht beträchtlich ist. Hoher Kohlensäuregehalt der Rauchgase bürgt nicht immer dafür, daß kein Kohlenoxyd gleichzeitig vorhanden; im Gegenteil, steigt der Kohlensäuregehalt in den Rauchgasen über 12 bis 14 %, so ist meist zu beobachten, daß gleichzeitig infolge zu geringer Luftzufuhr eine Kohlenoxydbildung in starkem Maße stattfindet.

Beispiel: Die gleiche Kohle wie oben zeigte bei Verbrennung mit vermindertem Luftüberschuß eine Rauchgaszusammensetzung von

$k = 14{,}2\,\%$ Kohlensäure und $k_1 = 3{,}2\,\%$ Kohlenoxyd.

Der Verlust $A_2 = 57{,}5 \cdot \frac{3{,}2}{3{,}2 + 14{,}2} \cdot 80 = 846$ Kal.

d. s. vom Heizwert $\frac{846 \cdot 100}{7510} = \mathbf{11{,}25}\,\%$.

Wenn der hohe Kohlensäuregehalt der Rauchgase einerseits den Glauben erweckt, daß sehr rationell gearbeitet wird, so kann durch gleichzeitige Bildung von Kohlenoxyd der erblickte Vorteil vollständig illusorisch werden. Eine Bestimmung des Kohlensäuregehaltes genügt somit nicht allein und deshalb ist in den Rauchgasen eventuell vorhandenes Kohlenoxyd ebenso nachzuweisen. Die Feststellung von Kohlenoxyd geschieht meist durch periodische Prüfung der Rauchgase mittels des Orsatapparates. Bei gleichmäßiger Arbeit und Verarbeitung einheitlicher Kohlen mag eine periodische Untersuchung auf Kohlenoxyd auch ausreichen. Genügende Luftzufuhr verhindert auf alle Fälle Kohlenoxydbildung.

### c) Der Wärmeverlust durch die Herdrückstände $A_3$.

Er wird durch zwei Umstände bedingt und zwar entstehen Wärmeverluste:

a) durch das in den Rückständen noch vorhandene Verbrennliche,

b) durch die in den Rückständen aufgespeicherte Wärme, welche beim Entfernen derselben verloren geht.

Beide Teilverluste a) u. b) sind wieder, jeder für sich, von der Qualität des gebildeten Herdrückstandes abhängig. So wird ein schlackenreicher Herdrückstand weniger Verbrennliches enthalten als ein schlackenarmer; bei letzteren fällt viel feingriesiger Brennstoff durch die Rostschalen in den Aschenfall; umgekehrt wird eine schlackenreiche Kohle beim Ausziehen der heißen Schlacke höhere Wärmeverluste bedingen als bei starker Aschenbildung, da letztere viel niedrigere Temperatur hat als die Schlacke des Rostes.

Das Schema der Verluste wäre demnach:

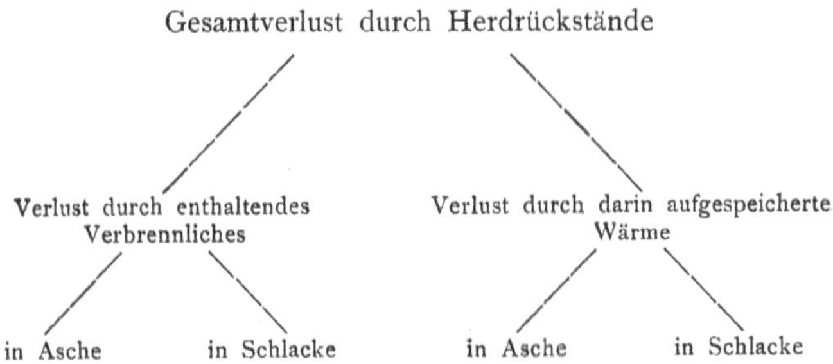


Das in der *Asche enthaltene Verbrennliche* rührt entweder von *unrichtiger Bedienung* des Feuers her, indem übermäßiges Durchstoßen mit Schürhaken und unrichtiges Beschicken den Verlust begünstigen, oder von *falscher Rostkonstruktion*, wenn der Rost dem Brennstoff nicht angepaßt ist (falsche Rostwahl), wenn Rostteile fehlen, der Rost schlecht eingemauert ist oder gar seitlich Steine ausgebrochen sind.

Das in der *Schlacke enthaltene Verbrennliche* ist lediglich unvollkommen verbrannte Kohle, welche beim Abschlacken mit entfernt wird. Vor dem Abschlacken soll deshalb das Feuer gut durch- und abgebrannt sein, dann findet man in den Schlacken später keine Koksstückchen mehr vor.

Der Wärmeverlust durch Ausziehen der Asche wird kaum zu umgehen sein. Er rührt her von den stets heiß herabfallenden Aschenteilen und auch von der Strahlung des Rostes, eventuell dem heißen Mauerwerk oder dem Flammrohr.

Der Wärmeverlust durch Ausziehen der Schlacke hängt von der im Feuerraum herrschenden Temperatur ab, er ist um so niedriger, je weniger glühende Teile die Schlacke noch enthält.

Zur zahlenmäßigen Bestimmung dieser Verluste muß ein Verbrennungsversuch eine bestimmte Zeit gemacht werden. Man kann ihn mit einem Verdampfungsversuch verknüpfen. Die Dauer muß ca. 8 Stunden betragen. Es muß die gesamte verfeuerte Kohlenmenge festgestellt werden, ferner die aus derselben resultierenden Rückstände. Man bestimmt getrennt das Gewicht der Asche und der Schlacke, sowie deren Temperaturen beim Entfernen.

Beim Wägen ist zu beachten, daß die Rückstände nicht mit Wasser bespritzt werden dürfen. Die Temperatur der Asche ist im Aschenfall durch Einstecken eines gewöhnlichen Quecksilberpyrometers zu ermitteln; die Schlackentemperatur wird thermoelektrisch bestimmt.

### a) Verlust durch vorhandenes Verbrennliches.

In der Betriebsasche: Die gewogene Asche wird auf trockener Unterlage ausgebreitet, gründlich gemischt und nach Art der Kohleprobenahme eine Durchschnittsprobe von zirka 10 kg entnommen. Die Asche bringt man in die Kugelmühle und mahlt sie zu feinem Mehl. Vom erhaltenen Mehl wird ermittelt: 1. der Aschengehalt; 2. der kalorimetrische Heizwert.

Bei lange an der Luft gelegenen Aschen muß der Wassergehalt bestimmt werden. Direkt aus den Feuerungen entnommene Aschen besitzen keinen oder unwesentlichen Wassergehalt, so daß man eine direkte Trockensubstanz der Betriebsasche vor sich hat.

Der Aschengehalt der Betriebsasche wird durch Veraschung in Platinkästchen ermittelt, der Heizwert durch Verbrennung im Kalorimeter.

In der Betriebsschlacke wird nach stattgehabter Probenahme und Mahlung gleichfalls Aschengehalt und Heizwert bestimmt.

Beispiel: Eine Betriebsasche ergab 64,9% wirkl. Asche, dann ist das Verbrennliche $100-64{,}9 = 35{,}1\%$; die zugehörige Betriebsschlacke ergab 85,9% wirkl. Asche, dann ist das Verbrennliche $100-85{,}9 = 14{,}1\%$.

Der kalorimetrische Heizwert der Betriebsasche ergab sich zu 2720 Kal., der kalorimetrische Heizwert der Betriebsschlacke konnte nicht ermittelt werden, da, sobald das Verbrennliche unter ein bestimmtes Maß tritt, eine Entzündung des Briketts nicht mehr eintritt. Bei der Verbrennung von Betriebsaschen und -schlacken bilden sich im Innern der Bombe unwägbare Mengen von Verbrennungswasser, so daß man das Verbrennliche als reinen Kohlenstoff ansehen kann. Der Heizwert der Betriebsschlacke kann dann berechnet werden; denn

100% Kohlenstoff geben 8100 Kal.,

14,1% ergeben

$$\frac{8100 \cdot 14{,}1}{100} = \mathbf{1140} \text{ Kal.}$$

In der Praxis wurde beim Versuch erhalten: 3,6% Betriebsasche und 4,16% Betriebsschlacke.

Das Verbrennliche aus der Betriebsasche ist dann

$\frac{35{,}1 \cdot 3{,}6}{100} = 1{,}26\%$ von dem Gew. der verfeuerten Kohle,

das Verbrennliche aus der Betriebsschlacke

$\frac{14{,}1 \cdot 4{,}16}{100} = 0{,}586\%$ von dem Gew. der verfeuerten Kohle

zusammen 1,846% » » » » »

Der Wärmeverlust durch 3,6% Betriebsasche mit 2720 Kal. ist

$$\frac{2720 \cdot 3{,}6}{100} = 98 \text{ Kal.}$$

derjenige durch 4,16% Betriebsschlacke mit 1140 Kal. ist

$$\frac{1140 \cdot 4{,}16}{100} = 47{,}4 \text{ Kal.}$$

Der gesamte Wärmeverlust durch Verbrennliches in Betriebsasche und Betriebsschlacke ist dann pro 1 kg Kohle $98 + 47{,}4 = 145{,}4$ Kal.

Ist der Heizwert der Kohle 6140 Kal., so sind dies

$$\frac{145{,}4 \cdot 100}{6140} = 2{,}37\,\%$$ Wärmeverlust vom Heizwert.

Bedeutet allgemein:

$v_a$ = % Verbrennliches in Betriebsasche,
$v_s$ = % » » Betriebsschlacke,
$a$ = erhaltene % Betriebsasche aus einer bestimmten Kohle,
$s$ = » » Betriebsschlacke » » » »
$H_a$ = Heizwert der Betriebsasche,
$H_s$ = » » Betriebsschlacke,
$H$ = » » verfeuerten Kohle,
$A_{vb}$ = Wärmeverlust durch das in Herdrückständen enthaltene Verbrennliche,

so ist:

$$A_{vb} = \frac{H_a \cdot a + H_s \cdot s}{H} \text{ in \% des Heizwertes}$$

oder

$$= \left(\frac{H_a \cdot a + H_s \cdot s}{100}\right) \text{ in Kal.}$$

Sind die Heizwerte der Betriebsasche und Betriebsschlacke nicht bestimmt worden, so können diese auch angenähert berechnet werden aus

$$H_a = 81 \cdot v_a$$
$$H_s = 81 \cdot v_s,$$

so daß

$$A_{vb} = \frac{81 \cdot (v_a \cdot a + v_s \cdot s)}{H} \text{ in \% des Heizwertes}$$

oder

$$= 0{,}81\,(v_a \cdot a + v_s \cdot s) \text{ in Kal.}$$

**b) Wärmeverlust durch die in den Rückständen aufgespeicherte Wärme, welche beim Entfernen derselben verloren geht.**

Durch die Betriebsasche entsteht ein Verlust, der sich aus der Temperaturdifferenz der verfeuerten Kohle und der Betriebsaschentemperatur beim Entfernen berechnet unter Berücksichtigung der spezifischen Wärme der Asche, welche = 0,2 Kal. (auch für Schlacke gültig) ist.

Beispiel: Die Kohle wurde verfeuert mit 12° C, die Asche hatte im Mittel eine Temperatur von 232° C; 1 kg Asche enthält somit $0{,}2 \cdot (232 - 12) = 44$ Kal. aufgespeichert. Ergab sich 3,6 % Betriebsasche, so ist der Wärmeverlust pro 1 kg = Kohle $\frac{44 \cdot 3{,}6}{100} = 1{,}58$ Kal., also sehr gering.

Die Schlackentemperatur wurde zu 1020° C ermittelt; der pro 1 kg Schlacke entstehende Wärmeverlust ist dann:

$$0{,}2 \cdot (1020 - 12) = 201{,}6 \text{ Kal.}$$

Ergab die Kohle 4,16 % Betriebsschlacke, so ist der Wärmeverlust pro 1 kg Kohle

$$\frac{201{,}6 \cdot 4{,}16}{100} = 8{,}36 \text{ Kal.}$$

Der gesamte Wärmeverlust pro 1 kg Kohle ist dann an aufgespeicherter Wärme

$$1{,}58 + 8{,}36 = 9{,}94 \text{ Kal.}$$

Das sind bei 6140 Kal. Heizwert

$$\frac{9{,}94 \cdot 100}{6140} = 0{,}162\,\% \text{ Wärmeverlust.}$$

Bei hohem Schlackengehalt kann dieser Verlust bis auf 1,0 % wohl ansteigen.

Bedeutet allgemein:

$t_k$ = Kohlentemperatur, $t_a$ = Aschentemperatur, $t_s$ = Schlackentemperatur,

$a$ = erhaltene % Betriebsasche aus einer bestimmten Kohle

$s$ = » » Betriebsschlacke » » »

$H$ = Heizwert der Kohle,

$A_{vs}$ = Wärmeverlust in % des Heizwertes pro 1 kg Kohle durch die in der Asche und Schlacke aufgespeicherten Wärme,

so ist

$$A_{vs} = \frac{0{,}2}{H}\left[\cdot a \cdot (t_a - t_k) + s \cdot (t_s - t_k)\right] \text{ in \% des Heizwertes}$$

oder $$0{,}002 \cdot [a \cdot (t_a - t_k) + s\,(t_s - t_k)] \text{ in Kal.}$$

Der gesamte Wärmeverlust $A_3$ durch die Herdrückstände ist dann $$\boldsymbol{A_3 = A_{vb} + A_{vs}}.$$

### d) Der Wärmeverlust durch Leitung, Strahlung.

Er kann direkt und indirekt ermittelt werden. Letztere Art ist die gebräuchlichste. Man verfährt dabei so, daß man von dem bekannten Heizwert $H$ die pro 1 kg Kohle nutzbar gemachte Wärme $W$, welche sich aus der erzeugten Dampfmenge berechnet, subtrahiert, ferner die berechneten Wärmeverluste in Kal., die durch die Abgase ($A_1$), durch unvollkommene Verbrennung ($A_2$) und durch die Herdrückstände ($A_3$) entstehen, so daß der Strahlungsverlust $A_4$ beträgt:

$$A_4 = H - (W + A_1 + A_2 + A_3) \text{ Kal.}$$

Beispiel: Der Heizwert der Kohle war 7020 Kal.;
die nutzbar gemachte Wärmemenge pro 1 kg Kohle 4320 Kal.,
der Verlust durch die Abgase . . . . . . . . . 1380 »
» » » unvollkommene Verbrennung . 230 »
» » » die Herdrückstände . . . . . 440 »

Dann ist der Strahlungsverlust

$$A_4 = 7020 - (4320 + 1380 + 230 + 440) = 650 \text{ Kal.},$$

d. h. vom Heizwert $\frac{650 \cdot 100}{7020} = 9{,}25\,\%$.

Die direkte Ermittelung des Strahlungsverlustes einer Kesselanlage geschieht folgendermaßen:

Hat der Kessel seine Maximalspannung, so reißt man das gesamte Feuer heraus, so daß eine Wärmezufuhr nicht mehr stattfinden kann und schließt die Dampfableitung. Ein Speisen darf nicht mehr stattfinden.

Nun überläßt man den Kessel bei geschlossenen Feuerzügen sich selbst genau 8 Stunden. Nach dieser Zeit notiert man wieder den Kesseldruck.

Bekannt muß der Wasser- und Dampfinhalt des Kessels sein, der sich aus den Dimensionen und dem Wasserstand berechnen läßt oder durch Eichung zu finden ist.

Beispiel:

Der Wasserinhalt sei beim Versuch zu 54,0 cbm ermittelt, der Dampfinhalt 26 cbm. Die Anfangsspannung ist 10 atm. Ü.
Die Endspannung nach 8 Stunden ist 4,2 atm. Ü.

Aus den Tabellen von Flieger & Zeuner ergibt sich:

| | eine Flüssigkeitswärme | Dampfwärme |
|---|---|---|
| bei 10 atm. Ü. | zu 188,61 | 662,23 Kal. |
| » 4,2 atm. Ü. | » 153,99 | 653,00 » |

Demnach wurde nach 8 Stunden ausgestrahlt:

$$54000\,(188{,}61 - 153{,}99) + 26000\,(662{,}33 - 653{,}0)$$
$$= 2\,115\,000 \text{ Kal.}$$

Der Heizwert der angewandten Kohle ist 7 280 Kal., so daß die gesamte Ausstrahlungswärme

$$= \frac{2\,115\,000}{7\,280} = 290 \text{ kg Kohlenverlust entspricht in 8 Stunden.}$$

Normal werden in 8 Stunden 3050 kg Kohle verfeuert, so daß auf diese 3050 kg Kohle für Strahlung 290 kg verloren gehen, das sind

$$\frac{290 \cdot 100}{3050} = \mathbf{9{,}5}\,\%$$

oder in Kalorien:

$$\frac{7280 \cdot 9{,}5}{100} = \mathbf{691} \text{ Kal.}$$

Bisweilen ermittelt man auch aus der durch nochmaliges Anheizen des Kessels notwendigen Kohlenmenge den Strahlungsverlust. Man verfährt so:

Nach 8stündiger Außerbetriebnahme des Kessels nach oben, wird er auf die ursprüngliche Anfangsspannung gebracht. Ist diese erreicht, so reißt man das Feuer vom Rost und löscht es mit Wasser. Von diesem Rostbelag ist eine Heizwertbestimmung unter Berücksichtigung des Wassergehaltes zu machen. Die dem Kessel zugeführte Wärme erhält man dann folgendermaßen:

Verfeuert wurden 332 kg Kohle mit 7280 Kal. Heizwert. Das herausgerissene Feuer wog 36,5 kg und hatte laut Analyse einen Heizwert von 5320 Kal.

Die 36,5 kg angebrannter Kohle entsprechen somit

$\frac{36{,}5 \cdot 5320}{7280} = 26{,}6$ kg vollwertige Kohle so daß eben nur

$332 - 26{,}6 = 305{,}4$ kg Kohle verbraucht wurden.

Normal werden in 8 Stunden 3050 kg Kohle verbraucht, auf die Strahlung trifft somit:

$$\frac{305{,}4 \cdot 100}{3050} = \mathbf{10{,}01}\,\%.$$

Diese Berechnung ergibt etwas höheren Verlust, da hier noch der bei der Verbrennung der 305,4 kg Kohle durch die Abgase entstehende Verlust mit eingerechnet wird.

## 3. Steigerung der Ökonomie einer Feuerungsanlage.

Der Betriebsdampf soll so billig als nur möglich erzeugt werden. Die Gesichtspunkte, welche man dabei im Auge behalten soll, sind folgende:

1. Festlegung des ortsbilligsten Brennmaterials.
2. Rationelle Luftzufuhr zum Brennstoff, durch Messung der Unterdrücke in den Rauchkanälen.
3. Ausnutzung der Abgangswärme der Rauchgase
   a) durch Dampfüberhitzer
   b) » Speisewasserwärmung (Economiser).
4. Einführung kontinuierlicher Rostbeschickung unter Berücksichtigung der Rauchverbrennung.
5. Reinigung des Kesselspeisewassers von Kesselsteinbildnern.

### 1. Festlegung des ortsbilligsten Brennmaterials.

Führt man mit zwei verschiedenen Kohlen an einer Kesselanlage unter ganz gleichen Verhältnissen, d. h. bei gleicher Kesselbeanspruchung je einen Verdampfungsversuch aus, so wird sich, wenn beide Kohlen in Qualität verschieden sind, in der Höhe der Verdampfungsziffer unter Normalverhältnissen ein Unterschied zeigen. Aus dieser Differenz und dem Brennstoffpreis läßt sich berechnen, welche von den beiden Kohlen die ortsbilligste ist.

Gegeben ist meist der Preis der Kohle ab Zeche;
bekannt sind ferner die Kosten für Fracht
» » » die Kosten der Anfuhr.

Man wird einen regelrechten Verdampfungsversuch (s. o.) ausführen, um die durch den zur Wahl stehenden Brennstoff zu erzielende Verdampfungsziffer unter Normalverhältnissen ausfindig zu machen.

Beispiel: Vier Kohlen stehen in engerer Wahl und zwar:

| | Ruhrkohle | | Saarkohle | |
|---|---|---|---|---|
| | Nuß III M. | Stückkohle M. | Nuß III M. | Stückkohle M. |
| Preis pro Waggon ab Zeche | 178,0 | 168,0 | 170,0 | 162,0 |
| Fracht pro 1 Waggon | 52,0 | 52,0 | 32,5 | 32,5 |
| Kosten der Anfuhr und Abladegebühr | 18,0 | 18,0 | 18,0 | 18,0 |
| Preis an Kesselhaus pro Waggon | 248,0 | 238,0 | 220,5 | 212,5 |
| Festgestellte Verdampfungsziffer unter Normalverhältnissen | 9,4 | 8,1 | 7,8 | 7,1 |

Für Ruhr-Nuß III ist der Kohlenpreis pro 1 kg (inkl. Fracht und Anfuhr) 2,48 Pf.

1 kg Kohle gibt 9,4 kg Dampf unter Normalverhältnissen.

9,4 kg Dampf kosten somit 2,48 Pf.

1000 kg Dampf unter Normalverhältnissen kosten demnach

$$\text{bei Ruhr-Nuß III:}\ \frac{2{,}48 \cdot 1000}{9{,}4} = 264\ \text{Pf.};$$

ebenso berechnen sich die Dampfpreise für

$$\text{Ruhr-Stückkohle:}\ \frac{2{,}38 \cdot 1000}{8{,}1} = 294\ \text{Pf.},$$

$$\text{Saar-Nuß III:}\ \frac{2{,}205 \cdot 1000}{7{,}8} = 283\ \text{Pf.},$$

$$\text{Saar-Stückkohle:}\ \frac{2{,}125 \cdot 1000}{7{,}1} = 299{,}5\ \text{Pf.}$$

Trotzdem im Preis die Ruhr-Nuß III am teuersten erscheint, ist der Dampfpreis, d. i. die Kosten von 1000 kg Dampf unter Normalverhältnissen der niedrigste, und zwar werden gespart, bei Wahl von Nuß III Ruhr gegen:

Ruhr-Stückkohlen auf 294 Pf. — 30 Pf. = 10,2 %,
Saar-Nuß III » 283 » — 19 » = 6,72 »,
Saar-Stückkohle » 299,5 » — 35,5 » = 11,87 ».

Diese Zahlen sagen deutlich, daß durch unrichtige Auswahl der Kohlen dem Betrieb ein großer pekuniärer Nachteil entstehen kann.

Zu der Ausführung der Versuche zwecks Festlegung des ortsbilligsten Brennstoffes ist noch zu bemerken:

Bisweilen werden vom Händler Kohlen angeboten, welche durch sehr niedrigen Preis auffallen. Meist findet man dann bei Verdampfungsversuchen, daß sich der Dampf nicht auf der gewünschten Höhe halten läßt. Solche Kohlen sind natürlich für regelmäßigen Betrieb unbrauchbar. Man weise sie aber nicht ohne weiteres von der Hand, sondern versuche es durch Beimischung solcher Kohle zu einer andern hierzu geeignet erscheinenden.

Der Vorteil der Kohlenmischung liegt darin begründet, daß sich die Nachteile beider Kohlensorten zum größten Teil kompensieren. Man wird somit nie zwei Magerkohlen oder zwei Fettkohlen miteinander mischen, sondern wird eine den Rost stark angreifende, viel zähe Schlacken bildende Kohle einer Magerkohle beimischen. In Mischung verlieren sich nicht selten bei ersteren Kohlen die unangenehmen Eigenschaften, durch vollkommenes Durchbrennen des Feuers und die Möglichkeit leichterer Bedienung erhöht sich dann möglicherweise die Verdampfungsziffer oder bleibt konstant gegenüber der teureren Kohle, so daß sich durch die Beimischung einer billigeren Sorte der Dampfpreis erniedrigt.

Bei den Versuchen mit verschiedenen Kohlensorten hat man noch auf die Menge und Art der Herdrückstände zu achten. Ergibt sich, daß für zwei Kohlen der Dampfpreis gleich ist, so wird man jener Kohle den Vorzug geben, welche die geringste Menge der Rückstände und wenigste Schlackenbildung zeigt. Je schwerer sich die Schlacken vom Rost ablösen, desto ungünstiger ist eine Kohle zu beurteilen, denn desto mehr greift sie den Rost an.

Man bezeichnet jene Betriebsperiode vom Ende des Feuerputzens bis zur Verschlackung des Rostes als Rostbetriebsdauer.

Die Rostbetriebsdauer hängt natürlich von der Kesselbeanspruchung ab. Da aber solche Versuche bei gleichen Kesselbeanspruchungen durchgeführt werden sollen, so sind die Rostbetriebsdauern der verschiedenen Kohlen miteinander zu vergleichen. Je größer die Rostbetriebsdauer einer Kohle, desto günstiger ist sie zu beurteilen. Ergibt sich, daß für zwei Kohlen mit gleichen Dampfpreisen die Rostbetriebsdauer *verschieden* ist, so gebe man derjenigen Kohle mit *längerer Rostbetriebsdauer den Vorzug*.

Die Rostbetriebsdauer soll nicht unter sechs Stunden liegen. Normal liegt sie zwischen 8—12 Stunden, doch erreicht sie auch bisweilen eine Höhe von 18 und 20 Stunden.

## 2. Rationelle Luftzufuhr zum Brennstoff durch Messung der Unterdrücke in den Rauchkanälen.

### a) Allgemeines über die Unterdruckmessung und die dazu notwendigen Instrumente und deren Anwendung.

Die Maßeinheit für den Unterdruck ist 1 mm Wassersäule. Die zur Messung in die Rauchkanäle eingefügten Rohre müssen mit ihrem Ende so in den Gasstrom einmünden, daß die Ebene der Rohröffnung in Richtung des Gasstromes zeigt, mit anderen Worten, daß die Mittelachse des Rohrendes senkrecht auf der Richtung des Gasstromes steht. Nur auf diese Art mißt man den wirklichen statischen Druck in der Feuerung.

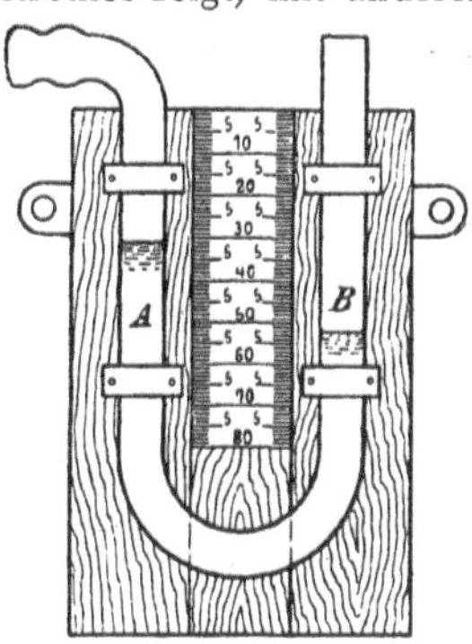

Fig. 65.

Die Leitungen, an welche die Meßinstrumente angeschlossen werden, sollen auf kürzestem Wege gelagert werden und genügende Weite besitzen. Hat ein Kessel mehr als einen Feuerraum, so ist in jeden abgetrennten Feuerraum je eine Meßleitung zulegen.

Die *einfachste Vorrichtung* zur Messung des Unterdruckes ist eine *U förmig gebogene Glasröhre*, die zum Teil mit Wasser gefüllt ist. (Fig. 65.) Diese U-Röhre befestigt man auf einem Brettchen, das in der Mitte einen kleinen Schieber mit aufgezeichneter Millimeterteilung trägt. Der Schenkel *A* des Rohres ist zu einem Stück ausgekröpft, auf das sich ein Gasschlauch aufstecken läßt. Verbindet man diesen Schlauch mit dem in den Kessel eingefügten Rohr, so wird je nach dem Unterdruck an der betreffenden Stelle, der Flüssigkeitsspiegel im Rohr *A* höher steigen wie in *B*. Den Höhenunterschied liest man ab, indem man den Nullpunkt des

Schiebers auf die Höhe des Wasserstandes in $A$ bringt und dann denjenigen in $B$ in Millimetern an der Skala abliest.

Empfindlicher ist der Unterdruckmesser von R a b e (Figur 66). Er ist in $^1/_{10}$ mm Wassersäule geteilt und gestattet, $^1/_{100}$ noch zu schätzen. Zwei Manometerflüssigkeiten von nahezu gleichem spez. Gewicht bilden an ihrer Trennungsstelle im obern Teil des linken Manometerrohres den Nullpunkt.

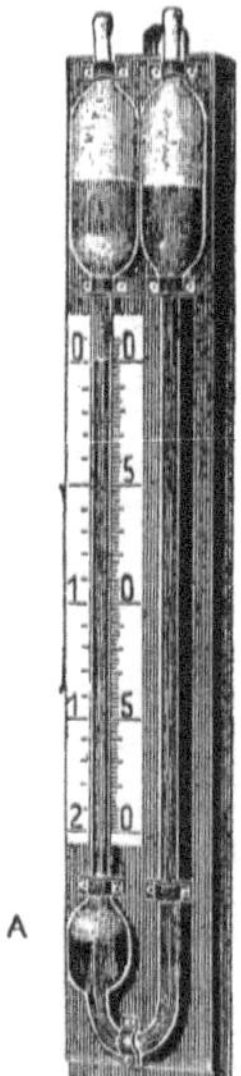


Fig. 66.

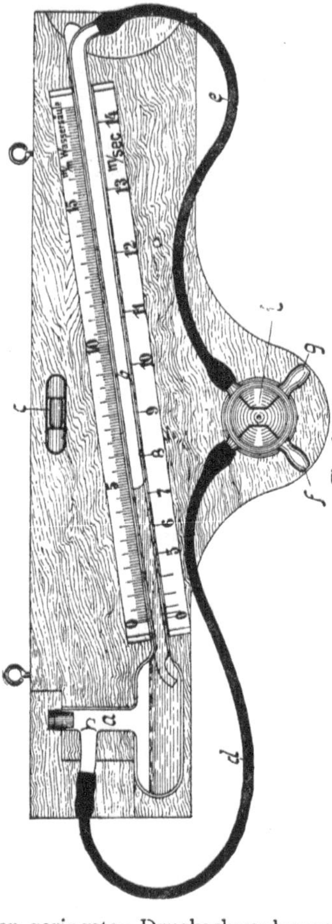

Fig. 67.

Derselbe verschiebt sich bei den geringsten Druckschwankungen auf die erweiterten Querschnitte des oberen Gefäßes. Momentane Drucksteigerungen bringen das Instrument nicht in Unordnung, da im unteren Teil des linken Manometerrohres ein Sicherheitsgefäß $A$ angebracht ist, in das die leichtere Flüssigkeit eintreten kann, ohne in das rechte Rohr zu gelangen.

Der Zugmesser von Krell (Fig. 67) besteht in seiner Hauptsache aus einem im Querschnitt verhältnismäßig großen Glasgefäß und einem in schiefer Richtung in dieses eingesetzten Glasmesserrohres, welches auf einer Skala montiert ist. Eine angebrachte Wasserwage gestattet stets ein absolut horizontales Aufhängen.

Nach Lösen des auf dem Glasgefäß sitzenden Gummistopfens wird rot gefärbter Alkohol eingefüllt, bis die Flüssig-

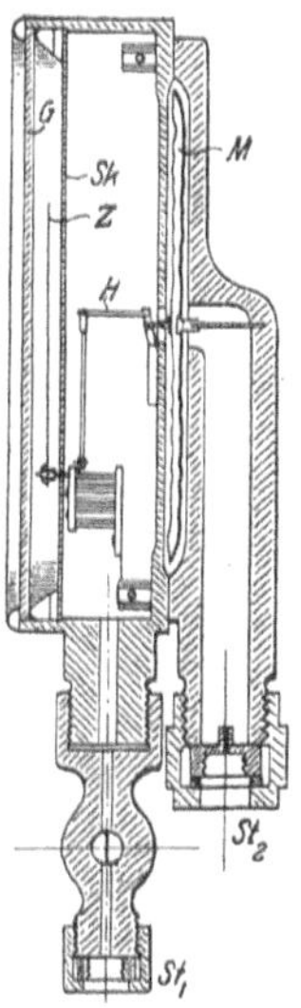


Fig. 68.

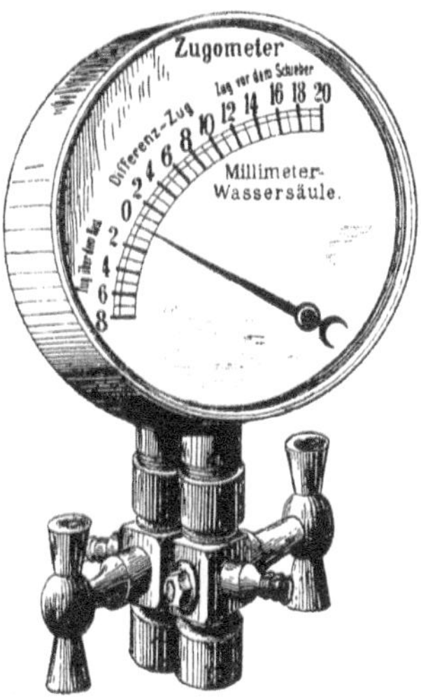


Fig. 69.

keit, bei richtigem Stand der Wasserwage, auf den Nullpunkt der am Meßrohr anliegenden Skala einspielt.

Soll mittels Krells Kesselzugmesser nur der Unterdruck etwa über dem Rost, oder vor dem Essenschieber usw. gemessen werden, so ist nach Herstellung einer Rohr- oder Schlauchverbindung mit dem Ende des Meßrohres der Zugmesser durch Einstellung der Wasserwage in seine richtige Lage zu bringen und es zeigt das Ansteigen der Sperrflüssigkeit (gefärbter Alkohol von 0,8 spez. Gewicht) den herrschenden Unterdruck in Millimetern Wassersäule resp. Bruchteilen von Millimetern an.

Zur Bestimmung des Druckunterschiedes in einer Feuerungsanlage ist das Meßrohr bei *a* resp. *f* (durch *d* mit *a* verbunden) mit dem Rauchkanal, kurz vor dem Schieber, zu verbinden, während der Raum über dem Rost durch eine Schlauch- oder Rohrleitung an der Schlauchtülle *g* mit dem Meßgefäß durch *c* verbunden anzuschließen ist.

Für die Praxis eignen sich die Instrumente zum Ablesen einer Flüssigkeitsniveaudifferenz weniger gut; Zeiger-

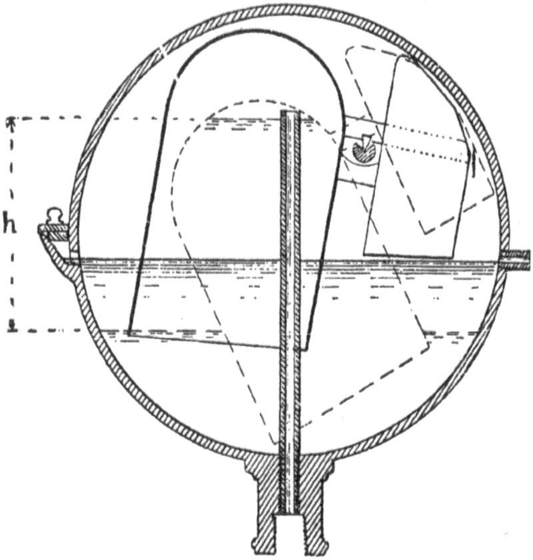


Fig. 70.

instrumente sind für den Heizer viel verständlicher. Die Zeigerunterdruckmesser sind entweder Membraneinstrumente oder Eintauchinstrumente.

Die ersteren zeigt Fig. 68 im Schnitt; Fig. 69 die Ansicht der Skala. Auf eine sehr dünne Metallmembrane von ca. 0,045 mm Stärke aus gewelltem Blech wirkt der Unterdruck; die geringe Bewegung, welche die elastische Membrane ausführt, überträgt sich auf ein Zeigerwerk. Gegen dauernde Beanspruchung ist die Membrane leider nicht unempfindlich, so daß die Instrumente häufig nachgeprüft werden müssen.

Die Manometerfabriken J. C. Eckhardt, Cannstatt und Max Schubert, Chemnitz, bauen diese Apparate.

Das Prinzip des Eintauchunterdruckmessers geht aus Fig. 70 hervor. (Verfertiger: G. A. Schultze, Fabrik feuerungstechnischer Instrumente, Charlottenburg.) In einem Gehäuse befindet sich die auf Stahlschneiden ruhende, mit Gegengewicht ausgeglichene Messingglocke, welche in die Sperrflüssigkeit, Paraffinöl, eintaucht. In den Hohlraum der Glocke mündet von unten her ein Röhrchen, welches in dem Gehäuse eingeschraubt ist und nach außen in den Ansatzstutzen *a* mündet. Sobald nun dieser Stutzen mit dem Feuerzuge verbunden wird, entsteht unter der Glocke derselbe Unterdruck wie an der Meßstelle, wodurch sie sich neigt, und zwar wird die Neigungsbewegung um so größer sein, je größer der unter der Glocke wirksame Unterdruck ist. Diese Bewegung wird durch ein Hebelwerk auf den Zeiger übertragen. Zum Zwecke der Differenzdruckmessung erhält das in den Hohlraum der Glocke ragende Rohr den Anschluß der Leitung nach dem Kesselende, während der Raum über der Glocke mit dem Feuerraum verbunden wird.

Die Angaben des Eintauchinstrumentes sind zuverlässiger als die des Membraneinstrumentes. Man hat nur zu bedenken, daß bei dem Membraneinstrument von der Bewegung der Membrane um nur einige Millimeter der Zeigerausschlag abhängt, so wird man auch einsehen, daß bei solcher großer Übersetzung nach dem Zeiger auch schon die geringste Veränderung an der Membrane die Angabe wesentlich fehlerhaft beeinflußt. Die Wege *h* (Fig. 70), welche die Glocke beim Eintauchinstrument zurücklegt, sind viel größer, so daß dadurch auch die Genauigkeit sehr erhöht wird und $^1/_{10}$ mm noch deutlich erkennbar abgelesen werden kann.

Sowohl das Membraneinstrument als auch das Eintauchinstrument werden als Druckdifferenzmesser in den Handel gebracht. Da es nun (s. später) ebenso wichtig ist, gleichzeitig den Unterdruck und den Differenzdruck in einer Feuerungsanlage zu kennen, ist zur exakten Kontrolle die Kombination eines Differenzdruckmessers mit einem Unterdruckmesser am empfehlenswertesten.

Die Firma G. A. Schultze, Charlottenburg, liefert ein sehr empfehlenswertes kombiniertes Instrument unter dem Namen »Verbundzugmeßer«. (Fig. 71.) Es beruht auf dem Eintauchprinzip. In einem gemeinschaftlichen abgeschlossenen Gehäuse sind zwei Eintauchglocken untergebracht. Beide Glocken sind ausbalanciert und befinden sich in Gefäßen mit nicht verdunstender Sperrflüssigkeit.

Das Gestänge, an welchem die Glocken hängen, überträgt deren Bewegung auf zwei Zeiger, die sich unabhängig voneinander um einen gemeinschaftlichen Mittelpunkt drehen und vor der gleichen Skala spielen. Beide Zeiger sind verschieden gefärbt und zwar rot und grün.

Der Raum des abgeschlossenen Gehäuses steht mit dem Feuerraum, der Raum unter der einen Glocke mit der Außenluft, der Raum unter der andern Glocke mit dem Ende des Kesselzuges (Fuchs) in Verbindung.

Die Bewegung des mit der ersten Glocke verbundenen Zeigers wird demnach den Unterdruck der Gase gegenüber der Außenluft anzeigen, während die Bewegung des mit der zweiten Glocke verbundenen Zeigers den Druckunterschied zwischen Feuerraum und Fuchs erkennen läßt.

Am Gehäuse befinden sich noch zwei ebenfalls gefärbte, verstellbare Zeiger, welche auf die günstigsten Unterdruck- bzw. Differenzdruckwerte eingestellt werden, damit der Heizer einen Anhaltspunkt hat. Der Apparat ist gleichzeitig mit einer Registriervorrichtung versehen.

Die Registrierung der Angaben des Verbundzugmesser wird in der Weise ausgeführt, daß die Bewegung der Glocken auf zwei Schreibfedern übertragen wird, die den Unterdruck und den Druckunterschied auf einem, um eine Uhrwerkstrommel gelegten Papierstreifen selbsttätig aufzeichnen. Die Einrichtung ist so getroffen, daß der Ausschlag der beiden Schreibfedern nach der gleichen Richtung erfolgt. Da sich die Schreibfedern aneinander vorbei bewegen müssen, so sind sie in wagerechter Richtung um etwa 2 mm auseinander gerückt. Dementsprechend erscheinen die Angaben von Unterdruck- und Zugunterschied

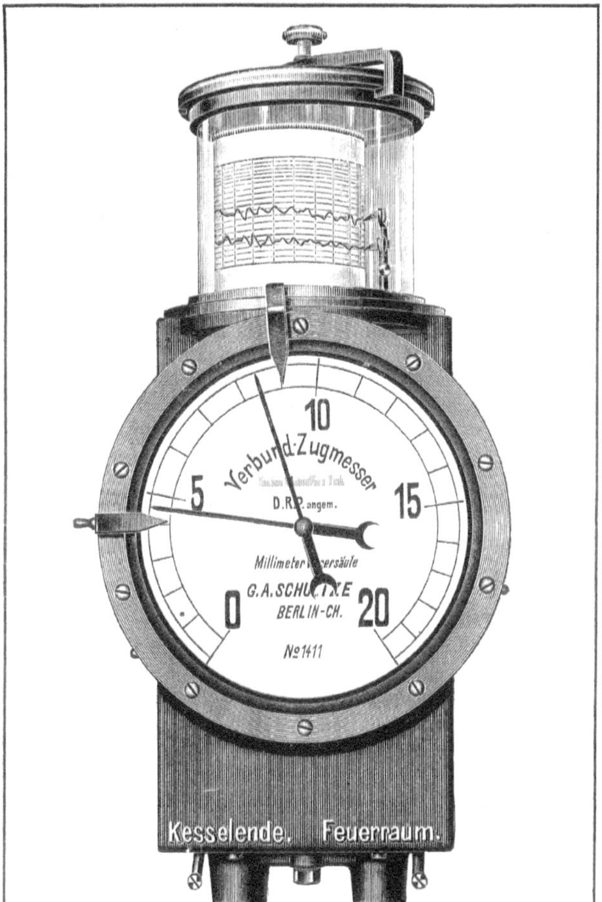
10
5
15
0
20
Verbund-Zugmesser
D.R.P. angem.
Millimeter
G.A.SCHU
BERLIN-CH.
№1411
Kesselende.
Feuerraum.

Fig. 71.

um dieses geringe Maß gegeneinander verschoben. Die Registriervorrichtung ist, dem Auge stets gut sichtbar, in einem starkwandigen Glaszylinder untergebracht, welcher einen Teil der abgeschlossenen Gehäusekammer bildet.

Das Diagramm zeigt eine Doppelkurve. Das Meßbereich ist bis zu 20 mm Wassersäule eingerichtet.

Von untergeordnetem Werte für die praktische Feuerungskontrolle sind die sog. Äthermanometer, welche Aufschlüsse geben sollen über die Geschwindigkeit des Gasstromes. Sie dienen also zur Messung von dynamischen Drücken. Bisweilen erhält man wohl brauchbare Vergleichswerte, eine absolute Genauigkeit ist aber mit diesen Instrumenten nicht zu erreichen. Wegen der praktisch geringen Verwertbarkeit dieser Instrumente sind dieselben hier nicht besprochen.

### b) Die Ermittelung des Zusammenhanges der Unter-, resp. Differenzdrücke mit der unter dem Rost einströmenden Luftmenge, die Berechnung der günstigsten Luftzufuhr und die Aufstellung einer Heizvorschrift aus den Anzeigen der Unterdruck- und Differenzdruckmesser.

Für eine gegebene Dampfkesselfeuerung lassen sich bei gleichbleibender Art des Brennstoffes ganz bestimmte Beziehungen zwischen den Unter- und Differenzdrücken und der einströmenden Luftmenge ausfindig machen. Man hat folgendermaßen zu verfahren:

Bei frisch geputztem Feuer und normalem Rostbelag beginnt man den Versuch und ermittelt bei verschiedenen Schieberstellungen stets: Die Unterdrücke unter dem Rost (u. R.), über dem Rost (ü. R.) und vor dem Schieber (S.), ferner den Differenzdruck zwischen

unter und über dem Rost (u. R. ÷ ü. R.),
» dem Rost und vor dem Schieber (u. R. ÷ S.),
über » » » » » » (ü. R. ÷ S.).

Gleichzeitig mißt man mittels Flügelanemometer (Figur 72) an allen Aschenfalltüren die eintretende Luftgeschwindigkeit.

Man stellt zweckmäßig den Schieber so ein, daß die Druckdifferenz zwischen »über Rost und Fuchs« eine gerade Zahl ist,

z. B. 2, 3 usw. (siehe Tabellen). Den gleichen Versuch macht man nun bei stark verschlacktem Rost.

Beispiel: Die Tabelle I und II zeigen die gemessenen Zahlenwerte zusammengestellt.

Den graphischen Zusammenhang gibt Fig. 73 und 74.

Man erkennt, daß gleichen Differenzdrücken oder gleichen Unterdrücken bei frisch geputztem Feuer oder bei verschlacktem Rost durchaus nicht gleiche Lufteintrittsmengen entsprechen und es ergibt sich daraus, daß es nicht möglich ist, dauernd

Fig. 72.

einen bestimmten Unterdruck an einer Stelle, oder einen bestimmten Differenzdruck zwischen zwei Stellen einzuhalten.

Am geeignetsten erscheint für die praktische Kontrolle der Unterdruck am Schieber (Kurve *r—r—r*) und der Differenzdruck zwischen »über Rost und Fuchs« (Kurve *t—t—t*). Die beiden Unterdrücke u. R. (Kurve *w—w—w*) und ü. R. (Kurve *u—u—u*) zeigen viel geringeres Steigen mit weitergeöffnetem Schieber und die Differenzdrücke u. R. ÷ ü. R. (Kurve *v—v—v*) und u. R.—S. (Kurve *s—s—s*) gleichen zu sehr den Unterdrücken ü. R. resp. S.

Deshalb stellt man aus den gefundenen Versuchsresultaten zunächst den Zusammenhang zwischen dem Unterdruck »S« und dem Differenzdruck ü. R. ÷ S, sowie der eintretenden Gesamtluftmenge fest und zwar »bei frisch geputztem Feuer» und »bei verschlacktem Rost« und legt die erhaltenen Werte am besten graphisch, wie in Fig. 75 geschehen, fest. Das so erhaltene Bild kann man das Charakteristikum einer Feuerungsanlage bei bestimmten Brennstoff nennen.

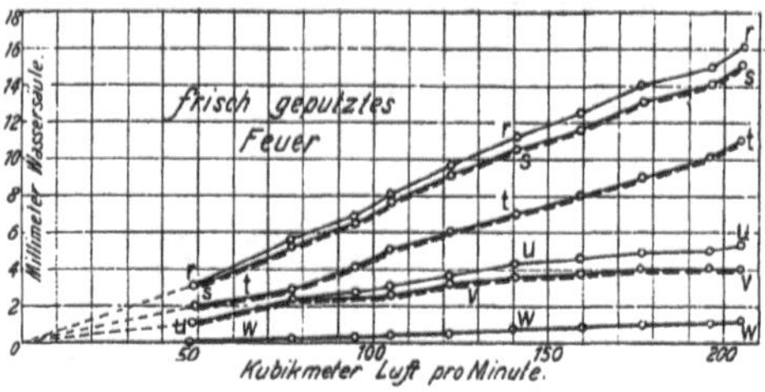


Fig. 73.

Nun berechnet man die für den Brennstoff notwendige theoretische Luftmenge aus der elementaren Zusammensetzung, sie möge sich zu 9,2 cbm pro 1 kg Kohle ergeben.

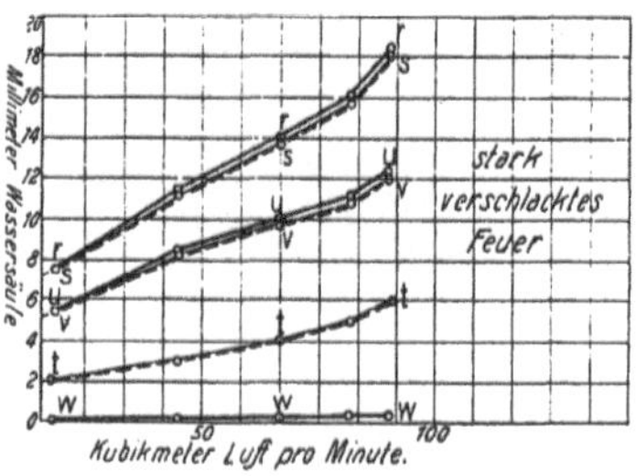


Fig. 74.

Läßt man ein Luftvielfaches = 1,5 zur Verbrennung zu, so muß pro 1 kg Kohle 9,2 · 1,5 = 13,8 cbm zuströmen. Bei sehr stark verschlacktem Rost ist das Maximum der zuströmenden Luft bei ganz geöffnetem Schieber 88,4 cbm pro Minute. Somit können pro Minute bei praktisch vollkommener Verbrennung nicht mehr als

$$\frac{88,4}{13,8} = 6,4 \text{ kg Kohle verbrannt werden.}$$

Tabelle I. **Messung bei frisch geputztem Feuer.**

| Unterdrücke mm/Wassersäule | | | Differenzdrücke mm/Wassersäule | | | Lufteintrittsgeschwindigkeit an den Aschenfalltüren in m/Min. | | | Luftzutritt an den Aschenfalltüren in cbm pro Minute | | | Gesamtmenge der unter d. Rost eintretenden Luft in cbm-Min. |
|---|---|---|---|---|---|---|---|---|---|---|---|---|
| u. R. | ü. R. | S. | u. R. ÷ ü. R. | u. R. ÷ S. | ü. R. ÷ S. | 1 | 2 | 3 | 1 | 2 | 3 | |
| 0 | 1,0 | 3,0 | 1,0 | 3,0 | 2 | 69 | 85 | 89 | 13,8 | 17,0 | 17,8 | 48,6 |
| 0,2 | 2,5 | 5,5 | 2,3 | 5,3 | 3 | 111 | 130 | 145 | 22,2 | 26,0 | 29,0 | 77,2 |
| 0,3 | 2,8 | 6,8 | 2,5 | 6,5 | 4 | 145 | 161 | 167 | 29,0 | 32,2 | 33,4 | 94,6 |
| 0,4 | 3,1 | 8,1 | 2,7 | 7,7 | 5 | 152 | 177 | 177 | 30,4 | 35,4 | 35,4 | 105,2 |
| 0,5 | 3,7 | 9,7 | 3,2 | 9,2 | 6 | 182 | 216 | 216 | 36,4 | 43,2 | 43,2 | 122,8 |
| 0,8 | 4,3 | 11,3 | 3,5 | 10,5 | 7 | 221 | 248 | 234 | 44,2 | 49,6 | 46,8 | 140,6 |
| 0,9 | 4,5 | 12,5 | 3,6 | 11,6 | 8 | 252 | 271 | 273 | 50,4 | 54,2 | 54,6 | 159,2 |
| 1,0 | 5,0 | 14,0 | 4,0 | 13,0 | 9 | 284 | 310 | 292 | 56,8 | 62,0 | 58,4 | 177,2 |
| 1,0 | 5,0 | 15,0 | 4,0 | 14,0 | 10 | 338 | 329 | 313 | 67,6 | 65,8 | 62,6 | 196,0 |
| 1,1 | 5,2 | 16,2 | 4,1 | 15,1 | 11 | 354 | 349 | 325 | 70,8 | 69,8 | 65,0 | 205,6 |

Tabelle II. **Messung bei verschlacktem Rost.**

| Unterdrücke mm/Wassersäule | | | Differenzdrücke mm/Wassersäule | | | Lufteintrittsgeschwindigkeit an den Aschenfalltüren in m/Min. | | | Luftzutritt an den Aschenfalltüren in cbm pro Minute | | | Gesamtmenge der unter d. Rost eintretenden Luft in cbm-Min. |
|---|---|---|---|---|---|---|---|---|---|---|---|---|
| u. R. | ü. R. | S. | u. R. ÷ ü. R. | u. R. ÷ S. | ü. R. ÷ S. | 1 | 2 | 3 | 1 | 2 | 3 | |
| 0 | 5,5 | 7,5 | 5,5 | 7,5 | 2 | — 22[1]) | 22 | 12 | — 4,4 | 4,4 | 2,4 | 2,4 |
| 0,1 | 8,5 | 11,5 | 8,4 | 11,4 | 3 | 11 | 78 | 81 | 2,2 | 15,6 | 16,2 | 34,0 |
| 0,1 | 10,0 | 14,0 | 9,9 | 13,9 | 4 | 62 | 131 | 107 | 12,4 | 26,2 | 21,4 | 60,0 |
| 0,2 | 11,0 | 16,0 | 10,8 | 15,8 | 5 | 90 | 162 | 142 | 18,0 | 32,4 | 28,4 | 78,8 |
| 0,2 | 12,4 | 18,4 | 12,2 | 18,2 | 6 | 125 | 165 | 152 | 25,0 | 33,0 | 30,4 | 88,4 |

[1]) Das negative Vorzeichen bedeutet, daß bei dieser Aschenfalltür Luft ausgetreten ist. Das kommt nur bei sehr weit geschlossenem Schieber und stark verschlacktem Rost vor.

Außerdem berechnet sich für verschieden minutliche Brennstoffmengen die minutliche Luftzufuhr zu:

| kg Kohle/min. | cbm Luft/min. | kg Kohle/min. | cbm Luft/min. |
|---|---|---|---|
| 6,4 | 88,4 | 4,6 | 63,5 |
| 6,2 | 85,6 | 4,4 | 60,7 |
| 6,0 | 82,7 | 4,2 | 57,8 |
| 5,8 | 80,0 | 4,0 | 55,2 |
| 5,6 | 77,2 | 3,8 | 52,4 |
| 5,4 | 74,5 | 3,6 | 49,6 |
| 5,2 | 71,7 | 3,4 | 46,9 |
| 5,0 | 69,0 | 3,2 | 44,2 |
| 4,8 | 62,2 | 3,0 | 41,3 |

Die Rostbeanspruchung ist nun bei gleichbleibendem Brennstoff und gleichmäßiger Kesselanstrengung auch konstant. Sie lag im gegebenen Falle bei 5,2 kg/Min., so daß also minutlich 71,7 cbm Luft zuzuführen sind, wenn man zunächst annimmt, daß die Verbrennung der aufgeworfenen Kohle in allen Stadien ganz gleichmäßig vor sich geht.

Man zeichnet in das charakteristische Diagramm (Fig. 75) bei 71,7 cbm eine senkrechte Gerade ein, welche die vier Kurven schneidet. Die Schnittpunkte besagen, daß bei den diesen entsprechenden Unterdruck- resp. Differenzdruckanzeigen der Instrumente auf alle Fälle 71,7 cbm Luft/Min. einströmen. Bei frisch geputztem Feuer ist:

Der Differenzdruck (Kurve $D_1$) . . . . . . 2,8 mm,
der Unterdruck vor dem Schieber (Kurve $S_1$) 4,7 » ,

bei verschlacktem Rost ist:

Der Differenzdruck (Kurve $D_2$) . . . . . . 4,5 mm,
der Unterdruck vor dem Schieber (Kurve $S_2$) 15,1 »

Die Änderungen werden allmählich mit wachsendem Rostwiderstand vor sich gehen; bei gleichmäßiger Kesselbeanspruchung ist die Zunahme eine der Zeit der Rostbetriebsdauer direkt proportionale.

Die Rostbetriebsdauer vom Feuerputzen bis zur Verschlackung betrug 9 Stunden. Es muß demnach, um konstant pro 1 Minute 71,7 cbm Luft mit wachsendem Rostwiderstand einströmen zu lassen, innerhalb 9 Stunden

der Differenzdruck von 2,8 mm auf 4,5 mm,
» Unterdruck » 4,7 » » 15,1 »

erhöht werden.

In einer Stunde ist

der Differenzdruck um $\frac{4{,}5 - 2{,}8}{9} = \sim 0{,}2$ mm,

» Unterdruck » $\frac{15{,}1 - 4{,}7}{9} = \sim 1{,}2$ »

zu erhöhen.

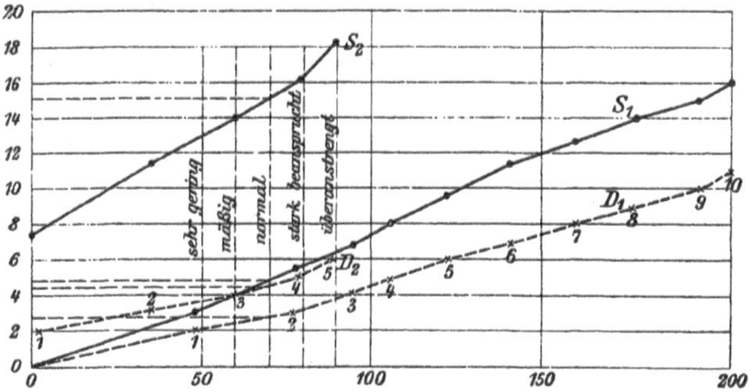


Fig. 75.

Es ist somit folgendes Arbeitsschema einzuhalten:

| | | | | | |
|---|---|---|---|---|---|
| Beginn: | Differenzdruck | 2,8 mm, | Unterdruck | 4,5 mm, | |
| Nach 1 Stunde: | » | 3,0 » , | » | 5,7 » , | |
| » 2 Stunden: | » | 3,2 » , | » | 6,9 » , | |
| » 3 » | » | 3,4 » , | » | 8,1 » , | |
| » 4 » | » | 3,6 » , | » | 9,3 » , | |
| » 5 » | » | 3,8 » , | » | 10,5 » , | |
| » 6 » | » | 4,0 » , | » | 11,7 » , | |
| » 7 » | » | 4,2 » , | » | 12,9 » , | |
| » 8 » | » | 4,4 » , | » | 14,1 » , | |
| » 9 » | » | 4,7 » , | » | 15,1 » , | |

wenn man eine konstante Luftzufuhr erzielen will.

Der Fehler, der in der Praxis zumeist gemacht wird, ist der zu große Luftüberschuß in den ersten Stunden bei noch geringem Rostwiderstand.

Sehr häufig wird während der ganzen Rostbetriebsdauer ein einheitlicher Differenzdruck eingehalten. Daß dies unrichtig ist, zeigt obiges Beispiel. Würde hier konstant 4,7 mm Differenzdruck eingehalten, so ginge, wie aus dem Diagramm (Fig. 75) zu entnehmen, bei 4,7 mm zu Beginn 102 cbm Luft durch den Rost. Es trifft auf 1 kg Brennstoff $\frac{102}{5,2} = 19,6$ cbm Luft, während theoretisch 9,2 cbm notwendig sind.

Das Luftvielfache ist somit $\frac{19,6}{9,2} = \mathbf{2,13}$.

Da in der Praxis 71,7 cbm Luft ausreichen würden, so müssen pro 1 kg Brennstoff 102 — 71,7 = 30,3 cbm unnötigerweise erwärmt werden.

---

Die oben berechneten Angaben können nun in jenem Falle angewandt werden, wo die Kohle kontinuierlich in kleinen Partien zur Verbrennung gelangt, also bei kontinuierlicher Rostbeschickung, d. h. bei automatischer Feuerung (siehe noch später).

Etwas anders liegen die Verhältnisse bei periodischer Handbeschickung.

Wohl ist die zur Verbrennung einer bestimmten Kohlenmenge notwendige Luftzufuhr die gleiche, da aber die Kohle in engeren oder weiteren Zwischenräumen aufgeworfen wird, so muß auch die Luftzufuhr dem periodischen Aufwerfen angepaßt werden. Sie muß auch periodisch erfolgen und zwar soll beim Aufwerfen ein stärkere Luftzufuhr stattfinden, welche sich mit dem Abbrande des Feuers allmählich verringern soll. Ein empfehlenswerter Apparat für diesen Zweck ist der Zugregler von Hörenz, Dresden. Nach dem Aufwerfen regelt er den Schieber, daß er eine höhere Luftzufuhr gestattet, mit abnehmender Entgasung und entstehendem Glühfeuer schließt er den Schieber mehr und mehr. Auf alle Fälle ist aber die Summe der zugeführten Einzelluftmengen gleich der der Brennstoffmenge äquivalenten praktisch erforderlichen Luftmenge, z. B. hier = 71,7 cbm für 5,2 kg Kohle.

Je mehr leicht vergasbare Bestandteile ein Brennstoff enthält und je weiter die einzelnen Beschickungsperioden auseinander liegen, einen desto größeren Luftanteil muß der Schieberstand anfänglich einströmen lassen. Von letzterer Art der Beschickung, d. i. Aufwerfen größerer Brennstoffmengen in größeren Zeitzwischenräumen, ist sehr abzuraten, da auf diese Weise niemals eine rationelle Verbrennung erzielt werden kann.

Man kann auch mit Handbeschickung durch Aufwerfen kleiner Brennstoffmengen in kurzen, aufeinanderfolgenden Zeitabschnitten der automatisch kontinuierlichen Beschickung sehr nahe kommen; allerdings gehört hierzu ein williger, aufmerksamer Heizer.

Die Handbeschickung hat den großen Nachteil, daß beim Aufwerfen jedesmal die Feuertür geöffnet werden muß. Das gedankenlose Offenstehenlassen der Feuertür bringt große Wärmeverluste. Die in Tabelle I und II wiedergegebenen Versuchsresultate zeigen:

1. Durch das Öffnen einer Feuertür während des Betriebes verringert sich die ursprünglich durch die Aschenfalltüren eintretende, also durch den Rost und die Brennstoffschicht streichende Luftmenge sehr bedeutend (je nach dem Rostbelag im Mittel etwa 20 bis 30 %).

2. Von der gesamten in die Feuerung einströmenden Luftmenge beim Öffnen einer Feuertür, während des Betriebes geht ca. die Hälfte durch die eine geöffnete Feuertür, während nur die andere Hälfte durch den Rost an die Brennstoffschicht herantritt.

3. Bei verschlacktem Rost ist die durch die geöffnete Feuertür eintretende Luftmenge größer als bei frisch geputztem Feuer, was sich daraus erklärt, daß die Schlackendecke den Rostwiderstand wesentlich erhöht und so das Eindringen der Verbrennungsluft sehr erschwert. Im Versuchsfalle treten bei geöffneter Feuertür und frisch geputztem Feuer ca. 50 % durch diese ein, während bei verschlacktem Feuer sich die Luftmenge auf 60 % der gesamten erhöht.

Außer durch das Öffnen der Feuertür kann ein Wärmeverlust durch einen sehr ungleichmäßigen Rostbelag

Tabelle I. **Ergebnisse bei frisch geputztem Feuer.**

| Differenzdruck | | Bei geschlossener Feuertür tritt durch die Aschenfalltür ein | Bei offener Feuertür tritt durch die Aschenfalltür ein | Bei offener Feuertür nimmt die Luftmenge durch den Rost ab um | | Durch die Feuertür tritt beim Öffnen ein | Gesamte Luftmenge in die Feuerung beim Feuertüröffnen eintretend | Von der gesamten eintretenden Luftmenge geht durch die Feuertür |
|---|---|---|---|---|---|---|---|---|
| Feuertür zu | Feuertür auf | cbm/Min. | cbm/Min, | cbm | % | cbm/Min. | cbm/Min. | % |
| 2 | 2,2 | 58 | 39,4 | 18,6 | 32,1 | 37,6 | 77 | 48,8 |
| 3 | 3,2 | 72,6 | 51,2 | 21,4 | 29,5 | 58,2 | 109,4 | 53,2 |
| 4 | 4,6 | 88,8 | 62,4 | 26,4 | 29,8 | 65,7 | 128,1 | 51,3 |
| 5 | 6,1 | 104,0 | 75,2 | 28,8 | 27,7 | 81,2 | 156,4 | 51,8 |
| 6 | 8,5 | 131,0 | 98,0 | 33,0 | 25,2 | 84,9 | 182,9 | 46,4 |

Tabelle II. **Ergebnisse bei verschlacktem Rost.**

| Differenzdruck | | Bei geschlossener Feuertür tritt durch die Aschenfalltür ein | Bei offener Feuertür tritt durch die Aschenfalltür ein | Bei offener Feuertür nimmt die Luftmenge durch den Rost ab um | | Durch die Feuertür tritt beim Öffnen ein | Gesamte Luftmenge in die Feuerung beim Feuertüröffnen eintretend | Von der gesamten eintretenden Luftmenge geht durch die Feuertür |
|---|---|---|---|---|---|---|---|---|
| Feuertür zu | Feuertür auf | cbm/Min. | cbm/Min. | cbm | % | cbm/Min. | cbm/Min. | % |
| 2 | 2,1 | 53,8 | 25,2 | 28,6 | 53,1 | 52,3 | 77,5 | 67,6 |
| 3 | 3,6 | 70,0 | 50,6 | 19,4 | 27,7 | 71,2 | 121,8 | 58,5 |
| 4 | 4,8 | 84,8 | 61,4 | 23,4 | 27,5 | 87,6 | 149,0 | 58,7 |
| 5 | 7,2 | 94,0 | 75,2 | 18,8 | 20,0 | 107,7 | 182,9 | 58,9 |

entstehen. Die einströmende Luft tritt naturgemäß zum größten Teil nutzlos durch die unbedeckten Stellen, welche ihr keinen Widerstand bieten, und muß erwärmt werden. Der übrige Rostbelag selbst erhält in Wirklichkeit viel weniger Luft zugeführt, als es bei gleichmäßig beschicktem Rost der Fall ist. Die durchstreichende Luft wirkt abkühlend auf den Feuerraum, wodurch gewisse brennbare Bestandteile nicht mehr die erforderliche Entzündungstemperatur vorfinden.

Deshalb muß vom Heizer verlangt werden, daß der Rost stets gleichmäßig hoch mit Brennstoff bedeckt ist und die Feuertüren nie unnötig geöffnet werden; hingegen sollen die Aschenfalltüren immer ganz geöffnet bleiben, um nicht der unter dem Rost eintretenden Verbrennungsluft unnötigen Widerstand entgegenzusetzen.

Die in Tabelle I und II zusammengestellten Versuchsresultate bezüglich des Einflusses eines Loches im Feuer ergaben folgendes:

1. Weist der Rostbelag ein oder mehrere unbedeckte Stellen auf, so ist die durch die Aschenfalltüren eintretende Luftmenge größer als wenn der Rost gleichmäßig mit Brennstoff bedeckt ist.

2. Je mehr und je größere Löcher der Rostbelag hat, desto größer wird die unter dem Rost eintretende Luftmenge bei gleichem Schieberstand.

3. Bei verschlacktem Feuer ist die nachteilige Wirkung eines Loches im Feuer eine viel größere als bei frisch geputztem Feuer.

Man erkennt das aus dem Versuch; denn es steigert sich die eintretende Luftmenge gegen die ursprüngliche unter dem Rost bei

einem Loch im frisch geputzten Feuer um . 3,49 %,
zwei Löchern » » » » » . . . 13,70 %,

dagegen bei

einem Loch im verschlackten Feuer um . . 43,4 %,
zwei Löchern » » » » . . . 66,2 %.

Will man bei Handbeschickung eine Feuerung rationel. bedienen, so ist die gleichmäßige Rostbeschickung eine Vorbedingung. Nur dann hat es überhaupt einen Zweck, an die

### Tabelle I. **Messung bei frisch geputztem Feuer.**

| Unterdruck mm Wassersäule | | | Differenzdruck mm Wassersäule | | | Lufteintrittsgeschwindigkeit an den Aschenfalltüren | | | Luftmenge in cbm pro Minute | | | Gesamte unter dem Rost eintretende Luftmenge cbm/Min. | Rostzustand |
|---|---|---|---|---|---|---|---|---|---|---|---|---|---|
| u. R. | ü. R. | S. | u. R. ÷ ü. R. | u. R. ÷ S. | ü. R. ÷ S. | 1 | 2 | 3 | 1 | 2 | 3 | | |
| 0,5 | 9,4 | 18 | 8,9 | 17,5 | 8,6 | 227 | 248 | 241 | 45,4 | 49,6 | 48,2 | 143,2 | Rostbelag ganz eben |
| 0,6 | 7,8 | 16,8 | 7,2 | 16,2 | 9,0 | 239 | 252 | 250 | 47,8 | 50,4 | 50,0 | 148,2 | 1 Loch im Rostbelag |
| 0,8 | 6,5 | 15,5 | 5,7 | 14,8 | 9,0 | 256 | 295 | 263 | 51,2 | 59,0 | 52,6 | 162,8 | 2 Löcher im Rostbelag |

### Tabelle II. **Messung bei verschlacktem Rost.**

| Unterdruck mm Wassersäule | | | Differenzdruck mm Wassersäule | | | Lufteintrittsgeschwindigkeit an den Aschenfalltüren | | | Luftmenge in cbm pro Minute | | | Gesamte unter dem Rost eintretende Luftmenge cbm/Min. | Rostzustand |
|---|---|---|---|---|---|---|---|---|---|---|---|---|---|
| u. R. | ü. R. | S. | u. R. ÷ ü. R. | u. R. ÷ S. | ü. R. ÷ S | 1 | 2 | 3 | 1 | 2 | 3 | | |
| 0,2 | 12,5 | 18,0 | 12,3 | 17,8 | 5,5 | 130 | 151 | 115 | 26,0 | 30,2 | 23,0 | 79,2 | Rostbelag ganz eben |
| 0,5 | 10,5 | 17,5 | 10,0 | 17,0 | 7,0 | 195 | 199 | 174 | 39,0 | 39,8 | 34,8 | 113,6 | 1 Loch im Rostbelag |
| 0,9 | 9,6 | 17,0 | 8,6 | 16,1 | 7,5 | 218 | 218 | 222 | 43,6 | 43,6 | 44,4 | 131,6 | 2 Löcher im Rostbelag |

Anschaffung von Unterdruck- oder Differenzdruckmessern zu denken. Auf Grund vorne wiedergegebener Ausführungen können dann dem Heizer exakte Angaben über die Schieberstellung nach den Anzeigen der Instrumente (siehe vorne) gegeben werden. Die Anzeigen sind stets bei geschlossenen Feuertüren einzuhalten, denn bei geöffneten Feuertüren verschiebt sich der Zusammenhang zwischen der Anzeige der Instrumente und der eintretenden Luft vollständig. Fehlt ein automatischer Schieberregler, so muß in kleinen Mengen möglichst oft und gleichmäßig Brennstoff aufgegeben werden. Dann kann folgende Heizervorschrift gegeben werden:

| Betrieb | sehr schwach | | mäßig | | normal | | angestrengt | | stark forciert | |
|---|---|---|---|---|---|---|---|---|---|---|
| | D | S | D | S | D | S | D | S | D | S |
| Beginn | 2,1 | 3,1 | 2,5 | 4,0 | 2,8 | 4,5 | 3,2 | 5,6 | 3,9 | 6,4 |
| Nach 1 Stde. | 2,3 | 4,2 | 2,7 | 5,1 | 3,0 | 5,7 | 3,4 | 6,8 | 4,1 | 7,7 |
| » 2 » | 2,5 | 5,3 | 2,8 | 6,2 | 3,2 | 6,9 | 3,6 | 8,0 | 4,3 | 9,0 |
| » 3 » | 2,7 | 6,4 | 3,0 | 7,3 | 3,4 | 8,1 | 3,8 | 9,2 | 4,6 | 10,4 |
| » 4 » | 2,8 | 7,5 | 3,2 | 8,4 | 3,6 | 9,3 | 4,0 | 10,4 | 4,8 | 11,7 |
| » 5 » | 3,0 | 8,6 | 3,4 | 9,5 | 3,8 | 10,5 | 4,2 | 11,6 | 5,0 | 13,0 |
| » 6 » | 3,2 | 9,7 | 3,5 | 10,6 | 4,0 | 11,7 | 4,6 | 12,8 | 5,3 | 14,3 |
| » 7 » | 3,4 | 10,8 | 3,7 | 11,7 | 4,2 | 12,9 | 4,8 | 14,0 | 5,5 | 15,7 |
| » 8 » | 3,5 | 11,9 | 3,9 | 12,9 | 4,4 | 14,1 | 5,0 | 15,1 | 5,8 | 17,1 |
| » 9 » | 3,6 | 12,9 | 4,0 | 14,0 | 4,7 | 15,1 | 5,1 | 16,2 | 6,1 | 18,4 |

Die Berechnung dieser Tabelle geschieht folgendermaßen:

Bekannt ist für die Feuerung die Charakteristik (Fig. 75 auf S. 183).

Bekannt ist ferner die normale Beanspruchung des Rostes pro Minute zu 5,2 kg Kohle.

Außerdem läßt sich finden:

für schwache Beanspruchungen ca. 3,6 kg/min. wozu ca. 50 cbm Luft erforderl. (s. S. 182)

» mäßige » » 4,4 » » » 60 » » »

» angestrengte » » 5,8 » » » 80 » » »

» stark forcierte » » 6,4 » » » 90 » » »

In der Charakteristik zieht man dann an den Stellen 50, 60 . . . 90 cbm senkreche Linien ein und findet:

(schwach) bei 50 cbm steigt der Differenzdruck von 2,1 auf 3,6 bis zum Versclacken, also um 1,5 mm bei 9 Stunden Rostbetriebsdauer; pro 1 Stde. also um $\frac{1,5}{9} = 0,17$ mm,

(schwach) bei 50 cbm steigt der Unterdruck von 3,1 auf 12,9 bis zum Verschlacken, also um 9,8 mm bei 9 Stunden Rostbetriebsdauer; pro 1 Stde. also um $\frac{9,8}{9} = \sim 1,1$,

(mäßig) bei 60 cbm steigt der Differenzdruck von 2,5 auf 4,0 bis zum Verschlacken, also um 1,5 mm bei 9 Stunden Rostbetriebsdauer; pro 1 Stde. also um $\frac{1,5}{9} = 0,17$,

(mäßig) bei 60 cbm steigt der Unterdruck von 4,0 auf 14,0 bis zum Verschlacken, also um 10,0 mm bei 9 Stunden Rostbetriebsdauer; pro 1 Stde. also um $\frac{10,0}{9} = \sim 1,1$ mm,

(normal) bei 70 cbm steigt der Differenzdruck von 2,8 auf 4,7 bis zum Verschlacken, also um 1,9 mm bei 9 Stunden Rostbetriebsdauer; pro 1 Stde. also um $\frac{1,9}{9} = \sim 0,2$ mm,

(normal) bei 70 cbm steigt der Unterdruck von 4,5 auf 15,1 bis zum Verschlacken, also um 10,5 mm bei 9 Stunden Rostbetriebsdauer; pro 1 Stde. also um $\frac{10,6}{9} = \sim 1,2$ mm,

(angestrengt) bei 80 cbm steigt der Differenzdruck von 3,2 auf 5,1 bis zum Verschlacken, also um 1,9 mm bei 9 Stunden Rostbetriebsdauer; pro 1 Stde. also um $\frac{1,9}{9} = 0,21$ mm,

(angestrengt) bei 80 cbm steigt der Unterdruck von 5,6 auf 16,2 bis zum Verschlacken, also um 10,6 mm bei 9 Stunden Rostbetriebsdauer; pro 1 Stde. also um $\frac{10,6}{9} = \sim 1,2$ mm,

(stark forciert) bei 90 cbm steigt der Differenzdruck von 3,9 auf 6,1 bis zum Verschlacken, also um 2,2 mm bei 9 Stunden Rostbetriebsdauer; pro 1 Stde. also um $\frac{2,2}{9} = 0,25$ mm,

(stark forciert) bei 90 cbm steigt der Unterdruck von 6,4 auf 18,4 bis zum Verschlacken, also um 12,0 mm bei 9 Stunden Rostbetriebsdauer; pro 1 Stde also um $\frac{12,0}{9} = 1,33$ mm.

Addiert man diese pro 1 Stunde Brenndauer gefundenen Werte zu den der betreffenden Beanspruchung entsprechenden Anfangsdrücken, so ergeben sich abgerundet die in der Tabelle zusammengestellten Zahlen.

Gewöhnlich genügt es, für »mäßigen«, »normalen« und »angestrengten« Betrieb, die Heizervorschrift zu geben. Ohne diese Vorschrift und ohne die Ermittlung des Zusammenhanges zwischen eintretender Luftmenge und den Anzeigen der Instrumente hat die Anschaffung von Unterdruck oder Differenzdruck nur einen ganz untergeordneten Wert.

Dagegen gibt, wenn diese Verhältnisse für eine Feuerung exakt klargelegt sind, die Messung der Unter- und Differenzdrücke ein vorzügliches Mittel an die Hand, auch in Abwesenheit des kontrollierenden Beamten einen vollkommen rationellen Betrieb aufrechtzuerhalten, wenn dieselben graphisch registriert werden. Man erkennt jederzeit, ob der Heizer seine Vorschrift beachtet hat. Eine günstige Rauchgaszusammensetzung wird dann gleichzeitig den Beweis dafür erbringen.

## 3. Die Ausnutzung der Abgangswärme der Rauchgase.

### a) Durch Überhitzung des Dampfes.

Der aus dem Kessel strömende Dampf soll im Überhitzer eine weitere Wärmezufuhr erhalten, wodurch er zunächst getrocknet und dann überhitzt wird. Der Dampf erfährt dabei bei gleichbleibender Spannung unter Vergrößerung seines Volumens eine Temperaturerhöhung (bis zu 350° C).

Die Vorteile, welche die Überhitzung bietet, sind:

1. Durch das Nachverdampfen des aus dem Kessel mitgerissenen Wassers sind die durch dieses sonst entstehenden Wärmeverluste vermieden.

2. Durch die Volumenzunahme wird das Gewicht von 1 cbm Dampf geringer, so daß unter sonst gleichen Verhältnissen das für dieselbe Füllung einer Maschine benötigte Gewicht an überhitztem Dampf kleiner ist als dasjenige an gesättigtem. (1 kg Dampf von 2 Atm. Ü. gesättigt = 0,895 cbm; 200° C überhitzt = 1,1929 cbm.)

3. Die Bildung von Kondenswasser, die stets einen Spannungsabfall oder Druckverlust in der Leitung unter Umständen auch Betriebsstörungen (Wasserschläge) zur Folge hat, wird vermindert oder ganz aufgehoben.

Während sich beim gesättigten Dampf bei jeder Abkühlung in der Leitung oder im Zylinder sofort Wasser niederschlägt, kann dies beim überhitzten Dampf erst eintreten, wenn derselbe auf seinen Sättigungsgrad abgekühlt, also gesättigter Dampf geworden ist. Dieser Vorteil tritt besonders günstig in Erscheinung durch die fehlende Eintrittskondensation an den Zylinder- und Kolbenwandungen beim Dampfeintritt in die Maschine.

Der überhitzte Dampf besitzt eine höhere Gesamtwärme wie der gesättigte, z. B. ist:

bei 4 Atm. Ü. die Gesamtwärme des gesättigten Dampfes 650 Kal.
» 4 » » u. 250° Überhitzung die Gesamtwärme des überhitzten Dampfes . . . . . 701,2 »

4. Bei niedrigem Druck ist der Nutzen der Überhitzung prozentual günstiger als bei höheren Drücken; mit der Überhitzungstemperatur steigt er proportional.

Der Nutzen der Überhitzung zeigt sich schon in der Erhöhung des Wirkungsgrades einer Kesselanlage, noch mehr aber in der Verminderung des Dampfverbrauches der Dampfmaschinen (siehe Kontrolle der Dampfmaschinen).

Beispiel: Eine Dampfkesselanlage ließ man bei gleicher Beanspruchung und gleichem Brennstoff einmal ohne und einmal mit eingeschaltetem Überhitzer arbeiten. Die sich ergebende Verdampfungsziffer war unter den Verhältnissen der Praxis

$$v = 8{,}6$$

die erzielte mittlere Betriebsspannung beide Male 7,5 Atm. Ü.

Pro 1 kg Kohle erzeugte man somit ohne Überhitzung pro 1 kg Kohle:

8,6 kg Dampf von 7,5 Atm. Ü. Temperatur = 171,98° C.

mit Überhitzung von 180° C:

8,6 kg Dampf von 7,5 Atm. Ü. Temperatur = 352° C.

Die Dampfwärme des gesättigten Dampfes ergibt sich aus der Zeuner-Tabelle zu 658,95 Kal. und bei einem Speisewasser von 10° C zu

$$\sim 649 \text{ Kal.}$$

Pro 1 kg Kohle wurden somit $8{,}6 \cdot 649 = 5580$ Kal. nutzbar gemacht.

Die Dampfwärme des überhitzten Dampfes ergibt sich aus:

a) derjenigen des gesättigten Dampfes pro 1 kg Dampf $= 649$ Kal.

b) der Überhitzungswärme.

Da $0{,}48 =$ spezifische Wärme des überhitzten Dampfes, so ist bei einer Überhitzung von

$$352 - 171{,}98 = \sim 180^0\,C$$

diese auf 1 kg Dampf treffende Wärmemenge

$$180 \cdot 0{,}48 = 86{,}4 \text{ Kal.}$$

Die Gesamtwärme des überhitzten Dampfes somit

$$649 + 86{,}4 = 735{,}4 \text{ Kal.}$$

Bei $v = 8{,}6$ ist die pro 1 kg Kohle erzeugte Wärme

$$8{,}6 \cdot 735{,}4 = \mathbf{6410} \text{ Kal.}$$

nutzbar gemacht.

Es wurden somit auf 5580 Kal. $\sim (6410 - 5580) = 830$ Kal.

$$= \frac{830 \cdot 100}{5581} = \mathbf{14{,}85}\,\%$$

mehr Wärme nutzbar.

---

Die Dampfüberhitzung ist zu kontrollieren, da zu hohe Überhitzung für die Dampfmaschine Nachteile bringen kann.

Man baut zu diesem Zweck in die Dampfleitung hinter den Überhitzer ein Kontrollthermometer ein.

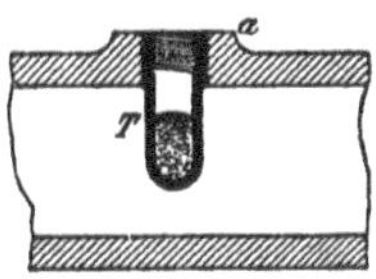

Fig. 76.

Es lassen sich die gewöhnlichen Quecksilberpyrometer hier sehr gut verwenden. In die Dampfleitung wird ein bei *a* verstärktes Rohr eingebaut, das dort angebohrt ist und ein mit Gewinde versehenes Rohrstück (Fig. 76), sog. Thermometerstutzen *T* trägt. In das Meßrohr (Fig. 76) gibt man ein hoch siedendes Öl, häufig auch metallische Pulver und setzt das Pyrometer (Fig. 77) ein.

Mit Rücksicht auf die Sicherheit des Betriebes ist es ratsam, das Dampfüberhitzerpyrometer registrierend anzuschaffen. Es ist so ein leichtes, den Heizer zu kontrollieren, ob er einerseits die zulässigen Temperaturen nicht überschritten hat und anderseits stets eine genügende Überhitzung erreichte.

Die Kontrollthermometer sind möglichst in der Nähe des Heizerstandes anzubringen. Ist dies unmöglich, dann soll es doch so geschehen, daß vom Heizer, ohne jedesmal den Kessel besteigen zu müssen, die Temperatur beobachtet werden kann.

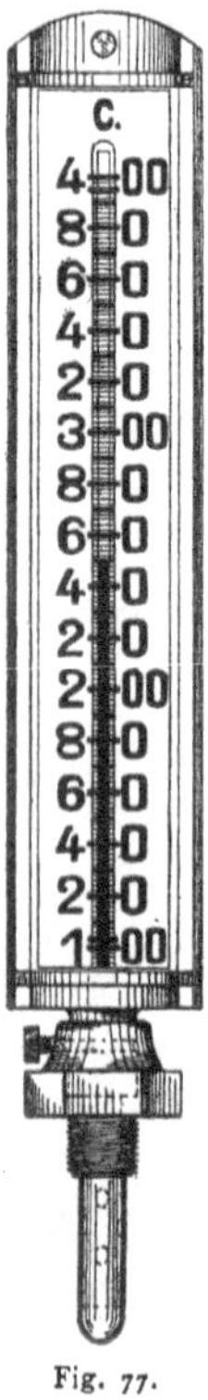

Fig. 77.

**b) Durch Speisewasservorwärmung (Economiser).**

Die Vorwärmer, welche durch die abziehenden Gase des Kessels geheizt werden, sind entweder einfache Walzen oder Heizröhrenkessel, die in den letzten Feuerzug des Hauptkessels eingebaut sind, oder es sind besonders konstruierte Apparate, sog. Economiser. Letztere Art bietet weitaus größere Vorteile.

Der Economiser besteht aus einer durch die Verhältnisse der Anlage bestimmten Zahl gußeiserner Röhren von ca. 120 mm Durchmesser und 2700 mm Länge, welche oben und unten durch Querröhren verbunden sind. Letztere stehen wieder außerhalb des Mauerwerks mit zwei Hauptrohren in Verbindung. Das Wasser wird dort, wo die Heizgase den Economiser verlassen, in das untere der beiden Hauptrohre eingeführt, steigt dann in den vertikalen Heizröhren aufwärts und tritt am anderen Ende des oberen Hauptrohres wieder aus. Jedes Heizrohr ist, um gereinigt werden zu können, oben mit einem ausgebohrten und abgedrehten konischen Deckelverschluß versehen und wird daselbst durch diesen ohne Hanf oder Mennig abgedichtet. Die in gleicher Weise hergestellten Querstücke werden durch besondere Maschinen mit Wasserdruck den vertikalen Heizröhren aufgepreßt.

Um eine Ansammlung von Ruß, welcher die Wärmeübertragung der Heizröhren vermindern würde, zu verhindern, gehen besondere Schaber, die mit einer harten Schneidkante versehen sind, an den Röhren ununterbrochen auf und nieder. Der hierzu dienende Mechanismus, der durch Riemen oder Seil von einer Transmissionswelle angetrieben wird, bewirkt dies vermittelst eiserner Stangen und Ketten, die durch kleine Löcher im oberen Teile des Apparates treten.

Man kann die Feuergase durch Einstellen von Schiebern zwingen, entweder den Economiser zu bestreichen, oder durch einen angebauten Nebenkanal zu ziehen; der Economiser kann also auch erforderlichenfalls ausgeschaltet werden.

Der Economiser besitzt in seinen dünnen Heizröhren, solange dieselben frei von Schlamm und Kesselstein sind, und außen durch die Schaber von Ruß befreit werden, eine vorzügliche, vom eigentlichen Kessel unabhängige Heizfläche. Bei der hohen Temperatur der abziehenden Gase erwärmt der Economiser das Speisewasser bedeutend stärker als Vorwärmer, welche durch den Abdampf von Maschinen geheizt werden.

Die innere Reinigung der Economiserröhren darf nicht zu selten geschehen, da sonst die Leistung sinkt.

Eine Abkühlung der Abgase unter 150° C soll durch die Wasservorwärmung nicht stattfinden, weil sonst bei schwachem Betrieb durch eventuell entstehendes Kondenswasser eine Verrostung eintritt.

Man rechnet auf 1 qm Dampfkesselheizfläche bei

| | | |
|---|---|---|
| starker Belastung . . | 1 qm | Economiserfläche |
| schwacher » . | 0,5—0,75 qm | » |

Die Kosten für 1 qm Economiserfläche sind ca. 50 bis 60 M.

Beispiel: Bei einer Kesselanlage verlassen die Heizgase den Fuchs mit 375° C. Durch einen Economiser können sie auf 170° C abgekühlt werden, also um $375 - 170 = 205^0$ C.

Hat der Brennstoff 80% Kohlenstoff und 4,2% Wasserstoff und $W = 4{,}0\,\%$ Wasser und enthalten die Heizgase ferner $K = 9{,}6\,\%$ Kohlensäure und 0,4% Kohlenoxyd, dann ist das Volumen der trockenen Gase aus 1 kg Kohle:

$$V_1 = \frac{C}{0{,}536\,(k + k_1)} = \frac{80}{0{,}536\,(9{,}6 + 0{,}4)} = 14{,}94 \text{ cbm.}$$

das Gewicht des aus 1 kg Kohle entstandenen Wasserdampfes

$$G = \frac{9\,H + W}{100} = \frac{9 \cdot 4{,}2 + 4{,}0}{100} = 0{,}418 \text{ kg.}$$

Ist die spez. Wärme von 1 cbm tockenem Gas = 0,32 (l. c.)
» » » » 1 kg Wasserdampfes = 0,48,

dann ist pro 1 kg Brennstoff

$$0,32 \cdot 14,94 + 0,418 \cdot 0,48 = 4,74 + 0,201 = 4,941 \text{ WE.}$$

bei 1° Temperaturerhöhung notwendig.

Im gegebenen Fall stehen 205° C zur Verfügung, so daß eine Wärmemenge von 205 · 4,941 = 1010 Kal. pro 1 kg Kohle nutzbar gemacht werden können.

Ist der Heizwert 7500 Kal., so können

$$\frac{1010 \cdot 100}{7500} = \mathbf{13{,}5\,\%} \text{ Kohle}$$

gespart werden.

Ist die Verdampfungsziffer $v = 8,6$, so kann, da auf 1 kg Kohle 8,6 kg Wasser treffen und auf 1 kg Kohle 1010 Kal. gewonnen werden können, das Speisewasser eine Erwärmung von $\frac{1010}{8,6} = 111,5^0$ C erfahren.

1° C Speisewassererhöhung ist somit gleich $\frac{205}{111,5} = 1,85^0$ C Rauchgastemperatur.

Gewöhnlich nimmt man an:

**2° Rauchgasabkühlung liefern 1° C Speisewassertemperaturerhöhung.**

111,5° C Speisewassertemperaturerhöhung geben oben 13,5 % Brennstoffersparnis.

1 % Brennstoffersparnis = $\frac{111,5}{13,5} = 8,3^0$ Speisewassertemperaturerhöhung.

Gewöhnlich nimmt man an:

**9° Speisewassertemperaturerhöhung = 1 % Brennstoffersparnis.**

Ferner ergibt sich dann:

**18° Rauchgasabkühlung = 1 % Brennstoffersparnis.**

An bestehenden Anlagen wird die Leistung eines Economisers folgendermaßen ermittelt:

a) Entweder werden zwei Versuche bei gleicher Kesselbeanspruchung gemacht, wodurch einmal der Economiser eingeschaltet ist, das andere Mal nicht.

Ergibt sich im Fall I eine Verdampfungsziffer unter Normalverhältnissen von 7,5, im Fall II eine solche von 8,2, so treffen bei I 7,5 kg Wasser auf 1 kg Kohle, auf die Mehrverdampfung

$$8{,}2 - 7{,}5 = 0{,}7 \text{ kg Wasser} = \frac{1 \cdot 0{,}7}{7{,}5} = 0{,}0933 \text{ kg Kohleersparnis,}$$

auf 100 kg Kohle treffen dann **9,33 %** Brennstoffersparnis.

b) Es wird ein regelmäßiger Verdampfungsversuch unter Einschaltung des Economisers gemacht. Man mißt dabei die Speisewassertemperatur am Eintritt in den Economiser und beim Verlassen desselben.

Hat der Brennstoff einen Heizwert von 7600 Kal. und ergab sich bei 10° C Speisewassereintritt in den Economiser — bei 102° C Speisewasseraustritt aus demselben — eine mittlere Verdampfungsziffer unter Betriebsverhältnissen $v = 8{,}4$, bei einer im Mittel erzeugten Dampfspannung von 7,6 Atm. Ü., so ist die Gesamtwärme aus Tabellen Fliegner & Zeuner

$$659{,}1 - 10 = 649{,}1 \text{ Kal.}$$

aus Speisewasser von 10° C.

Die gesamte Wärmeerzeugung pro 1 kg Kohle ist

$$649{,}1 \cdot 8{,}4 = 5450 \text{ Kal.,}$$

so daß der Nutzeffekt $= \frac{5450 \cdot 100}{7600} = 71{,}7\,\%$ beträgt.

Im Economiser wurden $(102 - 10) \cdot 8{,}4 = 772$ Kal. pro 1 kg Kohle gewonnen, so daß im Kessel selbst nur $5450 - 772 = 4678$ Kal. erzeugt wurden; ohne Economiser ist der Nutzeffekt somit $\frac{4678 \cdot 100}{7600} =$ **61,6 %**.

Auf den Economiser trifft somit $71{,}7 - 61{,}6 =$ **10,1 %**.

Die stündliche Brennstoffmenge betrug 381,0 kg.

Die stündliche Speisewassermenge betrug 3200 kg, welche um 92° C erhöht wurde, so daß $3200 \cdot 92 = 294\,000$ Kal. pro 1 Stunde aufgenommen wurden.

Hätte diese Mehrleistung der Kessel hervorbringen müssen, so ist bei einem Nutzeffekt von 61,6 %

$$\frac{294\,000 \cdot 100}{7600 \cdot 61{,}6} = 62{,}8 \text{ kg Kohle}$$

notwendig.

Ohne Economiser hätte also verfeuert werden müssen

$$381 + 62,8 = 443,8 \text{ kg Kohle.}$$

Es werden somit gespart

$$\frac{62,8 \cdot 100}{443,8} = \mathbf{14,18\,\%} \text{ Brennstoff.}$$

## 4. Einführung kontinuierlicher Rostbeschickung unter Berücksichtigung der Rauchverbrennung.

Je größere Mengen Brennstoff auf einmal aufgeworfen werden, desto stärker wird die bei Beginn der Entgasungsperiode auftretende Rauch- und Rußbildung sein. Umgekehrt wird sich mit kleineren aufgeworfenen Brennstoffmengen die Rauchentwicklung verringern.

Aus diesem Grunde ist die kontinuierliche Rostbeschickung sehr zu empfehlen; denn dabei werden automatisch in bestimmten Zeitzwischenräumen auf dem Glühfeuer kleine Brennstoffmengen kontinuierlich verteilt, und es tritt der krasse Unterschied zwischen Entgasungsperiode und Glühfeuer sozusagen nicht mehr auf, während bei der periodischen Beschickung beide Zustände scharf abgegrenzt sind.

Weiter oben ist schon erwähnt, daß der konstante Rostwiderstand bei der kontinuierlichen Beschickung es besonders erleichtert, an Hand der Unterdruck- und Differenzdruckmessungen die richtige Luftzufuhr ohne Mühe einzustellen. Da aber bei der automatischen Rostbeschickung auch die minutliche aufzuwerfende Brennstoffmenge sehr genau (s. u.) ermittelt werden kann, so ist es möglich, fast direkt schematisch zu arbeiten.

Die minutlich aufgeworfenen Brennstoffmengen ergeben sich wie folgt: Die Wurfvorrichtung der automatischen Feuerungen arbeiten mit verschiedenen Geschwindigkeiten (drei bis fünf), welche durch eine Serie von Stufenscheiben geregelt werden können. Die minutliche Umdrehungszahl der die Wurfschaufeln antreibenden Welle sei $n_1$ bis $n_3$ resp. $n_5$.

Außerdem ist es möglich, an einem Schieber den Kohlenzulauf zu stellen. Für eine bestimmte Kohlensorte entspricht einer bestimmten Schieberstellung eine ganz bestimmte mittlere

Wurfmenge. Den Schieber eicht man sich zweckmäßig auf folgende Art: Man läßt die Antriebswelle mit der niedrigsten Geschwindigkeit $n_1$ laufen und öffnet den Kohlenschieber der Reihe nach: $^1/_1$, $^3/_4$, $^1/_2$, $^1/_4$ und versieht diese Stellungen mit Marken. Der Kessel selbst muß außer Betrieb sein. Die Wurfvorrichtung läßt man dann zehn Minuten bei jeder Schieberstellung arbeiten, aber mit einer vorgewogenen Kohlenmenge. Bei Beginn des Versuches hält man den Fülltrichter am besten gestrichen voll und diesen Zustand schafft man am Versuchsende wieder. Die eingeworfenen Kohlenmengen mögen sich nun ergeben haben bei zehn Minuten langer Wurfdauer (mit $n_1$):

Schieber $^1/_1$ offen 58 kg, minutlich somit 5,8 kg,
» $^3/_4$ » 44 », » » 4,4 »,
» $^1/_2$ » 36 », » » 3,6 »,
» $^1/_4$ » 30 », » » 3,0 ».

Die Tourenzahl der Wurfantriebwelle war $n_1 = 1$ Umdrehung pro Minute, so daß auch die Einzelwurfmengen hier je nach Schieberstellung 5,8, 4,4, 3,6 und 3,0 sind. Die Tourenzahl der Antriebswelle kann nun außerdem folgende Umdrehungszahlen annehmen: $n_2 = 1{,}2$, $n_3 = 1{,}5$, $n_4 = 1{,}8$, $n_5 = 2$.

Daraus ergibt sich das Schema für den minutlichen Kohleneinwurf.

| Einfallschieberstellung | $^1/_1$ | $^3/_4$ | $^1/_2$ | $^1/_4$ |
|---|---|---|---|---|
| Tourenzahl minutlich | minutlich aufgeworfene Kohlenmenge | | | |
| 1 | 5,8 | 4,4 | 3,6 | 3,0 |
| 1,2 | 6,96 | 5,28 | 4,32 | 3,6 sehr schwach |
| 1,5 | (8,7) | 6,6 | 5,4 | 4,5 mäßig |
| 1,8 | (10,45) | (7,92) | 6,48 | 5,4 normal |
| 2,0 | (11,6) | (8,8) | 7,2 | 6,0 angestrengt |
| | überanstrengt | | stark forciert | |

Aus der Stellung des Schiebers und der eingeschalteten Tourenzahl lassen sich dann direkt dem Heizer die am Unterdruck- und Differenzdruckmesser einzuhaltenden Zahlen angeben. Legt man den gleichen Kessel und die gleiche Kohle (wie Beispiel S. 180) zugrunde, so gilt:

| für Einfallschieberstellung u. Tourenzahl | = Betriebsvorschrift für Betrieb (S. 189), |
|---|---|
| ($^1/_4$ ÷ $^1/_2$) u. 1 ferner $^1/_4$ u. 1,2 | sehr schwach |
| $^3/_4$ u. 1; $^1/_2$ u. 1,2; $^1/_4$ u. 1,5 | mäßig |
| $^3/_4$ u. 1,2; $^1/_2$ u. 1,5; $^1/_4$ u. 1,8 | normal |
| $^1/_1$ u. 1; $^1/_4$ u. 2 | angestrengt |
| $^1/_1$ u. 1,2; $^3/_4$ u. 1,5; $^1/_2$ u. (1,8 ÷ 2,0) | stark forciert. |

Eine automatische Feuerung kann somit recht unabhängig vom guten Willen eines Heizers gemacht werden.

Die Rauchentwicklung kann vielfach schon die Eigentümlichkeit einer Kohlensorte sein. Englische Kohlen zeigen z. B. sehr häufig starke Rauchbildung. In solchen Fällen beseitigt der automatische Brennstoffaufwurf nicht immer jede Rauchentwicklung.

Die mäßige Rauchentwicklung bedeutet keinen nennenswerten Brennstoffverlust, sie ist nur vom hygienischen Standpunkt aus zu bekämpfen, was am einfachsten durch Zufuhr von vorgewärmter Sekundärluft hinter oder über der Feuerbrücke geschieht. Bereitet aber die mäßige Rauchentwicklung für die Umgebung keine Belästigung, so sieht man besser von der Rauchverbrennung, d. h. von der Zufuhr einer Sekundärluft, ab; denn durch die Erzielung der Rauchfreiheit eines Schornsteins bei nicht sehr sorgfältiger Beobachtung der Sekundärluftzufuhr erhöht sich meist der Verlust durch die Abgase infolge zu großen Luftüberschusses.

Die Rauchstärke wird bisweilen auch zahlenmäßig festgelegt. Man kann diese entweder aus dem Rußgehalt des Rauches bestimmen oder aus einer vergleichenden Farbenskala.

### a) Bestimmung der Rauchstärke nach Fritzsche.

Man führt ein ca. 15 cm weites Glasrohr *A* (Fig. 78) in eine am Schornstein angebrachte Öffnung ein. An dasselbe schließt sich, Glas an Glas, durch einen übergesteckten Gummischlauch *B* befestigt, ein Filterrohr *F*, welches sich nach der andern Richtung verengt. Es trägt eine Schlauchverbindung nach einem

Aspirator zu. Letzterer muß gestatten, das angesaugte Gasvolumen stets in Millimeter Wassersäule abzulesen.

Das Filterrohr *F* wird mit weißer, loser Zellulose gefüllt, welche den Ruß auffangen soll.

Man saugt 20 l Rauchgas aus dem Schornstein, nimmt dann das Filterrohr ab und bringt die durch Ruß geschwärzte Filterschicht in eine weithalsige ca. 300 ccm fassende Stöpselflasche. Mit reiner Zellulose wischt man das Rohr *A* und *F* nochmals nach und wirft auch diese in die Flasche. Nun gießt

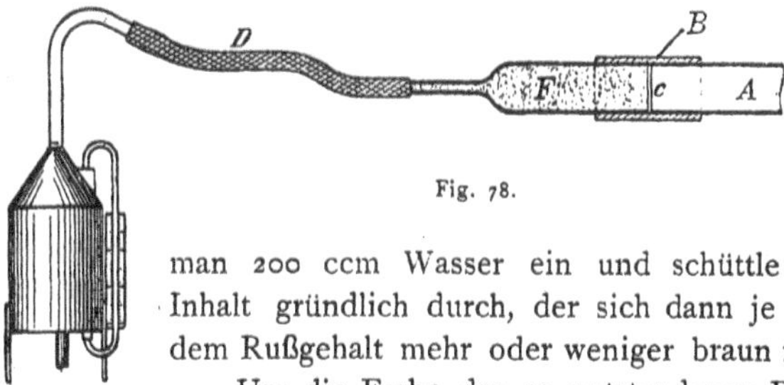


Fig. 78.

man 200 ccm Wasser ein und schüttle den Inhalt gründlich durch, der sich dann je nach dem Rußgehalt mehr oder weniger braun färbt. Um die Farbe des so entstandenen Breies als Maß für die Rauchstärke benutzen zu können, füllt man die Flüssigkeit in einen 50 mm weiten Standzylinder und vergleicht die dabei zum Vorschein kommende Färbung mit einer Farbenskala, die man als dauernd konstant folgendermaßen herstellt.

Man bringt in sechs Stöpselflaschen von 300 ccm Inhalt je 2 g weiße fasrige Zellulose und 290 ccm Wasser. Nun wiegt man Rußmengen ab von 5, 10, 15, 20, 25 und 30 mg, bringt diese Mengen je in eine Flasche und schüttelt gut durch.

Soll die Versuchslösung mit diesen Lösungen verglichen werden, so bringt man die Vergleichslösungen nach kräftigem Durchschütteln in Standzylinder von 50 mm Weite. Die Farbtöne werden dann etwa den in Fig. 79 entsprechen. Liegt dann die Versuchslösung z. B. zwischen IV und V, so sind in 20 l Rauchgas im Mittel 22.5 mg Ruß enthalten.

Man kann auch weiße Papierscheiben I—VI, welche man in dem gleichen Farbton, den die Vergleichsflüssigkeit zeigt, betuscht, als Normalvergleichsfarbentöne herstellen.

Man bezeichnet dann die Rauchstärke mit

| | I | II | III | IV | V | VI | |
|---|---|---|---|---|---|---|---|
| wenn sie | 5 | 10 | 15 | 20 | 25 | 30 | mg Ruß in 20 l |

Rauchgas enthält.

Wichtig ist es außer dem Mittelwert auch das Maximum der Rauchentwicklung festzustellen, welches man unmittelbar nach dem Aufwerfen frischen Brennstoffes erhält.

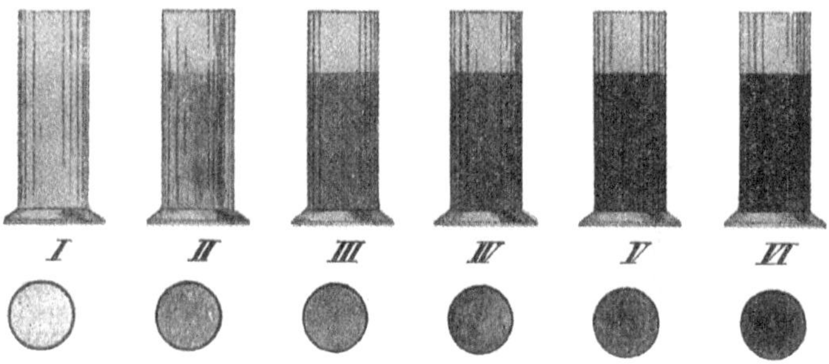


Fig. 79.

**b) Bestimmung der Rauchstärke nach Ringelmann.**

Man vergleicht die dem Schornstein entströmenden Rauchgase direkt mit einer Farbenskala, die in bestimmter Entfernung vom Auge des Beschauers verschiedene Nuancen von grau bis schwarz erkennen läßt.

Ringelmann benutzt zur Konstruktion in seiner Farbenskala die Erscheinung, daß eine weiße Fläche, die sich kreuzende schwarze Linien von bestimmter Strichstärke und in gewissen Abständen voneinander trägt, aus der Entfernung betrachtet, in einem grauen Ton erscheint, und zwar um so dunkler, je dicker die Striche sind und je näher sie zusammenstehen.

Man zeichnet sechs Quadrate mit 100 mm Seitenlänge und in diese rechtwinklig sich schneidende, tiefschwarze Linien, so daß die Strichstärke im

1. Quadrat = 0,5 mm u. die Seitenl. d. weißen Fläche 9,5 mm ist,
2. » = 1 » » » » » » » 9 » »,
3. » = 2,3 » » » » » » » 7,7 » »,

4\. Quadrat = 3,7 mm u. die Seitenl. d. weißen Fläche 6,3 mm ist,
5\. » = 5,5 » » » » » » » 4,5 » »,
6\. » alles schwarz » » » » » » o » ».

Verkleinert zeigt diese Farbenskala die Fig. 80.

Die Entfernung, in welcher die Skala aufgehängt werden soll, sei ungefähr 15—20 m vom Beobachter und zwar möglichst in der Richtung nach dem Schornstein, so daß man mit einem Blick Skala und Rauch streift. Der Hintergrund soll der gleiche sein.

Man unterscheidet auch hier sechs verschiedene Rauchstärken

| | | | | | | | |
|---|---|---|---|---|---|---|---|
| Farbton | des | 1. | Quadrates | ist | = | Rauchstärke | I, |
| » | » | 2. | » | » | = | » | II, |
| » | » | 3. | » | » | = | » | III, |
| » | » | 4. | » | » | = | » | IV, |
| » | » | 5. | » | » | = | » | V, |
| » | » | 6. | » | » | = | » | VI. |

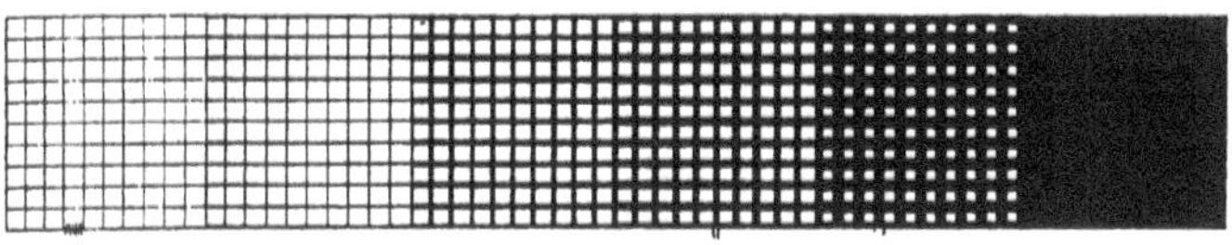

Fig. 80.

## 5. Reinigung des Speisewassers von Kesselsteinbildnern.

Die Kesselsteinbildung beeinträchtigt die Ökonomie einer Dampfkesselanlage besonders insofern, als sie die Betriebssicherheit in hohem Maße gefährdet. Die öftere Außerbetriebnahme eines Kessels bedeutet stets Wärmeverluste. Endlich wird der Wärmedurchgang durch die mit Kesselstein belegte Heizfläche, wenn in einigen Fällen auch nachgewiesenermaßen in unbedeutendem Grade, doch ungünstig beeinflußt.

Deshalb müssen die Kesselsteinbildner durch Reinigung unschädlich gemacht werden. Die Reinigung des Speisewassers, d. h. die Ausscheidung der Kesselsteinbildner kann innerhalb oder außerhalb des Kessels durch Zusätze von Chemikalien geschehen, in letzterem Falle durch Anwendung bestimmter Apparate, sog. Wasserreiniger.

### a) Methoden der Härtebestimmung.

Bevor man an die Reinigung des Wassers gehen kann, hat man sich über die im vorliegenden Wasser enthaltenen Härtebildner und deren Menge zu orientieren. Will man sich rasch orientieren, ob man ein hartes oder weiches Wasser vor sich hat, so geschieht das am einfachsten durch die Titration mit einer nach bestimmter Vorschrift hergestellten Seifenlösung nach Clark.

Diese Methode, es sei hier ausdrücklich erwähnt, gibt einen raschen, aber rohen Anhaltspunkt über die Härte des Wassers und ist nur für die erste Orientierung anzuwenden. Die Resultate dürfen nicht dazu benutzt werden, die Zusätze zu berechnen, welche zur Reinigung notwendig sind.

Die Seifenlösung stellt man auf folgende Weise her: 5 g medizinische Seife (Sapo medicatus) werden in etwa 25 ccm 96proz. Alkohol auf dem Wasserbade gelöst und heiß filtriert. Dem Filtrat setzt man 1 l 56proz. Alkohol (spez. Gew. 0,9047) hinzu.

Die Lösung wird mit einer Chlorbaryumlösung, welche 0,523 g kristallisiertes Chlorbaryum in 1 l enthält, eingestellt.

100 ccm von dieser Lösung gibt man mittels Pipette in eine die doppelte Menge fassende Stöpselflasche und läßt aus einer Bürette unter öfterem kräftigen Schütteln des Inhalts der Flasche so lange die Seifenlösung zufließen, bis ein dichter, 5 Minuten stehenbleibender Schaum entsteht. Man erreicht dies mit weniger als 45 ccm der Seifenlösung. Ist die Seifenlösung zu konzentriert, so ist sie mit 56proz. Alkohol so lange zu verdünnen, bis genau 45 ccm Seifenlösung zu 100 ccm Chlorbaryumlösung erforderlich sind. 45 ccm der Seifenlösung entsprechen dann 12 mg CaO oder 12 deutschen Härtegraden.

Die Härte des Wassers ist bekanntlich durch im Wasser vorhandene Kalzium- und Magnesiumsalze bedingt.

Unter der Gesamthärte eines Wassers versteht man alle gebundenen Kalzium- und Magnesiumsalze, welche an Kohlensäure, Salpetersäure, Schwefelsäure oder Salzsäure gebunden sein können.

Als vorübergehende Härte (temporäre, auch Bikarbonathärte) bezeichnet man diejenige durch Kalzium- und Magnesiumverbindungen hervorgerufene, welche als doppelkohlensaure Salze vorhanden sind und beim Kochen unter Freiwerden von Kohlensäure als einfach kohlensaure Salze ausfallen.

## Tabelle zur Bestimmung der Härte des Wassers.

**(Die der verbrauchten Seifenlösung entsprechenden Härtegrade.)**

(Nach Faißt und Knauß).

| Seifen-lösung | Härte-grade | Seifen-lösung | Härte-grade | Seifen-lösung | Härte-grade |
|---|---|---|---|---|---|
| 2,0 ccm | 0,15 | 16,5 ccm | 3,85 | 31,0 ccm | 7,83 |
| 2,5 » | 0,27 | 17,0 | 3,98 | 31,5 » | 7,98 |
| 3,0 » | 0,40 | 17,5 » | 4,12 | 32,0 » | 8,12 |
| 3,5 » | 0,52 | 18,0 » | 4,25 | 32,5 » | 8,27 |
| 4,0 » | 0,65 | 18,5 » | 4,39 | 33,0 » | 8,41 |
| 4,5 » | 0,78 | 19,0 » | 4,52 | 33,5 » | 8,56 |
| 5,0 » | 0,90 | 19,5 » | 4,65 | 34,0 » | 8,70 |
| 5,5 » | 1,02 | 20,0 » | 4,78 | 34,5 » | 8,85 |
| 6,0 » | 1,15 | 20,5 » | 4,93 | 35,0 » | 8,99 |
| 6,5 » | 1,27 | 21,0 » | 5,06 | 35,5 » | 9,14 |
| 7,0 » | 1,40 | 21,5 » | 5,19 | 36,0 » | 9,28 |
| 7,5 » | 1,52 | 22,0 » | 5,33 | 36,5 » | 9,43 |
| 8,0 » | 1,65 | 22,5 » | 5,47 | 37,0 » | 9,54 |
| 8,5 » | 1,78 | 23,0 » | 5,60 | 37,5 » | 9,72 |
| 9,0 » | 1,90 | 23,5 » | 5,74 | 38,0 » | 9,87 |
| 9,5 » | 2,03 | 24,0 » | 5,87 | 38,5 » | 10,02 |
| 10,0 » | 2,16 | 24 5 » | 6,01 | 39,0 » | 10,17 |
| 10,5 » | 2,29 | 25,0 » | 6,15 | 39,5 » | 10,32 |
| 11,0 » | 2,42 | 25,5 | 6,29 | 40,0 » | 10,47 |
| 11,5 » | 2,55 | 26,0 » | 6,43 | 40,5 » | 10,62 |
| 12,0 » | 2,68 | 26,5 » | 6,57 | 41,0 » | 10,77 |
| 12,5 » | 2,81 | 27,0 » | 6,71 | 41,5 » | 10,92 |
| 13,0 » | 2,94 | 27,5 » | 6,85 | 42,0 » | 11,07 |
| 13,5 » | 3,07 | 28,0 » | 6,99 | 42,5 » | 11,23 |
| 14,0 » | 3,20 | 28,5 » | 7,13 | 43,0 » | 11,38 |
| 14,5 » | 3,33 | 29,0 » | 7,27 | 43,5 » | 11,54 |
| 15,0 » | 3,46 | 29,5 » | 7,41 | 44,0 » | 11,69 |
| 15,5 » | 3,59 | 30,0 » | 7,55 | 44,5 » | 11,84 |
| 16,0 » | 3,72 | 30,5 » | 7,69 | 45,0 » | 12,00 |

Unter bleibender Härte (permanenter) versteht man die beim Kochen des Wassers gelöst bleibenden, an Schwefelsäure, Salzsäure und Salpetersäure gebundenen Mengen von

Kalzium- und Magnesiumsalzen (Hauptvertreter Kalziumsulfat = Gips).

Man drückt die Härte in Graden aus.

1 deutscher Härtegrad = 1 g Kalziumoxyd oder der äquivalenten Menge Magnesiumoxyd in 1 hl Wasser.

$$1 \text{ g } MgO = \frac{56}{40} = 1{,}4 \text{ g } CaO.$$

B e i s p i e l: Ein Wasser enthält in 1 hl Wasser 12,96 g Kalziumoxyd und 3,82 g Magnesiumoxyd, so ist die Härte:

$$12{,}96 + 1{,}4 \cdot 3{,}82 = 18{,}31 \text{ deutsche Härtegrade.}$$

Nach Clark bestimmt man die Gesamthärte dadurch, daß man zu einer abgemessenen Menge Wassers, z. B. 100 ccm, welche man in eine reine Medizinflasche von 200 ccm Inhalt eingibt, so lange aus einer Bürette Seifenlösung zufließen läßt, bis bei kräftigem Schütteln eine Schaumbildung entsteht, welche 5 Minuten bestehen bleibt. Aus den verbrauchten Kubikzentimetern Seifenlösung ergibt sich die Gesamthärte aus der Tabelle. Sehr harte Wasser über 12 Härtegrade benötigen mehr als 45 ccm Seifenlösung. Dabei verdünnt man am besten das zur Untersuchung vorliegende Wasser mit destilliertem Wasser in einem in der Rechnung zu berücksichtigenden bestimmten Verhältnis.

B e i s p i e l: Verdünnt 50 ccm Untersuchungswasser mit 50 ccm destilliertem Wasser. Seifenlösung verbraucht 23 ccm; laut Tabelle = 5,6 Härtegrade.

Wirkliche Härte des Wassers $2 \cdot 5{,}6 = 11{,}2^0$ Gesamthärte.

Zur Bestimmung der bleibenden Härte werden 200 ccm Wasser in einem Meßkolben genau abgemessen, man gibt es in einen Kochkolben, worin es eine halbe Stunde gekocht wird unter fortwährendem Ersatz des verdampfenden Wassers. Nach Abkühlung mißt man in dem Meßkolben auf genau 200 ccm wieder auf, indem man mit einigen Kubikzentimetern destillierten Wassers den Kochkolben ausspült und die fehlende kleine Menge ergänzt. Das abgekochte Wasser wird dann, nachdem es durchgeschüttelt, in einem enganliegenden Filter klar filtriert und 100 ccm zur Härtebestimmung verwendet, die in gleicher Weise durch Titration mit Seifenlösung unter Ausschütteln ausgeführt wird.

Beispiel: Verbrauch 19,5 ccm Seifenlösung.

Laut Tabelle = 4,65 bleibende Härtegrade.

Da das Wasser eine Gesamthärte von 11,2° hatte, so ist die vorübergehende Härte

$$11{,}2 - 4{,}65 = 6{,}55^0.$$

Das Wasser enthält somit mehr als die Hälfte der Härtebildner in Gestalt von Bikarbonaten.

Dieser Einblick ist für die Betriebspraxis immerhin schon von Vorteil.

Das Prinzip der Seifenmethode ist folgendes:

Die Kalzium- und Magnesiumsalze bilden mit der Seifenlösung (fettsaurem Kalium) fettsaures Kalzium und fettsaure Magnesia. Diese Salzbildung verhindert das der Seifenlösung an und für sich eigene charakteristische Schäumen beim Schütteln. Erst wenn die gesamten Kalzium- und Magnesiumsalze als fettsaure Salze gebunden sind, wird ein geringer Überschuß von Seifenlösung ein Schäumen hervorbringen.

Exakte Angaben über die Art und den Grad der Härte erhält man auf folgende Weise:

### α) Bestimmung der vorübergehenden (Bikarbonat) Härte.

100 ccm des zu untersuchenden Wassers werden mit einer sehr empfindlichen Lackmustinktur versetzt und in einem Kochkolben aus Jenaer Glas bis zum Sieden erhitzt. Während des Kochens wird mit N/10 Schwefelsäure so lange titriert, bis die rote Farbe bleibend ist. Statt Lackmus kann auch 1 Tropfen Methylorange zugesetzt werden; er soll bis zum Umschlag über Orange in Rot titriert werden.

$$1 \text{ ccm N/10 Schwefelsäure} = 2{,}8 \text{ mg CaO}.$$

Beispiel: Verbrauch 3,2 ccm N/10 $H_2SO_4$.

Vorübergehende Härte

$$= 3{,}2 \cdot 2{,}8 = 8{,}96 \text{ Härtegrade}.$$

Der Vorgang bei der Titration ist folgender:

$$\left.\begin{matrix} H_2CO_3 \\ CaCO_3 \end{matrix}\right\rangle + H_2SO_4 = CaSO_4 + 2\,CO_2 + 2\,H_2O.$$

Das Bikarbonat geht über in Sulfat unter Entweichen von Kohlensäure, welche unter wiederholtem Kochen ausgetrieben wird. Das Rotwerden rührt von geringem Überschuß von Säure her.

Nach Wartha kann man auch mit N/10 Salzsäure unter Anwendung von Methylorange als Indikator titrieren.

1 ccm N/10 HCl = 2,8 mg CaO.

Der Vorgang, der sich vollzieht, ist folgender:

$$\left.\begin{matrix} H_2CO_3 \\ CaCO_3 \end{matrix}\right\rangle + 2\,HCl = CaCl_2 + 2\,H_2O + 2\,CO_2,$$

$$\left.\begin{matrix} MgCO_3 \\ H_2CO_3 \end{matrix}\right\rangle + 2\,HCl = MgCl_2 + 2\,H_2O + 2\,CO_2.$$

Da Methylorange auf Kohlensäure nicht reagiert, braucht dabei nicht erwärmt zu werden.

### β) Bestimmung der Gesamthärte.

Nachdem die vorübergehende Härte ermittelt ist, wird dies neutralisierte Wasser mit einem Überschuß einer Lösung aus gleichen Teilen N/10 Natronlauge und N/10 Sodalösung versetzt und 3 bis 4 Minuten gekocht, dann abgekühlt und auf 200 ccm genau aufgefüllt und filtriert.

Das überschüssige Alkali wird in 100 ccm des Filtrates durch Filtration mit N/10 Schwefelsäure (oder Salzsäure) unter Anwendung von Methylorange als Indikator zurücktitriert. Da eine Verdünnung von 100 ccm Wasser auf 200 ccm stattfand, muß der Säureverbrauch zur Berechnung verdoppelt werden.

Beispiel: Zugesetzt zusammen 10 ccm N/10 Alkali.

Zurücktitriert 8,4 ccm N/10 $H_2SO_4$.

Alkaliverbrauch somit 10 — 8,4 = 1,6 ccm N/10

Gesamthärte = 1,6 · 2 · 2,8 = 9,27°.

### γ) Bestimmung der bleibenden Härte.

Sie ergibt sich aus der Differenz der Gesamthärte und der vorübergehenden Härte. Hier z. B. zu 9,27 — 8,96 = 0,31°.

## b) Die Erhärtung des Wassers im Kessel.

### α) Chemische Vorgänge.

Die Bikarbonate scheiden sich in der Siedehitze von selbst als Schlamm aus nach der Gleichung

$$\left.\begin{matrix} Ca\,CO_3 \\ H_2\,CO_3 \end{matrix}\right\rangle = \underset{\substack{\text{ausfallender} \\ \text{Niederschlag.}}}{Ca\,CO_3} + CO_2 + H_2O.$$

Der Schlamm muß zeitweise abgelassen werden.

Die hauptsächlich durch den Gips bedingte bleibende Härte wird durch Sodazusatz in den Kessel vernichtet nach der Gleichung

$$\underbrace{Ca\,SO_4}_{\substack{\text{Kesselstein-} \\ \text{bildner}}} + \underbrace{Na_2\,CO_3}_{\substack{\text{Fällungs-} \\ \text{mittel}}} = \underbrace{Ca\,CO_3}_{\substack{\text{ausfallender} \\ \text{Niederschlag}}} + Na_2\,SO_4.$$

Die im Kessel sich gleichzeitig bildende Salzlösung von schwefelsaurem Natron darf nicht zu konzentriert werden, da sie sonst nachteilig auf die Kesselbleche wirkt. Alle 8 Tage ist ein Teil des Kesselinhalts abzulassen; alle 6 bis 8 Wochen ist der Kessel ganz zu entleeren.

### β) Berechnung der zuzusetzenden Sodamengen.

In der Praxis rechnet man pro $1^0$ bleibende Härte = 1,9 g wirksame Sodasubstanz pro 1 hl.

Will man genauer verfahren, so löst man nach Brand 10 g der verwendeten Soda in 1 l destilliertem Wasser und fügt mittels Teilpipette in zehn Reagensgläsern der Reihe nach 0,1, dann 0,2 bis 1,0 ccm dieser Sodalösung zu, gibt ferner je 10 ccm des betreffenden gipshaltigen Wassers ein und stellt die Gläser 10 bis 15 Minuten in kochendes Wasser ein. Danach wird die klare Flüssigkeit mit Kurkumapapier untersucht; dasjenige Glas, das eine Braunfärbung zeigt, enthält schon überschüssige Soda und das vorhergehende ist der Rechnung zugrunde zu legen. Die Anzahl der für dieses Glas verbrauchten Zehntelkubikzentimeter Sodalösung $\times$ 10 ergibt die Gramme der vorliegenden Soda, die dem Wasser pro 1 hl zuzusetzen sind.

Gibt z. B. Glas 5 eine deutliche Braunfärbung, so ist $4 \cdot 10 = 40$ g Soda pro 1 hl erforderlich.

Man zieht durch einen zweiten Versuch die Grenzen nochmals enger, indem man 100 ccm der Sodalösung nochmals auf 1 l, also zehnfach, verdünnt. Man gibt dann der Reihe nach in die Gläser ein: 4,1, 4,2 etc. bis 5,0 ccm. Ist Glas 4,2 braungefärbt, so ist $4{,}1 \cdot 10 = 41$ g Soda pro 1 hl ausreichend.

Der tägliche Wasserverbrauch muß bekannt sein und wird mit einem Speisewassermesser ermittelt. Werden täglich 60 hl Wasser gespeist, so ist $60 \cdot 41 = 2460$ g Soda zuzusetzen.

#### γ) Prüfung des gereinigten Kesselwassers.

Es soll kein Sodaüberschuß im Kessel vorhanden, und ferner auch die bleibende Härte vernichtet sein.

Auf Kalk prüft man, indem man eine Probe am Wasserstandsrohr nach kräftigem Vorschießen entnimmt und filtriert. Das klare Filtrat macht man ammoniakalisch und fügt eine Lösung von oxalsaurem Kalk hinzu. Eine entstehende weiße Trübung deutet auf Kalk hin. Der Sodazusatz ist also zu verstärken.

Auf Sodaüberschuß prüft man mit Kurkumapapier; bräunt sich dieses, so ist ein solcher vorhanden. Hoher Sodaüberschuß ist ebenfalls zu vermeiden.

### c) Die Enthärtung des Speisewassers außerhalb des Kessels.

Nur diese Reinigungsart kommt für Großbetriebe in Betracht. Sie vollzieht sich in sog. »Wasserreinigern« wie solche von den Firmen: Hans Reisert, Köln, Halvor Breda u. a. gebaut werden.

#### α) Die wichtigsten chemischen Vorgänge bei der Wasserreinigung.

Beim Kalk-Sodaverfahren sind folgende Umsetzungen beachtenswert:

| | Vorhandener Härtebildner | Zusatz | ausfallender Niederschlag | in Lösung |
|---|---|---|---|---|
| 1. | $CaH_2(CO_3)_2$ | $+ CaO$ | $= 2\,CaCO_3$ | $+ H_2O$, |
| 2. | a) $MgH_2(CO_3)_2$ | $+ CaO$ | $= MgCO_3 + CaCO_3$ | $+ H_2O$, |
| | b) $MgCO_3$ | $+ CaO$ | $= MgO + CaCO_3$ | |
| 3. | $CaSO_4$ | $+ Na_2CO_3$ | $= CaCO_3$ | $+ Na_2SO_4$, |
| 4. | a) $MgCl_2$ | $+ CaO$ | $= MgO$ | $+ CaCl_2$, |
| | b) $CaCl_2$ | $+ Na_2CO_3$ | $= CaCO_3$ | $+ 2\,NaCl$. |

Auf jedes Molekül Bikarbonat, gleichgültig ob Magnesium- oder Kalziumbikarbonat, muß ein Molekül $CaO$, und auf jedes Molekül einer Magnesiumverbindung, ohne Unterschied ob Bikarbonat oder Chlorid, ein weiteres Molekül $CaO$ zugesetzt werden. Ferner trifft auf jedes Molekül derjenigen Verbindungen, welche die permanente Härte verursachen, das sind Sulfate, Chloride oder Nitrate des Kalziums und Magnesiums je ein Molekül Soda ($Na_2CO_3$). Die Berechnung der zuzusetzenden Mengen ist somit nicht schwierig.

*β*) **Berechnung der Zusätze von Kalk und Soda ev. Natronhydrat.**

Die Analyse des Wassers muß gegeben sein:

Beispiel: $CaO = 16{,}48$ g in 1 hl,
$MgO = 2{,}75$ g in 1 hl,
Gebundene Kohlensäure $= 7{,}6$ g in 1 hl,
Schwefelsäure $SO_3 = 16{,}4$ g in 1 hl.

$$2{,}75 \text{ g } MgO \text{ an } CO_2 \text{ gebunden} = \frac{84 \cdot 2{,}75}{40} = 5{,}77 \text{ g } MgCO_3,$$

$$\text{Kohlensäurerest} = 7{,}6 - \left(\frac{44}{40} \cdot 2{,}75\right) = 4{,}575 \text{ g}.$$

Der Kohlensäurerest an $CaO$ gebunden $=$

$$4{,}575 \cdot \frac{100}{44} = 10{,}4 \text{ g } CaCO_3.$$

$$\text{Rest } CaO = 16{,}48 - \left(10{,}4 \cdot \frac{56}{100}\right) = 10{,}66 \text{ g } CaO, \text{ der an}$$

$$SO_3 \text{ gebunden} = \frac{10{,}66 \cdot 156}{56} = 25{,}9 \text{ g } CaSO_4.$$

Hiernach ist $2{,}75$ g $MgO$ an $CO_2$ gebunden und $16{,}48 - 10{,}66 = 5{,}82$ g $CaO$ an $CO_2$ gebunden.

Die vorübergehende Härte ist $= 2{,}75 \cdot 1{,}4 + 5{,}82 = 9{,}67^0$.
Die Gesamthärte $= 2{,}75 \cdot 1{,}4 + 16{,}48 = 20{,}33^0$.
Die permanente Härte $= 20{,}33 - 9{,}67 = 10{,}66^0$.

Zur Entfernung der vorübergehenden Härte geschieht der Zusatz von Ätzkalk. Derselbe setzt sich mit dem doppeltkohlensauren Kalk im Wasser um nach

$$\begin{matrix} \underbrace{CaO\,CO_2}_{56} \\ H_2CO_3 \end{matrix} > + \underbrace{CaO}_{56} = 2\ CaCO_3 + H_2O.$$

Wie oben schon erwähnt, erkennt man: Für je 1 g doppelkohlensauren Kalk ist 1 g Ca O hinzuzufügen, d. h. es sind dem Wasser so viel Gramm Ca O hinzuzusetzen, als vorübergehende Härtegrade vorhanden sind; hier also 9,67 g Ca O pro 1 hl Wasser. Ein geringer Fehler ist hier mit in Kauf genommen, insofern nicht alle kohlensaure Magnesia zur Abscheidung gelangt. Für die gewöhnlichen Wasser mit niedrigem Magnesiumgehalt braucht dies aber praktisch nicht berücksichtigt zu werden.

Anstatt mit Kalkzusatz kann man auch die doppelkohlensauren Erden mit Natriumhydrat zur Ausscheidung bringen nach:

$$\begin{matrix}\underbrace{Ca\,O}_{56}\,CO_2 \\ H_2\,CO_3\end{matrix}\!> + \underbrace{2\,Na(OH)}_{80} = Ca\,CO_3 + \underbrace{Na_2\,CO_3}_{106} + 2\,H_2O$$

hier kommt auf 1 g CaO = 1 Härtegrad: $\frac{80}{56} = 1{,}43$ g Na OH.

Im Beispiel wäre also $9{,}67 \cdot 1{,}43 = 13{,}82$ g Na (OH) pro 1 hl Wasser zu verwenden.

Die bleibende Härte wird durch Sodazusatz beseitigt.

$$\underbrace{Ca\,O}_{50}\,SO_3 + \underbrace{Na_2\,CO_3}_{106} = Ca\,CO_3 + Na_2\,SO_4.$$

Für 1 bleibenden Härtegrad braucht man $\frac{106}{56} = 1{,}89$ g wasserfreie Soda pro 1 hl; für $10{,}66^0$ bleibende Härte wäre $10{,}66 \cdot 1{,}89 = 20{,}3$ g wasserfreie Soda pro 1 hl nötig.

Wird an Stelle des Ca O zur Entfernung der vorübergehenden Härte Natriumhydroxyd benutzt, so erkennt man aus der obigen Umsatzungsgleichung, daß dabei eine Sodamenge entsteht. Diese beteiligt sich natürlich sofort an der Entfernung der permanenten Härte, und es muß nun bei Anwendung von Na (OH) zur Beseitigung der temporären Härte ein entsprechend geringerer Sodazusatz gemacht werden.

Nach obiger Gleichung kommen auf 80 g Na (OH) 106 g $Na_2\,CO_3$.

Die berechneten 13,82 g Na (OH) erzeugen dann

$$13{,}82 \cdot \frac{106}{80} = 18{,}31 \text{ g Soda.}$$

Es genügt nun, da diese 18,31 g Soda sich ebenfalls an der Gipsausscheidung beteiligen, 20,30 — 18,31 = 1,99 g Soda pro 1 hl.

Das Wasser muß demnach zur Beseitigung von 9,67 $^0$ vorübergehende und 10,66 $^0$ bleibende Härte an Zusätzen pro 1 hl Wasser erhalten:

entweder a) 9,67 g Ca O und 20,3 g Soda (wasserfrei),

oder b) 13,82 g Na (OH) und 1,99 g Soda (wasserfrei).

### γ) Die Ermittlung der wirksamen Substanz in den Zusätzen.

Der käufliche Kalk und die Soda sind nicht chemisch rein, sondern enthalten stets unwirksame Bestandteile.

#### 1. Die Bestimmung der unwirksamen Substanz im Kalk.

Etwa 10 kg Kalk werden an verschiedenen Stellen dem Lager entnommen und in einer Kugelmühle (s. Kohlenanalyse) zu feinem Mehl gemahlen. Von dem Mehl entnimmt man eine gute Durchschnittsprobe und verwendet davon genau 2 g zur Analyse, welche man in einen Zweilitermeßkolben bringt. Zunächst löscht man diese Probe mit ca. 5—10 ccm Wasser, füllt unter mehrmaligem Umschütteln mit destilliertem Wasser bis zur Marke auf und filtriert. Vom Filtrate gibt man 100 ccm in einen Erlenmeyerkolben und titriert unter Anwendung von Phenolphthaleïn als Indikator mit N/10 Schwefelsäure.

$$1 \text{ ccm } N/10\, H_2SO_4 = 0{,}0028 \text{ g } CaO.$$

Wurden z. B. 28,4 ccm N/10 Säure verbraucht, so ist das 28,4 · 0,0028 = 0,0795 g Ca O in 100 ccm Lösung.

Wäre der Kalk chemisch rein gewesen, so müßte 0,1 g Ca O darin sein. Der rohe Ätzkalk enthält somit 79,5 % wirksame Substanz, und es muß die $\frac{100}{79{,}5} = 1{,}26$ fache Menge der theoretisch berechneten Kalkmenge zugesetzt werden.

Der Kalk muß bei seiner Aufbewahrung möglichst luftdicht abgeschlossen gelagert werden.

2. Untersuchung der käuflichen Soda auf wirksame Substanz.

In Verwendung kommt fast ausschließlich wasserfreie kalzinierte Soda. Zur Untersuchung wiegt man von einer guten Durchschnittsprobe genau 3 g auf einem Uhrglas ab, bringt diese Menge in einen Litermeßkolben und füllt bis zur Marke auf. Nach kräftigem Schütteln titriert man 100 ccm mit $N/10\ H_2SO_4$ unter Anwendung von einigen Tropfen Lackmustinktur als Indikator. Man hat dabei stets zu kochen um die Kohlensäure zu beseitigen. Die Titration ist zu Ende, wenn eine bleibende rote Farbe nach dem Kochen erzielt ist.

$$1 \text{ ccm } N/10\ H_2SO_4 = 0{,}053 \text{ g Soda.}$$

Beispiel: Verbraucht 5,35 ccm $N/10\ H_2SO_4$:
in 100 ccm sind enthalten $5{,}35 \cdot 0{,}053 = 0{,}283$ g Soda,
in 1000 ccm 2,83 g Soda.

In 3 g Soda sind somit 2,83 g wirksame Substanz, das sind

$$\frac{2{,}83 \cdot 100}{3} = 94{,}3\ \% \text{ wirksame Substanz.}$$

Für die auf Grund der chemischen Analyse berechnete Sodamenge muß somit statt je $1 \text{ g} = \frac{100}{94{,}3} = 1{,}06$ g Soda in der Praxis verwendet werden.

### δ) Die Prüfung der gereinigten Wässer auf einen Überschuß von Zusätzen.

Tritt durch Zusatz von 1—2 Tropfen Phenolphthalein zum gereinigten Wasser eine Rotfärbung auf, so ist der Überschuß eines Zusatzes nachgewiesen. Es kann zugegen sein:

1. Nur Soda,
2. Soda und Natriumhydroxyd,
3. nur Natriumhydroxyd,
4. Kalk und Natriumhydroxyd,
5. nur Kalk.

Fall 1. Ist »nur Soda« im Überschuß, so muß, wenn 20 ccm durch Phenolphthalein gerötetes Wasser mit viel Bariumchloridlösung versetzt werden, die Rotfärbung verschwinden. Nach der Gleichung $Na_2CO_3 + BaCl_2 = BaCO_3 + 2\ NaCl$; denn es entsteht unlösliches Bariumkarbonat. Bleibt die Rotfärbung, so ist Fall 2—5 möglich.

Fall 2 entsteht, wenn nach der Gleichung $Ca(OH)_2 + Na_2CO_3 = CaCO_3 + 2\,Na(OH)$ sich Natriumhydroxyd gebildet hat. Der Kalk, welcher in kleineren Mengen vorhanden ist, und die Soda werden als Kalziumkarbonat ausgefällt und die überschüssige Soda bleibt in Lösung. Um Soda und Natriumhydroxyd nachzuweisen, versetzt man 20 ccm Wasser mit Phenolphthalein und gibt unter Umschwenken möglichst kleine Tropfen N/10 Salzsäure zu bis die Rotfärbung verschwindet. Hierbei wird nur Natriumhydroxyd an Salzsäure gebunden. Sobald mehr Salzsäure zugegeben wird, macht die Salzsäure aus Natriumkarbonat Kohlensäure frei, die sauer reagiert und das Verschwinden der Rotfärbung verursacht.

$$Na_2CO_3 + 2\,HCl = 2\,NaCl + H_2O + CO_2.$$

Nun gibt man Methylorange als Indikator zu, das Kohlensäure gegenüber indifferent ist. Durch Gelbfärbung der Flüssigkeit wird die Anwesenheit von Soda angedeutet. Bis zur Rotfärbung wird N/10 Salzsäure zugegeben. Aus der Anzahl der verbrauchten Menge N/10 Salzsäure berechnet sich der Überschuß.

Fall 3 tritt ein, wenn Kalziumhydroxyd und Soda in äquivalenten Mengen im Überschuß sind. Wird bei Fall 2 durch Zusatz von Methylorange sofort Rotfärbung eintreten, so ist die Abwesenheit von Soda bestätigt.

In Fall 4 und 5 begnügt man sich mit dem Nachweis des Kalziumhydroxydes. Man versetzt Wasser mit Ammoniak und Ammoniumoxalat und reibt mit einem Glasstab mit Gummiüberzug an den Wandungen des Gefäßes; es wird sich dann ein kristallinischer Niederschlag von Kalziumoxalat bilden $(NH_4)_2C_2O_4 + Ca(OH)_2 = CaC_2O_4 + 2\,NH_3 + 2\,H_2O$. In bezug auf Magnesiumkarbonate ist dieser Untersuchungsgang nicht einwandfrei. Die Karbonate der Magnesien haben die Eigenschaft, sich im Wasser zu lösen und alkalische Reaktion zu besitzen. Die im Fall 1 entstehende Reaktion kann also von Soda oder von Magnesiumkarbonat herrühren. Meist ist die Menge des Magnesiums sehr gering, so daß in der Praxis in vielen Fällen dieser kurze Untersuchungsgang genügt.

Hundshagen empfiehlt einen Untersuchungsgang, dessen Ergebnis die fehlenden Zusätze als Härtegrade darstellt Um direkt mittels N/10-Maßflüssigkeiten die Anzahl der verbrauchten Kubikzentimeter = den Härteäquivalenten zu finden, sind stets 280 ccm Wasser zur Untersuchung zu verwenden. (28 = Äquivalentgewicht von CaO.)

Der Prüfungsgang ist folgender:

a) Titration mit N/10-Natriumkarbonatlösung unter Zugabe von Phenolphthaleïn als Indikator bis eine eben erkennbare rötliche Färbung entsteht. Färbt sich das Wasser von Anfang schon bei Zusatz des Indikators, so sind Hydrate und Karbonate vorhanden. Fehlen diese, so bleibt das Wasser durch Zusatz von Phenolphthaleïn farblos, und es sind Bikarbonate ev. freie Kohlensäure vorhanden, deren Menge in Härteäquivalenten die Anzahl der verbrauchten Kubikzentimeter N/10-Natriumkarbonatlösung angibt; sie sei mit $n_c$ bezeichnet.

b) Titration mit N/10 Salzsäure unter Zusatz von Phenolphthaleïn als Indikator. Bei dessen Zusatz wird eine mehr oder weniger deutliche Rotfärbung auftreten, welche darauf hindeutet, daß Karbonate eventuell neben Bikarbonaten oder Hydrate neben Karbonaten vorhanden sind. Es ist bis zur Farblosigkeit des Wassers zu titrieren. Die Anzahl der verbrauchten Kubikzentimeter N/10 HCl sei $s_{c_1}$.

c) Außer dem Zusatz von Phenolphthaleïn wird ferner von Anfang der Titrierung an (also einschließlich $s_{c_1}$) Methylorange zugegeben und die Anzahl der gesamten Kubikzentimeter bis zur sauren Reaktion bei letzterem Indikator ermittelt; sie sei mit $s_{c_2}$ bezeichnet.

Ist dann ferner:

c = gesuchtes Härteäquivalent der freien Kohlensäure<br>
C = das » » gebundenen » (insgesamt)<br>
$C_1$ = » » » halbgebundenen » (Bikarbonate)<br>
$C_2$ = » » » einfachen Karbonate $C - C_1$<br>
H = » » » Hydrate,

so sind vier Fälle möglich:

I. Das Wasser ist indifferent. Dabei wird weder eine Titration mit N/10 Natriumkarbonatlösung, noch eine solche mit N/10 Salzsäure notwendig sein. Weder freie Kohlensäure, noch Bikarbonate, weder Karbonate noch Hydrate sind vorhanden. $n_c = s_{c_1} = s_{c_2} = 0.$

II. Das Wasser enthält Bikarbonate, ev. freie Kohlensäure, dabei ist $n_c > 0$.

Die freie Kohlensäure ergibt sich in Härteäquivalenten direkt aus der Titration mit N/10 Natriumkarbonatlösung

$$c = \text{freie Kohlensäure} = n_c{}^0.$$

Das Härteäquivalent der Bikarbonate (balbgebundene Kohlensäure) ergibt sich aus der Titration nach c) mit Methylorange

$$C_1 = \text{halbgebundene Kohlensäure (Bikarbonate)} = s_{c_2}{}^0.$$

Da neben freier Kohlensäure und Bikarbonaten auf keinen Fall Karbonate oder Hydrate existieren können, so stellt der Verbrauch $s_{c_2}$ ccm das Härteäquivalent der Bikarbonate dar.

III. Das Wasser enthält Bikarbonate und Karbonate. Hier ist $s_{c_2} > 2\,s_{c_1}$.

Das Härteäquivalent der Bikarbonate ergibt sich aus der Differenz $s_{c_2} - 2\,s_{c_1} = C_1{}^0$.

Da Bikarbonate sich gegen Phenolphthaleïn neutral verhalten, dagegen unter Anwendung von Methylorange alkalisch reagieren, ergibt die obige Differenz der Titrationen die Bikarbonate. Dagegen findet man durch die Titration mit Phenolphthaleïn $C_2 = 2 \cdot s_{c_1}{}^0 =$ Härteäquivalent der Karbonate. Sind Bikarbonate und Karbonate gleichzeitig vorhanden, so können weder freie Kohlensäure noch Hydrate daneben auftreten.

IV. Das Wasser enthält Karbonate und Hydrate. Hier ist $s_{c_2} < 2\,s_{c_1}$.

Das Härteäquivalent der Karbonate $C_2$ ergibt sich aus

$$C_2 = 2\,(s_{c_2} - s_{c_1})^0$$

Dasjenige der Hydrate $H = 2\,s_{c_1} - s_{c_2} = s_{c_2} - C_2$.

Auch hier ist nicht möglich, daß neben dem gleichzeitigen Auftreten von Karbonaten und Hydraten ev. freie $CO_2$ oder Bikarbonate vorkämen.

---

Häufig ist die Kontrolle der täglichen Wasserreinigung dem Maschinenpersonal unterstellt. Wenn auch diese Art der Kontrolle nicht recht empfehlenswert ist, so ist es doch gut, wenn der bedienende Maschinist wenigstens grobe Fehler jederzeit durch kurze Methoden entdecken kann, um sofortige Anzeige zur genauen Untersuchung zu erstatten. Die Prüfung ist dabei folgende:

#### Rohe Prüfung auf richtigen Kalkgehalt.

10 ccm des gereinigten Wassers durch 1 Tropfen Phenolphthaleïnlösung rotgefärbt, werden mit 10 ccm Chlorbariumlösung zur Neutralisation der Soda versetzt. Die Rötung darf dabei nicht verschwinden. Zur Entfärbung der Flüssigkeit muß dann 1 Tropfen N/10 Salzsäure ausreichen.

#### Rohe Prüfung auf richtigen Sodagehalt.

10 ccm Wasser werden so lange tropfenweise mit Seifenlösung versetzt und geschüttelt, bis ein fester Schaum erzeugt wird. Das Wasser ist richtig enthärtet, wenn zur bleibenden Schaumbildung 8 Tropfen Seifenlösung genügen.

Bezüglich der Bedienung der Wasserreiniger sei erwähnt:

Zur exakten Bedienung einer Wasserreinigungsanlage ist das Vorschalten einer Wassermeßvorrichtung eine Hauptbedingung, da die Menge des täglichen Gesamtzusatzes von der zu enthärtenden Wassermenge abhängt. Der Kalk wird am besten gelöscht eingegeben und befreit von Steinen, Sand etc. Die Soda muß in heißem Wasser zuvor gelöst werden. Schüttet man Soda in kaltes Wasser direkt ein, so sintert sie zusammen und löst sich sehr schwer und ungleichmäßig wieder. Die Zuläufe von dem rohen Wasser sowie die des Kalk- und Sodawassers sind stets zu prüfen, ob sie ihren regelmäßigen Lauf haben, und die Schwimmer sind täglich auf ihr tadelloses Funktionieren zu prüfen. Der gebildete Schlamm im Klärbehälter muß täglich abgelassen werden und ferner ist das Kiesfilter täglich einmal auszuwaschen. Für alle diese Kontrollarbeiten geben die Fabriken bei Lieferung eingehende Betriebsvorschriften zur Bedienung, welche man mit genügender Aufmerksamkeit beachten soll.

## 4. Garantieabnahmeversuche von Dampfkesselanlagen.

### 1. Normen.

#### Allgemeine Bestimmungen.

Derartigen Versuchen werden die vom Vereine deutscher Ingenieure, dem Internationalen Verbande der Dampfkessel-

Überwachungsvereine und dem Vereine deutscher Maschinenbauanstalten aufgestellten Normen zugrunde gelegt.

Es ist wünschenswert, durch Angabe der wichtigsten Verhältnisse der untersuchten Anlagen und der Umstände, unter welchen die Ergebnisse erzielt worden sind, dahin zu wirken, daß diese Ergebnisse nicht nur für den einzelnen Fall benutzt werden können, sondern auch allgemeinen Wert erhalten. Zu diesem Zwecke ist es erforderlich, daß alle Angaben einheitlich nach Maßgabe der eingangs angeführten und nachfolgend wiedergegebenen Normen gemacht werden.

1. Gegenstand der Untersuchung einer Dampfkesselanlage kann sein:

a) die Menge des stündlich auf 1 qm Heizfläche erzeugten Dampfes (quantitative Leistung);

b) die Verdampfungszahl, d. h. die Anzahl der Kilogramm Wasser von bestimmter Temperatur, die durch 1 kg näher bezeichneten Brennstoffes in Dampf von gewisser Spannung und Temperatur verwandelt werden (Brennstoffverbrauch);

c) der Wirkungsgrad der Dampfkesselanlage, d. h. das Verhältnis der an den Inhalt des Dampfkessels abgegebenen Wärmemengen zu dem Heizwerte des verbrauchten Brennstoffes;

d) die einzelnen in der Dampfkesselanlage stattfindenden Wärmeverluste.

Bemerkung. Bei Überhitzern und Vorwärmern, welche keinen Bestandteil des zu untersuchenden Dampfkessels bilden, jedoch von derselben Wärmequelle geheizt werden, sind auch deren Leistungen festzustellen, jedoch getrennt von denen des Dampfkessels.

### Zahl und Dauer der Untersuchungen; zulässige Schwankungen.

3.[1]) Zahl und Dauer der Versuche haben sich nach dem Zwecke der Untersuchung zu richten und sind unter Berücksichtigung der Anlage- und Betriebsverhältnisse — bei Versuchen von besonderer Wichtigkeit, deren Ergebnisse z. B. für die Abnahme, für Abzüge oder Prämien maßgebend sind, auch

[1]) Die fehlenden § z. B. 2, 15, 18 etc. beziehen sich auf Garantieabnahmen von Dampfmaschinen s. dort.

nach der Bedeutung des damit verknüpften Interesses — gemäß Nr. 4 bis 6 zu bemessen und vorher zu vereinbaren.

4. Um die zu untersuchende Anlage im Betriebe kennen zu lernen, die zur Verwendung kommenden Vorrichtungen zu prüfen und die Beobachter und Hilfskräfte anzuweisen, empfiehlt es sich, Vorversuche anzustellen.

5. Für Untersuchungen von besonderer Wichtigkeit sind mindestens zwei Versuche hintereinander auszuführen, die nur dann als gültig erachtet werden, wenn sie nicht durch Störungen unterbrochen worden sind, und wenn ihre Ergebnisse nicht um mehr voneinander abweichen, als unvermeidlichen Beobachtungsfehlern zugeschrieben werden darf. Aus den Versuchen mit annähernd gleichen Ergebnissen wird der Mittelwert als endgültig angenommen.

6. Handelt es sich um die Ermittelung des Brennstoffverbrauches, so ist ein Versuch von mindestens 10stündiger Dauer, handelt es sich um die Menge des erzeugten oder verbrauchten Dampfes, so ist ein Versuch von mindestens 8stündiger Dauer zu machen.

Eine kürzere Dauer — beim Brennstoffverbrauch von mindestens 8, beim Dampfverbrauch von mindestens 6 Stunden — ist zulässig, wenn die zu untersuchende Anlage durchaus gleichmäßig beansprucht wird.

Wird die Menge des erzeugten oder verbrauchten Dampfes durch Oberflächenkondensation festgestellt, so genügt ein kürzerer Versuch, dessen Dauer nach den Schwankungen des Betriebes zu bemessen ist.

Bei den vorstehenden Zeitangaben ist vorausgesetzt, daß keine Unterbrechung oder Störung des Versuches stattfindet.

7. Wie weit von der zugesagten Leistung abgewichen werden darf, ohne die Zusage als verletzt erscheinen zu lassen, ist vor den Versuchen (sei es im Liefervertrage, sei es bei Aufstellung des Versuchsplanes) zu vereinbaren. Ist keine andere Vereinbarung getroffen, so gilt die Zusage noch erfüllt, wenn die durch den Versuch ermittelte Zahl um nicht mehr als 5 % ungünstiger ist als die zugesicherte Zahl. Innerhalb derselben Grenzen muß der zugesicherte Verbrauch an Brennstoff oder Dampf auch dann noch innegehalten werden, wenn bei Schwankungen während des

Versuchs die Belastung der Dampfmaschine im Mittel während des ganzen Versuches um nicht mehr als $\pm$ 7,5 %, im einzelnen in der Regel um nicht mehr als $\pm$ 15 % von der dem zugesicherten Brennstoff- oder Dampfverbrauche zugrunde gelegten Beanspruchung oder Belastung abgewichen ist.

Bemerkung. Da es bei Leitungsversuchen oft nicht möglich ist, eine Dampfmaschine mit derjenigen Nutzleistung arbeiten zu lassen, auf welche sich die im Vortrage ausgesprochene Zusage bezieht, so empfiehlt es sich, auch für größere und kleinere Leistungen Zahlen des voraussichtlichen Dampfverbrauches in den Vertrag aufzunehmen. Dasselbe gilt sinngemäß auch für Dampfkessel.

Versuche mit festgestelltem Regulator sind zulässig; jedoch ist dies im Versuchsbericht zu erwähnen.

8. Unmittelbar nach Inbetriebnahme einer Anlage soll kein Abnahmeversuch ausgeführt werden; dem Lieferanten wird zu eigenen Versuchen und zu den etwa nötigen Verbesserungen eine Frist eingeräumt, deren Dauer und sonstige Bedingungen möglichst bei Abfassung des Lieferungsvertrages festzustellen sind.

### Maße und Gewichte für die Berechnungen.

9. Alle Wärmemessungen (Wärmeeinheiten, Temperaturen) beziehen sich auf das 100teilige Thermometer (Celsius).

10. Ist ohne nähere Angabe vom Dampfdrucke die Rede, so ist darunter stets der Überdruck über den Druck der Atmosphäre zu verstehen.

Spannungen, welche geringer sind als der Druck der Atmosphäre, werden als Vakuum angegeben. Man versteht unter Vakuum den Unterschied zwischen der atmosphärischen und der zu messenden Spannung, beide von Null an gerechnet.

Die Maßeinheit für den Überdruck und für das Vakuum ist der Druck von 1 kg auf 1 qcm oder die metrische Atmosphäre.

Die absolute Dampfspannung erhält man, wenn man zum jeweiligen atmosphärischen Drucke den Überdruck hinzurechnet, bzw. vom atmosphärischen Drucke das Vakuum abzieht.

11. Die Zugstärke wird in Millimeter Wassersäule angegeben.

12. Unter Heizfläche ist bei Dampfkesseln der Flächeninhalt der einerseits von den Heizgasen, anderseits vom Wasser berührten Wandungen zu verstehen. Sind noch andere Wandungen vorhanden, durch welche Wärme in den Kessel übergeht, und sollen sie berücksichtigt werden, so ist deren von den Heizgasen bespülte Fläche besonders anzugeben.

Alle Heizflächen sind auf der Feuerseite zu messen.

13. Der Heizwert ist auf 1 kg ursprünglichen Brennstoffes (ohne Abzug von Asche, Feuchtigkeit usw.) bezogen in WE (Wärmeeinheiten-Kalorien) anzugeben. Die Berechnung geschieht unter der Voraussetzung, daß der im Brennstoff enthaltene Wasserstoff zu dampfförmigem Wasser verbrennt, und daß auch die Feuchtigkeit des Brennstoffes dampfförmig wird.

14. Die Verdampfung durch 1 kg ursprünglichen Brennstoffes und die Verdampfung auf 1 qm Heizfläche sind aus Wasser von $0^0$ und trocken gesättigtem Dampf von $100^0$ (636,722 WE) berechnet anzugeben.

19. Zu Anfang und zu Ende jedes Versuches sollen überall gleiche Verhältnisse vorhanden sein; Dampfkessel und Dampfmaschine sollen sich während des ganzen Versuches im Beharrungszustand befinden.

20. Handelt es sich um die Bestimmung des erzeugten oder des verbrauchten Dampfes, so sind alle für den Versuch nicht zur Anwendung kommenden Dampf- und Wasserrohre vom Versuchskessel und der Versuchsmaschine abzusperren, am besten mittels Blindflansche, die möglichst nahe am Dampfkessel und der Dampfmaschine anzubringen sind.

### Untersuchung einer Dampfkesselanlage.

21. Art, Zahl und Dauer der Versuche sind nach Maßgabe der »Allgemeinen Bestimmungen« (Nr. 1 bis 8) zu vereinbaren.

22. Die Konstruktions- und Betriebsverhältnisse der Dampfkesselanlage sind möglichst vollständig anzugeben und durch Zeichnungen zu erläutern; insbesondere sollen bei vollständigen Untersuchungen in diesen Angaben enthalten sein:

a) die Heizfläche des Dampfkessels gemäß Nr. 12;

b) die von den Heizgasen bespülten Überhitzer- und Vorwärmerheizflächen;

c) der Inhalt des Wasser- und Dampfraumes, der Speisewasservorwärmer und der von den Heizgasen geheizten Dampfüberhitzer;

d) die Verdampfungsoberfläche.

Bemerkung: Die vorstehenden Angaben, insofern sie vom Wasserstand beeinflußt werden, müssen dem bei der Untersuchung tatsächlich beobachteten Wasserstand entsprechen.

e) die gesamte und die freie Rostfläche; die Größe etwaiger Schwelplatten ist besonders anzugeben;

f) der Querschnitt der Feuerzüge an den wesentlichen Stellen;

g) der mittlere Zugquerschnitt der sämtlichen für den Versuch in Betracht kommenden Absperrvorrichtungen während des Versuches;

h) die Höhe des Schornsteines (von der Rostfläche aus gemessen) und dessen Querschnitt an der Ausmündung oder an der engsten Stelle.

23. Vor dem Versuch ist der Dampfkessel zu reinigen; innerlich und äußerlich zu untersuchen, auf seine Dichtheit zu prüfen und in ordnungsmäßigen Zustand zu bringen.

24. Bei Beginn des Versuches muß sich der Dampfkessel tunlichst im Beharrungszustand befinden; er muß deshalb nach der Reinigung, bevor der Versuch beginnt, je nach seiner Beschaffenheit einen oder mehrere Tage im normalen Betrieb gewesen sein, und zwar mit demselben Brennstoff und derselben Beanspruchung wie während des Versuches.

25. Wasserstand und Dampfdruck sollen während des ganzen Versuches möglichst auf gleicher Höhe erhalten werden; sie werden zu Anfang und zu Ende, sowie während des Versuches viertelstündlich vermerkt. Falls Überhitzer vorhanden, sind die Temperaturen der Gase vor und hinter dem Überhitzer, diejenigen des Dampfes dicht hinter dem Überhitzer viertelstündlich festzustellen.

Bemerkung: Geringe Abweichungen des Wasserstandes oder des Dampfdruckes am Ende des Versuches sind, falls sie sich nicht vermeiden lassen, nach ihrem Wärmewert, entsprechend den Spannungen am Anfang und am Ende des Versuches, in Rechnung zu ziehen.

Besondere Sorgfalt verlangen in dieser Beziehung die Wasserrohrkessel und ähnliche Konstruktionen mit stark schwankendem Wasserspiegel, bei denen außerdem während der Dampfentwicklung die Wassermasse durch die im Wasser enthaltenen Dampfblasen erheblich vergrößert erscheint.

26. Das Speisewasser wird entweder gewogen oder nach seinem Rauminhalt in geeichten Gefäßen gemessen; in letzterem Falle ist der Inhalt der Gefäße nach der Temperatur des Wassers zu berichtigen. Bei Versuchen von besonderer Wichtigkeit ist nur Wägung zulässig.

Die Speisungen müssen regelmäßig und womöglich ununterbrochen geschehen; ist ununterbrochene Speisung nicht möglich, so sind mindestens 10 Minuten vor Beginn und ebenso vor Schluß des Versuches Speisungen zu vermeiden.

Die Temperatur des Speisewassers wird im Behälter, aus welchem gespeist wird, gemessen, bei genauen Versuchen je nach Umständen auch kurz vor dem Eintritt in den Dampfkessel, und zwar bei jeder Speisung, mindestens aber halbstündlich.

Die Speisung durch Injektoren ist bei genauen Leistungsversuchen an Dampfkesseln unstatthaft.

Es ist unzulässig, zur Speisung Dampfpumpen zu verwenden, deren Abdampf mit dem Speisewasser in Berührung kommt, es sei denn, daß die dem Speisewasser auf diese Weise zugeführte Wärme- und Wassermenge genau bestimmt werden kann.

Alles Leckwasser an den Ausrüstungsteilen sowie etwa an ihnen ausgeblasenes Wasser ist aufzufangen und in Rechnung zu bringen.

27. Versuche, bei welchen nachweisbar erhebliche Wassermengen durch den Dampf mitgerissen werden, sind ungenau, solange nicht Verfahren und Vorrichtungen bekannt sind, welche es möglich machen, diese Wassermengen genau zu ermitteln.

28. Zum Beginn des Versuches muß das Feuer in einen normalen Zustand der Beschickung und Reinigung gebracht, Asche und Schlacke aus dem Aschenfall entfernt werden; ist es nicht möglich, den Aschenfall zu entleeren (Schrägrostfeuerungen), so sind die Rückstände darin vor und nach dem Versuch bis auf eine bestimmte Höhe zu bringen und abzu-

gleichen. In demselben Zustand wie beim Beginn muß sich das Feuer am Ende des Versuches befinden. Die Dauer und der Brennstoffverbrauch des Anheizens werden vermerkt, bleiben aber außer Berechnung.

Der während des Versuches zur Verwendung kommende Brennstoff ist zu wägen.

29. Um die richtige Durchschnittsprobe dieses Brennstoffes zu erlangen, kann man in folgender Weise verfahren: Von jeder Ladung (Karre, Korb u. dgl.) des zugeführten Brennstoffes wird eine Schaufel voll in ein mit einem Deckel versehenes Gefäß geworfen. Sofort nach Beendigung des Verdampfungsversuches wird der Inhalt des Gefäßes zerkleinert, gemischt, quadratisch ausgebreitet und durch die beiden Diagonalen in vier Teile geteilt. Zwei einander gegenüberliegende Teile werden fortgenommen, die beiden anderen wieder zerkleinert, gemischt und geteilt. In dieser Weise wird fortgefahren, bis eine Probemenge von etwa 10 kg übrig bleibt, welche in gut verschlossenen Gefäßen zur Untersuchung gebracht wird. Außerdem ist während des Versuches eine Anzahl von Proben in luftdicht verschließbare Gefäße zu füllen (Feuchtigkeitsproben).

30. Die Zusammensetzung des Brennstoffes ist durch chemische Analyse zu ermitteln. Es soll der Gehalt an Kohlenstoff (C), Wasserstoff (H), Sauerstoff (O), Schwefel (S), Asche (A) und Wasser (W) in Prozenten des Brennstoffgewichtes angegeben werden. Der Gehalt des Brennstoffes an Stickstoff (N) kann unberücksichtigt bleiben. Das Verhalten in der Hitze ist durch Verkokungsprobe zu ermitteln.

31. Der Heizwert des Brennstoffes ist kalorimetrisch zu ermitteln.

Bemerkung: Auf Grund der chemischen Analyse kann der Heizwert von Steinkohlen und Braunkohlen angenähert mittels der sog. Verbandsformel

$$81\,C + 290\left(H - \frac{O}{8}\right) + 25\,S - 6\,W$$

berechnet werden.

32. Die Temperatur der abziehenden Heizgase wird an der Stelle, wo sie den Kessel verlassen, jedenfalls aber vor dem Schieber, durch Quecksilberthermometer oder thermometrische

Pyrometer gemessen. Diese Geräte sind mit sorgfältiger Abdichtung in den Rauchkanal so einzusetzen, daß sich die Quecksilberkugel oder die Lötstelle mitten im Gasstrom befindet. Die Ablesungen erfolgen möglichst oft, längstens aber viertelstündlich und zwar womöglich bei Entnahme der Gasproben.

Die Temperatur der in die Feuerung tretenden Luft wird nahe der Feuerung gemessen, wobei das Thermometer vor Wärmestrahlung zu schützen ist. Aus den einzelnen Ablesungen wird das Mittel genommen.

33. Während des Heizversuches werden entweder ununterbrochen oder in gleichmäßigen Zwischenräumen möglichst oft, längstens aber alle 20 Minuten, durch ein luftdicht neben dem Thermometer eingesetztes Rohr, dessen untere Mündung mitten in den Gasstrom reicht, Gasproben entnommen. Der Gehalt an Kohlensäure (K) ist regelmäßig zu bestimmen. Vollständige Untersuchungen der Heizgase auf Kohlensäure, Sauerstoff, Kohlenoxyd und Stickstoff sind nach Bedarf vorzunehmen. Hierzu dienen am besten Durchschnittsproben, welche mittels gleichmäßig saugender Aspiratoren entnommen werden.

Soll der Verlust durch unvollständig verbrannte Gase festgestellt werden, so ist die Zusammensetzung der Gase nach genauen Verfahren festzustellen, da hierfür die üblichen Verfahren der technischen Gasanalyse nicht ausreichen.

Um zu ermitteln, wieviel Luft in die Feuerzüge eindringt, können an verschiedenen Stellen derselben Gasproben entnommen und auf ihren Gehalt an Kohlensäure und Sauerstoff untersucht werden.

Bemerkung: Auf einfache Weise kann man in der Regel starke Undichtheiten des Mauerwerkes nachweisen, indem man den im Betriebe befindlichen Rost mit stark rauchendem Brennstoff beschickt und hierauf den Zugschieber schließt, oder auch dadurch, daß man beobachtet, ob die Flamme eines an dem Kesselmauerwerk entlang bewegten Lichtes angesaugt wird.

Für die Berechnung der Wärme, die in den abziehenden Heizgasen verloren geht, ist die Zusammensetzung derjenigen Heizgase maßgebend, die neben dem Thermometer entnommen sind.

## 2. Normale Betriebszahlen.

Rechnerisch sind zu ermitteln:

a) Die Heizflächenbelastung $H_b$, d. i. die pro 1 qm Heizfläche in 1 Stunde erzeugte Dampfmenge, auch quantitative Kesselleistung oder Anstrengung der Heizfläche genannt.

Bedeutet $D$ = die pro 1 Stunde erzeugte Dampfmenge und
$H$ = die Heizfläche des Kessels in qm, so ist

$$H_b = \frac{D}{H}.$$

Gewöhnlich ist diese:

| Betrieb | sehr langsam | langsam | normal | flott |
|---|---|---|---|---|
| | Werte von Hb in kg | | | |
| Gute Steinkohle . . . | 10 ÷ 13 | 14 ÷ 16 | 17 ÷ 21 | 22 ÷ 30 |
| Gute Braunkohle . | < 9 | 10 ÷ 15 | 16 ÷ 23 | 24 ÷ 30 |

b) Die Rostbeanspruchung $R_b$, d. i. diejenige Brennstoffmenge, welche auf 1 qm Rost pro 1 Stunde verbrannt werden kann. Sie ergibt sich, wenn $B$ = die pro 1 Stunde verbrannte Kohlenmenge ist und $R$ = die Rostfläche in qm zu

$$R_b = \frac{B}{R}.$$

Gewöhnlich ist diese bei natürlichem Zug in kg:

| Betrieb | langsam | normal | flott |
|---|---|---|---|
| Für Steinkohle . . . . | 70 ÷ 90 | 90 ÷ 110 | 150 ÷ 180 |
| » gute Braunkohle . . | 90 ÷ 110 | 120 ÷ 150 | 200 ÷ 300 |
| » schlechte Braunkohle und Torf . . | 160 ÷ 200 | 230 ÷ 260 | 350 ÷ 450 |
| Koks . . . . . . . . . | 40 ÷ 60 | — | — |
| Staubkohle, Sägemehl, Lohe | 160 ÷ 200 | — | — |

c) Der Anstrengungsgrad $A_g$, d. i. die pro 1 qm Heizfläche stündlich verbrannte Brennstoffmenge. Bedeutet $H$ = Heizfläche in qm, und $B$ = die pro 1 Stunde verbrannte Brennstoffmenge, so ist

$$A_g = \frac{B}{H}.$$

Gewöhnlich ist dieses Verhältnis:

| Betrieb | sehr langsam | langsam | normal | flott |
|---|---|---|---|---|
| | Werte von $Ag$ in kg | | | |
| Gute Steinkohle . . | 1 ÷ 1,5 | 1,5 ÷ 2 | 2 ÷ 3 | 3 ÷ 5 |
| Gute Braunkohle . . . . | 3,3 | 5,5 | 8,75 | 13 |

d) Der stündliche Wärmedurchgang $W_{sh}$ pro 1 qm Heizfläche. Es berechnet sich, wenn 1 kg erzeugter Dampf einer Gesamtwärme — Speisewassertemperatur $= W$ hat, und $D$ kg Dampf pro 1 Stunde erzeugt wurden, bei $H$ qm Heizfläche aus

$$W_{sh} = \frac{D \cdot W}{H}.$$

e) Die freie Rostfläche $R_f$ ist anzugeben. Sie ist die Fläche der Summe der Rostspalten. Ferner ist das Verhältnis $m$ der freien zur totalen Rostfläche $R$ zu berechnen. Die Spaltenweite $s$ des Rostes ist von der Stückgröße des Brennmaterials abhängig; man wählt diese:

für Steinkohlen groß, Kohlen klein . 4 ÷ 6 mm,
» Nußkohlen und Würfelkohlen . 6 ÷ 15 » ,
» Stückkohlen . . . . 20 » ,
» Koks . . . . . . . . . . . . . . . 15 ÷ 20 » ,
» Braunkohlen 5 ÷ 8 mm; wenn starkstückig bis 12 » ,
» Holz . . . . 5 ÷ 7 » ,
» Torf . . 15 » .

Das Verhältnis der freien Rostfläche zur totalen soll sein:

bei Steinkohlen . . $m = 1/4 ÷ 1/3$,
» Koks . . $m = 1/3 ÷ 1/2$,
» Braunkohlen . . $m = 1/5 ÷ 1/3$,
» Holz und Torf . $m = 1/6 ÷ 1/5$.

f) Die Schichtendicke des aufgetragenen Brennstoffes ist dem zu erzeugenden Maximalunterdruck anzupassen.

Man hält sich gewöhnlich an folgende Zahlen:

| | | |
|---|---|---|
| Steinkohlen . . | 6 ÷ 8 | cm bei geringem Unterdruck |
| | 8 ÷ 10 | » » normalem » |
| | 10 ÷ 12 | » » starkem » |
| | 12 ÷ 15 | » » künstlichem » |
| Koks . . . . . | 20 ÷ 25 | », |
| Braunkohlen . . | 15 ÷ 20 | », |
| Torf . . . . . | bis 50 | », |
| Holz . . . . . | 50 ÷ 60 | ». |

# Kontrolle der Dampfmaschinenanlagen.

Bei der Kontrolle einer Dampfmaschinenanlage sind folgende Punkte von Wichtigkeit:

a) Bestimmung der indizierten Arbeit,

b) » » Nutzarbeit, des Wirkungsgrades und der Leerlaufsarbeit,

c) Ermittelung des Dampfverbrauches pro 1 PS/Std., sowie des Wärmewertes der verbrauchten Dampfmenge und des thermischen Wirkungsgrades,

d) Bestimmung von ev. Fehlern in der Dampfverteilung an Hand des Indikatordiagrammes,

e) Ermittlung des Ölverbrauches und Untersuchung der verwendeten Öle,

f) die zur Steigerung der Ökonomie einer Dampfmaschinenanlage beachtenswerten Momente,

g) Normen für die Untersuchung von Dampfmaschinen.

---

## a) Bestimmung der indizierten Arbeit.

### I. Die Berechnung der indizierten Arbeit.

Zur Berechnung der indizierten Leistung einer Dampfmaschine muß bekannt sein:

*α*) Die wirksame Kolbenfläche $O$ in qcm. Diese läßt sich berechnen, wenn der Zylinderdurchmesser $d_c$ gemessen wurde. Dabei ist zu berücksichtigen, daß durch den Kolbenstangenquerschnitt ein geringer Teil der Kolbenfläche unwirksam gemacht wird; dieser muß in Abzug gebracht werden. Ist der Kolbenstangendurchmesser $d_k$ in cm, dann ist die wirksame Kolbenfläche auf einer Seite

$$O = \frac{d_c^2 \pi}{4} - \frac{d_k^2 \pi}{4} \text{ qcm.}$$

$\beta$) Der Hub $s$ der Maschine in Meter. Dieser läßt sich am Kreuzkopf einer Maschine genau messen. Ist der Kurbelradius $= r_k$ bekannt, so ist der Hub $s = 2 \cdot r_k$.

Zur genauen Hubermittlung stellt man die Maschine auf einen toten Punkt, markiert dann eine Kreuzkopfkante; darauf schaltet man am Schwungrad bis der Kreuzkopf resp. die Kurbel sich in der andern Totlage befindet. Die Wegstrecke, welche die markierte Kreuzkopfkante zurückgelegt hat, ist der Hub.

$\gamma$) Die minutliche Umdrehungszahl $n$. Sie wird ermittelt, indem man genau 1 Minute lang die Zahl der Kurbelumdrehungen zählt. Man legt dabei die Hand an einen beweglichen Teil der Maschine, bei Schiebermaschinen z. B. an ein Exzenter, bei Ventilmaschinen seitlich an das Steuergestänge. Ein Verzählen ist dann ausgeschlossen. Vielfach wird bei Ermittlung der Tourenzahl der Fehler gemacht, daß man beim Zählen beginnt mit 1, 2, 3 usw. Dies ist falsch; man hat, wenn der Minutenzeiger der Uhr durch die beobachtete Stelle am Zifferblatt hindurchgeht, zu beginnen mit 0, 1, 2, 3 usw., denn zu Beginn des Zählens hat die Maschine noch keine Umdrehung gemacht.

Bei größeren Versuchen muß die gesamte Hubzahl laufend ermittelt werden. Dazu benutzt man sog. Hubzähler, welche an die Maschine angeschaltet werden. Fig. 81 stellt den Hubzähler der Firma Dreyer-Rosenkranz, Droop, Hannover dar. Der Hebel $H$ ist zum Herausschrauben eingerichtet und mit einem verstellbaren Schuh $S$ versehen, um den betreffenden Hub für den zur Zählung herangezogenen Maschinenteil (meist verwendet man den Kreuzkopf) einstellen zu können. Der Hebel braucht nur in der Richtung des Pfeiles angezogen werden. Die rückläufige Bewegung wird durch eine Feder selbsttätig bewirkt. Man schraubt den Hubzähler bei vorübergehendem Gebrauch mit den Lappen $L$ auf den Fußboden, eine Diehle u. dgl. fest und verbindet den betreffenden Maschinenteil durch einen Draht oder eine Schnur mit Öse $O$.

Fig. 82 und 83 stellen Hubzähler der Firma Schäffer & Budenberg, Magdeburg dar. Bei diesen ist darauf zu achten, daß der Hebelausschlag nach jeder Seite 45° beträgt. Es ist bei diesen Zählern gleichgültig, nach welcher Richtung die Drehung erfolgt, doch muß man darauf achten, daß der Antriebsstift recht genau in gleicher Achse mit dem zu kontrollierenden Maschinenteil (hier Kreuzkopf) montiert wird. Will man den

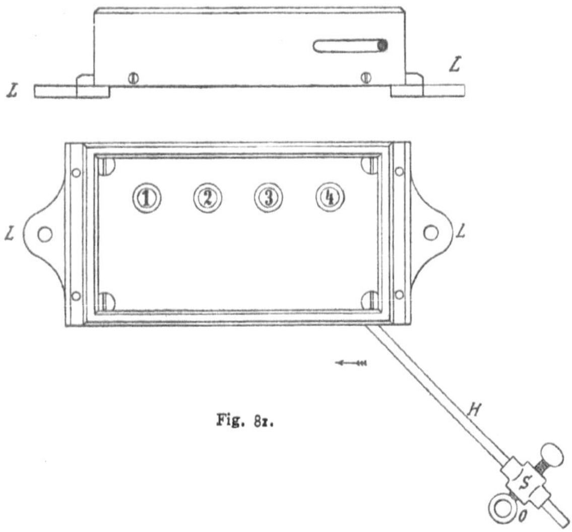


Fig. 81.

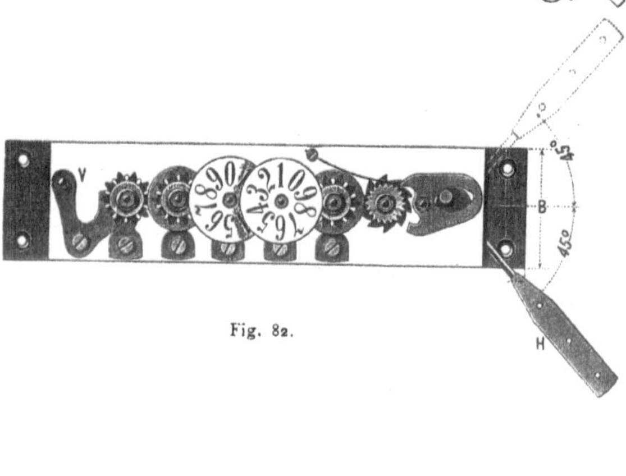


Fig. 82.

Zähler auf Null stellen, so drehe man nach Öffnen des Glasdeckels den Hebel $v$ nach links und drehe dann von links anfangend, jedes einzelne Rad so, daß die »Null« nach oben steht; beim Einstellen der Einerscheibe auf Null muß das Ankerrad ein wenig angehoben werden. Die Gelenke der Hubzähler sind vor dem Gebrauch stets etwas einzuölen.

Die minutliche Tourenzahl der Maschine $n$ findet man, wenn $z$ Minuten beobachtet wurde und der Anfangszählerstand $a$, der Endzählerstand $b$ ist aus:

$$n = \frac{b - a}{2 \cdot z}.$$

Zählt ein solcher Zähler nur Doppelhübe, also die Kurbelumdrehungen, so ist

$$n = \frac{b - a}{z}.$$

Es ist also sehr darauf zu achten, ob man es mit einem einfachen Hub- oder einem Doppelhubzähler zu tun hat.

Fig. 83.

Beispiel: Ein Doppelhubzähler zeigte:

Zählerstand: 76 520 nach 1 Std. 52 Min. = 112 Minuten,

» 69 843 zu Beginn

6 677

$$n = \frac{76\,520 - 69\,843}{112} = \mathbf{59{,}6}.$$

$b$) Der mittlere wirksame Druck $p_i$ auf den Kolben in kg/qcm. Derselbe ergibt sich aus dem Indikatordiagramm (s. unten).

Die indizierte Leistung $N_i$ in Pferdestärken der einen untersuchten Kolbenseite ist dann, wenn $p_i$ kg auf eine Fläche von $Q$ qcm entlang einem Weg von $n \cdot s$ m in 60 Sek. wirken, und je 75 m/kg-sek. = 1 PS ist,

$$N_i = \frac{O \cdot p_i \cdot s \cdot n}{60 \cdot 75}.$$

Die indizierte Gesamtarbeit einer Dampfmaschine erhält man aus der Summe der Arbeiten aller Kolbenseiten.

Eine Einzylindermaschine hat nur zwei Kolbenseiten, doch ist dabei die Leistung beider Seiten durchaus nicht gleich; denn es kann auf der einen Seite durch Fehlen der Kolbenstange die wirksame Kolbenfläche größer werden; ebenso wird der mittlere Druck etwas abweichen.

B e i s p i e l: Eine Dampfmaschine hatte einen Zylinderdurchmesser von $d_c = 50$ cm;
der Kolbenstangendurchm. war auf der Kurbelseite $d_{kk} = 9{,}0$ cm
» » » » » Deckelseite $d_{kd} = 6{,}0$ cm.

Der Hub der Maschine war 0,9 m.

Die Tourenzahl pro 1 Minute ermittelte sich zu $n = 70$; ferner ergab sich aus dem Diagramm (s. später)

$p_{ik} = 2{,}1$ kg/qcm auf der Kurbelseite
$p_{id} = 2{,}15$ » » » Deckelseite.

Die wirksame Kolbenfläche $O$ ist dann

$$\text{Kurbelseite } O_k = \frac{50^2\,\pi}{4} - \frac{9^2\,\pi}{4} = 1900 \text{ qcm}$$

$$\text{Deckelseite } O_d = \frac{50^2\,\pi}{4} - \frac{6^2\,\pi}{4} = 1955 \text{ qcm.}$$

$$\text{Die indizierte Leistung } N_{ik} = \frac{1900 \cdot 2{,}1 \cdot 0{,}9 \cdot 70}{60 \cdot 75} = 55{,}8 \text{ PS}_i$$

$$\text{» » » } N_{id} = \frac{1935 \cdot 2{,}15 \cdot 0{,}9 \cdot 70}{60 \cdot 75} = 58{,}2 \text{ PS}_i$$

$N$ = Gesamtleistung somit **114,0** PS$_i$.

Für eine b e s t i m m t e M a s c h i n e ist w i r k s a m e K o l b e n f l ä c h e u n d H u b k o n s t a n t. Man trägt diese Konstanten der gesamten Betriebsmaschinen in eine Tabelle ein, damit man sie bei den Untersuchungen stets zur Hand hat.

T a b e l l e d e r H a u p t d i m e n s i o n e n.

| Ort der Aufstellung | Zylinder-durchmesser | Hub | Zylinder-konstante der | | Kolben-stangen-durch-messer | normale Touren-zahl | Bemer-kungen. |
|---|---|---|---|---|---|---|---|
| | | | Kurbel-seite | Deckel-seite | | | |
| | | | | | | | |

Im Beispiel ist die Zylinderkonstante

der Kurbelseite $C_k = \frac{1900 \cdot 0{,}9}{60 \cdot 75} = \mathbf{0{,}380}$.

Für die Deckelseite $C_d = \frac{1935 \cdot 0{,}9}{60 \cdot 75} = 0{,}387$.

Die Leistung einer Seite berechnet sich dann aus:

$N_{ik} = C_k \cdot n \cdot p_{ik}$ resp. $N_{id} = C_d \cdot n \cdot p_{id}$

im Beispiel:

$N_{ik} = 0{,}38 \cdot 70 \cdot 2{,}1 = 55{,}8$ $N_{id} = 0{,}387 \cdot 70 \cdot 215 = 58{,}2$.

Bei sehr genauen Untersuchungen ist es notwendig, auch die Ausdehnung des Zylinders resp. Kolbens mit in Berechnung zu ziehen.

Der Ausdehnungskoeffizient für Gußeisen ist 0,000011; auch für die Kolbenstange kann man, ohne einen wesentlichen Fehler zu machen, diesen Koeffizienten benutzen, d. h. der Durchmesser wird sich, wenn $T$ = die im Zylinder herrschende Temperatur ist, um

$$0{,}0000111 \cdot T \cdot d_c \text{ cm vergrößern.}$$

Beispiel: Der Zylinder hat 50 cm Durchmesser; es wird mit überhitztem Dampf von $340^0$ C gearbeitet. Bei der Messung des Zylinderdurchmessers hatte dieser eine Temperatur von $20^0$ C, so daß er um $340 - 20 = 320^0$ C angewärmt wurde.

Die Vergrößerung des Zylinderdurchmessers ist

$$0{,}0000111 \cdot 320 \cdot 50 = 0{,}1776 \text{ cm},$$

so daß derselbe $\backsim$ 50,18 cm beträgt.

Die Kolbenstange hat eine Vergrößerung von

$$0{,}0000111 \cdot 320 \cdot 9 = 0{,}032 \text{ cm},$$

so daß der Durchmesser $\backsim$ 9,03 cm beträgt.

Die wirksame Kolbenfläche ist dann:

$$O = \frac{50{,}18^2 \pi}{4} - \frac{9{,}03^2 \pi}{4} = 1977 - 64 = \mathbf{1913} \text{ qcm}.$$

Damit würde sich in obigem Beispiel auf der Kurbelseite eine Leistung ergeben von $\frac{1913 \cdot 2{,}1 \cdot 0{,}9 \cdot 70}{60 \cdot 75} = \mathbf{56{,}2}$ PS.

---

Die einzige noch genau zu ermittelnde Größe bleibt der auf den Kolben wirksame mittlere Druck $p_i$. Am einfachsten und genauesten ermittelt man diesen aus dem Indikatordiagramm durch dessen Planimetrierung (s. später).

### 2. Beschreibung des Indikators.

Mit dem Indikator wird die Änderung der auf den Kolben drückenden und durch die Spannung des Dampfes hervorgerufenen Kraft als Funktion des vom Kolben zurückgelegte Weges dargestellt, er verzeichnet also die Kolbenwege als Abszissen, die Kolbenkräfte als zugehörige Ordinaten. Das so entstehende Schaubild heißt Indikatordiagramm.

Der Indikator[1]) besteht aus folgenden Teilen:

a) dem Indikatorzylinder mit dem Indikatorkolben und der Indikatorfeder,
b) der Schreibvorrichtung,
c) der Papiertrommel,
d) dem Hubverminderer,
e) Nebenteilen.

a) Der Indikatorzylinder mit dem Indikatorkolben und der Indikatorfeder. Man unterscheidet dabei zwei Ausführungen, welche beide angegeben sind. Fig. 84 zeigt die Bauart mit innen liegender Feder, Fig. 85 diejenige mit außen kühlliegender Feder.

Wird durch das Gewinde *G* der Indikatorzylinder mit dem Dampfmaschinenzylinder in dichte Verbindung gebracht, so wirkt der Dampf auf den Indikatorkolben *K* und wird diesen entsprechend der von der Feder entgegenwirkenden Kraft mehr oder weniger hoch drücken. Geht die Spannung unter dem Kolben zurück, so drückt die Feder den Kolben ganz abwärts in seine Anfangsstellung.

An der Konstruktion der Indikatorzylinder sind folgende Einzelheiten beachtenswert: Kolben *K* und Zylinder *D* müssen sich sehr gleichmäßig ausdehnen, da sonst ein Einklemmen des Kolbens stattfinden kann. Um letzteres zu verhindern, ist im Zylindergehäuse *C* ein Zylindereinsatz *E* angeordnet. Derselbe bildet bei *D* unten einen Dampfmantel von solcher Länge, daß

---

[1]) Die folgenden Beschreibungen beziehen sich alle auf die Ausführungsart der Firma Dreyer, Rosenkranz & Droop, Hannover.

der Kolben $K$ auch in den höchsten Stellungen sich noch in dem dünnwandigen, angewärmten Teil bewegt. Um die Ausdehnung dem ganzen Zylindereinsatz möglich zu machen, liegt Teil $E$ nicht an dem Außenzylinder $C$ unmittelbar an. Der Zylindereinsatz wird oben bei $N$ eingeschraubt und dichtet auf die in Fig. 84 mit $x$ bezeichnete Fläche ab. Er kann jederzeit ausgewechselt oder herausgenommen werden, um das Kolbenrohr einer genauen Besichtigung und Reinigung zu unterziehen.

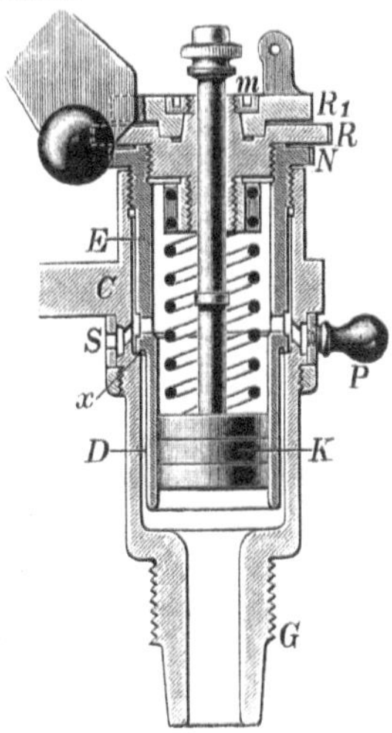

Fig. 84.

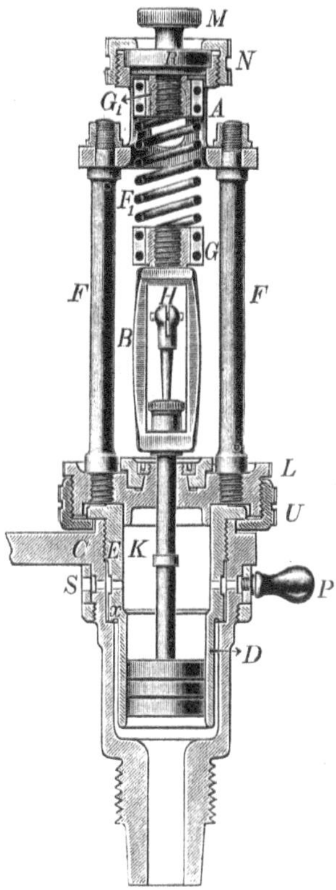

Fig. 85.

In neuester Zeit empfiehlt die Firma Dreyer, Rosenkranz & Droop ihren Lamellenkolben (Fig. 86). Dieser hat folgende Vorzüge:

1. Der in dem auswechselbaren Zylindereinsatz oben und unten geführte Lamellenkolben schaltet die Führung durch den Kolben selbst aus; die Reibung wird infolgedessen auf ein Minimum gebracht und somit die Abnutzung des Kolbens und der Zylinderwandung sehr verringert.

Der Kolben hat lediglich die Abdichtung zu bewirken, wozu ihn die Lamellen, die eine Art Labyrinthdichtung bilden, besonders befähigen.

2. Die Lamellenscheiben selbst, als Körper gleicher Stärke, bezwecken eine gleichmäßigere Ausdehnung, als sie bei den bisherigen Kolben infolge der Verstärkung, die durch den Boden hervorgerufen wird, erreicht werden konnte.

3. Schmutzteilchen, die sich sonst zwischen Kolben und Zylinderwand festsetzten, lagern sich in den tiefen Eindrehungen zwischen den Lamellen ab.

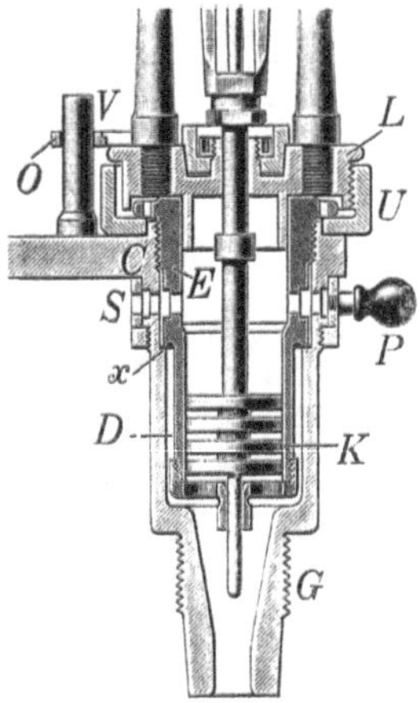

Fig. 86.

Der aufgeschraubte Deckel *R* (Figur 84) trägt die Schreibvorrichtung. Ein seitlicher Drehschieber *S* mit Handgriff *P* gestattet in jeder Lage des Indikators, den Wasserabfluß so nach hinten einzustellen, daß man beim Arbeiten geschützt ist. Die Abflußlöcher für das über dem Kolben sich bildende Dampfwasser sind somit stets geöffnet und so groß, daß sich kein Druck über dem Kolben bilden kann.

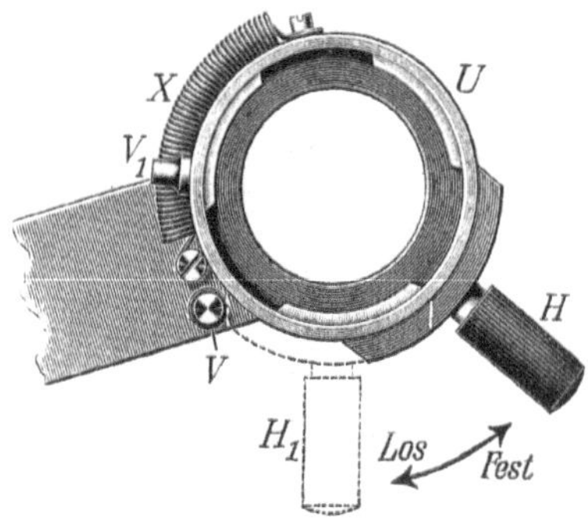

Fig. 87.

Um zwecks Reinigung oder Abkühlung den Kolben im Betriebe herauszuziehen, wird es häufig notwendig, den Zylinderdeckel zu lösen. Das Abschrauben des Deckels im warmem ist sehr lästig.

Diesen Übelstand vermeidet die in Fig. 87 im Grundriß wiedergegebene Vorrichtung, der sog. Momentverschluß, indem es nur eines Griffes bedarf, um den Hebel *H* in die punktiert angegebene Lage $H_1$ zu drehen, wodurch der Verschluß gelöst und Deckel samt Kolben herausgezogen werden kann. Der Verschluß, d. h. die Rückdrehung des Hebels, erfolgt selbsttätig durch die Feder $x$.

---

Die Kolbenfeder ist der maximalen Eintrittsspannung des Dampfes in die Maschine anzupassen. Die Federn tragen deshalb Nummern, z. B. 6 kg, 8 kg usw., d. h., ist z. B. die Eintrittsspannung in eine Maschine 7,5 atm., so wird man die Feder zur Sicherheit etwas größer, nämlich 8 kg wählen. Die Federn sind doppelt gewunden. Sie werden so abgestimmt, daß jedem Kilogramm Belastung eine gewisse Länge in Millimetern entspricht, berechnet für einen Kolbenquerschnitt von 20 mm Durchmesser, der bei den Dampfmaschinenindikatoren fast durchweg beibehalten ist. Diese Federn können, ohne den Indikator an die Fabrik zu schicken, stets abgestimmt bezogen werden. Da der Ausschlag des Indikatorschreibstiftes 75 mm (bei der gewöhnlichen großen Ausführung) beträgt, so ergeben sich für verschiedene Spannungen folgende Längen pro 1 kg:

| Spannung in kg . . . . | 1 | 2 | 3 | 4 | 5 | 6 | 7 | 8 | 9 | 10 | 11 | 12 | 15 | 20 |
|---|---|---|---|---|---|---|---|---|---|---|---|---|---|---|
| Länge für 1 kg in mm | 50 | 25 | 20 | 15 | 12 | 10 | 9 | 8 | 7 | 6 | 6 | 5 | 4 | 3 |

Neben der Eintrittsspannung hat man sich aber auch nach der Tourenzahl bei der Wahl der Feder zu richten. Man begnüge sich für Umdrehungen pro Minute von mehr als $n = 90$ mit folgenden Werten (beim gewöhnlichen großen Indikator):

| Minutl. Tourenzahl der Dampfmaschine | 90—100 | 110 | 150 | 200 | 250 | 300 | 400 |
|---|---|---|---|---|---|---|---|
| Diagrammhöhe mm . . . . . . . | 72 | 70 | 70 | 60 | 50 | 50 | 40 |
| Diagrammlänge mm . . . . . . . | 120 | 110 | 100 | 90 | 80 | 75 | 60 |

Nach diesen Angaben sind die Federn annähernd passend auszuwählen und nach der für jedes Kilogramm angegebenen Millimeterzahl zu bestimmen. Fig. 88 zeigt eine solche Feder in natürlicher Größe. Beim Indikator (Fig. 84) wird die Scheibe $R$, welche durch Gewinde eingeschraubt, durch Drehen gelöst und es kann dann der Kolben mit der Feder gleichzeitig ausgehoben werden. Man schraubt das kleine Köpfchen ab, dann läßt sich der Kolben mit der Feder im obern Gewinde der Feder durch Linksdrehung lösen. Soll eine neue Feder eingesetzt werden, so hält man den Kolben zwischen Daumen und Zeigefinger der rechten Hand, die Feder faßt man, um sie nicht ungleichmäßig zu verdrehen, möglichst mit der vollen linken Hand und löst die Verschraubung am Kolben durch Linksdrehung beider Teile. Beim Einsetzen einer Feder ist diese zuerst am Kolben, mit dem kleineren Gewinde zu befestigen und dann mit dem Kolben an dem Oberteil *R*. Beim Einsetzen des Kolbens prüfe man vor dem Festschrauben an *R* stets, ob derselbe sich ohne größere Reibung im Zylinder bewegen läßt. Zeitweise muß der Kolben mit sehr feinem Knochenöl ein wenig eingeölt werden.

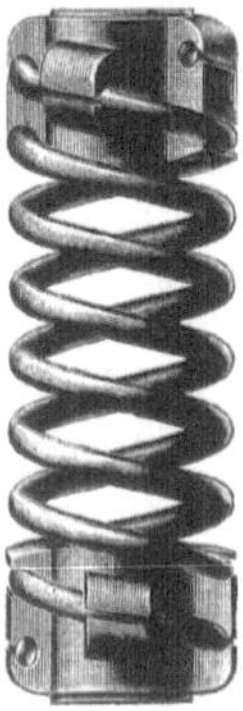

Fig. 88.

Bei der Anordnung mit außenliegender Feder Feder (Fig. 85) ist die Konstruktion von Zylinder und Kolben die gleiche; die Feder $F_1$ liegt aber oberhalb des Zylinderraumes. Der Zweck dieser Ausführung ist der, die Federn nachteiligen, hohen Wärmeeinflüssen zu entziehen, da diese auf die Elastizität und die angegebene Teilung von beträchtlichem Einfluß sein können. Der Federträger *A* ist an zwei Säulen *F* befestigt. Letztere sind auf den Indikatorzylinderdeckel *L* aufgesetzt. Soll eine Feder ausgewechselt werden, so schraubt man die Mutter *N* ab und ferner mit dem Kopf *M* zusammen die Feder $F_1$ am Gewinde *G*. Den Bügel *B* hat man dabei mit der linken Hand festzuhalten. Von Kopf *M* schraubt man bei $G_1$ die erstere Feder ab und ersetzt sie durch die gewünschte. Will man den Kolben einmal herausnehmen, so löst man die Überwurfmutter *U*, die den Deckel *L* mit Säulenaufsatz trägt, durch Linksdrehen, wodurch der ganze Aufsatz mit dem Kolben ausgehoben werden kann.

b) Die Schreibvorrichtung.

Der Wert einer guten Schreibvorrichtung liegt

1. in der Ausführung der Geradführung. Die Anordnung der Glieder soll so sein, daß der Schreibstift auf der stillstehenden Papiertrommel eine senkrechte Gerade beschreibt.

2. in der Proportionalität, resp. der Genauigkeit, mit welcher der Zeichenstift die Stellung des Indikatorkolbens vergrößert wiedergibt. Es ist von größter Wichtigkeit, daß die Kolbenbewegung überall gleich stark vergrößert wird, daß also alle Teile des Hubes oben und unten, die Schreibstiftwege den Indikatorkolbenwegen proportional sind. Meist ist die Vergrößerung der Kolbenbewegung eine sechsfache.

Die Ausführung der Schreibvorrichtung zeigt Fig. 89. Durch die Kolbenstange $F_2$ wird die Bewegung auf das Kugelgelenk $B$

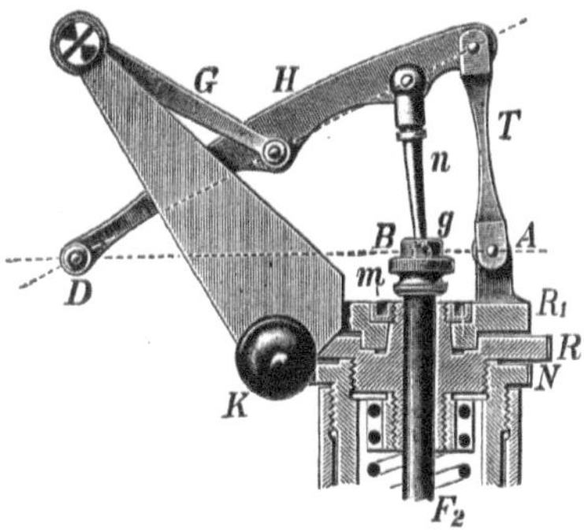


Fig. 89.

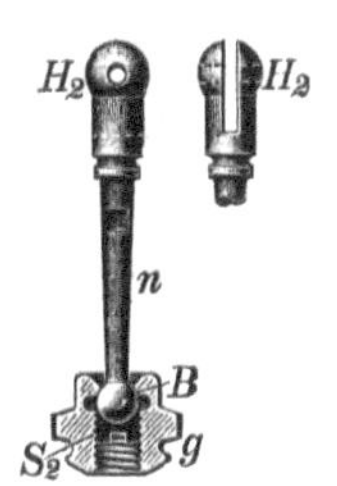


Fig. 90.

und weiter durch Schubstange $n$ auf den Schreibstifthebel $H$ übertragen. Parallel mit $n$ liegt der Ausweichehebel $T$ drehbar um Punkt $a$. Der Gegenlenker $G$ greift genau in der Mitte des Schreibstifthebels $H$ an $\left(\text{es ist also Länge } G = \frac{H}{2}\right)$. Die Mittelpunkte des Schreibstiftes $D$ und der Drehpunkte $B$ und $A$ liegen auf einer Geraden; ebenso liegt Punkt $D$ mit den drei an Hebel $H$ angelenkten Punkten der Hebel $G$, $n$ und $T$ in einer Geraden.

Will man zwecks Reinigung des Kolbens od. dgl. das Schreibwerk abnehmen, dann verfährt man folgendermaßen: Zunächst hat man die kleine Mutter $g$ (siehe auch Fig. 90), in der sich das Kugelgelenk $B$ befindet, loszuschrauben. Letztere verbindet nämlich die Schubstange $n$ mit der Kolbenstange. Versäumt man das, so kann ein so tiefes Herabziehen des ganzen Hebelwerkes $H$ und dadurch eine so geneigte Stellung der Schubstange $n$ erfolgen, daß der Spielraum in der Mutter $g$ für das Kugelgelenk nicht mehr ausreicht. Die Schubstange $n$ kommt dann an den Rand dieser Öffnung und muß sich dicht an der Kugel verbiegen oder abbrechen. Die Kugel $B$ wird durch die nachstellbare Pfanne $S_2$ gehalten.

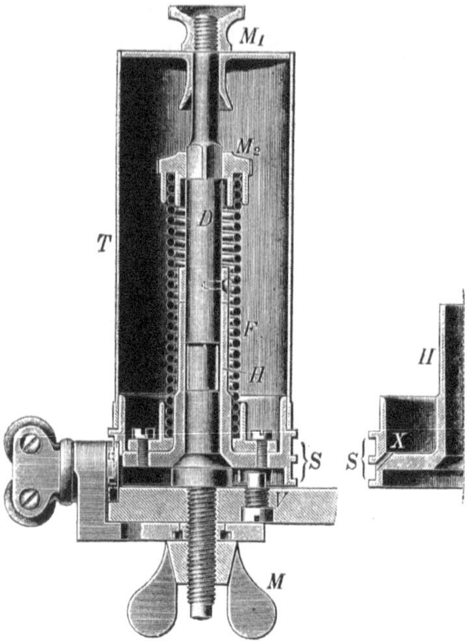

Fig. 91.

Beim Abschrauben des Deckels $R$ wird mit der linken Hand der isolierte Knopf $K$ gefaßt, mit der rechten Hand dreht man den vorstehenden Rand des Deckels $R$. Dann löst man Verbindung $G$ zwischen Kolbenstange und Schubstange, schraubt den Deckel ab und hebt am Knopf $K$ diesen Deckel samt Schreibzeug, Kolbenstange, Kolben und Feder in einem Griff heraus.

Die Schreibvorrichtung ist auf der Drehscheibe $R_1$ montiert, welche durch die kleine Mutter $m$ nachgespannt werden kann.

c) Die Papiertrommel. Sie trägt am unteren Umfang, Fig. 91, einen Schnurkranz $S$. Legt man um diesen die Indikatorschnur einmal herum, so wird durch Ziehen an der Schnur die Trommel gedreht; beim Loslassen bringt eine sich spannende Feder $F$ die Trommel in die alte Lage zurück. Früher waren die Trommeln mit flachen Spiralfedern aus gestattet. Neuere Indikatoren enthalten nur Schraubenfedern, welchen insofern ein Vorzug gebührt, als sie sich für höhere Umdrehungen besser eignen und durch ihr geringeres Gewicht die Trommelmasse ebenfalls verringern.

Das Nachspannen der Feder $F$ ist einfach. Nach Abschrauben der Mutter $m_1$ und Abziehen der eigentlichen Papiertrommel $T$ wird die in einem Vierkant gleitende Mutter $m_2$ hochgezogen und in der entsprechenden Richtung gedreht, bis sich die Federspannung als genügend erweist. Ein Zurückschnellen muß durch sicheres Halten in der Hand vermieden werden. Man läßt nach der Spannung $m_2$ wieder auf den vierkantigen Ansatz bei $D$ zurück. Soll ein Auswechseln einer Feder stattfinden, so legt man die letzten Gänge in Bajonetteinschnitte der Mutter $m_2$ am Boden ein und spannt, wie soeben erklärt. Nach Abziehen der Trommel $T$ ist auch das am Schnurkranz $S$ befindliche Loch $X$ zum Einziehen der Schnur frei und zugängig.

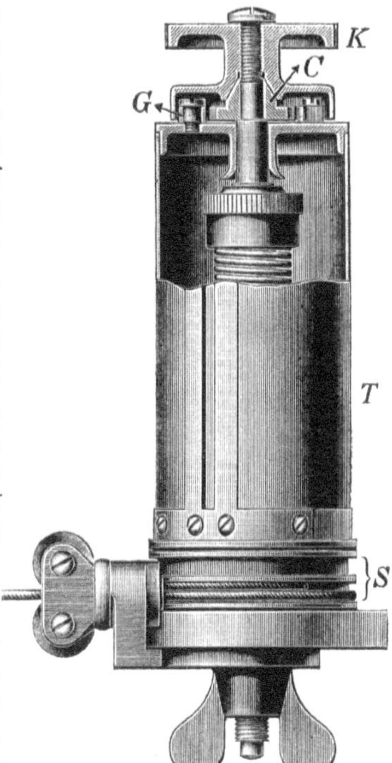

Fig. 92.

Die Bewegung der Papiertrommel beginnt gewöhnlich, sobald die Antriebsschnur am Kreuzknopf der Maschine eingehängt ist und endigt, wenn man sie wieder aushängt. Es gibt auch Papiertrommeln mit Anhaltevorrichtung, wobei die Schnur, die zur Maschine führt, nicht auszulösen ist. Fig. 92 stellt eine Trommel mit Anhaltevorrichtung (Papiertrommel $T$ und Schnurkranz $S$) dar. Auf der feststehenden Spindel ist das Sperrädchen $R$ aus Stahl lose drehbar aufgesteckt. Dieses Sperrrädchen besitzt einen Konus $C$, den gleichen Konus trägt auch der hoch- und niederschraubbare Knopf $K$. Auf dem oberen Boden der Papiertrommel

Fig. 93 ist bei *G* eine Sperrklinke für das Rädchen *R* angeordnet. Wird der Konus nun nicht festgeklemmt, so dreht sich die Papiertrommel nebst Sperrädchen mit dem Schnurkranz, klemmt man aber durch Niederschrauben von Knopf *K* den Konus fest, so steht die Papiertrommel sofort still. Bei Rechtsdrehung des Knopfes *K* erfolgt somit Stillstand, bei Linksdrehung Mitnahme der Papiertrommel.

Fig. 93.

---

Es ist eine wichtige Regel, auf möglichst geringe Schnurdehnung zu sehen. Man verwende nur die eigens zu diesem Zweck hergestellte Indikatorschnur, die eine viel geringere Dehnbarkeit besitzt als ein gewöhnlicher Bindfaden. Die Schnur vom Hubverminderer zum Indikator ist so kurz als nur möglich zu wählen; ihre Dehnung kommt unverkürzt in das Diagramm.

d) Der Hubverminderer hat den Zweck, die Kreuzkopfbewegung in einem verkleinerten Maßstab der Trommel mitzuteilen. Er besteht aus einem Rollenpaar mit gemeinsamer Achse. Die größere Rolle wird durch Schnur vom Kreuzkopf angetrieben, von der kleineren aus geschieht die Trommelbewegung. Fig. 94 bis 96 zeigen den Hubreduktor mit seinen Teilen, sowie die Verbindung mit dem Indikator. In Fig. 94

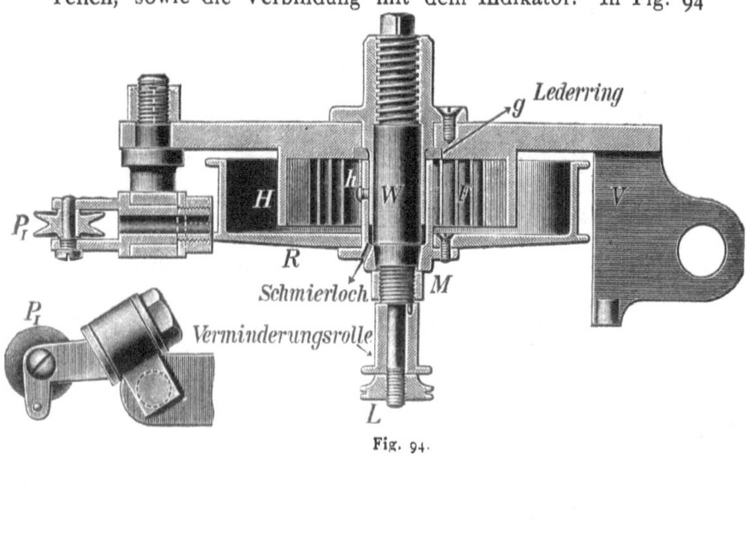


Fig. 94.

erkennt man im Schnitt eine starke, eingelegte Feder, welche den Zweck hat, die Rolle *R*, von welcher durch die Maschine die Schnur abgezogen wurde, beim Rückgang des Kreuzkopfes wieder in die ursprüngliche Lage zurückzubewegen. Die Schnur zum Kreuzkopf läuft, um möglichst wenig abgenutzt zu werden, über Rolle $P_1$. Die Rolle *R* ist an einem Arm *V* angelangt, dessen eines abgeplattetes Ende unter der Tragplatte der Papiertrommel (Fig. 95) befestigt wird. Um den Hubverminderer mit Trommel, Schreibzeug und Indikatorkolben in geeignete Verbindung zu bringen, wird derselbe (s. Fig. 95) nach Entfernung der Flügelmutter $M_I$ mittels der Mutter $M_{II}$ (siehe auch Fig. 96) durch Schlüssel *S* unter der Papiertrommel befestigt, so daß die Leitrollen des Indikators mit den kleinen Rollen

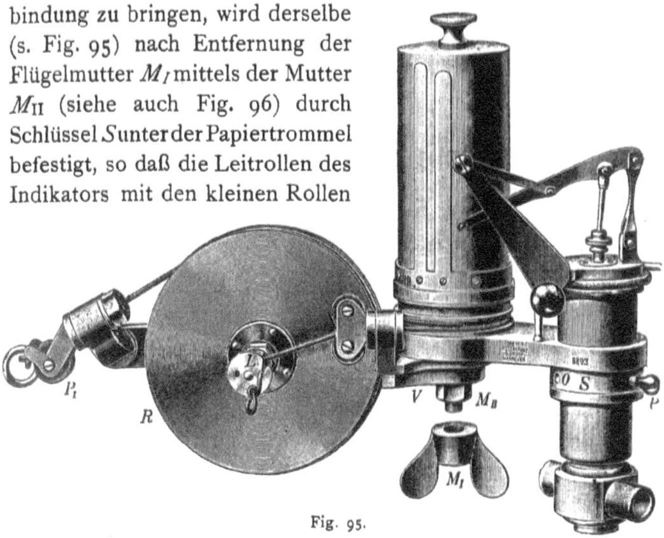


Fig. 95.

des Verminderers in einer Ebene liegen. Die Welle *W*, auf welcher die Rolle *R* sitzt (Fig. 94) ist mit einem flachgängigen Gewinde versehen; in dessen Gängen schiebt sich die Rolle bei Drehung seitwärts, um die sich aufrollende Schnur nicht übereinander, sondern in Lagen nebeneinander aufzurollen. Auf der gleichen Welle *W* werden die in Fig. 96 dargestellten Verminderungsrollen aufgesteckt, die mittels der geränderten Rundmutter *L* gegen die große Rolle angedrückt werden und durch einen kleinen Sicherungsstift an jeder Drehung der Rolle *R* sich mitbeteiligen müssen. Die von der Papiertrommel kommende Schnur wird um die betreffende Verminderungsrolle geschlungen und mittels Knoten in den Einschnitt derselben eingehakt. Wird die Rolle $R$ durch die Feder ganz zurückgeworfen, so trifft die innere Nabe an einen Anschlag $g$ aus Leder, durch diese Vorrichtung erfolgt auch beim Reißen einer Schnur ein sanftes Bremsen.

Die jeweils anzuwendende Hubverminderungsrolle richtet sich nach dem Hube der zu prüfenden Maschine; je größer der Maschinenhub ist, eine desto kleinere Rolle muß aufgesteckt werden. Die Verminderungsrollen tragen stets Zahlen aufgeschlagen z. B. 750, 1200 u. dgl. Diese Zahlen bedeuten direkt den Maschinenhub, für welchen die Rolle verwendbar ist. Die Rolle 750 wird man demnach aufstecken, wenn die Maschine 750 mm Hub hat, die Rolle 1200 bei 1200 mm Hub. Ist die richtige Hubverminderungsrolle aufgesteckt, so wird die Trommel nie anschlagen, vorausgesetzt, daß die Schnurverbindungen zum Indikator und zur Maschine in Ordnung sind.

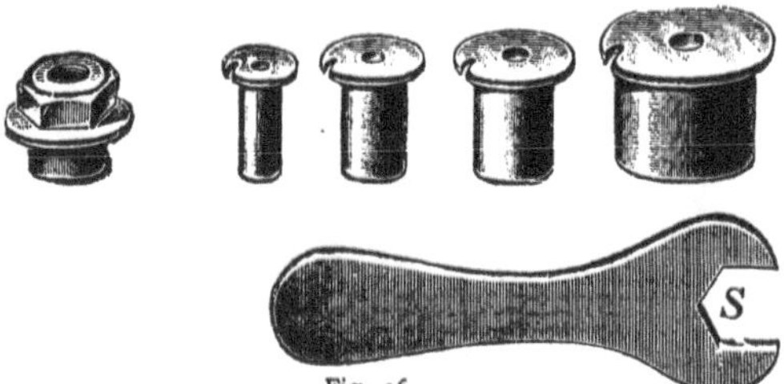


Fig. 96.

Bezüglich der Schnurverbindung zum Indikator ist zu beachten: Man lege die Schnur einmal um den Schnurkranz der Trommel, führe sie durch die in die Ebene der Verminderungsrolle gerichteten beiden Leitrollen, umwinde dann $^1/_2$ bis 1 mal die Verminderungsrolle und ziehe dabei an, so daß sich die Trommel einige Millimeter bewegt hat und somit die Schnur vollkommen gespannt ist. In dieser Stellung ist die Indikatorschnur durch eine Schlinge und Anpressung der Rundmutter zu befestigen. Erst wenn die genaue Schnureinstellung zwischen Indikator und Verminderungsrolle erfolgt ist, richtet man auch den Schnurantrieb der Rolle $R$. Man hat dabei die Rolle $R$ nach Befestigung des einen Schnurendes an derselben, so lange mit Schnur zu umwickeln, bis das aufgewickelte Ende etwas mehr als die Hublänge der Maschine beträgt. Die von $R$ ablaufende Schnur führt man zwischen Rolle $P_1$ und Stift $g_1$ (Figur 94) in einer Länge von $^1/_2$ bis 1 m Schnur, je nach dem Abstand vom Indikatorhahn bis zum Kreuzkopfmittel, hindurch. Nachdem man geprüft hat, ob die Spannfeder gut zurückzieht, spannt man die Rolle durch Abziehen der Schnur um ca. $^1/_2$ Umdrehung und befestigt dann gerade an der Stelle, wo die Schnur die Rolle $P_1$ verläßt, einen Ring $r$ durch Anknüpfen. Dieser verhindert somit einen vollständigen Zurückgang

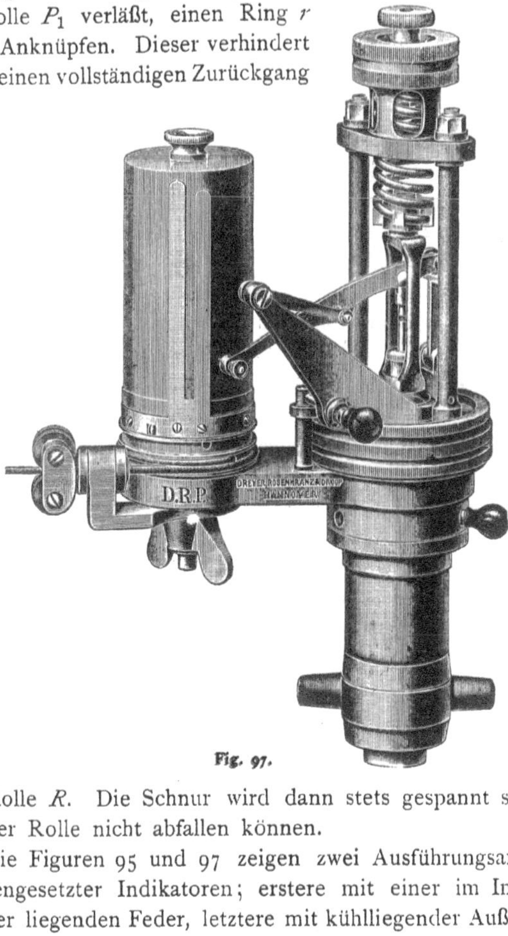


Fig. 97.

von Rolle $R$. Die Schnur wird dann stets gespannt sein und von der Rolle nicht abfallen können.

Die Figuren 95 und 97 zeigen zwei Ausführungsarten zusammengesetzter Indikatoren; erstere mit einer im Indikatorzylinder liegenden Feder, letztere mit kühlliegender Außenfeder.

e) Nebenteile des Indikators.

Der Indikator wird nicht direkt an den Dampfmaschinenzylinder angeschraubt, sondern unter Zwischenschaltung eines Indikatorhahnes nach Fig. 98. Die Bohrung dieser Hähne ist 9 mm; die Dampfmaschinenzylinder sind gewöhnlich mit $^3/_4''$ angebohrt. In diese Zylinderanbohrung ist der Indikatorhahn dicht einzuschrauben unter Zwischenlage einer Bleidichtungsscheibe. Es ist zweckmäßig, alle Maschinen direkt mit dauernd angeschraubten Hähnen zu versehen, damit es sich nicht bei jeder Indizierung notwendig macht, die Maschine abzustellen. In den Hahn setzt man den untern Konus des Indikatorzylinders und dreht dann die Mutter *m* auf das Gewinde des Indikatorhahnes fest, sobald man den Indikator in seine gewünschte Lage gerichtet hat. Das Festziehen der Mutter *m* geschieht mit einem Schlüssel *D* (Fig. 99), der in die Vertiefungen *H* einpaßt. Außerdem sind dem Indikator noch andere Schlüssel beigegeben. Derjenige in Fig. 100 *S* gehört dazu, bei einem beabsichtigten Auswechseln des Zylindereinsatzes *E*

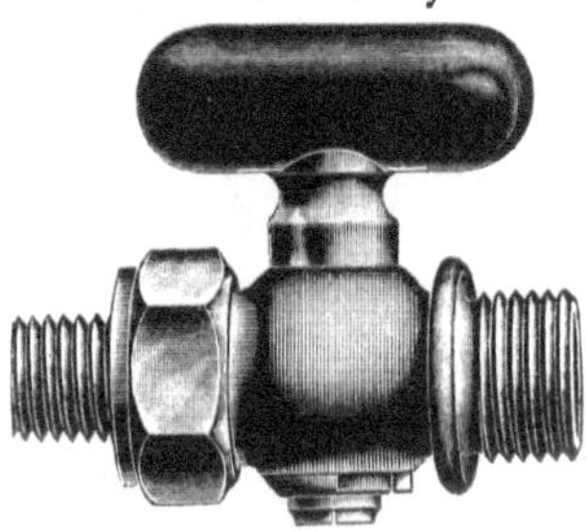

Fig. 98.

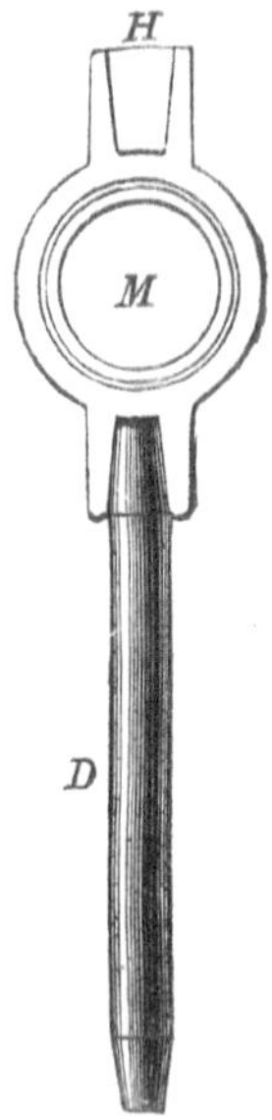


Fig. 99.

diesen durch Einsetzen der Stifte I und II zu lösen; bei *H* kann man schwer lösbare Federn losschrauben, was gewöhnlich aber mit Hand geschieht. Der Schlüssel *g* (Fig. 101) gehört zum Nachspannen der kleinen Mutter *m*; er faßt mit kleinen Stiften *z z* in entsprechende Öffnungen.

Zum Reinigen des Indikatorzylinders ist ein Wischer (Fig. 102), der gewöhnlich mit Baumwolle umwickelt ist, beigegeben. Nach dem Reinigen der Indikatorteile ist vor allem das Zylinderinnere auszuwischen, Kolben und Gelenke vollkommen zu trocknen und ein wenig mit feinem Knochenöl zu ölen, das man in einem Fläschchen mit dem Indikator führt.

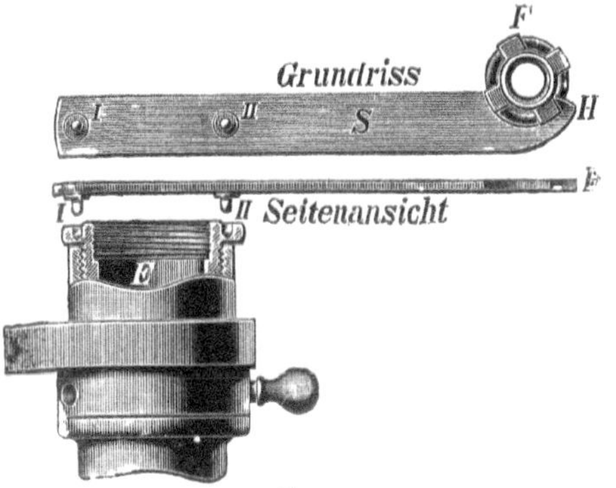


Fig. 100.

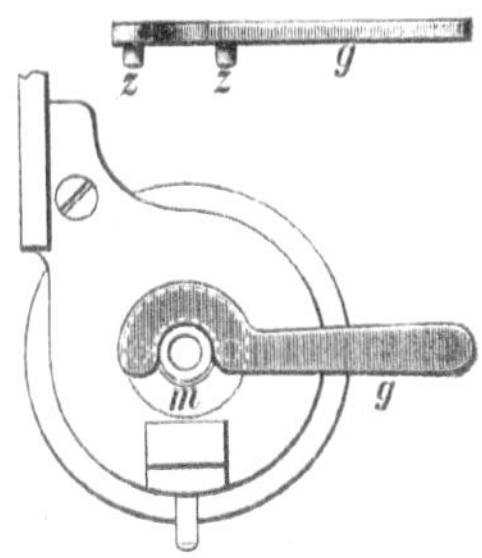


Fig. 101.

### 3. Die Abnahme von Indikatordiagrammen und die zu treffenden Vorbereitungen.

Bei den Vorbereitungen zur Abnahme von Indikatordiagrammen hat man drei Punkte im Auge zu behalten. Diese beziehen sich:

a) auf die Anbringung des Indikators am Zylinder,

b) auf die Befestigung eines Mitnehmers zum Antrieb der Papiertrommel,

c) auf die richtige, gegenseitige Anordnung der Einzelteile des Indikators selbst.

Fig. 102.

a) Um den Indikator mit dem Zylinder in geeigneter Weise in Verbindung zu bringen, sind die Dampfmaschinenzylinder beiderseits mit Bohrungen versehen. Diese sind entweder durch Gewindezapfen verschlossen oder tragen Hähne. Moderne Maschinen sind stets mit Indikatorhähnen ausgerüstet. Bei alten Maschinen kommt es vor, daß sogar eine Bohrung fehlt; in diesem Fall muß der

Zylindermantel oder -deckel angebohrt werden. Man halte sich dabei an die Regel, die Bohrung $^3/_4''$ engl. zu wählen, da die Indikatorhähne fast ausnahmslos dieses Gewinde tragen. Ob es geeignet erscheint, den Zylindermantel oder den Deckel anzubohren, kann man nur entscheiden, wenn man die Maschine vor sich hat. Im allgemeinen sind bei Einzylindermaschinen die Deckel leichter anzubohren als der Mantel. Die seitlichen Bohrungen verschließt man dann mit Winkelhähnen (Fig. 103) oder Winkelstücken (Fig. 104). Fig. 105 zeigt bei $F$ und $d$ die Anbringung dieser Teile am Deckel. Das Gewinde $A$ ist $^3/_4''$;

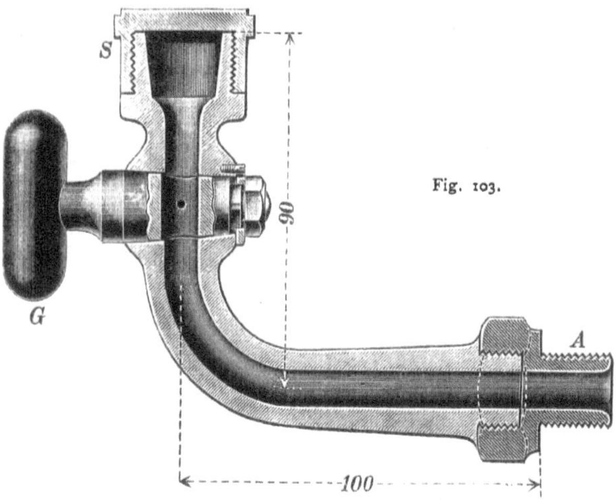


Fig. 103.

das Gewinde am Winkelstück bei $B$ ist ebenfalls $^3/_4''$; in letzterem sitzt ein Verschlußteil $S$. Soll der Indikator angebracht werden, so entfernt man $S$ und schraubt bei Winkelstücken den Indikatorhahn (Fig. 98) auf (Winkelhähne tragen diesen schon). Das zweite Gewinde am Indikatorhahn paßt genau zu der am Indikator selbst angebrachten Verschraubung, die Abdichtung geschieht durch einen eingeschliffenen Konus.

Ist das Anbohren der Zylinderdeckel nicht möglich, so sind an dem Zylindermantel seitlich oder oben Anbohrungen vorzunehmen und geeignete Zwischenteile (Fig. 105 $C$ und $E$), am besten gerade Indikatorhähne, einzuschrauben. Die Stelle der

Durchbohrung ist auf alle Fälle so zu wählen, daß sie nicht durch die Kolbenringe bei den äußersten Stellungen des Kolbens verdeckt oder abgeschlossen wird. Um dies zu erreichen, muß man sie bisweilen bis in den Flansch des Zylinders verlegen. Bei Dampfzylindern mit Dampfmantel hat man beim Anbohren mit besonderer Aufmerksamkeit vorzugehen.

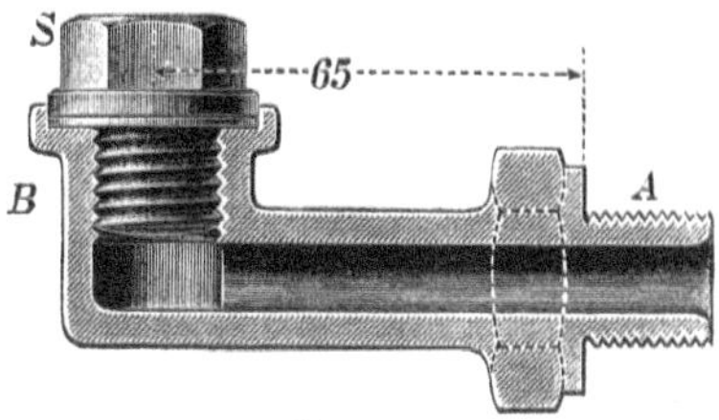

Fig. 104.

Alle Verbindungsteile und Hähne sollen einen glatten Durchgang besitzen mit einer Normalbohrung von 9 mm. Die Verbindungsstücke wähle man in ihrer Länge so kurz als möglich; doch sind sie mindestens so zu bemessen, daß der Indikator über den Rand des Zylinderflansches zu stehen kommt. Scharfe Winkel in Kniestücken sind zu vermeiden. Man erhält bei den Spezialfirmen für Indikatorbau alle Teile verschriftsmäßig nach Maßangabe.

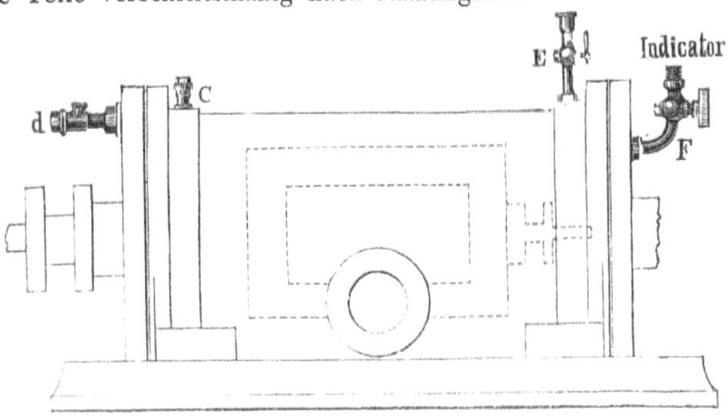

Fig. 105.

Soll die Kontrolle einer Dampfmaschinenanlage systematisch durchgeführt werden, so ist es ein absolutes Erfordernis, daß alle Betriebsmaschinen mit Indikatorhähnen versehen sind, die dauernd an den betreffenden Maschinen verbleiben, so daß man jederzeit ohne Vorbereitungen den Indikator anschrauben kann.

Bisweilen findet man z. B. nach der Anordnung (Fig. 106), daß von den Anbohrungen der Zylinderenden *BB* Rohrleitungen nach einem in der Mitte der Zylinderlänge befindlichen Dreiweghahn *A* führen, welcher zur Aufnahme des Indikators dient. Im allgemeinen ist es zu vermeiden, den Indikator durch Bogenrohre an die Maschine anzuschließen. Für genaue Leitungsermittlungen ist es auf alle Fälle nur zulässig, je einen Indikator anzubringen, um von den Zylinderenden gleichzeitig Diagramme zu gewinnen. Es gibt aber auch Fälle, wo man auf die Anordnung von Bogenrohren angewiesen ist, z. B. in kleineren Betrieben, welche nur einen Indikator besitzen und woselbst der Indikator nicht zur exakten Leistungsvermittlung

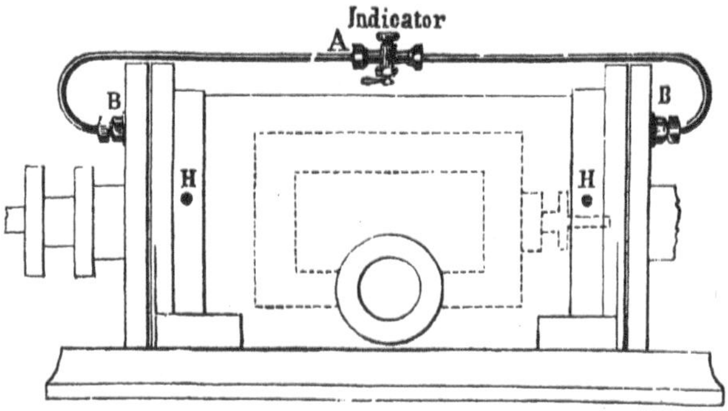


Fig. 106.

dienen soll, sondern lediglich zur periodischen Kontrolle des richtigen Ganges der Maschine. Bezüglich der Abmessungen der Rohre etc. halte man sich dabei an folgende Angaben:

Der Dreiweghahn muß 15 mm Bohrung und schlanke Übergänge besitzen; die Zuleitungsrohre (Kupfer) sollen 18 mm lichte Weite haben und sind mit einer starken Asbestschnur zu umwickeln. Durch die Isolation der Rohre soll eine Herabminderung der Spannung infolge Abkühlung verhindert werden, auch bildet die Isolation gleichzeitig einen Schutz; denn das Arbeiten an heißen Rohren ist unbequem. Anstatt des Rohranschlusses an den Deckeln kann dieser auch bei *HH* in Fig. 105 am Mantel erfolgen.

b) Bezüglich der **Befestigung des Mitnehmers** hat man zu beachten: Die Papiertrommel des Indikators soll eine der Bewegung des Dampfkolbens proportionale Bewegung machen. Deshalb muß die Antriebsschnur für den Indikator von einem entweder an der Kolbenstange oder dem Kreuzkopf befestigten Mitnehmer gezogen werden.

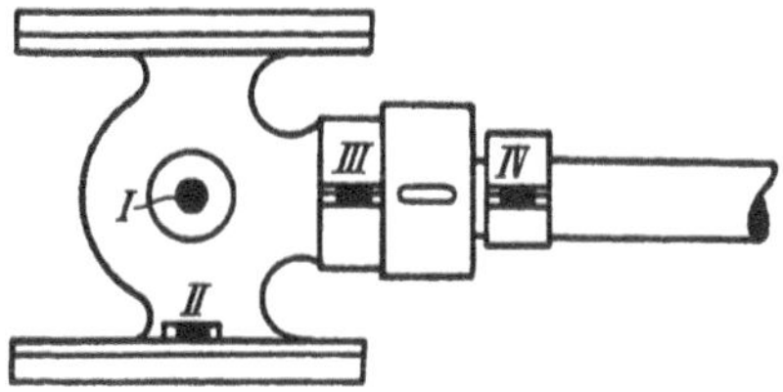


Fig. 107.

Am zweckmäßigsten ist es, den Mitnehmer aus einem 15 bis 20 mm starken Rundeisen herzustellen und am Ende mit einem Gewinde zu versehen, welches passend auf eine Bohrung des Kreuzkopfbolzens ist (Fig. 107 I). Die Länge des

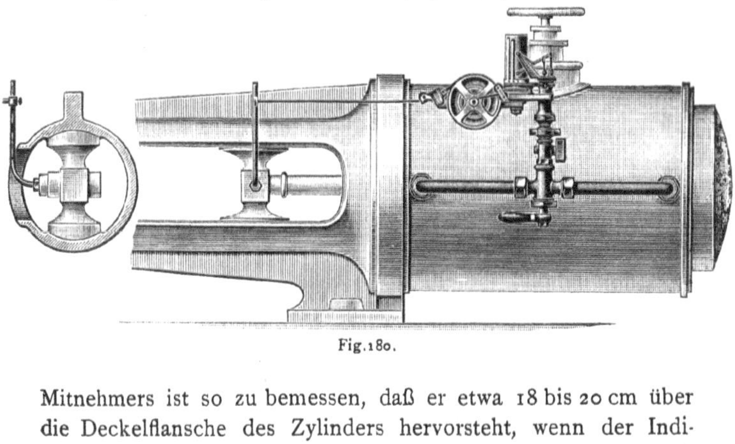

Fig. 180.

Mitnehmers ist so zu bemessen, daß er etwa 18 bis 20 cm über die Deckelflansche des Zylinders hervorsteht, wenn der Indikator liegend angebracht ist; bei stehendem Indikator nach Fig. 108 ist der Mitnehmer nach oben aufzubiegen; die Länge richtet sich nach der Situation. Kann der Kreuzkopfbolzen nicht angebohrt werden, so geschieht die Befestigung des Mitnehmers (Fig. 109) durch Anschrauben am Fuße des Kreuzkopfes (Fig. 10 II).

Ist auch das nicht möglich, so kann man eine Schelle (Fig. 110) um die Nabe des Kreuzkopfes oder, wenn angängig, um die Kolbenstange legen (Fig. 107 III und IV).

Tritt das Kreuzkopfmittel bei kurz gebauten Maschinen sehr nahe an das vordere Zylinderende heran, so wird der

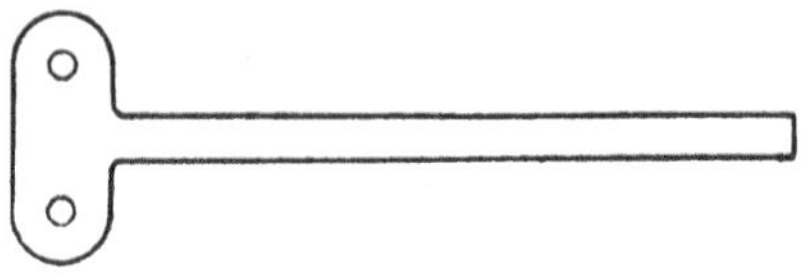

Fig. 109.

Mitnehmer zweckmäßig gekröpft, damit eine genügende Entfernung zwischen Hubverminderer und Mitnehmer vorhanden. Diese soll mindestens 400 mm betragen (Fig. 111).

c) Sind die Verbindungsstücke, Indikatorhähne und der Mitnehmer nach Vorschrift angebracht, so setzt man den Indikator auf, nachdem man durch die Hähne einmal kräftig ausblasen ließ. Das Ausblasen geschieht, um sich zu überzeugen, daß die Leitung freien Durchgang hat. Eine teilweise

Fig. 110.

verstopfte Bohrung kann von ganz eminentem Einfluß auf die Genauigkeit der Anzeige sein (siehe später unter fehlerhafte Diagramme). Verlegungen des Querschnittes kommen z. B. vor, wenn Bleidichtungen bei Anwendung von Verbindungsstücken benutzt wurden. Bei starkem Anziehen treten solche Dichtungen nach Innen ein und verengen den Durchgang. Ob der Indikator stehend oder liegend anzubringen ist, ergibt sich ganz aus den Anbohrungen und der Wahl der Verbindungsstücke. Für den Versuch selbst ist es gleichgültig, ob die Anordnung liegend oder stehend ist. Daran halte man aber fest, beide Indikatoren stets parallel anzubringen.

Ist der Indikator fest angeschraubt, so probiere man, ob sich der Kolben leicht bewegen läßt, eventuell nehme man ihn heraus und gebe etwas Öl auf. Der Kolben muß sich sehr leicht bewegen lassen, ein Reibungswiderstand darf fast nicht bemerkbar sein.

Nach dem Einsetzen des Kolbens schraubt man die Feder auf. Man sehe nach der Kesselspannung und wähle die Feder für diesen Druck, niemals für einen niedrigeren, lieber für einen etwas höheren Druck, z. B. für Kesselspannung von 7,5 Atm. wählt man Feder mit Aufschrift 8 kg.

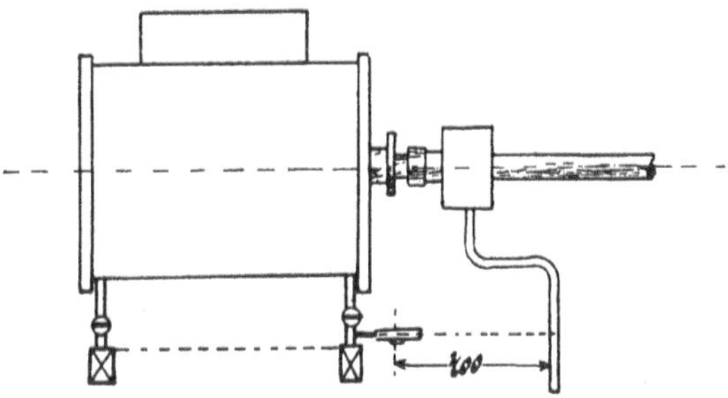


Fig. 111.

Dann schraubt man am Indikator den Hubverminderer an und setzt die passende Hubrolle auf. Ist der Hub 600 mm, so wählt man Rolle 600, oder eine Rolle mit größerer Zahl, niemals eine solche mit kleinerer Hubzahl. Je größer der Hub einer Maschine, eine desto kleinere Verminderungsrolle muß gewählt werden. An diese befestigt man dann die Indikatorschnur der Trommel, indem man sie ein klein wenig anspannt, und dann festklemmt. Ist die Verbindung des Trommelantriebs mit dem Hubverminderer richtig hergestellt, dann muß die Antriebsschnur spannen und die Trommel darf nicht ganz bis zu ihrem Totpunkte zurückgehen. Als zweite Schnurverbindung ist dann diejenige zwischen Hubverminderer und Maschine fertigzustellen. Auf der großen Rolle soll eine genügend lange Schnur aufgewickelt sein, etwas länger als der wirkliche

Maschinenhub. Ob diese Länge richtig bemessen, davon kann man sich überzeugen, indem man dem ganzen Hube der Maschine folgend die Rolle aufzieht und wieder zurückdrehen resp. aufwickeln läßt. Das Schnurende muß dann mindestens noch bis an den Mitnehmer heranreichen, wenn er die Lage in nächster Nähe des Indikators einnimmt. Man gibt noch ca. 20 cm Schnur zu und schneidet dann ab. An der Stelle, wo diese Schnur über eine kleine Rolle in den Verminderer einläuft, befestigt man durch Festknüpfen einen kleinen Messingring von etwa 20 cm Durchmesser. Dabei spannt man den Hubverminderer vorher etwas an (einige Zentimeter), so daß er durch Anschlag des Ringes ebenfalls nicht ganz seine Totlage erreichen kann. Dadurch wird erreicht, daß auch die Schnur des Hubverminderers stets gespannt bleibt. Die Trommelschnur erhält dadurch noch eine kleine Nachspannung. Darauf befestigt man den Fanghaken am Schnurende. Um die richtige Stelle zur Befestigung des Fanghakens an der Schnur zu finden, schlingt man das Schnurende durch den Fanghaken und zieht das Ende immer mehr an und dabei den Fanghaken immer mehr zurück, bis die vorderste Kante des Fanghakens gerade noch bei gespannter Schnur an den Mitnehmer heranreicht; man geht noch 2 cm zurück und bindet an dieser Stelle durch doppelten Knopf den Fanghaken fest. Man hat also, um den Fanghaken einzuhängen, mindestens die Strecke von ca. 2 cm zurückzulegen, wodurch auf alle Fälle auch hier eine Schnurspannung erreicht wird. Ist der Fanghaken festgebunden, so zieht man einmal zur Kontrolle dem ganzen Hub entlang, und zwar etwas über die äußerste Totlage des Mitnehmers hinaus, die Antriebsschnur ab. Bei richtiger Wahl der Hubverminderungsrolle gelingt das, ohne daß die Indikatortrommel bis zur zweiten Totlage gelangt und dort anstößt. Wäre es aber doch der Fall, so ist die Hubverminderungsrolle durch eine mit kleinerem Durchmesser, also mit größer aufgeschriebener Zahl zu ersetzen. In der Regel werden nun zwei Indikatoren an einem Zylinder angebracht. Der zweite erhält dabei keine Hubverminderungsrolle, sondern wird von der Trommel des ersten gezogen. Sie trägt zu diesem Zweck eine zweite, um ihren untern Umfang geschlungene Schnur, welche nur mit der Trommelschnur des zweiten Indikators zu verbinden ist. Wird Indikator 1 von der Maschine bewegt, so muß sich diese zweite Schnur auf Trommelumfang 1 aufwickeln, um Indikator 2 anziehen zu können. Die Zugschnur muß also in richtigem Sinne um die Trommel 1 herumgelegt werden, wenn sie ziehen soll. Der gezogene Indikator wird in gleicher Weise bewegt, wie Indikator 1 von der Hubverminderungsrolle.

Als Schnurverbindung zwischen beiden Indikatoren empfiehlt sich als sehr geeignet der Schnurspanner Fig. 112. Die Indikatorschnur des zweiten Indikators erhält in einem Abstand von etwa 20 cm vom Indikator, eine Schleife, in welche der Haken *T* eingehängt wird. Die vom Indikator 1 kommende Zugschnur führt man durch Bügel *H* und Schlitz *X*, zieht so lange, bis sie zunächst straff ist und dann noch ein Stückchen, so daß die Indikatortrommel 2 ein wenig angezogen wird, also nicht mehr ganz am Totpunkt anliegt.

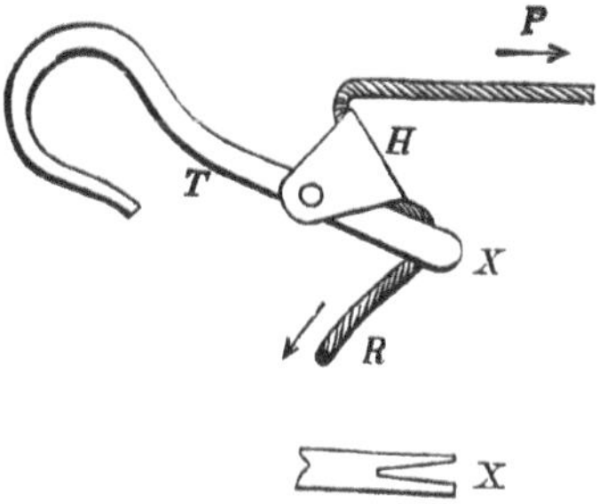

Fig. 112.

Zug in der Richtung *P* klemmt die Schnur sofort fest und Zug in der Richtung *R* löst sie wieder. Einschnitt *X* dient nur zur Sicherung beim Abhaken.

Man führt dann nochmals den Fanghaken dem ganzen Hub entlang und ein wenig darüber hinaus. Dabei müssen alle Schnüre beim Anzug und beim Rücklauf spannen und es darf in keiner Totlage des Mitnehmers ein Anschlagen eines Indikators zu hören sein.

Sind diese genannten Vorbereitungen (auf die Schnurverbindungen lege besonders der Anfänger große Sorgfalt) richtig getroffen, so stecke man den Diagrammstreifen auf die Trommel. Man verfährt dabei am besten so, daß man etwa fünf Blatt gleichzeitig auf einer Seite etwa 1 cm breit (nach vorne) umbiegt. Davon nimmt man ein Blatt, steckt das umgebogene Ende hinter den höherstehenden Papierhalter etwa 5 mm tief ein, legt dann im Kreise das Papier auf die Trommel und führt das nicht umgebogene Papierende über dem zweiten, etwas niedrigeren Papierhalter ein, zieht dann glatt und streift das Diagrammblatt mit Daumen und Zeigefinger der linken Hand an der Trommel abwärts, indem man mit den gleichen Fingern der rechten Hand die über die Papierhalter hervorstehenden Enden gleichzeitig abwärts zieht.

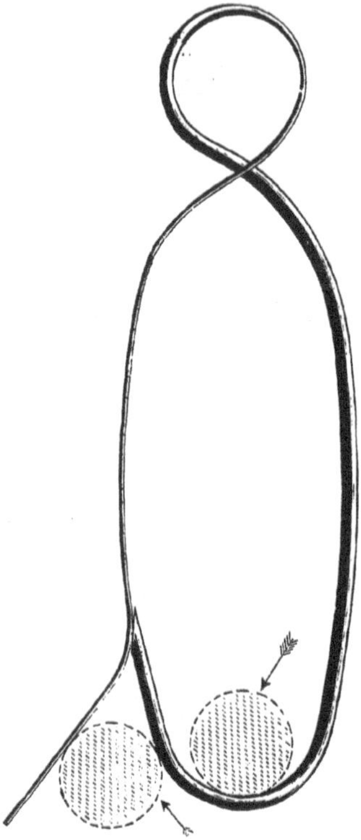

Fig. 113.

Ist das Papier aufgesteckt, so prüft man den Schreibstift, ob er gut schreibt. Er darf nur ein klein wenig das Papier berühren, damit man scharfe Diagramme erhält. Durch Drehen einer kleinen Anschlagschraube läßt sich der Schreibstift mehr oder weniger stark andrücken. Allzustarkes Andrücken ist zu vermeiden, da falsche Diagramme entstehen können wenn die Reibung zwischen Papier und Schreibstift zu groß ist; nicht selten wird bei zu starker Anpressung auch das Papier geritzt. Nun öffnet man, ohne den Fanghaken einzuhängen, die Indikatorhähne und beobachtet das Spiel der Indikatoren; insbesondere ist darauf zu achten, ob alle Verschraubungen u. dgl. dicht sind. Nach dieser ersten Vorprüfung schließt man die Indikatorhähne wieder, wenn sie sich vollständig angewärmt hatten, und hängt den Fanghaken ein. Als Fanghaken benutzt man man am besten einen gewöhnlichen Eisenhaken. Für weniger Geübte ist der in Fig. 113 gezeichnete zu empfehlen. Dieser Haken besteht aus einem federnden Maul, in dieses schnappt der Mitnehmer, wenn man den Haken mit der Hand in die Bahnlinie und Nähe der inneren Totlage des Mitnehmers bringt, ohne weiteres ein, so daß die Schnur gezogen wird. Die Situation beim Ein- und Aushängen zeigt Fig. 114. Zum bequemen

Aushängen benutzt man den Aushängehaken Fig. 115. Mit diesem faßt man die Schnur des Hubverminderers innerhalb der inneren Totlage des Mitnehmers und des Hubverminderers und zieht den Fanghaken von dem Mitnehmer der Maschine ab. Der abspringende Fanghaken wird von der kleinen Öffnung des Aushängehakens aufgefangen, so daß derselbe nicht zum Hubverminderer zurückschnellen kann.

Ein Geübter wird keine solche Ein- und Aushängevorrichtung benötigen, wenigstens nicht bei langsam laufenden Ma-

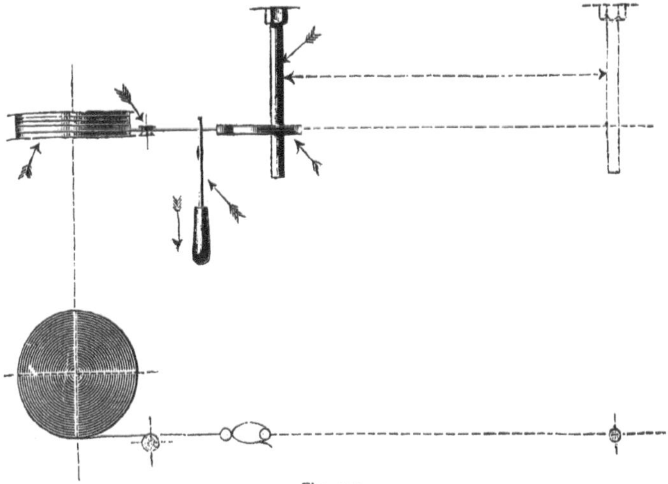

Fig. 114.

schinen unter 100 Touren pro Minute. Nach dem Einhaken befinden sich beide Indikatortrommeln in oszillierender Bewegung und man zeichnet zunächst die atmosphärische Linie mit dem Schreibstift auf. Bei geschlossenem Indikatorhahn muß dabei die Stellung des Kükens so sein, wie Fig. 116 zeigt. Durchgang *A* zeigt nach dem Indikatorkolben, die entgegengesetzte Seite ist gegen den Zylinder verschlossen. In der Seitenwand *Z* ist eine kleine Öffnung, ebenso im Hahnküken bei *x*, so daß unter dem Indikatorkolben bei dieser Hahnstellung atmosphärischer Druck herrschen muß. Die atmosphärische Linie ist eine Gerade. Nach Aufzeichnung derselben öffnet man die

Indikatorhähne, läßt diese gut anwärmen und drückt gleichzeitig die Schreibstifte beider Indikatoren leicht an.

Es ist durchaus nicht erforderlich, wie man vielfach Anfängern lehrt, den Schreibstift nur genau während einer Kurbelumdrehung anzudrücken, sondern es dürfen ruhig 2 bis 3 Umdrehungen während des Aufzeichnens vergehen. Weichen die übereinandergezeichneten Diagramme sehr von einander ab, so läßt sich die Ungleichmässigkeit der momentanen Belastung erkennen. Bei normaler, gleichmäßig konstanter Belastung werden die übereinanderliegenden Diagrammlinien nicht erheblich voneinander abweichen und es wäre sogar fehlerhaft, wollte man aus solchen geringen Abweichungen nicht bei der Leistungsberechnung Rücksicht nehmen und beim Auswerten des Diagrammes nicht die mittlere Schaulinie in Betracht ziehen.

Fig. 115.

Nach dem Aufzeichnen schließt man beide Hähne, hängt den Schnurantrieb aus und nimmt die Diagramme ab.

Jedes Diagramm ist bei der Abnahme sofort mit folgenden Bezeichnungen zu versehen:

1. Eine fortlaufende Nummer,
2. dem herrschenden Kesseldruck,
3. dem Aufstellungsort, Verwendungszweck und Art der Maschine, Steuerung und Zahl der Zylinder,
4. dem Federmaßstab,
5. dem Versuchsdatum (Versuchszeit),

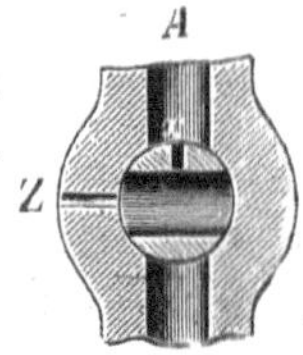


Fig. 116.

6. den Abmessungen der Maschine (Hub und Zylinderdurchmesser und Kolbenstangendurchmesser),
7. der minutlichen Tourenzahl,
8. der abgelesenen Luftverdünnung im Kondensator (bei Kondensationsmaschinen),
9. der abgelesenen Eintrittsdampftemperatur (bei Überhitzung),

10. der Bezeichnung $D$ auf der Deckelseite, $K$ auf der Kurbelseite entnommen.

Ferner die Bezeichnung des Zylinders bei Mehrfach-Expansionsmaschinen, wobei man $h$ für den Hochdruckzylinder, $m$ für den Mitteldruckzylinder und $n$ für den Niederdruckzylinder wählt.

Diagramm Nr. *1*. Kesseldruck: *8,4 atm.*

Liegende Tandemmaschine. Ventilsteuerung.

Indikator Nr. *6289*. *München, 14. März 1908.*

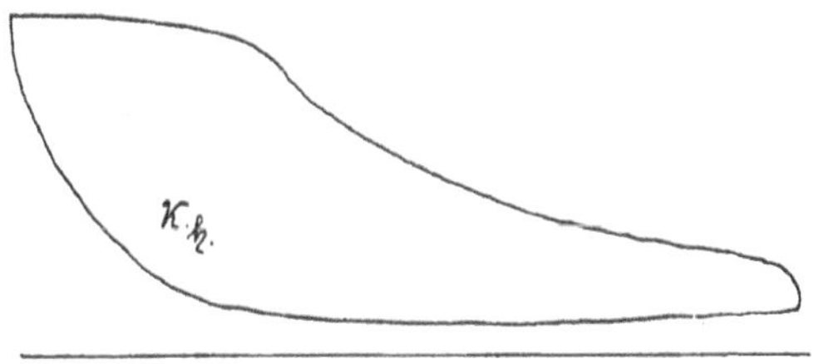


Bemerkungen.

Zylinderdurchmesser: Hochdruck = *55* cm, Niederdruck = *85* cm. Hub *1,1* m. Feder zu: *10* kg.

| Kolbenstangendurchmesser | Kurbelseite | Deckelseite |
|---|---|---|
| Hochdruck . . | *13,5* | *0* mm |
| Niederdruck . | *14,0* | *13,5* mm |

Tourenzahl $n = 58{,}4$.

Fig. 117.

Fig. 117 zeigt ein solches Diagramm mit seinen Bezeichnungen.

## 4. Die Auswertung der Diagramme und das Planimeter.

Man kann zwei Wege einschlagen. Entweder teilt man das Diagramm in eine Anzahl schmaler, gleichbreiter Streifen und berechnet die mittlere Diagrammhöhe, d. i. der mittlere Kolbendruck als mittlere Ordinate oder man benutzt zur Diagrammausmessung das Planimeter.

a) Die Ermittlung der mittleren Höhe nach der Teilmethode.

Um ein Diagramm in gleichbreite Streifen zu teilen, benutzt man das Teillineal (Fig. 118), welches eine Teilung in 10 Streifen gestattet. Zunächst legt man den kleinen Winkel $W$ so an, daß seine Oberkante mit der atmosphärischen Linie o—o zusammenfällt, dann muß das Teillineal durch horizontale Verschiebung des Winkels *W* so gerichtet werden, daß die rechte Innenkante des ersten Teilstabes und die linke Außenkante des letzten (linken) Teilstabes die Umrisse des Diagrammes scharf

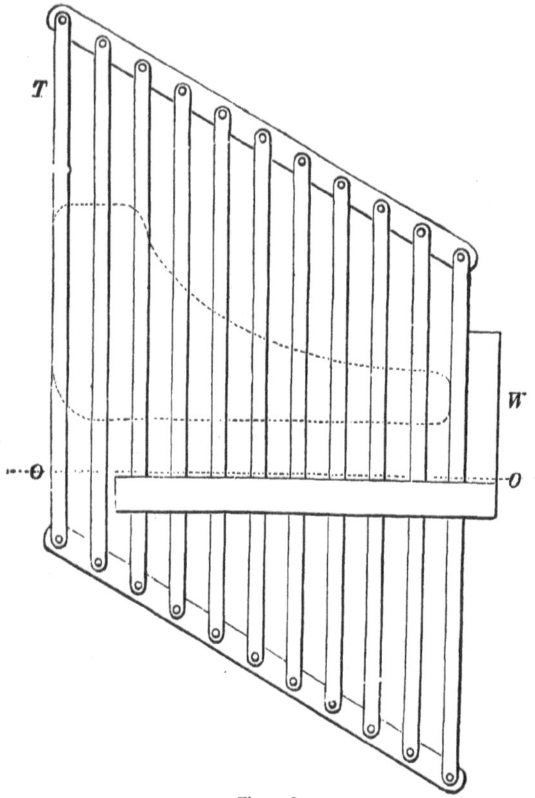


Fig. 118.

begrenzen. Die Teilstäbe stehen, wenn der erste am Winkel anliegt, genau vertikal und alle parallel. Mit einem scharfen Bleistift fährt man dann zuerst bei *T* vertikal, dann beim folgenden Teilstab auf der linken Seite usw. Diejenigen Ordinaten, welche das Diagramm begrenzen, lasse man zunächst unberücksichtigt, dagegen bezeichne man von links nach rechts die innerhalb eingezeichneten Ordinaten mit $a_1$, $a_2$, $a_3$ bis $a_9$, welche alle im Abschnitt von $^1/_{10}$ Diagrammlänge eingetragen sind. Die beiden äußersten Diagrammstreifen teile man mit einem Maßstabe in vier gleiche Teile und trage in einer Entfernung von $^1/_4$ vom Rand je eine Ordinate ein, welche mit $a_0$ resp. $a_{10}$ zu bezeichnen sind (Fig. 119). Dann wird die Ordinate als Mittellinie eines Trapezes betrachtet, dessen eventuelle krummlinige Begrenzung in eine geradlinige zu verwandeln ist. Die mittlere Ordinate des Diagrammes in Millimetern berechnet sich dann aus:

$$a_m = {}^1/_{10}\left(\frac{a_0}{2} + a_1 + a_2 + a_3 + \ldots + a_9 + \frac{a_{10}}{2}\right).$$

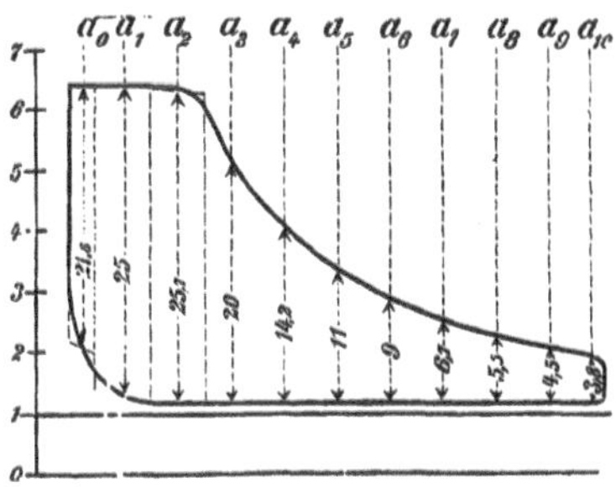


Fig. 119.

Die Abmessungen der Ordinaten in Millimeter $a_0$ bis $a_{10}$ sind im Diagramm einzutragen, wie z. B. in Fig. 119. Mit den eingeschriebenen Werten ergibt sich:

Beispiel: $a_m = {}^1/_{10}\left(\frac{21{,}6}{6} + 25 + 25{,}7 + 20 + 14{,}7 + 11{,}0\right.$

$\left. + 9{,}0 + 6{,}7 + 5{,}5 + 4{,}5 + \frac{3{,}8}{2}\right) = 13{,}43.$

Ist der Federmaßstab 5 mm = 1 kg, so ist der wirksame, mittlere Kolbenüberdruck $p_m = \frac{13{,}43}{5} = 2{,}68$ kg/qm.

Bei einer Dampfmaschine sei der Zylinderdurchmesser 420 mm; der Kolbenstangendurchmesser 60 mm auf der Kurbelseite, auf der Deckelseite: 0. Der Kolbenhub 0,700 m, die mittlere Tourenzahl $n = 65$.

Dann ist die Zylinderkonstante der Kurbelseite:

$$C_k = \left(\frac{42^2\pi}{4} - \frac{6^2\pi}{4}\right) \cdot \frac{0{,}7}{60 \cdot 75} = \frac{1357 \cdot 0{,}7}{60 \cdot 75} = \mathbf{0{,}211},$$

und die Zylinderkonstante der Deckelseite:

$$C_d = \frac{42^2\pi}{4} \cdot \frac{0{,}7}{60 \cdot 75} = \frac{1385 \cdot 0{,}7}{60 \cdot 75} = \mathbf{0{,}2155}.$$

Die Leistung der Kurbelseite ist bei dem obigen mittleren Druck:

$$N_{ik} = 0{,}211 \cdot 65 \cdot 2{,}68 = 36{,}8 \text{ PS}$$

und die Leistung der Deckelseite

$$N_{id} = 0{,}2155 \cdot 65 \cdot 2{,}68 = \underline{37{,}6 \text{ PS}}$$

Die Gesamtleistung also **74,4** PS.

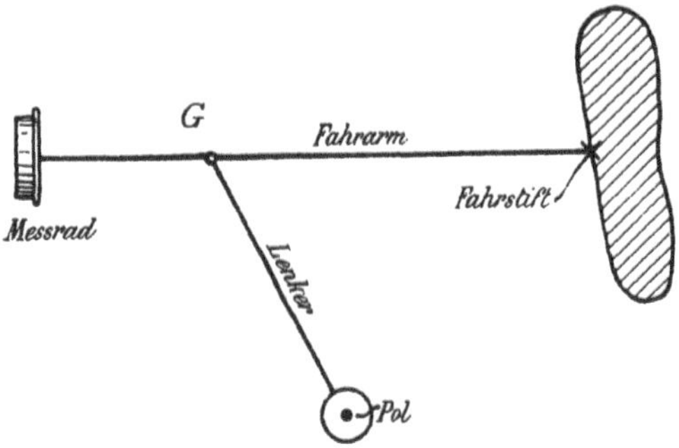


Fig. 120.

### b) Die Diagrammausmessung mit dem Planimeter.

Das gebräuchlichste Planimeter ist das Amslersche Polarplanimeter. Es läßt bei seiner großen Einfachheit der Konstruktion und Handhabung eine Genauigkeit von $^1/_4\,{}^0/_0$ erreichen, was den Bedürfnissen bei Auswertung der Diagramme der Praxis entspricht, da die Diagramme selbst mit keiner größeren Genauigkeit aufgezeichnet werden können. Im Schema stellt Fig. 120 das Amslersche Planimeter dar.

Zwei Stäbe sind im Gelenk *G* miteinander verbunden, der Pol ist eine Spitze, die man fest ins Papier setzt und durch ein

Gewicht beschwert. Mit dem Fahrstift umfährt man die auszumessende Figur von einem beliebigen Punkt des Umfanges bis zu demselben Anfangspunkt zurückkehrend. Dabei läuft das Meßrad auf dem Papier, auf dem es ebenfalls aufliegt und zwar ist die aufgewickelte Länge proportional der Fläché, welche umfahren wurde. Deshalb ist der Umfang des Meßrädchens mit einer Teilung versehen, welche den Flächeninhalt in Quadratzentimeter abzulesen gestattet.

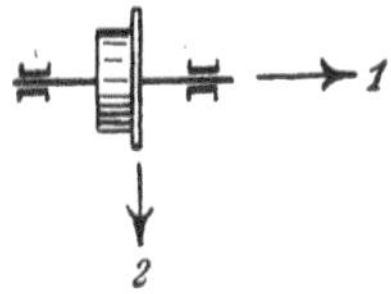

Fig. 121.

Der wirksamste Teil des Planimeters ist das Meßrädchen, dessen Drehung abgelesen wird. Wird dieses Meßrad (Fig. 121) in Richtung des Pfeiles 1, also in Richtung der Achse bewegt, so dreht es sich nicht, sondern gleitet; wird es aber — natürlich stets mit der scharfen Kante auf der Papierebene aufliegend — in Richtung des Pfeiles 2 senkrecht zur Achse bewegt, so rollt es und die zurückgelegte Strecke kann durch Ablesen am Rad festgestellt werden. Von jeder anderen Bewegung wird die Komponente in Richtung des Pfeiles 2 registriert.

Es läßt sich mathematisch, aber auch experimentell der Nachweis der Richtigkeit dieser Behauptung erbringen.

Eine empfehlenswerte Ausführung zeigt Figur 122. Der Fahrarm trägt an einem Ende den Metallstift *F*. Auf dem Fahrarm ist eine Metallhülse *K* (siehe Figur 123) verschiebbar angeordnet, die zwischen zwei kurzen, nach unten gehenden Armen die Achse einer Rolle *D* trägt. Der Umfang dieser Rolle (Limbus) ist in 100 gleiche Teile geteilt. Links von ihr ist ein rückläufiger Nonius angebracht, der eine Skala von zehn gleichen Teilen trägt, die also in ihrer Summe ebenso groß sind wie neun Teile der Rolle *D*. Die Achse dieser Rolle ist in der Mitte auf einer kurzen Strecke als Schnecke ausgebildet, welche in ein Schneckenrad eingreift. Auf der Achse des letzteren sitzt die horizontale Zählscheibe *G*, welche wieder in zehn Teile geteilt ist. Hat sich die Rolle *D* um 100 ihrer Teilstriche weitergedreht, also eine Umdrehung ausgeführt, so ist die Zählscheibe *G* um einen Teilstrich weitergegangen. Zur

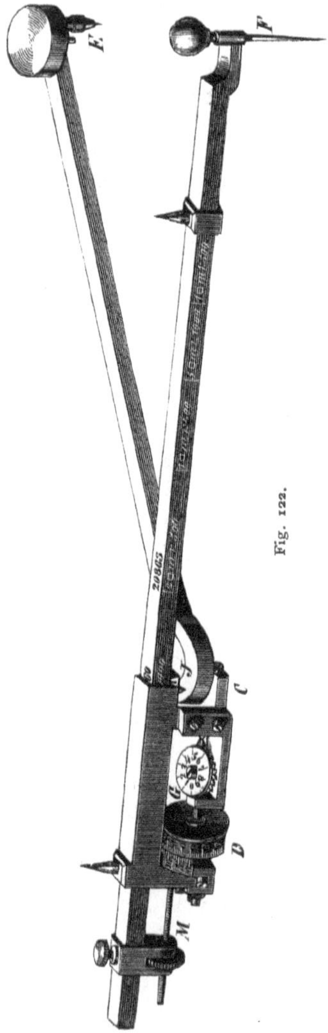


Fig. 122.

Fixierung der Stellungen der Zählscheibe *G* ist an dem links von ihr hervorragenden Arm ein Index *J* angebracht, während für die Rolle *D* der Nullpunkt des Nonius als Index gilt. Auch die Stellung der Hülse an dem mit Teilung versehenen Fahrarm wird allenfalls durch einen Index bestimmt, der sich an der Hülse bei *K* befindet. Eine Mikrometerschraube *M* (Figur 122) ermöglicht eine scharfe Einstellung der Hülse *K* am Fahrarm.

Der kürzere Arm *J* des Planimeters ist an einem Ende durch eine vertikale Achse in der Hülse und dem Lappen *C* drehbar angeordnet; das andere Ende trägt eine feine Nadelspitze *E*, welche den Pol des Instrumentes darstellt. Dieser Pol wird durch ein kleines, rundes, auflegbares Gewicht beschwert. Der Arm *J* wird Polarm genannt.

Zur Bestimmung der mittleren Diagrammhöhe dienen die beiden auf der oberen Seite von Fahrarm und Hülse angebrachten Spitzen, deren gegenseitige Entfernung gleich der Länge des Diagrammes gewählt werden muß. Um dies zu erreichen, ziehe man mit dem Winkellineal an der äußersten Diagrammkante Vertikale und lege dann eine horizontale Ebene durch das Diagramm. Darauf kehre man das Planimeter um, so daß die beiden genannten Spitzen abwärts gegen die Zeichnung gerichtet sind (siehe Fig. 124), setze eine der Spitzen *U* auf ein Ende des Diagrammes und verschiebe den Fahrarm so in seiner Hülse, daß die andere Spitze *V* auf den äußersten Punkt am anderen Ende des Diagrammes zu liegen kommt. In dieser Stellung ist die Schraube *S* festzustellen. Dann kehre

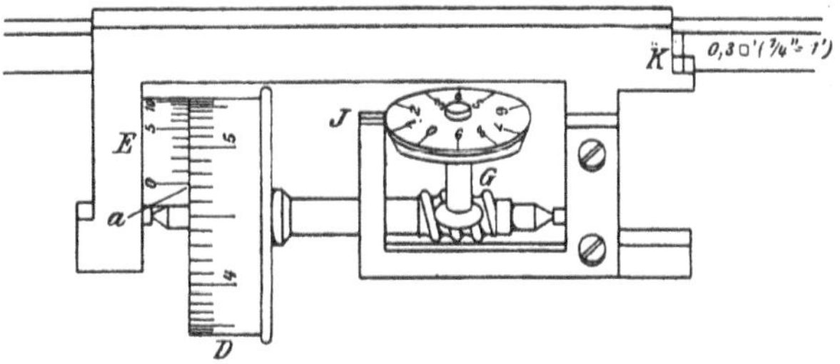


Fig. 123.

man das Instrument wieder um und setze es in der gewöhnlichen Weise auf die Zeichnung, drücke die Nadelspitze *E* außerhalb des Diagrammes an solcher Stelle in die Zeichnungsfläche ein, daß beim nachherigen Umfahren des Diagrammes die Meßrolle nicht in schiefer Richtung über den Rand des

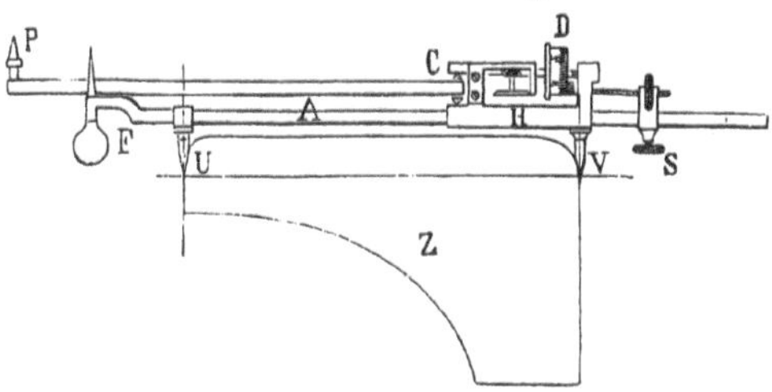


Fig. 124.

Diagrammblattes laufe, und umfahre das Diagramm wie bei der Messung irgend einer Figur. Multipliziert man die Differenz der Rollenablesungen mit dem Faktor **0,06** (Planimeterkonstante), so ergibt dies die mittlere Diagrammhöhe, in Millimetern ausgedrückt.

Für alle Diagramme gleicher Länge ist die Einstellung des Fahrarmes in seiner Hülse dieselbe; man hat daher die Einstellung nur einmal zu machen für eine ganze Reihe gleichartiger Diagramme.

Jede Ablesung ergibt eine Zahl mit vier Stellen.

Das Zählscheibchen *G* gibt die Tausender, die Rolle *D* die Hunderter und Zehner und der Nonius die Einer.

Die Ablesung von Rolle und Zählscheibchen in Fig. 123 wäre z. B.: 1473 abzulesen.

Am Nonius liest man denjenigen Teilstrich ab, der einem Teilstrich der Rolle genau oder doch am nächsten gegenübersteht. In der Figur ist dies der dritte Teilstrich des Nonius. Steht der Nullstrich der Rolle dem Nullstrich des Nonius gegenüber, so sollte eigentlich einer der Teilstriche des Zählscheibchens mit dem festen Index übereinstimmen. Genau trifft dies meistens nicht zu infolge des toten Spieles im Antrieb des Zählscheibchens.

Um über den Wert der Rollendrehung ganz sicher zu sein, muß man nicht bloß Anfangs- und Endstellung der Rolle kennen, sondern auch noch wissen, wie oft und in welchem Sinne — vorwärts oder rückwärts — sich das Zählscheibchen dreht, um von der Anfangs- in die Endlage zu gelangen. Erfolgt die Gesamtdrehung vorwärts, so zählt man so oftmal 10000 zu der Endablesung hinzu, als der Nullpunkt des Zählscheibchens vorwärts am festen Index vorbeigehen muß, um in die Endstellung zu gelangen. Erfolgt die Gesamtdrehung nach rückwärts, was nur der Fall sein kann, wenn der Pol innerhalb der Figur liegt, so zählt man so oftmal 10000 zu der Anfangsablesung hinzu, als der Nullpunkt des Zählscheibchens rückwärts am festen Index vorbeigehen muß, um in die Endstellung zu gelangen.

Vor oder nach dem genauen Umfahren der zu messenden Figur empfiehlt es sich, dieselbe oberflächlich zu umfahren und dabei das Zählscheibchen zu beobachten, um sich von der ungefähren Größe und dem Sinn der Drehung Rechenschaft zu geben.

Der Sicherheit wegen ist es gut, jede Messung mindestens einmal zu wiederholen.

Die Messrolle soll möglichst wenig mit den Fingern berührt werden. Man versuche daher nicht, die Rolle vor dem Umfahren einer Figur auf Null zu stellen, was zudem viel zeitraubender und unsicherer wäre, als die Rolle abzulesen, so wie sie gerade steht.

Beim Auswerten von Diagrammen macht das Rad $G$ meist keine ganze Umdrehung, so daß man auf die Umdrehungszahl nicht zu achten hat. Zum Ablesen des Nonius bedient man sich zur Sicherheit am besten einer Lupe.

Die Teilstriche aut dem Fahrarm kommen bei der Messung der mittleren Diagrammhöhe nicht in Betracht.

| Beispiel: | | |
|---|---|---|
| | Zweite Ablesung . . | 3767 |
| | Erste Ablesung . . | 3336 |
| | Differenz . . . . . . | 431 |

Mittlere Diagrammhöhe $= 431 \times 0{,}06 = 25{,}86$ cm.

Um daraus den mittleren Druck im Dampfzylinder abzuleiten, muß man den Maßstab der Indikatorfeder kennen. Entspricht z. B. 12 mm Diagrammhöhe einem Drucke von 1 kg/qcm, so erhält man

$$\text{Mittlerer Druck} = \frac{25{,}86}{12} = 2{,}155 \text{ kg/qcm.}$$

Hat man nebeneinander viele Diagramme gleicher Länge aufzunehmen, so benutzt man zweckmäßig die Hebeschraube (Fig. 125).

Sie kann immer auf dem Fahrarm des Planimeters festgeklemmt bleiben, da sie auch bei Nichtgebrauch nicht hinderlich ist.

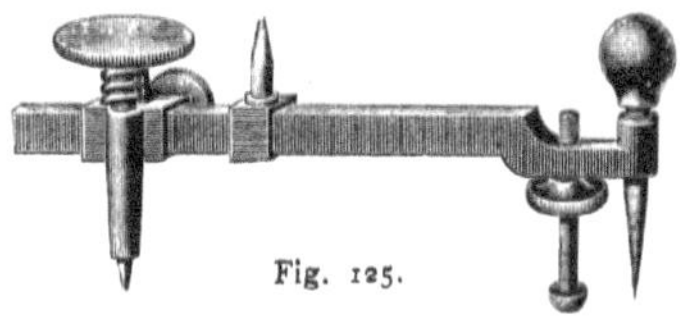

Fig. 125.

Während des Umfahrens eines Diagrammes wird die Schraube etwas in die Höhe geschraubt, so daß ihre Spitze die Zeichnungsfläche nicht berührt. Ist das Diagramm umfahren, so schraubt man die Schraube wieder herunter. Dabei drückt ihre Spitze gegen die Zeichnungsfläche und hebt dadurch den Fahrstift vom Diagramm ab. Man zieht dann das Diagramm unter dem Fahrstift hervor, ohne dessen Stellung zu ändern und schiebt ein neues Diagramm an Stelle des gemessenen, worauf man den Fahrstift wieder senkt und die Messung des neuen Diagrammes beginnt. Beim Heben und Senken des Fahrstiftes wird an der Stellung der Meßrolle nichts geändert, so daß die Ablesung nach dem Umfahren eines Diagrammes als Anfangsablesung für das folgende Diagramm benützt werden kann. Man hat also bei Anwendung der Hebeschraube nur halb so viele Rollenablesungen zu machen, als ohne dieselbe.

Der Zweck dieser Anordnung besteht darin, alle zusammengehörigen Diagramme, eins hinter dem andern, mit dem Flächenmesser abzukreisen und die abgelesene Zahl durch die Anzahl der Diagramme zu teilen. Um sicher zu gehen, arbeitet man mit dem Flächenmesser wieder sämtliche Diagramme zurück und man muß, wenn kein Versehen vorgekommen ist, wieder auf die Anfangszahl zurückkommen. Die beschriebene Hebeschraube mit Druckschraube ermöglicht die Ausführung dieses Vorganges ohne Verrückung des Flächenmessers.

Der Gleitfuß beim Fahrstift (Fig. 125) vermeidet hierbei, daß der Fahrstift an Unebenheiten, Löchern u. dgl. auf dem Diagramm hängen bleibt und das Papier zerreißt oder zerkratzt. Der Gleifuß tritt etwas über den Fahrstift vor, so daß letzterer das Diagramm nicht ganz berührt.

Die beim Planimetrieren allgemein zu beobachtenden Regeln sind folgende:

1. Der zu planimetrierende Diagrammstreifen muß vollkommen glatt und auf ebener horizontaler Unterlage (Metallplatte befestigt sein).

2. Während des Ausmessens darf die Meßrolle den Papierrand nicht überschreiten, sollte dies unvermeidlich sein, so ist ein Papier gleicher Stärke anzulegen. Bevor man mit der Planimetrierung beginnt, umfährt man deshalb die Figur, um sich zu überzeugen, daß man nirgends anstößt.

3. Die günstigste Stellung des Planimeters erhält man, wenn man den Fahrstift $F$ annähernd in den Mittelpunkt der fraglichen Figur setzt, und den Pol $E$ so einstellt, daß die verlängert gedachte Rollenebene $D$ durch den Pol $E$ geht.

4. Seitliche Abweichungen des Fahrstiftes von der Begrenzungslinie treten am wenigsten auf, wenn man den Fahrstift in der Richtung der Begrenzungslinie fortwährend beobachtet.

5. Beim Planimetrieren teilweise geradliniger Figuren empfiehlt es sich nicht, ein Lineal zu benutzen, da möglicherweise nur Fehler nach einer Richtung gemacht werden; beim Führen

des Fahrstiftes mit freier Hand treten annähernd immer gleiche Abweichungen beiderseits auf, so daß sie sich im Endresultat eliminieren. Bei sehr kleinen Diagrammen umfährt man diese mehrmals und nimmt das Mittel der Ablesung, wenn man eine größere Genauigkeit erreichen will.

Um einen Planimeter auf seine Genauigkeit zu prüfen, bedient man sich eines Lineales, das sich um eine in die Zeichnungsfläche gesteckte Nadelspitze drehen läßt. Der Fahrstift des Planimeters wird in eine Vertiefung auf dem Lineal gesetzt, darin festgehalten und bei der Drehung des Lineals mitgenommen. Der Fahrstift beschreibt so einen Kreis, von bekanntem Flächeninhalt, dessen Mittelpunkt der Drehpunkt des Lineals ist. Der genaue Flächeninhalt ist auf dem Lineal angegeben.

Um einen Kontrollversuch durchzuführen, lege man das Lineal auf die Zeichnungsfläche, drücke die Nadelspitze ins Papier ein, setze den Fahrstift des Planimeters in die Vertiefung des Lineals und stelle das Instrument so auf, daß bei dem Versuch das Instrument nicht umkippen kann. Man ziehe einen Bleistiftstrich auf das Papier und stelle den Index des Lineals darauf ein.

Nun lese man die Planimeterrolle ab, leite das Lineal einmal im Kreise herum (im Sinne des Uhrzeigers), bis Index und Bleistiftmarke wieder übereinstimmen und lese die Rolle wieder ab. Der aus den Ablesungen berechnete Flächeninhalt soll mit der auf dem Lineal stehenden Zahl (Flächeninhalt des beschriebenen Kreises) gut übereinstimmen.

Um während der Bewegung des Lineals seitlichen Druck auf den Fahrstift zu vermeiden, der störend wirken würde, ist es empfehlenswert, mit der einen Hand das Lineal zu schieben, während man mit der anderen Hand in senkrechter Richtung sanft auf den Fahrstift drückt. Man wiederhole den Versuch bei verschiedenen Lagen des Planimeterpoles.

Eine andere Prüfungsmethode ist die, daß man eine einfache Figur, z. B. ein Dreieck, Rechteck oder Quadrat mit scharfen Linien herstellt, dann diese planimetriert. Den durch geometrische Berechnung gefundenen Wert vergleicht man dann mit dem aus der Planimeterablesung sich ergebenden.

Allerdings kommen selbst bei größter Sorgfalt dabei Umfahrungsfehler vor.

Die Prüfung eines Plannimeters mit Hilfe des Kontrollineales ist viel zuverlässiger, als das sorgfältigste Umfahren einer gezeichneten Figur, weil bei letzterem Verfahren die Ungenauigkeit der Zeichnung und die Unsicherheit des Umfahrens in Betracht fallen.

Bei der Prüfung des Planimeters ist ferner zu beachten, daß sich die Meßrolle leicht drehen lassen soll und deshalb etwas Spiel in den Lagern haben muß. Meßrolle und Nonius dürfen sich nie streifen, ein kleiner Zwischenraum soll sichtbar sein.

Über die Exaktheit des Rollenrades erhält man auf folgende Weise Aufschluß: Umfährt man ein und dieselbe Figur mehrmals hintereinander, so müssen bei ungeänderter Fahrarmeinteilung die Ablesungsdifferenzen gleichbleiben. Auch hier kann man das Kontrollineal verwenden. Dabei stellt man das Planimeter so ein, daß sein Fahrarm größtmögliche Länge hat, und umfährt unter Anwendung des Kontrollineals einen Kreis von 10 cm Durchmesser ca. 50 mal. Nach jeder Umdrehung ist die Ablesungsdifferenz zu notieren. Es werden sich kleine Differenzen stets ergeben; sie sollen aber bei einem guten Planimeter also $+-$ 2 Noniuseinheiten nicht überschreiten. Bemerkt man eine regelmäßige Abnahme oder Zunahme in den aufgezeichneten Werten, so ist anzunehmen, daß das Meßrad unrund, also exzentrisch ist. Solche Fehler kann man selbst nicht verbessern, sondern sende das Instrument an die Fabrik.

Die Flächenmessung mit Hilfe des Planimeters.

Mit dem Planimeter kann auch direkt der Flächeninhalt von Diagrammen oder beliebiger anderer Figuren ermittelt werden, was an dieser Stelle mitbesprochen sei.

An dem Fahrarm des Planimeters finden sich folgende Marken:

| | | | | |
|---|---|---|---|---|
| 0,1 □cm<br>40 □cm 1 : 20 | 200 □cm 1 : 50<br>50 □cm 1 : 25 | 100 □cm 1 : 40 | 0,05 □cm<br>500□cm 1 : 100 | 100□cm 1 : 50. |

Liegt die zu bestimmende Figur in natürlicher Größe vor, wie z. B. hier das Dampfmaschinendiagramm, so ist die Hülse des Planimeters auf jenen Teilstrich des Fahrarmes einzustellen, hinter welchem ein besonderer Maßstab nicht angegeben ist; hier also 0,1 □cm oder 0,05 □cm.

Die Differenz der Rollenablesung ist dann mit 0,1 qcm resp. 0,05 qcm zu multiplizieren, um den Flächeninhalt des Diagrammes zu finden. Da aber der Flächeninhalt zur Berechnung der Leistung einer Dampfmaschine nicht gebraucht wird, sondern nur die mittlere Höhe des Diagrammes, welche den mittleren wirksamen Kolbendruck angibt, so wäre diese Fläche durch die Diagrammlänge und den Federmaßstab zu dividieren, um diesen zu erhalten. Die weiter oben angegebene Art zur direkten Ablesung des mittleren Dampfdruckes ist aber einfacher. Liegen zu planimetrierende Figuren nicht in natürlicher Größe, sondern in einem bestimmten Maßstab gezeichnet vor, z. B. im Maßstab 1 : 100, so stellt man Hülse $K$ so auf den Fahrarm ein, daß der Index $K$ mit derjenigen Strichmarke auf dem Fahrarme zusammenfällt, hinter welcher der Maßstab 1 : 100 angegeben ist.

Dann setzt man das Planimeter in bekannter Weise auf die horizontal gelegte Zeichnung, drückt den Pol $E$ leicht in das Papier außerhalb der Figur, nachdem man diese einmal probeweise umfahren hatte und beginnt an einer bestimmten markierten Stelle, wo zunächst die Ablesung der Meßrolle zu erfolgen hat. Man umfährt die Figur im Sinne des Uhrzeigers bis zum Ausgangspunkt.

| Beispiel: | Zweite Ablesung | 2431 |
|---|---|---|
| | Erste » | 1108 |
| | Differenz | 1323 |

Um den gesuchten Flächeninhalt zu finden, ist diese Differenz mit demjenigen Faktor, der auf dem Fahrarm rechts von dem 1 : 100 gehörigen Teilstrich angegeben ist, hier also mit 500 qcm zu multiplizieren.

Die gesuchte Fläche ist dann 1323 · 500 = **661 500** qcm.

Wäre die Figur in einem andern Maßstab gezeichnet gewesen, z. B. 1 : 40, so hätte man die sich bei der Ablesung ergebende Differenz mit 100 multiplizieren müssen.

Läuft die Zählscheibe $G$ bei einer Ausmessung über 8, 9 und 0 hinaus, so hat man vor die zweite Ablesung 1 vorzusetzen.

| Beispiel: | Erste Rollenablesung | 8 998 |
|---|---|---|
| | Zweite » | 0 202 |
| so muß diese ergänzt werden zu | | 10 202 |

und die Ablesungsdifferenz wäre 10 202 = 8998 = 1·204.

### 5. Die Prüfung der Indikatorfedern.

Sowohl neue als länger in Gebrauch gewesene Indikatorfedern sind auf ihre Richtigkeit nachzuprüfen. Diese Kontrolle ist für regelmäßig in Benutzung stehende Indikatorfedern in gewissen Zeitintervallen angezeigt.

Während bei Indikatoren mit außen kühlliegender Feder diese Federprüfung in kaltem Zustand erfolgen kann, hat man Federn, welche im Indikatorzylinder liegen, auch noch im warmen Zustand zu prüfen.

Die Prüfung von Indikatorfedern geschieht entweder durch Flüssigkeitsdruck oder durch Gewichtsbelastung.

a) Prüfung durch Flüssigkeitsdruck (Spannungseichung).

Bei der Spannungseichung sind von der atmosphärischen Linie ausgehend verschiedene Spannungen etwa in Stufen von 1 zu 1 Atm. unter dem Indikatorkolben auf der Papiertrommel als wagerechte Linien zu verzeichnen, deren Abstand man auf $^1/_{10}$ mm genau mißt. Daraus hat man direkt den Federmaßstab. Man führt eine Reihe Versuche bei steigendem und fallendem Druck aus. Zwischen beiden Ergebnissen wird infolge der Reibung ein Unterschied bestehen, der nicht zu groß sein darf. Man nimmt aus beiden das Mittel.

Man benutzt bei der »kalten« Federprüfung die Vorrichtung Fig. 126 der Firma Dreyer, Rosenkranz & Droop, Hannover. Sie besteht aus einem Kolben *K* von 20 mm Durchmesser, also dem gleichen Durchmesser wie der Indikatorkolben, welcher ein Auflager für Gewichte trägt. Mit den Gewichten kann bis 10 kg pro 1 qcm. belastet werden. Bei Wahl eines Kolbens *K* mit 10 mm Durchmesser kann die Belastung bis 80 kg pro 1 qcm gesteigert werden.

Der Indikator wird bei *J* aufgeschraubt. Das Doppelkontrollmanometer *F* dient zur Kontrolle der Belastung. Die

Füllung des Preßzylinders geschieht mit verdünnter Glyzerinlösung, $^2/_3$ Glyzerin und $^1/_3$ Wasserzusatz.

Man belastet nun von Null ausgehend die Feder fortschreitend von Kilogramm zu Kilogramm bis zur Höchstlast, welche für die betreffende Feder in Frage kommt. Die Belastungsgewichte $G$ sind infolge der runden Ränder bequem zu handhaben. Die Gewichte sind genau abgedreht und greifen behufs Zentrierung mit scharfen Ansätzen und Nuten ineinander

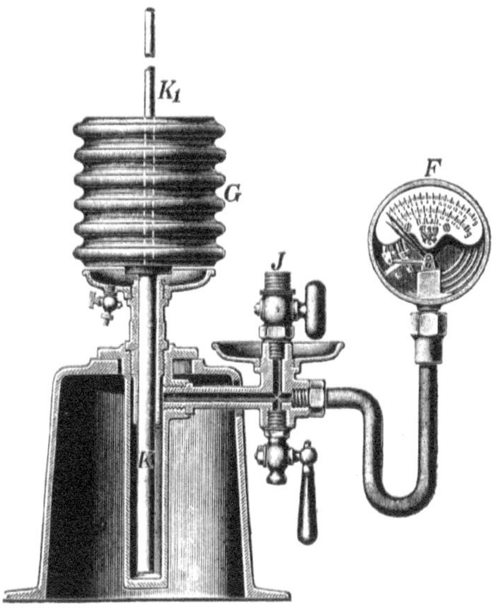


Fig. 126.

Die Gewichte sind geschlitzt und werden von der Seite auf die nach oben verlängerte Kolbenstange $K_1$ aufgeschoben. Um eine einseitige Belastung zu vermeiden, wechselt man die Lage der Einschnitte.

Das Maß der Zusammendrückung der Feder erhält man, indem man nach jedesmaliger Änderung der Belastung, also nach jedesmaligem Auflegen eines Gewichtes den Indikatorhahn öffnet, den Indikatorschreibstift lose gegen die Papiertrommel drückt und diese von Hand in Bewegung setzt.

Der Kolben $K'$ muß mit den Gewichten bei Benutzung stets mit der Hand gedreht werden, damit der Reibungsverlust vom Kolben $K'$ überwunden wird. Der Belastungsdruck wird dann mit der Manometeranzeige übereinstimmen.

Hat man bis zum Maximum belastet, so entlastet man der Reihe nach durch Abnehmen der Gewichte und kontrolliert so die ersten Resultate nach.

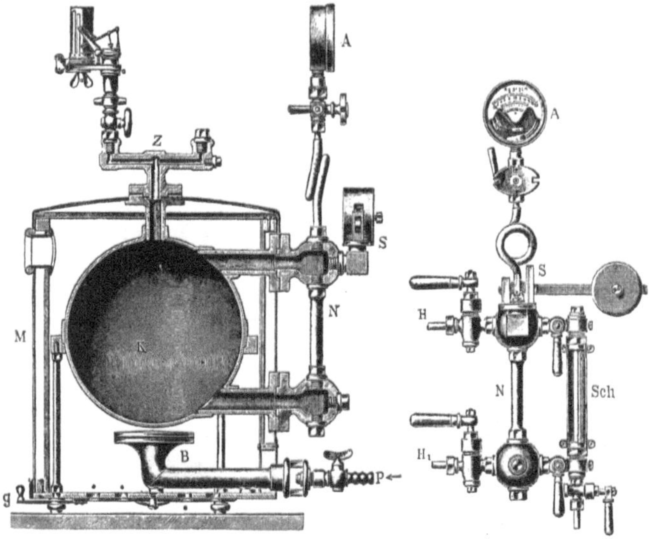


Fig. 127.

Zur »warmen« Federprüfung benutzt man die in Fig. 127 dargestellte Vorrichtung.

Ein kupferner Dampfkessel $K'$ von 300 mm Durchmesser wird von unten her durch einen Brenner $B$, der mit Gas, das in Richtung von Pfeil $P$ zuströmt, gespeist wird. Der Kessel trägt oben einen Aufsatz $Z$ zur Aufnahme von zwei Indikatoren und seitlich eine Armatur $N$, bestehend aus dem Wasserstandsanzeiger $Sch$, dem Sicherheitsventil $S$, den Füllhähnen $H_1$ und $H$ und dem Doppelkontrollmanometer $A$. Die Umkleidung des Kessels ist eine doppelte, zur Verringerung der Wärmeausstrahlung; der innere Schutzmantel ist mit Asbest bekleidet, diesen umschließt ein zweiter Blechmantel *M*.

Bei der Prüfung verfährt man so, daß man den Kessel bis auf den für die Feder höchstzulässigen Druck anheizt. Durch den am Boden angebrachten Hebel *G* kann der Luftzug für die Beheizung geregelt werden. Dann läßt man den Druck von Atmosphäre zu Atmosphäre sinken und öffnet bei genau bestimmten Manometeranzeigen den Indikatorhahn und bewegt unter Andrücken des Schreibstiftes die Trommel. Es ist dabei nicht empfehlenswert, den Indikatorhahn schon vor Erreichung des nächstniedrigen Dampfdruckes zu öffnen und dann zu warten, bis derselbe genau stimmt, da hierbei die Erwärmung der Indikatorfeder viel weiter getrieben wird als erwünscht ist. Der Hahn soll bei Erlangung des Prüfungsdruckes geöffnet werden und nach Ziehen der Diagrammlinie sofort wieder geschlossen werden. Hat ein Prüfungskessel einen zu kleinen Inhalt, so kann während der Hahnöffnung der Druck unzulässig stark sinken.

Anstatt mit fallender Dampfspannung kann man auch mit anwachsender Spannung prüfen. Die maximalen Prüfungsdrucke liegen beim Apparat nach Fig. 127 bei 25 Atm.

b) Prüfung durch Gewichtsbelastung.

Die »kalte« Federprüfung geschieht mit den Apparaten nach Fig. 128. Die Prüfungsvorrichtung (Fig. 128) besteht aus einer messingenen Grundplatte $B_1$ von 300 mm Durchmesser, die mit drei Stellschrauben ausgerüstet ist. Auf derselben sind zwei Tragsäulen angeordnet, welche oben durch eine Brücke zur Aufnahme des Indikators verbunden sind. Diese Vorrichtung eignet sich für Indikatoren mit innenliegender Feder. Die Fig. 128 zeigt einen Indikator nach unten hängend angebracht, dargestellt zur Untersuchung der Federn auf Druckbelastung, Fig. 128a und b die Anordnung zur Untersuchung der Federn auf Zugbelastung (Vakuum).

Zum Anhängen der Gewichte *G* an die Stange *K* ist bei Druckbelastung die Zange *Z* erforderlich, welche im zusammengeklappten Zustand über den Rand der Kuppelmutter des Kugelgelenkes greift und mit zwei Schräubchen geschlossen wird.

Zur Untersuchung bei Zugbeanspruchung (Vakuum-Luftverdünnung) dient der Bügelträger $T$ (Fig. 128a und b) mit Bügel $BB$.

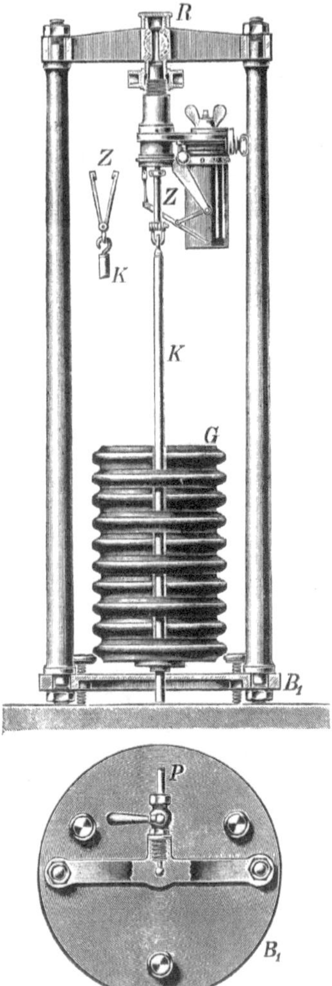


Fig. 128.

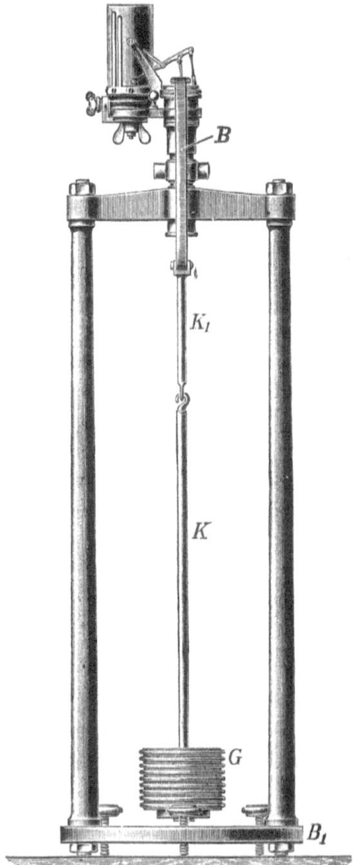


Fig. 128a.

An den Bügel und die Zwischenstange $K_1$ wird die Zugstange $K$ behufs Aufnahme der Gewichte $G$ angehängt. Die Prüfungsvorrichtung (Fig. 129) trägt auf der Platte $P$ nur eine kräftige, oben gekröpfte gußeiserne Säule $S$ von 825 mm Höhe. Es können damit Indikatoren mit innen- und außenliegender Feder geprüft werden. Fig. 129 gibt die Anordnung der Anbringung eines Indikators mit innenliegender Feder an, er hängt dabei nach unten. Die Zugstange $K$, welche die Belastungsgewichte $G$ aufnimmt, wird in den Haken des einseitig gekröpften Bügels eingehängt, der mit dem darüber dargestellten hufeisenförmigen Ausschnitt über die Kolbenstange und hinter die Kugelgelenkmutter geschoben wird.

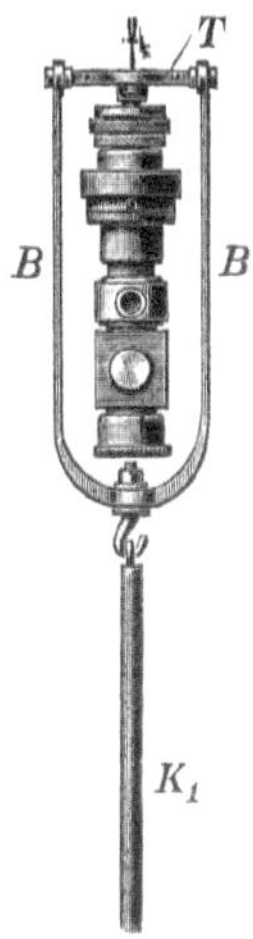

Fig. 128b.

Die Anordnung für Prüfung von Indikatoren mit außenliegender Feder gibt Fig. 129a wieder. Der einseitig gekröpfte Bügel $H_1$ dient dabei zur Aufnahme der Zugstange $K$ für die Gewichtsbelastung. Zur Prüfung der Kolbenfedern für Vakuum muß auch hier der Indikator nach oben stehend angebracht werden. Fig. 129b soll das veranschaulichen. Die Säule $S$ ist dabei weggelassen, da sie die Darstellung undeutlich machen würde. Die Anbringung ist bei $D$ nach Abschrauben der Schlußmutter $R$ zu denken. Als Verbindungsmittel für die Betätigung auf Zug dient der Bügel $BB$ usw. Fig. 129c stellt den Bügelträger $T$ im Grundriß und Schnitt in $^1/_2$ natürlicher Größe dar. Dieser besteht aus zwei gleichen Hälften $a$ und $b$, die durch sog. Prisonstifte ihre gegenseitige richtige Lage erhalten. Die mittlere ovale Aussparung greift um die Kugelgelenkverschraubung; bei $MM$ ist eine kleine Einfräsung vorhanden, so daß der Rand der Kugelgelenkmutter hier Halt gewinnt. Der Bügel $BB$ wird dann über die mit Ansätzen versehenen Enden übergestreift und ist dazu mit den nach unten erweiterten viereckigen Öffnungen versehen.

Die »warme« Indikatorfederprüfung kann mit beiden genannten Vorrichtungen in Fig. 128 u. 129 ebenfalls geschehen. Will man die Feder oder den Kolben vor der Gewichtsprobe entsprechend anwärmen, so wird dazu ein kleiner mit Gas beheizbarer Kupferkessel $K$ (Fig. 130) von 200 mm Durchmesser für Druck bis 20 kg/qcm benutzt. Er ist mit Manometer $A$, Sicherheitsventil $S$, Probierhaken $H$ und Anschlußhahn $P_1$ ausgerüstet. $M$ ist ein Schutzmantel. Mittels eines bei $P_1$ anzuschließenden Messing- oder Kupferröhrchens wird die Verbindung mit der Prüfvorrichtung bei $X$ (Fig. 129) hergestellt, wobei die obere Öffnung durch die Kapselmutter $R$ verschlossen werden muß.

Zur »warmen« wie zur »kalten« Federprüfung eignet sich die Universalprüfvorrichtung der Firma Dreyer, Rosenkranz & Droop, Hannover (Figur 131).

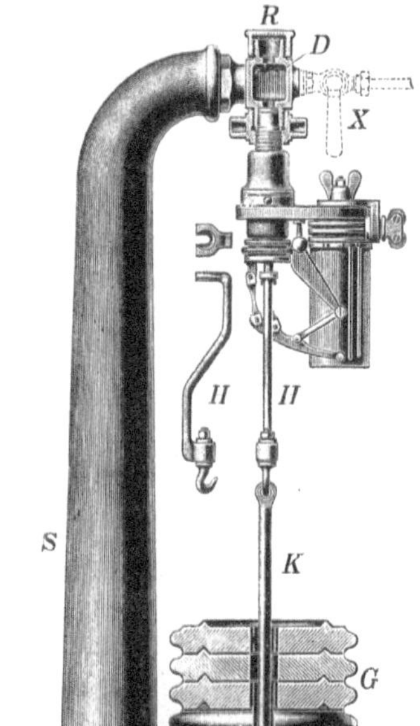


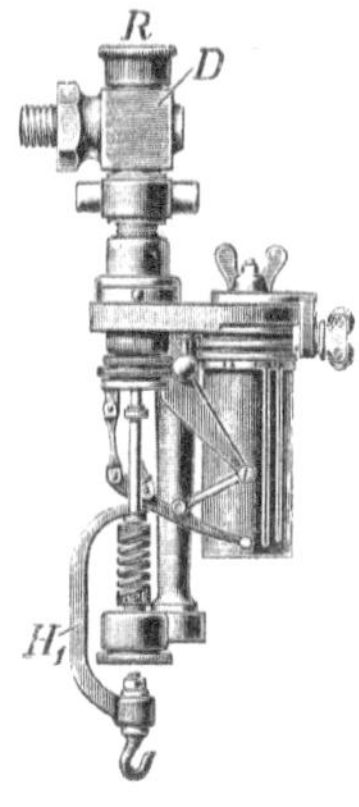


Fig. 129a.

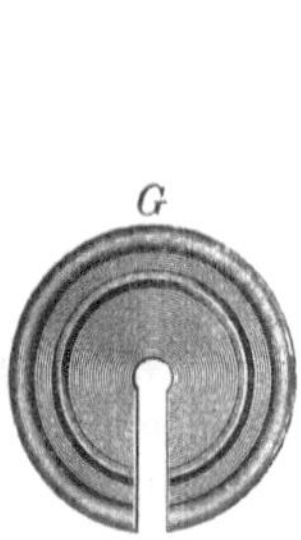


Fig. 129.

Fig. 129b.

Man hat nämlich beim Anwärmen durch Dampf stets mit den durch Dampfwasserbildung unvermeidlichen Belästigungen zu rechnen, zumal die Indikatoren bei der Prüfung für Druckbeanspruchung nach unten, bei der Zugbeanspruchung nach

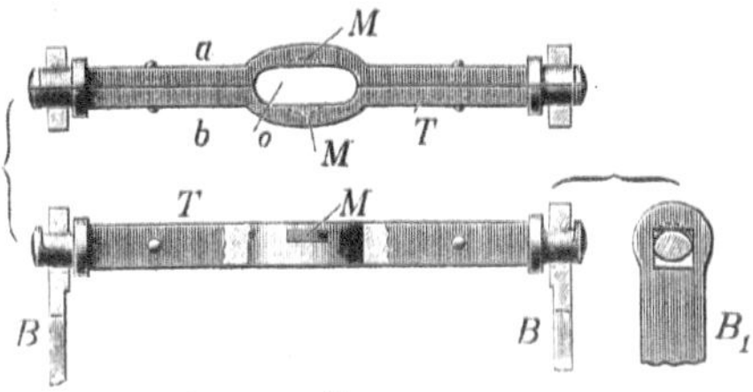


Fig. 129 c.

oben stehend angebracht werden müssen. Für exakte Prüfungen ist die aufrechte Stellung des Indikators erforderlich; denn das Kondenswasser sammelt sich im Indikator vor und hinter den Kolben an, hemmt den Gang des letzteren und verhindert eine

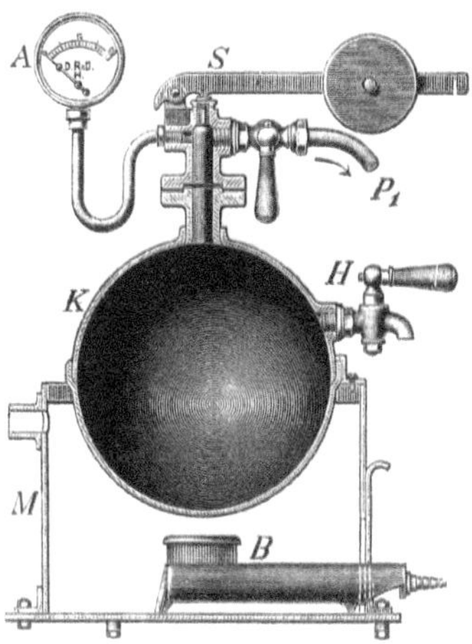


Fig. 130.

ausreichend genaue Temperaturbestimmung im Federraum. Ferner tritt das heiße Wasser auch noch unten an der Kolbenstange und aus den für die Dampfausströmung vorgesehenen Öffnungen aus und benetzt sowohl die Gewichte als auch das

Indikatorpapier. Auch durch das Wechseln der Stellung des Indikators für die Prüfung auf Vakuum und Druck können Fehler entstehen. Die dargestellte Universalprüfvorrichtung vermeidet die genannten Übelstände. Die Säule $S$ trägt einen auf Schneiden schwingenden Doppelhebel (Wagebalken) $H$, der Indikator wird bei $I$ aufgeschraubt. Bei $D$ erfolgt nach Bedarf

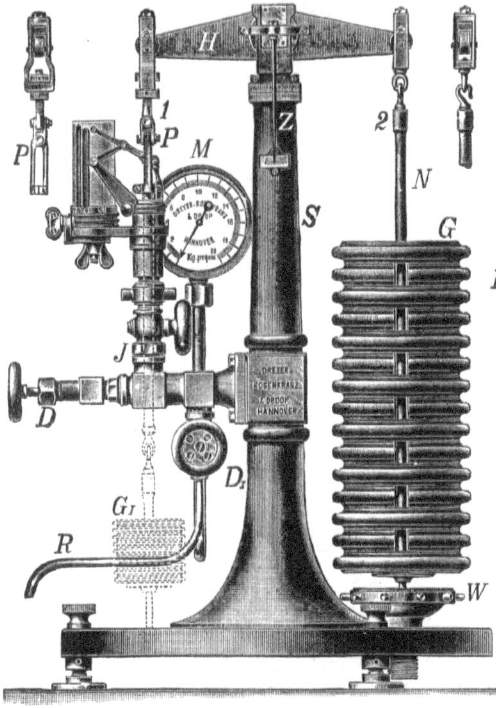


Fig. 131.

Fig. 131a.

Dampfzufuhr durch das Ventil. Die Regulierung der Temperatur im Indikator erfolgt mit Hilfe der beiden Ventile $D$ und $D_1$ sowie des Manometers $M$. Der überschüssige Dampf sowie das Kondenswasser entweichen durch das Röhrchen $R$.

Der Zeiger $Z$ ist gleich der halben Länge des Wagebalkens $H$. Er gibt das Mittel an die Hand, die Anfangsstellung der mit der Zange $P$ verbundenen Seite 1 mittels der beiden im Gehänge befindlichen Randschrauben um die Hälfte des wirklichen Federweges unter die Horizontale zu verlegen, da hiermit die durch seitlichen Zug entstehende Reibung der Kolbenstange im Indikatordeckel unschädlich gemacht wird.

Auf Seite 2 des Wagebalkens sind Gewichte $G$ aufgelegt, deren jedes der Belastung von 1 kg/qcm für den Kolbendurchmesser von 20 mm berechnet ist, das erste Gewicht ist mit Zugstange $N$ dieser Belastung gleich. Außerdem sind noch Gewichte $G_1$ für je 0,1 kg/qcm Belastung beigegeben, die zur Eichung für Vakuum dienen (Fig. 131a).

Um beim Prüfen der Feder bei Anwärmen mit gespanntem Dampf und Gewichtsbelastung eine Überlastung zu vermeiden, ist die verstellbare Platte $W$ mit Lederring versehen, auf die sich die Gewichte bei ihrer Aufwärtsbewegung lagern können, während die Zugstange $N$ frei schwingt.

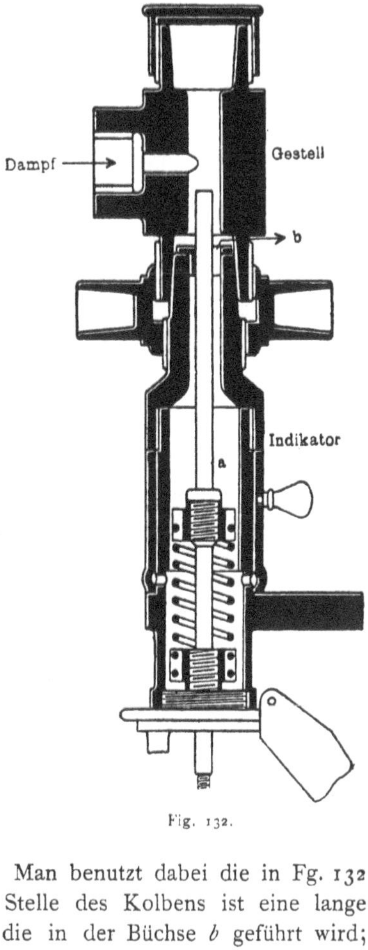


Fig. 132.

Bisweilen werden Indikatorfedern auch ohne die Verbindung mit dem Indikatorkolben geprüft, um jeden Einfluß der Kolbenreibung ganz zu beseitigen. Man benutzt dabei die in Fg. 132 gezeigte Vorrichtung. An Stelle des Kolbens ist eine lange Kolbenstange $a$ eingesetzt, die in der Büchse $b$ geführt wird; diese Büchse wird in die engere Bohrung des Indikators eingesetzt. Der Gang der Untersuchung ist bei der kalten Prüfung wie oben unter Gewichtsbelastung angegeben. Damit bei der »warmen« Prüfung der Heizdampf Zutritt zur Feder erhält, ist die Büchse *b* an drei Stellen aufgeschnitten.

Früher spielte die Frage, ob warm oder kalt geeicht werden sollte, eine große Rolle. Durch die Einführung der kühlliegenden Federn, ist die Frage heute so gut wie erledigt. Was die Vergrößerung der Kolbenfläche anbelangt, so kann man diese rechnerisch mit genügender Sicherheit berücksichtigen, etwa 0,4 % für je 100° Temperaturzunahme. Es empfiehlt sich also kalt zu eichen. Eine Indikatorfeder, für welche man Federmaßstab 8,2 mm = 1 atm. fand, wird bei einer um 100° C höheren Temperatur den Federmaßstab $8{,}2\left(1 - \frac{0{,}4}{100}\right) = 1$ atm.; 8,16 mm = 1 atm. haben.

Diese geringe, leidlich zuverlässige Korrektion darf man nicht verwechseln mit jenen großen, die man wohl zur Berücksichtigung warmer Federn angegeben findet und die nur auf recht unsicheren Grundlagen beruhen.

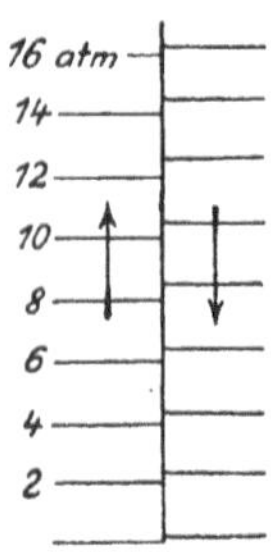

Fig. 133.

Welche der beiden Methoden, die Spannungseichung oder die Gewichtseichung vorzuziehen, ergibt sich aus folgendem. Jede dieser Methoden hat kleine Mängel. Am besten prüft man durch Gewichtseichung die Gleichmäßigkeit der Feder, dabei spielen Kolbendurchmesser und sonstige Unsicherheiten keine Rolle. Der Federmaßstab wird zweckmäßig durch Spannungseichung festgestellt, dabei braucht man nur zwei weit voneinander entfernte Spannungen anwenden.

Für Ermittlung des mittlern Federmaßstabes empfiehlt sich die Spannungseichung, den Verlauf des wahren Federmaßstabes läßt die Gewichtseichung besser erkennen.

### c) Berechnung des mittleren Federmaßstabes.

Bei der Eichung erhält man ein Bild, das Eichdiagramm. Dieses gibt darüber Aufschluß, ob die geprüfte Feder Proportionalität besitzt oder nicht und ob bei verschiedenartiger Beanspruchung durch Be- oder Entlastung keine Unregelmäßigkeiten vorhanden sind.

Eine Proportionalität muß von einer Feder bis zu einem bestimmten Grade verlangt werden. Absolute Proportionalität wird wohl keine Feder zeigen, doch darf sie bei hohen Spannungen nicht etwa merklich steifer werden. Auch wird zwischen dem Be- und Entlastungsdiagramm häufig ein Unterschied auftreten. Fig. 133 zeigt ein Diagramm mit unzulässig hohen Unterschieden zwischen Be- und Entlastung.

Federn mit groben Fehlern in bezug auf Proportionalität sind unbrauchbar. Ein Belastungsversuch gab folgende Werte:

| Prüfungsgewicht kg/qm | Prüfung durch Belastung. | | |
|---|---|---|---|
| | Schreibstifthub $h$ von der atm. Linie aus gemessen in mm | Quotient $\frac{\text{Schreibstifthub}}{\text{Gesamtbelastg.}} = \frac{h}{g} = m$ | Zunahme des Schreibstifthubes in mm |
| $g_1 = 0{,}5$ | $h_1 = 3{,}1$ | $\frac{h_1}{g_1} = \frac{3{,}1}{0{,}5} = 6{,}20$ | $h_2 - h_1 = 9{,}1 - 3{,}1 = 6{,}0$ |
| $g_2 = 1{,}5$ | $h_2 = 9{,}1$ | $\frac{h_2}{g_2} = \frac{9{,}1}{1{,}5} = 6{,}07$ | $h_3 - h_2 = 15{,}1 - 9{,}1 = 6{,}0$ |
| $g_3 = 2{,}5$ | $h_3 = 15{,}1$ | $\frac{h_3}{g_3} = \frac{15{,}1}{2{,}5} = 6{,}04$ | $h_4 - h_3 = 21{,}2 - 15{,}1 = 6{,}1$ |
| $g_4 = 3{,}5$ | $h_4 = 21{,}2$ | $\frac{h_4}{g_4} = \frac{21{,}2}{3{,}5} = 6{,}06$ | $h_5 - h_4 = 27{,}2 - 21{,}2 = 6{,}0$ |
| $g_5 = 4{,}5$ | $h_5 = 27{,}2$ | $\frac{h_5}{g_5} = \frac{27{,}2}{4{,}5} = 6{,}04$ | $h_6 - h_5 = 33{,}2 - 27{,}2 = 6{,}0$ |
| $g_6 = 5{,}5$ | $h_6 = 33{,}2$ | $\frac{h_6}{g_6} = \frac{33{,}2}{5{,}5} = 6{,}04$ | $h_7 - h_6 = 39{,}2 - 33{,}2 = 6{,}0$ |
| $g_7 = 6{,}5$ | $h_7 = 39{,}2$ | $\frac{h_7}{g_7} = \frac{39{,}2}{6{,}5} = 6{,}03$ | $h_8 - h_7 = 45{,}3 - 39{,}2 = 6{,}1$ |
| $g_8 = 7{,}5$ | $h_8 = 45{,}3$ | $\frac{h_8}{g_8} = \frac{45{,}3}{7{,}5} = 6{,}04$ | $h_9 - h_8 = 51{,}2 - 45{,}3 = 5{,}9$ |
| $g_9 = 8{,}5$ | $h_9 = 51{,}2$ | $\frac{h_9}{g_9} = \frac{51{,}2}{8{,}5} = 6{,}02$ | $h_{10} - h_9 = 57{,}2 - 51{,}2 = 6{,}0$ |
| $g_{10} = 9{,}5$ | $h_{10} = 57{,}2$ | $\frac{h_{10}}{g_{10}} = \frac{57{,}2}{9{,}5} = 6{,}02$ | |
| $\Sigma = 50$ kg | 301,8 | 60,56 | 54,1 |

Zur Ermittlung des sog. mittleren Federmaßstabes kommen vier Berechnungsmethoden zur Anwendung. Diese sind an Hand eines Beispiels gezeigt:

a) Man berechnet für jedes Belastungsintervall den zugehörigen Maßstab, also die zugehörigen Quotienten $\frac{h_1}{g_1}, \frac{h_2}{g_2} \ldots \frac{h_{10}}{g_{10}}$

und bildet aus den so erhaltenen Maßstäben das arithmetische Mittel. Es ist hier dann: mittlerer Federmaßstab $\frac{60,58}{10}$ = **6,058** mm bei Belastung).

b) Man bildet das arithmetische Mittel der Differenzen zwei aufeinanderfolgender Schreibstifthübe. Es ist hier dann: mittlerer Federmaßstab $\frac{54,1}{9}$ = **6,011** (bei Belastung).

c) Nach Eberle dividiert man den bei der Gesamtbelastung konstatierten Gesamtschreibstifthub durch die Gesamtbelastung. Es ist hier dann: mittlerer Federmaßstab $\frac{57,2}{9,5}$ = **6,025** (bei Belastung).

d) Nach Meyer bilde man die Summe aller Schreibstifthübe jeden von der Atmosphärenlinie aus gerechnet und dividiere diese durch die Summe aller Prüfungsgewichte.

Es ist hier dann: mittlerer Federmaßstab $= \frac{h_1 + h_1 + \ldots h_{10}}{g_2 + g_2 + \cdots g_{10}}$ $= \frac{301,8}{50}$ = **6,004** (bei Belastung).

Für gewöhnliche Indizierungen zur Betriebskontrolle genügt es, den Federmaßstab bei einer Nacheichung nach einer dieser Methoden zu berechnen. Bei Garantieversuchen aber, bei denen es sich um Objekte mit hohem Anschaffungswert und eventuell um hohe Konventionalstrafe handelt, ist es anzuempfehlen, Fehler, welche aus mangelhafter Proportionalität der Indikatorfedern resultieren, in eingehender Weise zu berücksichtigen.

Am einfachsten geschieht das dadurch, daß man nur neue ausgesuchte Federn für solche Versuche verwendet, welche eine gute Proportionalität zeigen. Hat man im eigenen Betriebslaboratorium keine Prüfvorrichtung für Indikatorfedern, so wird das heute in gewissenhaftester Weise ebenso von den die Federn liefernden Firmen ausgeführt. Dazu erhält man dann sog. Federmaßstäbe (Fig. 134). Will man noch sicherer sein, so ist es nur notwendig, von einer zweiten Prüfungsanstalt, einem technischen Speziallaboratorium, diesen mitgelieferten Maßstab nach Übersendung nochmals nachprüfen zu lassen. Die in Vorschlag gebrachten Methoden von Eberle,

Schröter und Schröter-Roop, welche bei der Auswertung der Indikatordiagramme die Proportionalitätsfehler der Indikatorfedern berücksichtigen, haben mehr wissenschaftlichen Wert und kommen für die Brauereibetriebspraxis kaum in Frage. Diese Methoden gestatten eine Umrechnung bei Anwendung nicht proportionaler Federn. Es entsteht dadurch aber anderseits der Nachteil, daß man sie nicht auf alle abgenommenen Diagramme eines Indikatorversuches anwenden kann, denn die aufzuwendende Zeit wäre für Hunderte von Diagrammen zu groß. Man wählt dabei einen Diagrammsatz aus, welcher der Durchschnittsleistung entspricht. Daß dadurch ein Fehler entsteht, ist ohne weiteres klar. Im übrigen begeht man noch die Unvorsichtigkeit und schätzt die Genauigkeit des Indikators doch zu hoch ein.

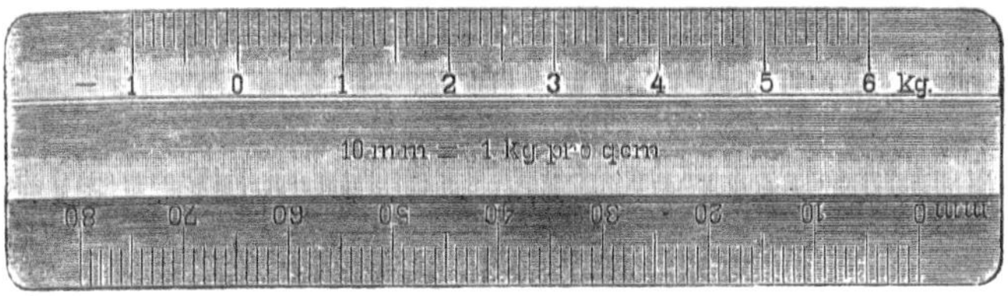


Fig. 134.

### 6. Indikatoren für fortlaufende, geschlossene Diagramme.

Will man eine Maschine in kurzen Zeitintervallen mehrmals indizieren, z. B. aus dem Grunde, sie auf die Gleichmäßigkeit des Ganges zu prüfen oder um bei momentaner schwerer Belastung die Vorgänge im Innern in bezug auf Einströmung graphisch zu erhalten, oder beim Anlauf zur Untersuchung auf den Beharrungszustand, so genügt der einfache Indikator nicht, da man immer eine bestimmte Zeit braucht, um das Papier auszuwechseln. Indikatoren für geschlossene Diagramme gestatten, eine große Anzahl von Diagrammen unmittelbar hintereinander, also entsprechend der Tourenzahl der Maschine, zu entnehmen.

Man unterscheidet dabei Indikatoren mit vertikaler und horizontaler Papierverschiebung. Fig. 135 zeigt den mit selbsttätig senkrecht verstellbarer Papiertrommel. Die Papiertrommel $T$ rückt bei jedem Hube ein kleines Stück höher. $I$ ist der gewöhnliche Indikator mit seiner Trommel $T_1$. An den Indikator ist unten ein Zwischenstück *Z* anschraubbar, welches eine zweite lange Papiertrommel *T* trägt. Das Zwischenstück *Z* bildet mit der Papiertrommel *T* somit einen an jeden

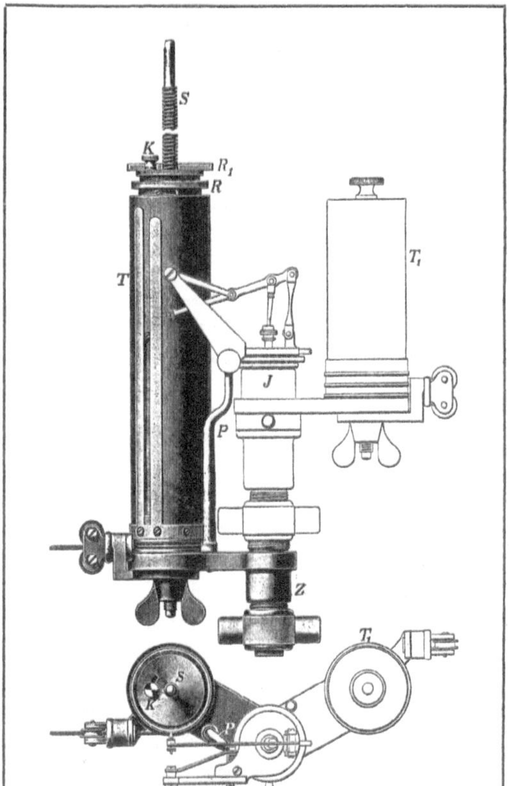


Fig. 135.

Indikator anschraubbaren Apparat für sich. Die Trommel *T* kann je nach der Betätigung des Ringes $R_1$ bzw. *R* entweder nur schwingen, ohne zu steigen, wobei man dann nur gewöhnliche Diagramme erhält, oder im Schwingen steigen, wobei Diagramme entstehen wie Fig. 136, in ca. $^1/_2$ natürlicher Größe abgebildet. Es ist möglich, die Trommel zu jeder beliebigen Zeit zu unterbrechen oder beliebig höher und tiefer zu rücken. Je nach der Diagrammlänge kann man 50 bis 90 Diagramme erhalten. In den Diagrammen ist es besonders leicht, den Verlauf der Expansionskurven zu verfolgen. Will man ein beliebiges Diagramm einmal stärker hervortreten lassen, z. B. Diagramm I, so braucht man nur an den Zeichenstift stärker andrücken.

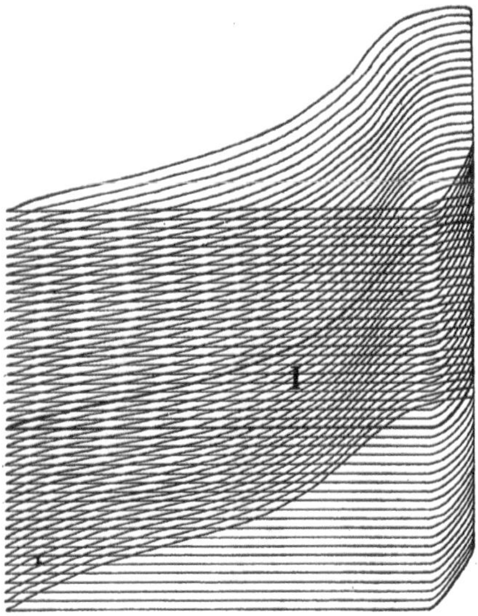


Fig. 136.

Die Scheibe $R_1$ dient als Handhabe, sie nimmt den Knopf $K$ mit, welcher am Ring $R$ festsitzt und ihn so nach links oder rechts zu drehen gestattet, um das darinsitzende Gesperre zu betätigen. Für beide Drehungsrichtungen ist fühlbarer Anschlag vorhanden. Rechtsdrehung von $R_1$ und $R$ bringt die Papiertrommel $T$ zum Steigen, bei Drehung von $R_1$ und $R$ nach links schwingt die Trommel $T$, ohne zu steigen, mit. Um die Papiertrommel wieder herunterzurücken, dreht man erst den Ring $R$ nach links und schraubt durch Drehen von $R_1$ nach rechts die Papiertrommel $T$ in ihre Anfangsstellung zurück.

Fig. 137 gibt die zweite Indikatorart mit horizontaler Papierverschiebung wieder.

Mit Ausnahme der Papiertrommel gleicht dieser Indikator ganz dem gewöhnlichen mit kühlliegender Feder. Der Feder-

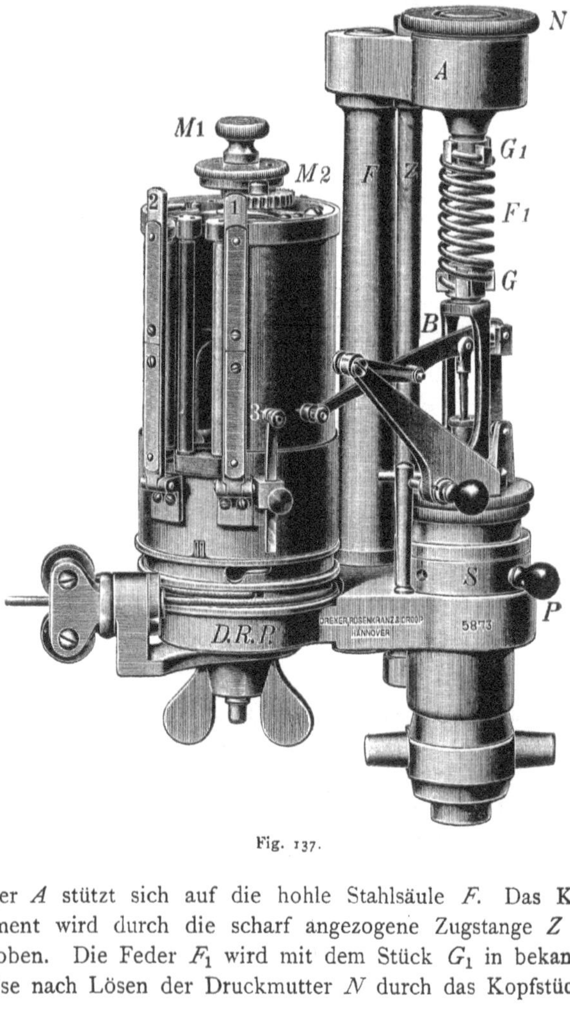


Fig. 137.

träger $A$ stützt sich auf die hohle Stahlsäule $F$. Das Kippmoment wird durch die scharf angezogene Zugstange $Z$ aufgehoben. Die Feder $F_1$ wird mit dem Stück $G_1$ in bekannter Weise nach Lösen der Druckmutter $N$ durch das Kopfstück $A$

von oben her eingesteckt und auf das Gewinde $G$ des Kolbenstangenbügels $B$ aufgeschraubt. Dann wird $N$ wieder festgezogen. Auch der Indikatorzylinder mit seinen Teilen und der Trommelantrieb weicht nicht von der gewöhnlichen Ausführung ab. Die gewöhnliche Trommel selbst muß aber zur fortlaufenden Indizierung ausgewechselt werden. Man kann mit der Vorrichtung ebenso Einzeldiagramme erzielen. Die Handhabung ist folgende:

Dreht man die Mutter $M_1$ oben rechts, so daß sie fest auf $M_2$ liegt, so erhält man fortlaufende Diagramme. Dreht man die Mutter $M_1$ links, also los, so schwingt die Papiertrommel, ohne das Papier weiterzuziehen, und man kann gewöhnliche Diagramme entnehmen. Die Fig. 137a zeigt die Einbringung und Aufwicklung des sog. endlosen Papierstreifens. Bei $a$ wird die Papierrolle von oben eingesteckt. Der Streifen geht dann, wie punktiert, über Rolle 3 und unter Rolle 2 um den Trommelumfang und wird zwischen Leitrollen 1 und 4 nach $b$ geführt, wo er sich aufwickelt. Um den Papierstreifen richtig und bequem um die Trommel legen zu können, werden die in einem Gelenke beweglichen Arme, welche die langen Führungsrollen 1, 2 tragen, abgeklappt und nach Aufbringung wieder zurückgedrückt. Das Papier ist dann, da man den ganzen inneren Einsatz leicht nach oben herausziehen und ebenso wieder einbringen kann, rasch und betriebsfertig aufgespannt. Die Fig. 138 gibt ein Diagramm wieder.

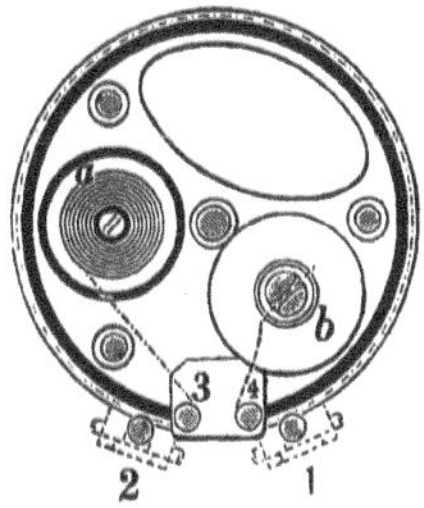

Fig. 137a.

Es erschien notwendig, an dieser Stelle auf die beiden genannten Ausführungsarten einzugehen. In Verwendung kommen außerdem bisweilen noch totalisierende Indikatoren, z. B. das System Hlawatschek. Dabei wird ein Zählapparat in Bewegung gesetzt, aus dessen Angaben direkt die Leitung der Maschine, also ohne Planimetrierung, berechnet werden kann.

Außerdem gibt es noch Indikatoren für versetzte Diagramme, dabei liegt der Totpunkt in der Mitte des Diagrammes. Solche versetzte Diagramme lassen den Diagrammverlauf in der

Nähe des Totpunktes besser erkennen als der gewöhnliche, der nahe dem Totpunkt stark verkürzt ist.

Bei Indikatoren für Zeitdiagramme wird der Papierstreifen gleichmäßig abgewickelt, nicht hin und her bewegt, der Schreibstift verzeichnet den zeitlichen Verlauf der Spannung. Aus Zeitdiagrammen kann die geleistete Arbeit nicht berechnet werden, sie dienen nur für Untersuchung der Vorgänge im Maschinenzylinder. Um Kurbelwegdiagramme aufzunehmen, wird der Papierstreifen nicht von einem Uhrwerk gleichmäßig, sondern von der Maschinenwelle bewegt, es kommt somit die Ungleichförmigkeit der Maschine mit in das Diagramm hinein. Zur Arbeitsberechnung können solche Diagramme direkt nicht (nur auf Umwegen) dienlich sein; denn die Diagrammfläche stellt nur dann eine Arbeit dar, wenn die Kolbenkräfte als Funktion der Kolbenwege aufgetragen sind. Dieser Indikatoren ist hier nur der Vollständigkeit halber Erwähnung getan.

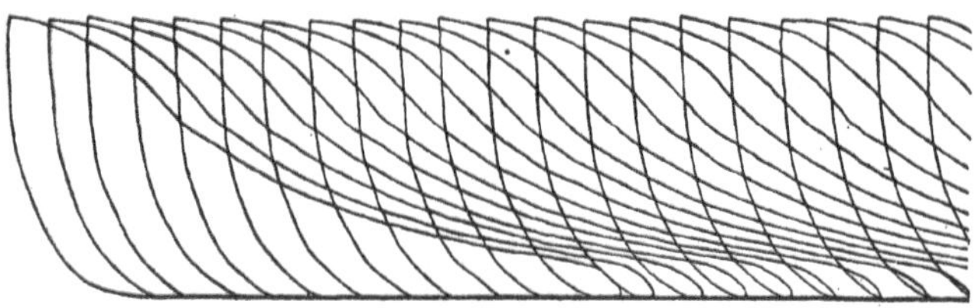

Fig. 138.

## b) Bestimmung der Nutzarbeit, des Wirkungsgrades und der Leerlaufsarbeit.

### I. Ermittlung der Nutzarbeit.

Die indizierte Arbeit, welche sich aus der Zylinderkonstanten, der Tourenzahl der Maschine und dem mittleren, sich aus dem Diagramm ergebenden wirksamen Druck berechnet, ist die vom Dampf an den Kolben übertragene Leistung. Diese ist nicht identisch mit der vom Schwungrad abgegebenen Nutzarbeit; denn letztere ist kleiner als die indizierte Arbeit, was durch Reibungswiderstände in Stopfbüchsen, Lagern u. a. bedingt ist.

Die Nutzarbeit kann durch Bremsdynamometer, Transmissionsdynamometer oder durch Erzeugung von elektrischer Energie gemessen werden.

### 1. Ermittlung der Nutzarbeit durch Bremsung.

Das älteste und einfachste Bremsdynamometer ist der Pronysche Zaum, dargestellt in Fig. 139. Auf der Dampfmaschinenwelle sitzt fest die zweiteilige Bremsscheibe *B*. Gegen dieselbe legen sich ein oberer und mehrere untere Bremsklötze *K* aus Eichenholz; die unteren sind an einem biegsamen Bremsband anmontiert. Die Enden desselben sind an dem hölzernen

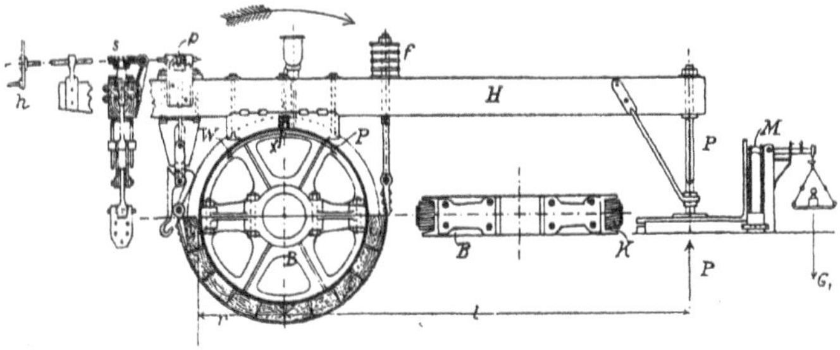


Fig. 139.

Bremshebel *H* befestigt, das eine unter Zuhilfenahme von elastischen Gummipuffer *f*, das andere durch Schraubenmuttern, aber verstellbar mittels des kleinen Schneckenrades *s*, der Mikrometerschraube *p* und des Handrades *h*. Durch Drehung der letzteren kann ein stärkeres oder geringeres Anpressen der Bremsklötze und somit eine Regulierung des Reibungswiderstandes bewirkt werden. Eine Regulierung kann nötig werden, wenn infolge einer Geschwindigkeitsänderung der Welle oder aus anderen Gründen der Bremshebel bzw. die Zunge der nachstehend angeführten Wage *M* zu weit aus ihrer Mittellage geht. Auf die Dezimalbrückenwage *M* drückt das rechte Ende des Bremshebels mit einem an demselben befestigten Stift, dessen unteres Ende mit dem Mittelpunkt der Welle in einer Horizontalen liegen muß. Zur Schmierung und Kühlung der Bremsklötze läßt man durch ein Gefäß über der Wellenmitte Wasser zufließen. Breite und tief eingearbeitete schlangenlinige Nuten in den Bremsklötzen führen dieses Wasser am Umfange der Scheibe weiter. Wenn erforderlich, kann auch noch an den Stellen der Scheibe, welche zwischen dem oberen und den unteren Bremsklötzen liegen, Wasser durch Gummischläuche zuführen. Zur Schmierung, welche mit der Kühlung an und für sich nichts zu tun hat, setzt man dem Wasser bisweilen eine Emulsion von Öl und Seifenwasser (auch Lauge) zu.

Der Zaum soll zwei Zwecken dienen: er soll erstens die zu untersuchende Maschine belasten — das geschieht durch Anziehen der Flügelmuttern —, und er soll zweitens die Größe der erzeugten Belastung messen — das geschieht durch die Wage oder die Gewichte. — Beide Funktionen sind unabhängig voneinander. Durch Vermehrung der Gewichte ändert man die Belastung also nicht.

Man zieht die Schrauben des Bremsdynamometers so lange an, bis die Welle die normale Tourenzahl hat, dann wird die Wagschale belastet, bis der Balken frei schwebt.

Die entstehende Reibung $W$ sucht den Bremsarm $l$ mitzunehmen. Wird letzterer daran gehindert, so übt der Endpunkt des Bremsarmes eine Druck- oder Zugkraft aus, welche durch Feder- oder Dezimalwage zu messen ist. Es besteht die Beziehung

$$W \cdot r = P \cdot l \qquad W = \frac{P \cdot l}{r}.$$

Der gebremste Effekt in PS ist

$$N_b = \frac{W \cdot 2 \cdot r\pi \cdot n}{60 \cdot 75}$$

oder mit obigem Wert von $W$

$$N_b = \frac{P \cdot 2 \cdot \pi \cdot ln}{60 \cdot 75}$$

$$N_b = \mathbf{C} \cdot \mathbf{P} \cdot \mathbf{n}$$

$C$ ist konstant $= \frac{2 \cdot l \cdot \pi}{60 \cdot 75}$, diese Konstante ist durch Wahl einer passenden Länge $l$ als möglichst einfache glatte Zahl zu gestalten.

Größere Ausschläge des Bremsarmes sind durch Anschläge zu verhindern. Das Eigengewicht der Bremse ist auszugleichen oder bei Ermittlung von $P$ in Rechnung zu ziehen. Die Bremse ist im stabilen Gleichgewicht zu benutzen, d. h. es soll bei einer Mitnahme der Bremse der wirksame Hebelarm der Kraft $P$ in bezug auf den Wellenmittelpunkt größer und nicht etwa kleiner werden.

Wurde das Eigengewicht der Bremse nicht ausbalanciert, sondern ist es bekannt zu $G$ kg und ist der Angriffspunkt in einem Abstand $l$ vom Wellenmittel, ist ferner das aufgelegte Bremsgewicht $Q$ angreifend am Hebel $L$, dann ist

$$N_b = \frac{2 \cdot \pi}{60 \cdot 75} \cdot n \cdot (Q \cdot L + G \cdot l)$$

$$N_b = 0{,}0014 \cdot n \cdot (Q \cdot L + G \cdot l)$$

Experimentell ermittelt man das Eigengewicht $L$ wie folgt: Nach Anlegen der Bremse und stattgehabtem Vorversuch löst man die Schraubenverbindungen bei $p$ und $f$ so weit, daß man eine Schneide, am besten eine Dreikantfeile bei $x$ einschiebt und diese als Wägeschneide betrachtet. Eine Reibung zwischen Bremsbacken und Scheide darf dabei nicht mehr stattfinden; dann tariert man die Wage aus, bis sie einspielt, oder hängt auf der entgegengesetzten Seite so lange Ausgleichsgewichte an, bis der Bremshebel im Gleichgewicht ist. Im letzten Fall ist $G \cdot l = 0$.

Was die Breite $b$ des zu wählenden Bremsbandes bei einem Bremsscheibenradius $r$ anbelangt, so empfiehlt Radinger bei Wasserkühlung

$$r \cdot b = \frac{N_b}{150}.$$

$N_b$ ist dabei anfangs zu schätzen. Die Dicke wird 2 bis 5 mm gewählt.

Beispiel: Nachdem das Bremsdynamometer ausbalanciert (also $G \cdot l = 0$) und mit beiden Sätteln auf den Bremsring festgelegt war, mußte bei einer minutlichen Tourenzahl $n = 72$ auf die Schale der Dezimalwage 24,251 kg zur Herstellung des Gleichgewichtes gelegt werden. Dabei schwang der Belastungshebel frei. Die Länge des Belastungshebels war 3,75 m.

Die Konstante $C$ des Zaumes war somit

$$C = \frac{2 \cdot 3{,}75 \cdot n}{60 \cdot 75} = \mathbf{0{,}00525},$$

$$N_b = C \cdot P \cdot n,$$

$$P = 10 \cdot 24{,}255 = 242{,}5 \text{ kg (weil Dezimalwage)},$$

$$N_b = 0{,}00525 \cdot 242{,}5 \cdot 72 = \mathbf{91{,}6} \text{ PS Nutzleistung.}$$

Bei solchen Bremsungen genügt natürlich nicht nur eine kurze Messung, sondern man hat mehrere Stunden unter ansteigenden Belastungen bis zur garantierten Maximalbelastung zu prüfen. Die Werte trägt man dabei in eine Tabelle ein.

| Nr. | Belastung $P$ kg | Tourenzahl $n$ | Gebremster Effekt berechnet $N_b = C \cdot P \cdot n$ $= 0{,}00525 \cdot P \cdot n$ PS | Indiz. Arbeit aus dem Indikatordiagramm berechnet | Arbeitsverlust in PS | Arbeitsverlust in % ($a_v$) | Wirkungsgrad $\frac{100 - a_v}{100}$ rund |
|---|---|---|---|---|---|---|---|
| 1 | 100,0 | 75 | 39,4 | 48,4 | 9,0 | 18,55 | 0,815 |
| 2 | 150,0 | 75 | 59,2 | 69,3 | 9,9 | 14,28 | 0,857 |
| 3 | 180,0 | 75 | 71,1 | 83,0 | 11,9 | 14,32 | 0,856 |
| 4 | 200,0 | 74 | 77,7 | 90,1 | 12,4 | 13,76 | 0,862 |
| 5 | 210,0 | 74 | 81,6 | 94,1 | 12,5 | 13,30 | 0,867 |
| 6 | 220,0 | 73 | 84,5 | 97,1 | 12,6 | 12,98 | 0,870 |
| 7 | 230,0 | 73 | 88,3 | 100,9 | 12,6 | 12,50 | 0,875 |
| 8 | 235,0 | 73 | 90,2 | 102,8 | 12,6 | 12,26 | 0,877 |
| 9 | 240,0 | 72 | 90,8 | 103,4 | 12,6 | 12,10 | 0,879 |
| 10 | 242,5 | 72 | 91,6 | 104,2 | 12,6 | 12,00 | 0,880 |
| — | — | — | — | — | — | — | — |
| — | — | — | — | — | — | — | — |
| — | — | — | — | — | — | — | — |

usw. bis zur garantierten Maximalbelastung.

Es ist dabei, wie aus der Tabelle ersichtlich, zugleich die indizierte Leistung mittels Indikators bei jeder Belastung festzustellen, daraus ergibt sich dann ein Arbeitsverlust zwischen indizierter und Nutzarbeit, woraus sich der Wirkungsgrad der Maschine berechnet (siehe unten).

Die stets erforderliche Regulierung des Reibungswiderstandes verlangt eine ziemliche Geschicklichkeit, wenn der Bremshebel nicht fortwährend schlagen soll. Nach Brauer haben Schwankungen des Bremshebels ihren Grund in der nicht vollständig gleichförmigen Drehgeschwindigkeit der Kurbelwelle, in der nie genauen Rundung der Bremsscheibe und in der Veränderlichkeit des Reibungskoeffizienten.

Außer dem Pronyschen Zaum wird zur Bremsung bisweilen auch die Bandbremse angewandt.

Das Prinzip derselben ergibt sich aus Fig. 140. Um den oberen Umfang der Bremsscheibe mit dem Radius $r$ und der Tourenzahl $n$ ist das Band (Gurte) gelegt und an dem freien Ende mit dem Gewicht $P$ belastet, während an dem befestigten Ende ein Federwage $p$ eingeschaltet wird.

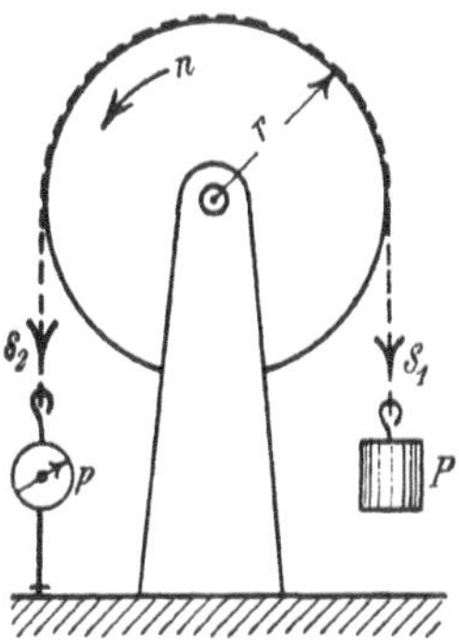

Fig. 140.

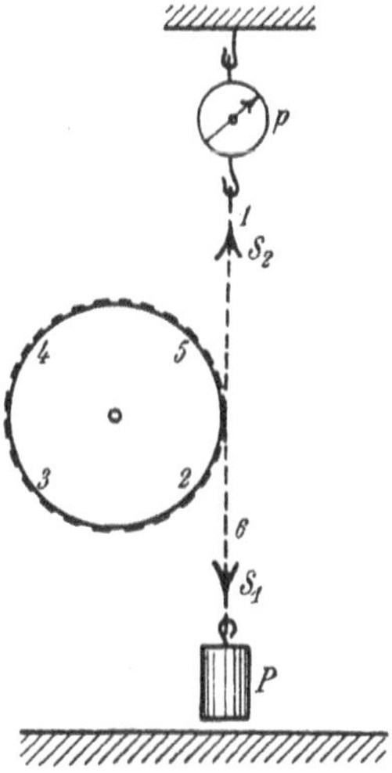

Fig. 141.

Sind die Spannungen in den beiden herabhängenden Bändern $S_1$ resp. $S_2$, so ist der Reibungswiderstand am Umfang

$$W = S_1 - S_2 = P - p$$

und der gebremste Effekt

$$N_b = \frac{2 \cdot r \cdot \pi n}{60 \cdot 75} \cdot (P - p),$$

für eine bestimmte Bremsscheibe ist

$$\frac{2 r \pi}{60 \cdot 75} = C \text{ (konstant)},$$

also

$$N_b = C \cdot n \cdot (P - p).$$

Die Seilbremse stellt Fig. 141 dar. Ein Seil ist, an einer Federwage und diese an der Decke aufgehängt, einmal um die zu belastende Scheibe geschlungen und dann zu Boden geführt. Dort hängt man Gewichte $G$ nach Bedarf an. Die Anordnung muß so sein, daß die Gewichte angehoben werden, wenn die Scheibe sich dreht. Auch hier wird der Reibungswiderstand sein

$$W = S_1 - S_2 = P - p,$$

der gebremste Effekt

$$N_b = \frac{2 \cdot R' \cdot \pi \cdot n}{60 \cdot 75} \cdot (P - p).$$

Hierin ist

$$2\, R' \pi n = C \text{ (konstant für eine bestimmte Bremse).}$$

$R'$ ist nicht nur der Scheibenradins $R$, sondern wenn der Seilradius $r$, ist

$$R' = R + r,$$

denn die Kraft $(P - p)$ wirkt in der Seilmitte, also

$$N_b = C \cdot n\,(P - p)$$

(ohne Berücksichtigung von Seileigengewicht und Hakengewicht).

Bei der Berechnung muß man noch das Gewicht des Seiles selbst und das der Haken berücksichtigen, mit denen es an der Federwage und mit denen die Gewichte an ihm befestigt sind. Die sechs Teile (1 ÷ 6) des Seiles bei dem Eigengewicht von 1 und 6 die Haken eingeschlossen, beeinflussen das Mehrergebnis wie folgt: 1 läßt $p$ größer erscheinen, als es ist, 2 ebenso, 3 und 4 gleichen einen Teil von $P$ aus, so daß mehr Gewichte am Haken hängen und man mehr abliest, als wirksames $P$ vorhanden ist; 5 und 6 bewirken, daß das abgelesene $P$ zu klein ausfällt, weil ihr eigenes Gewicht noch zu $P$ käme. 2 und 5 haben den entgegengesetzten Einfluß auf $P - p$ wie 3 und 4, sind also für die Bremse symmetrisch, und 1 läßt aber $p$ größer, 2 $P$ kleiner ablesen, beide wirken also im gleichen Sinne dahin, daß $(P - p)$ zu klein abgelesen wird. Man hat also die Differenz $(P - p)$ um das Gewicht $s$ der Seilenden 1 und 6 einschließlich Haken zu vermehren, so daß die richtige Bremsformel

$$N_b = C \cdot n\,(P - p + s)$$

(mit Berücksichtigung des Seil- und Hakengewichtes).

**2. Die Ermittlung der Nutzarbeit durch Erzeugung elektrischer Energie.**

Wo man immer in der Lage ist, die Nutzarbeit einer zu prüfenden Maschine in elektrischer Form zu messen, ist dies die bequemste und die genaueste Methode; sie ist den mechanischen Bremsmethoden unter allen Umständen vorzuziehen.

Dabei wird die Dampfmaschine möglichst durch direkten Riementrieb vom Schwungrad oder, wo die notwendige Tourenzahl nicht erreicht wird, durch ein kleines Zwischenvorgelege mit einer Gleichstromdynamo verbunden. Die erzeugte elektrische Energie wird nach Spannung und Stromstärke festgestellt. Das Produkt aus Spannung $e$ und Stromstärke $i$ ist bekanntlich die elektrische Leistung in Watt.

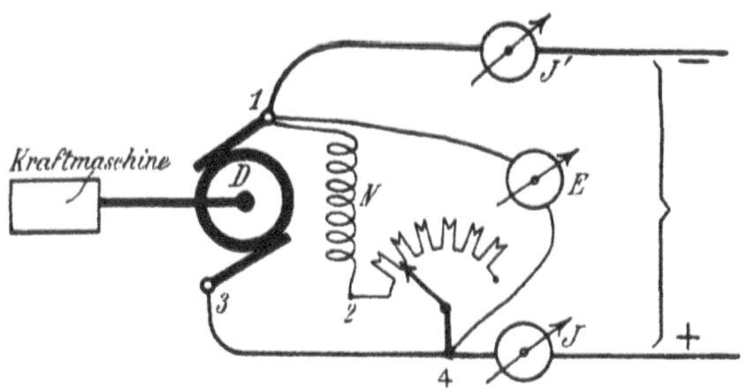


Fig. 142.

Da nun 736 Watt = 1 PS, so ist die Nutzleistung der Dampfmaschine

$$N_e = \frac{e \cdot i}{736} \cdot \eta.$$

Hierin ist $\eta$ = Wirkungsgrad der Gleichstromdynamo. Ermittlung desselben siehe »Kontrolle der elektrischen Maschinen«. Kurz sei hier nur erwähnt, daß die Fabriken, welche elektrische Maschinen bauen, auf Wunsch die Charakteristik ihrer Maschinen mitliefern. Eine solche Charakteristik enthält auch den Zusammenhang von Wirkungsgrad und Belastung, so daß aus diesen Kurven jederzeit der Wert $\eta$ entnommen werden kann.

Die Schaltung für solche Messungen ist aus Fig. 142 ersichtlich. $D$ stellt den Anker der Dynamo mit den Bürsten, $N$ den Nebenschluß dar. Die im Anker erzeugte Spannung wird am

Voltmeter $E$ gemessen. Von dem im Anker durch die Spannung $E$ erzeugten Strom wird ein Teil bei 4 abgezweigt, um die Erregung des Magnetfeldes, die Nebenschlußwicklung $N$ zu speisen. Zur Regelung der Erregung und damit der erzeugten Spannung dient der Feldregler $J$. Das Amperemeter $J$ ist hinter die Abzweigung der Felderregung einzuschalten. Es ist gleichgültig, ob es in die Plus- oder Minusleitung bei $J'$ eingeschaltet wird.

Nach dieser Schaltung hat man sich noch zu überlegen, wohin man die erzeugte elektrische Energie ableiten will. Die gewöhnliche Abnahme durch Einschalten von Lampen genügt für eine solche Belastung natürlich nicht und man ist meist gezwungen, den erzeugten Strom wenigstens zum Teil in Widerständen künstlich zu vernichten.

Solche Belastungswiderstände bestehen aus einem Metallwiderstand, einer Glühlampenbatterie oder einem Wasserwiderstand.

Für kleinere Maschinen bis etwa 50 PS sind Metalldrahtwiderstände geeignet, welche man provisorisch aus Eisendraht wickelt. Für die Dimensionierung ist das Ohmsche Gesetz maßgebend und außerdem der Umstand, daß die Ausstrahlungsfläche zur Abkühlung eine genügend große sein muß. Man darf also nicht einen kurzen, sehr dünnen Draht rechnen, sondern muß eine Anzahl parallel geschalteter Drähte wählen zur Erzielung genügender Ausstrahlungsfläche. Der Durchmesser der Drähte ist zweckmäßig 1 bis 2 mm. Bei Eisendraht ist der Widerstand durch die Formel

$$W = \frac{l \text{ m}}{10 \cdot d^2 \text{ mm}}$$

gegeben. 1 qm strahlender Oberfläche kann etwa 10 PS bewältigen, bei guter Ventilation noch mehr. Am besten wählt man nach Gramberg:

| Eisendraht-erglühen zulässig Durchm. in mm | Zulässige Stromstärke Ampere | Geringste Drahtlänge in m bei Volt | | | Vernichtete Leistung in PS bei Volt | | |
|---|---|---|---|---|---|---|---|
| | | 110 | 220 | 440 | 110 | 220 | 440 |
| 1,5 | 28 | 90 | 180 | 125 | 4 | 8 | 17 |
| 2,0 | 43 | 103 | 206 | 245 | 6,5 | 13 | 26 |
| 3,0 | 79 | 125 | 410 | 490 | 12 | 24 | 48 |

Davon schaltet man so viel Leiter parallel, daß die nötige Amperezahl bewältigt werden kann, und reguliert die Belastung durch Ausschalten von Leitern. Die Drähte können, wenn entsprechend montiert, ruhig rotwarm werden.

Glühlampenwiderstände von genügender Größe sind selten zu beschaffen. Man schaltet dabei soviel zur Maschinenspannung passende Lampen parallel, bis die gewünschte Stromstärke erreicht wird.

Wasserwiderstände sind für große Leistungsmessungen am geeignetsten. Man nimmt ein Gefäß mit Sodalösung ($^3/_4$ angefüllt) und taucht Eisenplatten ein. Der Plattenabstand soll mit der zu vernichtenden Spannung abnehmen; bei 220 Volt ist 10 cm ein passender Plattenabstand. Die Platten setzt man parallel zueinander in Rillen eines Holztroges und verbindet sie abwechselnd mit den beiden Polen, so werden beide Seiten der Platten ausgenutzt, außer bei den äußersten. Mit 1 qm Plattenfläche bewältigt man 350 bis 400 Amp., d. h. für diese Stromstärke ist je 1 qm positive und 1 qm negative Platte notwendig, wobei jedoch, sofern beide Seiten der Platten ausgenutzt werden, auch diese beiden einzeln in Rechnung zu setzen sind. Eine Platte von 50 · 180 cm Abmessung kann somit, wenn beide Seiten ausgenutzt, 350 bis 400 Amp. leiten.

Sollte die Sodalösung ins Kochen kommen, so schadet das nichts; die verdampfende Flüssigkeit ist zu ersetzen. Bei Spannungen unter 220 Volt kann man auch fließendes Wasser ohne Soda nehmen und so die Dampfentwicklung umgehen. Zur Regulierung der Stromstärke hebt man die Platten nach Bedarf aus dem Wasser. Auch durch Änderung der Konzentration der Sodalösung kann die Stromstärke geändert werden. Wird Soda zugesetzt, so erhöht sich die Stromstärke.

Beispiel: Zur Erzeugung der elektrischen Energie wurde eine Dynamo angewandt, deren Charakteristik in folgenden Zahlen vorlag:

| Belastg. in Amp. bei vorgeschr. Spannung | 20 | 30 | 40 | 50 | 60 | 70 | 80 | 90 | 100 | 110 | 120 |
|---|---|---|---|---|---|---|---|---|---|---|---|
| $\eta =$ | 0,78 | 0,815 | 0,862 | 0,885 | 0,90 | 0,91 | 0,913 | 0,916 | 0,916 | 0,916 | 0,916 |

Die Spannung wurde durch den Nebenschlußregler konstant gehalten = 440 Volt. (Betriebsspannung für diese Maschine.)

Abgelesene Stromstärke 85,4 Amp.

Es ergibt sich eine Nutzleistung

$$N_e = \frac{440 \cdot 85{,}4}{736} \cdot 0{,}914 = \mathbf{46{,}6} \text{ PS.}$$

Auf diese Weise sind die in der folgenden Tabelle erhaltenen Nutzleistungen bei verschiedenen Stromstärken berechnet.

| Nr. | Spannung Volt | Ampere | Dynamowirkungsgrad | Nutzleistung berechn. | Indiz. Leistung PS | Arbeitsverlust | | Wirkungsgrad der Dampfmaschine |
|---|---|---|---|---|---|---|---|---|
| | | | | | | in PS | in % | |
| 1 | 440 | 50,1 | 0,885 | 26,5 | 31,4 | 4,9 | 15,6 | 0,844 |
| 2 | 440 | 60,4 | 0,90 | 32,5 | 38,2 | 5,7 | 14,7 | 0,853 |
| 3 | 440 | 70,8 | 0,91 | 38,6 | 44,5 | 5,9 | 13,4 | 0,866 |
| 4 | 440 | 85,4 | 0,914 | 46,6 | 53,5 | 6,9 | 13,2 | 0,868 |
| 5 | 440 | 90,3 | 0,916 | 49,5 | 57,0 | 7,5 | 13,2 | 0,868 |
| 6 | 440 | 95,8 | 0,916 | 52,5 | 60,2 | 7,7 | 13,0 | 0,87 |
| 7 | 440 | 100,2 | 0,916 | 54,8 | 63,0 | 8,2 | 12,9 | 0,871 |
| 8 | 438 | 105,8 | 0,916 | 57,7 | 66,0 | 8,3 | 12,9 | 0,871 |
| 9 | 440 | 110,4 | 0,916 | 60,2 | 69,0 | 8,8 | 12,75 | 0,8725 |
| 10 | 440 | 115,0 | 0,916 | 63,0 | 72,1 | 9,1 | 12,70 | 0,873 |
| usw. | — | — | — | — | — | — | — | — |
| | bis zur Maximalbelastung. | | | | | | | |

## II. Ermittlung des Wirkungsgrades.

Der Wirkungsgrad $\eta$ läßt sich, wenn die indizierte Arbeit — diese erhält man aus dem Indikatordiagramm — und ferner die Nutzarbeit — diese erhält man durch Bremsung oder elektrische Energieerzeugung — bekannt ist, direkt berechnen.

Bedeutet $N_i$ = Arbeitsleistung in indizierten PS
$N_e$ = » » nutzbaren PS

so würde auf $N_i$ PS $N_e$ PS nutzbar gemacht,

auf 100 PS kommt dann $\frac{N_e}{N_i} \cdot 100$

und auf 1 PS $\eta = \frac{N_e}{N_i}$ PS.

Man kann also den Wirkungsgrad einer Dampfmaschine als die pro je 1 indizierte PS nutzbar gemachte Arbeit ansehen.

Beispiel:

1. Die indizierte Leistung berechnete sich zu $N_i = 104{,}1$ PS.

Die Nutzleistung durch Bremsung ergab sich zu 91,6 PS.

Der Wirkungsgrad ist somit $\eta = \frac{91{,}6}{104{,}1} = 0{,}88$, d. h. 88 % werden nutzbar gemacht und 100 — 88 = 12 % der indizierten Arbeit geht verloren.

2. Die indizierte Leistung berechnete sich zu 53,5 PS.

Die Nutzleistung durch Erzeugung elektrischer Energie war 46,6 PS.

Der Wirkungsgrad ist somit $\eta = \frac{46{,}6}{53{,}5} = 0{,}868$.

Zu beachten ist noch bei der Ermittlung der Nutzleistung durch Erzeugung von elektrischer Energie, daß, wenn die Dynamo nicht direkt gekuppelt ist, ein geringer Kraftverlust auch in der Übertragungstransmission stattfindet. Man kann den Wirkungsgrad dieser Übertragung mit 0,95 in Rechnung setzen.

## III. Die Ermittlung der Leerlaufsarbeit.

Bestimmt man für eine gewisse Belastung die indizierte Leistung $N_i$ und die Nutzleistung $N_e$, so ist nach oben das Verhältnis $\frac{N_e}{N_i} = \eta =$ Wirkungsgrad der Dampfmaschine. Die Differenz $N_i - N_e$ stellt den Arbeitsverlust dar bei der betreffenden Belastung. Dieser Arbeisverlust entsteht durch die Überwindung von Reibung, Stößen, eventuell zum Betrieb des Kondensators und der sonst der Maschine angehängten Pumpen.

Die Arbeit der Nebenhindernisse setzt sich zusammen aus:

a) der Reibungsarbeit der leerlaufenden Maschine, wie sie zum Betriebe der letzteren bei abgehängter Transmission, abgestelltem Kondensator usw. sowie unveränderter Geschwindigkeit vom Dampf im Zylinder aufgewendet werden muß, in PS;

b) der zum Betrieb des Kondensators und der angehängten Pumpen erforderlichen Arbeit in PS;

c) der zusätzlichen Reibungsarbeit, um welche die Leerlaufsarbeit infolge der durch die Belastung der Maschine erhöhten Pressung in den sich aufeinander bewegenden Teilen vergrößert wird, in PS.

Von diesen drei Komponenten läßt sich jede ermitteln.

a) Die Reibungsarbeit der leerlaufenden Maschine. Sie wird durch Indizierung ermittelt. Man wirft den Treibriemen oder die Treibseile ab; hängt die Kondensatorpumpe und event. andere angeschlossene Pumpen ab und indiziert wie gewöhnlich. Man erhält dann ein Diagramm, etwa wie Fig. 143 mit sehr kleiner Füllung. Dasselbe wird planimetriert. Unter Ermittlung des mittleren wirksamen Kolbendruckes und Beobachtung der Tourenzahl läßt sich die Leerlaufsarbeit berechnen.

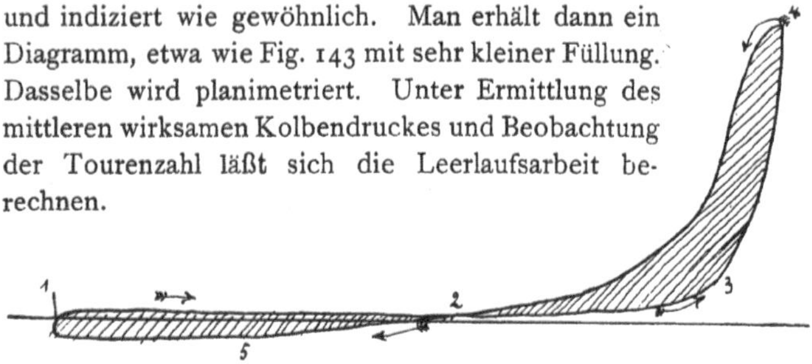


Fig. 143.

Beispiel: Die Zylinderkonstante der Maschine sei auf der Kurbelseite 0,211, auf der Deckelseite 0,2155.

Die Tourenzahl der Maschine sei $n = 75$, der mittlere Druck auf den Kolben hat sich durch die Planimetrierung zu 0,190 auf der Kurbelseite und zu 0,185 auf der Deckelseite ergeben.

Dann ist die Leerlaufsarbeit:

$$N_k = 0{,}2110 \cdot 0{,}190 \cdot 75 = 3{,}01 \text{ PS}$$
$$N_d = 0{,}2155 \cdot 0{,}185 \cdot 75 = 3{,}00 \text{ PS}$$

zusammen **6,01** PS

Diese Leerlaufsarbeit kann manchmal sehr hohe Werte annehmen, und es empfiehlt sich deshalb, dieselbe in bestimmten Zeitabschnitten nachzuprüfen. Besonders eine starke Stopfbüchsenreibung kann die Leerlaufsarbeit sehr steigern. Im übrigen ist bekannt, daß man durch übermäßiges Anziehen der Stopfbüchsen Maschinen zum direkten Stillstand bringen kann, zu solcher Höhe kann also die Stopfbüchsenreibung anwachsen. Bei Neuwahl von Packungsmitteln und dergleichen Versuchen spielt die Ermittlung der Leerlaufsarbeit eine große Rolle.

Beim Planimetrieren der Leerlaufsdiagramme achte man darauf, daß man keinen Fehler begeht; denn die in den Leerlaufsdiagrammen Fig. 143 oft auftretende Schleife kann leicht zu einer Verwirrung Anlaß geben. Den Fahrstift hat man in Richtung der eingezeichneten Pfeile, also von 1 nach 2 — 3, 4 — über 2 nach 5 und auf 1 zurückzuführen.

b) Die zum Betrieb des Kondenstors (eventuell angeschlossener Pumpen) notwendige Zusatzarbeit ermittelt man, indem man nach der Leerlaufsprüfung diese an die Maschine ankuppelt und wieder indiziert.

Es hat sich ergeben nach der Planimetrierung für die Kurbelseite der gleichen Maschine ein mittlerer wirksamer Druck von 0,220 Atm., für die Deckelseite ein solcher von 0,216 Atm.

Dann ist die Leerlaufsarbeit + Kondensationsbetrieb

$$N_k = 0,2110 \cdot 0,240 \cdot 75 = 3,80 \text{ PS}$$
$$N_d = 0,2155 \cdot 0,226 \cdot 75 = 3,65 \text{ PS}$$
$$\text{zusammen } 7,45 \text{ PS}$$

Da auf den Maschinenleerlauf 6,01 PS treffen, so bleiben für die Kondensatorpumpe 7,45 — 6,01 = 1,44 PS.

c) Die zusätzliche Reibungsarbeit durch Lagerpressung ergibt sich für eine bestimmte Belastung nun aus der Differenz der indizierten und der Nutzarbeit, wenn die Leerlaufsarbeit und diejenige für Kondensatorbetrieb in Abzug kommen. Diese ist nicht konstant, wie man erkennt, sondern wächst mit der Beanspruchung der Maschine an. Bei der Maschine, deren Leistung durch den Bremsversuch ermittelt wurde, ergibt sich (siehe Tabelle) z. B. bei einer Belastung mit 39,4 PS Nutzarbeit eine indizierte Leistung von 48,4 PS, so daß der gesamte Arbeitsverlust 48,4 — 39,4 = 9,0 PS ist.

Hiervon kommen auf Leerlaufsarbeit 6,01 PS,
auf den Kondensatorbetrieb . . . . 1,44 PS,

somit bleiben 9,0 — 7,45 PS = 1,55 PS
für zusätzliche Reibung.

Bei einer größeren Belastung, z. B. mit 84,5 PS Nutzarbeit, ist die indizierte Arbeit 97,1 PS, der Arbeitsverlust also 97,1 — 84,5 = 12,6 PS.

Hier ist die zusätzliche Reibungsarbeit 12,6 — 7,45 = 5,15 PS.

## c) Ermittlung des Dampfverbrauches pro 1 PS-Std., des Dampfwärmewertes, des Kohlenverbrauches und Preises pro 1 $PS_i$-Std., sowie des thermischen Wirkungsgrades einer Dampfmaschine.

### 1. Die Bestimmung des Dampfverbrauches.

Man schlägt zu dieser Ermittlung verschiedene Wege ein. Der Dampfverbrauch wird stets auf 1 PS-Std. berechnet.

Es gibt Näherungsmethoden, um aus den Abmessungen der Maschine und der Füllung den Dampfverbrauch zu berechnen; außerdem kann derselbe direkt mit dem Dampfmesser von Eckhardt (siehe S. 80) bestimmt werden. Wird der im Kessel erzeugte Dampf nur zum Betrieb der Dampfmaschine verwendet, so ist die Speisewassermenge direkt mit dem Dampfverbrauch identisch. Er kann aber bei Oberflächenkondensation auch durch Messung des Kondenswassers gefunden werden.

Diese Methoden sind der Reihe nach besprochen.

a) Zur näherungsweisen Berechnung des Dampfverbrauches aus den Abmessungen und der Füllung, welche, einer bestimmten Belastung entsprechend, aus dem Indikatordiagramm entnommen werden kann, berechnet man zunächst den theoretischen, stündlichen Dampfverbrauch $Dt$.

$F_k$ = wirksame Kolbenfläche in qcm der Kurbelseite,
$F_D$ = » » » » » Deckelseite.

Bezeichnet $g$ = Gewicht von 1 cbm Dampf von Anfangsspannung $p_a$,
$f$ = Füllung bei der betreffenden Leistung in Prozenten (aus dem Diagramm und seiner Länge berechenbar),
$m$ = schädlicher Raum in Prozenten des Zylinderraumes (anzunehmen).

$$D\,t_k = \frac{F_k}{10\,000} \cdot (f + m) \cdot \frac{s}{100} \cdot n \cdot 60 \cdot g$$

$$D\,t_k = 0{,}00006 \cdot F_k\,(f + m) \cdot s \cdot n \cdot g$$

und ebenso

$$D\,t_D = 0{,}00006 \cdot F_D\,(f + m) \cdot s \cdot n \cdot g.$$

Der gesamte theoretische Dampfverbrauch für beide Seiten ist dann

$$D\,t = D\,t_k + D\,t_D.$$

Gegeben ist für beide Zylinderseiten als Konstante $F$.

Den schädlichen Raum $m$ in Prozenten wählt man bei Maschinen mit:

| | |
|---|---|
| Flachschieber . . . . . . . . . . . | 5 bis 8 %, |
| Ventilsteuerung . . . . . . . . . . . | 4 » 6 %, |
| halbiertem Schieber und Kolbenschieber | 3 » 6 %. |
| Corliß-Hahnsteuerung . . . . . . . . | 2,5 %. |

Der Hub $s$ in Meter ist wieder gegeben. Die Tourenzahl ist in bekannter Weise bei Abnahme des Indikatordiagrammes (siehe unten) zu ermitteln. Die Füllung kann aus dem Diagramm berechnet werden. Das Dampfgewicht ergibt sich, der Eintrittsspannung entsprechend, aus der Tabelle von Fliegner und Zeuner.

Der wirkliche Dampfverbrauch ist beträchtlich höher infolge der Kondensation des Dampfes an den kalten Zylinderwandungen. Diese ist größer, wenn die Maschine arbeitet:

1. mit kleiner Füllung;
2. mit Kondensation;
3. ohne Dampfmantel;
4. mit kleiner Kolbengeschwindigkeit.

Die Kolbengeschwindigkeit berechnet sich aus

$$v = \frac{2 \cdot s \cdot n}{60} = \frac{s \cdot n}{30}.$$

Alle diese Verhältnisse, welche den wirklichen Dampfverbrauch $D$ beeinflussen, berücksichigt die Formel von Grove:

$$D = Dt \cdot \left[\frac{1{,}1}{f}\left(f + x \cdot \frac{f + 10}{2 + v}\right)\right].$$

Hierin ist nur noch die Größe $x$ unbekannt. Diese ist zu wählen:

| | | | | |
|---|---|---|---|---|
| $x = 1$ | ohne | Dampfmantel | und mit | Kondensation |
| $x = 0{,}87$ | mit | » | » » | » |
| $x = 0{,}7$ | ohne | » | » ohne | » |
| $x = 0{,}61$ | mit | » | » » | » |

Beispiel: Die Kolbenfläche $F_k$ war unter Berücksichtigung der Kolbenstange 1357 qcm, die Kolbenfläche $F_D$ 1385 qcm.

Der schädliche Raum ist zu $m = 5\,^0/_0$ angenommen (Ventilsteuerung).

Die Tourenzahl war $n = 65$.

Der Hub $s = 0{,}7$ m. Die Füllung wurde berechnet: Die Diagrammlänge auf der Kurbelseite war 91 mm; die Füllung war 22 mm; an Prozent der Diagrammlänge ist die Füllung

$$\frac{22 \,.\, 100}{91} = f = \mathbf{24{,}2}\,^0/_0,$$

auf der Deckelseite 91 mm Diagrammlänge, Füllung 21,5 mm,

das sind
$$\frac{21{,}5 \cdot 100}{91} = f = \mathbf{23{,}6}\,^0/_0.$$

Die Eintrittsdampfspannung läßt sich mit dem Federmaßstab (Fig. 134) aus dem Diagramm entnehmen zu 5,2 Atm. Ü. Bei dieser Spannung wiegt 1 cbm Dampf 3,262 kg. Demnach ist:

$$Dt_k = 0{,}00006 \cdot 1357\,(24{,}2 + 5) \cdot 0{,}7 \cdot 65 \cdot 3{,}262 = 353 \text{ kg/Std.}$$
$$Dt_D = 0{,}00006 \cdot 1385\,(23{,}6 + 5) \cdot 0{,}7 \cdot 65 \cdot 3{,}262 = 354 \text{ » »}$$

somit der gesamte theoretische Dampfverbrauch für 1 Stunde $Dt = 353 + 354 = \mathbf{707}$ kg/Std.

Die Maschine hatte einen Dampfmantel, war aber ohne Kondensation, so daß $x$ zu 0,61 zu wählen ist. $v$ berechnet sich zu

$$v = \frac{0{,}7 \cdot 65}{30} = \mathbf{1{,}518},$$

$$f \text{ im Mittel } \frac{24{,}2 + 23{,}6}{2} = 23{,}9.$$

$$D = 707\left[\frac{1{,}1}{23{,}9}\left(23{,}9 + 0{,}61\,\frac{23{,}9 + 10}{2 + 1{,}518}\right)\right] = 707 \cdot 1{,}37 = \mathbf{970\ kg.}$$

Die Gesamtleistung der Maschine ergab sich zu 74,4 PS. somit ist der Dampfverbrauch pro 1 $PS_i$-Std.

$$\frac{970}{74,4} = 13,05 \text{ kg.}$$

Eine zweite ähnliche näherungsweise Berechnungsart ist folgende:

Denkt man sich den Kolbenhub $H$ in 100 gleiche Teile geteilt, so ist zur Ausfüllung eines dieser Teile — also 1 % — mit Dampf ein Volumen erforderlich $\frac{F \cdot H}{1\,000\,000 \cdot 100}$ cbm, wenn die wirksame Kolbenfläche $F$ in qcm und der Hub in m angegeben.

Zur Ausfüllung von $f$ % sind $\frac{F \cdot H \cdot f}{1\,000\,000 \cdot 100}$ cbm erforderlich.

Außerdem ist zur Ausfüllung des schädlichen Raumes erforderlich

$$\frac{F \cdot H}{1\,000\,000 \cdot 100} \cdot m\left(1 - \frac{p_c}{p}\right),$$

worin $m$ = den schädlichen Raum in % des Zylinderinhaltes,
$p_c$ = die Kompressionsendspannung in Atm. abs. (aus dem Diagramm zu entnehmen),
$p$ = die Dampfeintrittsspannung in Atm. abs.
bedeutet.

In 1 Stunde werden $2\,n \cdot 60$ einfache Hübe gemacht, so daß pro Stunde erforderlich

$$\frac{F \cdot H \cdot n \cdot 120}{1\,000\,000 \cdot 100} \cdot \left[f + m\left(1 - \frac{p_c}{p}\right)\right] \text{ cbm.}$$

Leistet die Maschine dabei $N_i$ PS indiziert, so kommt auf 1 PS-Stunde ein Dampfverbrauch $\frac{F \cdot H \cdot n \cdot 120}{1\,000\,000 \cdot 100\, N_i}\left[f + m\left(1 - \frac{p_c}{p}\right)\right]$.

$N_i$ ist bekanntlich $= \frac{F \cdot p_m \cdot H \cdot n}{75 \cdot 3000}$ (für beide Kolbenseiten zusammen).

Mit diesem Wert von $N_i$ ist der nutzbare Dampfverbrauch

$$C_1 = \frac{0,27}{p_m}\left[f + m\left(1 - \frac{p_c}{p}\right)\right] \cdot g.$$

$g$ = Gewicht pro 1 kg Dampf von $p$ Atm. abs.

Nutzbaren Dampfverbrauch $C_1$ nennt man die durch das Einlaßorgan während der Einströmung in den Zylinder eintretende Dampfmenge, insofern diese bis zur Absperrung (Beginn der Expansion) in Dampfform verharrt. Die Abkühlungsverluste sind in der Abkühlung des Kesseldampfes bei seinem Eintritt in den Dampfzylinder sowie während der Einström- und Expansionsperiode begründet. Der Lässigkeitsverlust ist durch Undichtigkeiten der Stopfbüchsen, Steuerungsorgane, Kolben etc. bedingt.

Außer dem nutzbaren Dampfverbrauch entsteht ein solcher durch die Abkühlung nach Hrabák von der Größe

$$C_2 = \alpha \cdot \frac{A}{\sqrt{c_m}}.$$

$c_m$ = mittlere Kolbengeschwindigkeit in m/Sek.

$$c_m = \frac{H \cdot n}{30}$$

Hierin ist zu wählen bei einem Hubverhältnis

$$\frac{H}{D} = \frac{\text{Hub}}{\text{Zylinderdurchmesser}}.$$

| $\frac{H}{D}$ . . . | 1 | 1,25 | 1,5 | 2 | 2,5 | 3 | 4 |
|---|---|---|---|---|---|---|---|
| $\alpha$ . . . . . | 0,82 | 0,87 | 0,91 | 1 | 1,08 | 1,15 | 1,3 |

Ferner für

| | | |
|---|---|---|
| Einzylindermaschinen | mit Auspuff . . . . . | $A = 6 \div 6{,}5$ |
| » » | » Kondensation ohne Mantel . . . . . | $A = 5{,}0 \div 5{,}5$ |
| » » | » Kondensat. mit Mantel | $A = 4{,}0 \div 4{,}5$ |
| Zweifachexpansionsmaschinen | mit Auspuff . . | $A = 4{,}0 \div 4{,}5$ |
| » » | mit Kondensation | $A = 3{,}0 \div 3{,}5$ |

Die kleineren Zahlen gelten für vollkommene Maschinen.

Der Lässigkeitsverlust $C_3$ kann geschätzt werden zu

$$C_3 = \frac{8{,}8}{\sqrt{N_i \cdot c_m}} + \frac{1}{2 \cdot c_m}.$$

Bei Zweifachexpansionsmaschinen ist dieser Wert mit 0,8 zu multiplizieren. Durch sorgsame Wartung kann dieser Verlust wohl auf die Hälfte verringert werden, bei schlechter Pflege kann er aber um das Doppelte steigen.

Der gesamte Dampfverbrauch pro indizierte PS-Stunde ist dann zu berechnen aus

$$C = 1{,}07\,(C_1 + C_2 + C_3).$$

Beispiel: Eine Einzylindermaschine mit Auspuff ($A = 6{,}0$ gewählt) leistete nach Berechnung aus dem Diagramm 117 $PS_i$.

Aus dem Diagramm ergab sich:

$p_m = 2{,}9$ (mittlerer wirksamer Kolbendruck), $f = 22{,}5\,\%$, $p_c = 4{,}8$ Atm. abs., $p = 7{,}7$ Atm. abs.

Der Zylinderdurchmesser war $D = 42$ cm; der Hub $H = 0{,}84$ m; $\frac{H}{D} = \frac{84}{42} = 2$, also $a = 1$.

Die Tourenzahl $n = 82$. $c_m = \frac{H \cdot n}{30} = \frac{0{,}84 \cdot 82}{30} = 2{,}3$.

$m = 6\,\%$ (Schiebersteuerung). $g = 4{,}0$ kg, aus Tabelle.

Nutzbarer Dampfverbrauch:

$$C_1 = \frac{0{,}27}{2{,}9}\left[22{,}5 + 6\left(1 - \frac{4{,}8}{7{,}7}\right)\right] \cdot 4 = \mathbf{9{,}23}\text{ kg.}$$

Abkühlungsverlust: $C_2 = \frac{1 \cdot 6}{\sqrt{2{,}3}} = 3{,}95$ kg.

Lässigkeitsverlust: $C_3 = \frac{8{,}8}{\sqrt{117 \cdot 2{,}3}} + \frac{1}{2 \cdot 2{,}3} = 0{,}754$ kg.

Der gesamte Dampfverbrauch ist somit

$$C = 1{,}07\,(9{,}23 + 3{,}95 + 0{,}754) = \infty\ \mathbf{14{,}8}\text{ kg pro 1 } PS_i\text{-Stde.}$$

Es ist schon erwähnt, daß diese beiden Berechnungsarten nur Näherungsmethoden sind.

b) Ermittlung des Dampfverbrauches mittels des Eckhardtschen Dampfmessers. Die Beschreibung dieses Apparates und seine Wirkungsweise ist auf Seite 78 zu finden.

Beispiel: Der mittlere Druck $p_1$ würde während des Belastungsversuches zu 6,65 Atm. abs. im Mittel aus dem Diagramm ermittelt oder durch direktes Ablesen während der Belastung, desgleichen der mittlere Druck $p_2$ zu 5,75 Atm. abs., dann ergibt sich (siehe Tabelle vorne) die pro 1 Minute hindurchgeflossene Dampfmenge zu 13,335 kg. Die Versuchsdauer war 3 Stunden, so daß die gesamte Dampfmenge

$$3 \cdot 60 \cdot 13{,}335 = 2403 \text{ kg}$$

betrug, somit pro 1 Stde. 801 kg. Die Leistung der Maschine berechnete sich zu 75 $PS_i$, somit ist die pro 1 $PS_i$-Std. verbrauchte Dampfmenge $\frac{801}{75} = \mathbf{10{,}68}$ kg.

Diese Bestimmung des Dampfverbrauches ist eine höchst einfache. Wenn auch nicht immer absolut genaue Zahlen resultieren, so können doch die erhaltenen Werte relativ verglichen werden, und so bietet dieser Apparat für die laufende Kontrolle des Dampfverbrauches von Maschinen nicht zu unterschätzende Vorteile.

c) Die Bestimmung des Dampfverbrauches durch Kondensation.

Man kann dabei Oberflächenkondensation oder Mischkondensation anwenden. Bei der Oberflächenkondensation wird das gesamte Dampfvolumen in tropfbar-flüssiges Wasser verwandelt. Die gesammelte Wassermenge ist einfach innerhalb einer bestimmten Versuchsdauer zu wiegen. Es ergibt sich ohne weiteres, daß die dazu notwendige Kondensationsanlage eine vollkommen abkühlende Wirkung auf das Dampfkondensat ausüben muß, da sonst durch Verdampfung große Versuchsfehler entstehen können. Ferner erkennt man, daß, wenn man an einer Auspuffmaschine den Dampfverbrauch auf diese Weise festlegt, diese nicht unter Betriebsverhältnissen untersucht wird und man so natürlich einen viel zu niedrigen Dampfverbrauch finden wird. Selbst bei Kondensationsmaschinen werden die Verhältnisse des gewöhnlichsten Betriebes durch sehr vollkommenes Vakuum nicht ganz eingehalten werden können; deshalb ist die Anwendung dieser Methode doch eine beschränkte.

Bei der Mischkondensation kann man die Dampfmenge auf zwei Arten ermitteln:

a) Man wiegt das gesamte Einspritzwasser und ferner das gesamte erhaltene Kondensat. Die Differenz gibt den Dampfverbrauch.

b) Aus der kondensierten Dampfmenge *Gd*, aus der Menge *Gw* des Kühlwassers und dessen Temperaturerhöhung *te* wird bisweilen auch der Dampfverbrauch kalorimetrisch ermittelt. Der Dampf gibt die latente Wärme 600 Kal. pro 1 kg an das Kühlwasser ab, dieses nimmt also $Gw \cdot te$ Kal. auf. Beide Wärmemengen sind einander gleich, so daß

$$Gd \cdot 600 = Gw \cdot te,$$

$$Gd = \frac{Gw \cdot te}{600}.$$

Mißt man das Kühlwasser erst, wenn es den Dampf kondensiert hat, mißt man also $Gw + Gd$, so ist

$$Gd = (Gw + Gd) \cdot \frac{te}{te + 600}.$$

Diese Meßmethode ist als unzulässig zu bezeichnen; denn die Resultate stimmen mit dem wirklichen durch Speisewassermessung (siehe im folgenden) nicht überein. Jeder Dampf enthält nämlich Feuchtigkeit und diese jetzt in Tropfenform vorhandene ursprüngliche Dampfmenge wird bei dieser kalorimetrischen Methode nicht gemessen. Bei Eintritt in die Maschine hat zwar der Dampf oft nur 2—5 % Feuchtigkeit, beim Verlassen der Maschine aber auch bis zu 30 % und selbst noch mehr. Dies gibt zu großen Fehlern Veranlassung. Es treten dann für diese Dampfmenge (jetzt in flüssiger Form) die 600 Kal. Erzeugungswärme nicht in Erscheinung, da die latente Wärme zur Änderung des Aggregatzustandes schon im Dampfzylinder oder Auspufforganen verloren ging.

Als exakte und recht empfehlenswerte Methode der Bestimmung des Dampfverbrauches sei zuletzt diejenige durch Messung des Speisewassers genannt.

d) Die Ermittlung des Dampfverbrauches durch Speisewassermessung. Dient ein Dampfkessel nur für den Betrieb einer Dampfmaschine oder kann wenigstens verhindert werden, daß während des mehrstündigen Versuches eine mehrstündige Dampfabnahme für andere Zwecke geschieht, so erhält man genaue Zahlen über den Dampfverbrauch durch Messung der Speisewassermenge.

Man beginnt den Versuch bei einer bestimmten Dampfspannung und bei markiertem Wasserstand. Das Speisewasser wird gewogen, gleichzeitig kann man auch die Kohlenmenge ermitteln. Die Dampfmaschine ist dann eine bestimmte Zeit (mehrere Stunden) gleichmäßig zu belasten; denn derartige Versuche dürfen nur im Beharrungszustand einer Anlage ausgeführt werden. In regelmäßigen Zeitabschnitten sind von allen Zylinderseiten gleichzeitig Diagramme abzunehmen; die Hubzahl wird durch einen fortlaufenden Zähler ermittelt. Am Versuchsende muß der ursprüngliche Wasserstand wieder erreicht werden.

Zusammenhängendes Beispiel: Bei einem Versuch von 10 Stunden Dauer an einem Kessel von 100 qm Heizfläche und 3,0 qm Rostfläche wurde eine Speisewassermenge von 16450 kg und eine Brennstoffmenge von 2240 kg Steinkohle festgestellt. Die Dampfspannung betrug 6,4 Atm. Ü. im Mittel; die Speisewassertemperatur war 52° C.

Es war dabei die Heizflächenbeanspruchung pro 1 qm $\frac{16450}{10 \cdot 100} = 16{,}45$ kg Dampf, die Rostbeanspruchung pro 1 qm $\frac{2240}{3 \cdot 100} = 74{,}67$ kg Steinkohle. 1 kg Steinkohle erzeugt Dampf von 6,4 Atm. Ü. aus Wasser von 52°.

$$v = \frac{16450}{2240} = 7{,}43 \text{ kg} = \text{Verdampfungsziffer der Praxis.}$$

1 kg Dampf von 6,4 Atm. Ü., also 7,4 Atm. abs., erzeugt aus Wasser von 52°, erfordert eine Wärmemenge von $657{,}2 - 52{,}0 = 605{,}2$ Kal.

Infolgedessen ist die mit 1 kg Kohle zur Verdampfung nutzbar gemachte Wärme $605{,}2 \cdot 7{,}43 = 4500$ Kal.

Reduziert man die Verdampfungszahl auf Dampf von 100°, bezogen auf Wasser von 0°, d. h. auf Dampf von 637 Kal. Erzeugungswärme, dann ist unter Normalverhältnissen

$$v_n = \frac{4500}{637} = \mathbf{7{,}05}.$$

Diese Berechnung nimmt an, daß der erzeugte Dampf trocken gesättigt war, andernfalls erscheinen die Resultate bei nassem Dampf zu günstig. Wäre der gesättigte Dampf noch überhitzt worden, so wäre auch diese Überhitzungswärme zu berücksichtigen, falls der Überhitzer die Feuerung mit dem Kessel gemein hat. Die Temperatur des überhitzten Dampfes betrage z. B. $t = 280^0$ C. Da die Sättigungstemperatur bei 6,4 Atm. Ü. $t_1 = 166{,}3^0$ C beträgt, so ist eine Überhitzung von $280 - 166{,}3 = 113{,}7^0$ C vorhanden.

Die Überhitzungswärme für 1 kg Dampf ist $0{,}48\ (t-t_1)$ $= 0{,}48 \cdot 113{,}7 =$ **54,6** Kal.

Nimmt man ferner an, daß die Vorwärmung des Speisewassers durch die Rauchgase erfolgt ist, und zwar bei einer Anfangswassertemperatur von $10^0$ C, so wurden $52 - 10 = 42$ Kal. an jedes Kilogramm Wasser abgegeben.

1 kg Dampf hat dann von den Heizgasen benötigt:

$$605{,}2 + 54{,}6 + 42 = \mathbf{701{,}8}\ \text{Kal.}$$

Die Verdampfungsziffer wäre dann unter Praxisverhältnissen ebenfalls 7,43, unter Normalverhältnissen $\frac{7{,}43 \cdot 701{,}8}{637} = \mathbf{8{,}08}.$

Bezogen auf 1 kg Kohle würden nutzbar gemacht:

| | | |
|---|---|---|
| durch die Kesselheizfläche | $605{,}2 \cdot 7{,}43 =$ | 4500 Kal. |
| » Überhitzung . . . | $54{,}6 \cdot 7{,}43 =$ | 405 » |
| » Vorwärmung . . . | $42{,}0 \cdot 7{,}43 =$ | 312 » |
| | im ganzen | **5217** Kal. |

Die Kohle hatte einen Heizwert von 7610 Kal.

Der Kesselnutzeffekt ist somit $\frac{5217 \cdot 100}{7610} = \mathbf{68{,}5}\ \%$.

Wärmebilanz:

I. Es wurden im ganzen 68,5 % des Heizwertes nutzbar gemacht. Hiervon entfielen:

| | | |
|---|---|---|
| 1. auf die Kesselheizfläche . . | $\frac{4500}{7610} =$ | 59,1 % |
| 2. » » Überhitzerfläche . . . | $\frac{405}{7610} =$ | 5,3 » |
| 3. » » Vorwärmheizfläche . . | $\frac{312}{7610} =$ | 4,1 » |
| | zusammen | 68,5 %. |

II. Die im Kessel verlorene Wärme war 100 — 68,5 = 31,5 %.

Durch die Rauchgsanalyseberechnung (s. o.) und Untersuchung der Herdrückstände ergaben sich Teilverluste:

| | | | |
|---|---|---|---|
| 1. durch die heißen Abgase . | 1435 Kal. | = | 18,9 % |
| 2. » Kohlenoxydbildung . . | 212 » | = | 2,8 » |
| 3. » brennbare Rückstände | 320 » | = | 4,2 » |
| 4. » Strahlung, Leitung, Ruß | 426 » | = | 5,6 » |
| zusammen | 2393 Kal. | = | 31,5 %. |

Die Abmessungen der Maschine waren:

Zylinderdurchmesser . . . 50 cm,
Kolbenstange $d$ (Kurbelseite) 9,0 »
» $d$ (Deckelseite) 6,0 »

Hub 0,9 m. Die mittlere Tourenzahl ergab sich zu $n = 70$.

Die Diagramme lieferten im Mittel einen mittleren wirksamen Kolbendruck:

Kurbelseite $p_i = 2{,}45$ Atm., Deckelseite $p_i = 2{,}50$ Atm.

Die wirksame Kolbenfläche war:

$$\text{Kurbelseite } \frac{50^2 \pi}{4} - \frac{9^2 \pi}{4} = 1900 \text{ qcm}$$

$$\text{Deckelseite } \frac{50^2 \pi}{4} - \frac{6^2 \pi}{4} = 1935 \text{ qcm.}$$

$$\text{Indiz. Leistung der vorderen Seite} = \frac{1900 \cdot 2{,}45 \cdot 0{,}9 \cdot 70}{60 \cdot 75} = 65{,}2 \text{PS}$$

$$\text{» » der hinteren Seite} = \frac{1935 \cdot 2{,}50 \cdot 0{,}9 \cdot 70}{60 \cdot 75} = 67{,}7 \text{ »}$$

Gesamtleistung 132,9 PS.

Der Dampfverbrauch per 1 PS-Std. ist, wenn man die Kondensationsverluste in der Leitung unberücksichtigt läßt

$$\frac{16\,450}{132{,}9 \cdot 10} = \mathbf{12{,}38} \text{ kg.}$$

Wird ohne Überhitzung gearbeitet, so ist das im Wasserabscheider abgeschiedene Wasser vor der Maschine in Anrechnung zu bringen.

Der Dampfverbrauch für 1 $PS_i$-Std. liegt meist in folgenden Grenzen:

| | | |
|---|---|---|
| Einzylindermaschinen | mit Auspuff und geringer Expansion | 20 ÷ 40 kg |
| » | » » » großer Expansion . | 12 ÷ 22 » |
| » | » Kondensation, gewöhnl. Ausführung | 10 ÷ 16 » |
| » | » » beste Ausführung . | 8,5 ÷ 10 » |
| Zweifachexpansionsmaschine, | gewöhnliche Ausführung . . | 10 ÷ 15 » |
| » | beste Ausführung . . . . | 7,0 ÷ 10 » |
| Dreifachexpansionsmaschine | » » . . . . . | 5,5 ÷ 6,5 » |

## 2. Die Berechnung des Wärmewertes, Kohlenverbrauches und Preises pro 1 $PS_i$-Std.

Sie kann im Anschluß an die Bestimmung des Dampfverbrauches nach der Speisewassermeßmethode leicht geschehen.

Der Wärmewert $W_i$ des für 1 $PS_i$-Std. verbrauchten Dampfes ergibt sich aus der Beziehung:

$$W_i = \lambda' \cdot C_i$$

Hierin ist $C_i$ = der Dampfverbrauch für 1 $PS_i$-Std. in kg,

$\lambda'$ = die Erzeugungswärme für 1 kg des verbrauchten Dampfes nach den Verhältnissen des Versuches.

Bezogen auf 0° Speisewassertemperatur ist die Ergänzungswärme $\lambda$

$$\lambda = 606{,}5 + 0{,}305 \cdot t_1 + 0{,}48\,(t_1' - t_1).$$

Hierin ist $t_1$ = Sättigungstemperatur des Dampfes, die zum Drucke des einströmenden Dampfes unmittelbar vor der Maschine gehört,

$t_1'$ = Temperatur des überhitzten Dampfes (bei Überhitzung) an derselben Stelle.

Aus $\lambda$ erhält man $\lambda'$ nach Abzug der Wärme, die das Speisewasser infolge der über 0° C liegenden Temperatur besitzt.

B e i s p i e l: Der Dampfverbrauch $C_i$ ergab sich im vorhergegangenen Beispiel zu $C_i$ = 12,38 kg.

Die Dampftemperatur am Eintritt in die Maschine wurde ermittelt zu 223° C. Die Dampfspannung war 5,8 Atm. Ü. Dieser Spannung entspricht eine Dampftemperatur 162,9° C.

Es ist also

$$\lambda = 606{,}5 + 0{,}305 \cdot 162{,}9 + 0{,}48\,(223 - 162{,}9) = 684{,}6 \text{ Kal.}$$
$$\lambda' = 684{,}6 - 10 = 674{,}6 \text{ Kal. (Speisewassertemperatur } 10^0 \text{ C)},$$
$$W_i = 674{,}6 \cdot 12{,}38 = \mathbf{8350} \text{ Kal.}$$

Will man verschiedene Anlagen miteinander vergleichen, so sagt der Vergleich der Wärmewerte, wie man ohne weiteres erkennen wird, mehr als die bloße Angabe des Dampfverbrauches in kg; denn zwischen 1 kg Dampf und 1 kg Dampf ist ein großer Unterschied. Es ist ein Urteil nur möglich, wenn man auch die pro 1 kg Dampf zugeführte Wärme berücksichtigt.

An dieser Stelle empfiehlt es sich auch, noch den Kohlenverbrauch für 1 $PS_i$-Std. zu berechnen. Nach oben war der gesamte Kohlenverbrauch in 10 Std. 2240 kg,

pro 1 $PS_i$-Std. also $\frac{2240}{10 \cdot 132{,}9} = \mathbf{1{,}686}$ kg. Ist der Preis der Kohlen pro 100 kg 2,12 M. inkl. Anfuhr, so kostet

$$1 \text{ PS}_i\text{-Std. } \frac{2{,}12 \cdot 1{,}686}{100} = 0{,}0357 \text{ M.} = \mathbf{3{,}57} \text{ Pf.}$$

### 3. Berechnung des thermischen Wirkungsgrades.

Es ist bekannt, daß die Arbeit von 424 mkg gleichwertig ist mit 1 Kal. 1 PS pro Stunde bedeutet eine Arbeit von $60 \cdot 60 \cdot 75$ mkg, so stellt das Verhältnis $\eta_t = \frac{75 \cdot 60 \cdot 60}{424 \cdot W_i} = \frac{636{,}8}{W_i}$ den thermischen Wirkungsgrad dar.

B e i s p i e l: Bei obigem Versuch wird $\eta_t = \frac{636{,}8}{8350} = 0{,}0763$, d. h. es wurden nur 7,6 % der ursprünglichen Dampfwärme in Arbeit umgesetzt.

## d) Die Beurteilung des Ganges einer Dampfmaschine aus dem Indikatordiagramm und Ermittlung der Ursachen von Betriebsstörungen.

Die Form und Gestalt eines Indikatordiagramms läßt fast immer einen sicheren Schluß auf die Arbeitsweise einer Maschine zu. Erscheint diese unregelmäßig, so soll auch die Ursache dieser Unregelmäßigkeit ermittelt werden, um an der Maschine Abhilfe schaffen zu können.

Die normale Form eines Indikatordiagramms zeigen Fig. 144 u. 144a. Das erstere ist ein Normaldiagramm einer Auspuffmaschine, das letztere das einer Kondensationsmaschine. Die eingeschriebenen Bezeichnungen bedeuten:

Atm. = atmosphärische Linie, wie sie vom Schreibstift vor Abnahme des Diagramms aufgezeichnet wird,

$p$ = Eintrittspannung in + Atm. Überdruck.

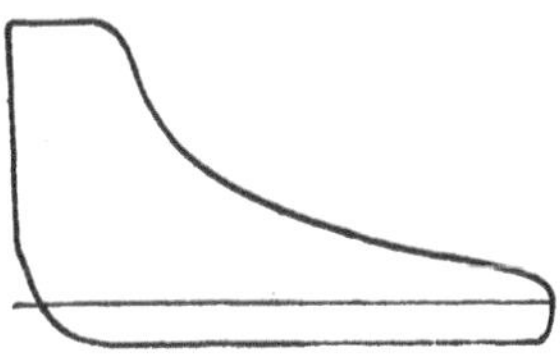

Fig. 144.

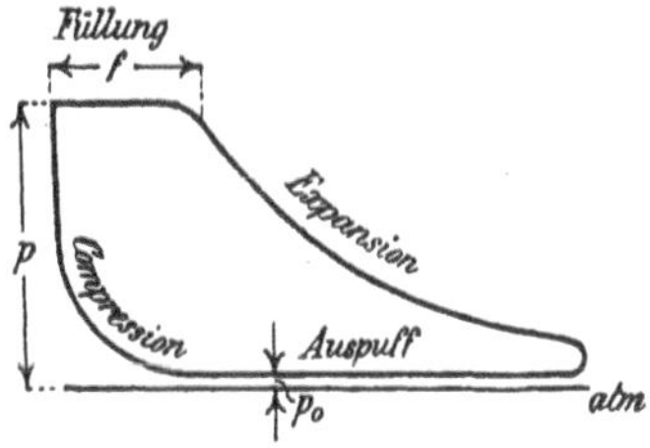


Fig. 144a.

Fehlerhafte Diagramme können auf drei Ursachen zurückzuführen sein,

1. auf Fehler am Indikator oder an den Hilfsvorrichtungen,

2. auf Fehler in der Konstruktion der Maschine oder an der Einstellung der Steuerung,

3. auf Undichtigkeiten in Steuerung oder den übrigen Teilen der Maschine, welche mit Dampf in Berührung kommen.

### 1. Fehler am Indikator oder an den Hilfsvorrichtungen.

Die ausgezogenen Diagramme sind die fehlerhaften; das zu erwartende richtige Diagramm ist einpunktiert.

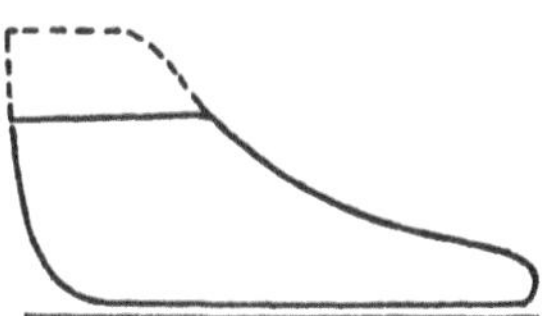

Fig. 145.

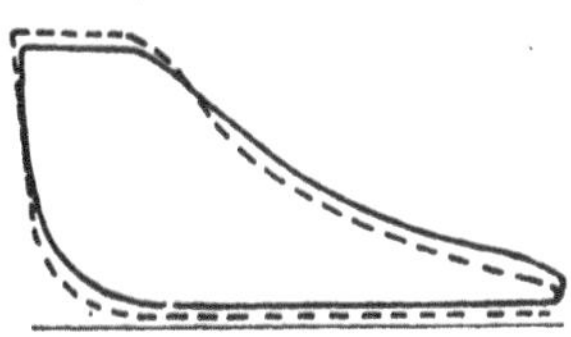

Fig. 146.

Ein Diagramm nach Fig. 145 entsteht, wenn der Indikatorhahn aus Versehen nicht ganz geöffnet wurde, so daß der Dampf abgedrosselt wird. Werden z. B. beim Anschließen von

Rohrleitungen Bleidichtungen verwendet, welche beim Anziehen den Querschnitt verengen, so tritt ebenfalls ein solcher Druckverlust durch Drosselung ein.

Tritt bei Anwendung von Rohrleitungen (bei Diagrammabnahmen nach Möglichkeit zu vermeiden), Abkühlung des Dampfes ein, so äußert sich das in dem nach Fig. 146 angegebenen Sinn.

Beim Anstoßen der Papiertrommel entstehen Diagramme wie Fig. 147 zeigt. Es fehlt dabei entweder am Dia-

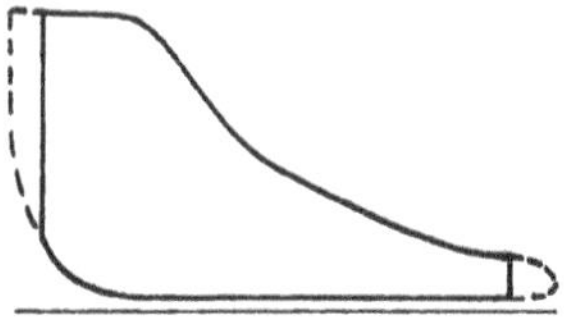

Fig. 147.

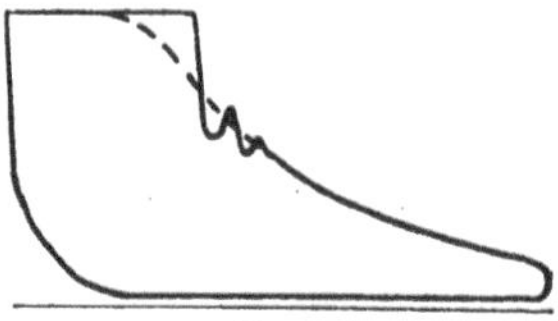

Fig. 148.

grammanfang oder am Ende, bei beiderseitigem Anschlagen beiderseits ein Flächenstück. Exaktes Anpassen der Schnüre ist eine der ersten Bedingungen für die Erlangung richtiger Diagramme.

Es kommt vor, daß sich der Indikatorkolben festklemmt und ein Diagramm nach Fig. 148 entsteht. Die Ursache kann bei neuen Maschinen ein Eindringen von zurückgebliebenem Formsand in den Indikatorzylinder sein. Ein beim Reinigen des Indikatorzylinders oder des Indikatorkolbens nicht

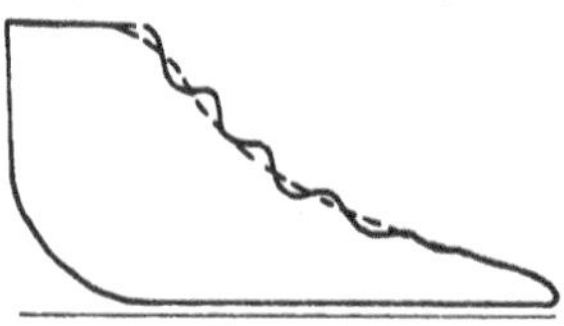

Fig. 149.

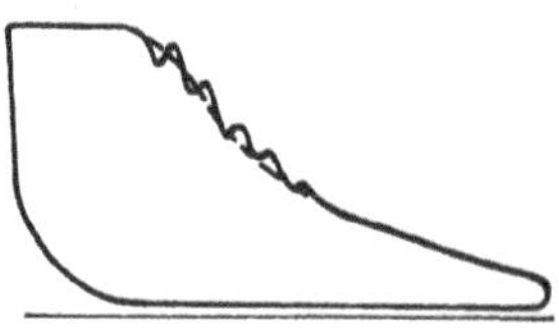

Fig. 150.

entfernter starker Baumwollfaden kann auch das Festsetzen bedingen. Zur Beseitigung dieses Übelstandes ist der Indikator auseinander zu nehmen und innen vollkommen zu reinigen.

Bei dem Diagramm Fig. 149 geht der Indikatorkolben mit Reibung sprungweise abwärts, gute Reinigung und geringe Einölung kann abhelfen.

Kommt die Indikatorfeder infolge zu großer Empfindlichkeit in regelmäßige Schwingungen, so entsteht Diagramm Fig. 150. Es empfiehlt sich dann, eine stärkere Feder zu nehmen oder die Reibung im Indikator ein wenig zu vermehren, vielleicht den Schreibstift etwas stärker anzudrücken.

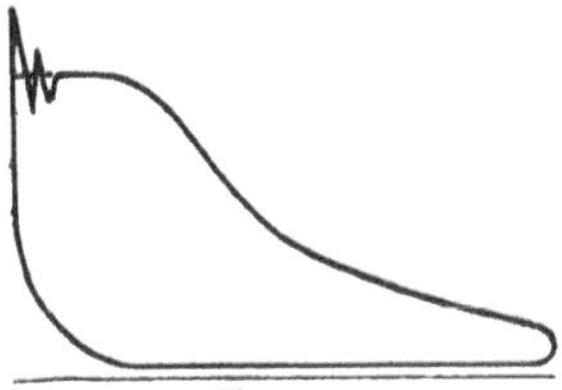

Fig. 151.

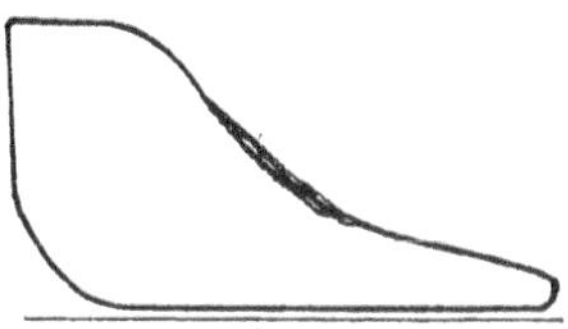

Fig. 152.

Wird der Schreibstift abnorm stark angpreßt, so kann aber ebenfalls ein unrichtiges Diagramm resultieren.

Geht der Kolben infolge seiner Massenwirkung über die normale Stellung hinaus, so ergibt sich Fig. 151. Eine stärkere Feder mildert gewöhnlich diesen Fehler. Befindet sich im Indikator oder in der Rohrleitung zu demselben Wasser, so entsteht eine Expansionskurve im Diagramm nach Fig. 152.

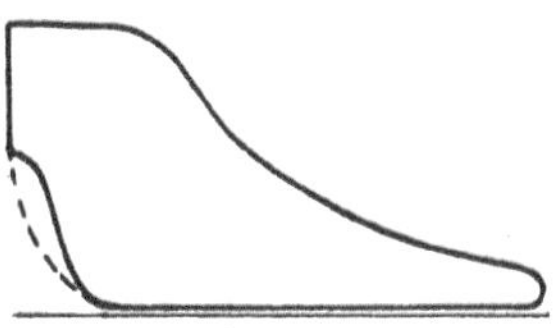

Fig. 153.

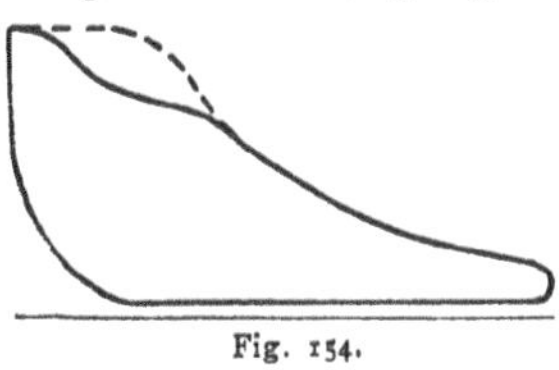

Fig. 154.

Es kommt auch vor, daß die Kompressionslinie nach Figur 153 zuletzt gar nicht mehr steigt, oder nur wenig anwächst, weil mitgerissenes Wasser kondensierend wirkt. Diese Erscheinung im Diagramm kann aber auch auf eine fehlerhafte Anbohrung der Maschine zurückzuführen sein, wenn nämlich die Kolbenringe die Anbohrung überlaufen und so den Indikatorkanal verengen.

### 2. Fehler in der Konstruktion der Maschine oder an der Einstellung der Steuerung.

Die wichtigsten wiederkehrenden Fehler sind an Hand der entstehenden Diagramme besprochen:

Ein Diagramm nach Fig. 153 kann auch entstehen, wenn der Dampfkolben im Zylinder kurz vor dem toten Punkt Undichtigkeiten aufweist und Dampf nach der anderen Kolbenseite übertreten läßt.

Fig. 154. Der Einlaßdampf ist zu stark gedrosselt. Es kann das in verschiedenen Umständen begründet sein. Ein zu wenig geöffnetes Absperrventil oder eine zu enge Rohrzuleitung des Dampfes bewirkt die gleiche Erscheinung ebenso wie ein zu kleiner Ventil- oder Schieberkasten.

Fig. 155. Das im Anfang starke und dann allmähliche Fallen der Dampfeintrittskurve kann daher rühren, daß der Frischdampf in der Totpunktstellung des Kolbens sich in Ruhe befindet. Der zum Bewegen des Dampfes nötige Druckunterschied zwischen Kessel- und Schieberkasten ist dann gleich Null. So wird des Reibungs- und Kontraktionswiderstandes wegen der Dampf

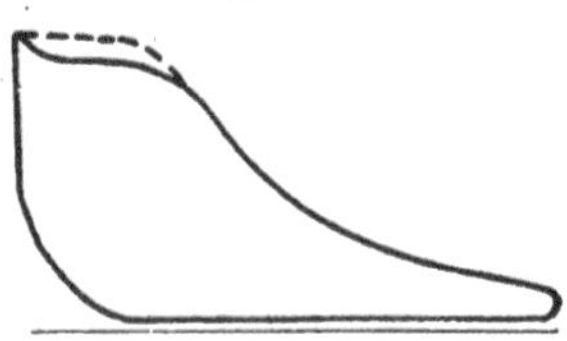

Fig. 155.

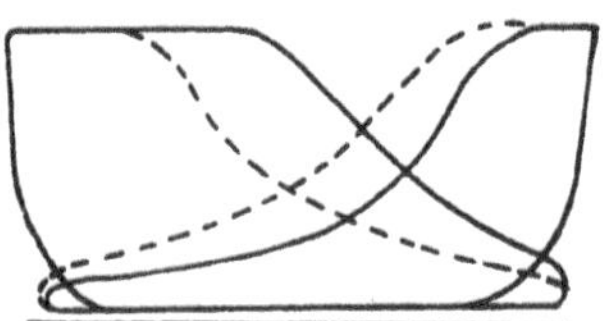

Fig. 156.

erst die der Kolbengeschwindigkeit entsprechende Beschleunigung erhalten, wenn der Kolben schon eine Strecke der Füllungsperiode durchlaufen hat. Je länger die Dampfleitung und je kleiner ihr Durchmesser, desto stärker tritt diese Erscheinung dann auf. Eine Verringerung der Kompression kann schon etwas günstig wirken, indem der Frischdampf zuerst den schädlichen Raum auszufüllen hat und dadurch schon eine gewisse Beschleunigung erhält.

Fig. 156. Die Füllungen sind auf beiden Seiten sehr ungleich. Die Folgen davon sind ungleichmäßiger Gang und höherer Dampfverbrauch.

Man erhält ein solches Doppeldiagramm, wenn man die zu gleicher Zeit erhaltenen Diagramme beider Kolbenseiten übereinander zeichnet.

Fig. 157. Die Füllung ist zu klein. Die Schleife darf nur bei Leerlauf oder sehr kleiner Leistung auftreten, andernfalls ist die Maschine für die betreffende Leistung zu groß. Zeigt sich die Schleife bei normaler Leistung am Hochdruckzylinder einer Verbundmaschine, dann ist die Füllung des Niederdruckzylinders zu vergrößern. Die Spannung sinkt unter die Atmosphärenlinie und hebt sich erst wieder bis zu dieser bei Beginn des Austrittes.

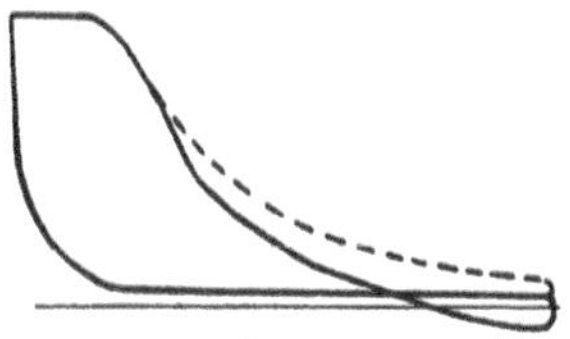

Fig. 157.

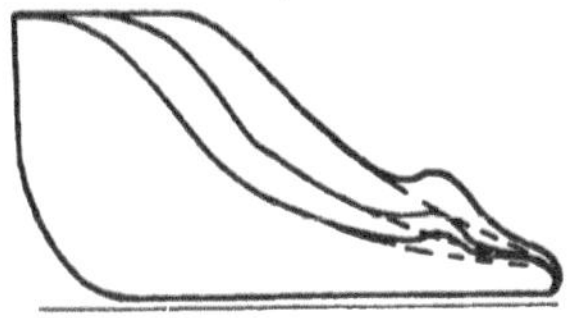

Fig. 158.

Bei Kondensationsmaschinen genügt mitunter der im schädlichen Raum angesammelte Dampf, um die Maschine zu betreiben, die Füllung ist dabei also »Null-Prozent«.

Fig. 158. Es tritt während der Expansion eine Nachfüllung ein. Bei der Mayersteuerung ist dies bei kleinen Füllungen bisweilen der Fall, wenn die Expansionplatten zu kurz sind und sich nochmals von innen öffnen. Erfolgt die Nacheinströmung bei großen Füllungen, so öffnet der Expansions-

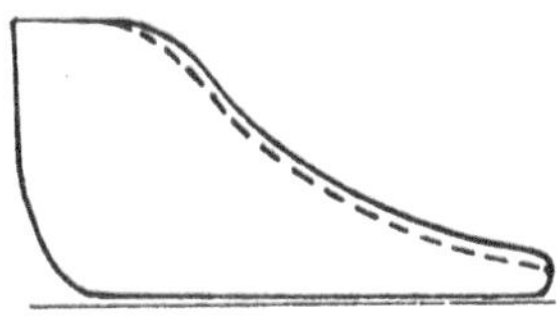

Fig. 159.

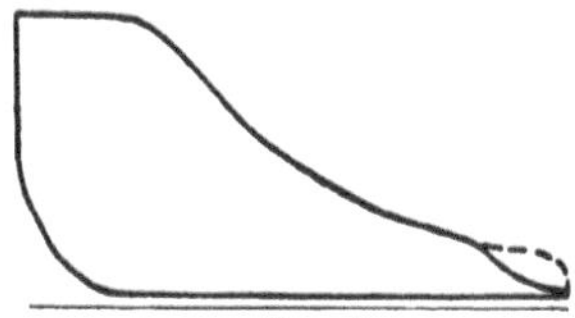

Fig. 160.

schieber den Kanal zu frühzeitig, d. h. bevor der Grundschieber abgeschlossen hat. Beim Trapezschieber können Nachfüllungen auch durch zu kurze Schieberlänge veranlaßt werden, weil dann z. B. die rechte Kante der Platte den linken Kanal auf der Innenseite freigibt.

Fig. 159. Der Trapezschieber wirkt zu sehr verdrehend. Es strömt dann durch den unbedeckt bleibenden Spalt der Kanäle Dampf ein.

Fig. 160. Die Vorausströmung beginnt zu früh. Der verfrühte Dampfaustritt macht sich durch starkes Fallen der Expansionskurve bemerkbar. Für einen verfrühten Austritt unter 6 % des Kolbenweges ist der durch den Fehler entstehende Arbeitsverlust nicht sehr groß.

Fig. 161. Die Vorausströmung tritt zu spät ein. Der verspätete Austritt beginnt erst in oder nach dem toten Punkt, so daß der Abdampf nicht genügend entweichen kann; der normale Gegendruck wird erst erreicht, wenn der Austrittskanal der durchströmenden Dampfmenge entsprechend weit genug geöffnet ist.

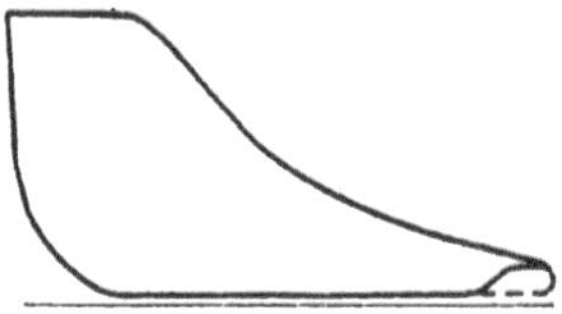

Fig. 161.

Fig. 162.

Fig. 162. Das Diagramm einer Kondensationsmaschine zeigt denselben Fehler wie Fig. 161. Der Austritt ist erschwert, entweder infolge ungenügender Veröffnung oder infolge enger Leitung oder infolge mangelhafter Wirkung des Kondensators.

Fig. 163. Die Kompression steigt zu hoch an und reicht über die Eintrittspannung hinaus. Der Dampfaustritt wird zu früh geschlossen. Dadurch findet ein Zusammen-

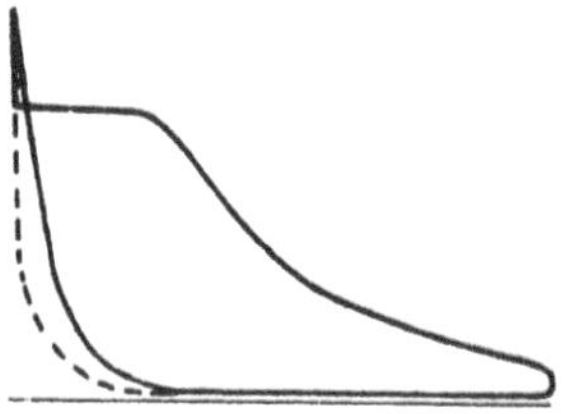

Fig. 163.

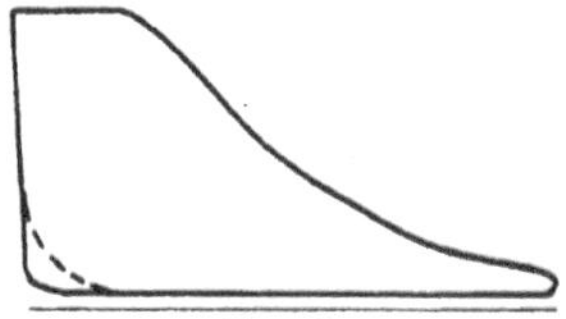

Fig. 164.

pressen des noch eingeschlossenen Abdampfrestes durch den Kolben statt, wobei sich der Druck bis zum angegebenen Maße steigen kann. Bildet die obere Bewegungslinie keine Spitze, sondern eine kurze Gerade, so ist die Indikatorfeder für diesen Druck zu schwach.

Fig. 164. Die Kompression ist zu klein. Der Dampfaustritt wird erst im toten Punkt geschlossen, und zwar kurz vor dem Moment, in welchem der Dampfeintritt beginnt. Bei alten Maschinen mit Flachschieber ist nicht selten dieser Fehler zu finden, da sie fast durchweg mit geringen Deckungen ausgeführt sind.

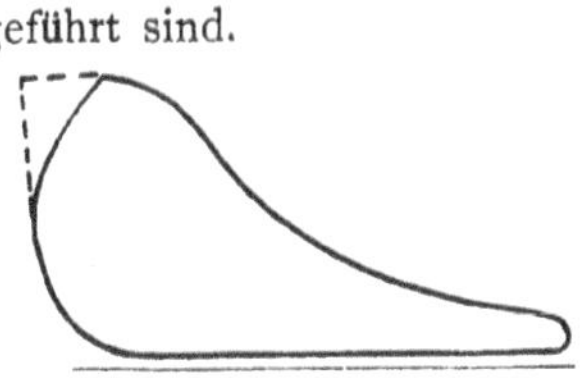

Fig. 165.

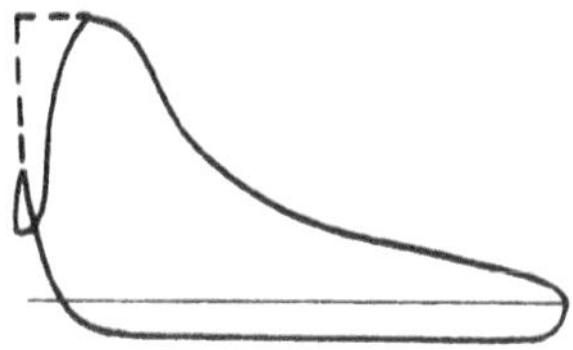

Fig. 166.

Fig. 165. Die Voreinströmung erfolgt zu spät oder fehlt. Im toten Punkt ist der Dampfeintritt noch gar nicht oder ungenügend geöffnet. Es kann im letzteren Fall vorkommen, daß der Dampf hinter dem Kolben die Spannung des Schieberkastendampfes überhaupt nicht erreicht. Je geringer die Kompression, desto größer wird der Einfluß des Nacheilens sein.

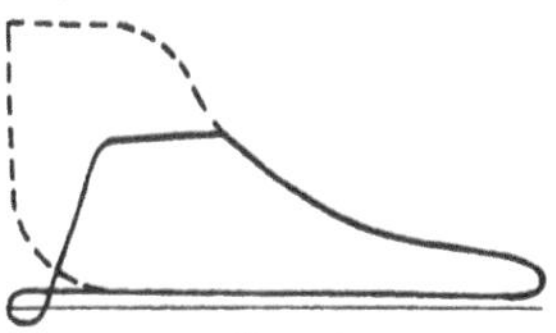

Fig. 167.

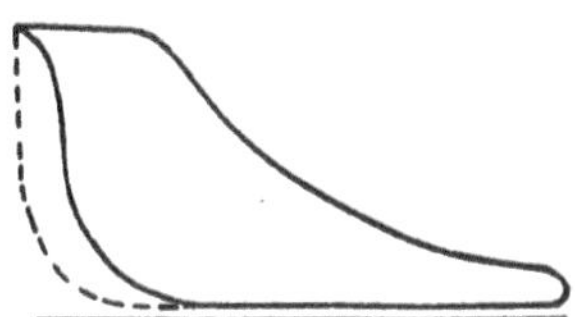

Fig. 168.

Fig. 166 zeigt einen ganz ähnlichen Fall, der durch Nacheilen und falschen Überlauf der Kolbenringe resp. Zusammendrücken derselben vor dem toten Punkt eintritt. Der Kompressionsdampf entweicht dabei nach der Abdampfseite.

Fig. 167. Der Fall ist noch krasser infolge falscher Grundschiebereinstellung. Die Grundschieberstange muß verkürzt werden.

Fig. 168. Die Voreinströmung erfolgt zu früh. Es erfolgt vor dem toten Punkt ein Zurückdrängen des Dampfes in die Rohrleitung. Die dazu nötige Arbeit muß vom Schwungrad verrichtet werden. Man darf diese Erscheinung im Diagramm aber nicht verwechseln mit einem ähnlichen Bild, das man durch zu lange und dehnbare Indikatorschnur erhält. Die Massen der Papiertrommel werden in der Nähe des toten Punktes durch ihre Beschleunigung die Trommel darüber wegschleppen, obgleich der Dampfkolben sich in Ruhe befindet.

Fig. 169. Der Gegendruck ist sehr hoch. Es kommt das bei zu enger und zu langer Auspuffleitung vor oder wenn aus sonst irgendeinem Grund der Abdampf nicht ungehindert entweichen kann.

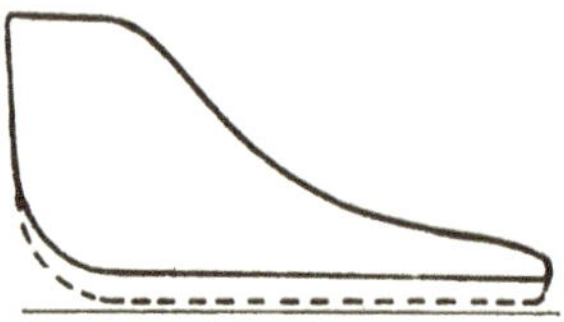

Fig. 169.

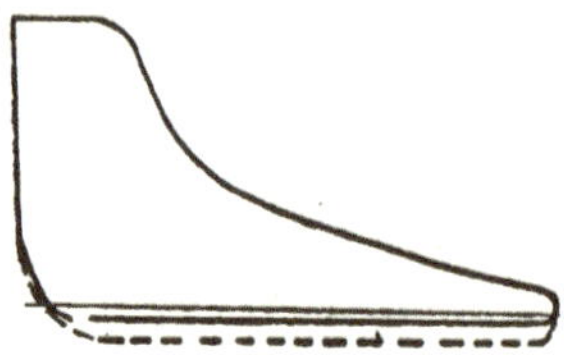

Fig. 170.

Fig. 170. Die Kondensation ist mangelhaft. Es kann das in schlechter Leistung der Kondensatorpumpe oder in mangelhafter Einspritzung liegen.

### 3. Fehler durch Undichtigkeiten in der Steuerung oder in den übrigen Teilen der Maschine, welche mit Dampf in Berührung kommen.

Fig. 171. Der Schieber bei Schiebermaschinen oder das Einlaßventil bei Ventilmaschinen ist undicht und läßt während der Expansion Dampf nachströmen. Dabei steigt die Expansionskurve, wie ersichtlich, über die Mariotte.

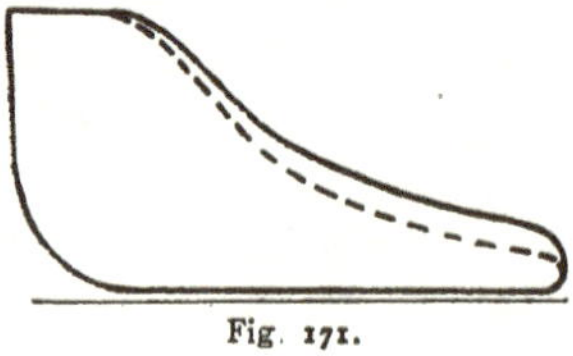

Fig. 171.

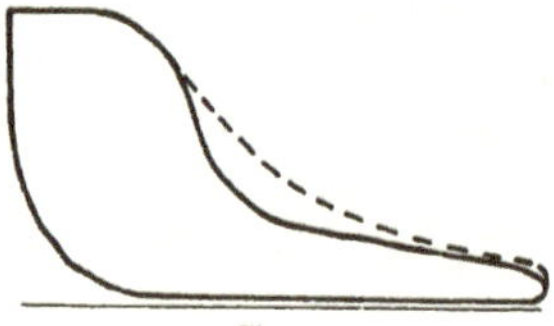

Fig. 172.

Fig. 172. Der Dampfkolben oder die Auslaßsteuerung ist undicht. Es entweicht Dampf während der Expansion. Dabei fällt die Expansionskurve, wie ersichtlich, unter die Mariotte.

Fig. 173. Es entweicht Dampf während der Kompression infolge Undichtigkeit des Auslaßorganes oder des Kolbens.

Fig. 174. Der Schieber wird bei allen Füllungen an ein und derselben Stelle abgehoben. Es kann das durch Klemmen des Schiebers oder der Stange möglich sein. Hat der Schieber einen bestimmten Weg zurückgelegt, so kann er sich wieder anlegen.

---

Aus dem Indikatordiagramm kann man im allgemeinen nur grobe Undichtigkeiten erkennen. Die Feststellung geringerer Undichtigkeiten gelingt am besten in der Weise, daß man die eine Seite des Kolbens oder des Steuerungsorganes erst bei abgespreiztem Schwungrad mit Dampf von normaler Betriebsspannung belastet. Kommt dabei der Dampf in anderer Form als in der von feinem Nebel oder Wasserperlen auf der andern Seite zum Vorschein, so sind die betreffenden Flächen oder Stellen als undicht zu erklären.

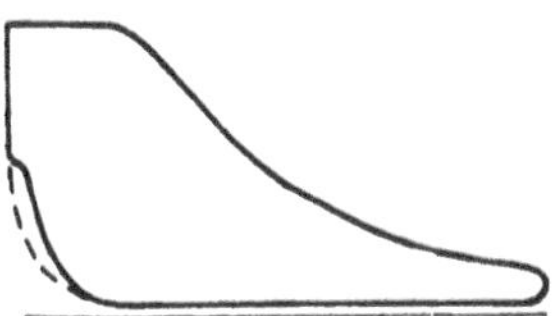

Fig. 173.

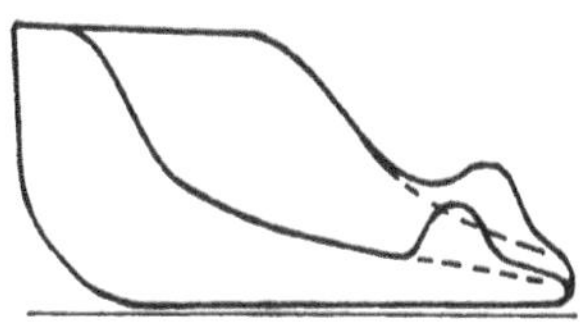

Fig. 174.

Hier sei noch auf zwei gefürchtete Betriebsstörungen an Dampfmaschinen eingegangen; es ist der »Wasserschlag« und das »Durchgehen« der Dampfmaschinen. Diese Störungen können momentan eintreten, also nicht etwa rechtzeitig durch den Indikator ermittelt werden, und sind meist Ursache eines Maschinendefektes.

a) Der Wasserschlag. Findet der Dampfkolben bei seiner Bewegung am Hubende eine größere Menge Wasser vor, so muß, da das Wasser nicht elastisch ist, entweder etwas biegen oder brechen. Meist ist beides der Fall. Die Ursachen einer etwaigen Wasseransammlung im Zylinder sind folgende:

1. Das Wasser kommt schon aus dem Kessel und gelangt durch die Rohrleitung in den Dampfzylinder.

Der den Kessel verlassende Dampf soll möglichst trocken sein, d. h. frei von mechanisch beigemengtem, mitgerissenem Wasser. Hoher Feuchtigkeitsgehalt des Dampfes entsteht durch sog. »Überkochen« des Kessels, besonders bei falscher Anordnung des Dampfdomes gerade über den »Aufkochstellen«. Ist bei forciertem Betrieb die Kesselanlage zu klein, so kann dies ebenfalls hohen Feuchtigkeitsgehalt begünstigen, ebenso wie momentane Entnahme größerer Dampfmengen, momentane Druckentlastungen, zeitweise zu hohe Rostbeanspruchungen, kleiner Wasser- und Dampfraum, zu hoher Wasserstand und kleine Wasseroberfläche.

Kesselanlagen, welche infolge ihrer Konstruktion zur Abgabe »nassen« Dampfes geneigt sind, müssen im Inneren Vorrichtungen zur Zurückhaltung und Zurückleitung des mitgerissenen Wassers tragen.

2. In der Rohrleitung sammelt sich an irgendeiner Stelle Kondenswasser an und tritt zeitweise oder plötzlich in den Zylinder.

Es kommt das besonders vor, wenn die Rohrleitung sog. »Wassersäcke« enthält. Deshalb gebe man der Rohrleitung stets Gefälle zur Maschine. Es ist irrig, wenn man glaubt, daß etwa, wenn die Rohrleitung zum Kessel hin Gefälle hätte, das Wasser in den Dampfkessel zurückfließen würde; im Gegenteil, der strömende Dampf würde infolge Querschnittsverringerung, hervorgerufen durch das entgegenfließende Wasser, größere Geschwindigkeit annehmen und die zurücktretenden Wassermengen immer wieder nach vorne peitschen. Schlecht eingebaute Ventile bilden auch oft Wassersäcke, wenn die Spindel horizontal gelegt ist.

Das in der Rohrleitung sich bildende Kondensat ist vor dem Eintritt in die Maschine durch einen »Wasserabscheider« abzuleiten.

3. Im Dampfzylinder bildet sich viel Kondenswasser, welches nicht genügend entweichen kann.

Besonders beim Anlassen einer kalten Maschine bildet sich viel Kondenswasser, das nachteilig werden kann, wenn man zu rasch anlaufen läßt und vergißt, bei geöffneten Ablaßhähnen den Zylinder anzuwärmen.

4. Das Wasser tritt durch das Abdampfrohr zurück in den Dampfzylinder.

Es wird das nur möglich sein, wenn der Druck im Zylinder unter den atmosphärischen tritt, z. B. bei momentaner starker Entlastung. Sind defekte Auspuffrohre durch ein Reservoir zwecks Anwärmung des Wassers geleitet, so ist ein Wasserrücktritt durch die defekten Rohre möglich. Auch Fehler in der Kondensationsanlage können einen Wasserrücktritt begünstigen.

b) Das Durchgehen. Beim Durchgehen nimmt die Dampfmaschine aus irgendeinem Umstand eine immer höher steigende und immer mehr anwachsende Tourenzahl an. An dieser Geschwindigkeitssteigerung nimmt natürlich auch das auf die Kurbelwelle aufgekeilte Schwungrad teil, und bald bietet die Festigkeit des Schwungradkranzes nicht mehr den genügenden Widerstand, der auftretenden kontinuierlich anwachsenden Zentrifugalkraft entgegenzuwirken. Der Radkranz wird mit den Radachsen meist von der Nabe abgerissen und die einzelnen Stücke fliegen mit dem ihnen innewohnenden Arbeitsvermögen mit großer Wucht tangential vom Radumfang ab. Danach bricht nicht selten noch das Hauptlager; auch Treibstange, Kreuzkopf, und selbst die Zylinderdeckel können vom Dampfkolben noch zertrümmert werden. Ein solcher Betriebsunfall zieht fast immer einen längeren Betriebstillstand nach sich. Die Ursachen, welche das Durchgehen herbeiführen können, sind:

1. Brechen oder Lösen einer Verbindung im Steuerungsorganismus der Dampfmaschine.

Dem Regulator der Dampfmaschine kommt die Aufgabe zu, stets für eine so große Dampfzufuhr zu sorgen, mit welcher die normale Tourenzahl bei den verschiedenen Belastungen eingehalten wird. Versagt der Regulator aus irgendeinem Grund seinen Dienst, so wird auch offenbar die gegenseitige Beziehung zwischen Tourenzahl und Dampfzufuhr nicht mehr weiterbestehen. Die gefährlichsten Folgen entstehen durch Bruch des Regulatorantriebes oder durch Lösen einer Verbindung im Regulatorgestänge.

Ein Abfallen oder Reißen des Regulatorriemens bringt den Regulator z. B. zum Stillstand. Beim Antrieb durch konische Räder ist diese Gefahr nicht so groß; gelangt zufällig einmal ein Schraubschlüssel oder dgl. zwischen diese Räder, so kann deren Bruch eintreten oder sie können blind arbeiten, wenn sich eine Keilverbindung dieser Räder lockert und ausfällt.

Ferner ist das Herausfallen eines Regulatorbolzens durch die Lösung des Sicherungsschräubchens möglich, was bei Maschinen, welche stark stoßen, vorkommt.

2. Konstruktionsfehler.

Fehler, welche diesen Unfall herbeiführen können, sind vor allem in der oft sehr ungenügenden Sicherung der Regulatorbolzen zu suchen oder in der ungenügenden festen Aufkeilung der konischen Antriebsräder. Kaum einer Erwähnung wird es bedürfen, daß bei neuen Maschinen auch die richtige Wahl der Größe eines Regulators getroffen werden muß. Aber selbst dieser Fehler wird noch gemacht.

## e) Untersuchung der Öle für Dampfmaschinenbetrieb und Kontrolle des Ölverbrauches.

Die Reibungsarbeit in Lagern und an Laufflächen des Kolbens und Kreuzkopfes ist kein unbeträchtlicher Teil der Gesamtarbeit der Maschine, wie sich aus dem Kapitel »Nutzarbeit, Wirkungsgrad und Leerlaufsarbeit« ergibt. Dort ist besonders angeführt, daß mit steigender Belastung die Lagerpressungen, also auch die Arbeitsverluste durch Reibung sich erhöhen.

Zur Herabminderung der Reibungsarbeit einer Dampfmaschine ist die richtige Auswahl eines Öles eine Hauptbedingung.

Die für den Dampfmaschinenbetrieb notwendigen Öle teilen sich in zwei Gruppen: das Zylinderöl und das Lageröl. Beide sind Mineralöle, pflanzliche oder tierische Öle und Fette kommen hier nicht in Betracht.

Von einem brauchbaren Schmiermittel verlangt man:

1. daß es einen hinreichenden Grad von Schlüpfrigkeit besitzt und dadurch die Reibung der sich bewegenden Teile auf ein Minimum herabmindert;

2. daß es einen seiner Schlüpfrigkeit und seinem Verwendungszweck entsprechenden Flüssigkeitszustand dauernd be-

sitzt. Es muß eine bestimmte Konsistenz besitzen, um bei sehr schneller Bewegung der sich reibenden Teile nicht herausgeschleudert oder bei starkem Druck herausgepreßt zu werden. Es darf also nicht durch Verdunstung sein Volumen und seinen Flüssigkeitszustand ändern, d. h. es darf an der Luft nicht eintrocknen oder verharzen;

3. daß es nicht sauer ist und auch keine Neigung zum Sauerwerden besitzt, damit es keine chemische Wirkung auf den reibenden Flächen ausübt. Werden diese angegriffen, also chemisch verändert, so entstehen dabei Verbindungen von Metall und Öl, sog. Metallseifen, die bei Eisen schwarz, bei Kupfer und Nickel grün, bei Blei, Antimon, Zink und Wismut grau bis weiß sind;

4. daß ungelöste, feste Körper nicht enthalten sind, welche die Flächenreibung ganz beträchtlich erhöhen können;

5. daß es bei den Verwendungstemperaturen nicht zum Teil verdampft, da es sonst wieder sehr an seiner Dünnflüssigkeit einbüßen könnte, abgesehen von der Explosionsgefährlichkeit leicht verdampfender Öle.

Aus diesen Forderungen, welche man an ein gutes Schmiermaterial stellt, leitet sich der Untersuchungsgang wie folgt ab.

## 1. Die Untersuchung der Öle im Laboratorium.

Sie erstreckt sich auf eine physikalische und eine chemische Prüfung.

Die zu prüfenden physikalischen Eigenschaften sind:

a) Aussehen, Farbe, Geruch,
b) das spezifische Gewicht,
c) die Viskosität (Zähflüssigkeit),
d) der Entflammungspunkt,
e) ev. Beimengungen fester, also unlöslicher Körper.

Die chemische Untersuchung hat sich zu erstrecken auf:

a) Wassergehalt,
b) Säuregehalt,
c) Harz- und Harzölgehalt,
d) Löslichkeit in Benzin.

Der Gang der Untersuchung ist für Zylinderöl und Lageröl der gleiche. Die normalen Grenzzahlen brauchbarer Öle sind im folgenden mitangegeben.

## I. Physikalische Prüfung.

### a) Aussehen, Farbe und Geruch.

Aussehen und Farbe stehen mit der Herkunft in engem Zusammenhang. Man unterscheidet bei den für den Dampfmaschinenbetrieb in Frage kommenden Mineralölen deutsche, englische, galizische, amerikanische und russische Öle. In Frage kommen fast ausschließlich die amerikanischen und russischen Öle. Die amerikanischen Maschinenöle sind heller als die russischen. Die nicht mit Entscheinungsmitteln (Nitronaphthalin-Anilinfarbstoff) behandelten Öle fluoreszieren, und zwar die amerikanischen mit grünlichem, die russischen mit bläulichem Schimmer. Die amerikanischen Öle sind nahezu geruchlos, die russischen Öle weisen meist einen stärkeren, süßlichen Geruch auf.

Diese äußerlichen Merkmale sind zu beachten bei der Ölprüfung.

### b) Das spezifische Gewicht.

Es hat den Anschein, daß der Höhe des spez. Gewichtes bei den Mineralschmierölen von mancher Seite eine sehr große Wichtigkeit in Bezug auf Qualitätsbeurteilung zukommt. Dies trifft nicht zu, was Verfasser in der Praxis genügend erproben konnte. Wohl spielt die Ermittlung des spez. Gewichtes bei der Öluntersuchung eine praktische Rolle, insofern man sich über die Natur des zu prüfenden Öles unterrichten kann, um z. B. Muster und Anlieferung in Bezug auf Übereinstimmung zu prüfen. Die amerikanischen Mineralöle sind durchweg leichter als die russischen Öle bei gleicher Zähflüssigkeit.

Für Zylinderöle liegt das spez. Gewicht normal zwischen 0,890—0,940, für Lageröle liegt das spez. Gewicht normal zwischen 0,870—0,910.

Werden diese Grenzen aber über- oder unterschritten, so kann daraus allein noch nicht (s. o.) etwa auf ein minderwertiges Öl geschlossen werden.

Die Bestimmung des spez. Gewichtes kann auf drei Arten geschehen:

1. Mittels Aräometer. Das ist die einfachste Methode, kann aber nur für die dünnflüssigeren Lageröle in Anwendung kommen.

Man gibt in einem Standzylinder das in einem Wasserbad auf 15° C eingestellte Öl und spindelt. Die zu benutzenden Aräometer (Fig. 175) sind käuflich in Etuis und geben Dichten an

von 0,750—0,800 bei 15° C
» 0,800—0,850
» 0,850—0,900
» 0,900—0,950
» 0,950—1,000.

Fig. 175.

Will man das spez. Gewicht bei 4° C berechnen, so ist pro 1° C je 0,00068 zu addieren, hier also die konstante Zahl $(15 - 4) \cdot 0{,}00068 = 0{,}00748 = \sim 0{,}0075$.

Beispiel: Dichte am Aräometer abgelesen zu 0,904 bei 15° C, spez. Gewicht bei 4° C $0{,}904 + 0{,}0075 = 0{,}9115$.

2. Mittels Pyknometer (Fig. 176), welche eigens zu diesem Zweck in den Handel kommen. Das Pyknometer wird zunächst mit destilliertem Wasser gefüllt, in ein Wasserbad von 15° C eingestellt und nach einer halben Stunde gewogen. Da das Pyknometer vor seiner Füllung im sauberen trockenen Zustand ebenfalls genau gewogen ist, so läßt sich aus beiden Wägungen das Gewicht des Wassers bei 15° C ermitteln. In das getrocknete und mit dem zu untersuchenden Öl ausgespülte Pyknometer wird dann das zu prüfende Öl gegeben. Nach Einstellen in ein Wasserbad von 15° C (eine halbe Stunde) wird das Pyknometer sorgfältig getrocknet und gewogen. Die Dichte wird dadurch ermittelt, daß das Ölgewicht durch das berechnete Wassergewicht dividiert wird. Die so gefundene Dichte bedarf einer durch die Temperaturunterschiede bedingten Korrektur, wenn es auf 4° C umgerechnet werden soll, welche sich ergibt, indem man wieder pro 1° C Temperaturunterschied 0,00068 zur zuerst berechneten Dichte bei 15° C addiert.

Beispiel:

| | |
|---|---|
| Wassergewicht berechnet bei 15° C . . | 50,7930 g |
| Ölgewicht bei 15° C (Zimmertemperatur) . | 46,1320 g |
| Berechnete Dichte . . . | $\frac{46,1320}{50,7930} = 0,9082$ |
| Korrektur . . . . . | $0,00068 \cdot (18 - 4) = 0,0095$ |
| Spez. Gewicht bei 4° C . . . . . . . . . . . . . . | 0,9177. |

Will man die Dichte bei einer höheren Temperatur angeben, so ist pro 1° C Temperaturdifferenz 0,00068 zu subtrahieren.

3. Nach der Alkoholschwimmethode. Das Arbeiten mit dem Pyknometer ist zu zeitraubend und die aufgewendete Zeit für die Ermittlung des spez. Gewichtes steht in keinem Verhältnis zu dem Wert der durch die Angabe des spez. Gewichtes erhaltenen Zahl. Verfasser wendet deshalb für die dickflüssigen Zylinderöle die folgende Methode an.

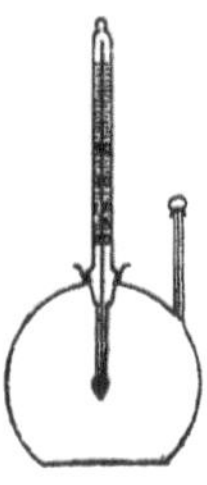

Fig. 176.

In einen Spindelzylinder gibt man ca. 1/3 Alkohol und 2/3 destilliertes Wasser und mischt gut durch. Das Gemisch soll möglichst 15° C haben, jedenfalls aber muß die Temperatur bestimmt werden. Von dem in ein Wasserbad auf 15° C gebrachten zu prüfenden dickflüssigen Öle läßt man dann einen großen Tropfen in die Alkohol-Wassermischung einlaufen. Beim Einlaufen nimmt das Öl Kugelgestalt an und schwimmt entweder auf der Oberfläche oder sinkt unter. Im ersteren Fall ist sein spez. Gewicht geringer, in letzterem Fall größer als das der Alkoholwassermischung. Man setzt dann solange entweder Alkohol oder Wasser zu (meist wird Alkohol notwendig sein), bis die Ölkugel in der Flüssigkeit schwebt. Darauf setzt man ein Aärometer ein und bestimmt das spez. Gewicht der Alkohollösung, welches identisch ist mit demjenigen des Öles. Für die Ermittlung des spez. Gewichtes konsistenter Fette kommt nur diese Methode in Betracht.

### c) Die Viskosität (Zähflüssigkeit).

Sie wird mit dem »Englerschen Zähigkeitsmesser« Fig. 177 bestimmt. Er besteht aus zwei ineinanderstehenden Metallschalen *M*, dem inneren Ölbehälter und dem äußeren, diesen umschließenden Wasser- oder auch Ölbad zur Anwärmung. Der Ölbehälter ist mit einem Deckel *D* verschlossen, durch welchen das Thermometer *T* zur Messung der Öltemperatur gesteckt ist. Das Thermometer für das Anwärmebad wird von einem Halter, der am äußern Mantel befestigt ist, getragen. Der Ölbehälter ist in dem äußeren Gefäß durch drei seitliche Stege befestigt; auch das Auslaufröhrchen *e*, welches durch den oben durch den Deckel ragenden Ventilstift *v* geschlossen wird, dient noch als unterer Stützpunkt.

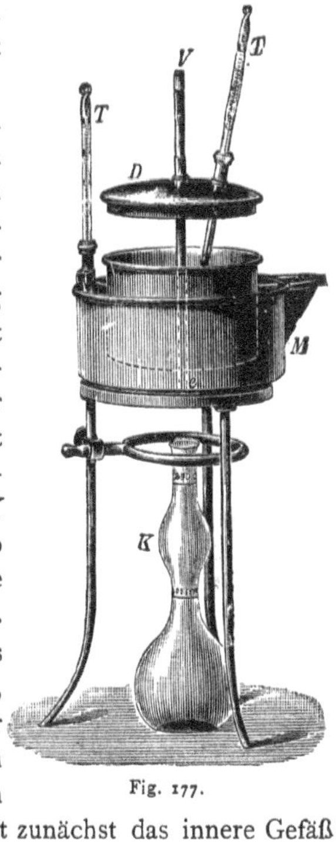

Fig. 177.

Im Ölbehälter befinden sich drei Niveaumarken mit aufwärtsstehenden Spitzen in gleicher Höhe vom Boden angebracht, um einerseits zum Abmessen der Ölprobe, anderseits zur Beurteilung wagrechter Aufstellung des Apparates zu dienen. Schneidet der Ölspiegel genau die drei Niveauspitzen, so enthält der Ölbehälter genau 240 ccm. Ein Dreifuß dient als Träger des Apparates, unter welchen beim Gebrauch ein Meßkolben *K* mit zwei Marken am Halse zu 200 und 240 ccm genau unter die Mitte des Ausflußröhrchens *e* gestellt wird.

Bei der Eichung des Apparates wird die Zeit in Sekunden bestimmt, welche 200 ccm destilliertes Wasser von 20° C gebrauchen, um aus dem bis zu den Niveaumarken gefüllten Ölbehälter auszufließen. Man reinigt zunächst das innere Gefäß mit Äther und Alkohol und spült mit Wasser aus. Auch das Ausflußröhrchen muß mit einer mit Watte umwickelten Nadel und dann mittels Federfahne gesäubert und der Ventilstift ein gesetzt werden. Im Meßkolben werden dann 240 ccm Wasser von 20° C abgemessen, das nach dem Einfüllen beim horizontalen Stand des Apparates mit seiner Oberfläche genau bis an die Markiersspitze heranreichen muß. Der Meßkolben, welcher nicht getrocknet sein darf, sondern nur durch ca. 1 Minute langes Auslaufenlassen von der Hauptmasse des inneren anhängenden Wassers zu befreien ist, wird unter die Ausflußöffnung gestellt, der Ventilstift gezogen und genau die Zeit in Sekunden beobachtet, welche vergeht, bis sich der Meßkolben bis zur unteren Marke 200 ccm gefüllt hat. Die Ausflußzeit wird mit einer Sekundenuhr oder einem Chronoskop gemessen. Vor dem Ablaufenlassen ist zu beobachten, daß sich die Flüssigkeit in vollkommener Ruhe befindet, sie darf also nicht infolge eventuellen vorherigen Rührens mit dem Thermometer noch rotieren. Ist der Apparat genau justiert, so beträgt die Auslaufzeit 51 bis 53 Sekunden. Die genaue Zahl ist durch drei Versuche, die nicht mehr als $^1/_2$ Sekunde voneinander abweichen dürfen, zu ermitteln und diese ist dann = 1 zu setzen. Ganz exakte Bestimmungen führt man am besten in einem Raume mit 20° C Lufttemperatur aus. Die Eichung kann man auch von der »Physikalisch-Technischen Reichsanstalt« ausführen lassen und man erhält dann ein Attest folgenden Inhalts:

## Prüfungsbescheinigung

für den Zähigkeitsmesser RS 828 nach Engler.

---

Die Auslaufzeit für 200 ccm Wasser von 20° C beträgt 51 Sekunden.

Die Angaben des beigegebenen Thermometers sind z. Z. bei

15 Grad um 0,1 Grad zu niedrig
20 » ohne wesentlichen Fehler
25 » um 0,1 Grad zu niedrig
40 » ohne wesentlichen Fehler.

Die Länge des aus Platin hergestellten Ausflußröhrchens beträgt 20,1 mm, sein Durchmesser oben 2,9 mm und unten 2,8 mm. Das zur Aufnahme des zu prüfenden Öles bestimmte Gefäß ist innen vergoldet und hat einen inneren Durchmesser von 106,5 mm. Die mittlere Höhe der Niveaumarken über der unteren Mündung des Auslaufröhrchens beträgt 51,9 mm.

Als Kennzeichen der vollzogenen Prüfung ist auf den äußeren Zylindermantel und auf den Deckel des Zähigkeitsmessers der Reichsadler nebst Jahreszahl aufgeschlagen worden.

Charlottenburg, 18. Februar 1901.

L. S. **Physikalisch-technische Reichsanstalt.**
Abt. II.

Bei der Prüfung eines Öles ist ebenfalls das Gefäß selbst mit Äther — Alkohol — Petroleum und dann mit dem zu prüfenden Öl auszuspülen. Nach Verschluß des Ventiles ist das Wasserbad resp. Ölbad anzuwärmen. Hat man die gewünschte Temperatur in Öl erreicht und 3 Minuten beobachtet, daß sie sich auf konstanter Höhe hält, so zieht man das Ventil und drückt gleichzeitig auf das Chronoskop. Ist bis Marke 200 gefüllt, so drückt man wieder und liest die Sekunden resp. Minuten ab.

Beispiel:

Abgelesen 5 Minuten 42 Sekunden = 342 Sekunden bei einer Öltemperatur von 50° C. Viskosität: $\frac{1745}{52} = 6,58$. Das Öl war ein gutes Lageröl.

| | |
|---|---|
| Für gutes Lageröl ist die Viskosität über 5,0 bis 6,0 und darüber[1]) | bei 50° C. |
| » » Zylinderöl ist die Viskosität über 28 bis 33 ev. darüber | |

Man findet in Büchern bisweilen für Maschinenöle, selten für Zylinderöle, Viskositätsbestimmungen bei 20° C angegeben und fordert dann eine Viskosität z. B. beim Maschinenöl von mindestens 35. Das ist natürlich unmöglich, daß solche Zahlen exakt werden können; denn man bedenke nur, daß man bei einer Viskosität von 35 eine Zeit von 35 · 52 = 1820 Sekunden = 30 Minuten 20 Sekunden warten müßte. Bei einer Zähflüssigkeitsbestimmung soll mindestens eine so hohe Temperatur angewandt werden, daß das Öl in einem zusammenhängenden Strahl ausfließt; ein Tropfen ist also unzulässig. Für Zylinderöle ist deshalb möglichst eine höhere Prüftemperatur als 50° C einzuhalten. Enthält ein Öl suspendierte Körper, so ist es zu filtrieren.

Es empfiehlt sich auch, bei mehreren Temperaturen die Viskosität zu bestimmen. Man erhält so eine charakteristische Kurve für ein bestimmtes Öl und diese dient zur genauesten Orientierung in bezug auf gleichmäßige Qualität bei jeder Anlieferung.

[1]) Als Mittel mehrjähriger Beobachtungen des Verfassers an den Anlieferungen guter Öle.

Für Maschinen-(Lager-)öle empfiehlt Verfasser so die Viskosität bei 50°, 75° und 100° für Zylinderöle bei (50°,) 100° und 150° C und der in Frage kommenden Dampftemperatur zu bestimmen.

Beispiel: Ein gutes Zylinderöl zeigte Viskositäten von

| | | |
|---|---|---|
| bei 50° C . . . | 31,1 | Charakteristik dieses Öles. |
| » 100° C . . . | 5,59 | |
| » 150° C . . . | 2,24 | |

Verwendungstemperatur bei 7 atm. Ü.; Dampftemperatur = 169,4° C Viskorität bei 170° C 1,66.

Eine Viskositätsbestimmung bei nur einer Temperatur hat recht untergeordnete Bedeutung.

Die auf diese Weise ausgeführte Viskositätsbestimmung der Öle gestattet zunächst bei Vergebung der Öllieferungen auf ein gewisses Mindestmaß von Viskosität hinzuwirken und ferner von zwei Ölen mit gleicher Preisnotierung beim Ankauf sich dasjenige zu sichern, welches nach diesem Gesichtspunkt die größte Rentabilität verspricht. Bei Erwägungen dieser Art ist zu berücksichtigen, daß nach der Petroffschen Theorie der Reibung »der Gesamtreibungswiderstand geschmierter Maschinenteile dem Koeffizienten der inneren Reibung (d. i. Maßstab der Zähigkeit) des Öles und der Geschwindigkeit der reibenden Teile direkt proportional, dagegen dem pro Flächeneinheit ausgeübten Druck umgekehrt proportional ist«. Bei geringem Drucke und hoher Geschwindigkeit sind deshalb sehr dünnflüssige Öle, d. h. solche mit geringer innerer Reibung, bei mäßig hohem Druck und großer Geschwindigkeit mäßig dickflüssige Öle zu wählen.

### d) Der Entflammungspunkt.

Wenn ein Öl bei verhältnismäßig niedriger Temperatur verdampft oder selbst bei derjenigen, bei welcher es angewendet wird, so können verschiedene Nachteile entstehen. Erstens sind die entstehenden Öldämpfe auf alle Fälle feuergefährlich, dann aber vermindern sie die Viskosität eines Öles, sobald solche entweichen, und endlich herrscht im Maschinenraum stets ein widerlicher Öldunstgeruch.

Der Entflammungspunkt wird besonders bei Ölen, welche viel und bei niederen Temperaturen leicht flüchtige Stoffe ent-

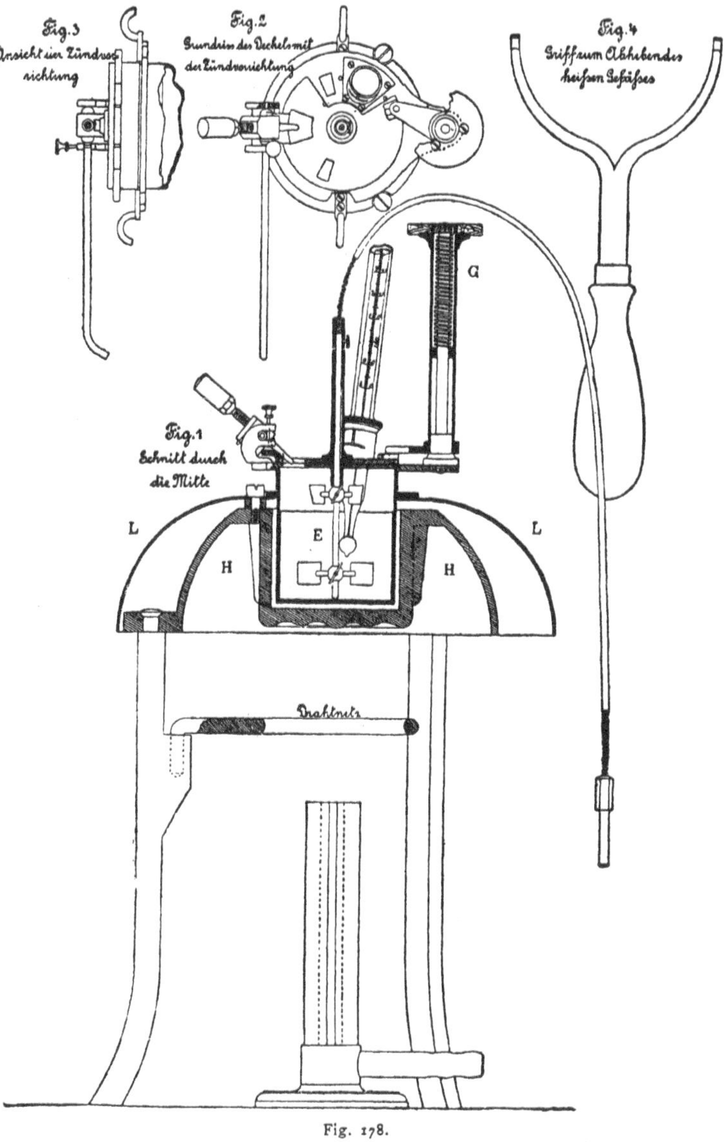
Fig. 3
Ansicht der Zündvorrichtung
Fig. 2
Grundriss des Deckels mit der Zündvorrichtung
Fig. 4
Griff zum Abheben des heißen Gefäßes
G
Fig. 1
Schnitt durch die Mitte
L
L
E
H
H
Drahtnetz

Fig. 178.

halten, ebenfalls bei niedrigeren Temperaturen eintreten. Die Feststellung des Entflammungspunktes geschieht mit dem Apparat von Pensky-Martens (Fig. 178).

Dieser besteht aus einem Gefäß *E* zur Aufnahme des zu untersuchenden Öles. Die Durchbrechungen des Deckels dieses Gefäßes sind durch einen Drehschieber verdeckt, durch den Deckel ragt ein Thermometer und ein Rührer in den Ölbehälter. Die langsame und gleichmäßige Erwärmung des Öles wird durch einen metallischen Heizkörper *H* vermittelt, in welchen der Ölbehälter *E* eingesenkt wird und welcher gegen starke Ausstrahlung durch einen rotierenden Luftmantel mittels der Glocke *L* geschützt ist. Die Erwärmung erfolgt durch einen beigegebenen Dreilochbrenner.

Die Prüfung des Entflammungspunktes erfolgt durch Öffnen des Schiebers mittels Drehung eins Handgriffes *G*, wobei eine kleine Zündflamme in die Hauptöffnung eingeführt resp. der Oberfläche des Öles genähert wird.

Man wiederholt diese Manipulation mit steigender Temperatur in bestimmten Intervallen und findet den Entflammungspunkt bei derjenigen Temperatur, bei welcher durch Öffnung des Schiebers eine Explosion des im Raum über dem Öl befindlichen Gasgemenges eintritt.

Beim Gebrauch wird das Ölgefäß *E* mit dem auf Entflammbarkeit zu prüfenden Öl genau bis zur Füllmarke, gekennzeichnet durch einen eingedrehten Randring, angefüllt. Hiernach wird der Deckel so auf dasselbe gesetzt, daß der vorragende Deckelfortsatz rechtwinklig zur Verbindungslinie der beiden am Topfrand befindlichen Haken steht; dann wird dieser ganze Einsatz mittels der beigegebenen Gabel in den Heizkörper gebracht. Schwankungen sind dabei möglichst zu vermeiden, damit die Gefäßwände oberhalb des Ölniveaus nicht benetzt werden. Das Thermometer wird dann eingesetzt. Der Heizkörper wird durch den Brenner erhitzt. Anfänglich kann die Erwärmung rasch geschehen, bis das Thermometer eine Temperatur noch etwa 20 bis 30° C niedriger als die zu erwartende Entflammungstemperatur zeigt. Dann wird das bis dahin zur Seite gedrehte Drahtgitter über die Heizflamme gebracht und diese entsprechend verkleinert, so daß das Steigen des Thermometers nun in 30 Sekunden höchstens 2° C beträgt. Will man noch genauer arbeiten, so verlangsamt man das Steigen noch mehr. Nach je 30 Minuten wird jetzt die Zündvorrichtung in Tätigkeit gesetzt, d. h. der Schieber wird zur Seite gedreht, wodurch das Ölgefäß geöffnet und das Zündflämmchen, welches etwa auf die Größe eines Gerstenkornes reguliert sein soll, in den Raum über dem Öl eingesenkt wird, indem man den hölzernen Handgriff *G* oben am Apparat nach rechts dreht, bis man den Anschlag fühlt. In dieser Stellung beharre man ca. 1 Sekunde. Bei der Erwärmung des Öles benutzt man den mittels eines Spiraldrahtes drehbaren Rührer, welchen man mit Daumen und Zeigefinger bewegt. Während des Eintauchens der Zündflamme unterläßt man das Rühren.

Diejenige Temperatur, bei welcher zuerst durch das Einsenken des Zündflämmchens eine plötzliche, explosionsartige Verbrennung des in dem Raum über dem Öl enthaltenen Ölgases bewirkt wird, ist der Entflammungspunkt des betreffenden Öles. Da dieses Zündflämmchen bei der Explosion öfters erlischt, ist durch ein gebogenes Gaszuleitungsrohr ein Sicherheitsflämmchen angebracht.

Geringe Beimengungen leichter Öle (Petroleum, Naphtha) setzen den Entflammungspunkt bedeutend herab, deshalb ist der Apparat auf keinen Fall mit diesen zu reinigen. Auch ist das Gefäß völlig trocken zu halten, da Spuren von Wasser störende Dampfbildung veranlassen. Es empfiehlt sich deshalb, vorher das zu prüfende Öl zu entwässern, am besten durch Schütteln mit Chlorkalzium und eintägiges Stehenlassen.

Bei Apparaten mit Gasheizung wird auch das Zündflämmchen mit Gas gespeist, wo Gas nicht zur Verfügung steht, geschieht das mit Rüböl oder Mineralöl. Die Regulierung der Flammengröße erfolgt im letzteren Fall durch Verschiebung des Dochtes an seiner Hälse. Bei Gasbenutzung ist das Lämpchen behufs Regulierung mit einer Ventilschraube versehen.

Um den Apparat, namentlich den Drehschieber, leicht reinigen zu können, läßt sich dieser abheben, wenn man Knopf *G* so weit hebt, daß der Stift unten am Mitnehmerhebel außer Eingriff mit dem Drehschieber kommt.

Die bei Bestimmung des Entflammungspunktes erhaltenen Resultate geben ein direktes Bild der Verdampfbarkeit. Ein

Öl mit hohem Entflammungspunkte zeigt eine schwere Verdampfbarkeit und wird bei seiner Verwendung zu keinerlei Besorgnis Veranlassung geben. Von besonderem Werte ist ein hoher Entflammungspunkt bei Zylinderölen, wenn sie für überhitzten Dampf Verwendung finden.

Der Entflammungspunkt liegt bei guten Lagerölen über 180° bis 200° C, bei guten Zylinderölen über 260° C.

#### e) Beimengungen fester oder ungelöster suspendierter Körper.

a) Feste Körper. Man destilliert 100 ccm des Öles so lange, bis $^1/_5$ noch zurückbleibt, und dampft auch diesen Rückstand in einer Porzellanschale ein, glüht und wägt den Rest.

b) Suspendierte Körper. Man filtriert 100 g Öl durch ein quantitatives Filter von bekannter Trockensubstanz. Wäscht dieses Filter mit Äther mehrmals nach, trocknet dasselbe und wiegt es in einem verschlossenen Schiffchen, dessen Tara bekannt. Den qualitativen Nachweis suspendierter Körper liefert schon das Auge oder der beim Filtrieren restirende Filterrückstand.

### II. Chemische Prüfung.

#### a) Der Wassergehalt.

Qualitativ prüft man ein Öl auf Wasser, indem man etwa 5 ccm Öl in ein Reagenzglas bringt und dieses in ein auf 140° C erhitztes Ölbad steckt. Enthält das Öl Wasser, so tritt schon unter 100° C ein Schäumen ein und bei 100° C ein deutliches Stoßen, außerdem zeigt sich in der dünnen Ölschicht an den Wänden des Gläschens eine deutlich sichtbare Emulsion, welche bei 150° C noch nicht verschwindet. Wasserfreie Öle zeigen an den Wandungen eine durchsichtige Ölschicht. War ein Öl mit Luftblasen durchsetzt, so steigen diese beim Erwärmen unter Erzeugung eines geringen Schaumes auf, den der Ungeübte nicht mit dem durch Anwesenheit von Wasser sich bildenden verwechseln darf.

Zur quantitativen Bestimmung werden 10—15 g Öl in einer 6—10 cm weiten Glasschale mit eingelegtem Glasstab auf dem Wasserbad so lange erhitzt, bis beim Rühren mit dem Glasstab das Schäumen an der Oberfläche verschwunden ist. Die Gewichtsdifferenz nach dem Abkühlen ergibt den Wassergehalt.

### b) Säuregehalt.

Bei den hier in Frage kommenden dunklen Maschinen- oder Zylinderölen wird derselbe folgendermaßen bestimmt: In einen mit eingeschliffenem Glastopfen versehenen Meßzylinder von ca. 20 cm Höhe und 2,5 cm Weite, der drei übereinander angebrachte Marken 20, 45, 70 trägt, werden bis zur untersten 20 ccm Öl eingefüllt. Dazu setzt man bis Marke 70 absoluten Alkohol zu, das sind 50 ccm, und schüttelt kräftig durch. Nach einiger Zeit hat sich die Alkoholschicht oben, die Ölschicht unten gesammelt, und wenn die Trennung scharf ist, entnimmt man 25 ccm der Alkoholschicht, also bis Marke 45, und titriert mit N/10-Natronlauge unter Zusatz von Phenolphtalein als Indikator.

Ergibt die Titration einen Säuregehalt von über 0,003 %, so wird der Alkoholrest von dem Öl im Zylinder abgegossen und dasselbe von neuem mit 50 ccm absolutem Alkohol ausgeschüttelt. Diese Operation wird so oft wiederholt, bis der Säuregehalt nicht mehr über 0,003 % beträgt. Der Säuregehalt berechnet sich dann aus der Summe der bei den verschiedenen Titrationen erhaltenen Zahlen.

Beispiel.

a) Auf 25 ccm Alkoholausschüttelung wurden gebraucht 1,3 ccm N/10-Lauge, auf die gesamten 50 ccm Alkohol treffen dann 2,6 ccm N/10-Lauge, oder auf 20 ccm Öl treffen 2,6 ccm N/10-Lauge; auf 100 ccm Öl treffen $5 \cdot 2{,}6 = 13{,}0$ ccm N/10-Lauge. Bei einem spez. Gew. von 0,9 treffen auf 100 g Öl $\frac{13{,}0}{0{,}9} = 14{,}48$ ccm N/10-Lauge, 1 ccm N/10-Lauge = 0,004 g $SO_3$; folglich 14,48 ccm Lauge = $14{,}48 \cdot 0{,}004 = 0{,}05792$ % Säure.

b) durch nochmaliges Ausschütteln wurden gefunden:

| | | | | |
|---|---|---|---|---|
| auf 25 ccm | Alkohol | gebraucht | 0,20 ccm | Lauge, |
| » 50 » | » | treffen | 0,40 » | » |
| » 20 » | Öl | » | 0,40 » | » |
| » 100 » | » | » | $5 \cdot 0{,}40 = 2{,}0$ ccm | Lauge; |

bei einem spez. Gew. von 0,9 treffen auf 100 g Öl $\frac{2{,}0}{0{,}9} = 2{,}22$ ccm » $= 2{,}22 \cdot 0{,}004 = 0{,}00888$ % Säure, somit ist der Säuregehalt: $0{,}05792 + 0{,}00888 = 0{,}0668$.

Bei der Säurebestimmung kann man anstatt mit Alkohol auch mit warmem destillierten Wasser ausschütteln und unter Zusatz von Methylorange als Indikator titrieren. Wenn Seife im Öl vorhanden, bleibt diese Reaktion aus. Um ein Öl qualitativ auf Säure zu prüfen, stellt man eine blanke Kupferplatte halb ins Öl ein. Ist der einige Zeit eingetauchte Teil noch so blank wie der freie, so ist das Öl säurefrei.

Der Säuregehalt guter Lageröle liegt meist nicht über 0,05 %; diejenige der Zylinderöle unter 0,02 %.

### c) Harz- und Harzölgehalt.

Bei der Untersuchung auf Harz kommt es in erster Linie darauf an, festzustellen, ob dem Öle Kolophonium zugesetzt ist. Da dieses ein säurehaltiger Körper ist, so macht sich seine Anwesenheit schon durch den Säuregehalt bemerkbar.

1 % Schwefelsäurehydrit entspricht ungefähr 9 % Kolophonium. Der qualitative Nachweis des Kolophoniums geschieht durch die Morawskische Reaktion. 10 ccm des zu untersuchenden Öles werden mit gleicher Menge 70 %igem Alkohol heiß durchgeschüttelt. Das Gemisch wird unter der Wasserleitung schnell abgekühlt. Nachdem sich die gebildeten beiden Schichten getrennt haben, wird die obere durch ein Filter in eine Porzellanschale von ca. 10 cm Durchmesser filtriert, in welcher sich ein Glasstab befindet. Mit dieser zusammen ist die Schale vorher (bei quantitativer Bestimmung) gewogen. Zur qualitativen Prüfung versetzt man einen Teil dieses Filtrats mit weingeisthaltiger Bleizuckerlösung. Ist Harz überhaupt zugegen, so tritt ein dicker, käsiger flockiger Niederschlag ein. Die Schale mit dem klaren Filtrat wird auf eine Asbestplatte gestellt und dieses mittels einer kleinen Flamme eingedampft. Die Menge des Rückstandes wird nach dem Abkühlen schätzungsweise bestimmt. Die Konsistenz prüft man mittels Glasstabs. Die Morawskische Reaktion gelingt bei Vorhandensein von Kolophonium folgendermaßen:

1 ccm Essigsäureanhydrit wird in die Schale zugesetzt und nach gutem Umrühren 1 Tropfen Schwefelsäure vom spez. Gewicht 1,530. Bei Anwesenheit von Kolophonium tritt eine Rotviolettfärbung ein, während die natürlichen Harze eine gelblichbraune bis tiefschmutzigbraune Färbung entstehen lassen.

Die Menge des Abdampfrückstandes soll bei Lager- und Zylinderölen 1 % nicht übersteigen. Bei quantitativer Ermittlung des Harzes ist ein mehrmaliges Ausschütteln mit 50 %igem Alkohol notwendig.

Zur Untersuchung auf Harzöl kann man verschiedene Wege einschlagen.

a) Man schüttelt 2 g Öl mit 10 ccm Eisessig 5 Minuten lang, erwärmt im Wasserbad, läßt es stehen und filtriert durch ein leicht angefeuchtetes Filter. Versetzt man es nun mit einem Tropfen Schwefelsäure, so zeigt sich violettrote Färbung wie bei Kolophonium. Bestimmt man in einem abgewogenen Teil des Filtrats den Eisessig durch Titration mit Normalnatronlauge, so kann man aus der Gewichtsdifferenz zwischen Gesamtlösung und Eisessig die Menge des gelösten Öles berechnen.

b) Man bringt 10 g Öl in ein Reagenzglas und fügt 5 g Salpetersäure von 40—42° Bé und 1 g Quecksilber hinzu. Es ist so lange zu schütteln, bis das Quecksilber vollkommen gelöst ist. Man läßt einige Zeit ruhig stehen und schüttelt dann wieder. Harzölfreies Mineralöl bleibt unverändert, enthält es Harzöl, so färbt es sich dunkelrot.

c) Die beste Methode, Harzöl nachzuweisen, ist die Polarisationsmethode. Harzöle drehen rechts, Mineralöle sind indifferent. Die Drehung beträgt im 20 cm-Rohr bei Harzölen 30 bis 40° im Halbschattenapparat mit Kreisgradeinteilung. Dunkelgefärbte Öle werden zweckmäßig mit Petroleumäther oder mit einer Alkoholäthermischung (2 Tl. Alk., 1 Tl. Äther) verdünnt; bisweilen geschieht auch eine Entfärbung mit einem Entfärbungspulver, das man als Rückstand bei der Blutlaugensalzfabrikation gewinnt.

Zur quantitativen Berechnung des Prozentgehaltes $p$ an aktiver Substanz in dem Ölgemisch dient die Formel:

$$p = \frac{10^4 \cdot a}{l \cdot d \cdot (a_D)}.$$

Hierin ist $a$ = Ablesungswinkel; $l$ = Rohrlänge, $d$ = Dichte der untersuchten Flüssigkeit, $(a_D)$ = spez. Drehung.

d) Es läßt sich das Harzöl auch nach der Hüblschen Methode durch Titration mit einer Jodlösung nachweisen. Man versetzt 5 g des Öles mit 10 g oder etwas mehr Chloroform und einem Überschuß einer abgemessenen Jodlösung (bereitet aus 25 g Jod und 30 g Quecksilberchlorid in 1 l abs. Alkohol). Ist die Flüssigkeit nach 2 Stunden durch Jod noch braun gefärbt, so wird der Überschuß von letzterem nach Versetzen der Lösung mit 10—15 g Jodkaliumlösung (1 : 10) und Verdünnen mit 150 ccm Wasser mit Normalnatriumthiosulfatlösung unter schließlichem Zusatz von Stärkekleister als Indikator zurücktitriert. Ein blinder Versuch ohne Öl, also nur mit Anwendung der Reagentien muß jedesmal gemacht werden.

Beispiel: 1 ccm Natriumthiosulfatlösung = 0,127 g Jod, angewandte Ölmenge 3,8 g.

Beim blinden Versuch wurden 52,4 ccm Normalnatriumthiosulfatlösung, beim Titrieren der Ölmischung 47,3 ccm gebraucht.

Es ist also eine 52,4—47,3 = 5,1 ccm Normalnatriumthiosulfatlösung äquivalente Jodmenge gebunden worden, welche $0{,}127 \cdot 5{,}1 = 0{,}647$ g Jod beträgt.

Diese Menge Jod wurde von 3,8 g Öl gebunden.

100 g Öl binden dann $\frac{0{,}647 \cdot 100}{3{,}8} = 17{,}05$ g Jod.

Die Jodzahl des normalen Mineralöls liegt selten über 14,0, diejenige des Harzöles zwischen 43 und 48. In dem im Beispiel angeführten Öl ist also eine Harzölbeimischung vorhanden.

Bei der Verschiedenheit der Jodzahl für einzelne Mineralöle und Harzöle eignet sich diese Angabe aber nicht zur exakten quantitativen Bezeichnung.

e) Man setzt zu 20 ccm Öl 20 ccm Petroleumbenzin und 10 ccm engl. Schwefelsäure in einem graduierten Mischzylinder und schüttelt kräftig. Findet eine Volumenzunahme statt, so ist Harzöl vorhanden, und zwar entspricht jeder ccm der Volumenzunahme = 1 % Harzöl.

### d) Löslichkeit in Benzin.

Reines Mineralöl muß sich ohne Rückstand in Petroleumbenzin von 0,67—0,7 spezifisches Gewicht lösen. Man schüttelt deshalb in einem Reagenzglas ca. 2 cm Öl mit Benzin und läßt 24 Stunden absitzen. Dabei setzen sich mineralische Beimengungen zuerst zu Boden und können durch Abfiltrieren und Nachwaschen mit Benzin gewonnen und gewogen werden. Seifen scheiden sich trübe aus und können mit Wasser ausgeschüttelt werden. Der Seitenzusatz geschieht bisweilen zur Erhöhung der Konsistenz.

Asphaltpech und Pechharz bilden dunkle Flocken, welche sich in Benzol lösen.

---

## 2. Die Prüfung der Öle in der Praxis.

Die erwähnten Methoden zur Prüfung eines Öles im Laboratorium mögen alle gut und schön sein und recht brauchbare Winke für die Auswahl eines Öles geben. Um aber von »guten« Ölen das »billigste« herauszufinden, dazu verhilft keine Analyse. Hierüber können nur praktische Versuche an Maschinen Aufschluß geben.

Allerdings benötigt man größere Mengen bei praktischen Versuchen. Aber was kann denn daran liegen, wenn man sich von den nach der Analyse als brauchbar gefundenen Ölen je ein Probefaß verschafft und an Hand solcher Versuche im großen dann die richtige Auswahl treffen kann. Ebensowenig wie man beim Kohleneinkauf auf Grund der Analyse einen Abschluß machen wird, sondern auf Grund der Ergebnisse der Feuerungsversuche mit Probewaggons in der Praxis, soll man hier nur auf Grund der Analyse kaufen.

Die Analyse soll scheiden zwischen guten brauchbaren und unbrauchbaren Ölen; vom »Guten das Beste« findet man nur durch praktische Schmierversuche.

Man wählt dabei eine Maschine, möglichst die größte Betriebsmaschine aus, und möglichst eine solche Dampfmaschine, welche gleichmäßig belastet ist, vielleicht durch dauernden Betrieb eines Kompressors. Man läßt die alten Schmiergefäße alle leer werden und füllt sie mit dem Probeöl. Damit beginnt aber noch nicht etwa der Versuch. Die Maschine muß sich zuerst mit diesem Öl einlaufen. Diese Dauer bemesse man nicht zu kurz, wenn Zeit vorhanden, soll man ca. 3 Tage dafür festsetzen. Nun möge der Schmierversuch beginnen. Man füllt alle Ölbehälter mit dem Prüföl und notiert die Zeit des Versuchsbeginnes. Am Ende des Versuches müssen wieder alle Schmiergläser voll sein. Der gesamte Ölverbrauch wird durch

Wägung festgelegt. Die Prüfdauer soll auch drei Tage dauern. So daß man zu einer richtigen Ölprüfung wohl eine Woche Zeit bedarf.

Am ersten Versuchstag ist reichlich zu schmieren und dabei jede Stunde die Lagertemperatur und die Außentemperatur im Maschinenraum zu messen. Die Temperaturdifferenz zwischen Lagertemperatur und Außentemperatur sei mit Reibungstemperatur bezeichnet. Ferner ermittle man neben dem durch Wägung ja festzustellenden Ölverbrauch die minutlichen Tropfzahlen an den Ölern, um deren Einstellung kennen zu lernen. Ist eine gleichmäßige Belastung der Maschine erreicht, so macht man Aufschreibungen in eine Tabelle wie folgt:

| Datum und Stunde der Ablesung | Temperatur | | Reibungs-temperatur | Tropfzahl | Bemerkungen |
|---|---|---|---|---|---|
| | am Lager | Raumluft | | | |
| | | | | | bei reichlicher Schmierung |

Die Messung der Lagertemperaturen geschieht mittels eigens dazu konstruierter Thermometer mit flachem Quecksilbergefäß unter eventueller Stanniolnebenumhüllung. Die Außentemperatur mißt man nicht in zu großem Abstand von der Maschine.

Am zweiten Tag reduziert man die Tropfzahlen, also die Ölzufuhr und beobachtet, daß die Reibungstemperatur über ein bestimmtes Maß nicht hinaustritt. Man darf mit der Verringerung der Ölzufuhr fortfahren, so lange man bemerkt, daß die Reibungstemperatur nur um ein bestimmtes Maß ansteigt, um dann konstant zu bleiben. Steigt sie kontinuierlich, ohne sich in einer noch zulässigen Höhe zu halten, so muß man die Ölzufuhr wieder vergrößern, da sonst ein Heißlaufen des Lagers mit der Zeit eintritt.

Verschiedene Öle werden sich verschieden verhalten. Dasjenige Öl, welches nun bei geringster Reibungstemperatur den geringsten Ölverbrauch gestattet, ist das für den Betrieb rationellste.

Beispiel: Ergebnis eines Schmierversuches. Es kamen zwei Öle in Frage. Die mittleren berechneten Resultate waren je am 2. Versuchstag:

| Ölsorte | Maschinenteil | Temperatur | Raumtemperatur | Reibungstemperatur | Bemerkungen |
|---|---|---|---|---|---|
| 1) | Gleitbahn | 45 | 25 | 20 | Die Maschine ist linksgängig |
| | Hauptwellenlager | 41 | 25 | 16 | |
| 2) (Firma ist hier absichtlich nicht angegeben) | Gleitbahn | 45 | 30 | 15 | |
| | Hauptwellenlager | 41 | 30 | 11 | |

Verminderung der Reibungstemperatur bei der Gleitbahn bei Öl 2) gegenüber 1):

auf $20^0$ um $(20-15) = 5^0$ bei der Gleitbahn, d. i. Vermind. um 25 %
» $16^0$ » $(16-11) = 5^0$ » dem Lager, » » » » $\sim 31$ %.

Der Ölverbrauch am 2. Tag war bei beiden Ölen in 24 Stdn.:

1) = 28,6 kg. Preis pro 100 kg = 42,0 M.
2) = 12,95 kg. » » » » = 44,0 »

Ölkosten für 1 Betriebstag: 1) $= \frac{28{,}6 \cdot 42{,}0}{100} = 12{,}0$ M.

» » » » 2) $= \frac{12{,}95 \cdot 44{,}0}{100} = 5{,}71$ M.

Ersparnis für Öl 2) gegenüber 1): $12{,}0 - 5{,}71 = 6{,}29$ M.
$= \frac{6{,}29 \cdot 100}{12{,}0} = \mathbf{52{,}4}$ **%**.

Dieses tatsächlich aus der Praxis gegriffene Beispiel möge zeigen, welche großen Summen durch richtige Ölauswahl noch zu sparen sind. Es ergibt sich ferner aus dem Beispiel, daß das im Preis niedrigere Öl in Wirklichkeit viel zu teuer bezahlt würde.

Bezüglich der Ausführung solcher Schmierversuche möge hier noch ganz ausdrücklich darauf hingewiesen werden, daß sie nur von ganz sachkundiger Hand durchgeführt werden dürfen und daß man sich während der Reduzierung der Ölzufuhr auf keinen Fall von der Maschine entfernen darf; denn die Betriebstörungen, welche heißlaufende Lager bringen, sind wohl genügend bekannt.

Aus den Versuchen müssen sich auch Betriebsvorschriften für das ausgewählte Öl ableiten lassen, welche dem Maschinisten streng einzuschärfen sind. Man macht dem Praktiker mit Vorteil Angaben über die Stellung der Ölzufuhr durch Angabe der »minutlichen Tropfzahlen«.

### 3. Die Verwertung gebrauchter Schmieröle.

Dieser wird allgemein viel zu wenig Beachtung geschenkt. Ein Öl, wenn es einmal gebraucht ist, ist noch lange nicht ausgebraucht. Verfasser hat Lageröle für das Hauptwellenlager schon fünfmal wieder gebraucht; allerdings verringerte sich die Menge derselben. Die Versuchszahlen waren folgende: Von 1 Faß Öl im Gewicht von 168 kg wurden nach stattgehabter Reinigung (s. u.) gewonnen an reinem brauchbaren Öl 112 kg, hievon wieder 75 kg, davon wieder 48 kg, davon 28 kg. Der daraus erhaltene Rest wurde nicht mehr für Lagerschmierung verwertet. Hätte man das aufgefangene Öl nicht verwertet, so hätte man verloren $75 + 48 + 28 = 151$ kg und man hätte kaufen müssen $168 + 151$ kg $= 319$ kg, wovon man aber $\frac{151 \cdot 100}{319} = 47{,}4\%$ sparen konnte. Wer aber eine Ersparnis durch Wiederverbrauch gebrauchter Schmieröle machen will, muß sich vor allem ausgezeichnete Ölreinigungsanlagen anschaffen und, was die Hauptsache ist, muß die gereinigten Öle auch laufend untersuchen. Diese systematische Prüfung der in den Ölreinigungsapparaten wiedergewonnenen Öle ist eine der wichtigsten Arbeiten der technischen Betriebskontrolle, wenn man für eine Betriebssicherheit neben der Betriebsrentabilität eine Gewähr haben will.

### 4. Die laufende Kontrolle der Ölanlieferung.

Von jedem angelieferten Faß ist das Gewicht festzustellen und eine Durchschnittsprobe zur Untersuchung im Laboratorium zu entnehmen. Die bei der Anlieferung festgestellten Daten trägt man in eine Tabelle ein, welche jeden Monat abgeschlossen wird, um eine Übersicht über den Ölverbrauch zu erhalten.

| Datum der Anlieferung | Bezeichnung des Fasses | Lieferant | Brutto-anliefer. | Faß-gewicht | Netto-anliefer. | Art des Öles u. Verwendungszweck | Bemerkungen |
|---|---|---|---|---|---|---|---|
| | | | | | | | |
| | | | | | | | |
| Monatlicher Verbrauch an | | | | | kg | kg | |

## f) Die zur Steigerung der Ökonomie einer Dampfmaschinenanlage beachtenswerten Momente.

Eine Dampfmaschine arbeitet ökonomisch, wenn der pro 1 PS-Std. notwendige Dampfverbrauch resp. Wärmeverbrauch sehr niedrig ist. Man hat also, wenn man die Ökonomie einer Anlage steigern will, jene Momente ins Auge zu fassen, welche die Gewähr für eine Verminderung des Dampfverbrauches geben. Es kommen vor allem in Betracht:

1. Die Wahl einer genügend hohen Dampfeintrittspannung in den Zylinder,
2. die Anwendung überhitzten Dampfes,
3. die richtige Verwendung des Ahdampfes,
4. Kondensation,
5. Mehrzylindermaschinen.

Diese einzelnen Punkte seien noch besprochen.

### 1. Die Wahl einer genügend hohen Dampfeintrittspannung in den Zylinder.

Maschinen, welche mit hoher Dampfeintrittspannung arbeiten, arbeiten rationeller in bezug auf Dampfverbrauch. Deshalb muß bei einer Neuanlage eine hohe Eintrittspannung gewählt werden. Den Einfluß der Höhe der Eintrittspannung[1]) möge das folgende Beispiel zeigen:

[1]) In Vergleich ist nur der theoretische Dampfverbrauch gesetzt.

Bedeutet $p_v$ = mittler Vordruck und $p_r$ = mittler Rückdruck, so ist der mittlere wirksame Druck $p_i = p_v - p_r$, so daß die Maschinenleistung auf einer Kolbenseite sich auch ergibt aus

$$N_i = \frac{O \cdot s \cdot n}{60 \cdot 75} \cdot (p_v - p_r).$$

Der mittlere Vordruck $p_v$ berechnet sich aus

$$p_v = p_a \cdot k.$$

Hierin ist $p_a$ = die Eintrittsdampfspannung in die Maschine, $k$ = der Spannungskoeffizient, eine Zahl, welche von der Füllung und der Größe des schädlichen Raumes abhängt.

Die Größe des mittleren Rückdruckes $p_r$ hängt davon ab, ob eine Maschine mit Auspuff oder Kondensation arbeitet.

Eine bestehende Maschine soll $N_i$ = 150 PS bei 70 Touren leisten[1]).

Aus den Abmessungen ergab sich dann die Leistungsformel:

$$N_{ik} = 0{,}38 \cdot 70 \cdot p_{ik}$$

$$N_{iD} = 0{,}387 \cdot 70 \cdot p_{iD}$$

oder

$$N_{ik} = 26{,}6 \ (p_v - p_r)$$

$$N_{iD} = 27{,}06 \ (p_v - p_r).$$

Mittlere Gesamtleistung, wenn $p_v$ und $p_r$, mittlere Drücke beider Seiten bedeuten: $N_i = 53{,}69 \ (p_v - p_r) = 53{,}69 \cdot p_i$.

Als Auspuffmaschine betrachtet:

$$p_i = p_v - p_r,$$

$$p_r = 1{,}1 \text{ Atm. Ü. (gewählt).}$$

$$p_i = \frac{150}{53{,}69} = 2{,}8; \ p_v = p_i + p_r = 2{,}8 + 1{,}1 = 3{,}9 \text{ Atm.},$$

ferner ist: $p_v = k \cdot p_a$; $k = \frac{p_v}{p_a} = \frac{3{,}9}{p_a}$.

Läßt man nun die Eintrittspannung $p_a$ von 4 bis 12 Atm. wachsen und berechnet den zugehörigen Spannungskoeffizienten $k$, so findet man bei 5% schädlichen Raum aus Tabelle auf S. 353 die zugehörige Füllung $f$, welche erforderlich ist, um bei dem Dampf der betrachteten Spannung die 150 PS zu leisten. Es muß allerdings noch zur Ausfüllung des schädlichen Raumes $m$

[1]) Siehe S. 235.

eine konstante Dampfmenge miteingeführt werden, so daß die tatsächliche Füllung $f + 5$ beträgt. Ermittelt man dann die Dampfgewichte $G$ pro 1 cbm des jeweiligen Dampfes von bestimmter Eintrittspannung aus der Tabelle von Fliegner und Zeuner, so läßt sich aus der jeweiligen Füllungszahl und dem Dampfgewicht eine Zahl berechnen, die dem jeweiligen Dampfverbrauch in kg direkt proportional ist; denn man hätte nur das Zylindervolumen zu berücksichtigen, und es könnte das Dampfgewicht pro 1 Hub ermittelt werden. Zum Vergleich des Dampfverbrauches genügen aber diese Füllungsgewichtsfaktoren $Fg$.

$$Fg = (f + 5) \cdot G.$$

Setzt man nun ein Dampfgewicht = 100, so kann ermittelt werden, um wieviel Prozent der Dampfverbrauch bei einer anderen Spannung höher oder niedriger liegt.

| Füllung in % | 5 | 6 | 8 | 10 | 12 | 14 | 16 | 18 | 20 | 22,5 | 25 | 27,5 | 30 | 33 | 35 | 37,5 | 40 | 45 | 50 | 55 | 60 | 70 | 80 |
|---|---|---|---|---|---|---|---|---|---|---|---|---|---|---|---|---|---|---|---|---|---|---|---|
| Spann.-Koeffiz. $k$ | 0,264 | 0,286 | 0,326 | 0,356 | 0,400 | 0,433 | 0,465 | 0,494 | 0,522 | 0,555 | 0,586 | 0,615 | 0,642 | 0,672 | 0,690 | 0,714 | 0,735 | 0,773 | 0,807 | 0,837 | 0,863 | 0,904 | 0,933 |

Die folgende Tabelle enthält die so berechneten Werte.

| Atm. abs. Eintrittspannung | 4 | 6 | 8 | 10 | 12 |
|---|---|---|---|---|---|
| Berechneter Spannungskoeffizient $k$ | 0,975 | 0,65 | 0,488 | 0,39 | 0,325 |
| Die sich ergebende Füllung $f$ . . | 90 | 31,2 | 17,4 | 11,3 | 8,0 |
| $f + m$ . . . . . . . . . . . . | 95 | 36,2 | 22,4 | 16,3 | 13,0 |
| Dampfgewicht kg/cbm $G$ . . . . | 2,163 | 3,164 | 4,144 | 5,109 | 6,063 |
| Dampfgewicht × Füllung $Fg$ . . | 206 | 114,7 | 92,8 | 84,5 | 78,8 |
| | 100% | 55,7% | 45,1% | 41,1% | 38,3% |
| | | 55,8 | 81,5 | 91,2 | 93,2 |

Mit steigender Spannung verringert sich somit für eine bestimmte Leistung die notwendige Dampfmenge infolge Verringerung der Füllung ganz erheblich. Man muß gar nicht die krassen Fälle zwischen 4 und 12 Atm. Eintrittspannung vergleichen. Der Dampfverbrauch ist auch bei dem Unterschied von je 2 Atm. Differenz recht beträchtlich. Vergleicht man die Eintrittspannungen 6 und 8 Atm., so sind es bei 8 Atm. nur 81,5% desjenigen bei 6 Atm. Bei hohen Spannungen erkennt man aber, daß die Verringerung wohl noch fortschreitet, nicht mehr aber in dem Maße wie bei den niedrigen Drücken. Es geht das an und für sich schon aus der Expansionskurve des Indikatordiagramms hervor; denn die Mariotte wird mit steigender Eintrittspannung von Beginn an immer steiler abfallen. In dieser Eigenart der Mariotte hat diese Erscheinung ihren Grund. Es ist also für die Praxis nach oben hin auch eine Grenze gesetzt, und man wird deshalb selten über 12 Atm. hinausgehen.

Zu hohe Drücke erfordern auch teurere Maschinen, also höhere Anlagekosten, und vermindern die Betriebssicherheit.

### 2. Anwendung von überhitztem Dampf.

Beim Arbeiten mit gesättigtem Dampf tritt zwischen Kessel und Maschine unter allen Umständen, mag die Leitung noch so gut isoliert sein, ein erheblicher Spannungsverlust auf. Je länger und enger die Rohrleitung und je mehr deren Isolierung zu wünschen übrig läßt, desto größer ist dieser Spannungsabfall. Es sind Fälle genug vorhanden, wo der Spannungsabfall bis und selbst über 20 % beträgt.

Deshalb ist Kesselhaus und Maschinenhaus so nahe als nur möglich aneinander zu legen, dann kann man den Spannungsabfall normal bis auf 2 bis 5 % reduzieren.

Vielleicht lassen aber die örtlichen Verhältnisse einen Anbau des Kesselhauses an das Maschinenhaus nicht zu, und da ist es nur möglich, durch Überhitzung, weite Leitung und gute Isolierung die Leitungsverluste auf ein Minimum zu reduzieren. Erreicht man es nur, daß der Dampf an der Maschine noch eine schwache Überhitzung hat, so läßt sich die Dampfersparnis direkt aus der wirksamen höheren Eintrittspannung (s. unter 1) ermitteln. Man kann aber bekanntlich mit der Überhitzung noch weiter gehen, so daß der im Zylinder arbeitende Dampf noch eine höhere Temperatur als seine Sättigungstemperatur besitzt.

Die Vorteile des überhitzten Dampfes sind, daß er bei genau der gleichen Spannung wie der gesättigte Dampf, aus welchem er entstanden ist, ein viel größeres Volumen und eine viel geringere Dichte aufweist. Gleiche Füllungen und gleiche Anfangsdrücke vorausgesetzt erfordern deshalb ein viel niedrigeres Dampfgewicht. Der Nutzen der Überhitzung ist bei geringerem Druck prozentual größer als bei höherem Druck.

Endlich ergibt sich aber auch der Vorteil bei Anwendung des überhitzten Dampfes, daß er den durch den Abkühlungsverlust im Zylinder selbst hervorgerufenen Dampfverbrauch zum großen Teil eliminieren kann. Dieser beträgt etwa (siehe S. 310):

$$C_2 = \alpha \cdot \frac{A}{\sqrt{cm}}.$$

Er ist ganz erheblich; häufig bleibt er nicht unter 30 % des theoretischen Dampfverbrauches bei Einzylindermaschinen.

Allerdings ist beim Arbeiten mit überhitztem Dampf eine größere Aufmerksamkeit der Maschinisten notwendig. Mit großer Sorgfalt ist auf die Zylinderschmierung und Kolbenstangenschmierung zu achten, auch gute Stopfbüchsenpackungen (Metallpackungen) sind erforderlich.

### 3. Die richtige Verwendung des Abdampfes.

Im Brauereibetrieb werden große Mengen »Warmwasser« gebraucht. Diese können und müssen durch den Abdampf der Maschinen erzeugt werden. Außerdem wird der Abdampf, z. T. Receeiverdampf auch zu Koch- und Heizzwecken verwendet.

a) Warmwassererzeugung in Vorwärmern mit Auspuffdampf. Hierbei wird die Wärme des Dampfes nie vollkommen ausgenutzt; in kleineren Betrieben begnügt man sich meist damit. Man achte besonders auf folgende drei Punkte:

1. Wird der Auspuffdampf durch parallele Röhren geleitet, so müssen sich diese frei ausdehnen können, da sonst an den Einwalzstellen häufig Undichtigkeiten auftreten.
2. Ist das Wasser stark kesselsteinhaltig, so lasse man es im Innern der Röhren fließen, während der Dampf die Röhren umspült. Das Reinigen der Rohre ist mit Federkratzer leicht durchführbar; die Entfernung des Wassersteins wird erleichtert, wenn man diesen nicht trocken werden läßt.
3. Wird das Wasser durch den Abdampf nicht genügend heiß, so ist niemals Frischdampf direkt in den Vor-

wärmer zu geben, sondern es ist an jener Stelle eine Mischvorrichttung von Warmwasser und Dampf anzubringen, wo das heiße Wasser gebraucht wird.

b) Gleichzeitige Warmwasserbereitung unter Anwendung einer Kondensationsanlage wird in neuester Zeit sehr häufig und mit großem Erfolge angewendet. Man schaltet dabei einen Vorwärmer (aus einem Röhrenbündel bestehend) mit dem Kondensator hintereinander. Man stellt dabei absichtlich ein schlechtes Vakuum her, indem man in die Verbindungsleitung von beiden Luft einströmen läßt. Je mehr Luft man einströmen läßt, desto schlechter wird das Vakuum und desto heißer das Wasser.

c) Abdampfkochung im Sudhaus. Wesentlich ist dabei, daß die Maschine die genügenden Mengen Abdampf, welche zum Würze- und Maischekochen gebraucht werden, zur Verfügung stellen kann; in der Zeit, in welcher keine Dampfabnahme stattfindet, muß die Maschine mit Kondensation arbeiten.

d) Receiverdampfkochung im Sudhaus. Bei Mehrzylindermaschinen ist die Entnahme von Dampf aus dem Receiver sehr von Vorteil; denn der Receiverdampf hat eine gerade sehr geeignete Spannung, um Kochzwecken zu genügen. Allerdings ist dabei zu beachten, daß die ganze Dampfmaschine dafür konstruiert sein muß, die Mengen Receiverdampf abgeben zu können. Wird eine so konstruierte Maschine nicht dauernd in diesem Sinne beansprucht, d. h. soll sie zeitweise ohne diese Zwischendampfabnahme vor dem Niederdruckzylinder arbeiten, so arbeitet sie dabei unrationell.

e) Vorrichtungen zum Schwelken auf Darren und in Trommeln, beheizt durch Abdampf, werden ebenfalls mit Erfolg angewendet. Auch Trebertrockenanlagen können mit Abdampf gespeist werden.

### 4. Kondensation.

Bei Kondensationsmaschinen tritt der Abdampf nicht ins Freie, sondern in den Kondensator. In demselben wird er durch Abkühlung zu Wasser verdichtet und durch Absaugen der Luft, welche teils an undichten Stellen, teils durch das zur Verdichtung des Dampfes erforderliche Kühlwasser in den Kondensator gelangt, ein teilweises Vakuum erzeugt.

Die Dampfersparnis ist bei Kondensation eine ganz beträchtliche gegenüber dem Arbeiten mit Auspuff, gleiche Leistungen vorausgesetzt.

Die Tabelle gibt für verschieden hohe Eintrittspannungen die Füllungen an.

| Atm. abs. Eintrittspannung | 4 | 6 | 8 | 10 |
|---|---|---|---|---|
| Spannungskoeffizient $k$ . . . . . | 0,75 | 0,5 | 0,375 | 0,3 |
| Die sich ergebende Füllung $f$ . . | 42,0 | 19,2 | 10,7 | 7,0 |
| $f + m$ . . . . . . . . . . . . | 47,0 | 24,2 | 15,7 | 12,0 |
| Dampfgewicht $G$ in kg/cbm . . . | 2,163 | 3,164 | 4,144 | 5,109 |
| Dampfgewicht × Füllung . . . . | 101,5 | 76,6 | 65,0 | 62,3 |
| | 100% | 75,5% | 64,0% | 61,4% |
| Bei Auspuff war Dampfgw. × Füllg. | 206 | 114,7 | 92,8 | 84,5 |
| Verringerung des Verbrauches gegenüber Auspuff . . . . . . | 49,2 | 66,9 | 70,0 | 73,8 |
| Dampfersparnis % . . . . . . . | 50,8 | 33,1 | 30,0 | 26,2 |

Zunächst ergibt sich auch bei der Kondensationsmaschine mit anwachsender Eintrittspannung ein niedrigerer Dampfverbrauch. Der Unterschied zwischen dem Dampfverbrauch der Auspuff- und Kondensationsmaschine bei gleichen Eintrittspannungen ist ebenfalls ganz beträchtlich; mit ansteigender Eintrittspannung verringert sich der Nutzen der Kondensation.

*Sehr häufig findet man die Ansicht vertreten, daß »je höher das Vakuum, um so besser die Kondensation« sei.* Diese Auffassung ist *vollkommen irrig.* Im Gegenteil, es wachsen mit *bestimmter Höhe des Vakuums die erzielten Dampfersparnisse nur langsam,* dagegen *die Anlage- und Betriebskosten sehr rasch,* so daß der *Nutzen der Kondensation sich dabei verringert.*

Es ist wichtig genug, das *günstigste Vakuum für einen bestimmten Fall* zu ermitteln. Dabei ist zu bedenken, daß infolge des höheren Temperaturgefälles im Zylinder die Abkühlungs- und Lässigkeitsverluste größer ausfallen als bei der Auspuffmaschine. Anderseits werden durch die Kondensation die Kosten des Betriebes insofern gegenüber dem mit Auspuff gesteigert, als das Anlagekapital für den Kondensator inkl. Rohrleitung und sonstiger Zubehör zu amortisieren und zu verzinsen ist, ferner geht die zum Betrieb der Pumpen und sonst unter Umständen erforderlichen Vorrichtungen nötige Arbeit von der Maschinenleistung ab; endlich ist neben der Instandhaltung des Kondensators auch in vielen Fällen an die Kosten durch den Kühlwasserverbrauch zu denken. Es wird sich unter Berücksichtigung dieser Momente dasjenige Vakuum für das wirtschaftlichste ergeben, das eine möglichst hohe Ersparnis an Dampf sichert, aber auch durch möglichst geringe Betriebsmittel und Betriebskosten erzielt werden kann.

### 5. Mehrzylindermaschinen.

Die Mehrfachexpansionsmaschinen unterscheiden sich in ihrer Wirkungsweise lediglich dadurch von den Einzylindermaschinen, daß der Dampf nicht nur in einem, sondern nacheinander in zwei, drei oder mehr Zylindern abgestuft expandiert.

Theoretisch ist die Leistung einer Mehrfachexpansionsmaschine ebenso groß wie die der Einzylindermaschine, wenn bei demselben Expansionsgrad und den angeführten Verhältnissen der große Zylinder der Mehrzylindermaschine die Dimensionen desjenigen der Einzylindermaschine hat.

Der Vorteil der Mehrzylindermaschine besteht hauptsächlich darin, den Dampf, namentlich bei hoher Spannung, durch Vermeidung eines zu hohen Temperaturgefälles in ein und demselben Zylinder und anderer die Dampfverluste begünstigenden Umstände besser auszunutzen.

Die Mehrzylindermaschine soll somit den Abkühlungs- und Lässigkeitsverlust, der s. v. eine ganz beträchtliche Höhe erreichen kann, reduzieren helfen. Der Nachteil der Mehrzylindermaschinen ist deren geringere und mangelhaftere Regulierbarkeit gegenüber der Einzylindermaschine. Letztere läßt sich in weiteren Grenzen und kurzer Zeit regulieren. Bei der Mehrfachexpansionsmaschine hat das seinen Grund darin, daß bei unveränderter

Füllung der übrigen Zylinder eine Vergrößerung oder Verkleinerung der Füllung des Hochdruckzylinders verhältnismäßig geringen Einfluß auf dessen Leistung hat.

---

Verbindet man in geeigneter Weise die Vorteile, welche durch die soeben wiedergegebenen Ausführungen entstehen können, so wird man in vielen Fällen eine ganz beträchtliche Steigerung der Ökonomie des Dampfmaschinenbetriebes erzielen können. Bei Neuanlagen wähle man also gleichzeitig hohe Eintrittspannung (hohe Kesselspannung), eine Überhitzung, eine Kondensationsanlage, ev. kombiniert mit Wasservorwärmung, und endlich bei größeren Leistungen Mehrzylindermaschinen.

---

## g) Normen für die Untersuchung von Dampfmaschinenanlagen.

2. Gegenstand der Untersuchung einer Dampfmaschine kann sein:

a) die indizierte Arbeit und die Nutzarbeit;
b) der mechanische Wirkungsgrad, d. h. das Verhältnis der Nutzarbeit zur indizierten Arbeit;
c) der Dampfverbrauch für 1 Pferdestärken-Stunde (PS-Std.);
d) der Wärmewert des für 1 PS-Std. verbrauchten Dampfes;
e) die Schwankungen der Umlaufzahlen bei wechselnder Belastung.

Bemerkung. Sollen Dampfkessel und Dampfmaschinen nicht bloß in bezug auf ihre Leistung, sondern auch nach anderen Richtungen beurteilt werden, so ist die Anlage in ihren einzelnen Teilen einer besonderen Durchsicht zu unterwerfen. Die Rücksichten auf Dauerhaftigkeit und Betriebssicherheit bestimmen in erster Linie den hierbei anzulegenden Maßstab. Bei Dampfmaschinen ist überdies dem Ölverbrauch Beachtung zu schenken.

15. Die für die Beurteilung der Dampfmaschine maßgebenden Spannungen und Temperaturen des einströmenden Dampfes

sind unmittelbar vor dem Eintritt in die Dampfmaschine, diejenigen des ausströmenden Dampfes im Ausströmrohr unmittelbar nach dem Austritt aus dem Dampfzylinder zu messen.

16. Für die Leistung einer Dampfmaschine gilt als Maßeinheit die Pferdestärke gleich 75 Sekundenmeterkilogramm. Falls keine weitere Bezeichnung angegeben ist, versteht man darunter stets die Nutzleistung. Soll die indizierte Leistung gemeint sein, so ist dies ausdrücklich auszusprechen. Die Angabe des Dampfverbrauches dagegen bezieht sich, wenn nicht anders bestimmt ist, auf die indizierte Leistung.

Die Angabe in nominellen Pferdestärken ist unstatthaft.

17. Als Maß für die Nutzleistung der Dampfmaschine wird der Unterschied zwischen der indizierten Leistung bei der jeweiligen Belastung ($N_i$) und der Leistung beim Leerlauf ($N_l$), als Maß für den mechanischen Wirkungsgrad das Verhältnis dieses Unterschiedes zur indizierten Leistung angesehen:

$$\left(\frac{N_i - N_l}{N_i}\right).$$

Hinsichtlich strenger Bestimmung der Nutzleistung und des mechanischen Wirkungsgrades vgl. Nr. 36.

18. Ist der Wärmewert des für 1 PS-Std. verbrauchten Dampfes zu berechnen, so gilt $0^0$ als Anfangstemperatur des Speisewassers.

34. Art, Zahl und Dauer der Versuche sind nach Maßgabe der »Allgemeinen Bestimmungen« (Nr. 1—18) zu vereinbaren (s. Normen Dampfkesselanlage).

35. Die Konstruktions- und Betriebsverhältnisse der Dampfmaschine sind möglichst vollständig anzugeben und durch Zeichnung zu erläutern; insbesondere sollen bei vollständigen Untersuchungen in diesen Angaben enthalten sein:

a) Die Bauart der Maschine; Beschreibung und Zeichnung ihrer Hauptteile; die Abmessungen der Zylinder; die Größe der schädlichen Räume; der Kolbenhub und sonstige in Betracht kommende Abmessungen;

b) die normale Umlaufzahl, deren zulässige Schwankungen und der Ungleichförmigkeitsgrad;

c) die Spannung und die Temperatur des Dampfes, mit dem die Dampfmaschine arbeiten soll, und die höchste Spannung, für die sie gebaut ist;

d) die Leistung, auf welche sich der zugesagte Dampfverbrauch und der mechanische Wirkungsgrad beziehen, die zugesagte größte Leistung und die entsprechenden Füllungsgrade;

e) der für die indizierte oder für die Nutzleistung zugesagte Dampfverbrauch;

f) die im Vertrage vorausgesetzte Temperatur und Menge des Einspritz- oder Kühlwassers und das dieser Voraussetzung entsprechende Vakuum.

Im Sinne des Absatzes 2 der Einleitung liegt es außerdem, die Länge und den Durchmesser der Dampf-Zu- und Ableitungsrohre, die Entwässerungsvorrichtungen, die Weite der Dampfkanäle, die Abmessungen der Luftpumpen sowie die Bauart und Betriebsverhältnisse der Dampfkesselanlage anzugeben.

36. Eine strenge Ermittelung der wirklichen Nutzleistung und damit der sogenannten zusätzlichen Reibung ist nur mittels der Bremse möglich; jedoch ist dieses Verfahren bei größeren Maschinen schwierig und mit Gefahren verknüpft und deshalb nur ausnahmsweise anzuwenden (vgl. Nr. 17).

Ist eine Dynamomaschine mit der Dampfmaschine unmittelbar gekuppelt, so kann aus der dem Anker der Dynamomaschine entnommenen elektrischen Arbeit die Nutzarbeit der Dampfmaschine bestimmt werden, falls der Wirkungsgrad des Ankers der Dynamomaschine unter den obwaltenden Temperatur- und Belastungsverhältnissen genau bekannt ist.

Die Geräte, mit denen die elektrischen Messungen vorgenommen werden, müssen geeicht sein.

37. Die Indikatoren sind möglichst unmittelbar am Zylinder ohne lange und scharf gekrümmte Zwischenleitungen anzubringen, und zwar an jedem Zylinderende ein Indikator. Zu dem Zwecke ist jedes Zylinderende mit einer Bohrung für 1″ Whitworth zu versehen.

Die Indikatoren und ihre Federn sind vor und nach dem Versuche entweder durch unmittelbare Belastung oder an offenen Quecksilber- bzw. Eichmanometern bei einer der mittleren Dampfspannung des Versuches entsprechenden Temperatur zu prüfen. Ergeben sich die Unterschiede, so ist der Mittelwert maßgebend. Sind tägliche Federprüfungen während der Versuchszeit ausführbar, so sind diese vorzuziehen.

Die Maßstäbe sehr schwacher Vakuumfedern sind in derselben Lage zur Wagrechten zu berichtigen, welche sie während des Versuches innehaben.

38. Bei Leistungsversuchen, die zur Ermittelung des Dampfverbrauches dienen, sind folgende Regeln zu beobachten:

Der Versuch soll nicht eher beginnen, als bis in der Maschine und den Meßgeräten Beharrungszustand bezüglich der Kräfte und Temperaturen eingetreten ist.

Erstreckt sich der Versuch bei regelmäßigem Fabrikbetriebe auf die Dauer eines Arbeitstages, so sind die erste und die letzte Stunde des Arbeitstages von der eigentlichen Versuchszeit auszuschließen, ebenso die Tage vor und nach Sonn- und Feiertagen.

Dampfspannung, Belastung der Maschine und Überhitzungstemperatur (s. Bemerkung zu Nr. 40) müssen während der Versuchsdauer möglichst gleichmäßig erhalten werden, erforderlichenfalls ist die Gleichmäßigkeit der Belastung künstlich herzustellen (vgl. Nr. 7).

Die Umlaufzahl der Maschine wird durch Hubzähler gemessen und stündlich vermerkt. Bei wechselnder Belastung empfiehlt es sich, die Schwankungen der Umlaufzahl mit Hilfe eines Tachographen od. dgl. zu ermitteln.

In regelmäßigen Zwischenräumen (alle 10 bis 20 Minuten) werden der Wasserstand und die Spannung im Kessel, die Spannung, und, falls der Dampf überhitzt ist, die Temperatur unmittelbar vor der Maschine, die Spannungen in den Zwischenbehältern, im Ausströmrohre unmittelbar hinter dem Dampfzylinder und im Kondensator, außerdem die Temperaturen des Einspritzwassers oder Kühlwassers sowie des ausfließenden Kondensationswassers vermerkt. Der Barometerstand ist gebotenenfalls mehrmals zu verzeichnen und ebenso, falls ein Gradierwerk benutzt wird, die Temperatur und der Feuchtigkeitsgehalt der Luft.

Während des Versuches sind alle 10 bis 20 Minuten (womöglich gleichzeitig mit den soeben genannten Ablesungen) Diagramme an jedem Zylinderende abzunehmen, bei starken Schwankungen der Belastung tunlichst noch öfter. Die Diagramme erhalten Ordnungsnummern und Angaben über die Zeit der Entnahme.

Die Diagrammflächen werden mit Hilfe eines Polarplanimeters oder in anderer zuverlässiger Weise angerechnet, und zwar der Sicherheit wegen wiederholt.

Der Durchmesser des Dampfzylinders (in möglichst betriebswarmem Zustand) und der Kolbenhub sind zu messen, der Querschnitt der Kolbenstange in Rechnung zu nehmen.

39. Der Dampfverbrauch wird durch das in den Dampfkessel gespeiste Wasser gewogen bzw. gemessen (vgl. Nr. 26). Es ist unzulässig, zur Speisung Dampfpumpen zu verwenden, welche ihren Dampf aus demselben Dampfkessel entnehmen wie die zu untersuchende Dampfmaschine oder deren Abdampf mit dem Speisewasser in unmittelbare Berührung kommt, es sei denn, daß der Dampfverbrauch dieser Pumpen genau ermittelt werden kann.

Bei Oberflächenkondensation kann der Dampfverbrauch der Dampfmaschine durch das Gewicht des niedergeschlagenen Dampfes festgestellt werden.

Die Berechnung des Dampfverbrauches aus dem Diagramm ergibt kein richtiges Maß dieses Verbrauches und ist deshalb unstatthaft.

Das in der Dampfleitung niedergeschlagene Wasser muß vor dem Eintritt in die Maschine abgefangen und von der Speisewassermenge abgezogen werden.

Das innerhalb der Maschine (Zwischenbehälter, Mantel usw.) niedergeschlagene Wasser gehört zum Verbrauch der Maschine und soll möglichst an jeder Entnahmestelle getrennt bestimmt werden.

Bemerkung. Die Vorrichtungen zum Abfangen des niedergeschlagenen Wassers (Kühlschlangen u. dgl.) sind derart einzurichten, daß Verluste durch Wiederverdampfung vermieden werden; zu dem Ende soll es in diesen Vorrichtungen auf mindestens 40° abgekühlt werden.

40. Bedeutet $t_1$ die Sättigungstemperatur, die zum Drucke des einströmenden Dampfes unmittelbar vor der Dampfmaschine gehört, $t_1'$ die Temperatur des überhitzten Dampfes an derselben Stelle, so ist der Wärmewert von 1 kg des verbrauchten Dampfes (s. Nr. 18) ausgedrückt durch:

$$606{,}5 + 0{,}305\, t_1 + 0{,}48\, (t_1' - t_1) \text{ WE.}$$

Hiernach ermittelt sich der Wärmewert des für 1 PS-Std. verbrauchten Dampfes.

Bemerkung. Bei Ermittelung der Temperatur des überhitzten Dampfes ist darauf zu achten, daß der Siedepunkt der Flüssigkeit, in welche das Thermometer eintaucht, höher liegt als die zu messende Temperatur des Dampfes.

41. Die Dichtigkeit der Kolben, Dampfmäntel, Schieber und Ventile usw. ist nicht durch Indikatormessungen zu prüfen, sondern durch besondere Versuche an der betriebswarmen Maschine, derart, daß die eine Seite des Kolbens, Ventiles usw. bei abgespreiztem Schwungrade mit Dampf belastet wird. Diese Belastung geschieht bei normalem Dampfdruck, und die betreffenden Dichtungsflächen sind für undicht zu erachten, wenn der Dampf in anderer Form als in der von feinem Nebel oder Wasserperlen auf der anderen Seite zum Vorschein kommt.

# Kontrolle der Kältemaschinen.

Die Kälte spielt im Haushalt der Brauerei eine ganz hervorragende Rolle. Von dem guten Zustand der Kältemaschinenanlage hängt in hohem Maße die Betriebssicherheit des Brauereibetriebes ab.

Die Kältemaschine beruht auf dem Prinzip, daß Flüssigkeiten mit niedrigem Siedepunkt ohne Zuführung äußerer Wärme verdampfen und die erforderliche Verdampfungswärme ihrer Umgebung entziehen, welche dann eine Abkühlung erfährt, die um so bedeutender ist, je größer die latente Dampfwärme (ohne Flüssigkeitswärme) des Mediums ist.

Bei der Untersuchung und Kontrolle einer Kältemaschinenanlage sind folgende Momente ins Auge zu fassen:

1. der Kraftverbrauch des Kompressors,
2. die Kälteleistung,
3. der totale Arbeitsverbrauch einer Kühlanlage,
4. der Kühlwasserverbrauch für die Kondensationsanlage,
5. die Kälteverteilung für die verschiedenen Betriebszwecke,
6. Beschaffenheit des arbeitenden Mediums,
7. der Zustand der Sole,
8. der Ölverbrauch,

Nach solchen Feststellungen ist an Hand der gewonnenen Resultate gegeben:

9. die Möglichkeit der Steigerung der Ökonomie.

## 1. Die Ermittlung des indizierten Kraftverbrauches, ev. Fehler aus dem Diagramm, der Antriebsleistung und des Antriebswirkungsgrades des Kompressors.

### a) Der indizierte Kraftverbrauch, Erkennung von Fehlern aus dem Diagramm.

Während bei der Dampfmaschine die indizierte Arbeit größer ist als die durch die Kurbelwelle abgegebene, ist bei einem Kompressor, der im Prinzip ja lediglich einer Kolbenpumpe gleicht, der indizierte Kraftverbrauch kleiner als die durch die Kurbel eingeleitete Antriebsleistung. Es hat das seinen Grund darin, daß die Dampfmaschine eine Kraftmaschine, der Kompressor aber eine Arbeitsmaschine ist.

Die vom Kompressorkolben verrichtete Arbeit, d. h. den indizierte Kraftverbrauch, erhält man nach der Indizierung aus dem Indikatordiagramm.

Bedeutet: $F$ = wirksame Kolbenfläche einer Kompressorseite in qcm,
$s$ = Kompressorhub in m,
$n$ = minutliche Tourenzahl,
$p_m$ = mittlerer aus dem Diagramm sich ergebender Kolbendruck,

so ist die indizierte Arbeitsleistung der betreffenden Kolbenseite in PS

$$N_i = \frac{F \cdot s \cdot n \cdot p_m}{60 \cdot 75}.$$

Wirksame Kolbenfläche und Hub sind bei einem vorhandenen Kompressor konstant = $C$, so daß

$$\frac{F \cdot s}{60 \cdot 75} = C = \text{Zylinderkonstante}$$

und

$$N_i = C \cdot n \cdot p_m.$$

Bezüglich der wirksamen Kolbenfläche $F$ ist bei den Kompressoren zu beachten, daß die Kurbelseite durch den Kolbenstangenquerschnitt verkleinert wird. Die Zylinderkonstante $C_k$ der Kurbelseite ist deshalb etwas kleiner als die der Deckelseite.

Der gesamte Kraftverbrauch $N_i$ beider Kolbenseiten ergibt sich aus

$$N_i = n\,(C_k \cdot p_{m_k} + C_D \cdot p_{m_d})$$

$p_{m_k}$ resp. $p_{m_d}$ bezeichnen darin die mittleren aus dem Diagramm zu ermittelnden Kolbendrücke auf der Kurbel- resp. Deckelseite. $C_k$ resp. $C_D$ sind die Zylinderkonstanten.

Die Tourenzahl wird wie bei der Dampfmaschinenuntersuchung durch fortlaufende Hubzähler (s. S. 232) ermittelt. Eine zeitweise Bestimmung der Kompressortourenzahl mit dem Sekundenzeiger der Taschenuhr genügt unter keinen Umständen; denn die Leistung ändert sich ja direkt proportional der Tourenzahl. Verbraucht z. B. ein Kompreusor bei $n = 60$ Touren 120 PS Antriebskraft, so benötigt er bei 62 Touren $\frac{120 \cdot 62}{60} = 124$ PS, d. s. $3^1/_3\,\%$ mehr. Solche Tourenschwankungen liegen aber bei schlecht regulierenden Antriebsmaschinen im Bereich der Möglichkeit, bei Kompressoren mit Riemenantrieb sind sie oft noch höher. Werden die gesamten Hübe aber gezählt, so können solche Fehler nie entstehen.

Beispiel: Ein Ammoniakkompressor hat folgende Dimensionen:

Kolbendurchmesser 42,5 cm,
Kolbenstangendurchmesser 9,0 cm,
Hub 0,65 m.

Dann sind seine Zylinderkonstanten:

$$C_k = \left(\frac{42{,}5^2\pi}{4} - \frac{9^2\pi}{4}\right) \cdot \frac{0{,}65}{60 \cdot 75} = \mathbf{0{,}205};$$

$$C_D = \frac{42{,}5^2\pi}{4} \cdot \frac{0{,}65}{60 \cdot 75} = \mathbf{0{,}1958}.$$

Die mittleren Kolbendrücke ergaben sich durch Planimetrierung zu $p_{m_k} = 3{,}91$ resp. $p_{m_d} = 3{,}9$ kg/qcm.

Der Zählerstand war zu Anfang des Versuches 21 844, nach 1 Std. 25 436; Gesamtdoppelhübe = 3 612 pro Std.,

$$\text{d. s. } n = \frac{3612}{60} = 60{,}2 \text{ pro 1 Minute.}$$

Der Kraftverbrauch des Kompressors ist dann:

$$N_i = 60{,}2\,(0{,}205 \cdot 3{,}91 + 0{,}1958 \cdot 3{,}9) = \mathbf{94{,}3}\text{ PS.}$$

Bei der Indizierung von Kompressoren hat man auf folgendes zu achten: Ammoniak greift Kupferlegierungen an, deshalb dürfen nur Stahlindikatoren angewandt werden. Man kann die gewöhnlichen Dampfmaschinenindikatoren wohl gebrauchen, nur hat man den Zylindereinsatz und den Kolben, welche beim Dampfmaschinenindikator aus Rotguß gefertigt sind, durch Stahlteile zu ersetzen. Für schweflige Säure können die Dampfmaschinenindikatoren ohne Bedenken Verwendung finden.

Bei Kohlensäuremaschinen wird der Druck so groß, daß man mit dem 20 mm-Indikatorkolben nicht mehr auskommt, sondern man verwendet 10 mm- oder 6 mm-Kolben (sog. Riedlerkolben). In den unteren Teil des gewöhnlichen Indikators ist dabei nur ein entsprechender Zylindereinsatz einzuschrauben.

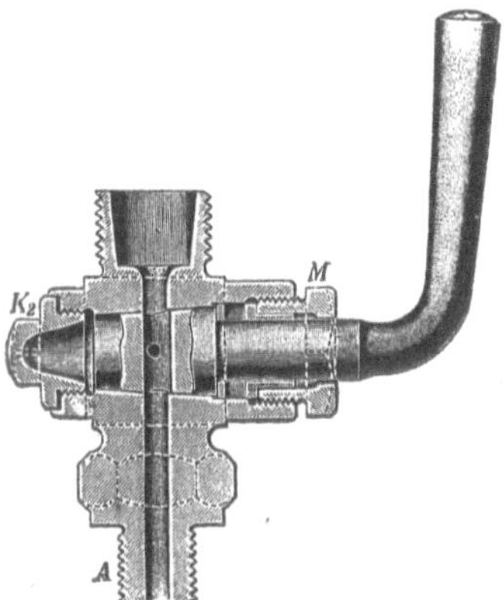

Fig. 179.

Alle Kompressoren tragen Anbohrungen, um die Indikatorstahlhähne einschrauben zu können. Man läßt diese Indikatorhähne nicht dauernd wie bei der Dampfmaschine in der Zylinderbohrung, sondern schraubt sie mit guten Bleidichtungen nur bei Versuchen ein. Dabei ist zuvor bei geschlossenem Regulierventil der Verdampfer abzusaugen bis das Manometer auf 0 zeigt. Als Indikatorhähne sind solche nach Fig. 179 empfehlenswert. Das Gewinde $A$ paßt in die Zylinderanbohrung. Stopfbüchse $M$ gestattet ein vollkommenes Abdichten des Hahnes, um beim Arbeiten nicht von Dämpfen belästigt zu werden. Dauert der Versuch mehrere Tage, so daß die Indikatorhähne ebenfalls länger am Zylinder bleiben, so schraubt man über Nacht das Küken durch die Sicherungsmutter $K_2$ fest, damit sich durch Stöße nicht der Hahn von selbst lockert.

Die Zylinderanbohrungen müssen auf äußerst kurzem Weg in das Innere der Maschine führen und dürfen den schädlichen

Raum nicht wesentlich vergrößern; denn bei Kompressoren spielt die Größe des schädlichen Raumes eine weit wichtigere Rolle als bei Dampfmaschinen. Nach Abnahme der Indikatorhähne sind die Zylinderbohrungen mit vollkommen abdichtenden Schrauben zu verschließen, welche nach innen zu Ansätze tragen, um den schädlichen Raum der Anbohrungen auszufüllen. Die Wahl der Federn richtet sich nach den Angaben des Kondensatordruckes. Man wähle lieber eine stärkere als eine zu schwache Feder.

Was die Anbringung des Mitnehmers am Kreuzkopf, die Wahl der Hubverminderungsrollen und den Antrieb beider In-

Indikator Nr. *6289.* *München, 14. März 1908.*

Mittlere Dampfspannung aus dem Diagramm $p-p_1$ = : ..........

Manometeranzeige: Verdampfer: *1,75.*

Kondensator: *10,5.*

Druckrohrtemperatur: *42,5.*

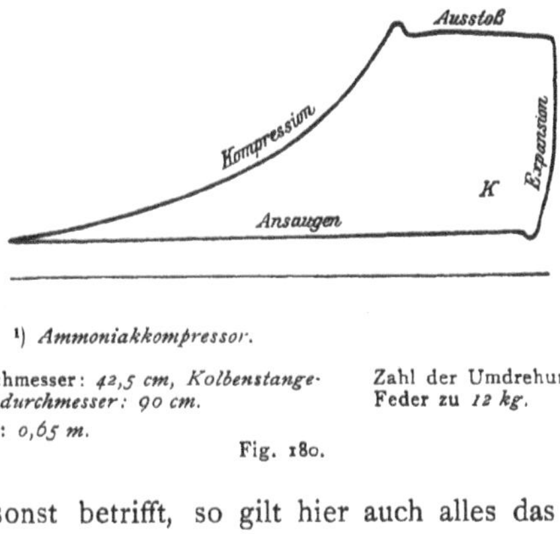


Bemerkungen.

[1]) *Ammoniakkompressor.*

Kolbendurchmesser: *42,5 cm, Kolbenstangedurchmesser: 90 cm.*

Kolbenhub: *0,65 m.*

Zahl der Umdrehungen: *60,2.*

Feder zu *12 kg.*

Fig. 180.

dikatoren sonst betrifft, so gilt hier auch alles das im Kapitel »Dampfmaschinenindizierung« Gesagte.

Auch die Berechnung des Kraftverbrauches erfolgt nach stattgehabter Planimetrierung der Diagramme in gleicher Weise (s. vorne).

Die Form eines Kompressordiagramms zeigt Fig. 180.

In jedes abgenommene Diagramm ist einzutragen:

1. die Zylinderseite, von welcher das Diagramm genommen (*K* oder *D*),
2. die Stärke der Feder,
3. die Umdrehungszahl der Maschine,

4. die Zylinderkonstanten resp. Kolbendurchmesser, Hub, und Kolbenstangendurchmesser,
5. die Drücke, welche das Kondensator- und das Verdampfermanometer anzeigt,
6. die Druckrohrtemperatur,
7. die Art der Kompressionsmaschine,
8. die laufende Diagrammnummer und die Abnahmezeit (Datum, Stunde).

Nur wenn ein Diagramm diese Bemerkungen trägt, hat es für spätere Vergleiche einen Wert; fehlen die Bezeichnungen, so hat es diesen verloren.

Die Feststellung des indizierten Kompressorarbeitsaufwandes ist eine verhältnismäßig einfache Sache, wenn man mit dem Indikator selbst vertraut ist. Aus dem Indikatordiagramm kann man auch etwaige Fehler am Kompressor erkennen.

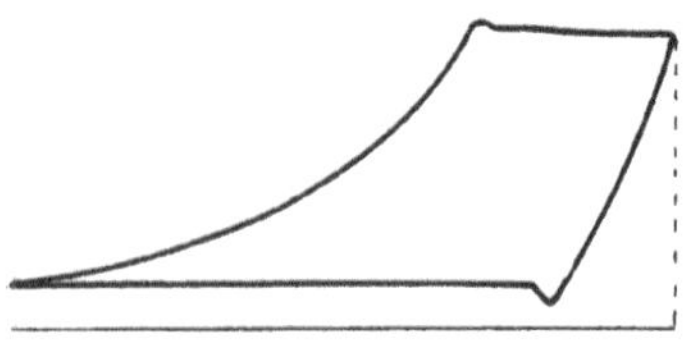

Fig. 181.

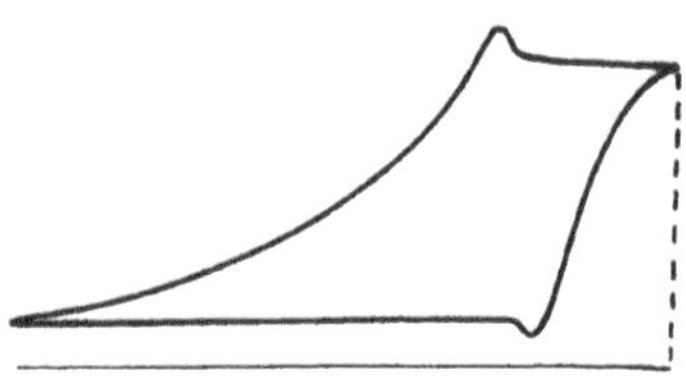

Fig. 182.

Fig. 181. Das Diagramm besagt aus der zu wenig steilen Rückausdehnungslinie, daß der schädliche Raum zu groß ist und damit eine ungenügende Ausnutzung des Saugvolumens zur Folge hat.

Fig. 182. In dieser Weise äußert sich das Festklemmen des Druckventils in geöffneter Stellung, was durch schräge Lage der Spindel in ihrer Führung entsteht. Nach längerem Gange stellt sich dieser Mangel bisweilen ein und bewirkt oft auch ein etwas verspätetes Öffnen des Druckventils unter starkem Arbeitsaufwand (großes Horn in der Drucklinie). Nach dem Öffnen wird sich das lockergehende Ventil sofort bei voller Öffnung festsetzen, wodurch der weitere Verlauf der Drucklinie ganz günstig wird. Erst beim Schlusse im Momente des Hubwechsels tritt der Fehler wieder auf.

Fig. 183. Der Haken in der Rückexpansionslinie besagt, daß das Druckventil bei großem Hub von seinem Sitz zurückprallt, die Ausnutzung des Hubvolumens ist ebenfalls eine schlechte.

Fig. 184. Zeigt ebenfalls einen solchen Haken, jedoch läuft die Rückexpansion im folgenden Teil normal. Hier liegt kein Fehler im Ventilspiel, sondern eine Klemmung des Indikatorkolbens vor.

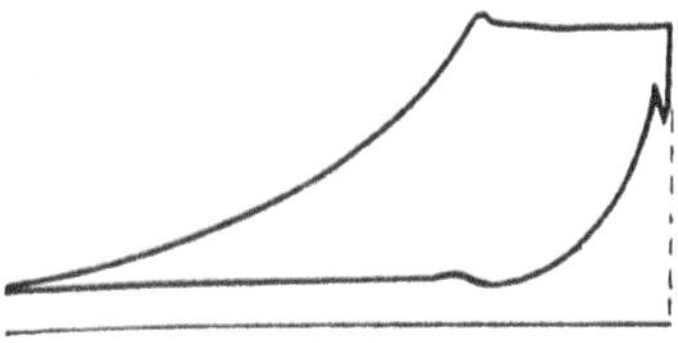

Fig. 183.

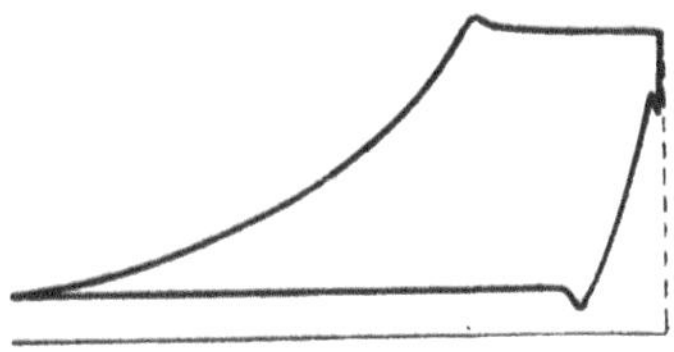

Fig. 184.

Fig. 185. Der große Abstand der eingezeichneten Verdampfer- oder Kondensatorspannung von den Diagrammsaug- resp. -drucklinien deutet auf große Widerstände in Saug- und Druckleitung *e*, zu starke Ventilbelastung bzw. falsche Einstellung ev. vorhandener Luftpuffer hin. In diesem Falle sind die Ventilfedern durch schwächere zu ersetzen, bzw. ist den Luftpuffern mehr Spiel zu geben. Verschwindet der Fehler nicht, dann liegt der Fehler in verengter oder zu enger Leitung.

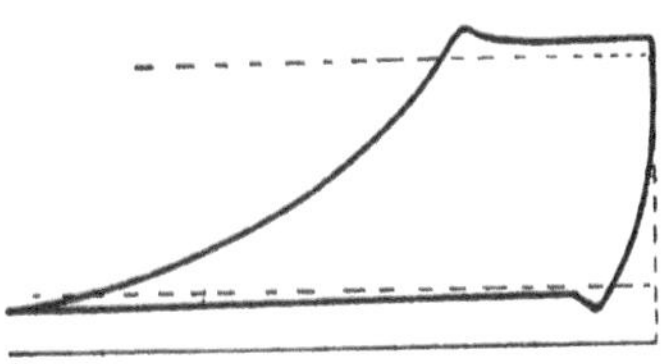

Fig. 185.

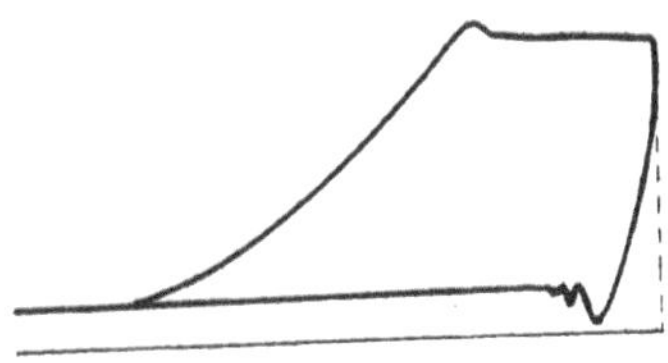

Fig. 186.

Fig. 186. Zeigt ein großes Horn in der Sauglinie und eine verspätete Verdichtung. Das Festklemmen eines Saugventils veranlaßt eine solche Drucksenkung vor Beginn des Saugens und im geöffneten Zustand den Verlust eines Teiles des Kolbenweges.

Fig 187. Diagramme, welchen die charakteristischen Hörner fehlen und sanfte Übergangsgangskurven beim Übergang von Kompressions- in Drucklinie und Rückexpansions- in Sauglinie zeigen, weisen starke Ventilundichtigkeiten auf. Die Kompressionskurve läuft fast geradlinig und steil, wenn die Undichtigkeiten des Druckventils, flach, wenn diejenigen des Saugventils überwiegen.

Fig. 188. Kommt vor bei starker Undichtheit des Kompressorkolbens (Überströmung von einer Seite zur andern), sie charakterisiert sich durch langsamen und sehr flachen Verlauf der Kompression. Das späte und heftige Öffnen des Druckventils erkennt man durch starke Schläge. Auf der Saugseite kann beim Hubwechsel die Spannung höher bleiben als die im Verdampfer herrschende, wodurch sich das Saugventil so lange nicht öffnet, bis die Kolbengeschwindigkeit so groß ist, daß die überschleichende Menge den Saugraum nicht zu füllen vermag; dann sinkt die Spannunng und das Saugventil öffnet sich.

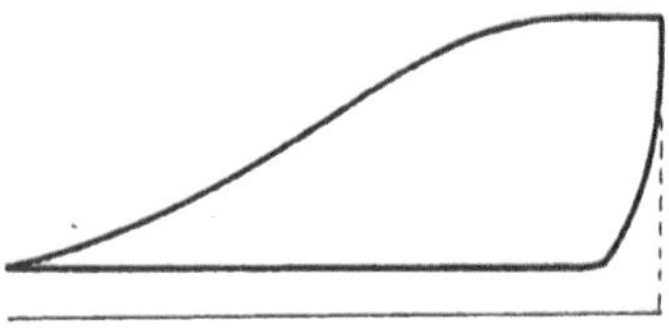

Fig. 187.

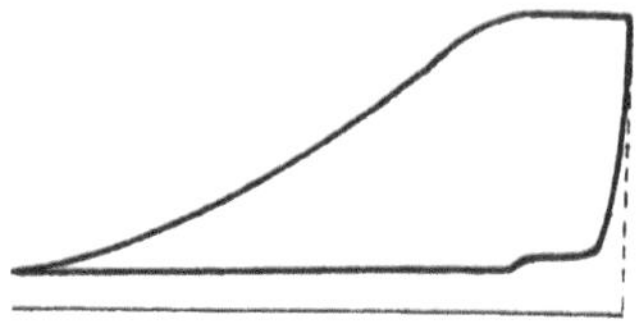

Fig. 188.

### b) Die Antriebsleistung.

Die durch die Kurbelwelle eingeleitete Antriebsarbeit ist auf alle Fälle größer als der indizierte Kraftverbrauch, und zwar um den Betrag der Reibung in Stopfbüchsen und Lagern etc.

Wichtig ist zunächst die Ermittlung des Kraftverbrauches für den Kompressorleerlauf. Dieser Kraftverbrauch wird je nach der aufzuwendenden Reibungsarbeit verschieden sein, besonders starke Stopfbüchsenreibungen können dieselbe ganz beträchtlich in die Höhe treiben. Der indizierte Kraftverbrauch und der eingeleitete Antriebskraftverbrauch bei Belastung unterscheiden sich aber nicht nur um den Betrag der Leerlaufsarbeit, sondern mit steigender Belastung werden auch die Lagerpressungen höher werden und damit die Reibungsarbeit anwachsen. Die Antriebsleistung und die Leerlaufsarbeit kann man auf zwei Arten ermitteln:

1. durch Dampfmaschinenantrieb,
2. durch elektrischen Antrieb.

Beim Dampfmaschinenantrieb muß der Wirkungsgrad der Maschine und die Leerlaufsarbeit und zusätzliche Reibungsarbeit durch Lagerpressung bei der in Frage kommenden Belastung bekannt sein (s. Kapitel Dampfmaschinen). Der Kompressor soll direkt gekuppelt werden. Das Dampfmaschinendiagramm wird dann aus der Differenz der indizierten Arbeiten (Leerlauf und zusätzliche Reibungsarbeit) den zum Kompressor geleiteten Kraftverbrauch darstellen. Diese Versuchsausführung ist zeitraubend, umständlich und liefert nur dann gute Resultate, wenn große Antriebsleistungen erforderlich sind. Viel empfehlenswerter ist infolge der einfachen Versuchsanstellung die Ermittlung durch elektrischen Antrieb.

Man schaltet eine meist im Betrieb vorhandene Gleichstrommaschine als Motor und speist sie von einer Akkumulatorenbatterie oder von dem städtischen Netz. Durch eine möglichst kurze Transmission soll der Kompressor angetrieben werden. Bekannt muß dabei sein 1. die Charakteristik der Gleichstrommaschine, d. h. das Verhältnis von Wirkungsgrad und zugeführter elektrischer Leistung und 2., das ist aber weniger wichtig, die Leerlaufsarbeit der Transmission. Diese kann direkt dadurch gefunden werden, daß man den Motor ohne Kompressor, aber mit der Transmission laufen läßt und Stromstärke und Spannung abliest. Wirft man dann den Antriebsriemen auf, so kann man zunächst die Leerlaufsarbeit des Kompressors aus der elektrischen Mehrleistung des Motors berechnen.

Beim Kompressorleerlauf muß der Verdampfer zuerst bei verschlossenem Regulierventil abgesaugt werden, dann schließt man die Leitung zum Kondensator und öffnet die Ventile.

Nach der Bestimmung der Leerlaufsarbeit wird der Kompressor in regelmäßigen Betrieb gesetzt und nun seine Antriebsleistung durch den elektrischen Kraftverbrauch wiederum bestimmt. Gleichzeitig ist dabei der Kompressor zu indizieren.

Die Schaltung des elektrischen Antriebsmotors zeigt Fig. 189. Er ist an die beiden Leiter der Akkumulatorenbatterie oder des städtischen Netzes angeschlossen. Dabei ist die Feldwicklung *N* parallel zum Anker *N* geschaltet (Nebenschluß); bei *4* teilt sich der Strom, um sich bei *1* wieder zu vereinigen. Das eingeschaltete Amperemeter muß den ungeteilten Strom messen, ist also bei *J* oder *J'* anzubringen; nur dann sind die Angaben über den Wirkungsgrad eines Motors brauchbar, wenn die Feldverluste mit berücksichtigt sind. Um dem Motoranker, wenn er noch keine elektromotorische Gegenkraft entwickelt, eine kleinere Spannung zuzuführen, wird die Spannung durch den Anlaßwiderstand *A* abgedrosselt. Der Anlasser muß hinter Punkt *4* angeschlossen sein, so daß der Nebenschluß von vornherein voll erregt ist. Das Voltmeter *E* muß hinter den Anlasser geschaltet sein (bei *3*), denn es soll nicht die Netzspannung, sondern die dem Motor zukommende Spannung messen. Letztere Vorschrift

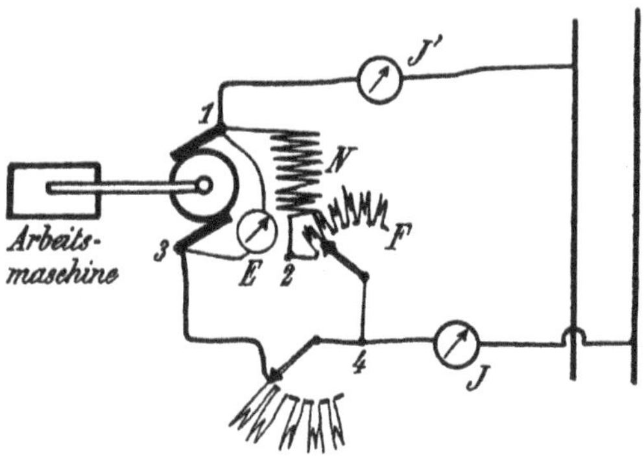


Fig. 189.

ist allerdings nur dann wesentlich, wenn man den Anlaßwiderstand nicht nur beim Anlassen benutzt, sondern auch die Tourenzahl damit regelt, vorausgesetzt, daß er die zur Tourenzahlregulierung nötigen Abmessungen hat. Empfehlenswert ist es keinesfalls, den Anlasser zur Tourenregulierung zu benutzen, sondern den Feldregler *F* im Nebenschluß; je mehr Widerstand man bei *F* einkurbelt, desto mehr wird die Felderregung geschwächt und desto schneller läuft der Motor.

Beispiel: Angewendet elektrischer Antrieb.

Das Amperemeter zeigte bei Leerlauf von Motor mit der Antriebstransmission einen Ausschlag von 14,5 Amp. bei einer Spannung von 220 Volt.

Die Leerlaufsarbeit des Antriebes ist somit, da Spannung $E \cdot$ Stromstärke $J =$ Leistung in Watt L und 736 Watt = 1 PS,

$$4,5 \cdot 220 = 3190 \text{ Watt} = \frac{3190}{736} \sim 4,34 \text{ PS}.$$

Bei dieser Leistung ist der Wirkungsgrad des Motors bekannt zu 0,38.

Es wurden somit 4,34 PS eingeleitet. Bei einem Wirkungsgrad von 0,38 wurde von der Motorwelle abgegeben: $0,38 \cdot 4,34 =$ **1,65** PS. Es trafen also 1,65 PS auf den Transmissionsantrieb.

Mit Ankupplung des leerlaufenden Kompressors zeigte das Amperemeter 44,8 Amp. bei 220 Volt Spannung. (Tourenzahl des Kompressors $n = 60,2$).

Der elektrische Kraftverbrauch ist:

$$44,8 \cdot 220 = 9856 \text{ Watt} = \frac{9856}{736} = \mathbf{13,4} \text{ PS}.$$

Bei dieser zugeführten Leistung war der Motorwirkungsgrad 0,55, somit wurden abgegeben $13,4 \cdot 0,55 = 7,35$ PS, so daß $7,35 - 1,65 = 5,7$ PS für den Kompressorleerlauf verwendet wurden.

Der Kompressor wurde sodann in regelmäßigen Gang gebracht und belastet wie im normalen Betrieb. Der Stromverbrauch stieg bei 220 Volt und 60,2 Kompressortouren auf 393 Amp,

Der eingeleitete Effekt ist dann

$$393 \cdot 220 = 86460 \text{ Watt} = \frac{86460}{736} = \mathbf{117,4} \text{ PS}.$$

Der Wirkungsgrad bei diesem eingeleiteten Effekt ist bekannt zu 0,89.

Die gesamte Antriebsarbeit für den Kompressor inkl. Transmission ist dann

$$117,4 \cdot 0,89 = 104,5 \text{ PS},$$

davon kommen 5,7 PS auf die Leerlaufsarbeit und 1,65 auf die Transmission, so daß

$$104,5 - (5,7 + 1,65) = 97,15 \text{ PS}$$

auf die indizierte Arbeit und den durch erhöhte Lagerpressung entstehenden Arbeitsverlust treffen.

Die gleichzeitige Indizierung des Kompressors ergab aus dem Diagramm einen indizierten Kraftverbrauch von 94,3 PS.; somit treffen auf den Arbeitsverlust durch Lagerpressung

$$97{,}15 - 94{,}3 = 2{,}85 \text{ PS.}$$

Die Antriebsarbeit für den Kompressor allein (ohne Transmission) ist

$$N_a = 104{,}5 - 1{,}65 = 102{,}85 \text{ PS.}$$

### c) Der Antriebswirkungsgrad.

Das Verhältnis des indizierten Kraftverbrauches $N_i$ zur Antriebsarbeit $N_a$ kann man mit Antriebswirkungsgrad $\eta_a$ bezeichnen; es ist also

$$\eta_a = \frac{N_i}{N_a}.$$

Beispiel: Oben ist der indizierte Kraftverbrauch $N = 94{,}3$ PS, die Antriebsarbeit $N_a = 102{,}85$ PS, somit ist der Antriebswirkungsgrad

$$\eta_a = \frac{94{,}3}{102{,}85} = \mathbf{0{,}916},$$

d. h. von der durch die Kompressorkurbel eingeleiteten Arbeit werden 91,6 % in indizierte Arbeit umgesetzt und 100 — 91,6 = 8,4 % gehen verloren

Der Motorwirkungsgrad muß bei solchen Messungen des Kraftverbrauches von Arbeitsmaschinen stets berücksichtigt werden, sonst erhält man vollständig fehlerhafte Resultate. Der Motorwirkungsgrad ist nicht konstant, sondern wächst mit steigender Belastung. Deshalb hat man stets den dem betreffenden eingeleiteten Effekt entsprechenden Wirkungsgrad zu wählen.

Hätte man im vorhergegangenen Beispiel die Motorwirkungsgrade nicht berücksichtigt, so erhielte man die im folgenden Beispiel berechneten falschen Resultate. Es ist diese falsche Berechnungsweise nur deshalb angeführt, weil recht häufig bei Feststellungen des Kraftverbrauches der Motorwirkungsgrad unberücksichtigt gelassen wird.

Beispiel (fehlerhafte Berechnung):
Leerlaufsarbeit von Motor + Antriebstransmission

$$14{,}5 \cdot 220 = 3190 \text{ Watt} = 4{,}34 \text{ PS},$$

Leerlaufsarbeit von Motor + Antriebstransmission + Kompressorleerlauf . . . . . . . . . 9856 Watt = 13,4 PS,
Kompressorleerlauf also allein . . . 13,4 — 4,34 = 9,06 PS,
Effektverbrauch bei normalem Betrieb mit Kompressor belastet 8646 Watt = 117,4 PS,
Kompressorantriebsarbeit somit . . 117,4 — 4,34 = 113,06 PS,
von letzteren treffen auf Kompressorleerlauf 9,06 PS, so daß 113,06 — 9,06 = 104,0 PS auf die indizierte Arbeit + Arbeitsverlust durch erhöhte Lagerpressung treffen.

Die indizierte Arbeit war 94,3 PS, somit treffen auf Lagerpressung

$$104{,}0 - 94{,}3 = 9{,}7 \text{ PS.}$$

Der Antriebswirkungsgrad ist dann

$$\frac{94{,}3}{113{,}06} = \mathbf{0{,}834},$$

d. h. es werden 83,4% in indizierte Arbeit umgesetzt und 100 — 83,4 = 16,6% verloren, was aber nicht der Wirklichkeit entspricht. Die Verluste erscheinen so natürlich viel höher.

## 2. Die Ermittlung der Kälteleistung pro 1 $PS_i$-Stunde pro 1 cbm Hubraum und des volumetrischen Wirkungsgrades.

Die Höhe der pro 1 $PS_i$-Std. erzielten Kälteleistung läßt es zu, eine Kältemaschinenanlage zu begutachten. Es wird besonders bei der Untersuchung von neuen Anlagen wesentlich sein, diese Leistung zu ermitteln. Dabei ist einerseits die indizierte Kompressorleistung und anderseits die zu gleicher Zeit stattgehabte Verdampfungsleistung festzulegen.

### a) Die indizierte Kompressorleistung.

(Über Bestimmung des indizierten Kraftverbrauches eines Kompressors siehe vorhergegangenes Kapitel.)

Was die Versuchsdauer betrifft, so empfiehlt es sich, diese ja nicht zu kurz zu bemessen, man soll 8 Stunden nicht unterschreiten. Beim Versuchsbeginn muß aber schon ein Beharrungszustand in der gesamten Anlage erreicht sein, wozu auch meist ein mehrstündiger Vorversuch notwendig ist. Die Abnahme von Diagrammen muß dann in bestimmten gleichen Zeitabschnitten, entweder alle 10 Minuten oder alle 15 Minuten, geschehen. Die Diagramme werden der Reihe nach numeriert.

Die am Kompressor zu machenden Aufzeichnungen sind bei jeder Indizierung die in folgender Tabelle zusammengestellten Werte (Beispiel: Ammoniakkompressor):

| Zeit | Diagramm Nr. | Stand des Tourenzählers | Tourenzahl pro $^1/_4$ Std. berechnet | Tourenzahl pro Minute berechnet | Manometeranzeigen am | | Druckrohrtemperaturen | | Bemerkungen |
|---|---|---|---|---|---|---|---|---|---|
| | | | | | Verdampfer | Kondensator | links | rechts | |
| $10^{30}$ | 1 | 004596 | — | — | 2,92 | 12,1 | 31,5 | 32,2 | Versuchsbeginn |
| $10^{45}$ | 2 | 5495 | 899 | 59,9 | 2,90 | 12,1 | 32,0 | 33,3 | |
| $11^{00}$ | 3 | 6390 | 895 | 59,6 | 2,85 | 12,1 | 31,1 | 32,4 | |
| $11^{15}$ | 4 | 7279 | 889 | 59,2 | 2,85 | 12,05 | 32,0 | 33,1 | |
| $11^{30}$ | 5 | 8178 | 899 | 59,9 | 2,85 | 12,0 | 31,0 | 32,2 | |
| $11^{45}$ | 6 | 9076 | 898 | 59,8 | 2,82 | 12,0 | 33,2 | 34,2 | |
| $12^{00}$ | 7 | 9972 | 896 | 59,7 | 2,85 | 12,0 | 35,4 | 32,5 | |
| usw. | — | — | — | — | — | — | — | — | |

Durch diese Aufzeichnungen wird man zunächst während des Versuches über den gleichmäßigen Verlauf der Kompressorarbeit laufend orientiert; außerdem aber nützen diese Zahlen beim späteren Vergleich der Diagramme mit den jeweils zugehörigen Werten dazu, um den Grad eventueller Leistungsverschiebungen mit der Änderung dieser aufgezeichneten Werte erkennen zu können.

Die Tourenzahl pro $^1/_4$ Std. ergibt sich durch Subtraktion des ursprünglich abgelesenen Zählerstandes und desjenigen nach Verlauf von 15 Minuten.

War der abgelesene Zählerstand anfangs z. B. 004596, nach 15 Minuten 005495, so ist die Tourenzahl pro 15 Minuten $5495 - 4596 = 899$.

Die minutliche Tourenzahl ist dann $\frac{899}{15} = 59{,}9$.

Man berechnet diese Zahl, um über die Gleichmäßigkeit des Kompressorganges unterrichtet zu sein.

Die Verdampfer- und Kondensatordrücke können an Manometern abgelesen werden. Diese Manometer sind stets ganz in der Nähe des Kompressors an der Wand nebeneinander, und zwar über dem Regulierventil, angeordnet. Die Skala dieser Manometer ist je nach dem verwendeten Betriebsmedium ganz verschieden; denn von der Art des Betriebsmediums hängen die Verdampfer- und Kondensatordrücke ab. Fig. 190 zeigt die Manometerskala für Kohlensäuremaschinen, Fig. 191 diejenige für Ammoniakmaschinen, Fig. 192 für Schwefligsäuremaschinen.

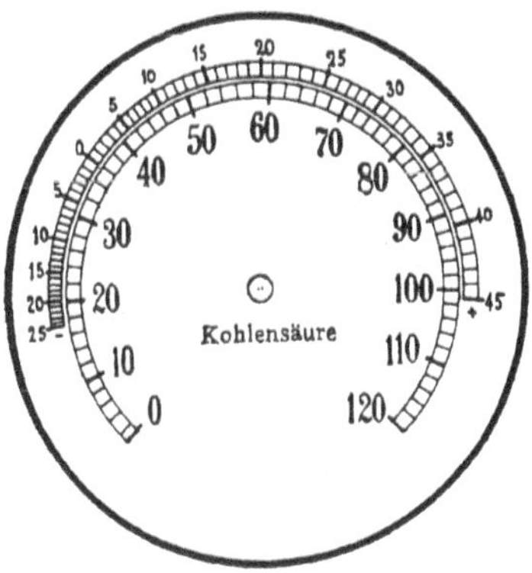


Fig. 190.

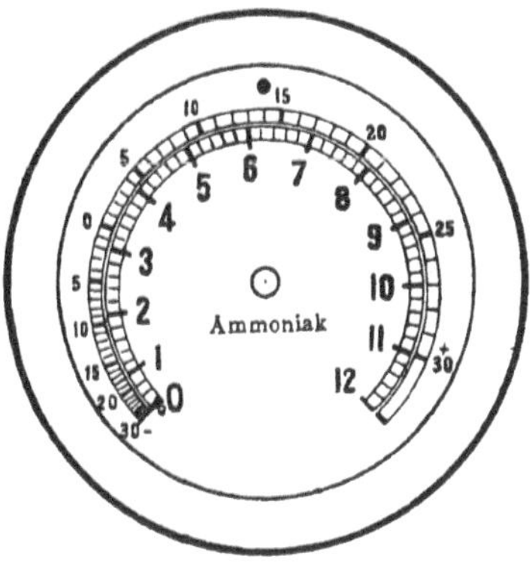


Fig. 191.

Die Manometer zeigen alle »atmosphärischen Überdruck« an, also nicht absoluten Druck. Die innere Einteilung der Skala gibt diesen Druck an, die äußere die diesem Druck entsprechende Dampftemperatur bei vollkommener Sättigung. Bekanntlich ist der Zusammenhang zwischen Druck und Temperatur von gesättigten Dämpfen ein gesetzmäßig bestimmter, so daß also zu jedem Druck nur eine ganz bestimmte Dampftemperatur gehört.

Die Druckrohrtemperaturen werden ermittelt, indem in kleine, mit Kompressoröl gefüllte Thermometerstutzen, welche in die Druckrohre dicht eingeschraubt sind, Thermometer eingesetzt werden.

Aus der gesamten Versuchszeit läßt sich ein mittlerer indizierter Kompressorkraftverbrauch berechnen.

## b) Die Verdampferleistung.

Das durch das Regulierventil aus dem Kondensator in den Verdampfer einströmende Arbeitsmedium verdampft bei dem niedrigen Druck und entzieht der die Verdampferschlangen umgebenden Sole die notwendige Verdampfungswärme, so daß sich die Sole in ihrer Temperatur erniedrigt. Da die abgekühlte Sole nur zur Kellerkühlung, Eiserzeugung usw. dient, wobei sie ihre Temperatur wieder erhöht, so kann dieser immer

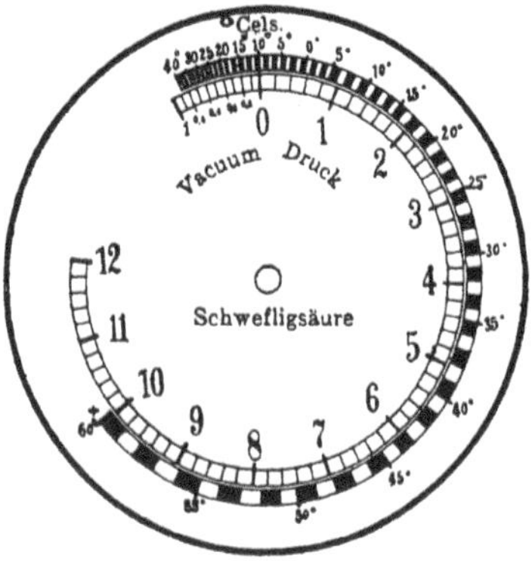


Fig. 192.

von neuem durch das verdampfende Medium Wärme entzogen werden. Ist nun die Menge der in einer Zeiteinheit abgekühlten Solemenge bekannt und ferner der Grad der Abkühlung, welcher sich aus der anfänglichen und endlichen Temperaturdifferenz ergibt, so läßt sich auch die vom verdampfenden Medium aufgebrauchte Wärmemenge berechnen, da sie gleich derjenigen sein muß, welche der Sole entzogen wurde. Es wird sich also bei der Bestimmung der Verdampferleistung darum handeln: a) die abgekühlte Solemenge $S$ in kg, b) die Temperaturdifferenz $T$, um welche die Sole abgekühlt wurde, genau zu ermitteln.

Die Feststellung der Solemenge kann durch Wägung und Messung geschehen. Ist das gemessene Volumen $= S_v$ und die Dichte $d_v$, so ist die Solemenge in kg $S = S_v \cdot d_v$.

Die spezifische Wärme der Sole $c$, d. h. diejenige Wärmemenge, welche notwendig ist, um 1 kg Sole um 1° C in seiner Temperatur zu verändern, ist kleiner als die des Wassers, und zwar hängt dieselbe ab vom Salzgehalt der Sole (siehe später).

Man erhält die der Sole in einer bestimmten Zeit entzogene Wärmemenge $Q_s$

$$Q_s = S \cdot T \cdot c \text{ bei der Solewägung}$$

und

$$Q_s = S_v \cdot d_v \cdot T \cdot c \text{ bei der Solemessung.}$$

Beispiel: In einem Verdampfer waren 125,5 cbm Sole mit einem Salzgehalt von 19,05%, entsprechend einer Dichte $d_v = 1{,}142$; die spezifische Wärme ist bei diesem Salzgehalt 0,827.

Die Anfangstemperatur war — 4,28° C; die Endtemperatur nach 1 Stunde war — 5,94° C, so daß die Abkühlung $T = 5{,}94 - 4{,}28 = 1{,}66$° C betrug, somit ist die stündliche Verdampferleistung:

$$Q_s = 125{,}5 \cdot 1000 \cdot 1{,}142 \cdot 1{,}66 \cdot 0{,}827 = \mathbf{197\,000} \text{ Kal.}$$

So einfach läßt sich nun in der Praxis die Verdampferleistung nicht ermitteln; denn es sind die zur Messung in Frage kommenden Solenmengen in Zirkulation zu erhalten; sie befinden sich gar nicht in ihrer Gesamtheit im Verdampfer, auch ändert sich deren Temperatur je nach der Erwärmung, welche sie auf dem Außenwege erfährt.

Bei der Leistungsermittlung eines Verdampfers wird zweckmäßig die erzeugte Kälte künstlich vernichtet durch indirekte Soleanwärmung mit Dampf. Dabei sucht man einen Beharrungszustand im Verdampfer zu erreichen, indem man gerade so viel Kälte vernichtet, als durch die Verdampferleistung entsteht.

### Versuchanstellungen zur Feststellung einer Verdampferleistung.

1. Die Nutzleistung.

Es gibt verschiedene Wege zur Ermittlung der Verdampfernutzleistung. Die gebräuchlichsten Verfahren sind folgende:

*α*) Messung in 2 Gefäßen; Beheizung findet nicht im Meßgefäß statt. Man stellt zwei gleichgroße, unten mit schrägem Boden versehene Meßgefäße (Fig. 193) über dem Verdampfer auf. Die beiden Gefäße sind durch eine mittlere Wand, welche ihnen gemeinsam, voneinander getrennt. Die Scheidewand ist niedriger als die Umschließungswände, so daß, wenn ein Gefäß voll und diesem noch Sole zuläuft, das Übermaß in das zweite Gefäß über die Trennungswand fließt. Nach dem Vollauf und Überlauf eines Gefäßes schließt man dessen Zulauf

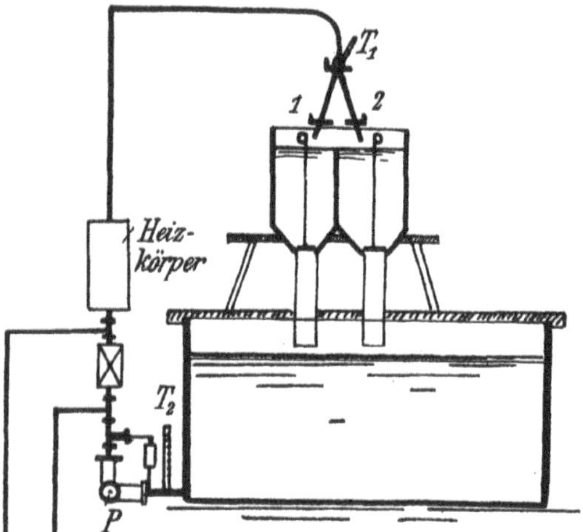


Fig. 193.

und öffnet den Zulaufhahn zum zweiten Gefäß. Bis das zweite Gefäß vollgelaufen ist muß das erste wieder leer und verschlossen sein. Man hat dann die Gefäßfüllungszahlen zu notieren während des ganzen Versuches. Ist durch einmalige vorhergegangene Eichung der Gefäßinhalt selbst bekannt, so kann die zirkulierende, zugeflossene Solenmenge leicht berechnet werden. Jedes der Zulaufrohre *1* und *2* muß mindestens den Querschnitt der einfachen Solenleitung haben. Die Auslauföffnungen *3* und *4* müssen genügend großen Querschnitt haben, damit das Meßgefäß rascher leer als voll läuft. Gut eingeschliffene Ventile verschließen die Bodenöffnungen. Die Pumpe *P* befördert die aus dem Verdampfer ihr zutretende Sole nach dem eingeschalteten Heizgefäß, welches, wenn es höher als die Meßgefäße gestellt werden kann, oben geöffnet ist und lediglich ein kleines Reservoir mit eingelegter Dampfschlange bildet, welchem die Sole oben zufließt und nach Übertritt über eine oder zwei Scheidewände dem Meßgefäße zufließt. Liegt das Heizgefäß tiefer als das Meßgefäß, so muß dasselbe vollkommen verschlossen sein. Man kann zu diesem Zwecke einen außer Betrieb befindlichen geschlossenen Vorwärmer benutzen.

Zur Aufnahme der Temperatur der dem Verdampfer zu- und abfließenden Sole müssen die Thermometer $T_1$ und $T_2$ an den bezeichneten Stellen in Meßhülsen eingesetzt werden.

Dem Heizkörper ist dann so viel Dampf zuzuführen, bis man erkennt, daß sich Zulauf- und Ablauftemperatur auf konstanter Höhe halten. Es wird dies durch einen mehrstündigen Vorversuch stets zu ermitteln sein. Erst wenn man einen guten Beharrungszustand erreicht hat, beginnt man mit dem gültigen Versuch. Je größer der Verdampferinhalt und seine Leistung, desto längere Zeit wird der Vorversuch Zeit in Anspruch nehmen.

Die umlaufende Solenmenge kann bei Bedarf auch reguliert werden. Dies geschieht durch geringes Mehröffnen oder Mehrschließen des Pumpenumlaufschiebers.

Die Aufschreibungen, welche bei dieser Versuchsanstellung zu machen sind, sind folgende.

| Zeit der Temperaturablesung (alle 10 Min.) | Soletemperatur am | | Behälter links | | Behälter rechts | | Außentemp. im Meßraum | Bemerkungen |
|---|---|---|---|---|---|---|---|---|
| | Zulauf $T_1$ | Ablauf $T_2$ | laufende Füllzahl | Zeit | laufende Füllzahl | Zeit | | |
| $9^{00}$ | −2,10 | −5,43 | 1 | $9^{4'20''}$ | 1 | $9^{8'42''}$ | 12,1 | Inhalt des Behälters 1 : = 2104 l. |
| $9^{10}$ | −2,12 | −5,44 | 2 | $9^{13'08''}$ | 2 | $9^{17'28''}$ | 12,1 | Inhalt des Behälters 2 : = 2088 l. |
| $9^{12}$ | −2,12 | −5,44 | 3 | $9^{21'52''}$ | 3 | $9^{26'10''}$ | 12,2 | |
| usw. | — | — | — | — | — | — | — | |

Die Berechnung aus diesen Versuchsergebnissen ist folgende:

Man berechnet die mittleren Temperaturen des Solezulaufes und Soleablaufes als arithmetisches Mittel während der ganzen Versuchszeit (mindestens 8 Stunden bei exakten Versuchen). Bezeichnet man diese mit $T_{1m}$ resp. $T_{2m}$, so erhält man die mittlere Soleerwärmung zu

$$T_m = T_{2m} - T_{1m}.$$

Die Solemenge $S_v$ in l findet man durch Addition der Einzelmaßgefäßinhalte.

Die Soledichte $d_v$ muß als Mittel aus mehreren zu verschiedenen Zeiten entnommenen Proben bestimmt werden, nennenswerte Abweichungen dürfen dabei nicht auftreten.

Die spezifische Wärme der Sole ergibt sich aus der Tabelle Seite 412 bei bekannter Soledichte. Die Versuchsdauer ist in Stunden anzugeben. Man bricht den Versuch nicht nach einer runden Zeit, z. B. genau 8 Stunden, ab, sondern erst dann, wenn ganz genau auch der Anfangszustand bei Versuchsbeginn wieder erreicht ist.

Beispiel: Versuchsdauer 8 Stunden 20 Minuten (= 8,33 Std.). Gefüllt wurden Gefäß 1 58 mal; Gefäß 2 57 mal. Der Gefäßinhalt war bei Gefäß 1 2104 l, bei Gefäß 2 2088 l. Die mittlere Solezulauftemperatur war —2,14° C., die mittlere Solenablauftemperatur —5,46° C.

Die Soledichte $d_v$ war 1,142 mit einer spezifischen Wärme $c$ = 0,827.

Es war somit die pro 1 Std. zulaufende Solemenge:

aus Gefäß 1 $\frac{58}{8{,}33} = 6{,}96$, aus Gefäß 2 $\frac{57}{8{,}33} = 6{,}85$ Gefäßinhalt; es entspricht das im Gefäß 1: $6{,}96 \cdot 2104 = 14640$ l, im Gefäß 2: $6{,}85 \cdot 2088 = 14310$ l, zusammen also $14\,640 + 14\,310 = 28\,950$ l Sole pro 1 Std.

Die mittlere Soleerwärmung ist

$$T_m = 5{,}46 - 2{,}14 = 3{,}32^0 \text{ C.}$$

Die stündliche Verdampferleistung ist dann

$$Q_s = 28950 \cdot 1{,}142 \cdot 3{,}32 \cdot 0{,}827 = \mathbf{90\,800} \text{ Kal.}$$

Man berechnet also eine Verdampferleistung stets auf 1 Stundenleistung.

$\beta$) Messung durch ein Gefäß mit Ponceletöffnungen; Beheizung außerhalb des Meßgefäßes.

Die Versuchsanordnung ist dabei die in Fig. 194 wiedergegebene. Die Sole tritt vom Verdampfer zur Pumpe *P*, welche sie nach einem höher als das Meßgefäß stehenden

Heizgefäß fördert, das mit einer Dampfschlange versehen ist. In dieses Heizgefäß tritt die Sole unten ein, erwärmt sich an den Dampfschlangen und fließt durch ein seitlich angebrachtes Überlaufrohr, das einen genügend großen Querschnitt haben muß, nahe dem Meßgefäß aus. Ebensogut kann aber ein geschlossenes, tiefer als das Meßgefäß stehendes Heizgefäß angebracht werden. Das Meßgefäß besteht aus einem mit einigen Stau-

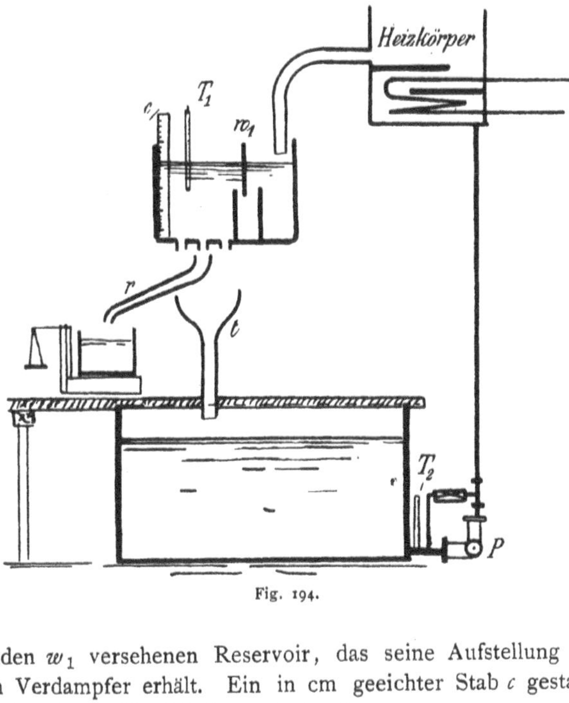


Fig. 194.

wänden $w_1$ versehenen Reservoir, das seine Aufstellung über dem Verdampfer erhält. Ein in cm geeichter Stab *c* gestattet, den jeweiligen Flüssigkeitsstand abzulesen.

Die Stauwände sollen die unruhige eintretende Sole beruhigen, um einen ebenen Flüssigkeitsspiegel zu erhalten. Hinter den Stauwänden muß das Meßgefäß eine Anzahl Ponceletöffnungen von exakter gleicher Bohrung tragen. Die präzise gleichmäßige Ausarbeitung dieser Ponceletöffnungen ist eine absolute Bedingung, wenn man richtige Resultate erzielen will. Die Anzahl und die Weite der Öffnungen richtet sich nach der zu messenden Solemenge.

Unter den Öffnungen fängt ein Sammeltrichter *t* die ausfließenden Einzelmengen auf und leitet sie in den Verdampfer zurück. Der Sammeltrichter muß in einem bestimmten Abstand von den Ausmündungen der Bodenöffnungen stehen, damit man mit dem Rohr *r* die aus einer Ponceletöffnung in der Zeiteinheit ausfließende Solemenge abfangen und wägen kann. Bei gleichen Durchmessern und gleicher Beschaffenheit der Ausmündungen fließt durch jede die gleiche Solemenge bei konstanter Höhe aus. Mit der Höhe des Flüssigkeitsspiegels im Meßgefäß ändert sich die auslaufende Solemenge; ist diese zuerst $h_1$ und ändert sich diese nach einiger Zeit durch stärkeren Zulauf auf $h_2$, so verhalten sich die auslaufenden Flüssigkeitsmengen $f_1$ resp. $f_2$

$$f_1 : f_2 = \sqrt{h_1} : \sqrt{h_2}.$$

Es ist also nur nötig, die auslaufende Solemenge bei einem konstanten Flüssigkeitsstand durch eine Öffnung zu ermitteln, dann kann man bei wechselnden Höhen die auslaufenden Solemengen berechnen. Natürlich begnügt man sich nicht mit einer einmaligen Prüfung einer Ponceletöffnung, sondern wird die gleiche Öffnung mehrmals und ferner die Öffnungen unter sich auf ihre Gleichheit prüfen. Die Zu- und Ablauftemperatur der Sole ist hier zu messen bei $T_1$ resp. $T_2$.

Die hier alle 10 Minuten zu machenden Aufschreibungen sind während des Versuches dann folgende:

| Zeit | Solehöhe cm | Soletemperatur am | | Ponceletöffnung geprüft | | | | Außentemp. im Meßraum °C | Bemerkung. |
|---|---|---|---|---|---|---|---|---|---|
| | | Zulauf | Ablauf | Zeitdauer | Solehöhe | ausgefl. Menge in kg | in 1 Min. | | |
| $9^{00}$ | 52,5 | −2,32 | −5,42 | 2 Min. | 52,5 | 170 | 85,0 | 12,5 | |
| $9^{10}$ | 52,5 | −2,33 | −5,43 | 2 Min. | 55,5 | 169,9 | 84,95 | 12,5 | Anzahl der |
| $9^{20}$ | 52,4 | −2,34 | −5,43 | — | — | — | — | 12,6 | Poncelet- |
| $9^{30}$ | 52,5 | −2,34 | −5,44 | 2 Min. | 52,5 | 170,0 | 85,0 | 12,6 | öffnungen 12 |
| $9^{40}$ | 52,4 | −2,34 | −5,44 | — | — | | — | 12,7 | |
| usw. | — | — | — | — | — | — | — | — | |

Die Berechnung aus diesen Versuchsergebnissen ist folgende: Die mittlere Erwärmung der Sole berechnet sich wie unter **a aus**

$$T_m = T_{2m} - T_{1m},$$

worin $T_{2m}$ und $T_{1m}$ die arithmetischen Mittel der Solezu- und -ablauftemperaturen bedeuten. Die zirkulierende Solemenge erhält man, wenn

$s =$ die zu einer Ponceletöffnung pro 1 Minute ausfließende Menge in kg bei

$h =$ cm Flüssigkeitsstand,

$z =$ Anzahl der Ponceletöffnungen und

$h_m =$ mittlere Höhe, als arithmetisches Mittel aus den aufgezeichneten Ablesungen ermittelt,

bedeuten.

Die bei der Höhe $h_m$ aus einer Öffnung ausfließende Solemenge $s_m$ ist:

$$s_m = s \cdot \sqrt{\frac{h_m}{h}}.$$

Bei $z$ Öffnungen fließt minutlich $z \cdot s_m$ kg Sole aus und pro 1 Stunde ist die zirkulierende Solemenge

$$S = 60 \cdot z \cdot s_m.$$

Die Soledichte ist zu ermitteln, um die spezifische Wärme aus der Tabelle entnehmen zu können. Zur Berechnung ist hier die Dichte nicht nötig; denn die Solemenge wird hier dem Gewicht nach bestimmt.

Die stündliche Verdampferleistung ist dann

$$Q_s = S \cdot T_m \cdot c.$$

Beispiel: Versuchsdauer 8 Std. 40 Min.

Die minutliche Ausflußmenge $s$ bei 52,5 cm Flüssigkeitshöhe ergab sich aus den Versuchen zu 84,97 kg im Mittel. Die mittlere Flüssigkeitshöhe war beim ganzen Versuch (aus Aufschreibungen berechnet) $s_m = 52{,}70$ cm.

Die Anzahl der Ponceletöffnungen war $z = 12$. Die Soledichte war 1,142, entsprechend einer spez. Wärme $= 0{,}827$, die mittlere Solenzulauftemperatur $-2{,}33$, die mittlere Ablauftemperatur $-5{,}43^0$ C. Es ist also

$$T_m = 5{,}43 - 2{,}33 = 3{,}10^0 \text{ C}$$

$$s_m = 84{,}97 \cdot \sqrt{\frac{52{,}7}{52{,}5}} = 85{,}14,$$

ferner $$S = 60 \cdot 12 \cdot 85{,}14 = 61\,280 \text{ kg}$$

und die stündliche Verdampferleistung

$$Q_s = 61280 \cdot 3{,}10 \cdot 0{,}827 = 157\,300 \text{ Kal.}$$

γ) Messung durch ein Gefäß, welches gleichzeitig Meßgefäß und Heizgefäß.

Die Anordnung zeigt Fig. 195. Die Sole tritt vom Verdampfer zur Pumpe *P* mit Umlauf. An die Pumpe ist ein Tourenzähler zur laufenden Zählung angeschaltet. Durch das Druckrohr tritt die Sole in das Meß- und Heizgefäß *A* ein. In diesem

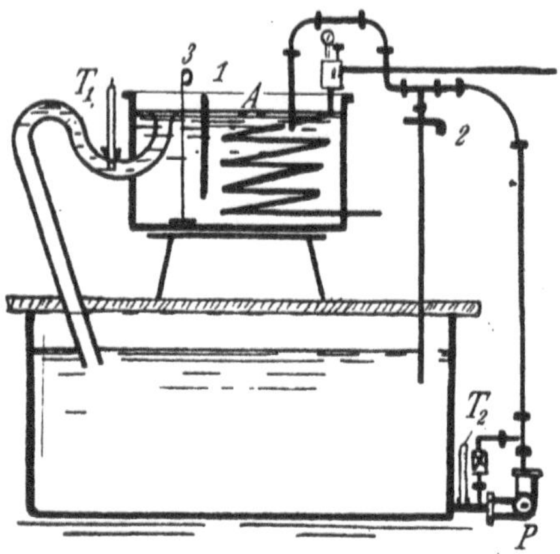


Fig. 195.

befindet sich die Dampfschlange zum Anwärmen. Eine Stauwand *1* sorgt, daß auf der dem Einlauf gegenüberliegenden Gefäßseite ein ruhiger Flüssigkeitsspiegel besteht. Die zuströmende Sole fließt dauernd durch das mit seiner Öffnung von der Mitte der Gefäßwand nach oben zu ragende Überlaufrohr wieder ab nach dem Verdampfer. Während des eigentlichen Versuches dient demnach das Gefäß nur als Heizgefäß. Dem Versuch hat eine Gefäßeichung voranzugehen. Dabei muß unter Berücksichtigung der Tourenzahl der Pumpe die Zeit beobachtet werden, welche zur Vollfüllung des Meßgefäßes mit Sole notwendig ist. Zur Anwendung kommt dabei eine Stechuhr. Außerdem muß das gefüllte Gefäß ausgewogen werden, um den Inhalt zu kennen. Es läßt sich dann berechnen, daß einer Gefäßfüllung von dem gegebenen Inhalt eine bestimmte Tourenzahl der Pumpe entspricht. Da diese registriert wird, so kann aus der Tourenzahl auf die Anzahl der Gefäßfüllungen während des Versuches geschlossen werden. Bedingung ist, daß die Pumpentourenzahl konstant ist oder nur in zulässigen Grenzen schwankt. Der Antrieb durch eine Dampfmaschine ist deshalb unzulässig, besonders wenn ein längerer Transmissionsstrang dazwischen liegt. Der Pumpenantrieb muß mittels Elektromotors oder direkt durch nur einmalige Riemenübertragung dabei geschehen. Um während der Gefäßfüllung und -eichung die Pumpe nicht abstellen zu müssen, bringt man eine zweite Leitung, die mit Schieber *2* verschließbar, an der Druckleitung an. Ist das Meßgefäß gefüllt, so öffnet man diesen Schieber und läßt durch die untere Abzweigleitung die Sole zum Verdampfer fließen. Durch Ziehen des Ventiles *3* läuft das Meßgefäß leer. Die Abzweigleitung mit Schieber *2* muß aber noch aus dem Grunde vorhanden sein, daß die Pumpe schon in voller Arbeit und Tourenzahl ist, wenn man in das Meßgefäß bei der Eichung einzupumpen beginnt. Im Moment des Schließens von Schieber *2* ist die Stechuhr zu betätigen und durch Ruf ein Zweiter zu verständigen, daß in diesem Moment der Zählerstand abgelesen und notiert wird. Sobald die Sole dann im Meßgefäß so hoch gestiegen, daß sie gerade über das Überlaufrohr tritt, muß die Stechuhr abgedrückt und durch Ruf ein Zweiter zur Zählerablesung verständigt werden.

Durch das Auswiegen des Meßgefäßes erhält man hier wieder die Solemenge in kg. Die Temperaturen von Solezulauf und Ablauf sind wieder bei $T_1$ und $T_2$ abzulesen. Bei $T_1$ hat das Auslaufrohr absichtlich ein siphonartiges Knie, damit das Rohr stets gefüllt bleibt und nicht warme Luft von oben mitgerissen wird, welche bei der Thermometerablesung zu Fehlern Veranlassung geben könnte.

Die während der Versuchsanstellung zu machenden Aufzeichnungen sind dabei:

| Zeit | Soletemperatur am | | Stand des Tourenzählers | Zahl der Umdrehungen in den verflossenen | | Außentemperatur | Bemerkungen |
|---|---|---|---|---|---|---|---|
| | Zulauf | Ablauf | | 10 Minuten | 1 Minute | | |
| $9^{00}$ | + 1,00 | − 4,53 | 439258 | — | — | 12,4 | |
| $9^{10}$ | + 1,01 | − 4,52 | 440978 | 1720 | 172,0 | 12,5 | |
| $9^{20}$ | + 1,01 | − 4,52 | 442704 | 1726 | 172,6 | 12,5 | |
| usw. | — | — | — | — | — | — | |

Die Berechnung aus diesen Versuchsergebnissen ist folgende: Die Gefäßeichung hat ergeben, daß zur Füllung des Gefäßes von $J$ kg Inhalt $n_s$ Pumpenumdrehungen notwendig sind. Pro 1 Minute werden nun $n_m$ Pumpenumdrehungen im Mittel gemacht, d. h. es läßt sich die mittlere Umdrehungszahl der Pumpe pro Minute aus den einzelnen Ablesungswerten berechnen, somit ist die minutliche von $n_m$-Touren der Pumpe gelieferte Solemenge $= \frac{J \cdot n_m}{n_s}$ kg, und pro 1 Std. wurde dann im Mittel geliefert eine Solemenge

$$S = \frac{60 \cdot J \cdot n_m}{n_s}.$$

Die mittlere Temperaturdifferenz $T_m$ ergibt sich wieder aus dem Mittel sämtlicher Ablesungen.

Um sich einen Begriff über die Größe eines solchen Meßgefäßes machen zu können, sei zunächst erwähnt, daß das Meßgefäß z. B. für den nachstehenden Fall folgende Hauptdimensionen hatte: Höhe 1,5 m, Breite 1,75 m, Länge 2,525 m.

Beispiel: Die Gefäßeichung ergab als Mittel von 10 Versuchen: Füllzeit 5 Min. 32 Sek. = 5,534 Min. bei 920 Gesamttouren; Inhalt 6212 kg.

Der Solezulauf hatte eine mittlere Temper. von + 1,01° C,
» Soleablauf » » » » » — 4,52° C.

$T_m = 4{,}52 + 1{,}01 = 5{,}53$. Die spez. Wärme der Sole war 0,827.

Die minutliche Tourenzahl bei der Eichung war $n_s = \frac{920}{5{,}534} = 166{,}1$, die minutliche von der Pumpe gelieferte Solemenge ist $\frac{6212}{5{,}534} = \mathbf{1122}$ kg. Die mittlere Tourenzahl beim Versuch ergab sich pro Minute zu $n_m = 166{,}7$, das ist also

$$S = \frac{60 \cdot 1122 \cdot 166{,}7}{166{,}1} = 67\,500 \text{ kg Sole pro Std.}$$

Die stündliche Verdampferleistung $Q_s = 67500 \cdot 5{,}53 \cdot 0{,}827 = 308\,500$ Kal.

δ) Messung ohne Meßgefäß durch Einlegen einer Dampfschlange in die Verdampfersole.

Es ist dies eine indirekte Methode. Man hat die in Fig. 196 dargestellte Versuchsanordnung zu treffen:

Der Heizdampf tritt, nachdem er einen Wasserabscheider passiert hat, durch das Reduzierventil *R* und das Dampfregulierventil in die nur in einer langen Windung in die Sole eingelegte Dampfschlange. Die Ableitung für das sich bildende Kondenswasser sei so eng als nur möglich. So finden keine zu großen Wasseransammlungen statt, was für die Genauigkeit der Messung sehr wesentlich ist. Das sich bildende Dampfkondensat wird aufgefangen und gewogen. Während des Versuches muß der ganze Verdampferinhalt von den Rührwerken stets kräftig gemischt werden, so daß zwischen vorn und hinten keine wesentlichen, auf

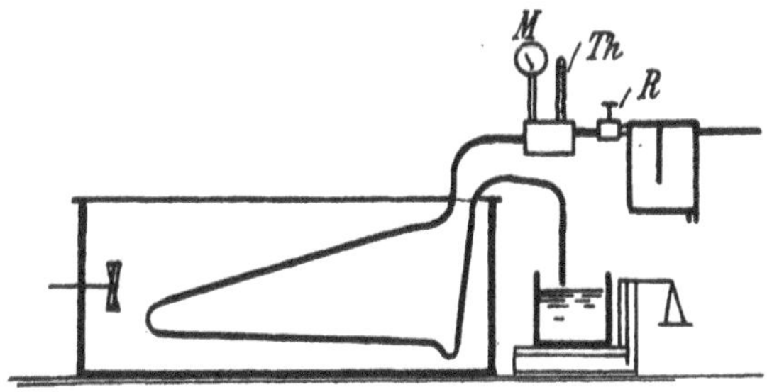


Fig. 196.

alle Fälle aber konstante Temperaturdifferenzen auftreten. Die Dampfanwärmung muß so erfolgen, daß die Temperatur der Sole im Verdampfer auf konstanter, gleicher Höhe bleibt.

Zu messen ist der Dampfdruck am Manometer *M* und die Dampftemperatur am Thermometer *Th*.

Das wichtigste Moment, das bei solcher Versuchsanstellung beachtet werden muß, ist, daß der Heizdampf eine geringe Überhitzung haben muß, also **auf keinen Fall mitgerissenes Kondenswasser** enthalten darf, sonst sind die ganzen Versuchsresultate wertlos, da die Leistung viel zu hoch, also zu günstig gefunden wird. Die gleichzeitige Anbringung eines Manometers und eines Thermometers sichert vor diesem Fehler.

Wird während der ganzen Versuchsdauer eine Temperaturkonstanz der Sole erzielt, dann ist die Verdampferleistung gleich der von dem Dampf abgeführten Wärmemenge, denn letztere wurde gerade aufgebraucht.

Bei dem Versuch ist es außerdem sehr wichtig, daß Anfangszustand und Endzustand des Verdampferinhaltes bezüglich Temperatur genau übereinstimmen.

Die während des Versuches zu machenden Aufzeichnungen sind dabei:

| Zeit | Soletemperatur im Verdampfer | | Heizdampf | | Heizdampfkondeusat | | Minutliche Kondensatmenge | Außentemperatur °C | Bemerkungen |
|---|---|---|---|---|---|---|---|---|---|
| | vorn | hinten | Druck abs. | Temper. °C | Temper. | Zeitp. d. Ablauf f. je 250 kg | | | |
| $9^{00}$ | — 5,05 | — 5,00 | 1,3 | 129 | 28,4 | — | — | 13,3 | |
| $9^{10}$ | — 5,06 | — 5,01 | 1,3 | 129 | 29,2 | $9^{29'4''}$ | 8,62 | 13,4 | |
| $9^{20}$ | — 5,06 | — 5,01 | 1,3 | 130 | 30,2 | — | — | 13,4 | |
| $9^{30}$ | — 5,05 | — 5,00 | 1,3 | 130 | 30,4 | $9^{58'10''}$ | 8,60 | 13,5 | |
| usw. | — | — | — | — | — | — | — | — | |

Aus diesen Versuchsergebnissen berechnet sich:

Die von 1 kg Heizdampf zugeführte Wärme $W$ ist

$$W = \lambda + (t_u - t_s) \cdot 0{,}48.$$

Hierin ist $\lambda$ aus der Fliegner- und Zeunertabelle der Spannung des gesättigten Dampfer entsprechend zu entnehmen, ferner $t_s$ an gleicher Stelle als Sättigungstemperatur des Dampfes. $t_u$ ist die abgelesene Temperatur des in die Heizspirale zugeleiteten überhitzten Dampfes, 0,48 die spezifische Wärme des überhitzten Dampfes.

Nicht vernichtet wurde in dem Verdampfer die noch im Kondensat enthaltene Flüssigkeitswärme $q$, welche pro 1 kg Kondensat mit der Flüssigkeitstemperatur $t_f$

$$q = t_f,$$

somit ist pro 1 kg Dampfkondensat eine mittlere Wärmemenge vernichtet worden von

$$W_m = \lambda_m + (t_{u_m} - t_{s_m}) \cdot 0{,}48 - t_{f_m}.$$

Die Werte $\lambda_m$, $t_{u_m}$, $t_{s_m}$ und $t_{f_m}$ sind die Mittelwerte der gemachten Ablesungen.

War nun die minutliche Kondensatmenge im Mittel zu $k_m$ ermittelt, so ist die stündliche Kondensatmenge $= 60 \cdot k_m$ und die stündliche Verdampferleistung ist

$$Q_s = W_m \cdot 60 \cdot k_m.$$

Beispiel: Der mittlere Dampfdruck ergab sich zu 1,3 Atm. abs.; seine mittlere Temperatur war an der Zuleitung zur Heizspirale abgelesen zu $t_{u_m} = 129{,}5^0$ C.

Die Kondensattemperatur war $t_{f_m} = 29{,}8^0$ C; die minutliche Kondensatmenge im Mittel $k_m = 8{,}61$ kg.

Dem Dampfdruck 1,3 Atm. abs. entspricht eine Temperatur $t_{sm} = 106{,}55^0$ C und eine Gesamtwärme $\lambda_m = 639{,}0$ Kal.

Es wird dann

$$W_m = 639{,}0 + (129{,}5 - 106{,}55) \cdot 0{,}48 - 29{,}8 = 620{,}21 \text{ Kal.}$$

Die Verdampferleistung pro 1 Stde. ist dann

$$Q_s = 620{,}21 \cdot 60 \cdot 8{,}61 = 320\,000 \text{ Kal.}$$

---

Die bei der Feststellung von Verdampferleitungen in Benutzung kommenden Thermometer müssen geprüfte Präzisionsinstrumente sein; ein Ablesen von $^1/_{100}{}^0$ C muß mit Sicherheit möglich sein.

2) Die gesamte Verdampferleistung.

Diese so ermittelte Verdampferleistung ist die Nutzleistung unter den Betriebsverhältnissen. Die tatsächliche Leistung unter Betriebsverhältnissen ist höher, und zwar um den Betrag der während des Versuches stattgefundenen Strahlung. Dieser Strahlungsverlust läßt sich experimentell ermitteln. Man bringt zu diesem Zweck den Generatorinhalt auf eine um $1^0$ C tiefere Temperatur als der mittleren Soletemperatur beim Versuch entspricht. Eine Soleabgabe nach außen darf dabei nicht stattfinden und der Inhalt ist durch den Gang der Rührwerke kräftig zu mischen. Ist dieser Zustand erreicht, so wird der Verdampfer resp. der dazu gehörige Kompressor abgestellt und bei der im Verdampferraum herrschenden Außentemperatur sich selbst so lange überlassen, bis man festgestellt hat, daß die Soletemperatur $1^0$ C über die normale Soletemperatur des Versuches gestiegen ist. Während dieses Strahlungsversuches ist die Außentemperatur in gleichen Zeitabschnitten aufzunotieren. War nun die Zeitdauer bei dieser Prüfung $S_s$ Stunden (Minuten sind in Stunden umzurechnen), so wurde in $S_s$ Stunden der Generatorinhalt, bestehend aus dem Soleninhalt $J_s$ in kg und den gesamten Eisenteilen (Spiralen und Wänden) $J_e$, um 2° C in seiner Temperatur erhöht. Bei einer spezifischen Wärme der Sole von $c$ und des Eisens $c_e$ ist die von außen eingestrahlte Wärmemenge $W_s$ in 1 Stunde:

$$W_s = \frac{(J_s \cdot c + J_e \cdot c_e) \cdot 2}{S_s}.$$

War die mittlere Außentemperatur beim Strahlungsversuch verschieden von der mittleren Außentemperatur, so muß man auf die mittlere Versuchsaußentemperatur umrechnen. Ist die Temperaturdifferenz zwischen mittlerer Außentemperatur und mittlerer Soletemperatur $t_1$ beim Leistungsversuche und diejenige beim Strahlungsversuch $t_2$, so ist die wirkliche stündliche Strahlungskorrektur $W_{s_k} = \frac{W_s \cdot t_s}{t_1}$.

Diese Wärmemenge $W_{s_k}$ ist noch zu der stündlichen Nutzleistung des Verdampfers unter Betriebsverhältnissen zu addieren, dann erhält man die tatsächliche Verdampferleistung.

B e i s p i e l: Das Gewicht der Schlangen und der Eisenteile des Kastens war bekannt zu 18 250 kg; der Inhalt des Verdampfers an Sole war 125 500 kg. Die spezifische Wärme der Sole war 0,872, die des Eisens 0,12. Die mittlere Außentemperatur beim Leistungsversuch war 13,4° C, beim Strahlungsversuch 14,2° C.

Die Zeitdauer beim Strahlungsversuch war 12 Std. 30 Min. = 12,5 Std. Es ergibt sich:

$$W_s = \frac{(125\,500 \cdot 0{,}827 + 18\,250 \cdot 0{,}12) \cdot 2}{12{,}5} = \mathbf{16\,920}\ \text{Kal.}$$

Unter Berücksichtigung der mittleren Außentemperaturen ist bei —5° C mittlerer Solentemperatur

$$W_{s_k} = \frac{16\,920 \cdot (13{,}4 + 5)}{(14{,}2 + 5)} = \mathbf{16\,220}\ \text{Kal.}$$

War dann die Nutzleistung des Verdampfers $Q_s$ = stündlich z. B. 320000 Kal., so ist die tatsächliche Kälteleistung $Q_m = Q_s + W_{s_k} = 320\,000 + 16\,920 = \mathbf{336\,920}$ Kal.

### c) Die Berechnung der Kälteleistung pro 1 PS$_i$-Std.

Wurde gleichzeitig die stündliche Kompressorleistung und die Verdampferleistung ermittelt, so läßt sich aus beiden Zahlen die Kälteleistung pro 1 PS$_i$-Std. berechnen.

Bedeutet

$N_{i_m}$ = mittlere stündliche Kompressorleistung während des Versuches und

$Q_m$ = mittlere stündliche Verdampfergesamtleisstung,

dann ist die pro 1 PS$_i$-Std. erzeugte Verdampferleistung $L$

$$L = \frac{Q_m}{N_{i_m}}.$$

Beispiel: Die gesamte Verdampferleistung war 336 920 Kal.; die mittlere indizierte Kompressorleistung war 95,0 PS, somit ist die Kälteleistung pro 1 PS$_i$-Std.

$$L = \frac{336\,920}{95{,}0} = \mathbf{3550} \text{ Kal.}$$

oder 10 000 Kal. benötigen einen Kraftaufwand von

$$\frac{10\,000}{3550} = \mathbf{2{,}82} \text{ PS.}$$

#### Umrechnung der Kälteleistung auf Normalverhältnisse.

Will man die Leistung einer Kältemaschinenanlage mit derjenigen einer anderen vergleichen, so ist es notwendig, sie unter gleichen Verhältnissen zu prüfen.

Nach Linde soll man als Normalfall für den Vergleich annehmen:

$+10^0$ C als Temperatur des zur Verfügung stehenden Kühlwassers für den Kondensator,

$-\ 5^0$ C als Temperatur der ablaufenden Sole,

$+20^0$ C als Temperatur für das ablaufende Kühlwasser, so daß die normale Temperaturhubhöhe $25^0$ C beträgt.

Da es nun sehr schwer ist, bei Versuchen diese normalen Verhältnisse einzuhalten, so muß eine Umrechnung vorgenommen werden.

Um diese Umrechnung vornehmen zu können sind außer den bei der Kompressor- resp. Verdampferleistung aufgenommenen Werten nachfolgende Aufzeichnungen beim Versuch zu machen.

| Zeit | Ammoniaktemperatur | | Kühlwasser-temperatur im Ablauf $t_w$ |
|---|---|---|---|
| | im Verdampfer $t_2$ | im Kondensator $t_1$ | |
| $10^{30}$ | — 10,0 | + 30,2 | 26,9 |
| $10^{45}$ | — 10,1 | + 30,1 | 26,8 |
| $11^{00}$ | — 10,1 | + 30,1 | 26,8 |
| $11^{15}$ | — 10,0 | + 30,0 | 26,8 |
| usw. | — | — | — |

Die Umrechnung in Normalleistung geschieht nach der Formel von Linde

$$W_n = Q_m \cdot \frac{273 + t_2 - (t_s + 5)}{273 + t_2} \cdot \frac{(t_1 - t_2)}{(t_1 - t_2) + t}.$$

Hierin bedeutet:

$W_n$ = gesuchte Kälteleistung unter Normalverhältnissen,
$Q_m$ = die Kälteleistung unter Betriebsverhältnissen,
$t_1$ = Ammoniaktemperatur im Kondensator,
$t_2$ = Ammoniaktemperatur im Verdampfer,
$t_s$ = Soletemperatur,
$t$ = Unterschied zwischen normaler und wirklicher Temperaturhubhöhe, ($t = 25 - t_w - t_s$),
$t_w$ = Kühlwasserablauftemperatur.

Bei Versuchen, welche auf Normalleistung umgerechnet werden sollen, soll man schon während des Versuches danach trachten, möglichst oben angegebene Normaltemperaturen ein zuhalten.

Beispiel:

| Versuch | normal | Spiral-differenz |
|---|---|---|
| Mittlerer Solenablauf $t_s$ — 5,43 . . . | —5,0 | 4,67 |
| Ammoniaktemperatur im Verdampter $t_2$ = — 10,1 . . . . . . . . . . | —9,67 | |
| Kühlwasserablauftemperatur $t_w$ = 26.8 . | 20,0 | 3,3 |
| Ammoniaktemp. im Kondensat. $t_1$ = 30,1 | 23,3 | |

Die unter den Verhältnissen des Betriebes ermittelte Leistung war $Q_m = 308500$ Kal. Es ist

$$t = 25 - (26,8 + 5,43) = -2,23.$$

$$W_n = 308\,500 \cdot \frac{273 - 10,1 - (5,43 + 5)}{273 - 10,1} \cdot \frac{30,1 + 10,1}{(30,1 + 10,1) - 2,23}$$
$$= 308\,500 \cdot 1,001 \cdot 1,06 = 327\,000 \text{ Kal.}$$

Der Faktor $\frac{273 + t_2 - (t_s + 5)}{273 + t_2}$ ist bei geringen Abweichungen so niedrig (hier 1,001), daß man ihn in der Rechnung ganz vernachlässigen darf. Wird die Verdampferleistung bei Verwendung von Flüssigkeitskühlern durch Unterkühlung beeinflußt, so muß dies in der Rechnung berücksichtigt werden; dabei ist der nach oben berechnete Wert $W_n$ noch im Verhältnis $\frac{r_2 - (q_1 - q_2)^{1)}}{u_2}$ zu vermehren. Es ist notwendig, daß dann noch die Ammoniaktemperatur $t''$ vor dem Regulierventil ermittelt wird.

Bisweilen ist eine Umrechnung auf eine bestimmte Tourenzahl des Kompressors notwendig, wenn die Betriebsmaschine den Kompressor nicht auf die ursprünglich festgesetzte Tourenzahl bringt. Diese Umrechnung ist einfach, und zwar proportional den Tourenzahlen.

### d) Berechnung der Kälteleistung pro 1 cbm Hubraum.

Bedeutet $F_k$ die wirksame Kolbenfläche der Kurbelseite und $F_D$ jene der Deckelseite, so ist der mittlere wirksame Querschnitt $F_k + F_D$ bei einer Umdrehung.

Bei einem Hub $s$ in $m$ und $n$ Touren pro Minute ist das stündliche Hubvolumen $V = (F_k + F_D) \cdot s \cdot n \cdot 60$. Ist dann die stündliche Verdampferleistung $Q_m$, dann ist pro 1 cbm Hubraum geleistet worden:

$$V_1 = \frac{Q_m}{V} \text{ Kal.}$$

Beispiel: Der Zylinderdurchmesser war 42,5 cm, der Kolbenstangendurchmesser 9 cm, der Hub 0,65 m · $n = 60,2$.

[1]) Aus den Tabellen von Mollier zu entnehmen.

Dann ist die wirksame Kolbenfläche

$$F_k = \frac{42{,}5^2\pi}{4} - \frac{9^2\pi}{4} = 1355{,}01 \text{ qcm} = 0{,}1355 \text{ qm}$$

und $$F_D = \frac{42{,}5^2\pi}{4} = 1418{,}63 \text{ qcm} = 0{,}141863 \text{ qm.}$$

$$V = (0{,}1355 + 0{,}14186) \cdot 0{,}65 \cdot 60{,}2 \cdot 60 = 652 \text{ cbm.}$$

Bei einer gesamtstündlichen Verdampferleistung von 336920 Kal. ist:

$$V_1 = \frac{336\,920}{652} = 517 \text{ Kal.}$$

### e) Der volumetrische Wirkungsgrad $\eta_v$.

Er wird aus dem Diagramm berechnet, indem die Diagrammlänge = 100 gesetzt und die Strecke *a* (Fig. 197) in Prozenten

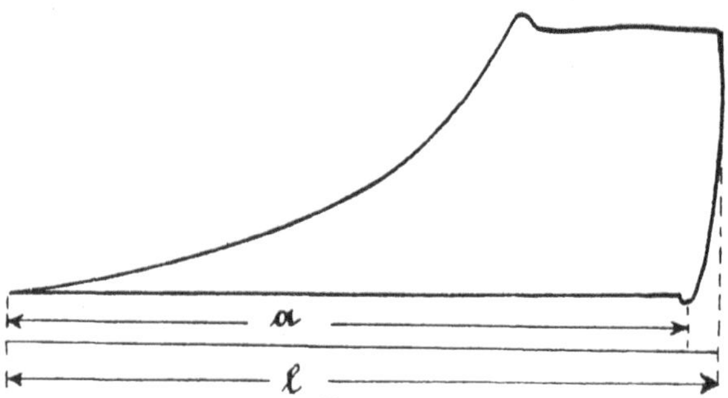


Fig. 197.

der ganzen Diagrammlänge *l* ausgedrückt wird. Die Strecke *a* ist tatsächlich dem Saugvolumen proportional. Der volumetrische Wirkungsgrad gibt demnach an, wieviel Prozent des ganzen Kolbenhubes Dampf aus dem Verdampfer abgesaugt werden.

B e i s p i e l: Die Diagrammlänge ergab sich zu 112 mm, die Strecke *a* war 103,8 mm. Dann ist:

$$\eta_v = \frac{103{,}8 \cdot 100}{112{,}0} = \mathbf{92{,}5\,\%}.$$

Die Größe des schädlichen Raumes und die Zylinderdrücke haben einen beträchtlichen Einfluß auf den volumetrischen Wirkungsgrad. Aus diesem Grund wird bei Vergleich einer Kohlensäuremaschine und einer Schwefligsäuremaschine mit gleichem schädlichen Raum bei ersterer der volumetrische Wirkungsgrad geringer sein, weil diese mit viel höheren Drücken arbeitet. Den Unterschied der Zylinderquerschnitte und Zylinderinhalte, welche sich verhalten wie $K : A \cdot S = 1 : 5{,}78 : 14{,}2$, stellt Fig. 198 bei den drei Medien dar. Kohlensäure benötigt die kleinsten, schweflige Säure das größte Zylindervolumen, Ammoniak liegt in der Mitte; umgekehrt sind aber bei Kohlensäure die Drücke beträchtlich höher als bei der Schwefligsäure.

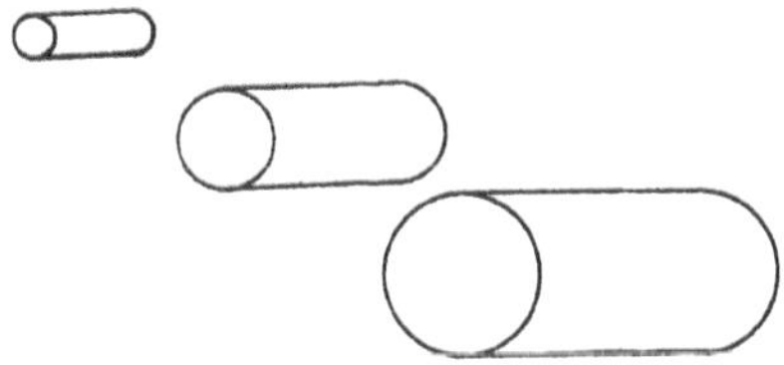

Fig. 198.

## 3. Der totale Arbeitsverbrauch einer Kühlanlage.

Außer der Antriebsarbeit des Kompressors bei seiner Belastung, welche sich aus der Reibungsarbeit und der indizierten Leistung zusammensetzt und den größten Kraftaufwand beansprucht, beteiligen sich noch tolgenbe Abnahmestellen:

a) Rührwerkantriebe im Verdampfer und ev. im Kondensator,
b) Kühlwasserpumpen für den Kondensator,
c) Salzwasserzirkulationspumpen zur Kellerkühlung,
d) Süßwasserzirkulationspumpen für Schwimmerkühlung, Kühlapparate usw.,
e) Kranenantrieb für den Generator (bei Eiserzeugung),
f) Betriebsarbeit der Transmission für diese Antriebe.

Die Bestimmung der Höhe des Arbeitsverbrauches aller dieser Komponenten geschieht am einfachsten durch provisorischen elektrischen Antrieb. Durch Addition erhält man dann den totalen Arbeitsverbrauch einer Kühlanlage.

## 4. Der Kühlwasserverbrauch für die Kondensationsanlage.

Die Menge des für den Kondensator notwendigen Kühlwassers muß besonders in jenen Betrieben festgelegt werden, welche an Wassermangel leiden oder das gesamte Nutzwasser von der städtischen Wasserleitung beziehen. Die Feststellung des Wasserverbrauches geschieht am einfachsten durch Messung. Man stellt dabei zwei Gefäße auf, welche man abwechselnd füllt und in das Kondensatorschiff, an welchem der Wasserstand markiert sein muß, ablaufen läßt. Die Wassertemperatur und die Lufttemperatur haben einen großen Einfluß auf den Wasserverbrauch. Von dem Gesamtkühlwasserverbrauch ist besonders wieder die Menge des stündlich zuzusetzenden Wassers festzustellen. Man notiert dabei:

| Zeit des Vollwerdens | | Temperatur des Wassers | | Zusatzwasser | | Zeit der Zugabe | Außentemperatur | Bemerkung. |
|---|---|---|---|---|---|---|---|---|
| Gefäß 1 | Gefäß 2 | am Zufluß | am Abfluß | Menge | Temperatur | | | |
| | | | | | | | | |

Die folgende Tabelle gibt den Kühlwasserverbrauch in hl für Anlagen verschiedener Größen an. Gleichzeitig ist die neuere in der Praxis übliche Bezeichnung der Kompressorgrößen neben dem Kraftverbrauch des Kompressors und der Pumpen mit angeführt.

| | | 1 | 4 | 6 | (III) 8 | (IV) 10 | (V) 12 | (VI) 14 | (VII] 16 | (VIII) 18 |
|---|---|---|---|---|---|---|---|---|---|---|
| Verdampferleist. —2 bis —5° C | | 2000 | 5000 | 10 000 | 18 000 | 40 000 | 80 000 | 150 000 | 220 000 | 330 000 |
| Arbeitsverbrauch in PS | Kompressor | 1,25 | 2,5 | 4 | 6 | 12 | 24 | 42 | 62 | 93 |
| | Pumpen | 0,2 | 0,5 | 0,75 | 1,5 | 2,5 | 4,5 | 7 | 10 | 15 |
| Kühlwasser stündl in hl . . | | 3 | 7 | 14 | 25 | 56 | 110 | 210 | 320 | 490 |

Die römischten Zahlen bedeuten eine früher allgemein übliche Einteilung.

## 5. Die Feststellung der Kälteverteilung für die verschiedenen Betriebszwecke.

Das Schema der Kälteverteilung in der Brauerei stellt Fig. 199 dar. Die Kälteabnahmestellen sind:

a) für Raumkühlung der Lagerkeller, der Gärkeller

b) für Flüssigkeitskühlung die Bottichwürze, die Hefen, die Kühlschiffwürze,

c) der Generator für Eiserzeugung.

Die Raumkühlung geschieht meist mit Salzwasserkühlung, die Bottich-, Satz- und Würzekühlung mit Süßwasser, welches indirekt durch Salzwasser herabgekühlt wurde. Die Eiserzeugung findet entweder in einem besonderen Generator oder in dem als Generator ausgebildeten Verdampfer statt.

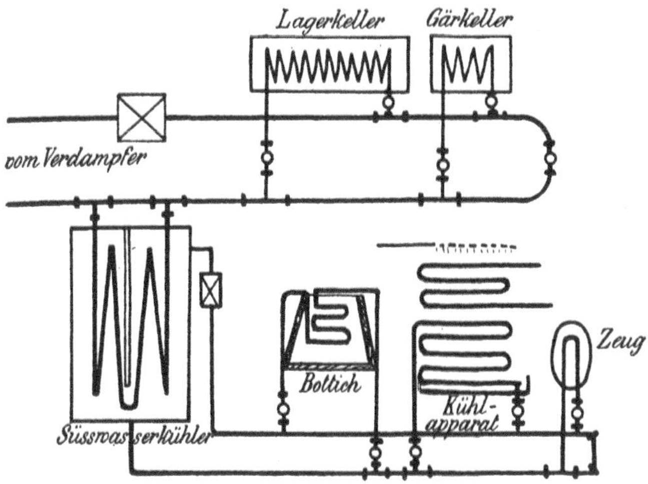


Fig. 199.

a) Will man den Kälteverbrauch einer durch Salzwasser gekühlten Station (Lager- oder Gärkeller) ermitteln, so ist die mittlere Temperaturdifferenz festzulegen, um welche sich die zufließende Sole erwärmt, ferner die Menge der dort zirkulierenden Sole. Diese kann durch Messung oder durch Wägung auf irgendeine der schon vorn beschriebenen Arten der Solemessung ermittelt werden. Gleichzeitig ist zur Bestimmung des spezifischen Gewichtes eine Probe der Sole zu entnehmen, um die spezifische Wärme ermitteln zu können.

Ist die pro 1 Std. zirkulierende Solenmenge $= q$ in kg, die Erwärmung, welche sie erfahren hat $= t$ und die spezifische

Wärme $= c$, so ist der stündliche Kälteverbrauch für Salzwasserkühlung $= K_s$

$$K_s = q \cdot t \cdot c.$$

Außer dem Kälteaufwand ist auch die Temperatur der gekühlten Räume aufzunehmen; was in folgender Form geschehen kann:

| Raumbenennung | Bodenfläche qm | Höhe m | Zeit der Temperaturaufnnahme | | | | | | |
|---|---|---|---|---|---|---|---|---|---|
| | | | 10 h | 12 h | 2 h | 4 h | 6 h | 8 h | 10 h |
| Lagerkeller Abt. 1 . . | 91,00 | 3,50 | 2,00 | 2,00 | 2,05 | 2,05 | 2,05 | 2,05 | 2,00 |
| » » 2 . . | 99,00 | 5,60 | 1,80 | 1,80 | 1,85 | 1,85 | 1,80 | 1,80 | 1,80 |
| » » 3 . . | 91,00 | 5,60 | 1,85 | 1,85 | 1,91 | 1,90 | 1,85 | 1,85 | 1,85 |
| » » 4 . . | 107,50 | 5,00 | | | | usw. | | | |
| » » 5 . . | 123,00 | 5,60 | | | | | | | |
| Vorkeller I . . . . . | 28,00 | 3,30 | | | | | | | |
| » II . . . . . | 55,50 | 3,30 | | | | | | | |
| Lagerkeller Abt. 6 . . | 151,70 | 6,75 | | | | | | | |
| » » 7 . . | 145,30 | 6,75 | | | | | | | |
| Reserveraum . . . . . | 115,50 | 4,00 | | | | | | | |
| Abziehkeller für Faßbier | 160,75 | 3,20 | | | | | | | |
| usw. | | | | | | | | | |

Der Versuch ist zu beenden, wenn der Endzustand der gekühlten Räume gleich dem Anfangszustand ist. Versuche von sehr kurzer Dauer sind wertlos.

Bedeutet $B =$ gesamte Bodenfläche der gekühlten Räume, so erhält man den pro 1 qm Bodenfläche der Keller notwendigen Kältebedarf pro Stunde $k$ aus

$$k = \frac{K}{B}.$$

Beispiel: Der stündliche Kälteverbrauch ergab sich zu $K = 38\,800$ Kal.

Die gekühlte Lagerkellerbodenfläche war 1225 qm, so daß auf 1 qm

$$k = \frac{38\,800}{1225} = 31{,}7 \text{ Kal.}$$

treffen. Lagern pro 1 qm Kellerfläche $b$ hl Bier, so ist der pro 1 hl lagerndes Bier stündlich aufzuwendende Kälteverbrauch

$$K_b = b \cdot k.$$

Beim Gärkellerbetrieb ist in gleicher Weise der Kälteverbrauch auch für Raumkühlung pro 1 hl gärende Würze festzustellen.

b) Den Kälteverbrauch für Süßwasserkühlung $K_s$ findet man, wenn man die Erwärmung der zu- und abfließenden Solenmenge zum Süßwasserkühler sowie ihre Menge ermittelt. Außerdem ist es von Wichtigkeit, die Leistung $L_s$ des Süßwasserkühlers festzustellen. Diese ist um den Betrag der Leitung und Strahlung kleiner, als der Verbrauch $K_s$ angibt. Beim Versuch muß in dem zirkulierenden Süßwasser ein guter Beharrungszustand erreicht werden. Die Temperatur des ab- und zurückfließenden Süßwassers ist zu bestimmen, sowie deren Menge durch Messung.

Der Wirkungsgrad des Süßwasserkühlers $\eta_s$ ergibt sich dann aus

$$\eta_s = \frac{L_s}{K_s}$$

und der Nutzeffekt ist $100 \cdot \eta_s$.

Die Leistung des Süßwasserkühlers $L_s$ verteilt sich auf:

a) Bottichkühlung,

b) Salzkühlung,

c) Speisung des Kühlapparates.

Der Verbrauch an Kälte für die Bottich- und Satzkühlung ist ein annähernd konstanter, während für Kühlzwecke am Kühlapparat der Verbrauch ein periodischer ist. Der Kälteverbrauch für den Kühlapparat kann entweder aus der Differenz der Süßwasserkühlerleistung mit und ohne eingeschalteten Kühlapparat oder direkt am Kühlapparat durch Messung der zufließenden Kühlwassermenge und deren Temperaturerhöhung ermittelt werden.

Den Kälteverbrauch für die auf Gärung befindliche Würze rechnet man um auf 1 hl Würze, ferner gibt man auch bei dem Kälteverbrauch für Apparatekühlung den auf 1 hl Würzekühlung treffenden Verbrauch an.

c) Der Kälteverbrauch für Eiserzeugung. Er ist der erzeugten Eismenge unter normalen Verhältnissen proportional. Ist die Leistung eines Generators, den man als Verdampfer arbeiten ließ, bekannt, so läßt man unter den gleichen normalen Bedingungen diesen als Generator arbeiten und zieht gerade so viel Eis kontinuierlich aus, daß die normalen Temperaturverhältnisse aufrechterhalten bleiben. Bei kleinen Generatoren ist das nicht schwer. Mehr Mühe macht die Untersuchung großer Generatoren für ca. 330000 Kal. Stundenleistung. Hier können nur Dauerversuche von mindestens 2 · 24 Stunden zuverlässige Resultate geben.

Die Nutzleistung des Generators ergibt sich, wenn die Temperatur des Wassers, welches in die Zellen eingefüllt wurde, und ferner das gesamte erzeugte Eisquantum bekannt ist. Die erste Feststellung geschieht durch einfache Messung mit dem Thermometer. Die Ermittlung des Eisquantums kann nur durch direkte Wägung erfolgen. Man sammelt das ausgezogene Eis in einem vor die Rutsche gestellten tarierten Wagen und ermittelt das in bestimmter Zeit erhaltene Eisgewicht. Vielfach begnügt man sich auch durch Wägung von Einzelstangen, deren Gewicht man als Mittelgewicht annimmt und mit der Anzahl der entleerten Zellen multipliziert. Diese Methode setzt ein sehr gleichmäßiges Füllen der Zellen, ein sehr gleichmäßiges Ausfrieren und ein sehr gleichmäßiges Auftauen voraus. Verfasser empfiehlt diese Methode nicht, da schon ein kleiner Fehler, der sich leicht ergeben kann, zu oft multipliziert wird. Jene Methode ist noch mehr zu verwerfen, wobei man sich mit der Messung der in die Zellen eingefüllten Wassermenge begnügt und nur einen konstanten Abzug für den Schmelzverlust durch Auftauen einsetzt.

Der theoretische Kälteverbrauch $k_e$ für 1 kg Eis bei Wasser von $t_1{}^0$ C und einer Temperaturerniedrigung des Eises um $t_2{}^0$ C unter Null ist:

a) für Temperaturerniedrigung auf den Gefrierpunkt $= t_1$ Kal.
b) » Änderung des Aggregatzustandes $= 80$ Kal.
c) » Temperaturerniedrigung auf $t_2{}^0$ C bei einer spez. Wärme des Eises $0{,}5 = t_2 \cdot 0{,}5$ Kal.

$$k_e = t_1 + 80 + t_2 \cdot 0{,}5.$$

Hat z. B. das eingefüllte Wasser eine Temperatur von $15^0$ C und beträgt die Temperaturerniedrigung des Eises unter Null $10^0$ C (der Solentemperatur entsprechend, wenn die Zellen genügend lange eingesetzt waren), so ist $k_e = 15 + 80 + 10 \cdot 0{,}5 = 100$ Kal. Der Schmelzverlust pro 1 kg Eis beträgt ca. 20 Kal., so daß pro

1 kg erzeugtes Eis 120 Kal. aufgewendet werden müssen, für 1 Ztr. Kunsteis also 6000 Kal. unter diesen Verhältnissen.

Die Kosten des Kunsteises lassen sich ermitteln, wenn gleichzeitig mit der Ermittlung des in einer bestimmten Zeit erzeugten Eisquantums der Kraftverbrauch des Kompressors mit festgelegt wird.

Im allgemeinen setzen sich die Kosten des Kunsteises zusammen aus:

a) den Betriebskosten, das sind die dem Kraftverbrauch äquivalenten Brennstoffkosten;

b) den Unterhaltungskosten, das sind Ölverbrauch, Ammoniak resp. Kohlensäure oder schweflige Säure, Generatorsalz, Dichtungsmaterial, Reinigungskosten u. Wasserverbrauch;

c) Bedienungskosten, das sind die Arbeitslöhne für das benötigte Maschinenpersonal;

d) Kosten der Anlage; der auf den Kraftverbrauch für die Eiserzeugung entfallende Teil der Antriebsmaschinen und Kessel muß amortisiert und verzinst werden.

Beispiel: Der Kraftverbrauch des Kompressors war 95,9 PS.

a) Betriebskosten:

Die Pumpen, Rührwerke etc. benötigten 23,0 PS, zusammen also **118,9** $PS_i$.

Die stündliche nutzbare Eiserzeugung berechnete sich aus dem Dauerversuch im Mittel zu 56,2 Ztr. = 2810 kg.

Der Dampfverbrauch der Betriebsmaschine war 11,15 kg pro 1 $PS_i$-Std., 1000 kg Dampf kosteten unter Betriebsverhältnissen 258 Pf., bei einem Kohlenpreis von 141 Pf. pro 100 kg.

Die Kosten von 1 $PS_i$-Std. sind dann $\frac{11{,}15 \cdot 258}{1000} = \mathbf{2{,}845}$ Pf.

Die Kosten an Brennstoffaufwand für 1 Ztr. Eis sind dann:

$$\frac{118{,}9 \cdot 2{,}845}{56{,}2} = \mathbf{6{,}03}\ \text{Pf.}$$

b) Unterhaltungskosten:

Der Ölverbrauch ergab sich für den Kompressor pro Jahr für 110 Betriebstage à 1000 Ztr. Eiserzeugung an:

| | | |
|---|---|---|
| Kompressoröl: | 198 kg à 100 kg 45 M. | = 89,0 M. |
| Lageröl: | 218 kg à 100 kg 42 » | = 91,5 » |
| | | **180,5** M. |

Ammoniakverlust: Verlust durch Rektifizieren jährlich 100 kg à 1,50 M. = **150,0** »
Generatorsalz: Jährl. 100 Ztr. à 2 M. = **200,0** »
Dichtungsmaterial . . . . . . . . **50,0** »
Reinigungskosten von Kondensator und Generator, Zellenanstrich . . . . . . . **420,0** »
Wasserverbrauch: a) für Eiserzeugung von 110000 Ztr. (inkl. ca. 10 % Verlust) = 120000 Ztr. = 6000 cbm.
b) für Kondensationsanlage (Zusatz).
110 Betriebstage à 12 cbm = 1320 cbm
zusammen: 7320 cbm
1 cbm kostet 20 Pfg.
Wasserkosten: 7320 · 0,2 = **1464** M.
Gesamte jährliche Unterhaltungskosten:
180,5 + 150,0 + 200,0 + 50,0 + 420,0 + 1464,0 = **2464,5** M.

Unterhaltungskosten per 1 Ztr. Eis $\frac{246450}{110000}$ = **2,24** Pf.

c) Bedienungskosten:

2 Mann ziehen in 24 Std. 1000 Ztr. Eis; Wochenlohn 27,0 M. pro 1 Mann; bei 6 Arbeitstagen sind nötig zum Ziehen von 110000 Ztr. $\frac{110\,000}{6 \cdot 1000} = 18{,}35$ Wochen.

Arbeitslohn gesamt 18,35 · 2 · 27,0 = 990 M., auf 1 Ztr. Eis trifft $\frac{990\,00}{110\,000}$ = **0,9** Pf.

d) Die Kosten der Anlage:

Für die Eiserzeugung genügte 1 Zusatzkessel von 150 qm Heizfläche. Die Viertelleistung der Dampfmaschine wurde für Eiserzeugung gebraucht.

1 Kessel 150 qm Heizfläche 9000 M.
Amortisation 12 % = 1080 M.
Verzinsung 5 % = 450 »
**1530** M.

Dampfmaschine (¼ des Wertes) 8600 M.
Amortisation 12 % = 1032 M.
Verzinsung 5 % = 430 »
**1462** M.

Pumpen, Transmissionen 9400 M.

| | | |
|---|---|---|
| Amortisation | 12 % = | 1128 » |
| Verzinsung | 5 % = | 470 » |
| | | **1598** M. |

Kompressor, Kondensator und Generator 85000 M.

| | | |
|---|---|---|
| Amortisation | 12 % = | 10200 M. |
| Verzinsung | 5 % = | 4250 » |
| | | 14450 M. |

Gesamte Abschreibung und Verzinsung:

$$1530 + 1462 + 1598 + 14450 = \mathbf{19\,040} \text{ M.}$$

Auf 1 Ztr. Eis trifft bei 110000 Ztr. Jahreserzeugung

$$\frac{190\,400}{110\,000} = \mathbf{17{,}3} \text{ Pf.}$$

---

Die Kosten des Kunsteises sind somit pro 1 Ztr.:

| | | |
|---|---|---|
| für Kraftverbrauch (Brennstoff) | 6,03 Pf. | Fabrikations-kosten |
| » Unterhaltung | 2,24 » | |
| » Bedienung | 0,90 » | |
| » Anlagekosten | 17,30 » | |
| Gesamtkosten | **26,47** Pf. | |

Die Fabrikationskosten sind 6,03 + 2,24 + 0,90 = **9,17** Pf.

und betragen nur $\frac{9{,}17 \cdot 100}{26{,}47} = 34{,}7\,\%$ der Gesamtkosten.

Bei stärkerer Ausnutzung der Anlage, welche ja das Doppelte leisten könnte, verringern sich die Anlagekosten im Verhältnis der Mehrleistung. Die Fabrikationskosten bleiben gleich. Bei 220000 Ztr. Eislieferung wären die Anlagekosten nur $\frac{17{,}30}{2}$ = 8,56 Pf. pro 1 Ztr. und die Gesamtkosten **17,82** Pf. pro 1 Ztr. Eis.

## 6. Die Untersuchung der arbeitenden Medien im Betrieb und bei Anlieferung.

In Betracht kommen als solche Ammoniak, Kohlensäure und schweflige Säure. Keines dieser Medien wirkt innerhalb der beim Kühlmaschinenbetrieb herrschenden Drücke und Temperaturen zerstörend auf die vorwiegend verwendeten Kohle-Eisenlegierungen (Gußeisen, Stahl, Schmiedeeisen), wenn sie chemisch rein sind. Beimengungen von Sauerstoff (Luft) und Wasser wirken nach dieser Hinsicht besonders bei Ammoniak, weniger bei schwefliger Säure nachteilig. Kohlensäure verhält sich auch mit mäßiger Verunreinigung indifferent. Außerdem drücken aber Verunreinigungen des Mediums je nach dem Grade derselben den Kühleffekt herab.

Deshalb muß die Untersuchung sich sowohl auf die in den Kühlmaschinen zirkulierenden Medien als auf diejenigen bei Anlieferung erstrecken.

a) Ammoniakprüfung. Die Verunreinigung stellt man durch Verdunstung einer entnommenen Probe fest. Bei der Probenahme des zirkulierenden Ammoniaks, welches man unter dem Regulierventil entnimmt, indem man das Probeglas anhängt, muß man zuerst kräftig vorschießen lassen, daß nicht in dem Hahn abgelagerte Schmutzteile das Resultat beeinflussen. Bei der Neuanlieferung von Ammoniak beschränke man sich nicht nur auf die Probeentnahme aus einer liegenden oder stehenden Flasche, sondern es ist ebenso wichtig, die Flasche in Ruhe etwa 24 Stunden auf den Kopf zu stellen und in dieser Lage eine Probe zu entnehmen. So erhält man, wenn viel Verunreinigung vorhanden, das Maximum. Ist die Verunreinigung selbst in dieser Lage sehr gering, so ist das ein günstiges Zeichen.

Bei der Untersuchung benutzt man das in Fig. 200 dargestellte Glasgefäß.

Der Zylinder wird bis zur Marke mit Ammoniak gefüllt. Dieses verdunstet und geht durch das Glasrohr in das untere Glasgefäß, wodurch bei Aufnahme des Ammoniaks durch das Wasser eine Erwärmung entsteht und das Verdunsten des Ammoniaks im Zylinder beschleunigt wird. Auf diese Weise verdunstet alles Ammoniak im oberen Zylinder und wird unten im Wassergefäß vollständig absorbiert. Der das ursprüngliche Ammoniak verunreinigende Rückstand an Wasser verbleibt in dem verjüngten Zylinderansatz, von welchem man direkt Prozente ablesen kann.

Man nimmt diese Operation am besten wegen der starken Ammoniakentwicklung im Freien vor.

Der Rückstand soll bei dem in den Kühlmaschinen zirkulierenden Ammoniak unter normalen Verhältnissen höchstens 1 % betragen. Wenn derselbe höher ist, muß das Ammoniak energisch rektifiziert werden, um die Verunreinigungen möglichst aus der Maschine zu entfernen. Auch sollte jede gelieferte Flasche Ammoniak mit dem Apparat untersucht werden, um festzustellen, ob die Verunreinigungen das zulässige Maß nicht

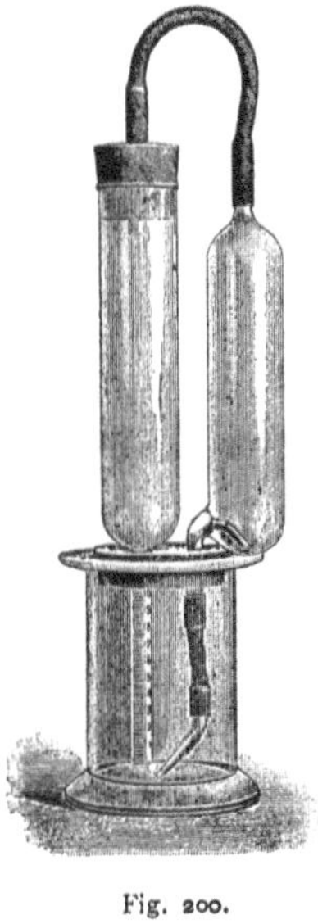

Fig. 200.

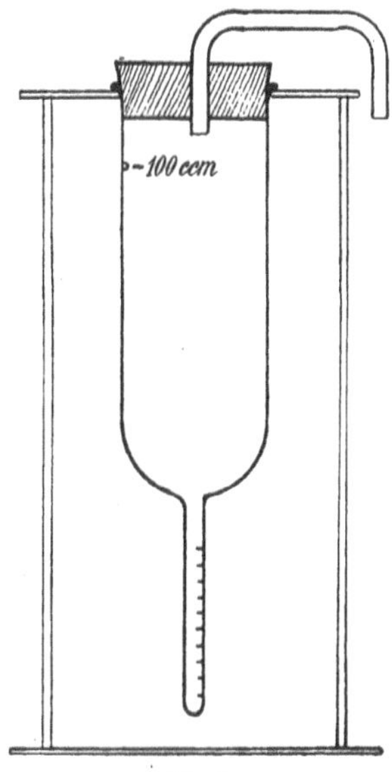


Fig. 201.

überschreiten. Als Grenze für die Verunreinigungen kann bei einem guten Ammoniak heute 0,5 % Rückstand im Maximum verlangt werden.

Ebenso empfehlenswert ist das in Fig. 201 wiedergegebene Probegefäß. Es faßt 100 ccm und hat oben eine Marke, ein kleines Loch, an welchem das Ammoniak austritt, wenn genau 100 ccm enthalten sind. Das Meßglas befindet sich der leichten Handhabung wegen in einem Blechgestell. Nach der Probeentnahme bedeckt man das Prüfglas mit durchbohrtem Kork, der in seiner Öffnung ein kleines Glasknierohr trägt. Durch dieses kann das bei der Temperatur im Maschinenraum verdampfende Ammoniak entweichen. Das Bedecken des Prüfglases ist wesentlich; wird es nicht bedeckt, so findet man häufig höhere Verunreinigungen durch Wasser als bei verdecktem Gefäß. Es rührt das her von Wasserniederschlägen aus der Luft in dem Verdunstungsgefäß. Bekanntlich ist um das Prüfglas herum, infolge der durch die Verdunstung entstehenden tiefen Temperatur, die Luft vollkommen mit Feuchtigkeit gesättigt, welche sich an der Außenwand des Glases als Reif ablagert. Geringe Niederschläge bilden sich aber auch, wenn das Prüfglas zur Hälfte leer geworden ist, an den Innenwandungen. Folgender Versuch zeigt z. B. diese Unterschiede:

| | geschlossen | offen | offen |
|---|---|---|---|
| Verunreinigung | 0,95 % | 1,25 % | 1,30 %. |

Kleinere Prüfgefäße als solche von 100 ccm Inhalt sind nicht empfehlenswert, da die Prüfung sonst zu ungenau wird.

Die Verdunstung nimmt immerhin einige Stunden in Anspruch. Es empfiehlt sich nicht, das Verdunsten durch Einstellen des Prüfglases in angewärmtes Wasser einzustellen, da dadurch oft ein zu starkes Auskochen des Ammoniaks eintritt und nicht selten wegen der Temperaturunterschiede das Prüfglas springt. Das Verdampfen ist also an der Luft ruhig abzuwarten. Ist der äußere Reifniederschlag am Glas abgeschmolzen, so ist auch das Ammoniak fast vollkommen verflüchtigt. Nunmehr kann das Glas in Wasser von ca. 40 — 50° eingehalten werden, um die letzten Ammoniakreste zu vertreiben. Beim Ablesen an der Skala ist zunächst abzukühlen. Man kann dann die Gesamtverunreinigung ablesen. Nun legt man das Glas in einen Trockenschrank bei ca. 105° C. Dabei entweicht das Wasser und es bleiben hochsiedende und feste Bestandteile zurück. Diese können beim zirkulierenden Ammoniak von Verunreinigung durch Kompressoröl, bei neuangeliefertem Ammoniak von Schmieröl, welches in der Kompressionspumpe bei der Fabrikation des Ammoniaks, enthalten ist, herrühren. (Ammoniakpreis 1,50 bis 1,80 M. pro 1 kg.)

b) Kohlensäureprüfung. Man stellt an eine für Kältemaschinen geeignete Kohlensäure folgende Ansprüche:

1) Der Geruch muß rein sein, weder brenzlich noch stechend. Der Geschmack sei rein säuerlich.

2) Der Gehalt an $CO_2$, aus der liegenden Flasche im Orsatapparat gemessen, betrage mindestens 98 %. Auf Kohlenoxyd ist ebenfalls im Orsatapparat zu prüfen; der Gehalt an CO darf 0,5 % nicht übersteigen.

3) Das Gas darf weder schweflige noch salpetrige Säure enthalten.

3. Nach $^1/_4$ stündigem Durchleiten durch 100 ccm mit Schwefelsäure angesäuerter warmer $^1/_{100}$ Normalpermanganatlösung darf eine merkliche Entfärbung der letzteren nicht eintreten.

4. Das Gas darf nach $^1/_4$ stündigem Durchleiten durch 100 ccm mit Salpetersäure angesäuerter $^1/_{100}$ Silberlösung in dieser keinen Niederschlag hervorrufen. (Kohlensäurepreis 0,45 — 0,50 M. pro 1 kg.)

c) Schweflige Säure. Die Verunreinigung wird ebenfalls durch Verdunstung wie bei Ammoniak ermittelt. (Preis 0,25—0,35 M. pro 1 kg, Flascheninhalt 100 kg.) Spezifisches Gewicht 1,35.

Die laufende Kontrolle bei Anlieferung.

Bei jeder Anlieferung ist das Gewicht des Flascheninhaltes zu ermitteln und neben den Untersuchungsresultaten in eine Tabelle einzutragen.

Ammoniak.

| Datum der Anlieferung | Flaschengewicht | | Inhalt kg | Verunreinigung aus | | Bemerkungen |
|---|---|---|---|---|---|---|
| | vor dem Entleeren | nach dem Entleeren | | liegender Flasche | auf Kopf stehend. Flasche | |
| | | | | | | |

## 7. Die Untersuchung der Generatorwässer.

Als Zusatz für Generatorwässer kommt Chlornatrium (denaturiertes Kochsalz), Chlorkalzium und Chlormagnesium in Betracht. Die beiden letzteren Salze werden mehr und mehr vom Chlornatrium verdrängt. Der Gefrierpunkt liegt um so tiefer, je konzentrierter die Salzlösung ist. Ist die Lösung sehr stark gesättigt, also dem Sättigungspunkt sehr nahe, so kann sich unter Umständen Salz in fester Kristallform ausscheiden. Bei zu geringer Sättigung liegt der Gefrierpunkt zu hoch und es ist die Möglichkeit gegeben, daß die Generatorschlangen vereisen.

Die Sättigung wird erreicht bei

$NaCl$ = ca. 31 % Salzgehalt; $CaCl_2$ = 35 % Salzgehalt; $MgCl_2$ = 53 % Salzgehalt.

Vom Salzgehalt hängen direkt ab: Gefrierpunkt, Dichte und spezifische Wärme. Die folgenden Tabellen zeigen diesen Zusammenhang.

Chlornatrium (Kochsalz) $NaCl$.

| Prozentgehalt an Salz | Gefrierpunkt °C | Dichte bei 18,75° C | Spezifische Wärme |
|---|---|---|---|
| 2 | — 1,5 | 1,015 | 0,973 |
| 4 | — 3,0 | 1,029 | 0,960 |
| 6 | — 4,5 | 1,043 | 0,947 |
| 10 | — 7,4 | 1,073 | 0,916 |
| 12 | — 8,9 | 1,088 | 0,898 |
| 16 | —11,8 | 1,120 | 0,865 |
| 18 | —13,1 | 1,135 | 0,848 |
| 20 | —14,4 | 1,150 | 0.832 |
| 22 | —15,7 | 1,166 | 0,815 |
| 24 | —17,1 | 1,182 | 0,798 |
| 26 | —18,4 | 1,199 | 0,782 |

Chlorkalzium $CaCl_2$.

| Prozentgehalt an Salz | Gefrierpunkt °C | Dichte bei 15° C | Spezifische Wärme |
|---|---|---|---|
| 2 | — 0,9 | 1,017 | 0,995 |
| 4 | — 1,9 | 1,034 | 0,980 |
| 6 | — 3,0 | 1,051 | 0,947 |
| 10 | — 5,9 | 1,087 | 0,878 |
| 12 | — 7,0 | 1,106 | 0,854 |
| 16 | —10,5 | 1,143 | 0,804 |
| 18 | —12,5 | 1,163 | 0,778 |
| 20 | —14,8 | 1,182 | 0,754 |
| 22 | —17,5 | 1,203 | 0,732 |
| 24 | —20,0 | 1,223 | 0,710 |
| 26 | —23,7 | 1,233 | 0,690 |

## Na Cl.

| Dichte bei 18° C | 1,00 | 1,02 | 1,04 | 1,06 | 1,08 | 1,10 | 1,12 | 1,14 | 1,16 | 1,18 | 1,20 |
|---|---|---|---|---|---|---|---|---|---|---|---|
| Manometerdrücke kg/qcm $CO_2$ | 34,5 | 32,5 | 30,5 | 29,0 | 27,5 | 26,0 | 24,0 | 23,0 | 22,0 | 21,0 | 20,20 |
| Manometerdrücke kg/qcm $NH_3$ | 3,4 | 3,05 | 2,7 | 2,4 | 2,15 | 1,9 | 1,7 | 1,5 | 1,3 | 1,2 | 1,0 |
| Manometerdrücke kg/qcm $SO_2$ | 0,59 | 0,45 | 0,33 | 0,22 | 0,1 | 0,02 | 6 | 11 | 15 | 18 | 21 |
| | | | | | | | cm vac. | | | | |
| Gefrierpunkt °C | 0 | —2,0 | —4,4 | —6,5 | —8,5 | —10,5 | —12,5 | —14,0 | —16 | —17,6 | —18 |
| Gewicht an wasserfreiem Salz in 100 kg Lösung | 0 | 3 | 4,5 | 8,0 | 11,0 | 13,0 | 16 | 18 | 22 | 24 | 27 |
| Spezifische Wärme pro 1 kg Lösung | 1,00 | 0,97 | 0,938 | 0,91 | 0,88 | 0,86 | 0,84 | 0,82 | 0,806 | 0,793 | 0,78 |
| **Ca $Cl_2$** | | | | | | | | | | | |
| Manometerdrücke kg/qcm $CO_2$ | 34,5 | 33,5 | 32,5 | 31,5 | 30 | 29 | 27 | 25,5 | 24 | 22 | 20,5 |
| Manometerdrücke kg/qcm $NH_3$ | 3,4 | 3,2 | 3,0 | 2,9 | 2,7 | 2,5 | 2,25 | 2,0 | 1,7 | 1,4 | 1,1 |
| Manometerdrücke kg/qcm $SO_2$ | 0,59 | 0,52 | 0,44 | 0,37 | 0,28 | 0,20 | 0,11 | 0,03 | 6 | 14 | 21 |
| | | | | | | | | | cm vac. | | |
| Gefrierpunkt °C | 0 | —1 | —2,5 | —3,5 | —5,0 | —7,0 | —8,6 | —10,7 | —13,0 | —15,5 | —18,4 |
| Gewicht an wasserfreiem Salz in 100 kg Lösung | 0 | 3,3 | 6,0 | 7,5 | 10 | 12,5 | 15,0 | 17 | 18,5 | 21 | 23 |
| Spezifische Wärme pro 1 kg Lösung | 1,00 | 0,96 | 0,93 | 0,90 | 0,87 | 0,845 | 0,82 | 0,796 | 0,778 | 0,757 | 0,743 |
| **Mg $Cl_2$** | | | | | | | | | | | |
| Manometerdrücke kg/qcm $CO_2$ | 34,5 | 33 | 31,6 | 30 | 28,5 | 26,5 | 24,5 | 22,5 | 20,5 | 18,5 | 16,5 |
| Manometerdrücke kg/qcm $NH_3$ | 3,4 | 3,1 | 2,85 | 2,55 | 2,3 | 2,0 | 1,75 | 1,45 | 1,15 | 0,85 | 0,53 |
| Manometerdrücke kg/qcm $SO_2$ | 0,59 | 0,48 | 0,37 | 0,26 | 0,15 | 0,04 | 5,5 | 13 | 22 | 30 | 37 |
| | | | | | | | cm vac. | | | | |
| Gefrierpunkt °C | 0 | —1,7 | —3,5 | —5,5 | —7,7 | —10 | —12,7 | —15,6 | —19 | —22 | —26 |
| Gewicht an wasserfreiem Salz in 100 kg Lösung | 0 | 3 | 5 | 7 | 9,5 | 11,5 | 14 | 16 | 18 | 20 | 22,5 |
| Spezifische Wärme pro 1 kg Lösung | 1,00 | 0,965 | 0,93 | 0,90 | 0,87 | 0,84 | 0,815 | 0,79 | 0,77 | 0,75 | 0,73 |

Chlorkalzium ist bekanntlich sehr hygroskopisch. Je nach seinem Wassergehalt muß eine entsprechend höhere Gewichtsmenge des Salzes zur Erzielung einer bestimmten Konzentration verwendet werden.

Chlormagnesium $MgCl_2$.

| Prozentgehalt an Chlormagnesium | Gefrierpunkt °C | Dichte bei 15° C | Spezifische Wärme |
|---|---|---|---|
| 2 | — 0,9 | 1,015 | 0,99 |
| 4 | — 2,4 | 1,032 | 0,95 |
| 6 | — 4,4 | 1,050 | 0,91 |
| 10 | — 8,5 | 1,085 | 0,87 |
| 12 | —10,8 | 1,105 | 0,84 |
| 16 | —15,1 | 1,145 | 0,79 |
| 18 | —17,5 | 1,165 | 0,77 |
| 20 | —19,9 | 1,185 | 0,75 |
| 22 | —21,2 | 1,195 | 0,73 |
| 24 | —24,1 | 1,215 | 0,71 |
| 26 | —27,4 | 1,235 | 0,69 |

Der umrandete Salzgehalt ist normal. Zur Erzielung des gleichen Gefrierpunktes kann bei Chlormagnesium eine geringere Salzmenge Verwendung finden als bei $NaCl$ und $CaCl_2$.

Die Zubereitung der Sole darf nie im Generator (Verdampfer) selbst, sondern hat in einem besonderen Gefäß außerhalb zu erfolgen. Die bereitete Sole läßt man absitzen und nur die klare Flüssigkeit ablaufen.

Die Konzentration der Sole muß auch in einem bestimmten Verhältnis zu dem Verdampferdruck stehen. Die Abhängigkeit zeigt die von Stetefeld angegebene Tabelle auf voriger Seite.

Auf keinen Fall darf der Manometerdruck bei einer beliebigen gemessenen Dichte niedriger sein, als in den Tabellen angegeben. Der Manometerdruck hängt wesentlich von dem in Frage stehenden Kältemedium, ob Ammoniak, schweflige Säure oder Kohlensäure, ab.

a) *Die Prüfung auf richtigen Salzgehalt* geschieht durch einfaches Spindeln mittels Aräometers; dabei ist diejenige Temperatur einzuhalten, welche auf dem Aräometer verzeichnet ist. Meist ist dies 4° C.

Man entnimmt mehrere Proben des durch Rührwerke in Bewegung befindlichen Generatorwassers, mischt diese und läßt sie bei Zimmertemperatur stehen, bis die Temperatur auf ca. + 2° C gestiegen ist. Durch Eingießen in den Spindelzylinder erhöht sich die Temperatur noch ein wenig und man kann sogleich ablesen. Die Skala dieser Spindel hat die in Fig. 202 dargestellte Einteilung.

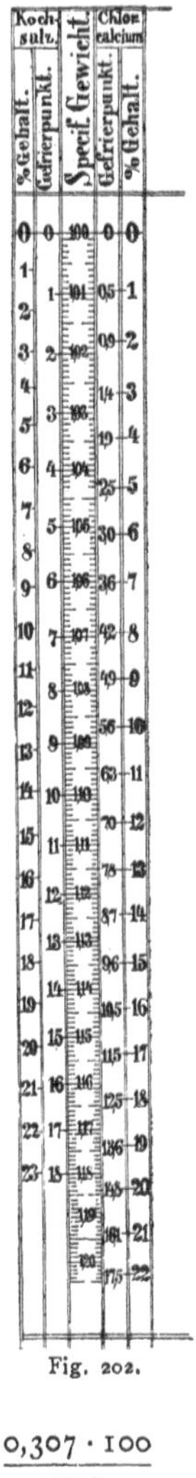


Fig. 202.

b) Sodagehalt. Um das Angreifen der Eisenteile zu verhindern, setzt man dem Chlornatrium pro 100 kg Salz 1—3 kg kalzinierte Soda, dem Chlorkalzium 0,5 kg Natronhydrat zu. Auf keinen Fall darf dem Chlorkalzium Soda zugesetzt werden, da sich sonst nach der Gleichung

$$CaCl_2 + Na_2CO_3 = CaCO_3 + 2 NaCl$$

kohlensaurer Kalk als Schlamm ausscheidet.

Der richtige Soda- oder Natronhydratzusatz wird durch Titration ermittelt. Man verwende bei der Titration nur klares Generatorwasser. Enthält ein Wasser viel trübende Rostbestandteile etc., so können diese durch mehrfache Filtration vollständig beseitigt werden.

Man mißt 100 ccm Sole in einer Pipette ab und läßt auf einer Wage in ein tariertes Becherglas genau 100 g (also nicht ganz 100 ccm) einfließen. Nun setzt man als Indikator einige Tropfen Methylorange zu und titriert mit Normalsalzsäure.

Beispiel: Auf 100 g Sole wurden verbraucht 5,8 ccm Normalsalzsäure, 5,8 ccm Normalsalzsäure sind äquivalent 5,8 ccm Normalnatriumkarbonatlösung. 1 l Normalnatriumkarbonatlösung enthält 53 g Soda, 5,8 ccm enthalten $\frac{53 \cdot 5{,}8}{100} = 0{,}307$ g Soda. 100 g Sole enthalten 0,307 g Soda.

Der Salzgehalt der Sole ist 19,7 %, somit treffen auf 19,7 g Salz 0,307 g Soda, auf 100 g Salz $\frac{0{,}307 \cdot 100}{19{,}7}$ = 1,56 g Soda, auf 100 kg Salz also 1,56 kg Soda, das ist normal.

Ist der Sodagehalt zu niedrig, so muß ein Zusatz erfolgen.

c) Die Menge der Verunreinigung ermittelt man folgendermaßen:

In einem tarierten Nickelschiffchen trocknet man ein quantitatives Filter und bestimmt seine Trockensubstanz. Dann wägt man 100 g Sole und filtriert vollkommen blank durch dieses Filter. Mit destilliertem Wasser ist das Filter so lange nachzuwaschen, bis der Ablauf keine Chlorreaktion mehr zeigt (Reagens: salpetersaures Silber). Dann trocknet man das Filter im Schiffchen bei 105° im Trockenschrank. Eine Gewichtszunahme gibt die Menge der Verunreinigung an.

Stark verunreinigte Generatorwässer lasse man längere Zeit im Generator bei ruhigem Rührwerk absitzen, pumpe die klare Sole bei ruhigem Rührwerk in bereitgestellte Gefäße und entferne den am Boden angesammelten Schlamm, da er den Kühleffekt sehr beeinträchtigen kann.

d) Die spezifische Wärme. Diese entnimmt man gewöhnlich, dem Salzgehalt resp. der Dichte entsprechend, aus den vorn angegebenen Tabellen. Dies ist aber nur dann statthaft, wenn man über die chemische Beschaffenheit der Sole ganz genau orientiert ist. Nicht selten aber ist vielleicht früher eine Chlorkalziumlösung verwendet worden und man ist später, ohne die alte Sole zu beseitigen, zur Chlornatriumsole übergegangen, so daß eine Mischung in unbekanntem Verhältnis, eine Chlornatrium- und Chlorkalziumsole vorliegt. Wäre z. B. die Dichte einer Sole 1,150, so würde das entsprechen:

a) einer Chlornatriumsole von 20,0 % Salzgehalt mit einer spez. Wärme 0,832
b) » Chlorkalziumsole » 16,7 % » » » » » 0,795
c) » Chlormagnesiumsole » 16,5 % » » » » » 0,785.

Wäre eine Verdampferleistung zu berechnen, wobei die zirkulierende stündliche Solemenge 67500 kg und deren Temperaturerhöhung 5,53° C wäre, so erhielte man, wenn die Sole eine

| | |
|---|---|
| Chlornatriumsole | $67\,500 \cdot 5{,}53 \cdot 0{,}832 = 311\,000$ Kal. |
| Chlorkalziumsole | $67\,500 \cdot 5{,}53 \cdot 0{,}795 = 297\,000$ » |
| Chlormagnesiumsole | $67\,500 \cdot 5{,}53 \cdot 0{,}785 = 295\,600$ » |

Der Einfluß, den die spezifische Wärme der Solen bei gleicher Dichte, aber verschiedenem chemischen Charakter hat, ist ein sehr bedeutender und es ist deshalb bei exakten Garantieversuchen, wenn die Solezusammensetzung nicht genau bekannt, die Ermittlung der spezifischen Wärme eine Notwendigkeit.

Am einfachsten wird sie mit dem in jedem feuerungstechnischen Laboratorium vorhandenen Kohlenkalorimeter ermittelt.

Der obere Heizwert ist:

$$H_o = \frac{T_x}{g}(m + W).$$

Verbrennt man z. B. Saccharose, so ist die Verbrennungswärme $H_o = 3955{,}2$ Kal. bekannt.

Wird eine abgewogene Substanzmenge $g$ verwendet, so ist die dadurch ins Kalorimeter eingebrachte Wärme $g \cdot H_o$; ferner ist innerhalb bestimmter Temperatursteigerung des Kalorimeterwassers der Wasserwert bekannt. Wird nun einmal eine bestimmte Substanzmenge verbrannt, indem in das Kalorimetergefäß destilliertes Wasser und das zweitemal die gleiche Substanzmenge verbrannt, aber Sole eingegeben wird, so läßt sich aus den Temperaturunterschieden der Kalorimeterflüssigkeit beider Messungen die spezifische Wärme ermitteln.

Die eingeführte Wärme sei $H_o \cdot g$, erzeugt im Kalorimeter, so ist bei 2500 g Wasserfüllung $H_o \cdot g = (2500 + W) \cdot T_1$; bei 2500 g Solefüllung wäre bei der gleichen Wärmezufuhr

$$H_o \cdot g = (2500 \cdot x + W) \cdot T_2.$$

Dabei wird die Temperatur $T_2$ der Sole natürlich etwas höher liegen als die des destillierten Wassers $T_1$ bei gleicher Wärmezufuhr. Es muß also auch sein

$$(2500 + W) \cdot T_1 = (2500 \cdot x + W) \cdot T_2$$

oder

$$\frac{T_1}{T_2} \cdot (2500 + W) = 2500 \cdot x + W$$

$$x = \frac{T_1 \cdot (2500 + W) - W \cdot T_2}{2500 \cdot T_2}.$$

Hierin ist $x$ die gesuchte spez. Wärme der Sole.

Beispiel: Es wurden im Kalorimeter verbrannt 1,625 g Saccharose, von der Verbrennungswärme 3955,2 g. Der Wasserwert des Kalorimeters war bekannt zu 432 Kal. Bei der Verbrennung hätte somit eine Temperatursteigerung $T_1$ im destillierten Wasser erfolgen müssen (diese ist nicht experimentell zu bestimmen, sondern kann berechnet werden, da das Kalorimeter ja geeicht ist!).

$$T_1 = \frac{H_o \cdot g}{2500 + W} = \frac{3955{,}2 \cdot 1{,}625}{2500 + 432} = 2{,}193^0\,\mathrm{C}.$$

Die bei der Verbrennung mit Solefüllung ermittelte Temperaturerhöhung war $2{,}453^0$ C.

$$\text{dann ist } x = \frac{2{,}193 \cdot (2500 + 432) - 432 \cdot 2{,}453}{2500 \cdot 2{,}453} = 0{,}876.$$

Es ist somit bekannt, daß die Sole, mag sie aus irgendwelchen Komponenten zusammengesetzt sein, eine spezifische Wärme $c = 0{,}876$ besitzt. Diese Zahl muß bei der Rechnung der Verdampferleistung zugrunde gelegt werden.

## 8. Die Kontrolle des Ölverbrauches.

### a) Die Untersuchung des Kompressoröles.

Außer den Anforderungen, welche man an Dampfmaschinenöle stellt, d. s. in der Hauptsache entsprechende Viskosität und Schmierfähigkeit, Säurefreiheit usw., wird vom Kompressoröl

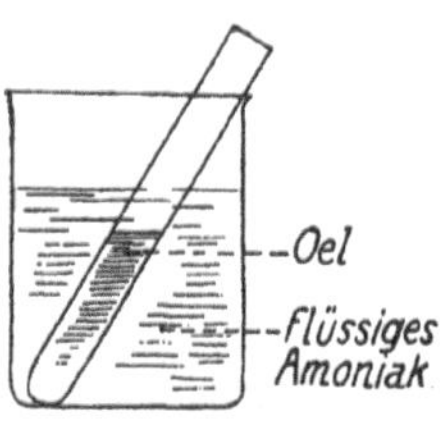


Fig. 203.

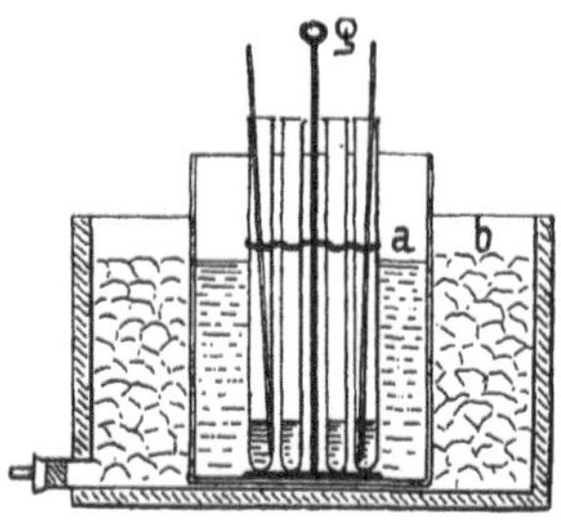


Fig. 204.

ein nicht zu hoch liegender Erstarrungspunkt gefordert. Die Untersuchung wird so ausgeführt, daß man ca. 3 ccm Kompressoröl in ein Reagenzglas gibt und dieses in ein Gefäß stellt, in welchem flüssiges Ammoniak verdunstet (Fig 203). Hierbei darf das Öl keine Ausscheidungen zeigen und beim Ausgießen aus dem Glas nicht zu zähflüssig sein. Genauer wird der Erstarrungspunkt mit Hilfe des Hofmeisterschen Apparates Fig. 204 ermittelt.

Derselbe besteht aus dem äußeren, aus Blech gefertigten Topf *b*, dem inneren Gefäß *a* und dem in diesem befindlichen Reagenzgestell, welches 6 Reagenzgläser in sternförmiger Anordnung zu fassen imstande ist. Jedes derselben trägt eine Marke, bis zu welcher die Füllung mit dem zu untersuchenden Öle zu geschehen hat. Der Topf *b* wird mit einer Mischung aus Salz und Eis gefüllt. In das Gefäß *b* wird eine Salzlösung gegeben, deren Zusammensetzung sich nach den gewünschten Kältegraden, welche durch sie eingehalten werden sollen, richtet. In diese Kältemischung werden die mit Öl bis zur Marke gefüllten Reagenzgläser gestellt. Dabei ist zu beobachten, bei welcher Temperatur und in welcher Zeit eine Erstarrung eintritt. Für jedes zu untersuchende Öl sind zwei Reagenzgläser zu benutzen, in dem einen befindet sich ein Glasstab, mit Hilfe dessen die jeweilige Konsistenz des Öles zu prüfen ist.

Kältemischungen, welche in Verwendung kommen, sind:

| | | | | |
|---|---|---|---|---|
| für | — 0° | gewöhnliches Eis | | |
| » | — 3° | 13 | Teile Kalisalpeter | |
| » | — 4° | 13 | » » | |
| | | 2 | » Kochsalz | |
| » | — 5° | 13 | » Kalisalpeter | in 100 Teilen |
| | | 3,3 | » Kochsalz | Wasser |
| » | — 8,7° | 35,8 | » Chlorbarium | |
| » | —10° | 22,5 | » Chlorkalium | |
| » | —14° | 20 | » Salmiak | |
| » | —15,4° | 25 | » Salmiak | |

Mit einer Mischung von Kochsalz und Eis im Verhältnis 1 : 2 ist eine Temperatur bis zu — 21° C zu erzielen. Der Erstarrungspunkt muß unter — 15° C liegen, die Dichte des Kompressoröles bei 15° C ist ca. 0,9.

### b) Die Kontrolle der Ölrückgewinnung und Reinigung.

Die aus dem Ölabscheider abgelassenen Öle können nach stattgehabter Filtration wieder verwendet werden. Recht häufig findet man, daß die abgelassenen Öle einfach auf den Kohlenhaufen weggeschüttet werden. Bedingung ist eine gute Ölreinigungsanlage. Bei Arbeiten mit überhitzten Dämpfen ist es nicht notwendig, daß dem Zylinder stets frisches Öl zugeführt wird, sondern es kann eine Ölzirkulation vom Abscheider direkt hergestellt werden. Allerdings ist eine Reinigungsvorrichtung einzuschalten. Man kann auf diese Weise mehr als 50% an Öl sparen. Daß die gereinigten Öle ebenfalls zu untersuchen sind, braucht kaum erwähnt zu werden.

### c) Laufende Aufzeichnung des Ölverbrauches der Kältemaschinen-Anlage.

Es ist wichtig, die Menge des angelieferten Kompressoröles zu buchen, und zwar in gleicher Weise wie bei den sonstigen zur Anlieferung kommenden Ölen in der Form wie die nachstehende Tabelle angibt.

Kompressorölanlieferung.

| Datum der Anlieferung | Faß-Nr. | Sorte | Lieferant | Faßgewicht brutto | Tara | netto | Bemerkungen |
|---|---|---|---|---|---|---|---|
| | | | | | | | |

## 9. Laufende Aufzeichnungen bei der täglichen Kontrolle einer Kältemaschinenanlage.

Es empfiehlt sich, daß folgende Aufzeichnungen täglich bei einem Rundgang durch den Betrieb aufgenommen werden.

### a) An der Kältemaschinenanlage.

| Datum | Außentemper. | Kompressor | | | | Kondensator | | | | | Verdampfer | | | Eis gezogen kg |
|---|---|---|---|---|---|---|---|---|---|---|---|---|---|---|
| | | Gelaufen Std. | Druckrohrtemperatur links | Druckrohrtemperatur rechts | Temperaturdifferenz der Druckrohre | Druck | Temperatur | Temp. des Kühlwassers zulaufendes | Temp. des Kühlwassers abfließ. | Differenz zwischen ablauf. Kühlwasser und Kondensatortemp. | Soleablauf | Solezulauf | Mittl. Temp.-Diff. zwisch. Sole- u. Ammoniaktemp. | |
| 1. I. 09 | | | | | | | | | | | | | | |
| 2. I. 09 | | | | | | | | | | | | | | |
| 3. I. 09 | | | | | | | | | | | | | | |

Aus diesen Aufschreibungen kann man schon einigermaßen auf den normalen Betriebszustand einer Anlage schließen; denn eine gleiche Druckrohrtemperatur bürgt für gleichmäßiges Arbeiten beider Kolbenseiten. Ist die Temperaturdifferenz zwischen dem arbeitenden Medium im Kondensator (Manometerangabe) und dem ablaufenden Kühlwasser höher als 5 — 6⁰, so ist das unnormal, und zwar ist entweder die Kühlfläche zu klein oder diese verunreinigt (außen Wasserstein, innen Ölhaut).

Ist der mittlere Temperaturunterschied zwischen dem arbeitenden Medium und der Sole im Verdampfer größer als 4—5⁰ C, so ist entweder die Kühlfläche zu klein oder diese verunreinigt. Die Verdampfertemperatur darf auch nicht unter eine bestimmte Grenze treten, da sich sonst Salzkristalle ausscheiden oder (s. Tabelle S. 413), die Sole gefriert. Die Manometeranzeigen beider Kompressorseiten müssen gleich sein. Die Soletemperaturen und die Menge des erzeugten Eises läßt einen Schluß auf die Kälteleistung bei konstanter Solezirkulation zu.

### b) In den gekühlten Räumen.

Temperaturkontrolle.

| Datum | Außentemp. | Abziehraum | Faßlager | Laderaum | Lagerkeller-Abteilung | | | | | | | | | Flaschenlager | Flaschenfüllerei | Gärkeller | Hopfenboden | Reinzucht, Gärzylinder | Reinzucht, Anstellbottiche | Lagernd. Bestand i. Lagerkell. in hl | auf Gärung in hl | Bierlief. tägl. in hl | Bemerkungen |
|---|---|---|---|---|---|---|---|---|---|---|---|---|---|---|---|---|---|---|---|---|---|---|---|
| | | | | | I. | II. | III. | IV. | V. | VI. | VII | VIII. | IX. | | | | | | | | | | |
| | | | | | | | | | | | | | | | | | | | | | | | |

Die laufenden Temperaturaufzeichnungen geben einerseits einen Überblick, ob die Kälteleistung ausreichend ist, und leisten für die Betriebssicherheit der Kellerarbeit eine Gewähr.

## 10. Steigerung der Ökonomie einer Kältemaschinenanlage.

Bei der Kompressorführung ist darauf zu achten, daß er trocken arbeitet. Nasser Kompressorgang bedeutet stets Verluste, die ganz beträchtlich sein können. Der Einbau eines Flüssigkeitsabscheiders in die Saugleitung des Konpressors ist deshalb von Wichtigkeit. Mit diesem kann man mit Sicherheit trocken und mit Überhitzung arbeiten. Der Unterschied in der Kälteleistung zwischen nassem und trockenem resp. überhitztem Kompressorgang ist ganz bedeutend und kann bis 20 % betragen.

Beim Arbeiten mit Überhitzung ist auf die Schmierung besonders der Stopfbüchsen eine große Sorgfalt zu verwenden. Die Zirkulationsschmierung bringt dabei Ersparnisse an Öl. Auf die Reinigung schon einmal gebrauchter Öle ist schon hingewiesen.

Beim Kondensator spielt die Höhe der Kühlwassertemperatur eine große Rolle in der Ökonomie des Betriebes. Ist die Kühlwassertemperatur höher als 10° C, so erhöht sich für je 1° C die Kühlwassermenge und der Arbeitsverbrauch des Kompressors um 4 %.

Gute Isolierung aller kälteführenden Leitungen und Gefäße ist von großer Wichtigkeit.

Im übrigen wird durch die laufende Betriebskontrolle selbst die Ökonomie einer Anlage auf der Höhe gehalten werden, während eine unkontrollierte Anlage in ihrer Leistung bald sinken wird.

# Kontrolle der elektrischen Anlage.

Man kann mit Recht behaupten, daß der elektrischen Anlage die stiefmütterlichste kontrollierende Behandlung zuteil wird; auch im praktischen Betrieb wird häufig infolge Unkenntnis des bedienenden Personals in der Brauerei auf die Wartung die geringste Sorgfalt verwandt Das rächt sich natürlich, allerdings zunächst fürs Auge meist unsichtbar. Mit der Zeit wachsen aber die Verluste in verhältnismäßig hohem Maße an bis zum Verderben, so daß wieder Neuanschaffungen zu machen sind. Diese Behandlung einer Anlage ist nicht die richtige, man darf nicht warten, bis eine Anlage zugrunde gegangen ist, sondern es sind schon die kleinen Fehler, wenn dieselben im Entstehen begriffen sind, zu beseitigen, was zu diesem Zeitpunkt noch verhältnismäßig leicht geschehen kann. Durch eine ständige Kontrolle der elektrischen Anlage ist nun die Möglichkeit rechtzeitiger Entdeckung, also auch rechtzeitiger Beseitigung von Fehlern gegeben.

Im folgenden ist nur auf praktische, zuverlässige Prüfungsmethoden eingegangen, welche mit verhältnismäßig einfachen Instrumenten auszuführen sind und doch deutlich genug über Art und Größe von Fehlern unterrichten. Die Kontrolle erstreckt sich:

1. auf die elektrischen Maschinen,
2. auf das Leitungsnetz mit seinen Zubehörteilen,
3. auf die Akkumulatoren.

Es ist wichtig genug, bei der Neuaufstellung einer elektrischen Maschine oder der Neuinstallierung eines Netzes eine Prüfung vorzunehmen, ob allen jenen Bedingungen entsprochen ist, die vernünftigerweise an eine Neuanlage gestellt werden können und die zwischen dem Fabrikanten und dem Abnehmer bei der Bestellung vereinbart wurden.

## 1. Die Kontrolle der elektrischen Maschinen.

Da im Brauereibetrieb fast ausschließlich Gleichstrom in Frage kommt, kann man sich hier lediglich auf die Prüfung von Gleichstrommaschinen beschränken.

Dabei ist für die Praxis wichtig:

a) die Dauerprobe,
b) die Temperaturmessung,
c) die Widerstandsmessungen besonders von Anker- und Magnetwicklung,
d) die Prüfung auf Erdschluß, Körperschluß und Kurzschluß, sowie Isolationswiderstand,
e) der Wirkungsgrad der elektrischen Maschinen,
f) allgemeine Erkennung von Betriebsstörungen an elektrischen Maschinen,
g) laufende Aufzeichnungen bei der Betriebskontrolle.

Die wichtigsten Vorschriften nach Angabe des Verbandes Deutscher Elektrotechniker sind im folgenden mit berücksichtigt.

### a) Die Dauerprobe und Überlastungsprobe.

Wurde eine neue elektrische Maschine in Betrieb gesetzt, so sind die Leistungsbedingungen, welchen sie genügen muß, aus den beim Abschluß geforderten Garantien bekannt. Für einen Generator wird die bei einer bestimmten Spannung und Tourenzahl erreichbare Stromstärke, für einen Motor die bei gegebener Spannung und Stromstärke ev. auch Tourenzahl erreichbare Leistung in Pferdestärken zu prüfen sein. Wird nun die Maschine laut Bestellung eine bestimmte Zeit belastet, so dürfen sich keine anormalen Erscheinungen zeigen, welche meist in Temperaturerhöhungen oder nur Funken der Maschine erkennbar werden.

Bei den Messungen von Spannung und Stromstärke darf man sich bei solchen Versuchen nicht mit den Angaben der Schalttafelinstrumente begnügen, sondern hier sind Laboratoriumsprüfinstrumente anzuschalten, wodurch ein doppelter Zweck erreicht wird. Erstens sind die Angaben der letzteren Instrumente absolut genau, während die Schalttafelinstrumente nur rohe Ablesungen gestatten, und zweitens ist so gleich eine Prüfung der meist ja mit der betreffenden Maschine (wenigstens bei Generatoren) mitgelieferten Schalttafelinstrumente verknüpft. Empfehlenswerte Prüfinstrumente der Firma Siemens & Halske seien zunächst beschrieben.

### 1. Messung der Stromstärke.

Erforderlich ist ein Präzisionsamperemeter (Fig. 205) mit verschiedenen Nebenschlüssen (Shunts). Regel ist bei der Strommessung, daß das Amperemeter »in den Stromkreis« eingeschaltet wird, so daß der gesamte zu messen beabsichtigte Strom

Fig. 205.

dieses durchfließt. Die niedrigste Stromstärke, welche direkt durch das Instrument, also ohne Nebenschluß, gemessen werden kann, ist auf demselben vermerkt, z. B. sei sie 0,15 Amp.; ferner ist darauf noch die Angabe des Galvanometerwiderstandes gemacht, z. B. 1 $\Omega$ (Ohm). Da die zu messenden Stromstärken weit größer sind (einige hundert Ampere), so bedient man sich der Nebenschlüsse (Shunts). Ein solcher Nebenschluß (Fig. 206) trägt zwei Bezeichnungen, und zwar seinen Widerstand und die Stromstärke, welche man mit dem Instrument selbst messen kann, wenn dieser Nebenschluß angeschaltet ist. Der Zweck des Nebenschlusses ist, den Strom zu teilen; denn bei Stromstärken über 0,15 Amp. wäre das bezeichnete Instrument nicht verwendbar. Es stehen nun Nebenschlußwiderstand und Galvanometerwiderstand in einem ganz bestimmten Verhältnis, wodurch sich der zu messende Hauptstrom in einem umgekehrten Verhältnis der Widerstände teilen wird. Das Prinzip dieser Stromteilung sei an Hand von Fig. 207 erläutert. Die Shunts haben Widerstände von $^1/_9$, $^1/_{99}$, $^1/_{999}$ usw. Ohm.

Der Hauptstrom $J$ verteilt sich an dem Punkt 1, fließt geteilt durch die Widerstände $s$ und $g$ und vereinigt sich im Punkte 2 wieder zu $J$.

Fig. 206.

Es ist also, wenn $i_s$ = Shuntstrom und $i_g$ = Galvanometerstrom bedeutet, der zu messende Gesamtstrom

$$J = i_s + i_g.$$

Die Teilströme $i_s$ und $i_g$ verhalten sich nun umgekehrt wie die von ihnen durchflossenen Widerstände $s$ resp. $g$, d. h.

$$i_s : i_g = g : s.$$

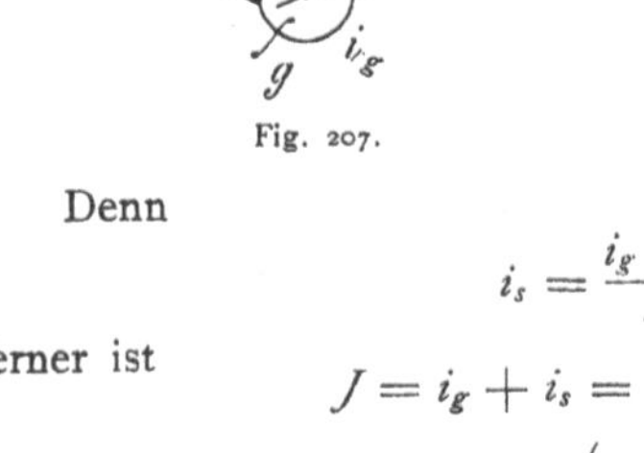


Fig. 207.

Da nun die Widerstände (auf dem Galvanometer resp. Shunt angegeben), ferner das Verhältnis der Teilströme bekannt ist und endlich die Stromstärke $i_g$ direkt gemessen wird, so läßt sich $J$ berechnen.

Denn

$$i_s = \frac{i_g \cdot g}{s},$$

ferner ist

$$J = i_g + i_s = i_g + \frac{i_g \cdot g}{s}$$

$$J = i_g \left(1 + \frac{g}{s}\right).$$

Beispiel:

Der Nebenschlußwiderstand ist gewählt $s = {}^1/_{99}\,\Omega$.
Der konstante Galvanometerwiderstand ist $g = 1\,\Omega$.
Die Anzeige des Amperemeters $= 54{,}5$.
Bekannt ist ferner 1 Skalenteil Ausschlag $= 0{,}001$ Amp.
Dann sind 54,5 Skalenteile Ausschlag $= 0{,}0545$ Amp.

und $J = 0{,}0545\left(1 + \frac{1 \cdot 99}{1}\right) = 0{,}0545 \cdot 100 = \mathbf{5{,}45}$ Amp.

Man erkennt hieraus auch leicht, warum die Nebenschlüsse gerade die eigenartigen Widerstandsgrößen ${}^1/_{99}$ etc. haben. Von dem gesamten Strom $J$ gehen 99 Teile durch den 99mal kleineren Widerstand und 1 Teil durch den Galvanometerwiderstand; denn je kleiner ein Widerstand, desto mehr Strom kann hindurchfließen. Die Größe des Gesamtstromes ist dann 100mal der Instrumentanzeige. Beim Anschalten von ${}^1/_{999}\,\Omega$ wird der Gesamtstrom 1000mal so groß als die Instrumentanzeige sein. Shunt und Galvanometer bilden, wenn sie zusammengeschaltet, ein einheitliches Ganzes und werden in »eine« Stromleitung eingeschaltet. Stellt Fig. 209 z. B. ein an einen Generator angeschaltetes Netz mit Glühlampen dar und soll der von der Maschine kommende, zu den Lampen fließende Strom gemessen werden, so ist eine Leitung, z. B. bei $A$, zu öffnen und der Strommesser einzuschalten. Es ist dabei gleichgültig, ob er in die Hinleitung zu den Lampen oder in die Rückleitung von den Lampen nach der Maschine eingeschaltet wird. Der gemessene Strom ist die von den Lampen benötigte Stromstärke, geliefert von der Maschine. Statt der Lampen kann natürlich ebenso als Stromabnahmestelle ein Motor eingeschaltet sein.

Die Wahl des parallel zum Galvanometer zu schaltenden Shunts hat durch Schätzung zu erfolgen. Man weiß bei jeder Strommessung ungefähr, um wieviel Ampere es sich handelt. Soll die Maschine z. B. 120 Amp. Strom liefern, so schaltet man denjenigen Shunt an, auf welchen die nächst höhere Stromstärke aufgedruckt ist, hier also 150 Amp. mit der weiteren Bezeichnung ${}^1/_{999}$. Ist man sich nicht im klaren, welchen der in Frage kommenden Nebenschlüsse man anschalten soll, so wähle man stets zuerst denjenigen mit kleinstem Widerstand, das ist z. B. hier derjenige mit $^1/_{999}\,\Omega$; denn so ist man sicher, daß das Galvanometer keinen Schaden erleidet. Wäre dann der Galvanometerausschlag sehr gering, z. B. 10,2°, so würde das, wenn jeder Skalenteil = 0,001 Amp. Stromdurchtritt durch das Instrument bedeutet, einem Teilstrom $g$ = 0,0102 Amp. gleichkommen oder einem Gesamtstrom von 1000 · 0,0102 = 10,2 Amp.

Da der nächst größere Widerstand $^1/_{99}$ bis 15 Amp. zu messen gestattet, so kann nun $^1/_{99}$ angeschaltet werden, wobei der Stromanschluß aber abzuschalten ist, damit nicht während des Auswechselns der gesamte Strom durch das Instrument fließt und dieses verdirbt. Solcher Fehler kommt nicht vor, wenn man an der üblichen Regel festhält, den Stromanschluß nie an der Galvanometerklemme, sondern an der Nebenschlußklemme zu machen; so wird beim Abnehmen des Shunts die Stromleitung auf alle Fälle gleichzeitig vom Instrument entfernt. Bei Anschaltung von $^1/_{99}\,\Omega$ muß dann bei gleicher Gesamtstromstärke der Ausschlag 102° sein, dabei ist der Galvanometerteilstrom 102 · 0,001 = 0,102 Amp. und der Gesamtstrom

$$100 \cdot 0{,}102 = 10{,}2 \text{ Amp.}$$

Der nächst größere Shunt wird in diesem Fall nur deshalb genommen, weil dann ja mit zehnfach größerer Genauigkeit an der Skala abgelesen werden kann.

Das zur Prüfung benutzte Amperemeter stellt man möglichst vor der Schalttafel auf einen ebenen hölzernen Meßtisch auf, um gleichzeitig das Schalttafelamperemeter mit vergleichen zu können.

Bezüglich der Zeigerablesung ist noch zu erwähnen, daß diese so zu erfolgen hat, daß genau senkrecht auf den Zeiger geblickt wird; um dasselbe zu erreichen, ist unter dem Zeiger an der Skala ein Spiegel angebracht, in welchem das tieferliegende Spiegelbild des Zeigers sichtbar wird. Blickt man genau senkrecht, so verdeckt der Zeiger sein Spiegelbild. In dieser Lage ist also abzulesen.

### 2. Messung der Spannung.

Die Präzisionsvoltmeter haben die gleiche äußere Gestalt wie die Präzisionsamperemeter (Fig. 205). Da die beiden Ablesungen vom Strom und Spannung gleichzeitig erfolgen müssen, so sind zwei Instrumente notwendig, welche man nebeneinander aufstellt. Empfehlenswert ist die kombinierte Ausführungsart nach Fig. 208, wobei Amperemeter und Voltmeter in einem Kasten untergebracht sind. Das Voltmeter soll die Maschinenspannung messen, des-

Fig. 208.

halb muß es parallel zur Maschine, also an beide Pole angeschaltet werden. Als diese Meßpole benutzt man die Klemmen der Maschine und spricht dann von der sog. Klemmenspannung. Fig. 209 zeigt im Schema die Anschaltung eines Voltmeters *V* an die Maschinenpole in Parallelschaltung zur Maschine, während das Amperemeter *A* in eine Leitung eingeschaltet ist. Bisweilen kommt es vor, daß man Spannungen zu messen hat, welche über dem Meßbereiche des Instrumentes liegen, z. B. in dem Fall, wenn das Instrument nur bis 150 Volt zeigt und die Maschinenspannung 220 Volt beträgt. In solchem Falle hilft man sich durch sog. Zusatz- oder Vorschaltwider-

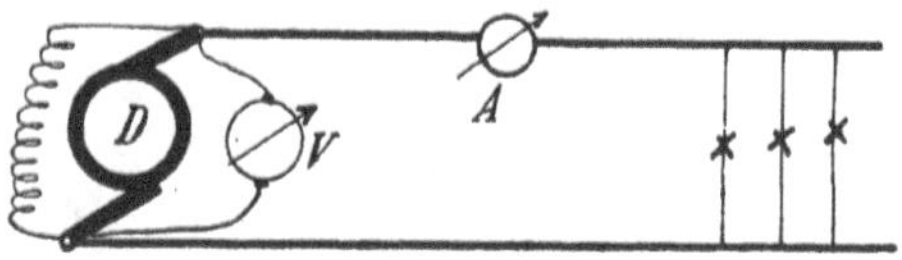


Fig. 209.

stände von ganz bestimmter Größe. Dann wird in dem vorgeschalteten Widerstand eine bestimmte Spannung vernichtet. Wäre der Widerstand des Zusatzes z. B. so bemessen, daß er gerade dem des Instrumentes gleich ist, so würde gerade die Hälfte der Spannung in dem Vorschaltwiderstand vernichtet.

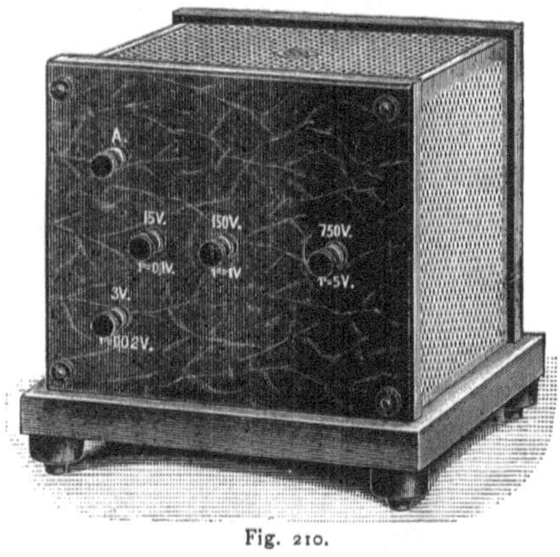


Fig. 210.

Dabei wäre der Ausschlag des Instrumentes nur mit 2 zu multiplizieren; würde er 9mal größer als der Galvanometerwiderstand sein, so wären die Ausschläge mit 10 zu multiplizieren. Vorschaltwiderstand und Spannungsmesser sind also hintereinander zu schalten und dann gerade wie ein einfaches Voltmeter zu betrachten und parallel zur Maschine an die Pole zu legen. Fig. 210 zeigt einen solchen Vorschaltwiderstand in seiner natürlichen Form. Er vereinigt natürlich mehrere Widerstände, so daß man wie bei der Parallelschaltung von Shunts zur Strommessung, hier durch geeignete Wahl von Vorschaltwiderständen, welche durch Einstecken eines Stöpsels od. dgl. geändert werden können, die gewünschten Meßbereiche am Voltmeter herstellen kann. Will man z. B. eine Spannung von ca. 220 Volt genau messen und ist bekannt, daß $1^0$ Zeigerausschlag = 0,001 Volt; reicht ferner die Skala des Instrumentes bis $150^0$, so daß ohne Vorschaltwiderstand 0,15 Volt meßbar ist,

| | | | | | | | |
|---|---|---|---|---|---|---|---|
| so ist bei | Vorschaltung | von | 19 $\Omega$ | bis | 3,0 | Volt | meßbar |
| » | » | » | 99 $\Omega$ | » | 15 | » | » |
| » | » | » | 999 $\Omega$ | » | 150 | » | » |
| » | » | » | 4999 $\Omega$ | » | 750 | » | » |

Man wird also den letztgenannten Widerstand vorschalten müssen.

Die Bezeichnungen auf den Instrumenten sind so deutlich vorgesehen, daß hier Fehler in der Versuchsanordnung nicht

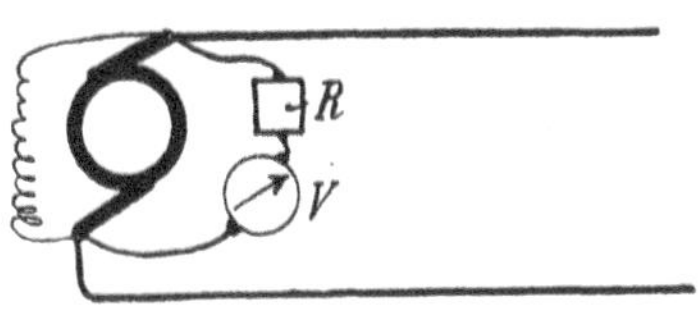


Fig. 211.

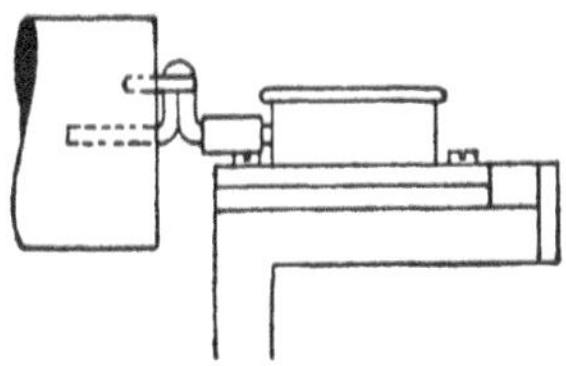

Fig. 212.

vorkommen können. Ist man im ungewissen über die Höhe der zu messenden Spannung, so ist stets der größte Widerstand zuerst vorzuschalten. Ergibt sich, daß man mit geringerem Zusatz auskommt, so reduziert man durch Umstöpseln. Das Einschalten des Zusatzes $R$ beim Versuch zeigt Fig. 211.

### 3. Messung der Tourenzahlen.

Die Feststellung der Tourenzahl ist von Wichtigkeit; denn die Tourenzahl einer elektrischen Maschine steht im bestimmten Zusammenhang mit der Leistung. Es handelt sich bei den elektrischen Maschinen stets um hohe Tourenzahlen, welche nicht mehr, wie bei den Dampfmaschinen, durch die Sekundenuhr gemessen werden können.

Die einfachste und sicherste Methode ist das Anschalten eines laufenden Tourenzählers an die Welle der elektrischen Maschine nach Fig. 212. An der Maschinenachse ist dabei ein kleiner Mitnehmerstift anzubringen.

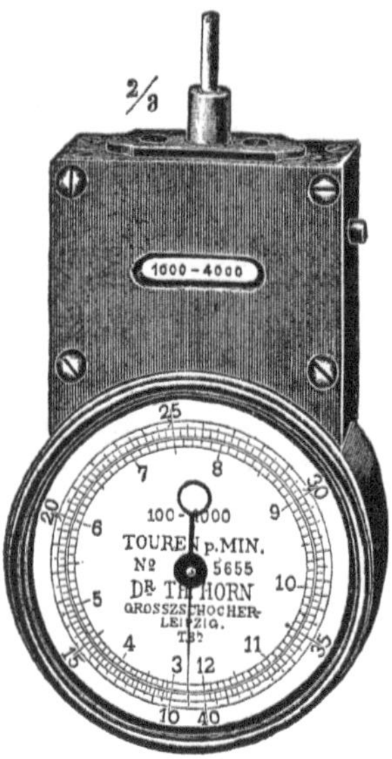

Fig. 213.

Für die periodische Kontrolle von Tourenzahlen ist das Handtachometer nach Horn (Fig. 213) sehr geeignet.

Es ist gewöhnlich für drei Meßbereiche von 0 bis 400, von 300 bis 1200 und von 1000 bis 4000 Touren pro 1 Minute eingerichtet. Die alten Tachometer nach Horn hatten drei Meßachsen, welche je nach der Tourenzahl zu benutzen waren. Es war das ein Übelstand, denn es mußte der Meßbereich stets eingestellt und daher erst die approximative Umlaufszahl der zu prüfenden Welle geschätzt werden. Die neuen Instrumente haben nur eine verschiebbare Meßwelle. Eine Feder drückt diese stets nach außen und stellt so den größten Meßbereich 1000—4000 ein, welcher dem Instrument nie schaden kann. Dabei ist auf der äußeren Kreisskala abzulesen. Wäre die Tourenzahl unter 1000, so schlägt der Zeiger nicht aus und es ist der zweite Meßbereich 300 bis 1200 einzustellen, indem man die Meßwelle nach innen schiebt, bis auf deren Schildchen der Meßbereich erscheint, und dann ist die Meßwelle mit dem seitlichen Arretierungsknopf festzustellen. Dabei ist an der inneren Kreisteilung abzulesen. Beim Messen müssen diese Instrumente genau in der Richtung der Achse gehalten werden und die an der Meßwelle vorgesehene Gummispitze durch sanften Druck gegen den Körner der Achse gepreßt werden.

### 4. Vorschriften bei Ausführung der Dauerprobe.

Ein gutes Amperemeter, ein brauchbares Voltmeter und ein genaues Tachometer genügen nun zur Abnahme des Versuches bei der Dauerprobe. Ist dann z. B. ein Generator geliefert für die Leistung von 150 Amp. bei 110 Volt und 1250 Touren, so belastet man denselben, indem man ihn nach Anschaltung des Ampere- und Voltmeters auf das Netz arbeiten läßt und so viel Strom abnimmt, bis die garantierte Leistung, hier also 150 Amp., erreicht ist. Die Stromabnahme kann durch Glühlampen, Bogenlampen oder Motoren erfolgen. Genügen diese nicht zur Abnahme der genannten Leistung, so ist noch ein künstlicher Widerstand, der am besten in parallel geschalteten Glühlampen besteht, zu beschaffen, bisweilen wird aber auch ein Wasserwiderstand verwendet (siehe S. 301). Auf alle Fälle muß beim Versuch die Spannung konstant gleich der festgelegten gehalten werden, was ja durch Regulierung des Nebenschlusses auf einfache Weise geschehen kann. Dann ist bei der garantierten Stromerzeugung die Tourenzahl zu ermitteln. Ist dieselbe sehr abweichend, so kann nur durch Änderung der Antriebsscheibe abgeholfen werden. Ist die normale Tourenzahl bei der gegebenen Spannung erreicht, so kann der Generator durch die zu leistende Stromabnahme belastet werden und der Dauerversuch beginnen.

Es ist klar, daß man sich vor dem Abnahmeversuch von der richtigen Schaltung, dem Zustand der Lager, Bürsten usw. überzeugt und daß die Maschine selbst schon einige Zeit, zuerst unbelastet und dann teilweise belastet, eingelaufen sein muß.

Die Dauerprobe erstreckt sich auf mehrstündige Prüfung bei Vollast bei günstigster Bürstenstellung unter Beobachtung von Hauptstrom, Klemmenspannung und Tourenzahl.

Die Zeitdauer ist von der Betriebsart, für welche die Maschine bestimmt und welche im Vertrag festgelegt sein muß, abhängig.

Eine Maschine für eigentlichen Dauerbetrieb wird man bei Typen bis 5 Kilowatt nur 3 bis 5 Stunden prüfen, Typen bis 50 Kilowatt 5 bis 8 Stunden und noch größere 10 bis 20 Stunden.

Hat der Generator seine Vollast nur wenige Stunden abzugeben, so kann die Vollast-Dauerprobe entsprechend verkürzt werden.

Bei der Prüfung von Motoren auf normale Dauerbelastung ist es nur notwendig, den Motor bis zu seiner Normalleistung zu belasten.

Beispiel: Ein Elektromotor soll dauernd 15 PS leisten (exkl. Leerlaufsarbeit) bei einer Betriebsspannung von 110 Volt, der Nutzeffekt bei dieser Leistung sei garantiert zu 93%, so sind einzuleiten

$$\frac{15 \cdot 100}{93} = 16{,}12 \text{ Pf.}$$

$$1 \text{ PS} = 736 \text{ Watt,}$$

$$16{,}12 \text{ PS} = 16{,}12 \cdot 736 = 11880 \text{ Watt;}$$

ferner ist die Stromstärke

$$i = \frac{11880}{110} = \mathbf{108{,}0} \text{ Amp.}$$

Diese Stromstärke muß also dauernd eingehalten werden, wenn der Motor 15 PS nützlich leisten soll.

In bezug auf Leistung sind folgende Betriebsarten zu unterscheiden:

a) Der intermittierende Betrieb, bei dem nach Minuten zählende Arbeitsperioden und Ruhepausen abwechseln (z. B. Motoren für Aufzüge etc.).

Maschinen für intermittierenden Betrieb müssen auf ihrem Schild die Bezeichnung »intermittierend« tragen. Dabei läßt man den Dauerlauf nur 1 Stunde erfolgen.

b) Der kurzzeitige Betrieb, bei dem die Arbeitsperiode kürzer ist als nötig, um eine höchst erreichbare Erwärmung der Maschine zu erlangen, und die Ruhepause lang genug, damit die Temperatur wieder annähernd auf die Lufttemperatur sinken kann.

Maschinen für kurzzeitigen Betrieb müssen auf ihrem Schild die Bezeichnung »für .... Stunden« tragen. Diese angegebene Zeit ist beim Dauerlauf einzuhalten.

c) der Dauerbetrieb, bei dem die Arbeitsperiode so lang ist, daß die zulässige Höchsterwärmung auf alle Fälle erreicht wird.

Maschinen für Dauerbetrieb sollen auf ihrem Schild die Bezeichnung »dauernd« tragen. Dabei sind oben genannte Zeiten beim Dauerlauf einzuhalten.

Bei den meisten Maschinen wird eine Überlastung von 25 % für die Zeit von $^1/_2$ Stunde verlangt. Deshalb ist neben der Dauerprobe auch noch eine Überlastungsprobe auszuführen. Sind keine diesbezüglichen Vereinbarungen getroffen, so soll die Überlastungsprobe nicht im Anschluß an die Volllast-Dauerprobe erfolgen, sondern von der kalten Maschine ausgehend durch einen neuen Versuch.

In bezug auf mechanische Festigkeit müssen Maschinen, die betriebsmäßig mit annähernd konstanter Tourenzahl arbeiten, leerlaufend eine um 15 % höhere Tourenzahl unerregt und vollerregt aushalten. Generatoren müssen bei konstanter Tourenzahl die Spannung bis zu 15 % Überlastung konstant halten können.

Während der Dauerprobe und der Überlastungsprobe müssen die Bürsten funkenfrei laufen, so daß eine Behandlung des Kollektors höchstens nach 24stündigem Betrieb als notwendig erscheint.

Dauer-Vollastversuche oder Überlastungsversuche sollen nicht nur bei neu angelieferten Maschinen vorgenommen werden, sondern die im täglichen Betrieb befindlichen Maschinen sind auch zeitweise nach dieser Richtung zu prüfen, damit man erkennt, ob durch die längere Betriebszeit sich der Zustand der Maschine verschlechtert hat.

Die wichtigsten Merkmale, welche auf normalen Gang der Maschine bei der garantierten Leistung schließen lassen, ergeben sich aus der Temperaturzunahme aller Teile. Die Feststellung derselben ist im folgenden Abschnitt behandelt.

### b) Die Temperaturmessung an elektrischen Maschinen.

Die Temperaturerhöhung der Wicklungen einer Gleichstrommaschine nach dem Dauerversuch ist eines der wichtigsten Merkmale für die Beurteilung derselben; denn die Lebensdauer hängt zum größten Teil von der Erwärmung ab. Je wärmer die Wicklung einer Maschine wird, desto mehr liegt für die aus organischen Substanzen bestehende Isolation die Gefahr einer frühzeitigen Oxydierung und des Unbrauchbarwerdens vor.

Die Messung der Wicklungstemperaturen kann auf drei Arten geschehen:

1. durch direktes Anlegen eines Thermometers an die Oberfläche der Wicklung,
2. indirekt durch Anlegen eines Thermoelementes,
3. indirekt durch Bestimmung des Widerstandes der warmen Wicklung und Vergleich desselben mit dem der kalten Wicklung.

Für die Praxis genügt die erste Methode, welche auch die einfachste ist für die Messung von Ankertemperaturen. Man benutzt dabei keine Thermometer mit kugeligem Quecksilbergefäß, sondern solche mit länglich-flachem. Zum besseren Kontakt kann man Stanniolbeilagen benutzen. Um nach außen eine Wärmeausstrahlung zu verhindern, ist ein schlechter Wärmeleiter aufzulegen, am besten Watte. Die Ablesungen haben zu erfolgen, wenn das Thermometer nicht mehr steigt resp. eben zu fallen beginnt. Die in Frage kommenden Temperaturen sind neben der Ankertemperatur die des Kollektors und die der Magnetwicklung. Diese letztere Temperaturerhöhung mißt man auf indirektem Weg durch die Widerstandszunahme, wobei (s. u.) der Widerstandskoeffizient des Kupfers zu 0,004 anzunehmen ist.

Über die Zeiten der Temperaturmessung gilt nach den Vereinbarungen des Verbandes Deutscher Elektrotechniker:

1. Bei intermittierendem Betrieb ist nach Ablauf eines ununterbrochenen Betriebes von einer Stunde zu messen;
2. bei kurzzeitigem Betrieb nach Ablauf eines ununterbrochenen Betriebes während der auf dem Leistungsschild verzeichneten Betriebszeit;
3. bei Dauerbetrieb nach Ablauf von 10 Stunden. Natürlich hat man sich durch Vorversuche schon zu überzeugen, daß dieser Dauerbetrieb nicht schädlich wirkt.

Bei der Prüfung auf Temperaturzunahme dürfen die betriebsmäßigen Umhüllungen, Abdeckungen, Ummantelungen etc. von Maschinen nicht entfernt, geöffnet oder erheblich verändert werden. Als Lufttemperatur gilt jene der zuströmenden Luft oder wenn keine entschiedene Luftströmung bemerkbar ist, die mittlere Temperatur der die Maschine umgebenden Luft in Höhe der Maschinenmitte, wobei in beiden Fällen in etwa 1 m Entfernung von der Maschine zu messen ist. Die Lufttemperatur ist während des letzten Viertels der Versuchszeit in regelmäßigen Zeitabschnitten zu messen und daraus der Mittelwert zu nehmen.

In gewöhnlichen Fällen und insofern die Lufttemperatur 35° C nicht übersteigt, darf die ermittelte Temperaturzunahme folgende Werte nicht übersteigen:

a) an isolierten Ankerwicklungen
   bei Baumwollisolierung . . , . . . . . 50° C,
   » Papierisolierung . . . . . . . . . . . 60° »,
   » Isolierung durch Asbest, Glimmer und deren Präparate . . . . . . . . . . . . 80° »,

b) Für die ruhenden Wicklungen am Magnetgestell sind um 10% höhere Werte zulässig.

c) an Kollektoren . . . . . . . . . . . . 60° »,

d) am Eisen, in das die Wicklungen eingebettet, je nach der Isolierung die Werte unter a).

Zur Berechnung der Temperaturzunahme der Magnetwicklungen ist die Messung der Widerstände notwendig (s. u.). Die Berechnung der Temperaturzunahme $t_z$ geschieht dann nach der Formel:

$$t_z = \frac{w_w - w_k}{\alpha \cdot w_k} + t_a - t_e.$$

Hierin bedeutet:

$w_k$ = der Wicklungswiderstand der kalten Wicklung zu Anfang,
$w_w$ = » » » warmen » am Ende,
$\alpha$ = 0,004 = Temperaturkoeffizient des Kupfers,
$t_a$ = Anfangslufttemperatur,
$t_e$ = Endlufttemperatur.

Beispiel: Der Widerstand einer Wicklung war im kalten Zustand 44,4 $\Omega$ bei einer umgebenden Luft von 22° C, im warmen Zustand war derselbe 48,1 $\Omega$, und die im letzten Viertel des Laufes vorgenommenen Lufttemperaturmessungen ergaben 24,5° C. Somit ist

$$t_z = \frac{48,1 - 44,4}{0,004 \cdot 44,4} + 22,0 - 24,5 = \mathbf{17,4}^0 \text{ C.}$$

## c) Die Widerstandsmessungen an elektrischen Maschinen.

Die Widerstandsmessung der Magnetwicklung ist wie aus dem vorhergegangenen Kapitel hervorgeht, notwendig zur Ermittlung der Temperaturzunahme bei Belastung. Außerdem gibt aber die Kontrolle der Widerstände sowohl von Anker- als Magnetwicklung etc. recht brauchbare Winke bei der laufenden Kontrolle über den gleichbleibenden Zustand einer Maschine sowie über die durch diese Widerstände hervorgerufenen Verlustkomponenten.

Zur Bestimmung der Widerstände gibt es nun eine große Anzahl von Methoden, von welchen hier nur eine für die Praxis der Betriebskontrolle recht brauchbare genannt sei. Diese

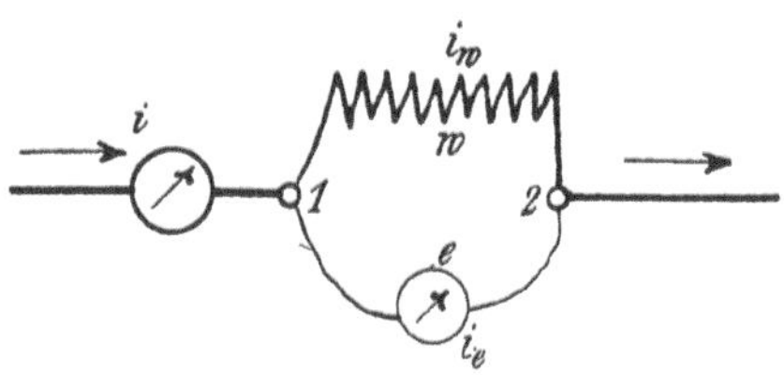


Fig. 214.

beruht auf der Messung des durch den Widerstand hindurchtretenden Stromes $i$ und der in dem Widerstand vernichteten Spannung $e$. In Fig. 214 ist der zu messende Widerstand durch $w$ dargestellt, dieses kann nun ein Anker- oder Magnetwiderstand sein. An die Punkte 1 und 2 ist dann ein Zu- und Ableitungsdraht für einen von fremder Stromquelle bezogenen Strom $i$ (z. B. Akkumulatoren) angeschaltet. Die Stromstärke $i$ kann an einem in der Hauptstromleitung eingeschalteten Amperemeter $A$ abgelesen werden, das je nach der Stromstärke mit einem Nebenschluß (s. o.) zu versehen ist. Der Spannungsverlust in dem Widerstand $w$ kann an dem an die Punkte 1 und 2 angeschalteten, also dem Widerstand $w$ **parallel** geschalteten Voltmeter, welches mit einem ganz dem Spannungsverlust entsprechenden Vorschaltwiderstand zu versehen ist, abgelesen werden. Am Punkt 1 teilt sich der Strom $i$ in einen Strom $i_w$, der durch $w$ fließt und einen Strom $i_e$, der durch das Voltmeter fließt. Es ist also

$$i = i_w + i_e.$$

Nach dem Ohmschen Gesetz ist nun

$$\text{Stromstärke} = \frac{\text{Spannung}}{\text{Widerstand}} \text{ allgemein } i = \frac{e}{W}.$$

Hier also $$i_w = \frac{e}{w}.$$

ferner ist $i_w = i - i_e$,

also $$i - i_e = \frac{e}{w}$$

oder $$w = \frac{e}{i - i_e}.$$

Hierin ist $w$ der gesuchte Widerstand; $e$ die abgelesene Spannungsdifferenz am Voltmeter in Volt, $i$ = die abgelesene Hauptstromstärke am Amperemeter in Ampere, $i_e$ der durch das Voltmeter fließende Strom, der sich folgendermaßen berechnen läßt:

Bekannt ist der Widerstand des Voltmessers $w_v$; da an den Enden dieses Widerstandes die Spannungsdifferenz ebenfalls $e$ ist, so ist

$$i_e = \frac{e}{w_v},$$

so daß $$w = \frac{e}{i - \frac{e}{w_v}}$$

Beispiel: Die Spannung an den Enden des zu messenden Widerstandes war $e = 120$ Volt. Die abgelesene Hauptstromstärke $i = 10{,}5$ Amp. und der bekannte Widerstand des Voltmeters mit seinem Vorschaltwiderstand $w_v = 1 + 999 = 1000\ \Omega$.

Es ist also der gesuchte Widerstand

$$w = \frac{120}{10{,}5 - \frac{120}{1000}} = \mathbf{11{,}58} \text{ Ohm.}$$

Die an einer Gleichstrommaschine auftretenden Widerstände sind folgende: 1. Ankerwiderstand, 2. Kontaktwiderstand zwischen der Bürste und dem Kommutator, 3. Bürstenwiderstand, 4. Widerstand des Verbindungskabels zwischen Bürstenbolzen und Klemmen, 5. Gesamtankerwiderstand, 6. Magnetwiderstand.

Von diesen Widerständen ist 4 meist so gering, daß er vernachlässigt werden kann; dasselbe gilt auch von dem Bürstenwiderstand, wenn die Bürsten aus Metall bestehen.

### 1. Messung des Ankerwiderstandes.

Nach der zuletzt angegebenen Methode lassen sich Widerstände von mehr als 0,1—0,05 $\Omega$ noch mit hinreichender Genauigkeit messen. Die Schaltung bei der Messung ist die in Fig. 215 angegebene. Es bedeutet in dieser Schaltung:

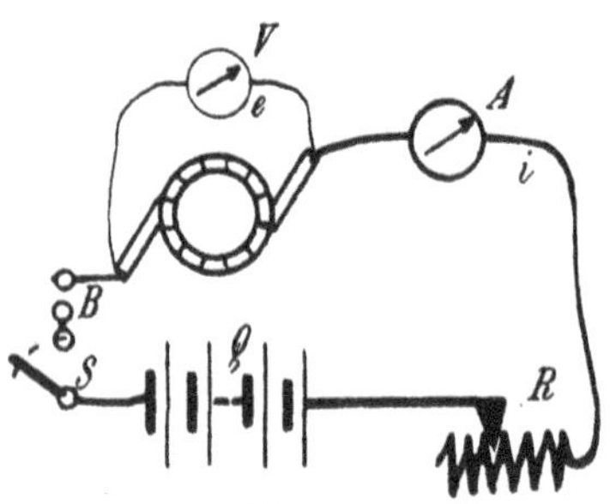

Fig. 215.

$A$ = Amperemeter; $V$ = Voltmeter, an zwei die ganze Wicklung in zwei gleiche Hälften teilende Lamellen gelegt; $R$ = Vorschaltwiderstand zur Regulierung der Prüfstromstärke; $S$ = Ausschalter; $Q$ = Stromquelle, am besten ein paar Akkumulatorenzellen von hinreichender Kapazität; $B$ = Sicherung.

Man prüft also Ankerwiderstände nicht mit Betriebsstrom und Betriebsspannung, sondern erzeugt durch eine besondere Stromquelle im Anker einen Strom, der ca. $^2/_3$ des Normal-Ankerstromes beträgt bei einer Spannung, welche gleich 2—15 % der Normalmaschinenspannung.

Bei Ausführung des Versuches schließt man $S$ und reguliert mittels $R$ die Stromstärke auf einen kleineren Wert ein als der normale Ankerstrom ist ($^1/_4$—$^1/_3$), dann lese man gleichzeitig Stromstärke und Spannung ab und notiere diese. Es ist zweckmäßig, die Ablesungen mit einigen verschiedenen Stromstärken zu machen (etwa $^1/_2$ und $^2/_3$ des normalen Ankerstromes).

Die Ergebnisse der verschiedenen Versuche dürfen nicht wesentlich abweichen; es ist dann das Mittel zu berechnen. Die Messungen sind sehr rasch auszuführen, so daß eine Erwärmung der Wicklung durch den eingeleiteten Strom nicht stattfinden kann. Bei jeder Widerstandsmessung ist die Temperatur der Wicklung mitzubestimmen.

Beispiel:

Widerstand des Voltmeters $w_v = 499 + 1 = 500\ \Omega$.

| | Gemessen: | | |
|---|---|---|---|
| | I | II | III |
| Lufttemperatur | 15° C | 15° C | 15° C |
| Ampere $i$ . . | 5,0 | 10,0 | 15,0 |
| Volt $e$ . . . | 4,4 | 8,7 | 12,9 |

Berechneter Widerstand des Ankers

$$\text{I.}\quad w_a = \frac{e}{i - \frac{e}{W_v}} = \frac{4{,}4}{5{,}0 - \frac{4{,}4}{500}} = 0{,}88\ \Omega$$

$$\text{II.}\quad w_a = \frac{8{,}7}{10{,}0 - \frac{8{,}7}{500}} = 0{,}872$$

$$\text{III.}\quad w_a = \frac{12{,}9}{15{,}0 - \frac{12{,}4}{500}}\ 0{,}862\ \Omega.$$

$$\text{Mittel}\ \frac{2{,}614}{3} = \mathbf{0{,}87}\ \Omega \text{ bei } 15^0\ \text{C}.$$

## 2. Der Kontaktwiderstand und Bürstenwiderstand.

Er ist insofern interessant, als sich vom Resultate der Messung ein Schluß auf die Güte des Kontaktes und indirekt auf die Güte der betreffenden Bürstenhalterkonstruktion ziehen läßt. Solche Kontaktwiderstände sind bisweilen gar nicht unerheblich, während sie bei Metallbürsten zwar nur Bruchteile des Ankerwiderstandes betragen, können sie bei Kohlebürsten, besonders bei nicht glatt poliertem Kommutator, einen bedeutsamen Teil des Gesamtankerwiderstandes ausmachen, ja sogar bei kleineren Maschinen den Ankerwiderstand übertreffen.

Auf den Kontaktwiderstand sind von Einfluß: a) das Material von Bürste und Kollektor, b) der Druck, mit welchem die Bürsten gegen den Kollektor gepreßt werden, c) die spez. Stromstärke an der Übergangsstelle, d) die Kollektorgeschwindigkeit, e) die Beschaffenheit der Oberfläche des Kollektors.

Bei der Messung des Übergangswiderstandes ist jedem dieser Faktoren Rechnung zu tragen. Der Einfluß der Oberflächenbeschaffenheit kann ausgeschaltet werden, wenn der Kollektor vollkommen glatt poliert ist. Um eine gleichartige Beurteilung zu erzielen ist folgendes zu beachten.

1. Bei der Widerstandsmessung müssen die Bürsten mit normalem Betriebsdruck aufliegen.

2. Der Anker muß rotieren; die Umfangsgeschwindigkeit des Kollektors muß hierbei mindestens 2 m/Sek. betragen.

3. Der Meßstrom muß dem normalen Strom einer Bürste entsprechen; außerdem ist aber auch mit $^3/_4$, $^1/_2$ und $^1/_4$ dieses Stromes zu messen.

4. Wenn möglich, soll die Maschine vor der Messung einige Stunden hindurch bereits mit vollem Strom gearbeitet haben.

Zahlenmäßig bringt man den Kontaktwiderstand zum Ausdruck zugleich mit dem Bürstenwiderstand, und beide berechnen sich am einfachsten aus der Differenz des Gesamtankerwiderstandes—Ankerwiderstand.

### 3. Der Gesamtankerwiderstand.

Man schaltet den Anker mit seinen aufgelegten Bürsten nach der folgenden Schaltung (Fig. 216) ein, welche sich von Fig. 215 nur dadurch unterscheidet, daß der Bürsten- und Kontaktwiderstand mit einbegriffen ist. Bei der Messung muß, um dem Kontaktwiderstand richtig Rechnung zu tragen, der Kollektor rotieren, so daß seine Umfangsgeschwindigkeit mindestens 2 m/Sek. beträgt. Der Meßstrom muß gleich dem normalen Betriebsstrom sein resp. bis zu diesem gesteigert werden. Die Bürsten müssen alle gut eingeschliffen sein.

Durch die Rotation des Ankers in dem, wenn auch sehr schwachen magnetischen Feld, herrührend von dem remanenten Magnetismus des Magnetsystems, wird in ihm eine elektromotorische Kraft induziert, welche die des Meßstromes entweden vergrößert oder verkleinert, stets aber einen Meßfehler bedingt, der bis zu 20 bis 30% des Gesamtwiderstandes betragen kann. Zur

Beseitigung dieser Störung verfährt man in der Praxis am besten so, daß man einmal den Gesamtwiderstand in der angegebenen Weise bei Rechtsdrehung und dann bei Linksdrehung ermittelt und aus den beiden Werten das Mittel nimmt. Die Tourenzahl muß nach beiden Seiten hin die gleiche sein. Die Messung des Gesamt-Ankerwiderstandes ist demnach folgendermaßen durchzuführen:

Man reguliere den Meßstrom bei $R$ auf den normalen Maschinenstrom ein, drehe den Anker nach einer Richtung und messe so den Widerstand zwischen den beiden Maschinenklemmen. Dann drehe man den Anker in entgegengesetzter Richtung mit genau derselben Geschwindigkeit und bestimme abermals den Widerstand. Außerdem ist es auch nützlich, bei $^3/_4$, $^1/_2$ und $^1/_4$ des normalen Betriebsankerstromes die Messung vorzunehmen, um zu erkennen, in welcher Weise der Gesamtankerwiderstand sich mit abnehmender Stromstärke ändert.

Beispiel:

Messung des Ankergesamtwiderstandes. Maschine Nr. . . .
Betriebsspannung 110 Volt. Betriebsstrom 20 Amp.
Lufttemperatur 15,7 ° C. Gemessen im kalten Zustand.

| Messung Nr.: | 1 | 2 | 3 | 4 | 5 |
|---|---|---|---|---|---|
| Ampere eingeleitet: rechts gedreht $i_r$ . . . . . . . . | 5,7 | 8,7 | 13,2 | 18,4 | 22,0 |
| Ampere eingeleitet: links gedreht $i_e$ . . . . . . . . | 5,8 | 9,1 | 13,3 | 18,5 | 21,4 |
| Volt bei Rechtsdrehung $e_r$ . | 5,2 | 7,2 | 10,6 | 14,2 | 16,8 |
| Volt bei Linksdrehung $e_e$ . . | 5,3 | 7,9 | 10,9 | 14,5 | 16,6 |
| Widerstand bei Rechtsdrehung berechnet aus $w = \frac{e_r}{i_r - \frac{e_r}{w_v}} =$ | 0,912 | 0,828 | 0,81 | 0,778 | 0,77 |
| Widerstand bei Linksdrehung | 0,918 | 0,876 | 0,826 | 0,79 | 0,781 |
| Mittlerer Gesamtwiderstand . | 0,915 | 0,857 | 0,815 | 0,784 | **0,775 Ω** |

Man kann die gefundenen Werte, abhängig von der Stromstärke, als Kurve auftragen, welche dann für die betreffende

Maschine charakteristisch ist. Hat man den Ankerwiderstand allein, z. B. zu 0,68 Ω gefunden, so wäre der Kontakt- und Bürstenwiderstand hier 0,755 — 0,68 = **0,075 Ω**, das sind

$$\frac{0{,}075 \cdot 100}{0{,}775} = \mathbf{9{,}67\ \%}.$$

Bei den Ankerwiderständen hat man es mit verhältnismäßig kleinen Widerstandsgrößen zu tun.

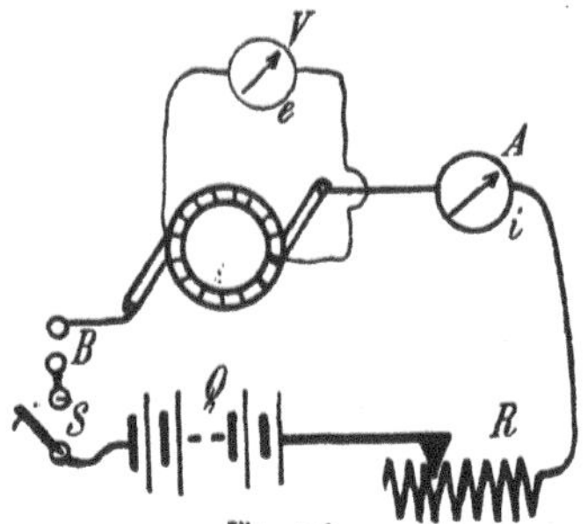


Fig. 216.

### 4. Der Magnetwiderstand.

In seiner Größe ist er sehr verschieden, je nachdem die Maschine eine Nebenschluß- oder eine Serien-(Hauptstrom-) Maschine ist. Nebenschlußwicklungen haben beträchtliche Widerstände, Hauptstromwicklungen geringe Widerstände, etwa in der Höhe des Gesamtankerwiderstandes.

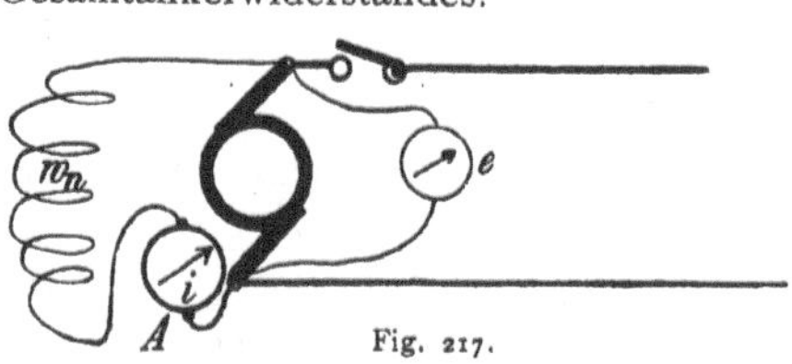


Fig. 217.

Bei der Bestimmung des Nebenschluß-Wicklungs widerstandes kann man die Magnete direkt an die Maschinen spannung anschließen; die Messung muß schnell vorgenommen werden, daß sich die Wicklung nicht erwärmen kann. Die Wicklungstemperatur ist, wie bei jeder Widerstandsmessung, zu bestimmen.

Die Schaltung bei der Ermittlung eines Nebenschluß-Wicklungswiderstandes ist die in Fig. 217 angegebene. An die Maschinenklemmen schließt man das Voltmeter $V$ an zur Messung der Spannung $e$, an den Anfang oder das Ende der Nebenschlußwicklung schaltet man ein Amperemeter, um den Strom $i_n$, der durch die Nebenschlußwicklung fließt, zu ermitteln. Nach dem Ohmschen Gesetz ist dann

$$i_n = \frac{e}{w_i + w_n};$$

denn dem Magnetwiderstand ist der Widerstand des Amperemeters $w_i$ noch vorgeschaltet; daraus

$$w_n = \frac{e}{i_n} - w_i.$$

Der Widerstand $w_i$ ist jedesmal bekannt; denn es ist der Kombinationswiderstand des Amperemeters mit seinem parallel geschalteten Shunt.

Der Kombinationswiderstand $w_i$ von diesen zwei parallel geschalteten Leitern ist nun, wenn $s$ = Shuntwiderstand und $a$ = Amperemeterwiderstand,

$$w_i = \frac{a \cdot s}{a + s}.$$

Da der Selbstinduktionskoeffizient von Nebenschlußspulen ein großer ist, so gebrauche man stets die Vorsicht, zuerst den Magnetstromkreis und dann erst den Voltmeterstromkreis zu schließen; beim Ausschalten ist umgekehrt zuerst das Voltmeter abzuschalten; denn es können Selbstinduktionsströme beim Schließen und Öffnen des Stromkreises eintreten, welche gefährlich werden können.

Beispiel: Lufttemperatur 22,0° C. In den Magnetstromkreis war ein Amperemeter von 1 $\Omega$ Widerstand mit einem Shunt $^1/_{99}\,\Omega$ eingeschaltet. Die Stromstärke war laut Anzeige 2,7 Amp. Das Voltmeter zeigte eine Spannung $e = 120$ Volt.

Dann ist zunächst

$$w_i = \frac{1 \cdot \frac{1}{99}}{1 + \frac{1}{99}} = \frac{1}{99 \cdot \frac{100}{99}} = \frac{1}{100}\,\Omega$$

$$w_n = \frac{120}{2,7} - 0,01 = \mathbf{44,4}\,\Omega.$$

Würde man den Widerstand des Strommessers vernachlässigen, so entstände auch kein Fehler, der für die Praxis von Belang ist.

Man kann also den Widerstand $w_i$ ganz vernachlässigen und rechnen

$$w_n = \frac{e}{i_n}.$$

Bei Bestimmung des Widerstandes einer Hauptstromwicklung wäre die Schaltung nach Fig. 218 zu wählen, wenn der Maschinenstrom angewendet wird. Besser aber wird nach Fig. 217 geschaltet und nach dieser Methode auch berechnet, wobei man einen Fremdstrom zur Messung benutzt.

Bei Widerstandsmessungen von Compoundwicklungen ist jeder der beiden Wicklungswiderstände getrennt zu ermitteln.

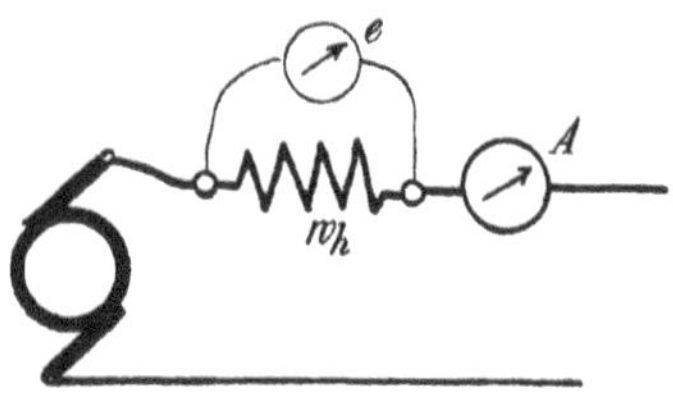


Fig. 218.

## d) Die Prüfung der Maschinen auf Isolationsfestigkeit, Erdschluß, Körperschluß und numerischen Isolationswiderstand.

Zur Prüfung auf Isolationsfestigkeit (Durchschlagsfestigkeit) dient ein Transformator für höhere Spannungen, der vorteilhaft umschaltbar ist, damit man verschiedene Prüfspannungen zur Verfügung hat. Die von diesem Transformator erzeugte Spannung wird mit einem Pol an die zu prüfende Wicklung und mit dem andern Pol an das Ankereisen gelegt. An diese beiden Pole des erwähnten Transformators ist noch ein Voltmeter, eventuell unter Zwischenschaltung eines Meßtransformators, angelegt, welches zur Beobachtung eines Kurzschlusses dient. Ist ein solcher vorhanden, bzw. ist die Isolation an einer Stelle so schlecht, daß dieselbe die Prüfspannung nicht aushält und durchschlägt, so stellt sich der Zeiger des Voltmeters auf Null ein. Auf Durchschlagsfestigkeit prüft man bei Maschinen bis 5000 Volt mit der doppelten Betriebsspannung.

Die Prüfung selbst ist sehr einfach: Die Prüfstromquelle wird, nachdem alle Verbindungen hergestellt worden sind, auf die erforderliche Spannung gebracht, dann eine halbe Stunde eingeschaltet gelassen. Tritt ein Durchschlag ein, was man an einem starken Knistern, eventuell einem Knall, sowie unter Umständen auch durch eine von der Durchschlagsstelle kommende kleine Rauchwolke erkennt, so ist die Stromquelle sofort abzuschalten. Manchmal läßt es sich nicht erkennen, an welcher Stelle der Durchschlag stattgefunden hat. In diesem Falle ist die betreffende Stelle auszubrennen, d. h. man erhöht die Spannung sukzessive, wobei infolge des Umstandes, daß der Widerstand an der Durchschlagsstelle sehr gering ist, ein beträchtlicher Strom durch dieselbe fließt. Die Durchschlagsstelle ist dann durch den aufsteigenden Rauch erkennbar. Liegt sie im Innern einer Wicklung, so ist die Brandstelle nach der Abwicklung leicht zu erkennen.

Bei Anwendung von Wechselstrom bei der Prüfung auf Durchschlagsfestigkeit ist nur die 0,7 fache vorgeschriebene Effektivspannung anzuwenden.

Die Isolierfestigkeit muß vor jeder Inbetriebnahme einer neuen Maschine ermittelt werden. Wird die Maschine als gut befunden, so empfiehlt es sich nicht, regelmäßige Nachprüfungen während des Betriebes zu machen, da die Maschine so leicht Schaden leiden könnte.

Während die Untersuchung auf Kurzschluß im Eigenbetrieb selten ausgeführt wird und diejenige auf Isolierfestigkeit nur bei Inbetriebsetzung neuer Maschinen geschieht, muß die Prüfung auf Erdschluß, Körperschluß und numerischen Isolationswiderstand regelmäßig ausgeführt werden, um über den Zustand der elektrischen Maschinen nach dieser Richtung laufend unterrichtet zu sein. Es stehen auch brauchbare einfache Methoden, welche im Kapitel »Prüfung des Leitungsnetzes« eingehend behandelt sind (siehe später) zur Verfügung.

Die Bestimmung des numerischen Isolationswiderstandes gibt darüber Aufschluß, ob Erdschluß, Körperschluß oder Kurzschluß vorhanden ist.

Bei Gleichstrommaschinen ist es von Wichtigkeit[1]), die folgenden Isolationswiderstände zu kennen:

1. Isolationswiderstand der Ankerwicklung gegen den Ankerkörper.

2. Isolationswiderstand der Kommutatorlamellen gegen den Kommutator- bzw. Ankerkörper.

3. Isolationswiderstand zwischen den einzelnen Kommutatorlamellen.

4. Isolationswiderstand der Feldspulen gegen das Magnetsystem.

5. Gesamtisolationswiderstand der Maschine.

Behufs Messung des Isolationswiderstandes der Ankerwicklung gegen den Ankerkörper sind die von den einzelnen Wicklungssegmenten zu den Kommutatorlamellen führenden Drahtverbindungen zu lösen. Diese Drahtenden sind entweder in Löcher der Kommutatorlamellen gesteckt und mittels Schrauben niedergedrückt oder aber verlötet. In letzterem Falle muß man natürlich auf Messung dieses Isolationswiderstandes verzichten bzw. kann ihn nur zusammen mit dem unter 2 angeführten Isolationswiderstand bestimmen. Der Widerstand ist dann zwischen einem der Verbindungsdrähte und der Achse des Ankers zu messen. Bei Ankern mit mehreren voneinander getrennten Ankerwicklungen sind die jeder Wicklung entnommenen Enden miteinander zu verbinden.

Behufs Messung des Isolationswiderstandes der Kommutatorlamellen gegen Eisen verfahre man wie zuvor, d. h. man löse die Verbindungen zwischen den Kommutatorlamellen und den einzelnen Wicklungselementen. Dann winde man einen dünnen Kupferdraht mehrere Male um den Kommutator herum und verdrehe die Enden des Drahtes miteinander. Der Widerstand ist zwischen diesem Drahte und der Achse zu messen.

Behufs Messung des Isolationswiderstandes zwischen den einzelnen Kommutatorlamellen nehme man den Kupferdraht

[1]) Kinzbrunner, Die Prüfung von Gleichstrommaschinen.

wieder ab und messe zwischen je zwei benachbarten Kommutatorlamellen. Dieser Widerstand ist manchmal, insbesondere bei ganz neuen Maschinen, die noch niemals gelaufen sind, sehr gering, er soll aber sehr groß sein. Bei der Bearbeitung entstehen nämlich durch Ausreißen des Materials oft feine Brücken, die nicht selten direkten Schluß zwischen benachbarten Lamellen herstellen. Es ist daher nicht empfehlenswert, die Isolation zweier benachbarter Lamellen mit einer Spannung von mehr als 50—70 Volt zu prüfen, umsomehr, als bei normalem Betriebe und guten Maschinen die zwischen zwei Lamellen auftretende Potentialdifferenz nie mehr als 25, meist jedoch nur 10—15 Volt beträgt.

Direkte Schlüsse zwischen benachbarten Kommutatorlamellen lassen sich entweder durch vorsichtiges Schaben mit einem entsprechenden Werkzeug oder aber durch Ausbrennen entfernen.

In vielen Fällen wird nur der Gesamtisolationswiderstand des Ankers gemessen. In diesem Falle bildet eine Kommutatorlamelle den einen, die Achse den anderen Pol, wobei die Verbindungen zwischen Anker und Kommutator nicht gelöst werden.

Bei der Messung des Isolationswiderstandes der Feldspulen gegen das Magnetgestell werden die zwei Enden der ersteren von den Hauptklemmen abgenommen. Der Widerstand wird zwischen einem dieser Enden und dem Eisengestell gemessen.

Bei der Messung des Gesamtisolationswiderstandes einer Maschine müssen sämtliche Verbindungen an der Maschine selbst hergestellt sein, d. h. die Bürsten müssen aufliegen, die Enden der Magnetwicklung oder wenigstens eines derselben mit der Hauptklemme verbunden sein usw. Der Isolationswiderstand ist dann zwischen einer Hauptklemme (und zwar jener, zu welcher auch das Ende der Magnetwicklung geführt ist) und dem Eisengestell bzw. Erde zu messen.

Das einfachste Verfahren zur Bestimmung des Isolationswiderstandes ist das folgende: Man schließt die Enden einer Batterie $Q$ von bekannter Spannung $e$ an jene Stellen an zwischen denen der Isolationswiderstand zu bestimmen ist, und schaltet ein Amperemeter von bekanntem Eigenwiderstand $w_i$ in den Stromkreis. Ist die Spannung $e$ beträchtlich (50 Volt oder mehr), so empfiehlt es sich auch, einen — eventuell variablen —

Widerstand $R$ mit einzuschalten. Es sei gleich hier bemerkt, daß der Isolationswiderstand einer Maschine stets mindestens mit jener Spannung geprüft werden soll, für welche die Maschine gebaut ist.

Die Schaltung für diese Messung ist also etwa nach dem Schema (Fig. 219) durchzuführen.

Zeigt beim Schließen des Schalters $S$ das Amperemeter keinen oder nur einen kleinen Ausschlag, so ist $R$ zu verringern eventuell ganz kurz zu schließen. Der Isolationswiderstand $W_i$ ist dann, da

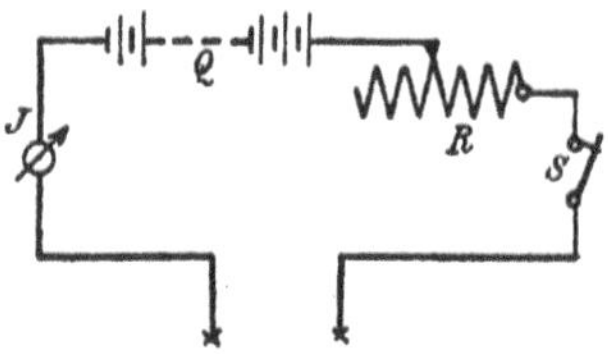


Fig. 219.

$$J = \frac{e}{W_i + w_i + R}$$

$$W_i = \frac{e}{J} - (w_i + R).$$

Beispiel:

Spannung $e = 220$ Volt; Stromstärke $J = 0{,}004$ Amp.; $R = 0$;

$$w_i = \frac{220}{0{,}004} - (1 + 0). \quad \text{Amperemeterwiderstand} = 1\,\Omega.$$

$$W_i = \infty\ 55000\,\Omega.$$

## e) Die Ermittlung des Wirkungsgrades einer elektrischen Maschine.

### 1. Der Wirkungsgrad beim Motor.

Man ermittelt ihn am einfachsten durch Bremsung mittels Pronyschen Zaums (siehe S. 293). Nach Fig. 220 ist $W =$ Reibung am Umfange der Bremsscheibe, deren Radius $= r$; $P =$ die auf die Wage drückende, durch Gewichte auszugleichende Kraft, am Hebelarm $l$ angreifend.

Die Bremsleistung in Pferdestärken ergibt sich dann

$$N_b = \frac{P \cdot 2 \cdot l \cdot \pi \cdot n}{60 \cdot 75} = C \cdot P \cdot n.$$

Der dem Motor zugeleitete Effekt läßt sich aus Spannung $e$ und Stromstärke $i$ berechnen und beträgt

$$N_e = \frac{e \cdot i}{736}.$$

Der Wirkungsgrad $\eta$ ist dann

$$\eta = \frac{N_b}{N_e}.$$

Beispiel: Die Hebellänge $l$ wurde gewählt $= 0{,}716$ m;

dann ist $C = \frac{2 \cdot l \cdot \pi}{60 \cdot 75} = \frac{2 \cdot 0{,}716 \cdot \pi}{60 \cdot 75} = 0{,}001$

$$N_b = 0{,}001 \cdot P \cdot n.$$

Gemessen wurde die Spannung $e$ am Motor und die dem Motor zugeleitete Stromstärke $i$, ferner die Motortourenzahl mittels Tachometers. Die Belastung des Motors mußte nun von 0 an bis zur Maximalbelastung gesteigert werden, was durch Anziehen der Schrauben der Bremsbacken geschah. Die Gleichgewichtslage konnte durch Auflegen von Gewichten auf die Wagschale erreicht werden. Die in der Tabelle eingetragenen Werte wurden beim Versuch ermittelt.

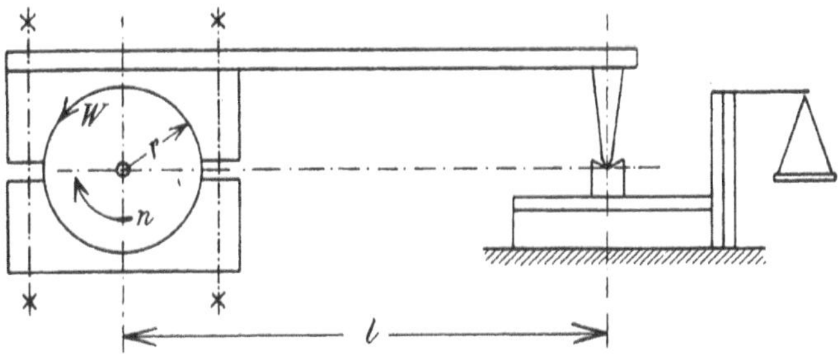


Fig. 220.

| Nr. | $P$ = aufgelegtes Gewicht | $n$ = Tourenzahl | $e$ = Spannung in Volt | $i$ = Stromstärke in Ampere | Leistung elektr. $N_e$ in PS | Leistung gebremst $N_e$ in PS | Leistung Verlust in PS | Wirkungsgrad $\eta$ |
|---|---|---|---|---|---|---|---|---|
| 1 | 0 | 445 | 116 | 5 | 0,789 | 0 | 0,789 | 0 |
| 2 | 2 | 445 | 121 | 10 | 1,645 | 0,89 | 0,75 | 0,54 |
| 3 | 4 | 440 | 120 | 16 | 2,61 | 1,76 | 0,85 | 0,675 |
| 4 | 6 | 430 | 119 | 21,5 | 3,48 | 2,58 | 0,90 | 0,74 |
| 5 | 8 | 423 | 118,5 | 27 | 4,34 | 3,38 | 0,96 | 0,775 |
| 6 | 10 | 420 | 118 | 32,5 | 5,21 | 4,20 | 1,01 | 0,805 |
| 7 | 12 | 420 | 118 | 37,5 | 6,02 | 5,04 | 0,98 | 0,837 |
| 8 | 14 | 415 | 118 | 44,0 | 7,06 | 5,81 | 1,25 | 0,839 |

Der Wirkungsgrad des elektrischen Motors (auch des Generators) ist also nicht konstant, sondern erhöht sich mit seiner Leistung bis zu seiner Maximalbeanspruchung.

### 2. Der Wirkungsgrad beim Generator.

Er wird am einfachsten ermittelt, indem man den Generator mit einem Motor antreibt, dessen Wirkungsgrad bei allen Belastungen und Tourenzahlen genau bekannt ist.

Wird dabei die dem Motor zufließende Stromstärke $i_1$ und seine Spannung $e_1$ gemessen, so ergibt sich die an den Generator abgegebene Leistung $m_L$, wenn $\eta_m =$ der Motorwirkungsgrad bei der betreffenden Belastung

$$m_L = e_1 \cdot i_1 \cdot \eta_m.$$

Außerdem läßt man den Generator auf das Netz arbeiten und mißt seine erzeugte Klemmenspannung $e_2$ und die nach außen abgegebene Stromstärke $i_2$. Die Leistung des Generators ist dann $g_L = e_2 \cdot i_2$ und sein Wirkungsgrad ist dann

$$\eta_g = \frac{e_1 \cdot i_1 \cdot \eta_m}{e_2 \cdot i_1}.$$

*Beispiel:* Der Motor hatte eine Klemmenspannung $e = 118$ Volt. Die Stromstärke war 32,5 Amp. Der Motorwirkungsgrad bei dieser Belastung war 0,805. Der Generator lieferte eine Stromstärke von 21,8 Amp. bei 120,0 Volt.

Damit ergibt sich ein Wirkungsgrad

$$\eta_g = \frac{118 \cdot 32{,}5 \cdot 0{,}802}{120{,}0 \cdot 21{,}1} = \mathbf{0{,}848}.$$

## f) Betriebsstörungen an elektrischen Maschinen.

Die Störungen an Gleichstrommaschinen geben sich fast ausnahmslos durch die *Funkenbildung* am Kollektor, begleitet von mehr oder weniger *starker Erwärmung*, zu erkennen; nur wenn die Dynamo keine Spannung gibt oder der Elektromotor nicht anläuft, fehlen diese Kennzeichen. Es ist wesentlich, wenn man *hohe Wicklungstemperaturen* an der Maschine festgestellt hat, nach der eventuellen Störungsursache zu suchen, um den Fehler beseitigen zu können. Bei den wichtigsten Störungserscheinungen sind stets gewisse Merkmale zu beachten, aus welchen sich die Störungsursache ableiten läßt. Sind Fehler festgestellt, so muß aber auch für deren Abhilfe Sorge getragen werden.

| Erscheinung der Störung | Merkmale der Untersuchung | Ursache | Abhilfe |
|---|---|---|---|
| **I. Funkenbildung am Kollektor oder an den Bürsten** | a) Stark eingefressene Isolation zwischen zwei Lamellen | Unterbrechung einer zwischen den beiden Lamellen liegenden Ankerspule, tritt bisweilen am Kollektornocken auf, seltener auf dem Ankerkörper. Beim Einlöten von mehreren Drähten hat manchmal der unterste Draht kein oder zu wenig Lot, infolgedessen entsteht mit der Zeit schlechter Kontakt | Verlötung der Unterbrechungsstelle, falls diese zugänglich ist; zuweilen völlige Neuwicklung des Ankers, wobei die Drähte nicht zu straff gespannt werden dürfen; um jede Zugbeanspruchung zu verhindern, gebe man den Drähten eine geringe Biegung |
| | b) Springen der Bürsten, Brandspuren am Kollektor, bei Verwendung von Kohlenbürsten starkes Schwarzwerden | Unrunder, schlagender Kollektor | Abdrehen von fachkundiger Hand |
| | | Hervortreten der Isolation zwischen den Lamellen infolge ungleicher Härte des Materials der Lamelle und der Isolation. Minderwertiges Kollektormaterial | Abschmirgeln m. Karborundumpapier, in starkem Falle abdrehen |
| | | Ungenügende Festigkeit des Kollektors in sich. Lockerwerden der Druckringe. | Mehrmaliges Nachziehen der gelockerten Kollektorschrauben im warmen Zustande; eventuell ist Demontage erforderlich |
| | c) Zu hohe Tourenzahl bei normaler Spannung | Zu geringe Erregung | Normale Tourenzahl einhalten. Riemenscheiben entsprechend auswechseln |
| | d) Schlecht zentrierter Anker bei mehrpoligen Maschinen mit Parallelwicklung, zugleich anormale Erwärmung schon ohne Hauptstrom | Innere Ausgleichströme wegen Verschiedenheit der einzelnen Spulenspannungen, hervorgerufen durch den ungleichen Luftraum der Pole | Zentrieren des Ankers, bei großen Maschinen Anbringen von Ausgleichringen oder -verbindungen |

| Erscheinung der Störung | Merkmale der Untersuchung | Ursache | Abhilfe |
|---|---|---|---|
| | Dieselbe Erscheinung zeigt sich bei Serien-Parallelmaschinen, besonders bei unsymmetrischer Wicklung | Bei Serien-Parallelwicklung ist die Verschiedenheit des Widerstandes der einzelnen Bürstensätze die Ursache | Ausgelaufene Lager ausgießen |
| | e) Starke Erhitzung oder völliges Kaltbleiben einer Magnetspule bei mehrpoligen Maschinen; zugleich anormale Ankererwärmung | Kurzschluß in sich oder Überbrückung der Windungen einer Magnetspule, demnach Schwächung des Feldes in dem zugehörigen Pol, also unregelmäßiges Magnetfeld, daher Ausgleichströme in der Ankerwicklung | Reparatur der schadhaften Magnetspule |
| | f) Ohne äußerliches Merkmal | Falsche Bürstenstellung, Überlastung | Richtige Bürsteneinstellung; zulässige Beanspruchung einhalten |
| | | Anwendung schädlich. Kollektorschmiermittel | Vollkommene Reinigung des Kollektors und der Bürstenlaufflächen |
| | | Schlecht eingeschliffene Kontaktfläche bei neuen Bürsten. Schlechtes Bürstenfabrikat. Schlechte Bürstenfedern | Nur gut eingeschliffene Bürsten verwenden und nur solche nach Angabe des Fabrikanten |
| **2. Anormale Ankererwärmung** | a) Zu niedrige Tourenzahl bei normaler Spannung | Zu starke Erregung, größere Verluste durch Hysterisis und Wirbelströme | Einhalten der normalen Tourenzahl<br>Änderung der Antriebsscheiben |
| | b) Erhitzung eines Teiles der Ankerwicklung nach wenigen Minuten; man läßt die Maschine mit besonderer Erregung ohne Hauptstrom laufen, da sie sich gewöhnlich bei diesem Fehler nicht von selbst erregt. Bei Elektromotoren zeigt sich ferner eine zu hohe Tourenzahl | Kurzschluß einer oder mehrerer Ankerspulen | Reparatur der Ankerwicklung |

| Erscheinung der Störung | Merkmale der Untersuchung | Ursache | Abhilfe |
|---|---|---|---|
| | c) Zu fest aufgepreßte Bürsten, eventuell auch zu dicke Bürsten | Übertragung der Wärme vom Kollektor auf die Ankerwicklung | Bürsten lockern |
| | d) Ungeeignetes Bürstenmaterial, zu harte Kohle und zu harte Kupfergewebe | Übertragung der Wärme vom Kollektor auf den Anker | Nur gutes Bürstenmaterial nach Angabe des Maschinenlieferanten verwenden |
| **3. Anormale Erwärmung der Magnetspulen** | a) Zu geringe Tourenzahl bei normaler Spannung<br>b) Zu hohe Spannung bei normaler Tourenzahl | Unzulässig hoher Nebenschlußstrom | Einhaltung der vom Fabrikanten angegebenen Leistungsdaten |
| | c) Überbrückung einer oder mehrerer Magnetspulen durch Schluß; die überbrückten Spulen bleiben kalt, die anderen werden sehr heiß; nicht selten bei Compoundmaschinen durch Berühren der dünnen u. dicken Wicklung | Erhöhung des Nebenschlußstromes durch Verminderung des Widerstandes der Magnetbewicklung | Beseitigung der fehlerhaften Schlußstellen |
| **4. Die Dynamo gibt keine Spannung** | a) Ohne Merkmal, Dynamo gibt aber mit Fremderregung volle Spannung | Remanenter Magnetismus verloren | Neumagnetisierung mit Fremdstrom, wobei die Stromrichtung zu beachten ist |
| | b) Ohne Merkmal, Dynamo gibt aber mit Fremderregung volle Spannung | Maschine ist durch einen Kurzschluß umpolarisiert | Mit Fremdstrom neumagnetisieren unter Beachtung der Stromrichtung |
| | c) Ohne Merkmal, gibt mit Fremderregung volle, aber verkehrte Spannung. + und — sind vertauscht | Anker hat andere Drehrichtung als bei der Fabrikprobe | Nebenschlußenden miteinander vertauschen |
| | d) Dynamo gibt mit Fremderregung keine Spannung | Magnetwicklung und Regulierwiderstand unterbrochen, Spulen gegeneinander geschaltet | Reparatur der defekten Stellen |
| | e) Gibt mit Fremderregung zu wenig Spannung, verbraucht dabei viel Kraft, der Anker wird schnell heiß | Kurzschluß einer oder mehrerer Ankerspulen | Reparatur |

| Erscheinung der Störung | Merkmale der Untersuchung | Ursache | Abhilfe |
|---|---|---|---|
| | f) Gibt mit Fremderregung ungefähr volle Spannung, dabei starke Funkenbildung ohne Erhitzung und ohne auffälligen Kraftverbrauch. Es zeigt sich auch eingefressene Isolation zwischen den Lamellen | Unterbrechung einer Ankerspule | Verlötung der Unterbrechungsstelle; falls diese unzugänglich, völlige Neuwicklung. Abschmirgeln oder Abdrehen des Kollektors |
| | g) Gibt mit Fremderregung, ebenso aber auch bei sehr starkem Andrücken der Bürsten volle Spannung | Infolge ungleicher Härte des Materials tritt die Isolation am Kollektor hervor und verhindert den Kontakt zwischen Bürste und Kollektor | Abdrehen oder Abschmirgeln |
| **5. Elektromotor läuft nicht an** | a) Ankerstrom ist vorhanden, Anker läßt sich dabei von Hand leicht drehen, funkt aber dabei stark | Kein Magnetstrom da, entweder im Motor oder im Anlasser ist der Nebenschlußstromkreis unterbrochen, möglicherweise sind auch die Magnetspulen gegeneinandergeschaltet, so daß falsche Pole entstehen, dabei hat der Motor unbelastet die Tendenz, durchzugehen | Unterbrecherstelle aufsuchen u. Schaltung nachsehen |
| | b) Ankerstrom und Magnetstrom sind vorhanden, auch sind die Magnetspulen richtig geschaltet. Der Motor läuft, wenn man von Hand nachhilft, leer an und läßt sich dann belasten; mit Belastung läuft er nicht an | Falsche Verbindung des Anlassers mit dem Motor, derart, daß das Magnetfeld beim Einschalten ganz schwach ist, weil der Magnetstrom nicht vor, sondern hinter dem Anlasser abgezweigt ist | Änderung der Spulung des Anlassers |
| | c) Ankerstrom und Magnetstrom vorhanden, Schaltung korrekt, Anker läßt sich von Hand nur schwer und ruckweise drehen | Eine oder mehrere Ankerspulen defekt, verbrannt oder durchgeschlagen | Reparatur der Wicklung |
| | d) Kein Ankerstrom vorhanden | Anlasser und Sicherungen unterbrochen | Beseitig. d. Unterbrecherstellen |

Die wichtigsten Störungen sind neben den auftretenden Untersuchungsmerkmalen der Störungsursache in den Tabellen[1]) Seite 453 bis 456 kurz zusammengefaßt.

## g) Laufende Aufzeichnungen bei der täglichen Betriebskontrolle.

Bei den laufenden Aufzeichnungen kommt in Betracht:

1. die Feststellung der täglichen Leistung des Generators,
2. » » » Stromabgabe für Kraft,
3. » » » » » Licht,
4. Die Kontrolle des Ölverbrauches.

Zur Bestimmung der täglichen Leistung eines Generators muß an seiner Hauptsammelschiene ein Zähler angeschlossen sein. Von diesem Zähler zweigen zwei Stränge, der eine für Kraft, der andere für Licht, ab. Der Stand der Zähler ist täglich aufzunehmen. Nur auf diese Weise erhält man ein klares Bild über den Stromverbrauch. Ohne solche Zähler ist eine laufende Kontrolle der elektrischen Anlage ebensowenig möglich, wie ohne Wassermesser oder Kohlenwage die Kontrolle des Kesselhauses. Leider findet man bis heute nur sehr selten diese Kontrollinstrumente angebracht.

| Datum | Zählerstand | | | | Verbrauch am verflossenen Tag | | | | | | Gesamtverbrauch | Bemerkungen |
|---|---|---|---|---|---|---|---|---|---|---|---|---|
| | | | | | | für Kraft | | für Licht | | | | |
| | Hauptzähler Generator | Kraftzähler | Lichtzähler | Städtischer Zähler | am Hauptzähler in KW/Std. | KW/St. | % vom Tagesverbr. | KW/Std. | % vom Tagesverbr. | Städt. Strom | | |
| | | | | | | | | | | | | |

Außer der eigenen erzeugten elektrischen Energie ist auch die eventuell vom städtischen Netz bezogene gesondert zu registrieren.

Will man auch über den Momentanverbrauch unterrichtet sein, so kann man in bestimmte Stromkreise, deren Verbrauch

[1]) Niethammer, Elektrotechn. Praktikum.

sehr scharfer Kontrolle unterstellt werden soll, registrierende Kilowattzähler einschalten. Diese Instrumente geben außer der Gesamtleistung auch die zu bestimmten Zeiten abgegebenen Momentanleistungen an.

Die laufende Kontrolle des Ölverbrauches wird gehandhabt wie bei den Dampfmaschinen und Kompressoren durch Prüfung der entnommenen Proben bei Anlieferung und nach eventuell stattgehabter Reinigung. Nach der Reinigung sollen Dynamolageröle nicht mehr für den gleichen Zweck Verwendung finden; denn bekanntlich werden sie schon an und für sich in den Ringschmierlagern längere Zeit sehr ausgenutzt, man mischt sie dem Lageröl für Dampfmaschinen zu. Als Dynamoöl kommt ein helles, leichtflüssiges, wasserfreies, in Petroleumbenzin klar lösliches Mineralöl in Betracht. Es muß frei sein von Mineralsäuren und darf von organischen Säuren nur Spuren bis 0,01 % (auf Schwefelsäureanhydrit berechnet) enthalten. Die Dichte bei 20° C ist normal 0,860—0,910; die Viskosität nach Engler, bezogen auf destilliertes Wasser von 20° C, 15—25 bei 20° C und 2,5—4,5 bei 50° C. Auf 180° C erhitzt, darf es noch keine entflammbaren Dämpfe entwickeln und soll bei 0° C noch fießend sein.

Die richtige Auswahl der Öle kann nur durch den praktischen Schmierversuch getroffen werden. Man spült dabei die Ringschmierlager gut mit dem zu prüfenden Öl aus und wiegt die bis zu bestimmter Marke eingegebene Menge. Dann hat man Lufttemperatur und Lagertemperatur zu notieren, woraus sich die Reibungstemperatur berechnet. Diese Temperaturen sind täglich zu prüfen, wenn die Dynamo gleichmäßig belastet ist. Man setzt den Versuch so lange fort, ohne das Öl auszuwechseln, bis die unnormale Lagertemperatursteigerung hervortritt. Nach dieser Zeit wird das zweite in Frage stehende Öl eingegeben und in gleicher Weise geprüft. Ein solcher Schmierversuch an einer Dynamo kann sich mehrere Wochen hinausziehen. Unzulässig ist es, in jedes der beiden Lager je ein Prüföl einzugeben und beide gleichzeitig zu vergleichen. Da die beiden Dynamolager infolge Riemenzuges nicht gleichmäßig belastet sind, erhält man natürlich keine vergleichbaren Zahlen.

## 2. Die Kontrolle des Leitungsnetzes mit seinen Zubehörteilen.

Als Zubehörteile zum Leitungsnetz werden auch die an seinem Anfang angeschlossenen Zähler betrachtet, sowie die Beleuchtungskörper usw.

Die Kontrolle des Leitungsnetzes erstreckt sich auf:

a) Die numerische Isolationsprüfung resp. Erdschlußprüfung,

b) die Zählereichung,

c) die Prüfung von Glühlampen.

### a) Die numerische Isolations- resp. Erdschlußprüfung des Leitungsnetzes.

Die Prüfung auf Isolationsfehler kann auf zwei Arten erfolgen, und zwar:

1) indem man die Leitung ganz von der Maschine abschaltet und für sich prüft, dabei kann man Instrumente mit einer Anzahl hintereinander geschalteter Elemente benutzen oder eine bestimmte Prüfspannung durch einen Induktor erzielen;

2) indem man die Netzspannung bei der Prüfspannung benutzt.

Fig. 221.

Sehr empfehlenswert ist der Isolationsprüfer nach Fig. 221 der Firma Siemens & Halske, Berlin. Er benötigt keine Batterie, sondern hat einen durch eine kleine Handkurbel in Bewegung zu versetzenden Induktor.

Der Induktor, welcher bei 3 Umdrehungen in der Sekunde intermittierenden Gleichstrom von 110 Volt liefert, ist in die untere Abteilung des Kastens fest eingebaut, so daß nur die Achse des Triebrades für den Induktoranker die Seitenwand des Kastens durchsetzt. Die hierdurch entstehende Öffnung wird bei abgenommener Kurbel durch eine Klappe verschlossen. Die zum Magnetinduktor gehörige Kurbel mit Kordelschraube findet beim Transport auf dem Boden des Kastens Platz, dessen unterer Teil der vorderen Wand aufklappbar ist.

Das Galvanometer ist ein genaues Voltmeter nach Deprez-d'Arsonval und gegen äußere magnetische Einflüsse unempfindlich; das ist ein großer Vorteil anderen Instrumenten gegenüber, welche nicht selten von Eisenmassen beeinflußt werden. Die bewegliche Spule wird von einer festen Achse getragen, die mit Spitzen in Steinen gelagert ist. Der Zeiger des Instrumentes bewegt sich über einer doppelten Skala. Die obere Skala gibt die Isolationswerte bei Messungen mit der Induktorspannung und mit einer Netzspannung von 110 Volt in Kiloohm an, während die untere Skala für Messungen mit Netzspannung die Spannungsangaben in Volt liefert. Die Apparate werden in zwei Ausführungen hergestellt, entweder für Messungen mit Netzspannung von 110 Volt oder für solche von 110 und 220 Volt. Die untere Skala reicht bis 120 Volt; bei Messungen im zweiten Meßbereich mit 220 Volt Netzspannung sind dann die Ablesungen an der Voltskala wie an der Ohmskala mit 2 zu multiplizieren.

Bei Messungen der Isolation einer Leitung gegen Erde werden die zu prüfende Leitung und die Erde an die entsprechend bezeichneten Klemmen gelegt, als Erdverbindung dient am besten Gas- oder Wasserleitung, auf freiem Felde Erdplatte oder Erdbohrer in angefeuchtetem Boden. Soll irgendein anderer hoher Widerstand gemessen werden, so ist dieser ebenfalls zwischen genannte Klemmen zu legen.

Wird nach Aufschrauben der Kurbel auf die Triebachse des Induktors dieser mit einer Geschwindigkeit von etwa 3 Umdrehungen in der Sekunde gedreht, so kann an der oberen Teilung des Galvannoskops der Isolationswiderstand direkt in Kiloohm (1 K$\Omega$ = 1000 $\Omega$) abgelesen werden.

Das beschriebene Instrument ist für folgende Messungen verwendbar:

### I. Messung einer nicht im Betrieb befindlichen Leitung mittels Induktorspannung.

Ist eine Leitung auf Erdschluß zu prüfen, bevor dieselbe an das Netz angeschlossen, so verbinde man irgendeine Stelle der Installation mit der mit »Kabel« bezeichneten, die Wasser- oder Gasleitung des Hauses mit der mit »Erde« bezeichneten Klemme des Apparates und drehe den Induktor (vgl. Schema in Fig. 222).

Beispiel: Der Zeiger gebe einen Ausschlag 20, an der oberen Skala abgelesen; dann ist die Isolation der Leitung = 20 K$\Omega$. Genau ebenso geschieht die Prüfung der Wicklung einer Dynamo etc. auf Körperschluß, d. i. auf Isolation gegen den nicht Strom führenden Teil der Maschine.

### II. Messung der Netzspannung einer Anlage.

Für die Benutzung des Instrumentes als Voltmeter zur Messung der Netzspannung dienen die mit »Kabel« und »110 Volt«

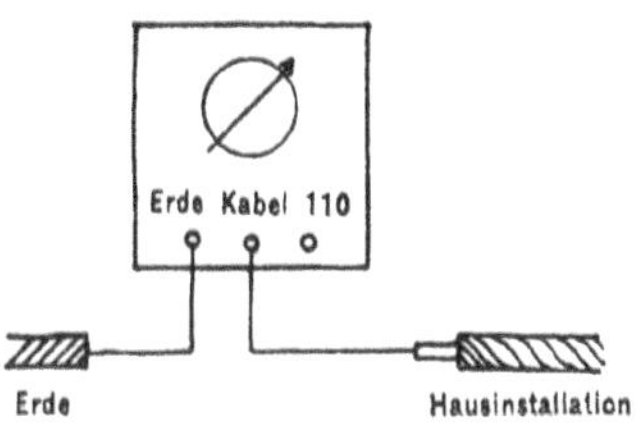


Fig. 222.

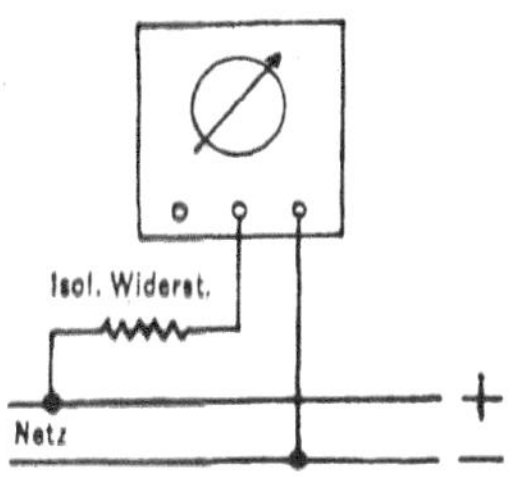


Fig. 223.

resp. »220 Volt« bezeichneten Klemmen, von denen die erstere mit der positiven, die letztere mit der negativen Leitung verbunden werden muß. Die mit »Erde« bezeichnete Klemme bleibt bei dieser Messung unbenutzt. Das Instrument gibt dann an der unteren Skala die Spannung in Volt an, und zwar direkt, wenn die Klemme für 110 Volt, und nach Multiplikation mit 2, wenn die Klemme für 220 Volt benutzt wurde.

### III. Isolationsmessung einer nicht in Betrieb befindlichen Anlage mit Netzspannung.

Wird eine Stromquelle von 110 Volt resp. 220 Volt, ferner der Apparat unter Benutzung der Klemmen »Kabel« und »110 Volt« resp. »220 Volt« und ein zu bestimmender Isolationswiderstand nach Fig. 223 hintereinander geschaltet, so kann man an der Ohmskala den Isolationswiderstand direkt ablesen, wenn die Klemme »110 Volt« benutzt wurde; bei Benutzung der Klemme »220 Volt« sind die Angaben mit 2 zu multiplizieren. Ist die Spannung der Stromquelle $e$, so ist der Isolationswiderstand $F$ auch nach der Formel zu berechnen:

$$F = 36\,000 \left(\frac{e}{P} - 1\right) \text{ resp. } F = 72\,000 \left(\frac{e}{P} - 1\right),$$

je nach Benutzung der Klemme für 110 oder 220 Volt.

$P$ bedeutet die Ablesung an der Voltskala bei der Messung der Isolation.

Beispiel: Eine Hausinstallation soll, während sie noch nicht an das Netz angeschlossen ist, mit der Betriebsspannung des Netzes von 110 Volt auf Erdschluß geprüft werden.

Man verbinde (vgl. Fig. 224) die negative Leitung des Netzes mit der mit »110 Volt« bezeichneten Klemme des Apparates, die positive Leitung unter Zwischenschaltung einer Glühlampe mit der Gas- oder Wasserleitung, die zu prüfende Leitung der Hausinstallation mit der mit »Kabel« bezeichneten Klemme. Der Zeiger des Galvanoskops möge sich auf Teilstrich 20 an der oberen Skala einstellen, dann ist der Wert der Isolation der Leitung des Hausanschlusses gegen Erde = 20 K$\Omega$.

Die Zwischenschaltung der Glühlampe zwischen der einen Leitung des Netzes und Erde ist notwendig, da sonst bei schlechter Isolation des Netzes, an welches der Hausanschluß angelegt werden soll, jenes gefährdet werden kann. Hierdurch kann indessen gerade bei kleinem Isolationswiderstand des Netzes, der sich bei sehr geringem Werte durch Leuchten der Glühlampe bemerkbar macht, leicht ein bedeutender Fehler in der Messung entstehen, indem dann garnicht die volle Netzspannung zwischen Erde und der an das Instrument angelegten Leitung herrscht.

Um hierüber Rechenschaft zu erlangen, führe man zwei Messungen aus, indem man erstens den geerdeten Pol der Glühlampe (vgl. Fig. 225) und dann die zu prüfende Leitung, wie im Beispiel angegeben, an den Apparat anlegt; gibt im ersteren Fall das Voltmeter die Spannung $E$ an, statt 110 resp. 220 Volt, im zweiten Fall $P$ Volt, so ist der Isolationswiderstand nach der Formel $F = 36\,000\left(\frac{E}{P} - 1\right)$ bei Benutzung der Klemme für 110 Volt, $F = 72\,000\left(\frac{E}{P} - 1\right)$ bei Benutzung der Klemme für 220 Volt zu berechnen.

B e i s p i e l: Bei Prüfung einer Installation unter Benutzung eines Netzes mit 220 Volt und Schaltung nach Fig. 224 gebe das Voltmeter 50 Volt an, die Glühlampe gerate indessen in schwaches Glühen, man stelle deswegen auch noch die Verbindung nach Fig. 225 her; das Voltmeter zeige dann 150 Volt an. Bei beiden

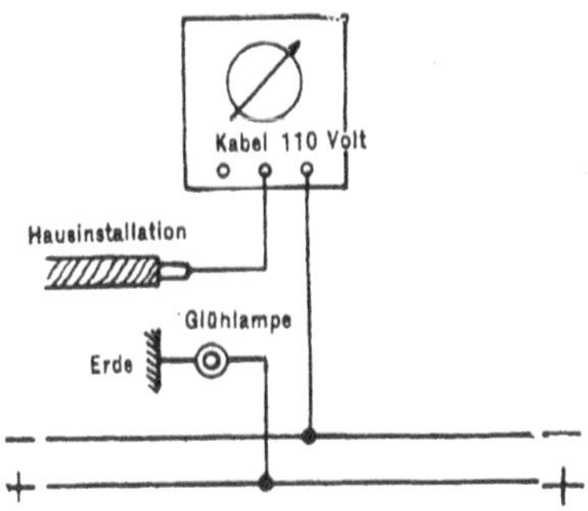


Fig. 224.

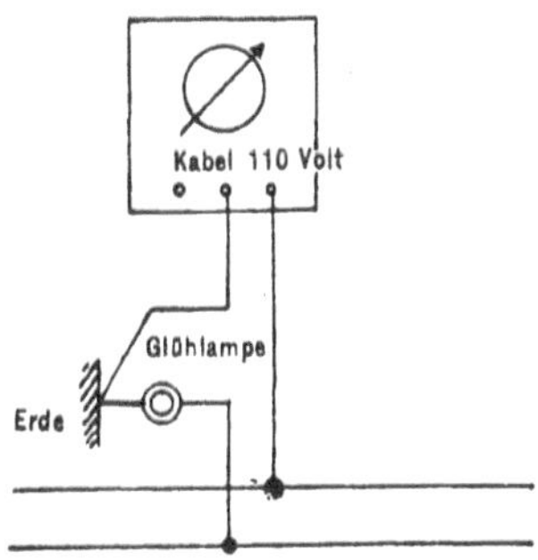


Fig. 225.

Messungen sei die Klemme für 220 Volt Netzspannung verwendet. Dann ist der Isolationswiderstand der Installation:

$$F = 72\,000\left(\frac{150}{50} - 1\right) = 144\,000\ \Omega = 144\ \mathrm{K}\Omega.$$

Bei Dreileiteranlagen wird man stets den Mittelleiter durch Glühlampe an Erde legen, falls derselbe nicht bereits durch blanke Verlegung geerdet ist.

### IV. Messung einer im Betriebe befindlichen Anlage.

Soll die Isolation eines Zweileiternetzes w ä h r e n d d e s B e t r i e b e s gegen Erde gemessen werden, so mißt man mit den mit »110 Volt bzw. 220 Volt« und »Kabel« bezeichneten Klemmen die Spannung zwischen (+) und (—) Schiene (Netzspannung), sie sei $e$; dann zwischen (+) Schiene und Erde, sie sei $P_{(+)}$;

dann zwischen (—) Schiene und Erde, sie sei $P_{(-)}$; dann ist der Isolationswiderstand der ganzen Anlage

$$F = 36\,000 \left( \frac{e}{P_{(+)} + P_{(-)}} - 1 \right)$$

$$\text{resp. } F = 72\,000 \left( \frac{e}{P_{(+)} + P_{(-)}} - 1 \right)$$

je nach Benutzung der Klemmen für 110 oder 220 Volt Netzspannung.

Bei 110 resp. 220 Volt Netzspannung kann man diesen Wert direkt resp. nach Multiplikation mit 2 an der Ohmskala ablesen, wenn eine der Spannung $P_{(+)}$ oder $P_{(-)}$ gegen die andere verschwindend klein ist. Als Isolationswiderstand der Plusleitung für sich erhält man:

$$F_{(+)} = 36\,000 \left( \frac{e}{P_{(-)}} - 1 - \frac{P_{(+)}}{P_{(-)}} \right) \text{ resp. } 7200\,(\ldots.),$$

als Isolationswiderstand der Minusleitung:

$$F_{(-)} = 36\,000 \left( \frac{e}{P_{(+)}} - 1 - \frac{P_{(-)}}{P_{(+)}} \right) \text{ resp. } 7200\,(\ldots.).$$

Beispiel: In einer Zweileiteranlage betrage die Spannung zwischen (+) und (—) Schiene 110 Volt, die Spannung zwischen (+) Schiene und Erde 5 Volt, zwischen (—) Schiene und Erde 11 Volt, dann ist die Isolation der ganzen Anlage:

$$F = 36\,000 \left( \frac{110}{11 + 5} - 1 \right) = \sim 212\,000\ \Omega,$$

der Plusleitung für sich:

$$F_{(+)} = 36\,000 \left( \frac{110}{11} - 1 - \frac{5}{11} \right) = \sim 308\,000\ \Omega,$$

der Minusleitung für sich:

$$F_{(-)} = 36\,000 \left( \frac{110}{5} - 1 - \frac{11}{5} \right) = \sim 677\,000\ \Omega.$$

Soll die Isolation eines Dreileiternetzes gegen Erde gemessen werden, so mißt man wie oben die Spannung $e$ zwischen (+) und (o) Leiter, die Spannung $P_{(+)}$ zwischen (+) Leiter und Erde, die Spannung $P_{(o)}$ zwischen (o) Leiter und Erde und erhält die Gesamtisolation

$$F = 36000 \left( \frac{e}{P_{(+)} + P_{(o)}} - 1 \right) \text{ resp. } 72\,000\,(\ldots.).$$

Bei diesen Messungen ist im Nenner das Minuszeichen anstatt des Pluszeichens zu setzen, wenn die Ausschläge nach der gleichen Seite erfolgen, während dieselbe Klemme des Instrumentes an Erde liegt.

Zur Beurteilung der erhaltenen Isolationswiderstandszahlen möge folgendes dienen:

a) der Isolationswiderstand des ganzen Leitungsnetzes gegen Erde muß mindestens $\frac{1\,000\,000}{n}\,\Omega$ betragen, für Mittelspannungen von 250 bis 1000 Volt wird $\frac{3\,000\,000}{n}\,\Omega$ verlangt.

b) Jede Hauptabzweigung muß einen Isolationswiderstand von mindestens $10000 + \frac{1\,000\,000}{n}\,\Omega$ haben.

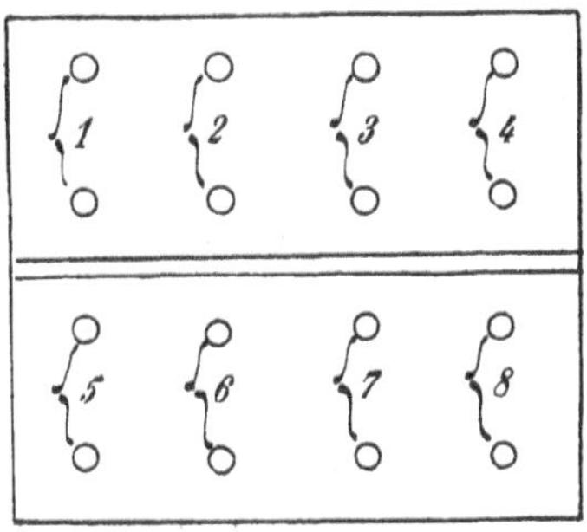


Fig. 226.

In diesen Formeln ist unter $n$ die Zahl der an der betreffenden Leitung angeschlossenen Glühlampen zu verstehen, einschließlich eines Äquivalentes von 10 Glühlampen für jede Bogenlampe, jeden Elektromotor oder auch anderen stromverbrauchenden Apparat.

Äußerst wichtig ist die regelmäßige Kontrolle der Leitungsnetze von den verschiedenen Sicherungskästen ab.

Beispiel: Sicherungskasten auf dem Kühlschiff. Schema des Sicherungskastens. Fig. 226.

| Sicherung Nr. | Prüfungsort und Strang | Angeschlossene Lampenzahl (abgezählt) | Zulässiger Widerstand (aus der Lampenzahl berechnet) in KΩ | KΩ gemessen + | KΩ gemessen − | Bemerkungen |
|---|---|---|---|---|---|---|
| 1 | Großer Gärkeller hinten | 18 | 65,5 | 400 | 400 | gut |
| 2 | Salzkeller | 16 | 72,5 | 0 | 0 | direkter Kurzschluß |
| 3 | Großer Gärkeller vorne | 13 | 87,0 | 40 | 40 | reparaturbedürftig |
| 4 | Oberer Gärkeller links | 8 | 135 | 22 | 22 | do. |
| 5 | Schlosserwerkstatt | 6 | 176 | sehr groß | sehr groß | sehr gut |
| 6 | Kühlraum | 15 | 76,8 | 70 | 70 | an der Grenze der Reparaturbedürftigkeit |
| 7 | Unteres Kühlschiff | 7 | 153,0 | 90 | 90 | reparaturbedürftig |
| 8 | Oberes Kühlschiff | 7 | 153,0 | 15 | 15 | do. |

Aus dieser Zusammenstellung können dann die entsprechenden Schlüsse gezogen werden. Jedes reparierte Netz muß sofort nach der Reparatur vor der Inbetriebnahme untersucht werden.

## b) Die Zählereichung.

Der richtige Gang der Elektrizitätszähler ist äußerst wichtig, da bei fehlerhaftem Gang die gesamten Aufzeichnungen über den Energieverbrauch wertlos werden. Die Methode der Zählereichung richtet sich nach der Art des Zählers. Man unterscheidet Zeitzähler, Stromzähler und Energiezähler (Wattstunden- oder Kilowattstundenzähler). Für die Betriebskontrolle kommen nur die Energiezähler in Betracht. Bei sehr konstanter Spannung kann vielleicht auch der Stromzähler genügen.

Die Energiezähler geben die Leistung in Wattstunden oder Kilowattstunden an. Will man dieselben auf ihre Richtigkeit prüfen, so schaltet man ein Voltmeter zur Messung der Betriebsspannung an die Sammelschienen, an welchen auch der Zähler angeschlossen ist, und ferner legt man noch ein Amperemeter in eine Hauptstromleitung ein zur Messung der Stromstärke. Dann ist der Zählerstand zu notieren und alle 5 Minuten bei konstanter Stromstärke und alle Minuten bei wenig wechselnder Stromstärke gleichzeitig (am besten von zwei Beobachtern) Stromstärke und Spannung abzulesen; die Zähleranzeige kann alle 15 Minuten geprüft werden. Nach genau 1 Stunde wird der Zähler scharf abgelesen und der Versuch beendet. Die abgelesenen Werte trägt man in eine Tabelle ein.

| Nr. der Ablesung | Zeit | Zählerstand | Abgelesene Werte | | Berechnete KW | Bemerkungen |
|---|---|---|---|---|---|---|
| | | | Stromstärke | Spannung | | |
| 1 | $9^{00}$ | 24 318 | 120 | 220 | 26 400 | |
| 2 | $9^{05}$ | — | 118 | 220 | 25 990 | |
| 3 | $9^{10}$ | — | 118 | 220 | 25 990 | |
| 4 | $9^{15}$ | 30 293 | 177,5 | 220 | 25 850 | |
| usw. | — | — | — | — | — | |
| 11 | $9^{50}$ | — | 118,0 | 220 | 25 990 | |
| 12 | $9^{55}$ | — | 118,5 | 220 | 26 070 | |
| 13 | $10^{00}$ | 48 241 | 120,0 | 220 | 26 400 | |
| Verbrauch an Zähler 23 923 | | | Mittlerer berechneter Verbrauch . . . . . 26 120 | | | |

Es differiert somit der Zähler recht beträchtlich, und zwar zeigt er zu wenig an, um 26 120 — 23 923 = 2297 Watt pro Std., das sind

$$\frac{2297 \cdot 100}{26\,120} = \mathbf{8{,}79\,\%},$$

oder es müssen zu der tatsächlichen Zähleranzeige hinzugezählt werden auf 23 923 Watt pro Stunde 2297 Watt, auf 100 also

$$\frac{2297 \cdot 100}{23\,923} = \mathbf{9{,}6\,\%},$$

d. h. die Zähleranzeige ist mit 1,096 zu multiplizieren; die Zählerkonstante ist **1,096.**

### c) Die Prüfung von Glühlampen.

Sie kann in der Praxis mit oder ohne Berücksichtigung der Leuchtkraft vorgenommen werden. Allgemein gilt für die Prüfung von Kohlefadenlampen folgendes: Schwächere Stellen des Kohlenfadens verraten sich bei allmählicher Spannungssteigerung und Beobachtung der Lampe in einem dunkeln Raum, die schwachen Stellen erglühen zuerst. Schlechtes Vakuum erkennt man an der schnellen Dämpfung der Schwingung des Kohlen-

Fig. 227.

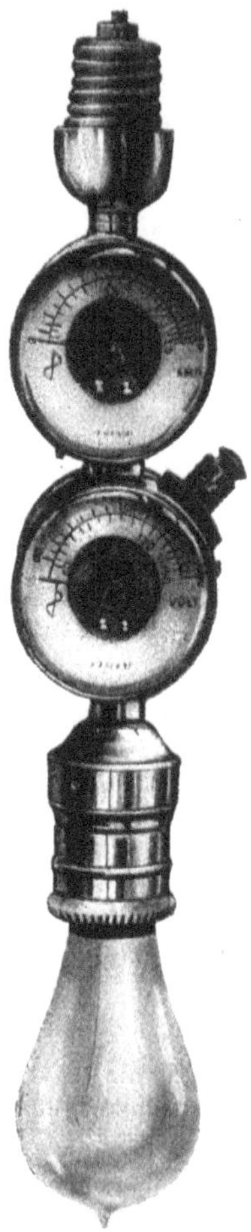

Fig. 228.

fadens nach vorausgegangener Erschütterung. Zuverlässiger hierfür ist noch die Prüfung mit Funkeninduktor: Man erfaßt die Lampe an der Birne, ohne den Sockel zu berühren, und hält einen Sockelpol an den einen Induktorpol (1—2 cm Funkenlänge). Den andern Pol des Induktors leitet man zur Erde ab. Bei gutem Vakuum zeigt sich schwache Phosphoreszenz der Glaswandungen dort, wo die Hand die Lampe berührt; bei schlechtem Vakuum zeigt sich ein Lichtschein wie bei einer Geislerschen Röhre.

Einen sehr einfachen Apparat zur Glühlampenprüfung zeigt Fig. 227.

Um die Lampe auf die Höhe der nötigen Stromstärke zu prüfen, wird sie an das ein Amperemeter darstellende Instrument geschraubt und dieses mit der Lampe in eine gewöhnliche Lampenfassung gebracht. Es kann dann der Lampenstrom abgelesen werden. Ist die Prüfspannung nicht konstant, so muß das Instrument auch mit einem Spannungsmesser (Fig. 228) versehen sein, und es ist Stromstärke $i$ in Ampere und Lampespannung $e$ in Volt abzulesen. Der Energieverbrauch $\mathfrak{E}$ der Lampe ist dann in Watt

$$\mathfrak{E} = e \cdot i.$$

Beispiel: Eine Anlieferung 25kerziger Glühlampen wurde geprüft, diese zeigten:

| Nr. | 1 | 2 | 3 | 4 | 5 | 6 | 7 | 8 | 9 | 10 |
|---|---|---|---|---|---|---|---|---|---|---|
| Stromstärke . . | 0,56 | 0,54 | 0,55 | 0,56 | 0,58 | 0,57 | 0,55 | 0,58 | 0,25 | 0,25 |
| Spannung. . . . | 121 | 120,5 | 120 | 120 | 120,5 | 120,5 | 120 | 120 | 120 | 120 |
| Berechneter Wattverbrauch | 67,7 | 61,5 | 66,0 | 67,2 | 69,9 | 68,7 | 66,0 | 69,7 | 30,0 | 30,0 |

Die Lampen 1 bis 8 waren Kohlenfadenlampen, die Lampen 9 und 10 sind Metallfadenlampen, deren Wattverbrauch ca. $\frac{30{,}0 \cdot 100}{65{,}1}$ bis $\frac{30{,}0 \cdot 100}{79{,}7} = 46{,}2$ bis $43{,}1\,\% \sim \mathbf{45}\,\%$ desjenigen der Kohlenfadenlampen ist.

In Wirklichkeit ist für die Qualitätsbeurteilung einer Lampe der Wattverbrauch pro 1 Normalkerze maßgebend. Wäre z. B. der Wattverbrauch von zwei genau 25kerzigen Glühlampen

a) 67,7, b) 30,0, so trifft auf 1 Normalkerze

bei a) $\frac{67{,}6}{25{,}0} = \mathbf{2{,}71}$ Watt; bei b) $\frac{30{,}0}{25{,}0} = \mathbf{1{,}2}$ Watt.

Für exakte Bestimmungen müssen also die Glühlampen noch photometriert werden. Als ein für die Praxis recht brauchbares Instrument empfiehlt sich das tragbare Glühlampenphotometer (Fig. 229).

Das Meßverfahren beruht auf der vom Verbande Deutscher Elektrotechniker angenommenen »Winkelspiegelmethode«. Der Apparat selbst besteht im wesentlichen (Fig. 229) aus drei, durch zwei zusammenfaltbare Bälge verbundenen Kästen, die bei Nichtgebrauch zusammengeschoben werden und dann einen handlichen, leicht transportablen Kasten bilden.

Der mittlere Teil des Apparates enthält ein Volt- und Amperemeter und den Photometerschirm eingebaut, oben aufgeschraubt zwei zusammenlegbare Führungsschienen, die zugleich die Millimeter- und die Kerzenskalen tragen. Die Instrumente

Fig. 229.

sind derart in den Stromkreis geschaltet, daß sie nur den durch die Lampe gehenden Strom und die unmittelbar an der Lampe abgenommene Spannung anzeigen, so daß der genaue Wattverbrauch der Glühlampe allein gemessen wird.

Dieser ergibt sich aus den Angaben der beiden Instrumente durch einfache Multiplikation, da der Verbrauchsstromkreis praktisch induktionsfrei ist und der Leistungsfaktor nahezu 1.

Um eine Kontrolle der Instrumente jederzeit zu ermöglichen oder aber die Messung mittels Präzisions-Wattmeters oder Präzisions-Volt- und Amperemeters vornehmen zu können, sind besondere Klemmen angebracht zum Anschluß solcher Instrumente, so daß der Apparat auch für genauere Laboratoriumsmessungen verwendbar ist.

Als photometrische Methode ist die Bunsensche verwendet worden, doch ist der gewöhnliche Fettfleck durch einen Silberfleck zwischen zwei mattierten Glasplatten ersetzt worden. Meßinstrumente und Skalen können von oben abgelesen, auch der Schirm kann von oben beobachtet werden, so daß man mit dem Apparat schnell und bequem arbeiten kann.

Die beiden seitlichen Teile des Apparates enthalten je zwei unter 120° zueinander geneigte Spiegel und die Normallampe bezw. die zu prüfende Lampe. Normallampen werden von der Firma Siemens & Halske mitgeliefert. Die Lampen sind hängend angeordnet, so daß der Apparat auch für Osmiumlampen und andere hängend brennende Lampen brauchbar ist.

Die Messungen können an beliebigem Orte bei vollem Tageslicht vorgenommen werden. Der Apparat kann mittels beigegebenen Stöpsels mit Leitungsschnur in eine gewöhnliche Lampenfassung eingeschraubt und an die betreffende Leitung angeschlossen werden und ist dann ohne weiteres betriebsfertig. Da die Normallampe und Vergleichslampe im Apparat parallel geschaltet sind und die Normallampe außerdem einen dem Widerstande des Amperemeters, welches im Stromkreise der Vergleichslampe liegt, entsprechenden Vorschaltwiderstand erhält, so liegen beide Lampen genau an derselben Spannung, können also ohne weiteres miteinander verglichen werden.

Um auch in solchen Fällen die Kerzenstärke bestimmen zu können, in denen die Netzspannung höher oder tiefer liegt als die auf den Sockeln der Lampen angegebene »Sollspannung«, ist die Einrichtung getroffen, daß die Normallampe in verschiedener Entfernung vom Schirm festgestellt werden kann, so daß die gleiche Helligkeit am Schirm entsteht wie bei der Sollspannung.

Aus nachstehender Tabelle ersieht man die relativ große Genauigkeit der photometrischen Messungen:

| | Beobachter I | Beobachter II | Beobachter III | Beobachter IV | Beobachter V |
|---|---|---|---|---|---|
| Kerzen | 10,4 | 10,2 | 10,5 | 10,6 | 10,2 |
| | 10,3 | 10,5 | 10,4 | 10,8 | 10,2 |
| | 10,7 | 10,6 | 10,4 | 10,5 | 10,5 |

Die Tabelle zeigt die Werte in Kerzen, die fünf verschiedene Beobachter, wovon Beobachter IV und V — Arbeitsmann und Laufbursche — gänzlich ungeschult waren, gemessen hatten; von jedem Beobachter wurden drei Ablesungen gemacht.

Beim Lampeneinkauf ist es wichtig, sich die Brenndauer garantieren zu lassen. Aus der garantierten Brenndauer und dem Lampenpreis läßt sich dann eine Rentabilitätsberechnung anstellen.

Beispiel: Garantie 1000 Brennstunden: Der Wattverbrauch einer a) 24,8 kerzigen Kohlenfadenlampe ergab 69,6 Watt, der Wattverbrauch einer b) 25,2 kerzigen Monowattlampe (Metallfaden) ergab 30,0 Watt; beide auf 25 NK umgerechnet, braucht

$$a) = \frac{69{,}6 \cdot 25}{24{,}8} = \mathbf{70{,}2}\ \text{Watt}; \quad b) = \frac{30{,}0 \cdot 25}{25{,}2} = \mathbf{29{,}8}\ \text{Watt}.$$

Bei einem Preis von nur 2 Pf. pro 1 Hektowattstunde kosten 1000 Brennstunden:

100 Watt pro 1 Stde. kosten 2 Pf.

| | | | | | | |
|---|---|---|---|---|---|---|
| bei Kohlenfadenlampe | 70,2 | » | » 1 | » | » | $\frac{2 \cdot 70{,}2}{100} = 1{,}404$ Pf. |
| | 70,2 | » | » 1000 | » | » | **14,04** M. |

b) bei Metallfadenlampe: 29,8 Watt pro 1000 Std. $\frac{2 \cdot 29{,}8}{1000} = \mathbf{5{,}96}$ M.

Der Lampenpreis war für die Kohlenfadenlampe 0,50 M.
» » » » » Metallfadenlampe 3,00 »

1000 Brennstunden kosten somit inkl. Lampenpreis:

a) bei Kohlenfadenlampe 14,04 + 0,50 = 14,54 M.
b) » Metallfadenlampe 5,96 + 3,00 = 8,96 M.

Die Ersparnis beträgt inkl. Lampenpreis 14,54—8,66 = 5,58 M. = **38,4** %.

## 3. Kontrolle der Akkumulatorenanlagen.

Die laufende Kontrolle erstreckt sich

a) auf die Prüfung der Schwefelsäure,
b) » » Spannungsprüfung der Einzelzellen.

### a) Prüfung der Schwefelsäure.

Die Säuredichte gibt während des Betriebes Aufschluß über den Zustand der Akkumulatoren. Man benutzt zur Dichtebestimmung Aräometer nach Fig. 230. Sie tragen entweder eine Einteilung in Beaumégraden oder geben direkt die Dichten an. Eine kenntliche Marke gibt die Normaldichte der Schwefelsäure an.

Zum Füllen der Zellen benutzt man gewöhnlich eine verdünnte Säure von der Dichte 1,15 (19⁰ Bé). Bei der Entladung sinkt der Konzentrationsgrad der Säure auf etwa 1,14 (18⁰ Bé); bei der Ladung steigt er auf ca. 1,16 (20⁰ Bé). Im allgemeinen soll der Konzentrationsgrad nicht unter 18⁰ Bé sinken und nicht über 22⁰ Bé steigen. Im ersteren Fall ist verdünnte Säure von ca. 5⁰ Bé nachzugießen; im letzteren Fall muß destilliertes Wasser ohne Säurezusatz nachgefüllt werden. Die Prüfung der Säure auf chemische Reinheit geschieht folgendermaßen:

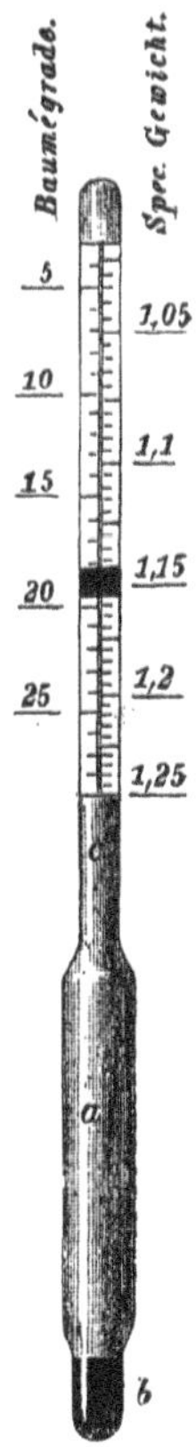

Fig. 230.

Man verdünnt 5 ccm der konzentrierten Säure mit 100 ccm Wasser und fügt einige Tropfen einer 20%igen Lösung von salpetersaurem Silber hinzu. Tritt sofort ein Opalisieren oder gar eine Trübung auf, dann enthält die Schwefelsäure Chlor resp. Salpetersäure. Nach Verlauf von 5 bis 10 Minuten zeigen alle technischen Säuren ein Opalisieren (durch unschädliche Spuren von Chlor hervorgerufen).

Behufs Nachweisung von Arsen setzt man der verdünnten Säure (5 ccm Säure auf 100 ccm Wasser) 50 ccm Schwefelwasserstoffwasser (durch Sättigen von Wasser mit gewaschenem Schwefelwasserstoffgas erhalten) zu. Tritt nach 12stündiger Ruhe ein gelber Niederschlag auf, so ist Arsen in der Schwefelsäure enthalten.

Um die Salpetersäure nachzuweisen, läßt man in 10 ccm Wasser dasselbe Volumen konzentrierter Schwefelsäure eintropfen und setzt zur heißen Mischung einen Tropfen schwacher Indigolösung hinzu. Hält die blaue Färbung einige Minuten an, dann ist die Säure ohne weiteres brauchbar, während eine sofortige Entfärbung des Indigos die Anwesenheit zu großer Mengen Salpetersäure andeutet.

### b) Die Spannungsprüfung der Zellen.

Sie muß in verschiedenen Stadien erfolgen, und zwar zur Kontrolle der Entladung und Ladung, ferner nach mehrstündiger oder mehrtägiger Ruhe. Besonders die Spannungsverluste bei Ruhe lassen auf den Grad der Selbstentladung schließen.

Das Messen der Spannung geschieht am einfachsten mittels eines kleinen Voltmessers von Uhrgröße (Fig. 231), bei dem eine Klemme mit einer Spitze, die andere mit einem kurzen isolierten Draht versehen ist, der auch in eine Spitze ausläuft. Durch Anstechen der Bleileisten kann die Zellenspannung sehr schnell kontrolliert werden. Es genügt, wenn die Teilung des Voltmeters bis zu 3 Volt reicht. Fig. 231a zeigt die Skala in natürlicher Größe. Das Instrument soll nur für Messungen von sehr geringer Dauer gebraucht werden.

Beim Arbeiten in Akkumulatorenräumen sind Schutzkleider aus reiner Wolle am zweckmäßigsten, da sie von der Säure am wenigsten angegriffen werden. Säureflecken lassen sich durch sofortiges Auswaschen mit Ammoniak (Salmiakgeist) entfernen. Wolleschürzen sind zweckmäßig mit Paraffin oder Wachs zu tränken. Die Hände wäscht man zur Vorsicht öfter in schwacher Sodalösung.

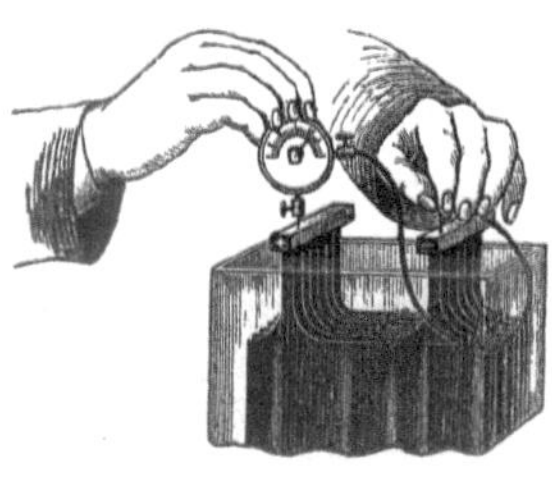

Fig. 231.

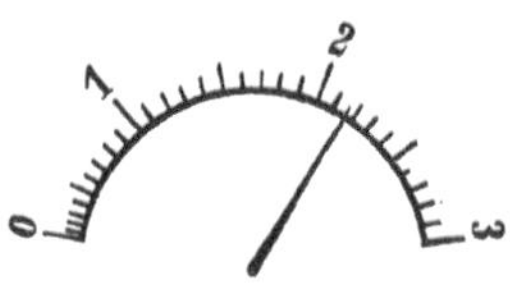


Fig. 231a.

## c) Beurteilung der Akkumulatorenanlage.

Zur Beurteilung eines Akkumulators bezüglich seiner Leistung ist die Kenntnis seiner Konstanten, d. i. *seine elektromotorische Kraft* und *der innere Widerstand*, notwendig. Aus beiden ergibt sich unter Berücksichtigung der Stromstärke bei Ladung und Entladung die *Klemmenspannung*. Außerdem ist noch von Interesse die Stromdichte, d. i. die Stromstärke pro 1 qdcm wirksame Plattenoberfläche, die *Kapazität* und die *elektrische Antriebsleistung*, sowie der *Wirkungsgrad*.

Die *Kapazität* eines Akkumulators ergibt sich aus dem Produkt seiner maximalen Entladestromstärke und der Zeit, während welcher diese Stromstärke wirkte, bis der zulässige

Spannungsabfall auf ca. 1,85 Volt pro 1 Zelle erreicht ist. Gibt man die Zeit in Stunden, die Stromstärke in Ampere an, so erhält man die Kapazität in Amperestunden.

Die elektrische Antriebsleistung wird durch das Produkt aus Amperestunden und mittlerer Entladespannung in Wattstunden ausgedrückt.

Den Wirkungsgrad findet man durch Division der bei der Entladung erhaltenen Leistung durch die bei der Ladung zugeführte. Er beträgt für gute Ausführungen je nach der Stromdichte 0,92 bis 0,96.

Beispiel: Wird ein Akkumulator 5 Stunden lang mit einer konstanten Stromstärke von 200 Ampere geladen = 5 · 200 = 1000 Amperestd. und gibt derselbe dann 4 Stunden lang konstant 240 Amp. (4 · 240 = 960 Amperestd.) ab, so ist sein Wirkungsgrad in bezug auf die Elektrizitätsmenge $\frac{960}{1000} = 0{,}96$.

Für die Praxis ist der auf elektrische Arbeitsleistung bezogene Wirkungsgrad, also unter Berücksichtigung der Wattstunden, wichtiger. Er ist von der Klemmenspannung abhängig. Letztere hat während der Ladung einen größeren Wert als bei der Entladung, so fällt dieser Wirkungsgrad ungünstiger aus als der auf die Elektrizitätsmenge bezogene und beträgt nur ca. 0,75 bis 0,85.

Beispiel: Die mittlere Ladespannung war 2,2 Volt, die mittlere Entladespannung 1,9 Volt. Mit den Werten des vorigen Beispiels ist dann der auf Wattstunden bezogene Wirkungsgrad

$$\frac{960 \cdot 1{,}9}{1000 \cdot 2{,}2} = 0{,}83.$$

# Kontrolle der Lastautomobile.

Über die Rentabilität von Motorlastfahrzeugen herrschen noch vielfach Zweifel, selbst in solchen Betrieben, welche schon mehrere Jahre Motorlastwagen verwenden. Dies hat in allererster Linie seinen Grund in der unvollkommenen Kontrolle, welcher diese Fahrzeuge unterstellt sind. Es ist ganz unmöglich, exakte Vergleichzahlen zu erhalten, wenn nicht systematisch tagtäglich laufende Aufzeichnungen über Betriebsart, Belastung usw. gemacht werden. Außerdem wird aber auch beim Ankauf von Motorlastwagen heute noch nicht mit der nötigen Sorgfalt vom Käufer vorgegangen in bezug auf günstige Garantieforderungen, welche sich auf Leistung und Verbrauch an Betriebsstoff für bestimmte Belastungen ergeben.

Bei der Kontrolle von Kraftlastwagen sollen folgende Hauptpunkte Berücksichtigung finden:

a) Bestimmung der Motorleistung.
b) Ermittlung der Wagenleistung.
c) Kontrolle des Kraftwagens während der Fahrt.
d) Ermittlung des Verbrauches an Betriebsstoff und Wahl desselben.
e) Laufende Aufzeichnungen über Betriebsart und Verbrauch an Betriebsstoff.

## a) Bestimmung der Motorleistung.

Unter der Motorleistung versteht man die nach außen geleitete Arbeit. Zur Ermittlung derselben kann der Motor vom Wagen abmontiert werden oder auch am Wagen verbleiben. Die Bestimmung der Motorleistung geschieht in bekannter Weise entweder durch Indizierung (Ermittlung der indizierten Leistung), durch Bremsung oder durch Erzeugung von elektrischer Energie (effektive Leistung). Die Indizierung der schnellaufenden Motoren ist mit Schwierigkeiten verknüpft und wird nur selten ausgeführt. Nur durch große Übung gelingt es, zuverlässige Diagramme zu erhalten. Der Anschluß des Indikators hat an der Explosionskammer des zu untersuchenden Motors zu erfolgen. Da nicht nur ein Zylinder vorhanden, sondern bei Lastfahrzeugen mindestens vier, so ist an jedem Zylinder ein Indikator anzubringen und gleichzeitig zu indizieren. Der mittlere wirksame Druck ergibt sich aus dem Diagramm durch dessen Planimetrierung. Die Berechnung der Leistung ist dann folgende:

Bei einem mittleren Kolbendruck $p_m$ und einer Kolbenoberfläche von $O$ qdm ist der gesamte Kolbendruck $P$

$$P = p_m \cdot O.$$

Ist die Kolbengeschwindigkeit $v$ in m, so ist die Leistung

$$L = P \cdot v \text{ mkg/sek.}$$

und die Leistung in Pferdestärken

$$L_N = \frac{P \cdot v}{75}.$$

Die Kolbengeschwindigkeit ergibt sich, wenn die Größe des Hubes $l$ in m und die minutliche Tourenzahl $n$ der Kurbelwelle bekannt ist. Dabei ist zu berücksichtigen, daß für eine Umdrehung zwei Hübe erforderlich sind. Es ist also $v = 2 \cdot l \cdot \frac{n}{60}$.

Außerdem ist aber zu berücksichtigen, daß der Motor im Viertakt arbeitet, d. h. nur bei jedem vierten Hube eine Krafterzeugung stattfindet, so daß

$$n_i = \frac{P \cdot v}{75} \cdot \frac{1}{4} = \frac{p_m \cdot O \cdot 2\, l\, n}{75 \cdot 60} \cdot \frac{1}{4}.$$

Für einen Zylinder ist die Größe $\frac{O \cdot 2 \cdot l}{75 \cdot 60} \cdot \frac{1}{4} = C =$ konstant, so daß für 1 Zylinder

$$N_i = p_m \cdot n \cdot C.$$

Sind mehrere Zylinder vorhanden, so wird in jedem diese Arbeit geleistet, nur kann $p_m$ in diesen verschieden sein.

Es ist also

$$N_i = p_{m1} \cdot n \cdot C + p_{m2} \cdot n \cdot C + \ldots$$

$$N_i = n \cdot C\,(p_{m1} + p_{m2} + \ldots).$$

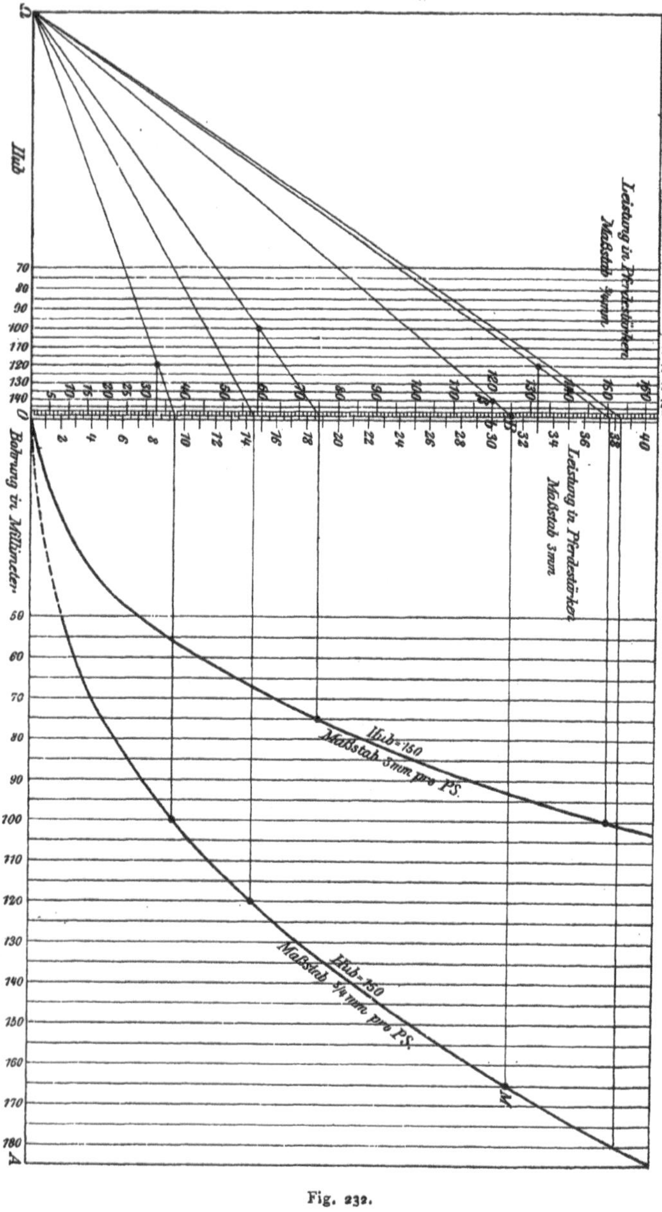
Hub
Leistung in Pferdestärken
Maßstab 3/4 mm
Leistung in Pferdestärken
Maßstab 3 mm
Bohrung in Millimeter
Hub=150
Maßstab 3 mm pro PS.
Hub=150
Maßstab 3/4 mm pro PS.

Fig. 232.

Die größte Schwierigkeit bietet vor allem die Bestimmung der mittleren Drücke, welche durch die Indizierung erhalten werden sollen; man kann es als praktisch fast unmöglich bezeichnen, einwandfreie Zahlen durch Indizierung zu erhalten.

Die Angabe der indizierten Leistung hätte wohl für die Begutachtung eines solchen Motors einen großen Wert, den sie aber infolge der Unsicherheit des Verfahrens wieder vollkommen verliert. Man zieht deshalb die Ermittlung der effektiven Motorleistung bei Prüfungen vor.

Welche der beiden hier in Frage kommenden Methoden, der Bremsung mit Zaum resp. Bandbremse oder der Umwandlung in elektrische Energie durch Antrieb einer Dynamo, man den Vorzug geben soll, das hängt von den örtlichen Verhältnissen ab. Man wird die elektrische Bremsmethode stets anwenden, wenn man eine Dynamo geeigneter Größe zur Verfügung hat. Man erhält bei der Bestimmung der effektiven Leistung diejenige aller gleichzeitig miteinander arbeitenden Zylinder. Die Berechnung der effektiven Leistung $N_e$ geschieht analog derjenige bei der Bremsung von Dampfmaschinen und Elektromotoren und ist bei diesen in genügender Weise neben den gesamten Versuchsanstellungen behandelt (s. dort).

Bisweilen kommt es vor, daß man sich rasch über die Leistung eines Motors orientieren will, ohne eine Bremsung vorzunehmen. Es kommt dabei nicht auf absolute Genauigkeit an, sondern darauf, daß man einen Näherungswert rasch findet. Er ergibt sich für Vierzylindermotoren aus der Tabelle von Faroux, welche graphisch als Fig. 232 dargestellt ist. Bekannt muß dabei nur die Zylinderbohrung und der Hub sein.

Beispiel: Die Bohrung ist 165 mm, der Hub 140 mm. Es ergibt sich mit der rechten Kurve mit Maßstab 1 mm pro 1 PS die Leistung in folgender Weise: Der Punkt $M$, der die einem Hub von 150 mm entsprechende Leistung angibt, wird auf $B$ projiziert, das man mit $\Omega$ verbindet. Die Leistung wird bei $b$ abgelesen, die Projektion auf $ON$ des Schnittpunktes $\beta$ von $\Omega B$ mit der Ordinate des Punktes 140. Sie ist etwa **120** PS. Aus der Tabelle ergibt sich 120,2 rund 120 PS für die Leistung des Vierzylindermotors, oder für 75 mm Bohrung, 100 mm Hub wird in gleicher Weise auf der linken Kurvenseite abgelesen

(Maßstab 4 mm pro 1 PS). Sie beträgt ca. 14,8 PS, oder für 100 mm Bohrung und 120 mm Hub kann auf der einen oder anderen Kurve abgelesen werden, Leistung ca. 33 PS.

**Tabelle zur Bestimmung der Pferdestärken von**

| | Bohrung | | | | | | | | | | | |
|---|---|---|---|---|---|---|---|---|---|---|---|---|
| Hub | 80 | 85 | 90 | 95 | 100 | 105 | 110 | 115 | 120 | 125 | 130 | 135 |
| 85 | 15,71 | 18,17 | 20,83 | 23,72 | 26,82 | 30,16 | 33,74 | 37,52 | 41,56 | 45,80 | 50,35 | 55.12 |
| 90 | 16,25 | 18,79 | 21,55 | 24,55 | 27,76 | 31,21 | 34,94 | 38,82 | 42,02 | 47,38 | 52,03 | 57,04 |
| 95 | 16,79 | 19,41 | 22,26 | 25,37 | 28,69 | 32,25 | 35,09 | 40,12 | 43,45 | 48,96 | 53,81 | 58,91 |
| 100 | 17,32 | 20,02 | 22,98 | 26,17 | 29,58 | 33,25 | 37,19 | 41,36 | 45,82 | 50,53 | 55,51 | 60,77 |
| 105 | 17,85 | 20,61 | 23,65 | 26,94 | 30,45 | 34,23 | 38,27 | 42,58 | 47,16 | 52,00 | 57,17 | 62,56 |
| 110 | 18,33 | 21,20 | 24,32 | 27,71 | 31,32 | 35,20 | 39,34 | 43,78 | 48,48 | 53,45 | 58,79 | 64,32 |
| 115 | 18,83 | 21,76 | 24,98 | 28,47 | 32,17 | 36,15 | 40,39 | 44,96 | 49,78 | 54,88 | 60,38 | 66,05 |
| 120 | 19,31 | 22,31 | 25,63 | 29,21 | 33,00 | 37,09 | 41,43 | 46,12 | 51,06 | 56,29 | 61,94 | 67,75 |
| 125 | 19,80 | 22,89 | 26,25 | 29,93 | 33,81 | 38,00 | 42,47 | 47,26 | 52,32 | 57,68 | 63,47 | 69,42 |
| 130 | 20,24 | 23,43 | 26,88 | 30,64 | 34,61 | 38,89 | 43,50 | 48,40 | 53,58 | 59,05 | 64,97 | 71,06 |
| 135 | 20,72 | 23,97 | 27,49 | 31,34 | 35,40 | 39,79 | 44,51 | 49,52 | 54,82 | 60,40 | 66,44 | 72,67 |
| 140 | 21,29 | 24,50 | 28,10 | 32,03 | 36,18 | 40,68 | 45,50 | 50,62 | 56,04 | 61,75 | 67,90 | 74,25 |
| 145 | — | 25,02 | 28,70 | 32,71 | 36,96 | 41,48 | 46,48 | 51,70 | 57.25 | 63,09 | 69,36 | 75,85 |
| 150 | — | 25,54 | 29,29 | 33,38 | 37,73 | 42,27 | 47,44 | 52,76 | 58,44 | 64,44 | 70,80 | 77,45 |
| 155 | — | 26,04 | 29,87 | 34,04 | 38,48 | 43,06 | 48,36 | 53,82 | 59,62 | 65,74 | 72,21 | 79.00 |
| 160 | — | 26,54 | 30,44 | 34,69 | 39,23 | 43,85 | 49,26 | 54,87 | 60,78 | 67,01 | 73,61 | 80,53 |
| 165 | — | — | 31,00 | 35,33 | 39,96 | 44,64 | 50,16 | 55,90 | 61,92 | 68,26 | 75,00 | 82,04 |
| 170 | — | — | 31,55 | 35,96 | 40,66 | 45,42 | 51,05 | 56,91 | 63,04 | 69,49 | 76,38 | 83,53 |
| 175 | — | — | 32,09 | 36,57 | 41,35 | 46,22 | 51,93 | 57,90 | 64,14 | 70,70 | 77,74 | 85,00 |
| 180 | — | — | 33,63 | 37,17 | 42,02 | 47,00 | 52,79 | 58,89 | 65,24 | 71,89 | 79,07 | 86,45 |
| 185 | — | — | — | 37,76 | 42,69 | 47,84 | 53,65 | 59,86 | 66,32 | 73,06 | 80,37 | 87,88 |
| 190 | — | — | — | 38,34 | 43,36 | 48,64 | 54,49 | 60,81 | 67,38 | 74,23 | 81,64 | 89,31 |
| 195 | — | — | — | 38,92 | 44,10 | 49,51 | 55,42 | 61,75 | 68,41 | 75,41 | 82,90 | 90,71 |
| 200 | — | — | — | 39,49 | 44,83 | 50,40 | 56,35 | 62,69 | 69,43 | 76,59 | 84,13 | 92.10 |
| 205 | — | — | — | — | 45,50 | 51,16 | 57,20 | 63,62 | 70,45 | 77,74 | 85,37 | 93,48 |
| 210 | — | — | — | — | 46,16 | 51,90 | 58,03 | 64,54 | 71,47 | 78,81 | 86,61 | 94,74 |
| 215 | — | — | — | — | 46,82 | 52,64 | 59,86 | 65,46 | 72,49 | 80,09 | 87,85 | 96,14 |
| 220 | — | — | — | — | 47,48 | 53,37 | 59,67 | 66,38 | 73,52 | 81,10 | 89,08 | 97,53 |

Während der Indikator zur Ermittlung der indizierten Motorleistung selten Anwendung findet, ist seine Verwendung zur Erzielung von Zeitdiagrammen bisweilen von großem Wert. Die Trommel eines Indikators für diesen Zweck macht nicht die Kolbenbewegung mit, sondern dreht sich, von einem Uhrwerk getrieben, in einer bestimmten Zeit, meist 3,5 Minuten, um ihre Achse.

Fig. 233 zeigt einen solchen Indikator zur Entnahme von Zeitdiagrammen. Man kann die Zeittrommel $T_1$ auf das Gestelle eines gewöhnlichen Indikators neben der Trommel $T$ auf-

**Vierzylindermotoren nach Hub und Bohrung.**

| Bohrung | | | | | | | | | | | | |
|---|---|---|---|---|---|---|---|---|---|---|---|---|
| 140 | 145 | 150 | 155 | 160 | 165 | 170 | 175 | 180 | 185 | 190 | 195 | 200 |
| 60,14 | 65,46 | 70,99 | 76,78 | — | — | — | — | — | — | — | — | — |
| 62,24 | 67,76 | 73,47 | 79,44 | — | — | — | — | — | — | — | — | — |
| 64,30 | 69,98 | 75,89 | 82,08 | — | — | — | — | — | — | — | — | — |
| 66,32 | 72,16 | 78,26 | 84,66 | 91,38 | 98,40 | 105,6 | — | — | — | — | — | — |
| 68,27 | 74,25 | 80,59 | 87,21 | 93,98 | 101,2 | 108,8 | — | — | — | — | — | — |
| 70,19 | 76,31 | 82,88 | 89,73 | 96,54 | 104,0 | 111,9 | — | — | — | — | — | — |
| 72,08 | 78,34 | 85,14 | 92,22 | 99,06 | 106,8 | 114,9 | — | — | — | — | — | — |
| 73,94 | 80,34 | 87,36 | 94,68 | 101,6 | 109,5 | 117,9 | 126,3 | 135,3 | 144,5 | — | — | — |
| 75,77 | 82,31 | 89,54 | 97,11 | 104,1 | 112,2 | 120,8 | 129,5 | 138,6 | 148,0 | — | — | — |
| 77,57 | 84,25 | 91,68 | 99,51 | 106,7 | 114,9 | 123,7 | 132,6 | 141,9 | 151,5 | — | — | — |
| 79,37 | 86,18 | 93,78 | 101,9 | 109,2 | 117,5 | 126,5 | 135,6 | 145,2 | 155,0 | — | — | — |
| 81,16 | 88,12 | 95,85 | 104,2 | 111,6 | 120,2 | 129,3 | 138,6 | 148,4 | 158,4 | — | — | — |
| 82,92 | 90,08 | 97,86 | 106,1 | 114,3 | 122,8 | 132,1 | 141,6 | 151,5 | 161,8 | — | — | — |
| 84,58 | 92,04 | 99,83 | 108,0 | 116,5 | 125,4 | 134,7 | 144,5 | 154,6 | 165,1 | 176,0 | 187,3 | 199,0 |
| 86,25 | 93,85 | 101,8 | 110,0 | 118,8 | 127,9 | 137,4 | 147,4 | 157,6 | 168,3 | 179,4 | 191,0 | 202,9 |
| 87,90 | 95,64 | 103,8 | 112,0 | 121,2 | 130,4 | 140,1 | 150,3 | 160,6 | 171,5 | 182,7 | 194,7 | 206,8 |
| 89,53 | 97,41 | 105,7 | 114,9 | 123,5 | 132,9 | 142,7 | 153,1 | 163,6 | 174,7 | 186,1 | 198,3 | 210,6 |
| 91,14 | 99,16 | 107,6 | 116,8 | 125,8 | 135,3 | 145,3 | 155,8 | 166,5 | 177,8 | 189,4 | 201,9 | 214,4 |
| 92,73 | 100,9 | 109,6 | 118,6 | 127,9 | 137,7 | 147,8 | 158,5 | 169,4 | 180,9 | 192,7 | 205,4 | 218,1 |
| 94,30 | 102,6 | 111,4 | 120,1 | 130,1 | 140,1 | 150,3 | 161,2 | 172,3 | 184,1 | 196,0 | 208,9 | 221,8 |
| 95,85 | 104,3 | 113,2 | 122,1 | 132,2 | 142,4 | 152,8 | 164,0 | 175,2 | 187,2 | 199,3 | 212,4 | 225,5 |
| 97,38 | 106,0 | 115,0 | 124,1 | 134,2 | 144,7 | 155,3 | 166,5 | 178,1 | 190,2 | 202,3 | 215,9 | 229,2 |
| 98,92 | 107,7 | 116,8 | 126,2 | 136,3 | 147,0 | 157,8 | 169,1 | 180,9 | 193,2 | 206,2 | 219,3 | 232,9 |
| 100,5 | 109,3 | 118,6 | 128,2 | 138,3 | 149,2 | 160,2 | 171,7 | 183,8 | 196,2 | 209,2 | 222,6 | 236,6 |
| 102,0 | 110,9 | 120,4 | 130,2 | 140,4 | 151,4 | 162,6 | 174,3 | 186,6 | 199,2 | 212,2 | 225,9 | 240,2 |
| 103,5 | 112,5 | 122,2 | 132,1 | 142,5 | 153,6 | 164,9 | 176,8 | 189,4 | 202,1 | 215,2 | 229,2 | 243,7 |
| 105,0 | 114,1 | 124,0 | 134,0 | 144,5 | 155,8 | 167,3 | 179,3 | 192,0 | 205,0 | 218,2 | 232,5 | 247,1 |
| 106,5 | 115,7 | 125,8 | 136,0 | 146,6 | 157,9 | 169,6 | 181,7 | 194,6 | 207,8 | 221,3 | 235,7 | 250,5 |

schrauben. Ihre Befestigung am Indikator wird durch die Tragplatte $V_1$ bewirkt, indem diese unter der Indikatorpapiertrommel $T$ mittels Flügelmutter $M$ festgezogen wird. Für Dauerversuche ist bei $M$ eine Schraube zur Feststellung angeordnet. Der gewöhnliche Schreibstift $D$ zeichnet bei jedem Hub den Explosionsdruck in seiner Höhe auf, entsprechend dem Federmaßstab. Die Papiertrommel $T_1$ ist noch mit einem zweiten Schreibstift $D_1$ ausgerüstet, zur Festlegung einer Nullinie. Der kleine Hebel $x$ dient zur Unterbrechung der Drehung der Trommel $T_1$. Das Uhrwerk wird durch Rechtsdrehung der Flügelmutter $U$ aufgezogen.

Die Vorteile, welche der »Zeitdiagrammindikator« bietet, liegen darin, daß man über die Anzahl und Stärke der Ex-

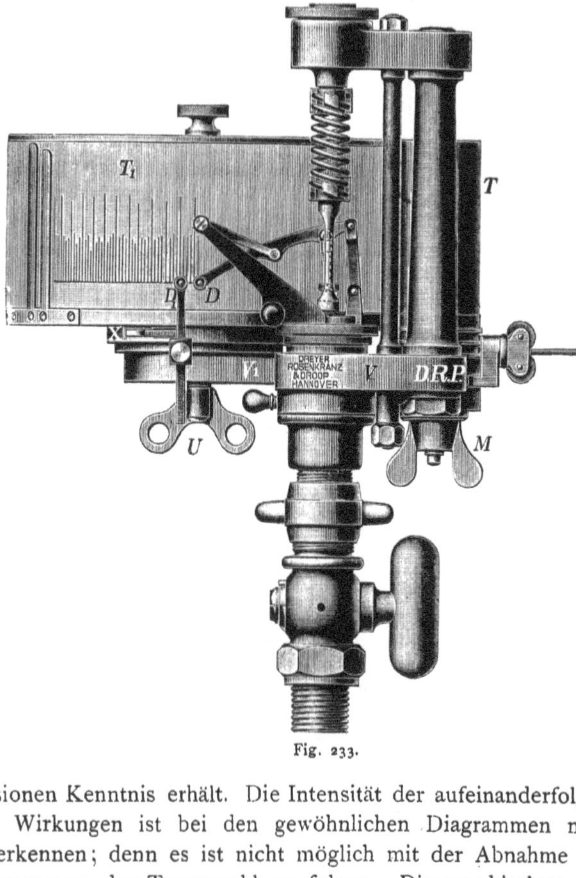


Fig. 233.

plosionen Kenntnis erhält. Die Intensität der aufeinanderfolgenden Wirkungen ist bei den gewöhnlichen Diagrammen nicht zu erkennen; denn es ist nicht möglich mit der Abnahme von Diagrammen der Tourenzahl zu folgen. Die graphischen Aufzeichnungen haben die Gestalt von Fig. 234 und 234 a. Es läßt sich aus diesen entnehmen:

1. die Anzahl der Explosionen,
2. die bei den Explosionen erreichten Druckhöhen,
3. die damit korrespondierende Umdrehungszahl der Maschine.

Durch die Reihenfolge der Explosionen und durch etwaige Wiederkehr der Fehler (Aussetzer), die sich deutlich kennzeichnen, ist der Fingerzeig für die Beurteilung der Maschine gegeben.

Als Beispiel sei hier auf die Aufzeichnung Fig. 234a hingewiesen; die anfänglichen Ordinaten erscheinen stets bei Be-

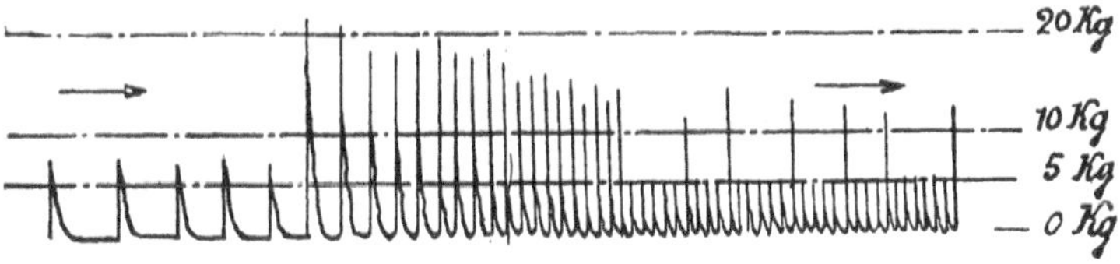


Fig. 234.

ginn des Ganges ohne Füllung, dann treten starke Explosionen auf und die fortschreitende Verkleinerung der Ordinaten zeigt deutlich die Vergrößerung der Schnelligkeit des Motors und die Zeit, welche nötig ist bis zur Erreichung des normalen Ganges.

Fig. 234 zeigt den Wechsel der Kraft eines Motors, wie solche stets bei der Benutzung eintritt, wenn sich die Inan-

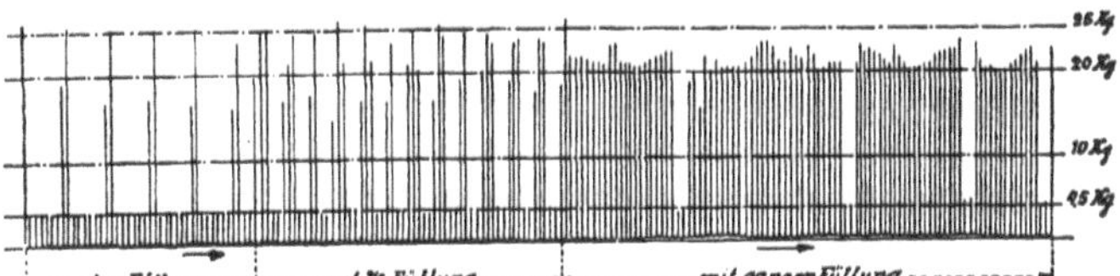


Fig. 234a.

spruchnahme ändert. Man kann sehr wohl die Regelmäßigkeit des Ganges und die Konstanten des Anfangsdruckes in jeder Periode erkennen. Die Anfangsdrücke verringern sich, wenn die Fxplosionen ohne »Versager« folgen.

## b) Ermittlung der Wagenleistung.

Die Wagenleistung ist kleiner als die effektive und noch niedriger als die indizierte Motorleistung.

Die motorische Leistung des Wagens hängt ab von der Zugkraft, die erforderlich ist, um den Wagen zu ziehen, und von der Geschwindigkeit, mit der der Wagen fahren soll.

Die Komponenten der Zugkraft sind: der Rollwiderstand, der Luftwiderstand, der Widerstand, der aus Stößen bei Unebenheiten der Fahrbahn resultiert, und der Achsenwiderstand. Einige theoretische Betrachtungen seien kurz dem Folgenden zugrunde gelegt, um sich über die Größe dieser Widerstände und ihrer Abhängigkeit klar zu werden.

Der bedeutendste dieser vier Werte ist der Rollwiderstand. Er steht in direkter Beziehung mit der Beschaffenheit der Fahrbahn und dem Gewicht des Wagens. Er wird um so größer, je schlechter die Wegverhältnisse und je größer das Wagengewicht. Auch von den Raddurchmessern ist derselbe abhängig; denn er wird um so kleinersein, je größer dieser ist. Nun ist aber dem Raddurchmesser eine Grenze gesetzt; denn allzu große Räder haben eine ungenügende Stabilität. Nach Arnold ist dann der Rollwiderstand $W_R$

$$W_R = \frac{\mu_1 \cdot Q}{D}.$$

Hierin ist:

$\mu_1$ = Erfahrungskoeffizient, abhängig von der Fahrbahn,
$Q$ = Gewicht in kg,
$D$ = Raddurchmesser, welche meist zwischen 800 und 1000 mm liegen.

Der Luftwiderstand $W_L$ ist abhängig von der Fläche des Wagens gegen den Zug und im Quadrat von der Geschwindigkeit.

$$W_L = \mu_2 \cdot F \cdot v^2.$$

Hierin ist:

$F$ = Frontfläche des Wagens,
$v$ = Wirksame Windgeschwindigkeit in m/Sek.,
$\mu_2$ = Erfahrungswert, meist zu 0,125 angenommen.

Der Widerstand durch Stöße bei unebener Fahrbahn $W_S$ läßt sich mathematisch etwa folgendermaßen wiedergeben, wenn

$$M = \text{Masse des Wagens} = \frac{\text{Fallbeschleunigung}}{\text{Gewicht}} = \frac{Q}{9{,}81},$$

$v_1$ = Geschwindigkeit vor dem Stoß,
$v_2$ = » nach » »
$\beta$ = Zusammendrückung der Gummibereifung,

$$W_S = \left(\frac{Mv_1^2}{2} - \frac{Mv_2^2}{2}\right) \cdot \frac{1}{\beta}.$$

$\frac{Mv_1^2}{2}$ resp. $\frac{Mv_2^2}{2}$ ist bekanntlich die lebendige Kraft vor resp. nach dem Stoß. Die Formel gibt deutlich zu erkennen, daß der Widerstand $W_S$ um so kleiner wird, je größer $\beta$ ist, d. h. je elastischer die Lauffläche des Rades ist. Es ist deshalb klar, daß ein Wagen mit Gummibereifung weniger Kraft brauchen wird als ein solcher mit Eisenreifen.

Der Achsenwiderstand $W_A$ ist abhängig vom Wagengewicht $Q$ und der Beschaffenheit der Lagerflächen.

$$W_A = \mu_3 \cdot Q$$

worin $\mu_3$ einen Koeffizienten, der die Beschaffenheit der Lager berücksichtigt, bedeutet. Bei der Wahl der Wagenleistung wird man vor allem neben der zu beabsichtigenden Ladelast die Beschaffenheit der Straßen ins Auge zu fassen haben. In der Praxis hält man sich dabei an die Formel

$$Z_1 = \mu \cdot Q.$$

Hierin bedeutet:

$Z_1$ = Zugkraft auf ebener Strecke,
$Q$ = Wagengewicht (Eigengewicht + Nutzlast),
$\mu$ = Erfahrungswert, durch eingehende Traktionsversuche für verschiedene Straßenverhältnisse festgelegt. Die Größe kann aus der Tabelle auf S. 486 (nach Arnold) entnommen werden.

Aus der Zugkraft $Z_1$, welche nach oben zu wählen ist, läßt sich dann, sobald die Geschwindigkeit bekannt, mit welcher der Wagen fahren soll, die Wagenleistung in PS berechnen:

$$Ne_1 = \frac{Z_1 \cdot v}{75} = \frac{\mu \cdot Q \cdot v}{75}.$$

Da in der Fahrpraxis stets die Geschwindigkeit $V$ sich auf Kilometer pro 1 Stunde bezieht, so ist $v = V \cdot \frac{1000}{3600}$ und

$$Ne_1 = \frac{\mu \cdot Q \cdot V}{75 \cdot 3{,}6}.$$

Dort, wo nur ebene Wege der genannten Beschaffenheit in Frage kommen, mag diese Formel zur Berechnung der Wagenleistung genügen. Dies wird aber niemals der Fall sein, sondern man hat auch mit gewissen Steigungen der Fahrbahn zu rechnen, und der maximal in Frage kommenden Steigung entsprechend muß die Wagenleistung angepaßt sein. Bei der Bergfahrt muß neben der Fortbewegung des Wagens diese gleichzeitig um eine bestimmte Höhe gehoben werden. Für die Praxis findet man die Zugkraft $Z_2$ nach folgender Überlegung:

| Straßenbeschaffenheit | $\mu$ |
|---|---|
| Asphaltpflaster . . . . . . . . . . | 0,0075 |
| Chaussierte Straße mit Teer und Pech . | 0,010 |
| Vorzüglichcs Schotterpflaster . . . . | 0,013 |
| Sehr gutes Steinpflaster . . . | 0,013 |
| Sehr gutes Holzpflaster . . . . | 0,015 |
| Gutes Steinpflaster . . . . . | 0,020 |
| Gut chaussierte Straße . . . . . . | 0,022 |
| Gut chaussierte Straße mit Staub . . . | 0,028 |
| Geringes Steinpflaster . . . . . . . . | 0,033 |
| Chaussierte Straße in schlechtem Zustand | 0,035 |
| Gute Erdwege . . . . . . . | 0,045 |
| Schlechte Erdwege . . . . . | 0,100 |
| Loser Sand . . . . . . . . . . | 0,157 |
| Loser Schotter . . . . . . . . . . | 0,157 |

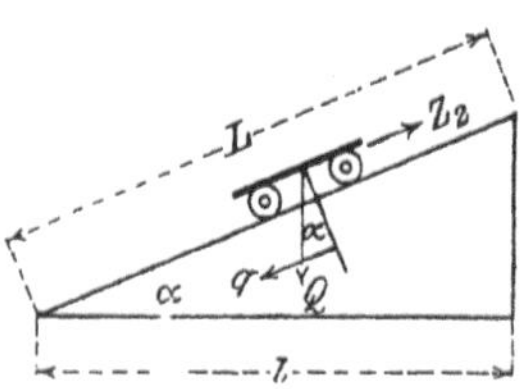

Fig. 235.

Aus Fig. 235 ergibt sich, daß die Zugkraft um so größer sein muß, je größer die Steigung, d. h. je größer der Winkel $\alpha$. Das Wagengewicht wirkt senkrecht nach unten. Bei ebener Bahn wird $Q$ ganz von der Fahrbahn aufgenommen; bei steigender Bahn wirkt ein Teil des Druckes, nämlich $q$, der Fahrrichtung entgegen und dieser muß von der Zugkraft aufgenommen werden, so daß
$$Z_2 = q;$$
ferner ist

$$q = Q \cdot \sin\alpha; \quad Z_2 = Q \cdot \sin\alpha; \quad \sin\alpha = \frac{h}{L}.$$

Da bei den Straßen nur kleine Steigungswinkel in Frage kommen, so macht man einen zulässigen Fehler, wenn man $L = l$ setzt, also

$$\frac{h}{L} = \frac{h}{l} = \text{tang}\,\alpha.$$

Bedeutet ferner $n\,\%$ = Steigung in %, d. h. auf $l = 100$ m, ist die Steigungshöhe $n'$ Meter, so ist

$$n = \frac{n'}{100} = \frac{h}{l} = \text{tang}\,\alpha,$$

dann wird die Zugkraft

$$Z_2 = Q \cdot \text{tang}\,\alpha = Q \cdot \frac{n}{100}$$

und bei einer Kilometer-Stunden-Geschwindigkeit $V$ wird

$$Ne_2 = \frac{Q \cdot \frac{n}{100} \cdot V}{75 \cdot 3{,}6}.$$

Die an den Triebrädern aufzuwendende Maximal-Wagenleistung ist dann

$$Ne_w = Ne_1 + Ne_2 = \frac{Q\left(\mu + \frac{n}{100}\right) \cdot V}{75 \cdot 3{,}6}.$$

Es ist vorne gesagt, daß die Wagenleistung $Ne_w$ kleiner ist als die Motorleistung $Ne_m$. Um nun die Motorleistung zu finden, ist ein bestimmter Zuschlag zu machen. Für Benzinwagen ist dieser ca. 40%, für Elektromobile und Dampfwagen 25%, so daß der Wirkungsgrad der Übertragung vom Motor zu den Triebrädern $\eta = 0{,}6$ resp. $0{,}75$ ist. Man wird also wählen

$$Ne_m = \frac{Q \cdot \left(\mu + \frac{n}{100}\right) \cdot V}{75 \cdot 3{,}6} \cdot \frac{1}{\eta}.$$

Beispiel: Man steht vor der Frage der Anschaffung eines Lastwagens und will die Wagenleistung und Motorleistung, welche in Betracht käme, ermitteln.

Bekannt ist: Eigengewicht des Wagens 3200 kg für eine Maximalnutzlast von 3600 kg.

Die Geschwindigkeiten, mit welchen der Wagen fahren soll, sind 5, 10 und 15 km/Std.

Betriebskraft: Benzinmotor. Die in Frage kommende Steigung 8—10% soll noch mit 5 km Geschwindigkeit befahren werden können. Die Straßen sind gut chaussierte Landstraßen, bisweilen mit Staub, und gut gepflasterte Straßen in Städten.

Es ist: Wagengewicht $Q = 3200 + 3600 = 6800$ kg.

Zu wählen ist nach Tabelle: $\mu = 0{,}028$ für den ungünstigsten Fall; ferner ist

$$V_{\text{Ebene}} = 15 \text{ km}; \quad V_{\text{Steigung}} = 5 \text{ km}$$
$$n_{\max} = 8 \text{ »} \quad \eta = \sim 0{,}6.$$

Die Höchstleistung wird sein müssen:

$$Ne_w = \frac{6800\left(0{,}028 + \frac{10}{100}\right) \cdot 5}{75 \cdot 3{,}6} = \mathbf{16{,}1} \text{ PS}$$

und $Ne_m = \frac{16{,}1}{0{,}6} = \mathbf{26{,}8}$ PS.

Für die Steigung muß natürlich mit der kleinsten Geschwindigkeit die Berechnung angestellt werden; denn wollte man mit 15 km die genannte Steigung fahren, so wäre nötig eine Motorleistung

$$Ne_m = \frac{6800\left(0{,}028 + \frac{10}{100}\right) \cdot 15}{75 \cdot 3{,}6 \cdot 0{,}6} = \mathbf{80{,}4} \text{ PS.}$$

Die normale Leistung in der Ebene ist:

$$Ne_m = \frac{6800 \cdot 0{,}028 \cdot 15}{75 \cdot 3{,}6 \cdot 0{,}6} = \mathbf{17{,}6} \text{ PS.}$$

Will man noch untersuchen, welchen maximalen Wert der Wegwiderstand erhalten kann bei 15 km Geschwindigkeit in der Ebene, wenn der Motor ganz ausgenutzt wird, so ist

$$Ne_m = \frac{Q \cdot \mu \cdot V}{75 \cdot 3{,}6 \cdot \eta} \text{ und } \mu = \frac{Ne \cdot 75 \cdot 36 \cdot \eta}{Q \cdot V}$$

$$\mu = \frac{26{,}8 \cdot 75 \cdot 3{,}6 \cdot 0{,}6}{6800 \cdot 15} = 0{,}0426,$$

so daß fast noch schlechte Erdwege mit befahren werden können.

Beim Ankauf eines Lastwagens wird man also eine bestimmte W a g e n l e i s t u n g fordern und auf diese ist dann der Wagen durch Dauerversuch zu prüfen. Der Berechnung kann man obige Formel zugrunde legen. Das Wagengewicht inkl.

Nutzlast kann durch Wägung ermittelt werden; der Koeffizient $\mu$ wird den Straßenverhältnissen entsprechend gewählt. Die Steigung wird entweder mittels Steigungsmessern (s. unten) oder an Hand des Straßenprofiles ermittelt; zur Feststellung der mittleren Fahrgeschwindigkeit dienen Geschwindigkeitsmesser (s. unten).

Ganz exakt ist diese Leistungsermittlung natürlich nicht, doch wird sie der Einfachheit halber oft angewendet.

Eine sehr genaue Art der Prüfung ist die Leistungsermittlung mittels Autodynamometers. Dies wird in Amerika benutzt zur Ermittlung der Zugkraft, Wagenleistung,

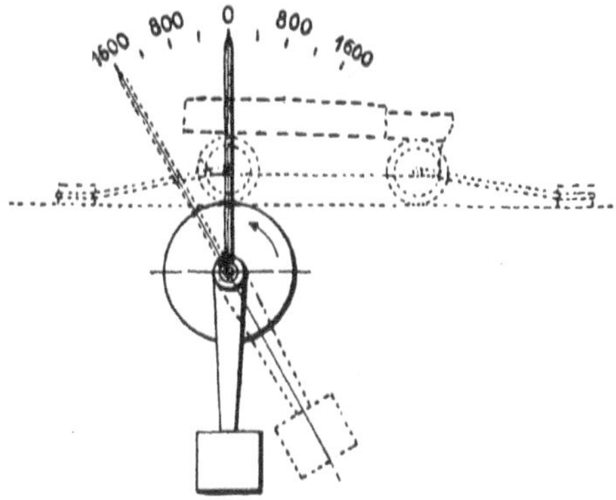


Fig. 236.

Bergsteigefähigkeit und Bremsleistung. Es wäre auch empfehlenswert, bei uns auf Grund einer stattgehabten Prüfung mittels Dynamometers die Lastwagen zu kaufen.

Das Autodynamometer ist ein Apparat, auf welchen jeder beliebige Lastwagen gesetzt werden kann. Es besteht im wesentlichen aus zwei großen Trommeln, auf die der Wagen mit seinen Hinterrädern aufgesetzt wird. Der Wagen selbst bleibt auf seinem Fleck stehen. Die Maschine ist eine Verbindung von Instrumenten zum Aufzehren und Messen der entwickelten Kräfte und zeigt das Resultat mit automatisch bewegten Zeigern auf einer großen Tabelle an. Es läßt sich während des Versuches Geschwindigkeit, Zugkraft und Wagenleistung in PS in jedem Moment ablesen. Die Messung ergibt die Kraft, welche von den Rädern des Wagens an den Erdboden abgegeben wird. Es werden also alle Verluste in der Kraftübertragung des Mechanismus berücksichtigt.

Beim Versuch wird der Wagen (s. Fig. 236) durch Seile auf dem Fußboden festgehalten und steht mit seinen Hinterrädern auf den wenig über dem Boden hervorstehenden Trommeln. Der Wagenmotor wird in Gang gesetzt und der Reihe nach die verschiedenen Übersetzungen geprüft. Ein gewaltiges, schweres, belastetes Pendel, das in dem darunter liegenden Raum untergebracht und auf der Achse der Trommel hängt, setzt der Mitnahme der Welle Widerstand entgegen. Zwischen den Trommeln

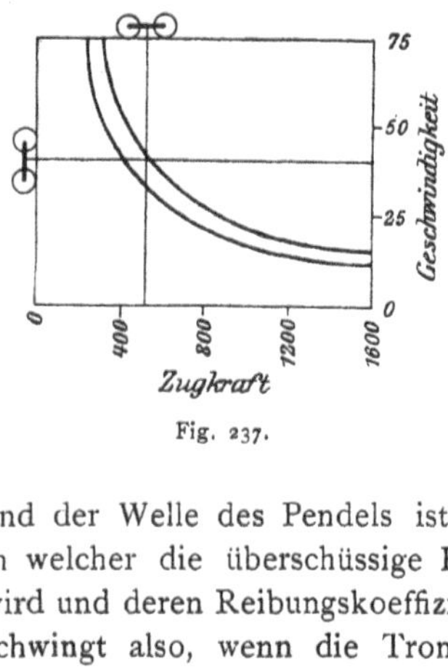

Fig. 237.

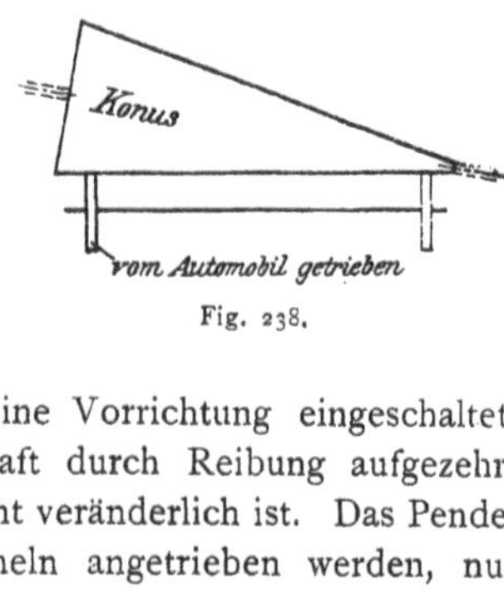

Fig. 238.

und der Welle des Pendels ist eine Vorrichtung eingeschaltet, in welcher die überschüssige Kraft durch Reibung aufgezehrt wird und deren Reibungskoeffizient veränderlich ist. Das Pendel schwingt also, wenn die Trommeln angetrieben werden, nur wenig aus der vertikalen Lage, und zwar entspricht der Ausschlag der Zugkraft des Wagens. Die Größe dieser Zugkraft wird durch einen auf dem Pendel sitzenden und in den oberen Versuchsraum hinausragenden Zeiger auf einer Skala angezeigt.

Die Angaben des Pendels werden mit Hilfe eines kleinen Motors und einer biegsamen Welle auf eine Fadenlinie übertragen, die senkrecht über die große Tafel (Fig. 237) gespannt ist und sich automatisch nach rechts und links auf dieser verschiebt. Mit jeder veränderten Angabe des Pendels ändert auch diese vertikale Zeigerlinie ihre Stellung.

Die Messung der Wagengeschwindigkeit erfolgt durch einen besonderen Apparat, dessen Prinzip Fig. 238 wiedergibt. Ein Konus wird durch einen Elektromotor in absolut gleichmäßige Umdrehung versetzt. Zur Kontrolle schlägt eine auf der Konuswelle angebrachte Glocke nach je 100 Umdrehungen (d. s. nach je 30 Sekunden) einmal an. Eine vom Lastwagen angetriebene Rolle, die entsprechend langsamer oder schneller läuft, rollt auf der Oberfläche dieses Konus und wird von einem selbsttätigen kleinen Elektromotor zwischen der Spitze und dem breiten Ende des Konus automatisch hin und her geschoben, bis sie den Punkt findet, wo sie auf dem Konus nicht mehr schleift, sondern die gleiche Umfangsgeschwindigkeit wie die betreffende Stelle am Konus besitzt. Diese Längsverstellung der Rolle wird ebenfalls durch eine biegsame Welle der Zeigerlinie für die Geschwindigkeit auf der Tafel (Fig. 237) mitgeteilt und die Verstellung dieser Zeigerlinie erfolgt somit selbständig, ohne daß die Kraftquelle des Automobils hierfür in Anspruch genommen wird. Diese Methode, zur Geschwindigkeitsmessung ein mit absolut gleichförmiger Umdrehungszahl sich bewegendes Element einzuführen, gewährleistet große Sicherheit in der Messung. Läuft der Wagen beispielsweise 40 km pro Stunde, so bewegt sich die Rolle nach dem breiten Ende des Konus. Läuft er 8 km, so bewegt sie sich nach der Spitze. Ein System von elektrischen Kontakten dient nebst einem Motor dazu, die Rolle automatisch zu verschieben, bis sie die Stelle mit gleicher Umfangsgeschwindigkeit gefunden hat, wo sie auf dem Konus abrollt, ohne zu schleifen.

Auf der Tafel sind in Kurven die jeder Geschwindigkeit und Zugkraft entsprechenden Pferdestärken aufgetragen, so daß das Resultat mit einem Blick am Schnittpunkt der Zeigerlinien ohne langwierige Rechnungen abgelesen werden kann. (Vergl. Fig. 239.) Die Tabelle selbst ist in solchen Abmessungen gehalten, daß sie der Fahrer ohne Schwierigkeit vom Wagen aus lesen kann. Die Geschwindigkeit des Wagens kann sowohl in Meilen pro Stunde, Kilometern pro Stunde, sowie in Minuten pro Meile und pro Kilometer auf den verschiedenen Skalen abgelesen werden.

Der ganze Meßapparat kann auch rückwärts laufen, so daß auch die Leistung des Wagens bei Rückwärtsfahrt gemessen werden kann.

Ferner ist auch ein Steigungsmesser vorgesehen, der von dem Pendelindikator des Dynamometers betätigt wird. Wenn der Steigungsmesser benutzt werden soll, so wird bei dem Punkt, der das Gewicht des Wagens angibt, eine Klammer auf die gleitende Skala aufgesetzt. Der bewegliche Hebel nimmt dann in jedem Moment den Neigungswinkel der Steigung an, die der Wagen nehmen würde. Hierbei bleibt allerdings der Windwiderstand und der Schlupf der Hinterräder unberücksichtigt.

Um zu prüfen, wie sich ein Automobil bei Vorwärts- oder Rückwärtsfahrt bergab verhält, braucht man nur die Trommeln durch den auf ihrer Welle sitzenden Elektromotor anzutreiben, der dann die beiden großen Trommeln in Umdrehung versetzt. Man kann die Bremsen prüfen oder auch die Räder und das Getriebe mit oder ohne Motor frei laufen lassen (ohne Kraftentwicklung des Motors) und die Reibungsverluste in den Hauptteilen des Automobils feststellen.

## c) Kontrolle des Kraftwagens während der Fahrt.

Von der Geschwindigkeit und der Steigung hängt bei bestimmter Belastung in erster Linie die Leistung und Beanspruchung eines Wagens ab. Deshalb empfehlen sich diesbezügliche aufende Aufzeichnungen.

Die einfachsten Apparate zur Ermittlung der mittleren Wagengeschwindigkeit sind die Kilometerzähler. Sie werden von einer Radachse angetrieben und geben die einer bestimmten Umdrehungszahl entsprechende Kilometerzahl an. Wird gleichzeitig die Zeit notiert, innerhalb welcher die angezeigten Kilometer zurückgelegt wurden, so läßt sich die mittlere Stundengeschwindigkeit in Kilometern berechnen.

Wichtig ist es für den Fahrer, daß er jederzeit genau erkennt, mit welcher momentanen Geschwindigkeit der Wagen läuft; denn bei Steigungen darf diese Geschwindigkeit über ein bestimmtes Maß nicht hinauskommen. Diese Anzeige

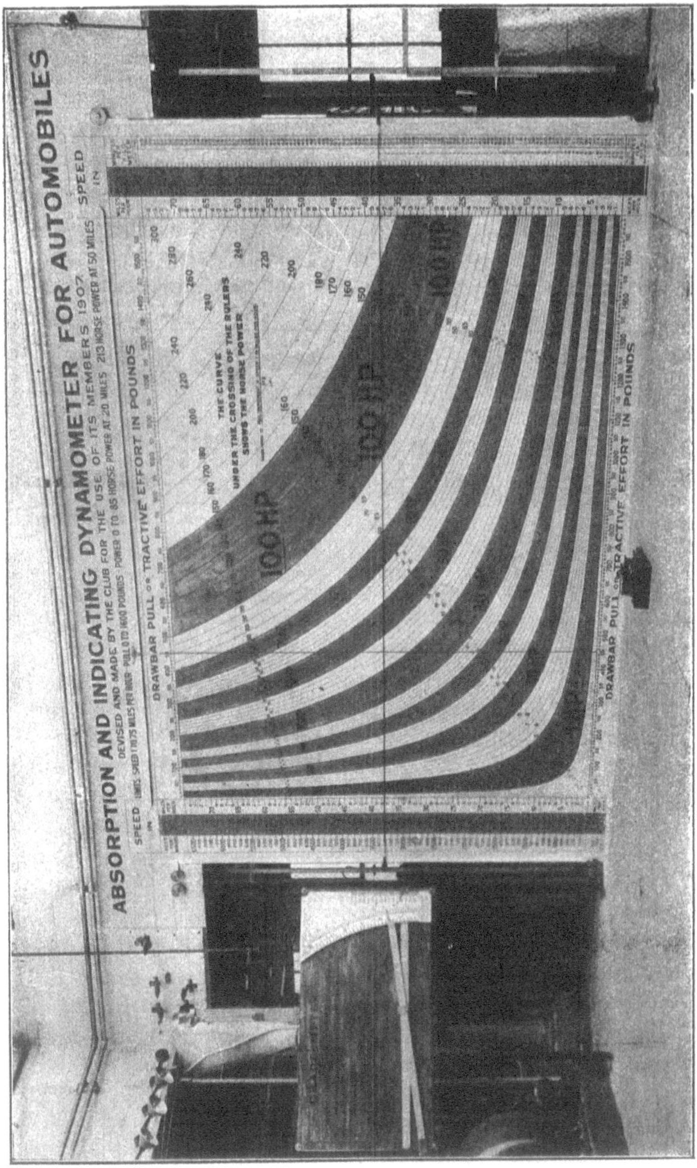
ABSORPTION AND INDICATING DYNAMOMETER FOR AUTOMOBILES
DEVISED AND MADE BY THE CLUB FOR THE USE OF ITS MEMBERS 1907
DRAWBAR PULL OR TRACTIVE EFFORT IN POUNDS
SPEED
100 HP
THE CURVE UNDER THE CROSSING OF THE RULERS SHOWS THE HORSE POWER

Fig. 239.

macht der elektrische Geschwindigkeitsmesser von Siemens & Halske, Fig. 240. Die Vorrichtung besteht aus einer kleinen Wechselstrommaschine und einem Spannungsanzeiger, dessen Skala eigens für diesen Zweck so geeicht ist, daß die Ausschläge momentane Geschwindigkeiten angeben. Die kleine magnetelektrische Maschine erzeugt Wechselstromspannungen, welche in einem konstanten Verhältnis zur Umdrehungszahl steht. Wird die Maschine von einer Haupttriebachse angetrieben, so ist die Wechselstromspannung der Fahrgeschwindigkeit des Fahrzeuges proportional. Ein solcher Geschwindigkeitsmesser kann nicht an einem beliebigen Wagen

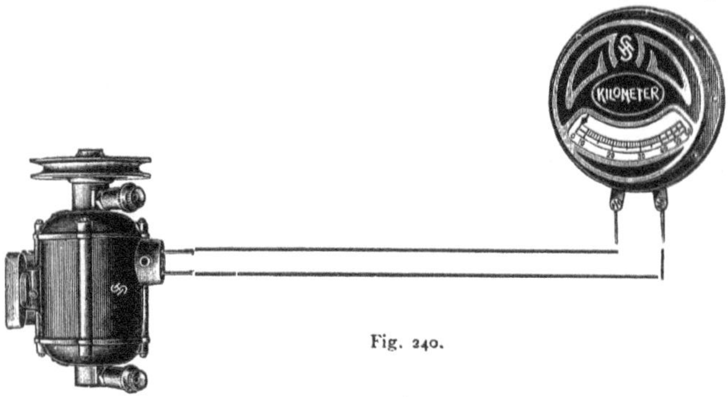


Fig. 240.

angebracht werden, sondern seine Ausschläge sind für bestimmte Raddurchmesser und sonstige in Frage kommende Übersetzungsteile nur für den zugehörigen Wagen geltend. Die Momentanwerte sind für die Beurteilung der Momentanbelastungen von Wichtigkeit, während die Anzahl der gefahrenen Kilometer notwendig ist zur Ermittlung des zurückgelegten Gesamtweges. Letztere Angabe macht der zuletzt beschriebene Geschwindigkeitsmesser nicht.

Die Vorzüge eines gleichzeitigen Geschwindigkeitsmessers und Kilometerzählers vereinigt in sich das Tempometer der Deutschen Tachometerwerke Berlin, dargestellt in Fig. 241 u. 241 a. Ein kräftiger Magnet umschließt den zylindrischen Anzeigekörper fast vollständig und schickt die magnetischen Kraftlinien durch denselben. Dadurch entstehen Wirbelströme, welche den Ausschlag des Instrumentes veranlassen.

Der Magnet ist durch eine Achse, welche fest mit ihm in Verbindung steht, mit der beweglichen Welle verbunden. Je nachdem nun der Wagen langsamer oder schneller fährt, wird der Magnet in langsamere oder schnellere Umdrehungen versetzt, wodurch ein stärkerer oder schwächerer Wirbelstrom entsteht und somit auch ein entsprechender Zeigerausschlag. Gleichzeitig wird an einer Skala (Fig. 241a) jede Umdrehung registriert und die durchlaufenen Kilometer addiert.

Für den Besitzer eines Lastwagens ist es wichtig genug, den Wagenführer durch registrierende Kontrollinstrumente kontrollieren zu können. Ein solches Kontrollinstrument soll folgenden Bedingungen genügen:

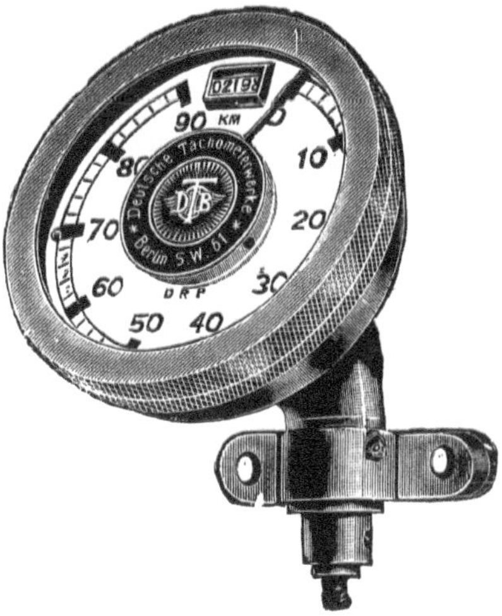


Fig. 241.

1. Es soll die jeweilige Geschwindigkeit des bewegten Fahrzeuges in einzelnen Stundenkilometern jederzeit, auch bei Nacht, anzeigen.

2. Es soll die jeweils gefahrene Geschwindigkeit dauernd erkennbar aufzeichnen sowie Beginn und Beendigung der einzelnen Fahrt ersichtlich machen. Ferner sollen die sichtbaren Zeichen mit den Aufzeichnungen des Apparates übereinstimmen.

3. Es muß eine Beeinflussung durch den Wagenführer oder eine andere Person ausschließen; auch muß der Apparat jede Störung seines Betriebes erkennen lassen.

4. Der Kraftverbrauch für den Betrieb muß gering sein.

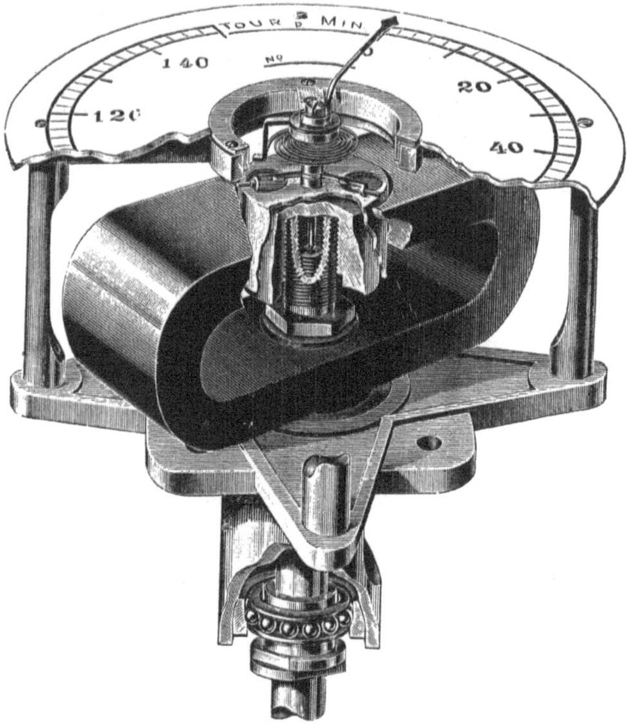


Fig. 241 a.

5. Es muß so beschaffen sein, daß sein Betrieb durch Stöße beim Fahren, durch Staub oder Witterungsverhältnisse nicht beeinflußt werden kann.

Die bekanntesten registrierenden Geschwindigkeitsmesser sind folgende:

Der Apparat »Protektor« von H. Großmann, Dresden (Fig. 242 und 243) ist ein zwangläufig rein mechanisch arbeitender Apparat. Der Grundgedanke der Konstruktion besteht darin, die Geschwindigkeit der Triebwelle durch die Winkel drehung dieser Welle innerhalb bestimmter Zeitabschnitte zu messen und einesteils dem Auge durch einen Zeiger unmittelbar sichtbar zu machen, anderseits durch einen Schreibstift auf einem Papierstreifen zu registrieren. Es stellt sich hierbei

Fig. 242.

der Zeiger derartig ein, daß seine Gradstellung der Winkelgeschwindigkeit der Triebwelle und somit des Laufrades proportional ist, während der Schreibstift in derselben Abhängigkeit von seiner Nullstellung aus vertikal verschoben wird. Dadurch, daß nun der Papierstreifen gleichzeitig durch ein Uhrwerk mit gleichförmiger Geschwindigkeit horizontal bewegt wird, zeichnet der Schreibstift auf diesen Streifen eine Geschwindigkeitskurve auf. Zur Erleichterung der Ablesung der jeweiligen Geschwindigkeit ist der Streifen nach Stundenkilometern liniiert. Außerdem ist die Uhrzeit vorgedruckt, so daß die Geschwindigkeit für jeden Zeitpunkt, sowie auch der Beginn und die Beendigung der Fahrt erkennbar ist. Endlich werden auf dem Schreibstreifen noch je 500 m Weg durch Nadelstiche und

Fig. 243.

somit auch die Länge der durchfahrenen Strecke markiert. Die zurückgelegte Kilometerzahl wird dem Auge durch ein Zählwerk sichtbar gemacht, nach der Art der bekannten Zyklometer, welches außerhalb des Apparatgehäuses angebracht ist. Im Innern des Gehäuses befindet sich eine elektrische Lampe zur Beleuchtung des Geschwindigkeitszeigers. Seine Messungen sind periodisch, aber in sehr kleinen Zeitzwischenräumen. Die Dauer der aufeinanderfolgenden Messungen ist auf je 0,85 Sekunden begrenzt. Durch Zahnräder, welche am rechten Vorderrad des Wagens angebracht sind, sowie durch eine biegsame Welle wird der Umlauf des Vorderrades auf das im Apparat befindliche Unterteil einer leicht lösbaren Kupplung übertragen und dieses Unterteil während der Fahrt des Wagens in gleichem Verhältnis zur Geschwindigkeit desselben angetrieben bzw. in Drehung versetzt. Das Oberteil dieser senkrecht stehenden Kupplung wird nun in jeder Sekunde auf einen Augenblick (genau 0,15 Sekunden) außer Eingriff mit dem Unterteil gebracht und kehrt in dieser Zeit in seine Nullstellung zurück.

Die Drehbewegungen des Kupplungsoberteiles werden durch Zahnräder auf ein Rad übertragen, das mit einem Stifte zum Vorschieben eines auf der Welle des Rades lose sitzenden Zeigers versehen ist Um zu verhüten, daß der Zeiger die Rückwärtsbewegung des erwähnten Stiftes mitmacht, wird er festgeklemmt und bei Beendigung jeder Meßperiode gelöst, wodurch er sich jede Sekunde erneut an den erwähnten Stift anlehnt bzw. sich auf die neue gemessene Geschwindigkeit (Durchschnittsgeschwindigkeit einer Sekunde) einstellt. Die Endstellungen des Einstellstiftes für den Zeiger stehen in gleichem Verhältnis zu den innerhalb der Meßperiode zurückgelegten Wegstrecken; denn der Einstellstift wird innerhalb der Meßperiode durch Zahnräder, entsprechend dem in der Meßperiode vom Wagen zurückgelegten Weg, mehr oder weniger weit bewegt und kehrt auf 0 zurück, sobald der Wagen steht. Da der Zeiger des Apparates durch Zahnräder vorgetrieben wird, deren Übersetzungsverhältnisse genau für den jeweiligen Raddurchmesser des betreffenden Kraftwagens berechnet ist, so kann ein solcher Apparat nicht für jeden beliebigen Wagen ohne weiteres verwendet werden. Die fortlaufenden Messungen, welche der Zeiger anzeigt, werden gleichzeitig auf einem Papierstreifen aufgezeichnet. Das Aufzeichnen bewirkt ein Schreibstift, der an einem gezahnten Schieber befestigt ist, welcher mit dem auf der Zeigerwelle sitzenden Zahnrad in Eingriff steht. Das Papierband wird durch eine Uhr gleichmäßig fortbewegt. Fig. 244 zeigt ein mit dem »Protektor« erhaltenes Diagramm. Dieses besagt z. B.: Der Wagen ist um 1 Uhr $36^1/_2$ Minuten

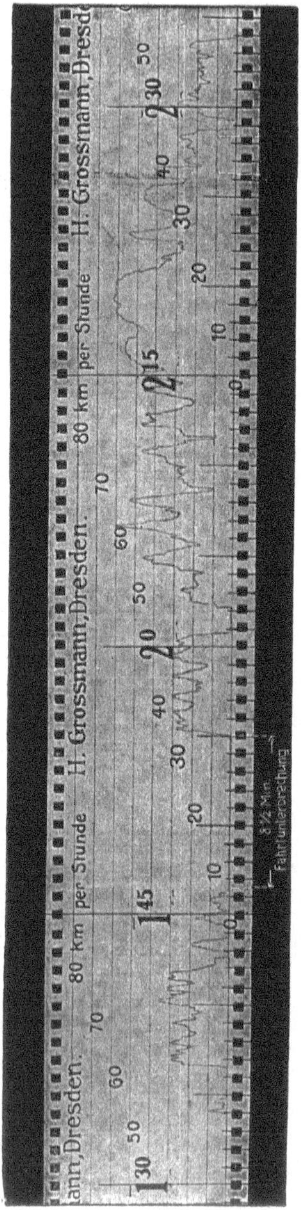


Fig. 244.

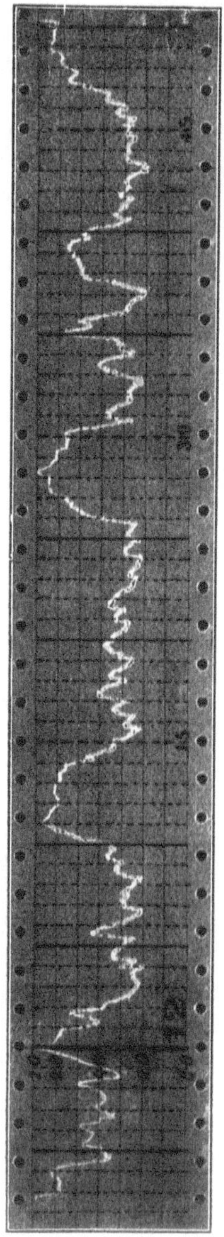

Fig. 248.

abgefahren. Nach $^1/_2$ Minute erreichte er die Geschwindigkeit von 30 km die Stunde; nach weiteren 3 Minuten eine solche von 35 km. Von 1 Uhr $46^1/_2$ bis 1 Uhr 55 Minuten hat der Wagen gehalten, ebenso kurz nach 2 Uhr 1 Minute lang. Die Geschwindigkeit war eine sehr verschiedene und schwankte zwischen 5 und 60 km/St. Mit der höchsten Geschwindigkeit wurde um 2 Uhr 18 Minuten gefahren. Die gesamte Fahrzeit war $57^1/_2$ Minuten.

Beim Einsetzen des Diagrammstreifens ist das Schloß des Apparates zu öffnen und der Deckel zurückzuschlagen, wodurch der obere Raum zugänglich wird. Der Streifen hat die Form einer Rolle und reicht für ca. 100 Stunden Fahrzeit aus. Die wagrechten langlaufenden Linien bedeuten die Geschwindigkeitshöhen, die senkrechten Linien die Stunden- und Minutenteilung. Das Diagramm ist richtig nach der Zeituhr einzusetzen.

Der Geschwindigkeitsmesser von Junghans, Schramberg. Fig. 245 zeigt denselben in Ansicht. Zifferblatt I gibt die Zeit an, ist also eine gewöhnliche Uhr, welche täglich bei *a* aufzuziehen ist. Der Kilometerzähler *Km* hat drei Zifferblätter. Rechts ist ein größeres von 0 bis 100 km, das für die Ermittlung der täglich zurückgelegten Strecke maßgebend ist. Der Zeiger ist täglich bei Antritt der Fahrt auf 0 einzustellen. Links sind zwei kleine Zifferblätter, 0—1000 und 0—10 000 km anzeigend. Diese beiden Skalen sind nicht rückstellbar, sondern geben die Summe der gefahrenen Kilometer an. Die große Skala gestattet, die jeweilige Geschwindigkeit des Wagens abzulesen in Stundenkilometern. Die ovalen Marken sind nur deshalb angebracht, damit vom Fahrer durch kurzen Blick die Angaben erfaßt werden können. An *f* wird die zum Antrieb notwendige biegsame Welle angeschraubt. Mit einem beigegebenen Schlüssel wird der Apparat bei *d* geöffnet.

Das Prinzip des Apparates ist aus Fig. 246 ersichtlich. Die Scheibe *a* wird durch die zu messende Geschwindigkeit in Drehung versetzt und teilt diese dem Rad *b* mit. Die Drehung welche *b* dadurch erhält, sei z. B. 1 Umgang pro Minute. Durch das steilgängige Gewinde wird diese Drehbewegung auch auf die Schraubenspindel *c* übertragen, deren Bewegung aber durch das unten sitzende Uhrwerk gehemmt und gleichförmig, gemacht wird. Macht nun die Schraubenspindel unter dem regulierenden Einfluß der Unruhe ebenfalls 1 Umdrehung pro Minute, so bleibt das Rad *b* stehen, wo es steht. Auf Scheibe *a* ist die Umfangsgeschwindigkeit eine verschiedene.

Fig. 245.

Im Zentrum der Scheibe ist sie gleich o, je weiter aber das Rad *b* nach außen gegen die Peripherie kommt, desto schneller wird es umgetrieben. Wird die Geschwindigkeit des Rades *b*

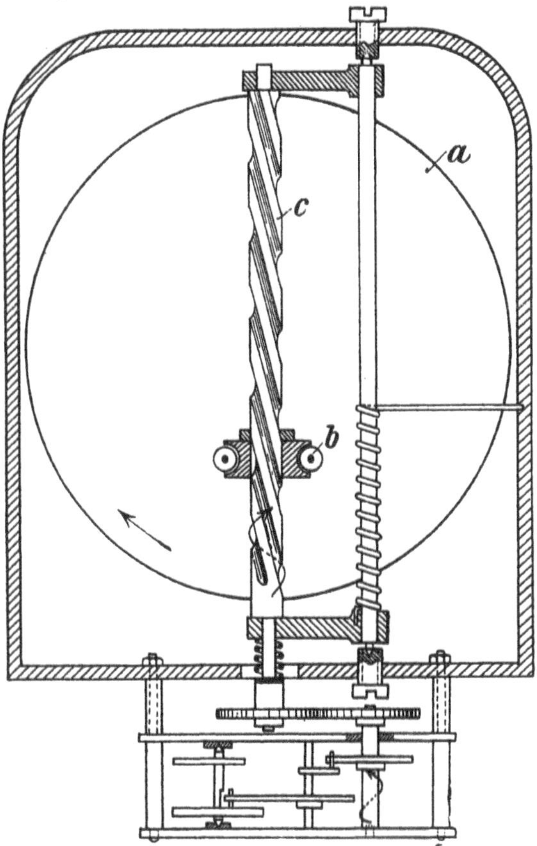


Fig. 246.

größer als 1 Umgang pro Minute, so wird *b* auf der Schraube *c* gegen das Zentrum der Scheibe *a* geschraubt so lange, bis die Geschwindigkeiten beider wieder miteinander übereinstimmen. Wird dagegen die Drehgeschwindigkeit von *a* kleiner als 1 Umgang pro Minute, so strebt *b* unter dem Einfluß einer

Feder nach abwärts so lange, bis seine Drehbewegung wieder mit der Schraubenspindel übereinstimmt.

Fig. 247 zeigt die Schreibvorrichtung. Zum Einsetzen des Bandes wird sie nach vorn geschoben, was durch Drehen am Knopf *e* bewirkt wird. Nach Abheben des Bandkesseldeckels *n*

Fig. 247.

befreit man die Bandrolle vom zusammenhaltenden Gummi, wickelt ein Stück ab und setzt die Rolle in den Kessel so ein, daß das Bandende durch den am Kessel befindlichen Schlitz und hinter dem Zeiger *t* hindurchreicht. Man führt das Band weiter um die Transportrolle *p*, so daß die Transportstifte in die Löcher am Streifen eingreifen, wozu der hinter *p* angeordnete Bandhalter weggedrückt werden muß. Die vorstehende Ecke des schräg abgeschnittenen Bandes *q* steckt man unter die mit dem Finger herausgedrückte Feder *r* der Aufwickelrolle *s*. Durch Halten bei *s* und Drehen bei *r* spannt man das Band straff an. Unter Drehen bei *e* bringt man die Schreibvorrichtung an ihren Platz und schließt den Deckel.

Das sich ergebende Fahrtdiagramm ist in Fig. 248 wiedergegeben. Für raschfahrende leichte Wagen sind als Meßbereich 10—80 km zu wählen; für schwere Wagen genügen 4—30 km Anzeige. Die Zeit ist auch hier Abszisse, die Geschwindigkeit Ordinate, wird aber von oben nach unten zu abgelesen.

Als dritter registrierender Geschwindigkeitsmesser sei der Velograph der Auto-Bestandteil-Co., Straßburg i. E., und F. S. Pierling, München genannt, dargestellt in Fig. 249. Er besteht aus einem stabilen Uhrwerk ohne Zeiger. An Stelle der Zeiger wird ein Zifferblatt aus Chrompapier festgeschraubt, so daß es sich genau nach der Zeit bewegt. Unter dem Uhrwerk ist ein Kilometerzähler eingebaut. Dieses Werk betätigt mittels eines Steigerades einen Hebel, der, mit jedem Kilometer aufwärts gehend, mittels Silberstifts einen Strich auf das Zifferblatt zeichnet. Nach jedem Kilometer springt dieser Stift nach unten zurück, um von neuem nach oben zu gehen. Das Resultat dieser beiden Bewegungen ist eine Zickzacklinie, welche die Schnelligkeit erkennbar macht und zwar: je spitzer der Winkel, desto mehr Striche innerhalb einer bestimmten Zeit und desto schneller die Fahrt. Auf der Registrierscheibe läßt sich leicht ablesen, welcher Zeitraum auf die Zurücklegung eines bestimmten Weges mit seinen Unterbrechungen verwendet worden ist. Solange der Wagen anhält, markiert der Stift diese Haltezeit durch eine Kreislinie, deren Länge die Dauer angibt. Zu schnelles oder sehr langsames Fahren zeigt sich in der sehr steilen oder mehr flachen Form der Diagrammspitze.

Der innere Raum der Scheibe kann für die erforderlichen Vermerke, wie Datum, laufende Nummer, Fahrtrichtung etc., verwendet werden. Die Gesamtzahl der Kilometer wird außer durch die auf der Scheibe verzeichneten Spitzen noch durch das Zählwerk genau registriert. Die Kontrollzeit ist 12 oder 24 Stunden.

Fig. 250 zeigt ein erhaltenes Diagramm. Dieses besagt z. B.:

Fahrtantritt $8^{35}$ bis $9^{11}$ . . 5 km { in 7 Min. 1 km normale Geschwindigkeit

$9^{11}$ » $9^{26}$ gehalten

$9^{26}$ » $9^{38}$ . 1,6 km { in 7 Min. 1 km normal

Fig. 249.

$9^{38}$ bis $9^{49}$ gehalten

$9^{49}$ » $10^{10}$ . 2 km { in 10 Min. 1 km zu langsame Fahrt

$10^{10}$ » $11^{33}$ gehalten

$11^{33}$ » $11^{47}$ 2,775 km { in 5 Min. 1 km unerlaubte Geschwindigk.

$11^{47}$ » $12^{08}$ gehalten usw.

Das Werk des Velographen wird von einem starken Stahlgehäuse umschlossen und in einen abschließbaren Bügelrahmen eingesetzt. Das Gehäuse wird durch Heben des Deckenbügels und Abnehmen des Deckels geöffnet. Beim Herausnehmen und Einsetzen der Registrierscheibe gehe man sehr vorsichtig mit

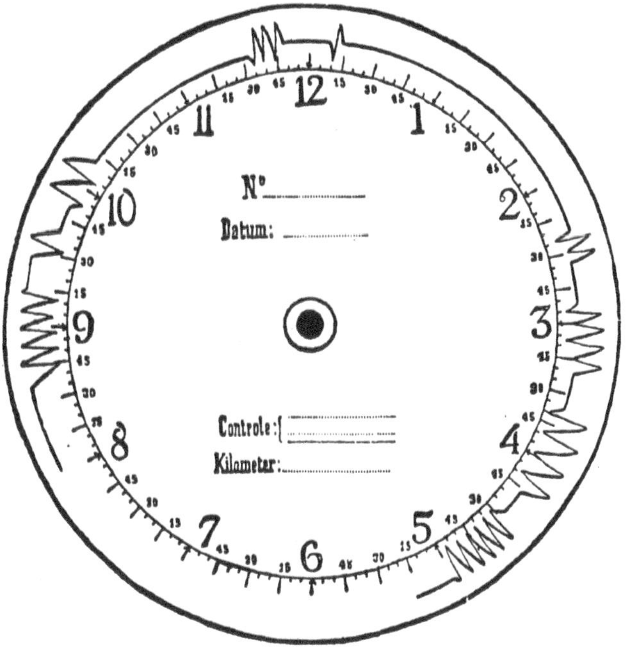


Fig. 250.

dem Schreibhebel um. Er läßt sich aus seiner Lage herausheben und auf die Seite schieben. Beim Einsetzen einer neuen Scheibe ist darauf zu achten, daß an dieselbe der Schreibstift genau zu der wirklichen Zeit der Einstellung angesetzt wird. Der Schreibstift hat eine Silberspitze, die die Aufzeichnungen auf Chrompapier hervorbringt. Der Velograph wird bei der Abfahrt in verschlossenem Zustande, mit einer neuen Registrierscheibe versehen, an den Wagen gelegt. Nach beendigter Fahrt wird er abgenommen und von dem kontrollierenden Beamten geöffnet.

Die Steigungsmesser beruhen in ihrer einfachsten Form auf dem Prinzip der Wasserwage und es läßt sich, wenn derselbe bei genau horizontal stehendem Wagen eingestellt, an einer Skala die jeweilige Steigung oder das jeweilige Gefälle der Fahrstraße erkennen. Laufendregistrierende Steigungsmesser wurden nocht nicht auf den Markt gebracht, doch ist dies über kurz oder lang wohl zu erwarten. Die Wichtigkeit der Registrierung der Steigung ist für die Ermittlung des Kraftaufwandes von großer Wichtigkeit; denn die zu überwindende Steigung ist neben der Geschwindigkeit mit die wichtigste notwendige Aufzeichnung, um an Hand der Angaben von Registrierinstrumenten den Benzinverbrauch mit der tatsächlich aufgewendeten Leistung vergleichen zu können. Außerdem aber gibt das Geschwindigkeitsdiagramm neben dem Steigungsdiagramm noch darüber Aufschluß, ob bei den stärkeren Steigungen auch mit mäßiger Geschwindigkeit gefahren und Motor und Wagen geschont wurde.

## d) Ermittlung des Verbrauches an Betriebsstoff und Wahl desselben.

Zur Kontrolle des Verbrauches an Betriebsstoff kann nur die tägliche Einwiegung in den Behälter genauen Aufschluß geben. Es gibt ja wohl auch sog. Benzinuhren, welche den Flüssigkeitsstand im Benzinbehälter durch einen Schwimmer anzeigen. Diese Angaben sind natürlich nie genau, denn bei Messungen von Benzin etc. entstehen infolge der starken Volumenveränderung mit der Temperatur stets Fehler.

Bei der Wahl des Betriebsstoffes hat man ganz ähnlich vorzugehen, wie bei der Auswahl des ortsbilligsten Brennstoffes für Feuerungsanlagen. Es ist die Ermittlung des billigsten Brennstoffes aus der Analyse (s. vorne) ebensowenig möglich, wie die Ermittlung des Dampfpreises aus den Heizwertangaben von Kohlen. Dabei ist aber zu beachten, daß sich je nach dem Betriebsstoff natürlich die Vergaserkonstruktion zu richten hat, und es dürfen solche Versuche nur unter Anwendung von den entsprechend passenden Vergasern gemacht werden. Der Versuch wird stets bei gleicher Beladung des Wagens unter Zurücklegung der gleichen Wegstrecke (unter gleicher Steigung) ausgeführt; auch sind die Geschwindigkeiten bei allen Versuchen gleichmäßig einzuhalten. Aus der verbrauchten Benzinmenge und dem Preis berechnen sich dann die Kosten des Betriebsstoffes für den gegebenen Fall pro Tonnen-Kilometer, und diese können verglichen werden, wenn die sonstigen äußeren Bedingungen der Beschaffenheit des Fahrweges, der Witterung (Gegenwindes) und der Außentemperatur annähernd die gleichen waren.

Recht interessante Vergleichszahlen erhält man auch durch Leerlaufsversuche bei unbeladenem Wagen. Es lassen sich so die von der minimalen Nutzbelastung bis zur maximalen Nutzbelastung pro 1 Tonnenkilometer Nutzlast steigenden Betriebsmittelkosten ermitteln. Sie sind bei geringer Belastung natürlich am größten und fallen mit zunehmender Belastung.

## e) Laufende Aufzeichnungen über Betriebsart und Verbrauch an Betriebsstoff.

Von den zur regelmäßigen Kontrolle absolut notwendig erscheinenden Aufzeichnungen sind folgende zu nennen:

1. Die täglich transportierte Nutzlast. Sie wird ermittelt, indem der Lastwagen vor jeder Abfahrt über die Brückenwage gefahren wird. Die Tara des Lastwagens ist konstant. Zieht man vom erhaltenen Bruttogewicht die Tara ab, so ergibt sich die transportierte Nutzlast. Zu berücksichtigen ist, daß sich das Führungspersonal bei der Wägung mit auf dem Wagen zu befinden hat. Bei der Rückkehr des Wagens wird der Wagen ebenfalls gewogen, um die zurückgebrachte Nutzlast zu ermitteln.

2. Der Betriebsstoffverbrauch wird genau durch Einwiegung und Rückwiegung des noch zurückgebrachten Stoffes ermittelt. Für die tägliche Kontrolle kann bei Verwendung gleichen Benzines das Rückwiegen unterbleiben. Dann hat man aber den Benzinbehälter zu eichen, um den Inhalt durch Abmessung festzulegen. Sind große Temperaturunterschiede gegen die Normaltemperatur $+15^{0}$ C vorhanden, so muß auf alle Fälle die Dichte bei der betreffenden Temperatur ermittelt werden, um das Gewicht des Betriebsstoffes durch Multiplikation von Volumen und Dichte genau festzustellen.

3. Die tägliche Fahrzeit muß durch einen registrierenden Geschwindigkeitsmesser unbedingt festgelegt werden.

4. Die laufende Geschwindigkeit, mit welcher gefahren wurde, ergibt sich aus den Angaben des gleichen Instrumentes. Es läßt sich aus dem Geschwindigkeitsdiagramm auch erkennen, mit welcher geringsten Geschwindigkeit und mit welcher maximalen Geschwindigkeit zeitweise gefahren wurde, und ferner kann man die mittlere Fahrgeschwindigkeit berechnen.

5. Die täglich zurückgelegte Kilometerzahl muß sich aus diesem Diagramm ebenfalls ergeben.

6. Die Steigungsverhältnisse der Fahrbahn müssen laufend aufgezeichnet werden; man hat zwischen Gefälle, ebener Bahn und Steigung zu unterscheiden. Aus den Aufzeichnungen läßt sich eine mittlere Steigung berechnen.

7. Der tägliche Ölverbrauch ist ebenfalls zu ermitteln.

8. Die Zeit der Außerbetriebsetzung eines Lastwagens infolge stattgehabter Reparatur ist für die Ermittlung der Rentabilität sehr wesentlich; deshalb sind genaue Aufzeichnungen über die Zahl, Dauer, Art und Ursache von notwendig gewordenen Reparaturen zu machen. Hier ist auch der Gummiersatz der Bereifung zu berücksichtigen.

Diese laufenden Aufzeichnungen trägt man dann in ein Journal ein, das zweckmäßig folgende Einteilung hat:

| Datum | Laufd. Nr. der Fahrt | Wagenbezeichnung | Bruttogew. | | Nutzlast | | Art u. Verbrauch von Betriebsstoff | Tägl. Fahrzeit | Fahrtrichtung | Mittl. Fahrgeschwind. | Minimalgeschwindigkeit | Maximalgeschwindigkeit | Täglich zurückgelegte Kilometerzahl | Mittl. Steigung der Fahrbahn | Maximalsteigung | Maximalgefälle | Beschaffenheit der Fahrbahn | Außentemperatur | Verbrauch a. Betriebsstoff unter diesen Verhältnissen pro 1 Tonnenkilometer Nutzlast | Ölverbrauch | Bemerkungen über Reparaturen, Dauer u. Art. Bereifung etc. |
|---|---|---|---|---|---|---|---|---|---|---|---|---|---|---|---|---|---|---|---|---|---|
| | | | Hinf. | Rückf. | Hinf. | Rückf. | | | | | | | | | | | | | | | |
| | | | | | | | | | | | | | | | | | | | | | |
| | | | | | | | | | | | | | | | | | | | | | |

Nur an Hand aller dieser täglich festzulegenden Aufzeichnungen lassen sich exakte Rentabilitätsberechnungen machen. Neben den Kosten durch Betriebsstoff und Öl sind bei diesen Berechnungen noch zu berücksichtigen:

Die Amortisation des Wagens, welche je nach der Inanspruchnahme zu 15—25 % angenommen wird. 10 % dürften wohl im allgemeinen zu niedrig sein.

Die Verzinsung des Anlagekapitals, welche meist zu 4—5 % festgesetzt wird.

Die Reparaturkosten, welche sich aus den Aufzeichnungen ergeben und gewöhnlich 5—7½ % des Wagenanschaffungswertes betragen. Diese Reparaturkosten schließen die Kosten für Gummibereifung nicht mit in sich ein. Letztere ergeben sich aus der Lebensdauer einer solchen Bereifung, deren Kosten ca. 2500 bis 3500 M. betragen.

Fahrerlöhne, wobei nur für die Betriebswochen des Lastwagens, nicht für ev. Reparaturzeiten diese in Rechnung zu stellen sind.

Versicherungskosten; hierher gehört sowohl die Haftpflichtversicherung als diejenige gegen Betriebsunfälle an Maschinen etc.

Diverse Ausgaben für Beleuchtung, Putzmaterial etc.

Es ist hier davon abgesehen, ein zusammenhängendes Beispiel aus der Praxis wiederzugeben. Die Aufzeichnungen, welche gewöhnlich gemacht werden, sind viel zu unvollkommen, als daß sich ein klares Bild über die tatsächlichen Kosten bei genau erkennbarer Wagenleistung ableiten ließe. Vielleicht tragen die obigen gesamten Hinweise dazu bei, daß der Motorlastwagen späterhin in den Brauereibetrieben einer scharfen Kontrolle unterstellt wird.

## Berichtigende Ergänzung.

Seite 193 ist im Anschluß an das berechnete Beispiel folgender Satz einzuschalten:

Die Möglichkeit einer solchen Erhöhung des Kesselwirkungsgrades durch den Einbau eines Überhitzers ist für gewöhnlich nicht gegeben; denn es stehen selten so hohe Abgastemperaturen, wie es im Beispiel der Fall, zur Verfügung, welche bei angemessener Kesselbeanspruchung und genügender Überhitzerheizfläche den Einbau des Überhitzers in den 3. Zug gestatten.

## Schlufswort.

Aus wohlberechtigten Gründen wurden von mir bei der Ausarbeitung dieser »Maschinen- und feuerungstechnischen Betriebskontrolle« nur jene fünf Gruppen von Maschinen betrachtet, welche nicht nur für den Brauereibetrieb von speziellem Interesse, sondern auch allgemein für industrielle Betriebe von großer Bedeutung sind.

Es wurde von mir unterlassen, die Kontrolle von Betriebsmaschinen zu behandeln, welche nur selten im Brauereibetrieb zu finden sind, wie Explosionsmaschinen, Wasser- und Dampfturbinen, Wasserräder usw.; denn in erster Linie sollte den Bedürfnissen des Brauereibetriebes Rechnung getragen werden. Ebenso habe ich aber darauf verzichtet, auf die Kontrolle spezieller Brauereiarbeitsmaschinen einzugehen, um nicht Interessenten anderer Industriebetriebe einen nutzlosen Ballast mitzugeben

Ich bin mir bewußt, daß ein Bedürfnis nach einer »Kontrolle der Brauereiarbeitsmaschinen« ebenfalls vorliegt; doch will ich die Bearbeitung dieser Materie auf später verschieben.

**Gottfried Jakob.**

# Sachregister.

## E.



## F.

## J.



## K.



## L.

## Q.



## R.



## S.

## T.



## U.



## V.